Basisqualifikationen Metalltechnik

Volker Lindner

Silke Blome

4., aktualisierte und erweiterte Auflage

Handwerk und Technik – Hamburg

Für die Bereitstellung von Manuskriptteilen sei herzlich gedankt:
Gregor van den Boom, Finn Brandt, Christof Braun, Reiner Haffer, Elisabeth Schulz, Jochen Timm

ISBN 978-3-582-10014-6   Best.-Nr. 3040

Die Normblattangaben werden wiedergegeben mit Erlaubnis des DIN Deutsches Institut für Normung e.V. Maßgebend für das Anwenden der Norm ist deren Fassung mit dem neuesten Ausgabedatum, die bei der Beuth Verlag GmbH, Burggrafenstraße 6, 10787 Berlin, erhältlich ist.

Das Werk und seine Teile sind urheberrechtlich geschützt. Jede Nutzung in anderen als den gesetzlich oder durch bundesweite Vereinbarungen zugelassenen Fällen bedarf der vorherigen schriftlichen Einwilligung des Verlages.
Die Verweise auf Internetadressen und -dateien beziehen sich auf deren Zustand und Inhalt zum Zeitpunkt der Drucklegung des Werks. Der Verlag übernimmt keinerlei Gewähr und Haftung für deren Aktualität oder Inhalt noch für den Inhalt von mit ihnen verlinkten weiteren Internetseiten.

Verlag Handwerk und Technik GmbH,
Lademannbogen 135, 22339 Hamburg; Postfach 63 05 00, 22331 Hamburg – 2022
E-Mail: info@handwerk-technik.de – Internet: www.handwerk-technik.de

Umschlagmotiv:
Dipl.-Ing. Manfred Appel, Kattendorf: (1, 5); ABUS Kransysteme GmbH, Gummersbach: (4); Festo AG & Co. KG, Esslingen-Berkheim: (2); Stock.adobe.com: ©jufo (3)

Die technischen und grafischen Zeichnungen wurden nach Vorlagen ausgeführt von:
Dipl.-Ing. Manfred Appel, Kattendorf und Future Mindset 2050 GmbH, Gehrden
Satz: Roman Bold & Black, 50672 Köln
Druck: Firmengruppe Appl aprinta druck GmbH, 86650 Wemding

Vorwort

Die Berufsfelder der Metalltechnik in der Industrie verlangen von der Fachkraft zum einen eine breite Qualifikation in vielen Bereichen, zum anderen jedoch die Fähigkeit, sich in bestimmten Fachbereichen vertiefte Kenntnisse anzueignen.

Das vorliegende Buch **Basisqualifikationen Metalltechnik** vermittelt grundlegende Kenntnisse und Fähigkeiten im Bereich der Metalltechnik. Die für die Produktion wichtigen Kenntnisse in Bereichen der Fertigung, des Qualitätsmanagements und der technischen Kommunikation sowie von Maschinen und Anlagen, in denen Prozesse voll- oder auch teilautomatisiert ablaufen, werden behandelt.

Dabei wurde großer Wert auf verständliche Sprache und übersichtliche Bebilderung gelegt. So können mithilfe dieses Buches die Ziele 2-jähriger Metall-Ausbildungsberufe wie der **Fachkraft für Metalltechnik** oder **Maschinen- und Anlagenführer/-in** erreicht werden. Die Voraussetzungen für den anschließenden Übergang zu den 3–4-jährigen Metall-Ausbildungsberufen werden mit weiterführenden Inhalten vermittelt.

Die Konzeption des Buches erlaubt auch den Einsatz im Berufsgrundschuljahr (NRW: Berufsfachschule) und in berufsvorbereitenden Maßnahmen.

Eine Vielzahl von Aufgaben mit unterschiedlichem Schwierigkeitsgrad ermöglicht eine breitgefächerte Kompetenzerweiterung. Das Buch kann somit besonders auch zur individuellen Förderung im dualen System eingesetzt werden.

Im lernfeldorientierten Unterricht können die einzelnen fachlichen Schwerpunkte der Lernsituationen sowohl inhaltlich als auch methodisch eingebunden werden. Ein binnendifferenzierter Unterricht ist durch grundlegende Aufgaben und weiterführende Aufgaben mit erhöhtem Schwierigkeitsgrad (weitergehende Problemstellungen) möglich. Sie sind mithilfe der vorgestellten Beispiele vom Lernenden lösbar. So bleibt die Freude am Lernerfolg erhalten.

Neben dem schulischen Einsatz eignet sich das vorliegende Buch auch zum Selbststudium.

Autoren und Verlag

Vorwort

Einführung:
Der Arbeitsplatz in der Metallwerkstatt ... 1
Die Werkbank ... 1
Der Schraubstock ... 2

I Fertigungstechnik/Fertigungsprozesse

1 Trennen ... 3
1.1 Winkel und Flächen am Schneidkeil ... 3
1.2 Spanbildung und Spanarten ... 5
1.3 Spanende Fertigung von Bauteilen mit handgeführten Werkzeugen ... 6
   1.3.1 Meißeln ... 6
   1.3.2 Sägen ... 8
   1.3.3 Feilen ... 11
1.4 Spanende Fertigung von Bauteilen mit Maschinen ... 14
   1.4.1 Bewegungen an spanenden Werkzeugmaschinen ... 14
   1.4.2 Kühlschmierstoffe ... 15
   1.4.3 Anreißen ... 16
   1.4.4 Bohren ... 17
   1.4.5 Senken ... 22
   1.4.6 Reiben ... 23
   1.4.7 Gewindeschneiden ... 24
   1.4.8 Drehen ... 27
   1.4.9 Fräsen ... 33
   1.4.10 Schleifen ... 39
   1.4.11 Zerteilen ... 41
      1.4.11.1 Scherschneiden ... 41
      1.4.11.2 Messer- und Beißschneiden ... 45
1.5 Bearbeitungszentren ... 47

2 Umformen ... 49
2.1 Umformen durch Biegen ... 49
2.2 Drahtziehen durch Zug-Druck-Umformen ... 55
   2.2.1 Produkte aus Draht ... 55
   2.2.2 Drahtherstellung ... 56
   2.2.3 Drahtziehmaschinen ... 58

3 Urformen ... 61
3.1 Spritzgießen ... 61
3.2 Extrudieren ... 64

II Prüftechnik

1 Prüfen und Prüfmittel ... 67

2 Toleranzen ... 68
2.1 Einzelmaße mit Toleranzangaben ... 68
2.2 Allgemeintoleranzen ... 69
2.3 ISO-Toleranzen ... 70

3 Messgeräte ... 72
3.1 Strichmaßstäbe ... 72
3.2 Messschieber ... 73
3.3 Winkelmesser ... 77
3.4 Messschrauben ... 78
3.5 Messuhren ... 79

4 Lehren ... 80
4.1 Formlehren ... 80
4.2 Maßlehren ... 80
4.3 Grenzlehren ... 80

5 Endmaße ... 83

6 Prüfprotokoll ... 83

III Werkstofftechnik

1 Einsatz und Einteilung von Werkstoffen ... 87
1.1 Einsatz von Werkstoffen ... 87
1.2 Einteilung von Werkstoffen ... 88

2 Eigenschaften von Werkstoffen ... 88
2.1 Mechanische Eigenschaften ... 89
2.2 Physikalische Eigenschaften ... 91
2.3 Chemische Eigenschaften ... 91
2.4 Fertigungsbezogene Eigenschaften ... 92

3 Metallische Werkstoffe ... 94
3.1 Aufbau metallischer Werkstoffe ... 94
3.2 Werkstoffverhalten ... 96
3.3 Eisenmetalle ... 97
   3.3.1 Wärmebehandlung von Eisenwerkstoffen ... 107
   3.3.2 Glühen von Eisenwerkstoffen ... 108
   3.3.3 Härten ... 110
3.4 Nicht-Eisen-Metalle ... 111
   3.4.1 Aluminium und Aluminiumlegierungen ... 112
   3.4.2 Kupfer und Kupferlegierungen ... 114
   3.4.3 Blei und Bleilegierungen ... 116
   3.4.4 Zink und Zinklegierungen ... 116
   3.4.5 Zinn (Sn) und Zinn-Legierungen ... 117

4 Nichtmetalle und Verbundstoffe ... 117
4.1 Kunststoffe ... 117
4.2 Verbundwerkstoffe ... 120
4.3 Keramische Werkstoffe ... 121
4.4 Fertigungshilfsstoffe ... 121

5 Entsorgung und Recycling ... 121

IV Automatisierungsprozesse

1 Entwicklungen der Automatisierung 122
  1.1 Handhabungsgeräte 123
  1.2 Industrieroboter 124

2 Steuerungstechnische Begriffe 127
  2.1 Steuern 127
  2.2 Regeln 127
  2.3 Steuerungsarten 128
  2.4 Signale 129
  2.5 Prozessdarstellung 131

3 Planung einer Steuerung 132
  3.1 Funktionsplan (Logikplan) 133
  3.2 Funktionstabellen 133
  3.3 GRAFCET 134

4 Grundlagen der Pneumatik 135
  4.1 Druckluft 135
  4.2 Pneumatische Bauteile 137
    4.2.1 Wartungseinheit 137
    4.2.2 Ventile 138
    4.2.3 Zylinder 144
  4.3 Pneumatische Schaltungen 146
  4.4 Montage pneumatischer Einrichtungen 150

5 Grundlagen der Elektropneumatik 151
  5.1 Elektrische Steuerung 151
  5.2 Elektropneumatische Bauteile 151
    5.2.1 Elektropneumatische Ventile ... 151
    5.2.2 Zylinder 152
    5.2.3 Signalgeber in der Elektropneumatik 152

6 Hydraulik 161
  6.1 Vergleich von Pneumatik und Hydraulik 161
  6.2 Aufbau einer Hydraulikanlage 162
    6.2.1 Bauteile der Hydraulikanlage .. 163

V Montageprozesse

1 Fertigungsprozesse 173

2 Hebezeuge 178
  2.1 Anschlagen von Lasten 180
  2.2 Sicherheitseinrichtungen 182

3 Montagetechnik 183
  3.1 Verbindungsarten 184
    3.1.1 Bewegliche und starre Verbindungen 184
    3.1.2 Kraft-, form- und stoffschlüssige Verbindungen 184
    3.1.3 Lösbare und unlösbare Verbindungen 186
  3.2 Fügeverfahren, Werkzeuge und Vorrichtungen für die Montage 187
    3.2.1 Fügen durch Kraftschluss 187
      3.2.1.1 Schraubenverbindungen ... 187
      3.2.1.2 Klemmverbindungen 195
      3.2.1.3 Pressverbindungen 195
    3.2.2 Fügen durch Formschluss 196
      3.2.2.1 Bolzenverbindungen 197
      3.2.2.2 Stiftverbindungen 197
      3.2.2.3 Nietverbindungen durch Blindnieten 199
      3.2.2.4 Welle-Nabe-Verbindung ... 199
    3.2.3 Fügen durch Stoffschluss 204
      3.2.3.1 Kleben 204
      3.2.3.2 Löten 208
      3.2.3.3 Schweißen 214
    3.2.4 Trennverfahren 230
      3.2.4.1 Brennschneiden 230
      3.2.4.2 Plasmaschneiden 232
      3.2.4.3 Laserstrahlschneiden 233
      3.2.4.4 Wasserstrahlschneiden ... 235

VI Instandhaltungsprozesse

1 Grundlagen 237

2 Sicheres Instandhalten 238

3 Wartung 242
  3.1 Bedeutung der Beachtung der Hinweise zum Umweltschutz 244
  3.2 Wartungsplan 245

VII Technische Kommunikation

1 Technische Unterlagen 250
  1.1 Darstellungsarten 250
  (Foto, Produktbeschreibung, Explosionszeichnung, Räumliche Darstellung, Gesamtzeichnung, Stückliste, ...)

2 Normen in technischen Zeichnungen 255
  2.1 Maßeintragungen 258
    2.1.1 Flache Werkstücke 261
    2.1.2 Zylindrische Werkstücke 263
    2.1.3 Räumliche „kantige" Werkstücke 265

2.2 Toleranzen 270
    2.2.1 Allgemeintoleranzen 270
    2.2.2 Maßtoleranzen 270
    2.2.3 Passungen 270
    2.2.4 Form- und Lagetoleranzen 270
2.3 Schnittdarstellungen 272
    (Schnitt, Halbschnitt, Teilschnitt, besondere Schnittverläufe)
2.4 Gewinde 277
2.5 Oberflächenangaben 279
2.6 Genormte Bauteile 280
    2.6.1 Schrauben 280
    2.6.2 Muttern 282
    2.6.3 Scheiben 282
    2.6.4 Passfedern 283
    2.6.5 Scheibenfedern 283
    2.6.6 Lager 283
2.7 Darstellungen von Schweißverbindungen 284

3 Gruppen- und Gesamtzeichnungen 285
3.1 Zeichnungslesen 287

4 Einrichten von Maschinen 289

VIII Qualitätsmanagement

1 Qualitätsbegriff 291

2 Ziele des Qualitätsmanagements 292
2.1 Objektive Qualität 293
2.2 Subjektive Qualität 293
2.3 Messbare Qualitätsmerkmale 293

3 Qualitätssicherung (QS) 293
3.1 Fehler 293
3.2 Produkthaftung 294
3.3 Rückverfolgbarkeit 294

4 Kontinuierlicher Verbesserungsprozess (KVP) 294

5 Qualitätsregelkarte (QRK) 295
5.1 Aufbau einer Qualitätsregelkarte 297
5.2 Qualitätsbeeinflussende Größen 299
5.3 Berechnungen 299

IX Fachrechnen

1 Grundrechenarten 302

2 Bruchrechnen 304

3 Lösen von Textaufgaben 305

4 Umgang mit dem Taschenrechner 307
4.1 Werteeingabe 307
4.2 Grundrechenarten 307
4.3 Potenzieren 309
4.4 Radizieren (Wurzelziehen) Wurzelberechnung 309
4.5 Prozentrechnen 310

5 Einheiten umrechnen 310

6 Formeln umstellen 312

7 Geometrie 313
7.1 Flächenberechnungen 313
7.2 Lehrsatz des Pythagoras 314
7.3 Volumenberechnungen 316

8 Massenberechnungen 318

9 Diagramme und Schaubilder 319
9.1 Liniendiagramm 319
9.2 Säulendiagramm, Balkendiagramm .. 319
9.3 Kreisdiagramm 320

10 Bewegungen 320
10.1 Geradlinige gleichförmige Bewegung 320
10.2 Gleichförmige Drehbewegung 322
10.3 Beschleunigte Bewegung 323

11 Kräfte und ihre Wirkungen 324

12 Hebel 326

13 Arbeit und Energie 329

14 Leistung 331

15 Wirkungsgrad 333
15.1 Gesamtwirkungsgrad 333

16 Druckwirkungen (Flächenpressung) 334

17 Getriebe 336
17.1 Riementriebe 336
17.2 Zahnradgetriebe 338

Anhang – Tabellen 340

Sachwortregister 342

Bildquellenverzeichnis 353

Einführung: Der Arbeitsplatz in der Metallwerkstatt

Zum Arbeitsplatz in einer Metallwerkstatt gehören meist eine Werkbank mit einem Schraubstock.

Sicherheitshinweis
Um in der Metallwerkstatt sicher zu arbeiten, benötigen Auszubildende und Praktikanten eine persönliche Schutzausrüstung (Arbeitshose, Arbeitsjacke, Sicherheitsschuhe, Schutzbrille, ...).

Merke
Eine Werkbank ist eine wertvolle Arbeitshilfe. Zusammen mit einem Schraubstock, Schubladen und Ablagefächern können Bauteile bearbeitet, zusammengebaut oder auch ordentlich abgelegt werden.

Die Werkbank
Eine Werkbank ist meist ein stabiler und robuster Arbeitstisch, der für handwerkliche Tätigkeiten als Ablage und Arbeitsplatz genutzt wird. Oft ist zusätzlich ein Schraubstock angebracht, wo Arbeitsmaterialien befestigt und bearbeitet werden können. Werkzeuge können übersichtlich in Schubladen und Ablagefächern verstaut werden und sind dadurch immer griffbereit.

Für unterschiedliche Arbeiten werden einer Werkbank verschiedene Eigenschaften abverlangt.

- *Stabilität und Traglast* – Diese Eigenschaft ist gerade beim Umgang mit großen und schweren Gegenständen auf der Werkbank sehr wichtig. Auch das Gewicht des verstauten Werkzeugs in dem Arbeitstisch sollte berücksichtigt werden.

- *Langlebigkeit* – Bei täglicher Beanspruchung des Arbeitstisches ist auf hochwertige Materialien zu achten. Eine dicke Massivholz-Arbeitsplatte und Stahlblech stehen für Stabilität und Langlebigkeit.

- *Material* – Das Grundgestell einer Werkbank ist in der Regel aus Metall oder Holz gefertigt. Bei den Arbeitsplatten gibt es Unterschiede, die der zu verrichtenden Arbeit entsprechen sollten. Es gibt Arbeitsplatten aus verschiedenem Holz, mit Stahlblech oder mit Kunststoff bezogen.

1: Bewegliche Werkbank

2: Feste Werkbank

Einführung: Der Arbeitsplatz in der Metallwerkstatt

Der Schraubstock

In der Metallwerkstatt werden Werkstücke mithilfe eines Schraubstocks bearbeitet. In den Schraubstock können Werkstücke zum Beispiel zur weiteren Bearbeitung befestigt werden.

Um die Werkstücke vor Beschädigung durch Einspannen in die Spannbacken zu schützen, können über die Spannbacken Schutzbacken aus weicherem Aluminium gestülpt werden.

Damit der Schraubstock funktionsfähig bleibt und langfristig auch die Lebensdauer erhöht wird, muss er regelmäßig gereinigt und gepflegt werden. Metallspäne können die Beweglichkeit der Führungsschiene oder der Spindel beeinträchtigen, wenn sie nicht entfernt werden. Auch Laugen- oder Ölreste müssen entfernt werden. Wasser kann zu Korrosion (Rost) auf den Führungsteilen des Schraubstocks führen und diesen schwergängig machen.

Sicherheitshinweis

Bei dem Knebel aufpassen, dass man sich nicht die Finger oder die Hand einklemmt.

Werkstatthinweise

- Mit einem Lappen alle Oberflächen des Schraubstocks gründlich abwischen.
- Groben Schmutz oder Korrosion mit einer Drahtbürste entfernen.
- Bewegliche Teile wie die Spindel oder die Führungsschiene nachfetten, damit sie beweglich und leichtgängig bleiben.
- Wenn möglich, in regelmäßigen Abständen den Schraubstock auseinanderbauen und alle Teile einzeln gründlich reinigen.

Übungen

1. Zeichnen Sie den Inhalt einer Schublade einer Werkbank und benennen Sie die Werkzeuge.
2. Aus welchen Einzelteilen besteht ein Schraubstock?
3. Welche Funktion hat der Knebel?

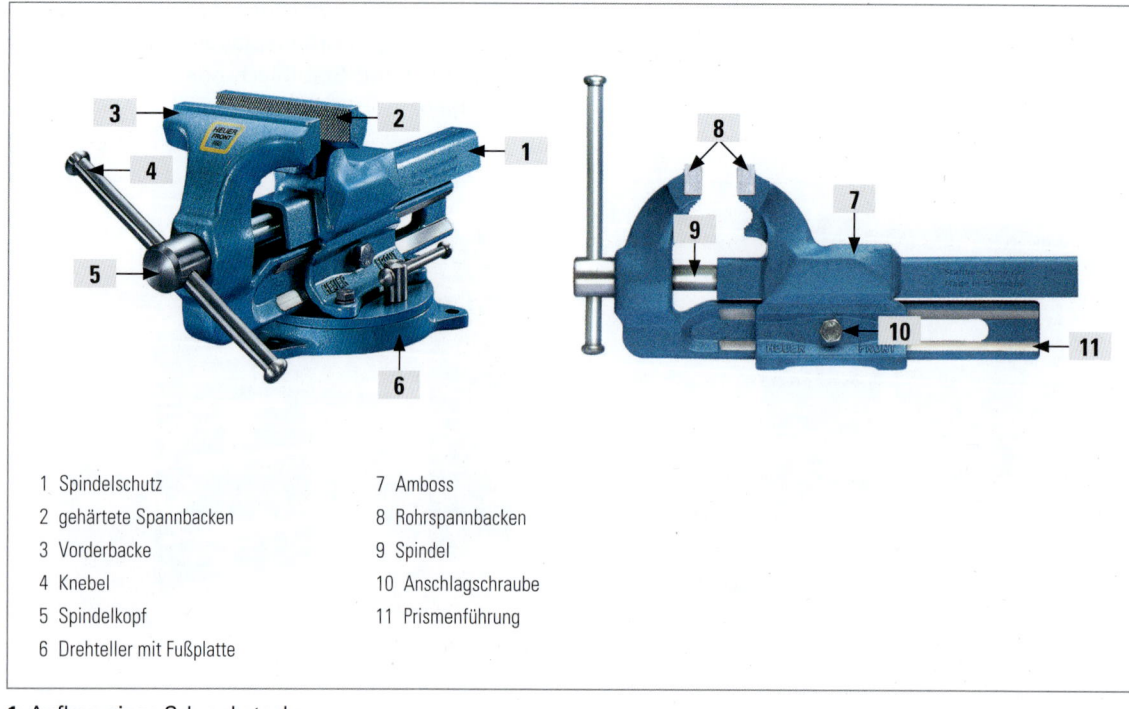

1 Spindelschutz
2 gehärtete Spannbacken
3 Vorderbacke
4 Knebel
5 Spindelkopf
6 Drehteller mit Fußplatte
7 Amboss
8 Rohrspannbacken
9 Spindel
10 Anschlagschraube
11 Prismenführung

1: Aufbau eines Schraubstocks

I Fertigungstechnik/Fertigungsprozesse

1 Trennen

1.1 Winkel und Flächen am Schneidkeil

Für die Bearbeitung von Werkstücken [Bild 1] stehen verschiedene Werkzeuge zur Verfügung (Meißel, Säge, Spiralbohrer, Fräser, Handschere usw.). Die Werkzeugschneiden dieser Werkzeuge sind keilförmig [Bild 3].

Merke: Bei trennenden Werkzeugen ist die **Grundform** jeder Schneide ein **Keil** (Schneidkeil).

Der **Keilwinkel** β (beta) ist der Winkel des Schneidkeils. Er wird entsprechend der Härte und Festigkeit des zu bearbeitenden Werkstücks ausgewählt. Keilförmige Werkzeugschneiden müssen in der Regel nach längerem Gebrauch nachgeschliffen werden. Der Verschleiß der Schneiden entsteht durch Reibung. Bei zu großen Reibkräften kann der Schneidkeil sogar beschädigt oder zerstört werden.

Merke: Schneiden mit **großem Keilwinkel** β besitzen eine hohe Stabilität.

Je kleiner der Keilwinkel ist, desto leichter dringt die Werkzeugschneide in das Werkstück ein [Bild 2]. Wird der Keilwinkel zu klein, kann die Werkzeugschneide ausbrechen.

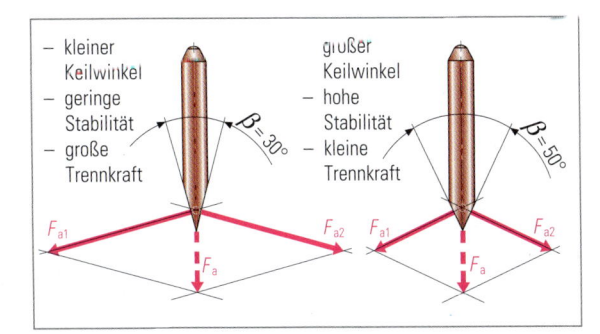

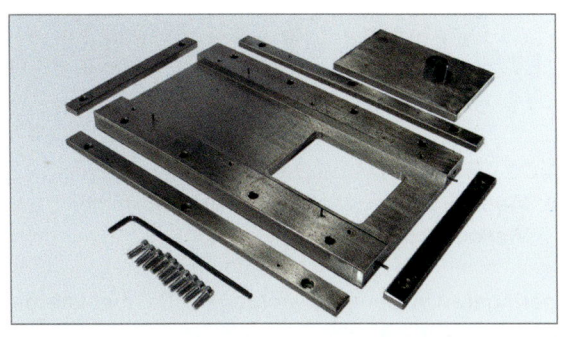

1: Einzelteile eines Kontrollschiebers (Beispielwerkstück)

Durch die Reibung zwischen Werkzeug und Werkstück entsteht Wärme. So kann die Temperatur am Schneidkeil schnell hoch werden.

Merke: Schneiden mit **kleinem Keilwinkel** β erleichtern das Trennen.

Es ist nicht möglich, sowohl hohe Stabilität der Schneide als auch günstige Bedingungen zum Trennen gleichzeitig zu erzielen. Bei der Auswahl eines bestimmten Keilwinkels ist daher ein Kompromiss zu finden.
Ein Werkstoff mit vergleichsweise geringerer Härte und Festigkeit (z. B. Kupfer im Vergleich zu Stahl) setzt dem Trennen und der Spanabnahme einen

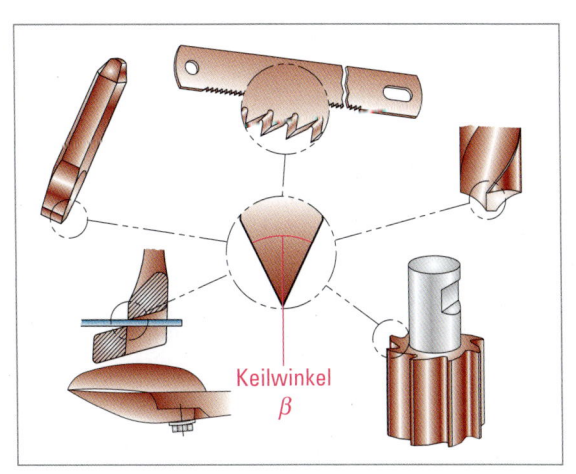

2: Auswirkungen unterschiedlicher Keilwinkel

3: Keilförmige Werkzeugschneiden

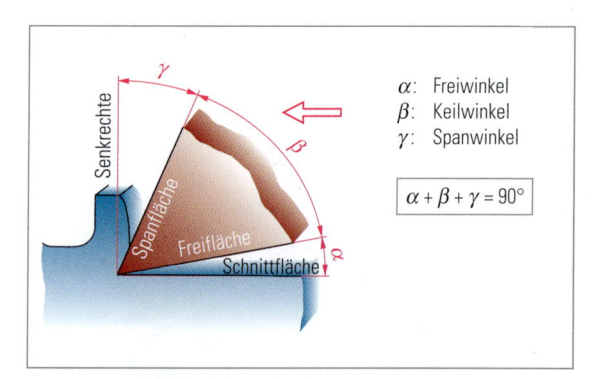

Fertigungstechnik/Fertigungsprozesse ▶ Trennen ▶ Winkel und Flächen am Schneidkeil

α: Freiwinkel
β: Keilwinkel
γ: Spanwinkel

$$\alpha + \beta + \gamma = 90°$$

1: Werkzeugwinkel und Flächen an keilförmiger Werkzeugschneide

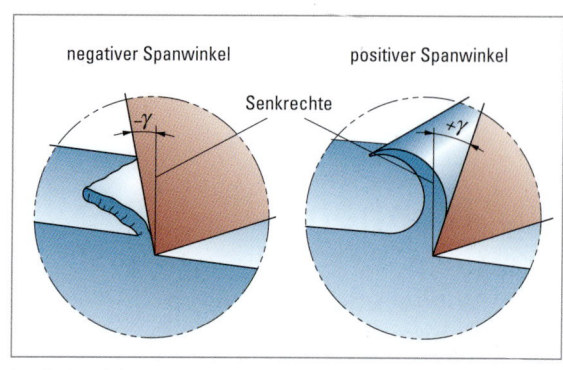

2: Spanabnahme bei unterschiedlichen Spanwinkeln

geringeren Widerstand entgegen. Da hier die erforderliche Kraft zum Trennen klein ist, wird die Schneide weniger beansprucht. Der Keilwinkel kann klein gewählt werden. Es ergeben sich günstige Bedingungen zum Trennen.

> **Merke**
> Schneiden mit **kleinem Keilwinkel β** werden für **weiche Werkstoffe** verwendet.

Bei härteren Werkstoffen ist für eine angemessene Stabilität der Schneide ein entsprechend großer Keilwinkel erforderlich.

> **Merke**
> Schneiden mit **großem Keilwinkel β** werden für **harte Werkstoffe** verwendet.

Ein weiterer wichtiger Werkzeugwinkel ist der **Freiwinkel α** (alpha). Es ist der Winkel zwischen Werkstückoberfläche (Schnittfläche) und Schneidkeil (Freifläche) [Bild 1]. Wird der Freiwinkel zu klein, reibt der Schneidkeil auf der Werkstoffoberfläche. Die erforderliche Schnittkraft wird größer und der Schneidkeil erwärmt sich schnell. Er verliert hierdurch seine Härte und wird stumpf. Aus diesem Grund wählt man den Freiwinkel gerade so groß, dass das Werkzeug genügend frei schneidet.

> **Merke**
> Ein ausreichend **großer Freiwinkel** vermindert die **Reibung** und somit eine Beschädigung von Frei- oder Schnittfläche.

Bei **harten und spröden** Werkstoffen wird ein Freiwinkel α von **8°** gewählt.

Bei **weichen** Werkstoffen liegt der Freiwinkel α bei **12°**.
Der **Spanwinkel** γ (gamma) ist der Winkel zwischen Schneidkeil (Spanfläche) und einer Senkrechten zur Werkstoffoberfläche. Die Spanbildung und die erforderliche Schnittkraft werden vom Spanwinkel beeinflusst. Je größer der Spanwinkel, desto kleiner die Schnittkraft. Große Spanwinkel können nur für weiche Werkstoffe verwendet werden. Für harte und spröde Werkstoffe wird ein kleiner oder negativer Spanwinkel verwendet [Bild 2].

> **Merke**
> Ein **großer Spanwinkel** γ erleichtert die Spanabnahme.
>
> Ein **positiver Spanwinkel** γ ergibt eine schneidende Wirkung. Es wird **viel** Werkstoff **abgetragen** (z. B. Bohrer).
>
> Ein **negativer Spanwinkel** γ ergibt eine schabende Wirkung. Es wird nur sehr **wenig** Werkstoff **abgetragen** (z. B. Reibahle).

Der **Freiwinkel** α (alpha) wird durch Schnitt- und Freifläche begrenzt.
Der **Keilwinkel** β (beta) wird durch die Frei- und Spanfläche begrenzt.
Der **Spanwinkel** γ (gamma) wird durch die Spanfläche und die Senkrechte auf der Schnittfläche begrenzt.
Die **Freifläche** ist die Fläche am Schneidkeil gegenüber der Werkstückoberfläche.
Die **Schnittfläche** des Werkstücks liegt der Freifläche des Schneidkeils gegenüber.
Die **Spanfläche** ist die Fläche am Schneidkeil, auf der der Span abläuft [Bild 1].

Fertigungstechnik/Fertigungsprozesse ▶ Trennen ▶ Spanbildung und Spanarten

Übungen

1. Welche Grundform haben alle Werkzeugschneiden?
2. Benennen Sie Vor- und Nachteile eines kleinen Keilwinkels.
3. Warum braucht jeder Schneidkeil einen Freiwinkel?
4. Erklären Sie den Einfluss des Spanwinkels γ auf die Spanabnahme.
5. Skizzieren Sie eine Werkzeugschneide und tragen Sie die Winkel und Flächen ein.
6. Erklären Sie den Unterschied zwischen positivem und negativem Spanwinkel.

1.2 Spanbildung und Spanarten

Form und Lage der keilförmigen Werkzeugschneide beeinflussen die Spanabnahme [Bild 1]. Die Spanbildung erfolgt in drei Abschnitten:

1. **Stauchen**
2. **Trennen**
3. **Spanen**

Beim **Stauchen** wird der Werkstoff durch die Schnittbewegung des Schneidkeils vor der Spanfläche elastisch und plastisch verformt.

Beim **Trennen** eines Spans entsteht in Richtung der Schnittbewegung ein Riss, da beim Eindringen des Schneidkeils die Zusammenhangskraft (Kohäsion) des Werkstückwerkstoffs überwunden wird. Der Werkstoff reißt.

Beim **Spanen** gleitet der abgescherte Span an der Spanfläche des Schneidkeils ab und wird nach oben geschoben.

Bei der Bearbeitung von Stahl entstehen unterschiedliche Spanarten. Die Qualität der bearbeiteten Werkstückoberfläche hängt von der Art des entstehenden Spans ab.

Es wird unterschieden in [Bild 2]:

- **Reißspan**
- **Scherspan**
- **Fließspan**

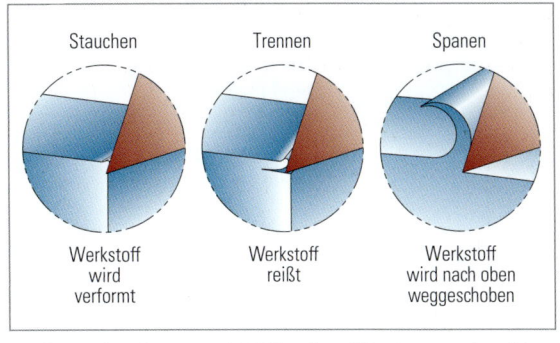

1: Spanabnahme an keilförmiger Werkzeugschneide

Bei kleinem Spanwinkel und niedriger Schnittgeschwindigkeit wird der Werkstoff stark umgeformt, sodass der zu spanende Werkstoff reißt. Es bildet sich ein **Reißspan**. Die unregelmäßige Rissbildung vor der Werkzeugschneide bewirkt, dass die einzelnen Spanteilchen aus dem Werkstoff herausgerissen und getrennt werden. Es entsteht eine raue Werkstückoberfläche (z. B. bei spröden Werkstoffen).

Bei mittleren Spanwinkeln und niedrigen Schnittgeschwindigkeiten werden einzelne Spanteile mehr oder weniger stark miteinander verschweißt. Es bildet sich ein **Scherspan**. Die Werkstückoberfläche ist überwiegend glatt.

Bei großen Spanwinkeln und hohen Schnittgeschwindigkeiten kann der Werkstoff so fließen, dass ein zusammenhängender Span entsteht. Es bildet sich ein **Fließspan**. Die Werkstückoberfläche ist sauber und glatt.

> **Merke**
> Bei **spröden Werkstoffen** bilden sich viele kleine Späne.
> Bei **zähen Werkstoffen** entsteht ein zusammenhängender, rissiger Span.

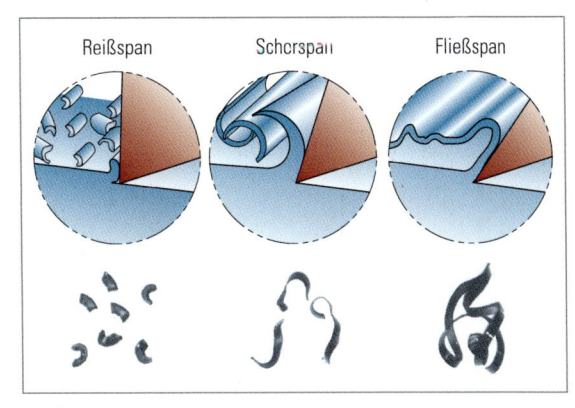

2: Spanarten

Fertigungstechnik/Fertigungsprozesse ▸ Trennen ▸ Spanende Fertigung mit handgeführten Werkzeugen

Frei-winkel α	Keil-winkel β	Span-winkel γ	für
12°	53°	25°	weiche Werkstoffe wie z.B. Al-Legierungen
10°	70°	10°	feste Werkstoffe wie z.B. Stahl
8°	97°	–15°	harte und spröde Werkstoffe wie z.B. Hartguss

1: Werkzeugwinkel bei unterschiedlichen Werkstoffen

Die Werkzeugwinkel sind den unterschiedlichen Werkstoffen anzupassen [Bild 1].

Als **Standzeit** wird die Zeitspanne bezeichnet, in der die scharfgeschliffene Schneide bis zum nötigen Nachschleifen ununterbrochen spanend im Eingriff ist.

Übungen

1. Wie entsteht ein Span?
2. Nennen Sie die 3 verschiedenen Spanarten und geben Sie jeweils ein Beispiel aus der Praxis an.
3. Erklären Sie den Begriff „Standzeit" mit eigenen Worten.

1.3 Spanende Fertigung von Bauteilen mit handgeführten Werkzeugen

1.3.1 Meißeln

Der Meißel dient zur Spanabnahme und zum Trennen [Bild 2]. Er besteht aus Schneide, Schaft und Kopf [Bild 3]. Der Meißelkopf ist am Ende ballig geschliffen. Dadurch wird eine Bartbildung am Meißelkopf vermieden. Die Schneide ist gehärtet, Schaft und Kopf sind nicht gehärtet. Dies verhindert ein Splittern oder Ausbrechen des Meißelkopfs. Damit der Schneidkeil nicht zu schnell abstumpft, muss der Werkstoff des Meißels härter sein als der Werkstoff des zu bearbeitenden Werkstücks. Meißel werden deshalb meist aus legiertem Werkzeugstahl gefertigt. Der **Keilwinkel** der Meißelschneide liegt zwischen 30° und 85° und ist dem zu bearbeitenden Werkstoff anzupassen.

Der Keilwinkel beträgt für **weiche Werkstoffe** 30° ... 53° (z.B. Aluminium-Legierungen), für **mittelharte Werkstoffe** 53° ... 70° (z.B. Kupfer und Kupferlegierungen), für **harte Werkstoffe** liegt der Keilwinkel zwischen 70° und 97° (z.B. legierter Stahl). Je nach Anwendung kommen unterschiedliche Meißel zum Einsatz [Bild 1, S. 7].

Maßnahmen zur Unfallverhütung

- Abgetrennte Späne gefährden Sie und Ihre Umgebung, deshalb sind Schutzbrillen und Schutzschirme zu verwenden.
- Handschutz verwenden [Bild 2, S. 7]
- Am Meißelkopf kann sich ein Grat bilden. Er ist abzuschleifen.
- Schadhafte Hammerstiele sind zu erneuern.

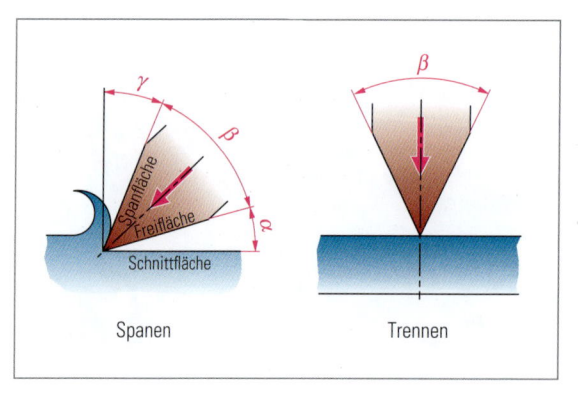

2: Spanen und Trennen mit dem Meißel

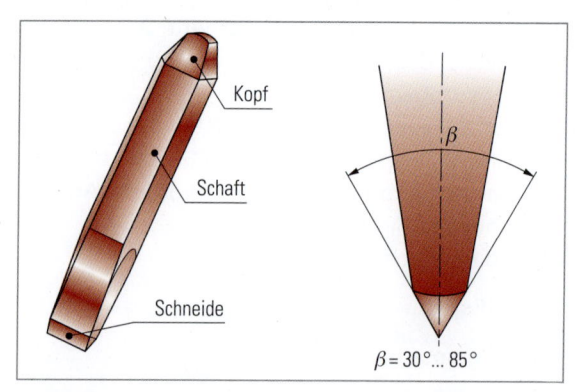

3: Keilförmige Werkzeugschneide am Meißel

handwerk-technik.de

Fertigungstechnik/Fertigungsprozesse ▶ Trennen ▶ Spanende Fertigung mit handgeführten Werkzeugen

Meißelart	Beschreibung	Meißelarbeit
	Der Flachmeißel hat eine gerade und breite Schneide. Er eignet sich zum Abscheren und zur Flächenbearbeitung und wird deshalb auch zum Entgraten und Verputzen von Gussstücken und Schweißnähten verwendet.	Abscheren am Schraubstock / Flächenbearbeitung
	Beim Kreuzmeißel bilden Schneide und Schaft ein Kreuz. Diese Anordnung eignet sich zum Aushauen von Nuten.	
	Der Nutenmeißel hat eine bogenförmige Schneide. Hiermit können Schmiernuten in Lagerschalen gefertigt werden.	Aushauen von Nuten
	Der Trennstemmer hat keine keilförmige Werkzeugschneide. Er dient zum Durchtrennen der Stege zwischen Bohrlöchern.	Bohrungen / Risslinie / Durchbrechen der Stege

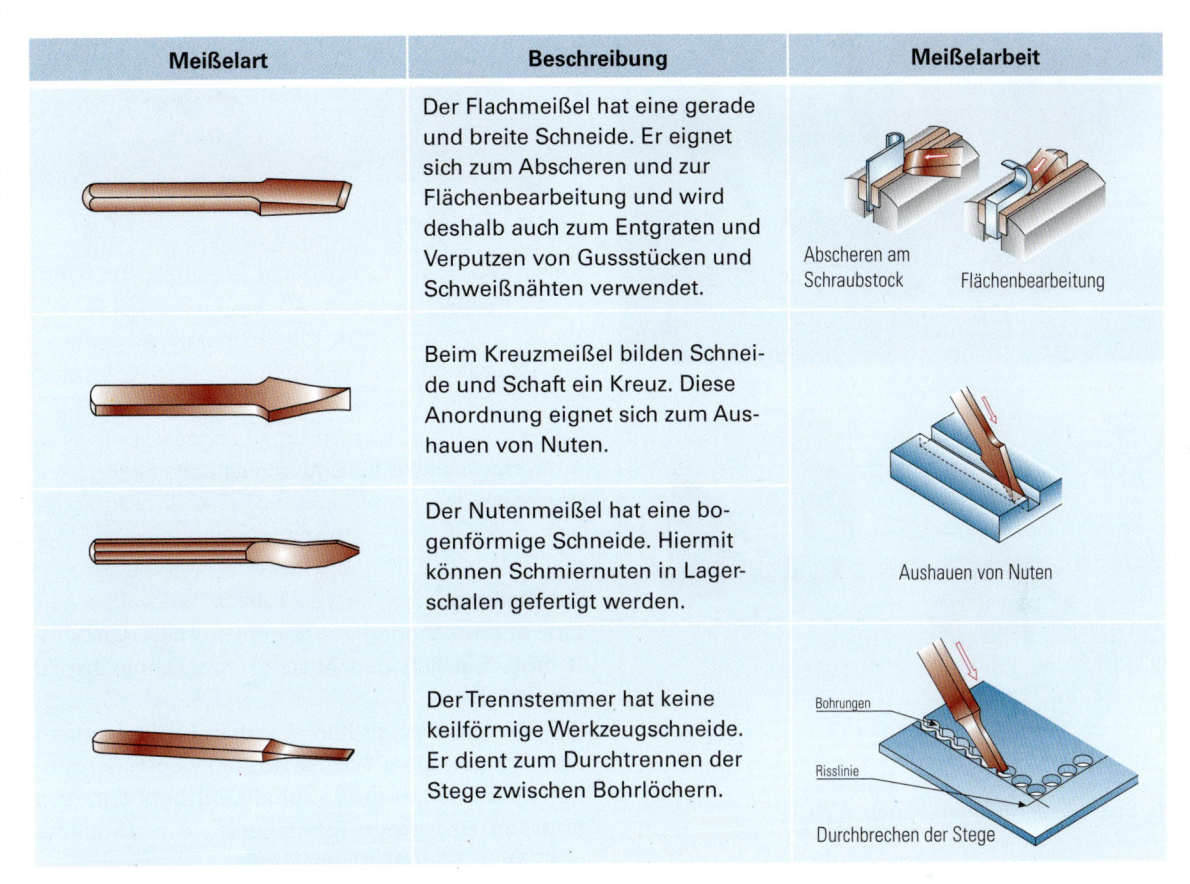

1: Meißelarten und deren Anwendung

Werkstatthinweise

- Nur Meißel mit scharfer Schneide verwenden.
- Meißelkopf grat- und fettfrei halten.
- Beim Meißeln auf die Meißelschneide schauen.

Übungen

1. Welche Meißelarbeiten können mit dem Flachmeißel durchgeführt werden?
2. Mit welchen Meißeln können Nuten gefertigt werden?
3. Skizzieren Sie einen Meißel mit einem Keilwinkel von 60° in zwei unterschiedlichen Schrägstellungen.
Bestimmen Sie jeweils Frei- und Spanwinkel. Welche Wirkung ergibt sich für die Spanbildung?
4. Erstellen Sie eine Mind-Map, die die Unfallgefahren beim Meißeln darstellt. Zu berücksichtigen sind Werkzeug (Meißel), Werkstück, Hilfsmittel (Hammer) und Mensch.

2: Flachmeißel mit Handschutz, Spitzmeißel

handwerk-technik.de

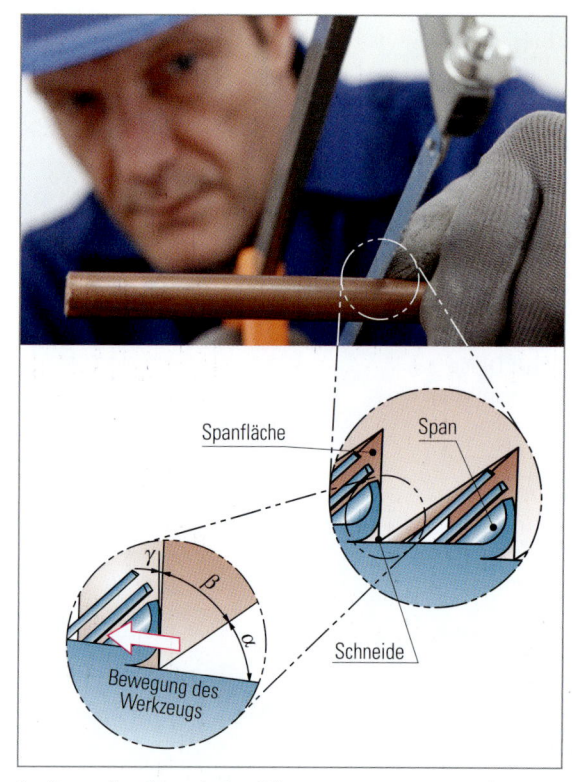

Fertigungstechnik/Fertigungsprozesse ▶ Trennen ▶ Spanende Fertigung mit handgeführten Werkzeugen

1: Spanabnahme beim Sägen

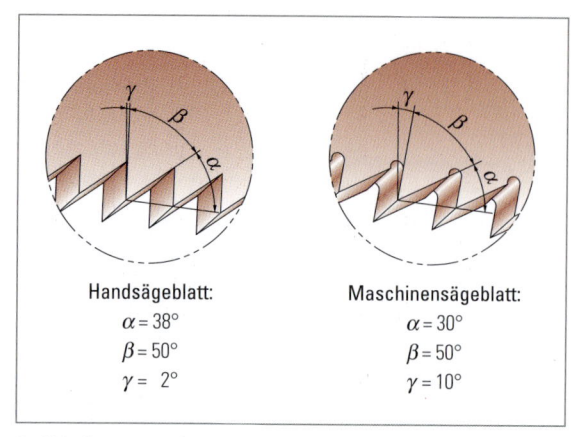

Handsägeblatt:
$\alpha = 38°$
$\beta = 50°$
$\gamma = 2°$

Maschinensägeblatt:
$\alpha = 30°$
$\beta = 50°$
$\gamma = 10°$

2: Werkzeugwinkel bei unterschiedlichen Sägeblättern

1.3.2 Sägen

Sägen sind spanende Werkzeuge, die zum Trennen, Einschneiden und Ausschneiden verwendet werden. Das Sägeblatt besteht aus vielen hintereinander liegenden Schneidkeilen. Beim Sägen kommen die Schneiden nacheinander zum Eingriff und trennen Späne ab. Die Zahnlücken nehmen die Späne auf und führen sie aus der Schnittfuge [Bild 1].

Winkel bei Sägeblättern

Der Keilwinkel β bei Sägeblättern beträgt für Stahl 50°. Er gibt dem Schneidkeil ausreichende Stabilität. Der Spanwinkel γ beim Maschinensägeblatt (10°) ist deutlich größer als beim Handsägeblatt (0 ... 2°). Ein großer Spanwinkel γ erleichtert die Spanabnahme. Der Schneidkeil dringt tief in den Werkstoff ein. Es entsteht ein dicker Span. Um diesen abzutrennen, ist eine große Kraft erforderlich. Da von Hand nur eine begrenzte Kraft aufgewendet werden kann, ist bei Handsägeblättern ein kleiner Spanwinkel γ von Vorteil [Bild 2].

Zahnteilung

Eine Kennzeichnung von Sägeblättern ist die Zahnteilung. Sie gibt den Abstand von Zahnspitze zu Zahnspitze an.

Bei weichen Werkstoffen (Aluminium) und langen Schnittfugen (über 40 mm) werden wegen der großen Spanmengen große Zahnlücken benötigt. Dies erfordert eine grobe Zahnteilung (14 ... 16 Zähne auf 25 mm Sägeblattlänge).

Für harte Werkstoffe und Werkstoffe unter 40 mm Dicke wird eine Zahnteilung von 22 ... 25 Zähnen empfohlen.

Für sehr harte Werkstoffe und für dünnwandige Profile und Rohre ist eine Zahnteilung von 32 Zähnen vorgesehen [Bild 3].

> **Merke**
> Eine **grobe Zahnteilung** eignet sich für weiche Werkstoffe und lange Schnittfugen.
> Eine **feine Zahnteilung** eignet sich für harte Werkstoffe und kurze Schnittfugen.

Damit das Sägeblatt nicht festklemmt, muss die Sägefuge breiter als die Dicke des Sägeblatts werden.

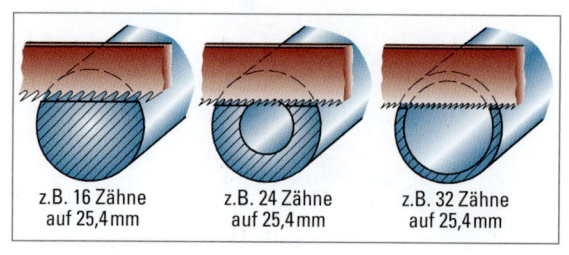

z.B. 16 Zähne auf 25,4 mm | z.B. 24 Zähne auf 25,4 mm | z.B. 32 Zähne auf 25,4 mm

3: Zahnteilung bei unterschiedlichen Werkstücken

Fertigungstechnik/Fertigungsprozesse ▶ Trennen ▶ Spanende Fertigung mit handgeführten Werkzeugen

Es gibt verschiedene Möglichkeiten, dieses **Freischneiden** des Sägeblatts zu erreichen:

- **Schränken**
- **Wellen**
- **Stauchen**

Beim **Schränken** wird abwechselnd ein Zahn rechts und ein Zahn links ausgebogen.
Beim **Wellen** werden mehrere hintereinander liegende Zähne nach rechts und anschließend die gleiche Anzahl nach links heraus gebogen.
Stauchen wendet man vor allem bei dicken Maschinensägeblättern an [Bild 1].
Durch das Stauchen ist die Zahnspitze breiter als der übrige Zahn.

> **Merke**
> Sägeblätter **schneiden frei**, wenn die Sägefugenbreite größer ist als die Sägeblattdicke.

Werkstatthinweise

- Bei der Handbügelsäge ist darauf zu achten, dass das Sägeblatt so eingespannt wird, dass es nur gering federt.
- Die Sägezähne müssen in Schnittrichtung zeigen.
- Schneller und genauer arbeiten Sägen, die elektrisch angetrieben werden [Bild 2].

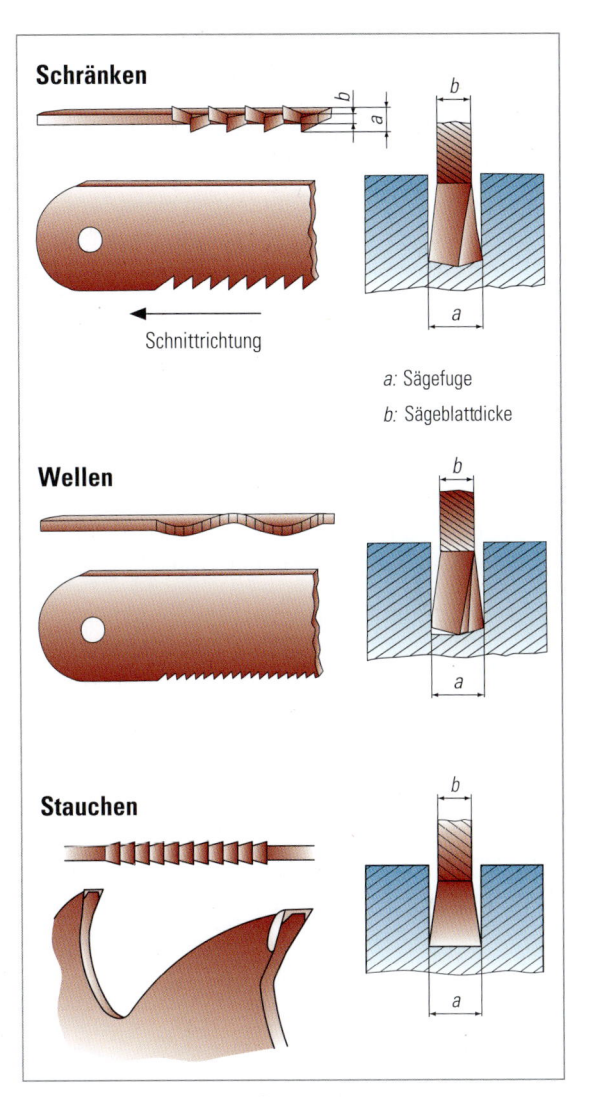

Schränken
Wellen
Stauchen
Schnittrichtung
a: Sägefuge
b: Sägeblattdicke

1: Freischneiden eines Sägeblatts

Bandsäge | Kapp- und Gehrungssäge (Kreissäge) | Rohrsäge

2: Elektrisch betriebene Sägen

Fertigungstechnik/Fertigungsprozesse ▶ Trennen ▶ Spanende Fertigung mit handgeführten Werkzeugen

Übungen

1. Welchen Einfluss haben Zahnteilung und Freiwinkel auf den Spanraum des Sägeblatts?

2. Bestimmen Sie die Zahnteilung eines Sägeblatts für ein dünnes und ein weiches Blech. Begründen Sie ihre Entscheidung.

3. Wie kann man ein Festklemmen des Sägeblattes verhindern?

4. Pos. 3–6 der Zuschnittliste (Bild 1) sollen aus Flachstahl 50 x 8 mm gesägt werden. Es steht Flachstahl in den Längen 3 m und 4 m Länge zur Verfügung. Der Verschnitt ist so gering wie möglich zu halten. Die Schnittbreite für das Sägeblatt beträgt je Schnitt 1 mm.

    a) Skizzieren Sie den Flachstahl mit möglicher Schnittaufteilung für die Einzelteile.

    b) Wie viele Meter Flachstahl werden insgesamt benötigt?

5. Bei Kreissägen werden oft Sägeblätter aus Hartmetallzähnen verwendet.

    a) Welchen Vorteil bietet hier Hartmetall gegenüber Werkzeugstahl?

    b) Warum wird nicht das gesamte Sägeblatt aus Hartmetall gefertigt?

6. Erklären Sie Ihrem Tischnachbarn, der Gruppe oder der Klasse die Mind-Map und erweitern Sie diese bei Bedarf [Bild 2].

7. Beschreiben Sie eine Maschinensäge aus Ihrem Betrieb und stellen sie diese der Klasse vor.

Pos.	Menge	Halbzeug	Zuschnitt	Bemerkung
1	1	Ro 42,4 x 3,2	450	
2	1	Ro 33,7 x 2,9	450	
3	3	Fl 50 x 8	309,5	
4	3	Fl 50 x 8	100	
5	1	Fl 50 x 8	200	
6	2	Fl 50 x 8	52	
7	1	Rd 12	144	

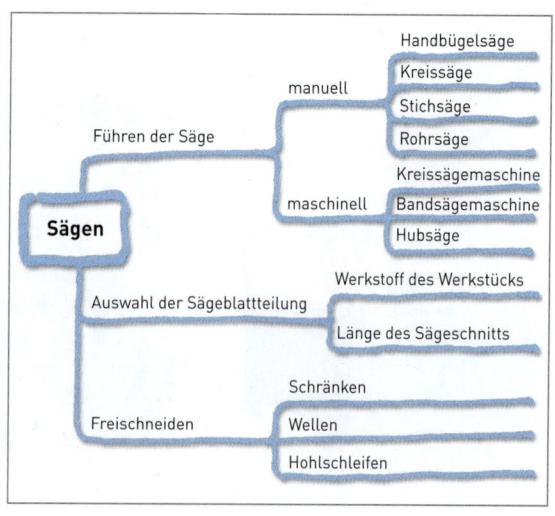

1: Zuschnittliste

2: Mind-Map Sägen

Fertigungstechnik/Fertigungsprozesse ▶ Trennen ▶ Spanende Fertigung mit handgeführten Werkzeugen

1: Feilenhaltung

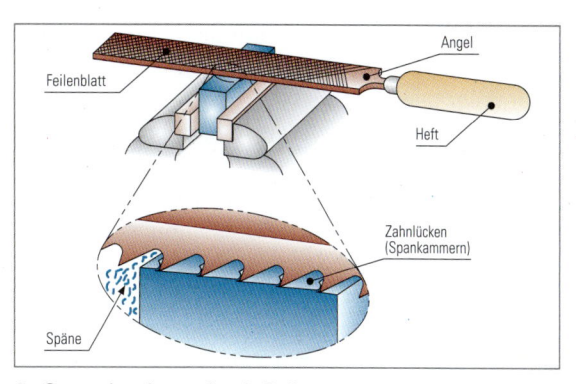

2: Spanabnahme durch Feilen

1.3.3 Feilen

Das Feilen hat durch den Einsatz von modernen Fertigungsverfahren an Bedeutung verloren.
Das Feilen von Hand ist nur noch für Nachfeil-, Entgrat- und Verfeinerungsarbeiten sowie für das Herstellen von Passungen bei handwerklicher Einzelfertigung üblich [Bild 1].
Die Feile ist ein spanendes Werkzeug mit einer Vielzahl hinter- und nebeneinander angeordneter geometrisch bestimmter Schneiden [Bild 2].
Sie besteht aus einem gehärteten Feilenblatt auf dem sich die gehauenen oder gefrästen Zähne befinden und der angelassenen, weichen Angel. Diese dient der Befestigung des Feilenhefts aus Holz oder Kunststoff.

Einteilung der Feilen

> **Merke**
> Nach der **Zahnform** unterscheiden sich gehauene und gefräste Feilen [Bild 3].

Bei **gehauenen Feilen** ergibt sich ein negativer Spanwinkel γ. Diese Feilen haben eine schabende Wirkung und nehmen daher kleine Späne ab. Die Feilen eignen sich für die Feinbearbeitung und zur Bearbeitung harter Werkstoffe wie z. B. Stahl und Grauguss.

Bei **gefrästen Feilen** ergibt sich ein positiver Spanwinkel. Diese Feilen besitzen eine schneidende Wirkung und nehmen größere Späne ab. Die Feilen werden vorwiegend für Schrupparbeiten und zur Bearbeitung von weichen Werkstoffen wie Aluminium, Kupfer, Zinn, Blei und Kunststoffen verwendet.

Ein Feilenblatt besteht aus hinter- und nebeneinander liegenden Schneidkeilen. Eine Schneidenreihe wird als **Hieb** bezeichnet.

Die **Hiebschräge** oder Hiebstellung ist der Winkel, den der Hieb mit der Längsachse der Feile bildet. Er beträgt je nach Feilenart 45° ... 70°. Eine große Hiebschräge erleichtert die Spanabfuhr.

Nach der **Hiebart** wird unterschieden in:

- Einhieb
- Kreuzhieb
- Raspelhieb [Bild 4]

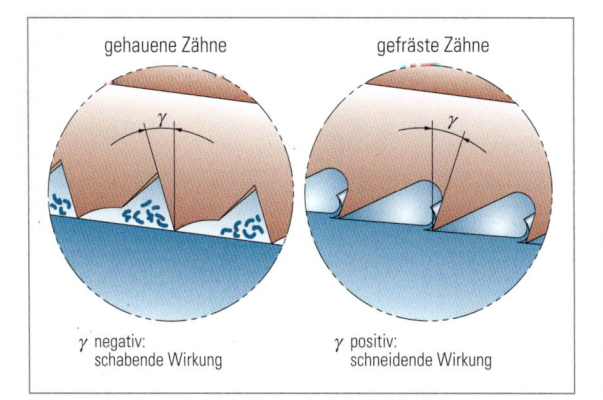

3: Spanwinkel bei unterschiedlichen Feilen

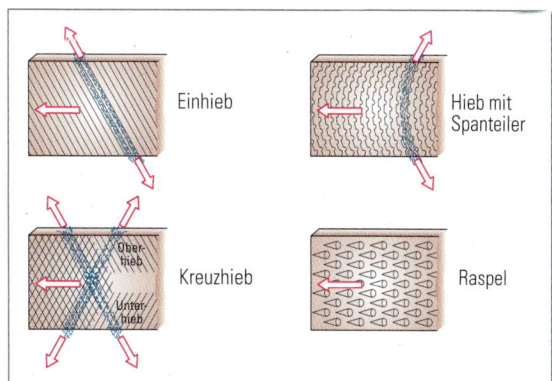

4: Spanabfuhr bei unterschiedlichen Hiebarten

handwerk-technik.de

Fertigungstechnik/Fertigungsprozesse ▶ Trennen ▶ Spanende Fertigung mit handgeführten Werkzeugen

Bei **einhiebigen Feilen** verläuft die Schneidenreihe zur besseren Spanabfuhr schräg oder bogenförmig. Spanteiler bewirken, dass nur schmale Späne entstehen. Diese Feilen werden zur Bearbeitung von weichen Metallen verwendet (z. B. Aluminium).

Kreuzhiebfeilen besitzen kreuzweise verlaufende Ober- und Unterhiebe. Es entstehen somit viele kleine Schneidkeile. Diese nehmen viele kurze, schmale Späne ab, und vermindern weitgehend Riefen am Werkstück. Die Feilen eignen sich gut zur Bearbeitung von härteren Werkstoffen wie Stahl, Messing und Gusswerkstoffen.

Raspeln haben einzelne, zahnartige Erhöhungen. Es werden vorwiegend Holz, Kork, Kunststoffe und Leder mit ihnen bearbeitet.

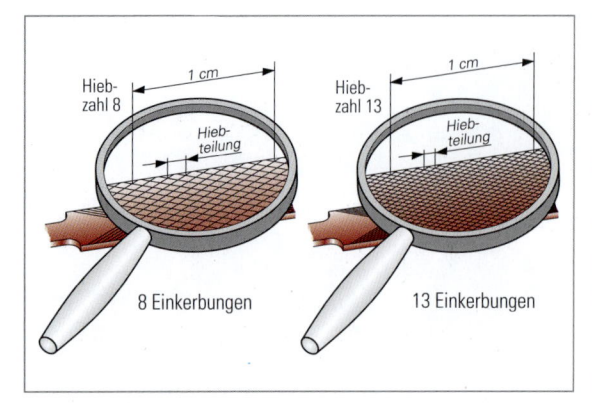

1: Hiebteilung und Hiebzahl

Die **Hiebzahl** ist die Anzahl der Hiebe je cm Feilenlänge (bei Kreuzhieb bezogen auf den Oberhieb). Ein kleiner Abstand zwischen den Feilenzähnen bedeutet eine große Anzahl von Hieben je cm Feilenlänge [Bild 1]. Bei Werkstattfeilen variieren die Hiebzahlen um ca. +/- 8 %.

Die **Hiebteilung** ist der Abstand von einem Hieb zum anderen, gemessen in Achsrichtung der Feile.

Zum Fertigen unterschiedlicher Werkstückgeometrien müssen die **Feilenquerschnitte** entsprechend gestaltet werden [Bild 3].

Ecken können mit Dreikant- und Halbrundfeilen hergestellt werden. Für die Nacharbeit an Flächen werden flachstumpfe Feilen verwendet.

Hieb Nr.	Hiebart	Hiebe je cm	Oberflächen	Spanabnahme
0	grob	15	Schruppen	mehr als 0,5 mm
1	Bastard	17	Schruppen	0,5 mm
2	halbschlicht	22	Schlichten	0,2–0,5 mm
3	schlicht	28	Schlichten	0,2–0,5 mm
4	doppelschlicht	35	Feinschlichten	weniger als 0,2 mm

2: Einteilung der Feilen nach Hiebnummer

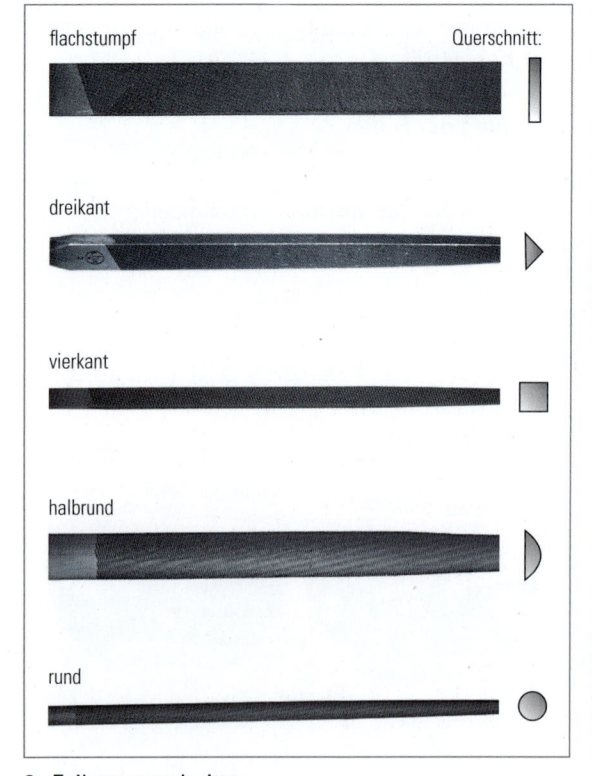

3: Feilenquerschnitte

handwerk-technik.de

Fertigungstechnik/Fertigungsprozesse ▶ Trennen ▶ Spanende Fertigung mit handgeführten Werkzeugen

Werkstatthinweise

- Für Feilarbeiten nach Möglichkeit Werkstück in den Schraubstock einspannen.
- Das Werkstück darf beim Einspannen nicht beschädigt werden, deshalb sind Schutzbacken zu verwenden [Bild 1].
- Beim Feilen darf nur beim Vorwärtsschieben Druck auf die Feile ausgeübt werden. Wird die Feile beim Zurückziehen beansprucht, werden die Feilenzähne rasch stumpf.
- Durch Einreiben der Feile mit Kreide kann ein Festsitzen der Späne in der Feile vermieden werden.
- Zum Reinigen der Feile von festsitzenden Spänen eignet sich eine Feilenbürste. Bei feinhiebigen Feilen wird mit einem Kupfer- oder Messingblech durch die Feile gekämmt.

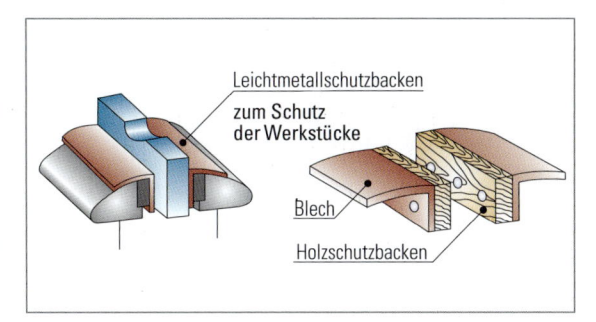

Übungen

1. Weshalb können mit mehrschneidigen Werkzeugen große Zerspanleistungen erzielt werden? Nennen Sie mehrschneidige Werkzeuge.
2. Beim Arbeiten mit der Feile entstehen Späne.
   a) Welche Nachteile können sich ergeben, wenn sich in den Zahnlücken zu viele Späne sammeln?
   b) Wie kann dies verhindert werden?
3. Welcher Keilwinkel ergibt sich bei einem negativen bzw. positiven Spanwinkel?
4. Unterscheiden Sie den Zerspanvorgang mit einer gehauenen und einer gefrästen Feile!
5. Nennen Sie Einsatzgebiete von einhiebigen Feilen, Feilen mit Kreuzhieb und Raspeln.
6. Welchen Einfluss hat die Hiebzahl einer Feile auf die Spanabnahme?
7. Benennen Sie vier Feilen nach ihrer Querschnittsform.
8. **Fertigungsplanung** [Bilder 2+3]
   Für eine Anlage muss untenstehender Schieber aus einem Rohling von 30 x 20 x 92 (mm) aus S235JR hergestellt werden. Es stehen nur manuelle Werkzeuge zur Verfügung. Alle Flächen sind zu schlichten und die Allgemeintoleranzen nach ISO 2768-m sind einzuhalten (siehe Kapitel „Toleranzen"). Ergänzen Sie den Fertigungsplan.

1: Schutzbacken zum Spannen im Schraubstock

Lfd. Nr.	Arbeitsgang	Werkzeuge	Hilfsstoffe
1	Rohmaße prüfen	Stahlmaß	
2	Grundfläche eben feilen	Flachstumpffeile (Schruppen und Schlichten)	
3			

2: Muster eines Fertigungsplans

3: Schieber

Fertigungstechnik/Fertigungsprozesse ▶ Trennen ▶ Spanende Fertigung von Bauteilen mit Maschinen

1.4 Spanende Fertigung von Bauteilen mit Maschinen

1.4.1 Bewegungen an spanenden Werkzeugmaschinen

Maschinelle Fertigungsverfahren sind das Bohren, Drehen und Fräsen. Mit der keilförmigen Werkzeugschneide wird ein Span abgetrennt. Das entstehende Spanvolumen wird bestimmt durch die Länge, Breite und Dicke des Spans. Damit ein Span abgetragen werden kann, muss eine Werkzeugmaschine folgende Bewegungen ausführen können [Bilder 1–3].

> **Merke**
> Die **Schnittbewegung** bestimmt die Spanlänge.
> Die **Vorschubbewegung** bestimmt die Spandicke.
> Die **Zustellbewegung** beeinflusst die Spanbreite.

Die **Schnittbewegung** ist die Bewegung zwischen Werkzeugschneide und Werkstück, die ohne Vorschubbewegung nur eine einmalige Spanabnahme während einer Umdrehung oder eines Hubs bewirken würde. Sie verläuft bei allen drei Fertigungsverfahren kreisförmig. Somit entsteht ein fortlaufender Span. Beim Drehen wird die Schnittbewegung vom Werkstück, beim Bohren und Fräsen vom Werkzeug ausgeführt.

Die **Vorschubbewegung** ist die Bewegung zwischen Werkzeugschneide und Werkstück, die zusammen mit der Schnittbewegung eine mehrmalige Spanabnahme während mehrerer Umdrehungen ermöglicht. Sie verläuft bei allen drei Fertigungsverfahren geradlinig. Beim Bohren und Drehen wird die Vorschubbewegung vom Werkzeug, beim Fräsen vom Werkstück ausgeführt.

Die **Zustellbewegung** ist die Bewegung zwischen Werkzeugschneide und Werkstück, die die Breite der abnehmenden Schicht bestimmt. Beim Drehen und Fräsen verläuft sie geradlinig und senkrecht zum Vorschub. Beim Drehen wird die Bewegung vom Werkzeug, beim Fräsen vom Werkstück ausgeführt. Beim Bohren wird die Spanungsbreite durch den Durchmesser des Bohrers festgelegt. Daher ist keine Zustellbewegung notwendig.

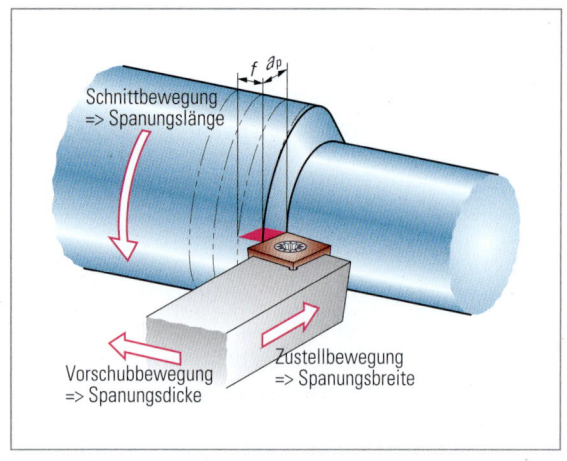

1: Bewegung beim Drehen

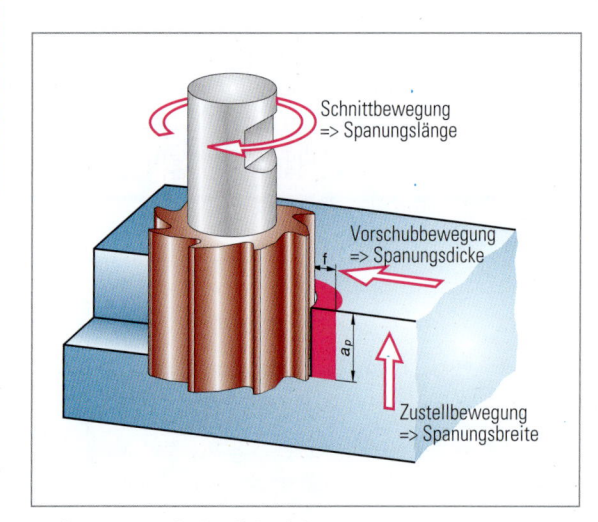

2: Bewegung beim Stirnfräsen

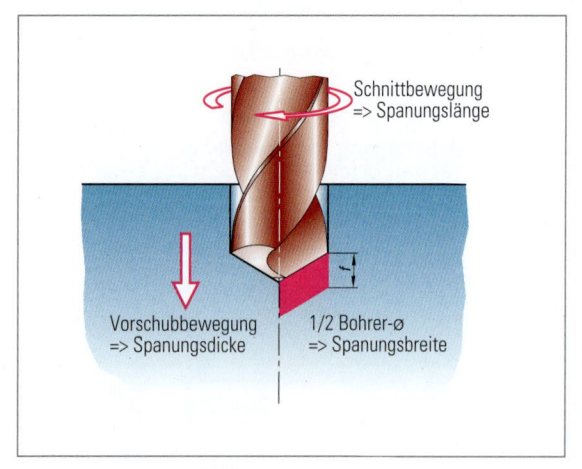

3: Bewegung beim Bohren

handwerk-technik.de

Fertigungstechnik/Fertigungsprozesse ▶ Trennen ▶ Spanende Fertigung von Bauteilen mit Maschinen

> **Merke**
> Bewegungen an Werkzeugmaschinen können **kreisförmig** oder **geradlinig** verlaufen.
> Die Bewegungen können vom **Werkstück** oder vom **Werkzeug** ausgeführt werden.

Damit die Werkzeugmaschine die Bewegungen ausführen kann, müssen bestimmte Größen eingestellt werden:

- Für die Schnittbewegung die **Schnittgeschwindigkeit** v_c in der Einheit $\frac{m}{min}$.
- Für die Vorschubbewegung der **Vorschub** f je Umdrehung in der Einheit **mm**.
- Es kann auch die **Vorschubgeschwindigkeit** v_f in der Einheit $\frac{mm}{min}$ angegeben werden.
- Für die Zustellbewegung die **Zustellung** a_p in der Einheit **mm**.

Diese Schnittdaten sind den Angaben der Werkzeughersteller oder dem Tabellenbuch zu entnehmen. Es ist Folgendes zu beachten:

- Es wird ein geringer Vorschub gewählt, wenn es sich um einen festeren Werkstoff handelt.
- Eine hohe Schnittgeschwindigkeit und geringer Vorschub ergibt gute Zerspanungsbedingungen und somit eine saubere Oberfläche.
- Für eine lange Standzeit des Werkzeugs sollte ein geringer Vorschub gewählt werden.
- Bei geringer Kühlschmierung müssen niedrige Geschwindigkeiten eingestellt werden.

Übungen

1. Um einen Span abzutrennen, sind drei Bewegungen erforderlich. Beschreiben und skizzieren Sie diese an einem selbst gewählten Beispiel.
2. Warum ist es vorteilhaft, wenn zur Spanabnahme eine Bewegung kreisförmig erfolgt?

1.4.2 Kühlschmierstoffe

Beim Zerspanen wird unerwünschte Wärmeenergie freigesetzt, deshalb ist eine Kühlung erforderlich [Bild 1].
Kühlschmierstoffe sollen vorrangig:

- die Wärme von der Wirkstelle (Eingriffspunkt von Werkzeug und Werkstück) transportieren → **Kühlen**
- die Reibung an Span- und Freifläche vermindern → **Schmieren**
- den Verschleiß am Werkzeug reduzieren → **Schmieren**
- die Oberflächenqualität des Werkstücks verbessern → **Schmieren**

Kühlschmierstoffarten
Es gibt wassermischbare und nicht wassermischbare Kühlschmierstoffe.

Wassermischbare Kühlschmierstoffe
Es handelt sich hier um Konzentrate, die mit Wasser gemischt werden. Der Wasseranteil kann bis zu 98 % betragen. Die Konzentrate haben die Aufgabe, die Schmier- und Benetzungsfähigkeit der Mischung zu verbessern. Sie verhindern auch die Korrosion. In konzentrierter Form können sie Haut und Atemwege verletzen. Der hohe Wasseranteil garantiert eine gute Kühlwirkung.

Nicht wassermischbare Kühlschmierstoffe
Dies sind Mineralöle, die entsprechende Zusätze zur Verbesserung der Schmierfähigkeit und des Korrosionsschutzes enthalten. Sie zeichnen sich durch eine gute Schmierwirkung aus.

1: Kühlschmierung beim Drehen

Fertigungstechnik/Fertigungsprozesse ▶ Trennen ▶ Spanende Fertigung von Bauteilen mit Maschinen

Merke

Wassermischbare Kühlschmierstoffe besitzen eine hohe Kühlwirkung und eine geringe Schmierwirkung.
Nicht wassermischbare Kühlschmierstoffe haben eine gute Schmierwirkung und eine geringere Kühlwirkung.

Werkstatthinweise

- Achtung, Kühlschmierstoffe können Haut und Atemwege gefährden.
- Vor und nach dem Kühlschmiermittelkontakt ist eine gewissenhafte Hautpflege erforderlich.
- Kühlschmierstoffe in regelmäßigen Abständen auf ihre Zusammensetzung hin kontrollieren.
- Entsorgung der Kühlschmierstoffe muss fachgerecht nach Gefahrstoffverordnung und Betriebsanweisung erfolgen.

1.4.3 Anreißen

Beim Anreißen werden die Zeichnungsmaße auf das Werkstück übertragen. Auf der Werkstückoberfläche werden feine Risslinien aufgebracht. Um die Linien besser sichtbar zu machen, werden die Werkstücke mit Anreißlack, Kupfervitriol oder Schlämmkreide bestrichen. Bohrungsmittelpunkte werden durch Ankörnen gekennzeichnet [Bild 1].

1: Ankörnen

Wichtige Hilfsmittel zum Anreißen sind:

- Reißnadel
- Anreißzirkel
- Parallelhöhenreißer
- Körner und Hammer
- Anreißplatte
- Prisma
- Stahllineal
- Anschlagwinkel
- Winkelmesser
- Zentrierwinkel

Die **Reißnadel** ist aus Stahl oder Messing. Sie wird zum Anreißen von metallischen Werkstücken benutzt. Für Werkstücke aus Aluminium wird der Bleistift verwendet, um Kerben zu vermeiden [Bild 2].

2: Reißnadel

Der **Anreißzirkel** wird zum Anreißen von Bohrungen und Radien verwendet. Die Spitzen des Zirkels sind, wie bei der Reißnadel, geschliffen und gehärtet [Bild 3].

3: Anreißzirkel

Der **Parallelhöhenreißer** hat auf der Maßschiene eine Millimeterteilung und auf dem Schieber einen Nonius. Er wird zum Anreißen von Linien verwendet, die parallel zur Anreißplatte verlaufen [Bild 4].

4: Parallelhöhenreißer

Der **Körner** [Bild 5] hat eine gehärtete Spitze. Er ist ähnlich aufgebaut wie ein Meißel. Der Keilwinkel beträgt 60°. Er wird zum Ankörnen von Bohrungsmittelpunkten und zur besseren Kennzeichnung von Anreißlinien verwendet.

5: Körner

handwerk-technik.de

Fertigungstechnik/Fertigungsprozesse ▶ Trennen ▶ Spanende Fertigung von Bauteilen mit Maschinen

Die **Anreißplatte** ist meist aus Gusseisen. Sie wird waagerecht justiert aufgestellt.

Werkstatthinweise

- Anreißplatten dienen **nur** zum Anreißen.
- Anreißplatten **nie** als Unterlage für das Körnen verwenden.

Das **Prisma** wird zum Auflegen von zylinderförmigen Werkstücken auf der Anreißplatte verwendet. Das **Stahllineal und der Winkelmesser** werden zum Messen und genauen Anreißen von Werkstücken verwendet [Bild 1].

1: Stahllineal

Der **Zentrierwinkel** wird zur Bestimmung des Mittelpunktes von zylinderförmigen Werkstücken verwendet [Bild 2].

2: Zentrierwinkel

1.4.4 Bohren

Bei der Gelenklasche [Bild 3] müssen noch die Bohrungen und Gewinde angebracht werden.
Bohren ist Spanen mit geometrisch bestimmten Schneiden zur Herstellung von kreisrunden zylindrischen Löchern. Der Bohrungsmittelpunkt wird angerissen und gekörnt [Bild 4]. So wird die Bohrposition bestimmt und der Bohrer kann sich zentrieren. Der geeignete Bohrer wird ausgewählt und im Bohrfutter befestigt. Das zu bearbeitende Werkstück wird eingespannt und nach Einstellung der Maschine bearbeitet.
Zum Bohren werden üblicherweise Spiralbohrer verwendet. Sie besitzen zwei Werkzeugschneiden,

an denen die Spanabnahme erfolgt. Die erforderlichen Bewegungen werden vom Werkzeug ausgeführt. Durch die kreisförmige Schnittbewegung und die geradlinige Vorschubbewegung dringen

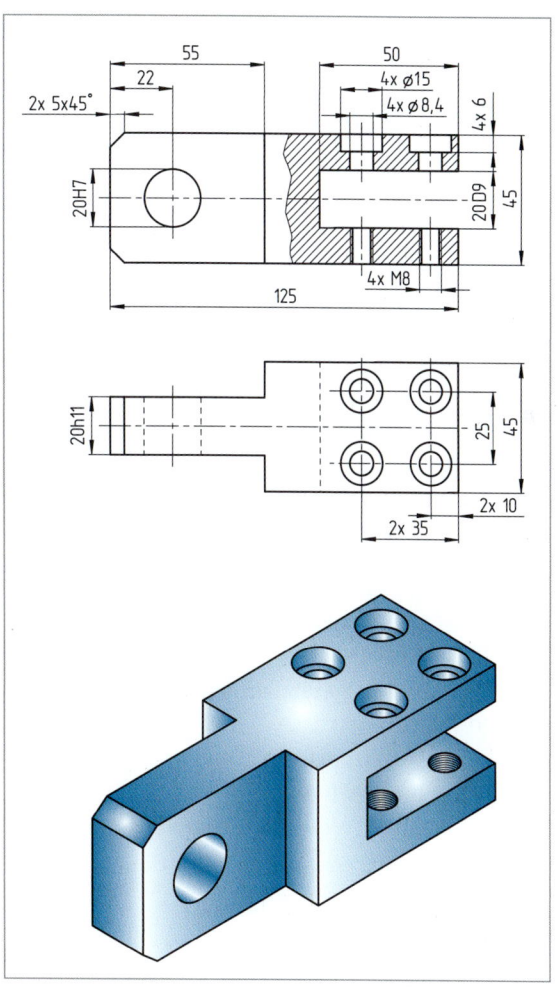

3: Gelenklasche

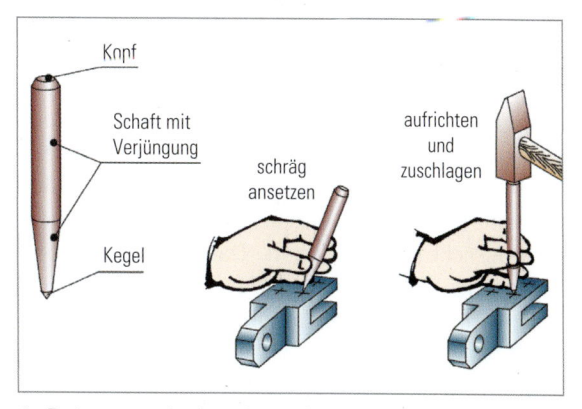

4: Bohrungsmittelpunkte ankörnen

handwerk-technik.de

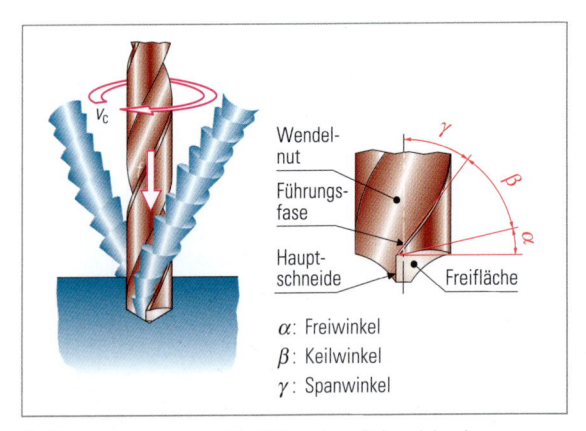

1: Bewegungen und keilförmige Schneide des Spiralbohrers

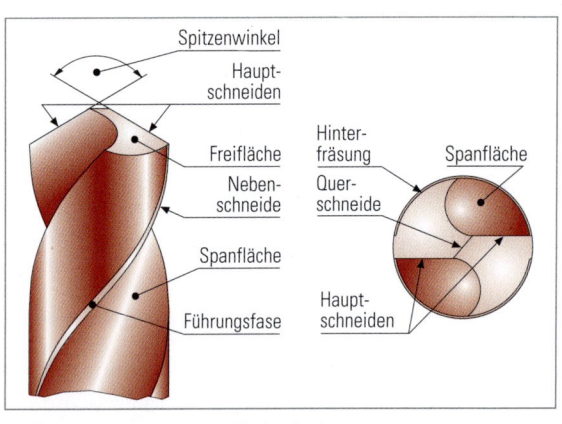

α: Freiwinkel
β: Keilwinkel
γ: Spanwinkel

2: Bezeichnungen am Spiralbohrer

die beiden Hauptschneiden stetig in den Werkstoff ein und trennen Späne ab. Diese werden über die wendelförmige Nut aus dem Bohrloch abgeführt. Der Bohrer wird an den Fasen im Bohrloch geführt [Bild 1]. Diese sind schmal, damit die Reibung an der Bohrlochwandung so gering wie möglich ist.

Merke

Spiralbohrer besitzen für die Zerspanung günstige Winkel an den Schneiden (Spitzenwinkel bei Stahl 118°) [Bild 2, S. 19].

Sie haben eine **stabile Einspannmöglichkeit** am Schaft.

Bohrer besitzen durch die Führungsfasen eine **gute Führung**.

Die Späne werden selbsttätig abgeführt.

Beim Nachschleifen bleibt der Bohrerdurchmesser gleich.

Winkel und Flächen am Spiralbohrer

An der Bohrerspitze besitzt der Bohrer zwei **Hauptschneiden** mit schneidender Wirkung [Bild 2]. Der Winkel zwischen den beiden Hauptschneiden heißt Spitzenwinkel. Am Schneidteil mit den beiden Fasenkanten befinden sich zwei **Nebenschneiden**.
Zwischen den Hauptschneiden befindet sich die **Querschneide**. Diese soll mit den Hauptschneiden einen Winkel von 55° bilden. Die Querschneide hat eine schabende Wirkung und erhöht so die erforderliche Vorschubkraft. Daher sollten große Bohrungen vorgebohrt werden. Der Bohrerdurchmesser beim Vorbohren entspricht der Querschneidenlänge des großen Bohrers [Bild 4].
Eine andere Methode die Vorschubkraft zu verringern ist das Ausspitzen des Spiralbohrers [Bild 4].

Schleifen des Bohrers

Damit genaue Bohrungsdurchmesser entstehen und beide Schneiden gleich beansprucht werden, muss die Bohrerspitze symmetrisch geschliffen werden. Um Schleiffehler zu vermeiden, sollte der Anschliff mit Schleiflehren geprüft werden [Bild 3].

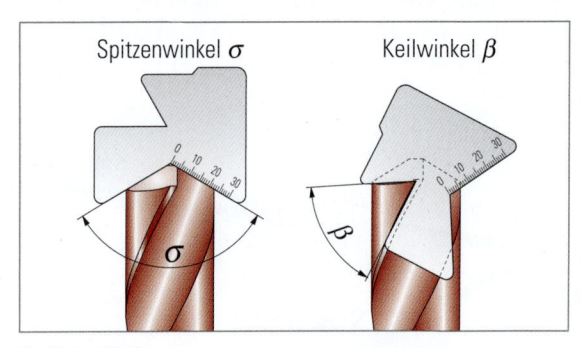

3: Schleiflehren

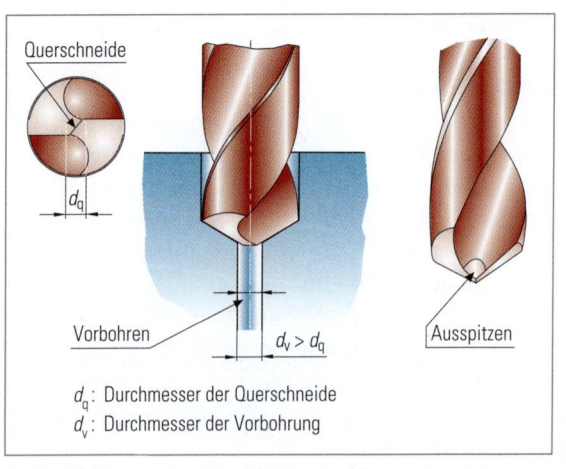

d_q: Durchmesser der Querschneide
d_v: Durchmesser der Vorbohrung

4: Vorbohren oder Ausspitzen der Querschneide zur Verringerung der Vorschubkraft

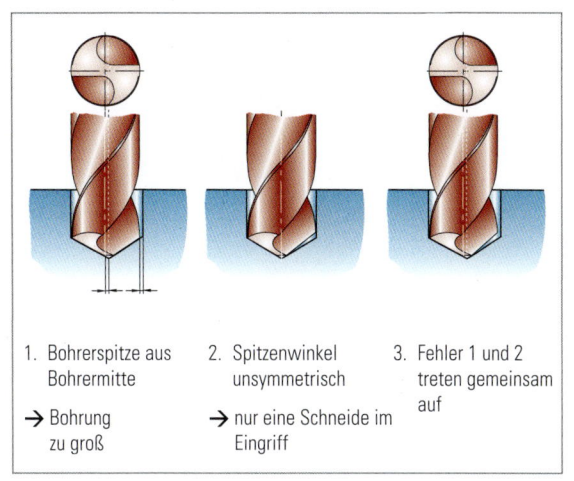

Fertigungstechnik/Fertigungsprozesse ▶ Trennen ▶ Spanende Fertigung von Bauteilen mit Maschinen

1. Bohrerspitze aus Bohrermitte
→ Bohrung zu groß

2. Spitzenwinkel unsymmetrisch
→ nur eine Schneide im Eingriff

3. Fehler 1 und 2 treten gemeinsam auf

1: Auswirkungen von fehlerhaften Bohreranschliffen

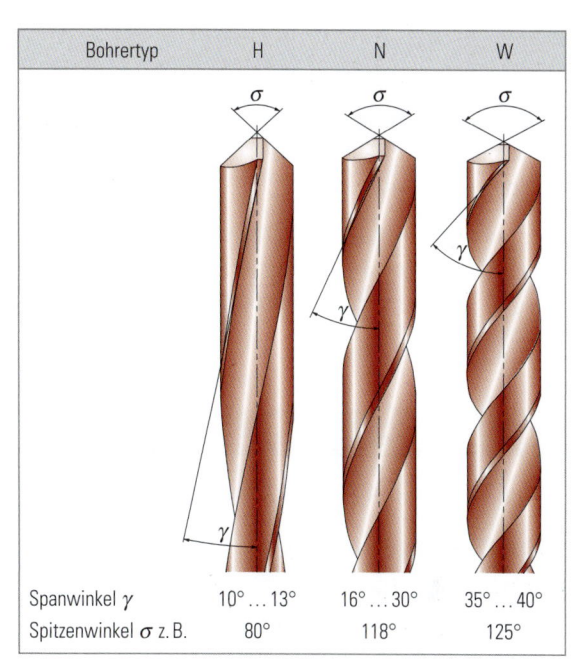

Bohrertyp	H	N	W
Spanwinkel γ	10°...13°	16°...30°	35°...40°
Spitzenwinkel σ z. B.	80°	118°	125°

2: Spiralbohrertypen für verschiedene Werkstoffe

Schleiffehler

- Bei **zu kleinem Spitzenwinkel** sind die Schneidkanten S-förmig, die Lochwandung ist rau
  → kurze Standzeit [Bild 1].

- Bei **zu großem Spitzenwinkel** sind die Schneidkanten hakenförmig, die Lochwandung wird rau
  → der Bohrer hakt ein.

- Bei **zu kleinem Hinterschliff** ist der Freiwinkel zu klein, die Vorschubkraft wird zu groß
  → der Bohrer kann brechen.

- Bei **zu großem Hinterschliff** ist der Freiwinkel zu groß, die Schneidkanten sind schwach
  → der Bohrer kann haken und an der Schneide ausbrechen.

- Bei **ungleich langen Schneidkanten** liegt die Spitze nicht in der Achse des Bohrers. Die längere Schneidseite wird einseitig beansprucht
  → die Bohrung wird zu groß.

- Bei **ungleichen Winkeln** an den Schneidkanten arbeitet nur eine Schneidkante. Der Bohrer wird schnell stumpf
  → die Bohrung wird ungenau.

- Bei **ungleichen Schneidkanten und Winkeln** wird der Bohrer nur einseitig beansprucht
  → die Bohrung wird zu groß.

Für **verschiedene Werkstoffe** stehen unterschiedliche Bohrertypen zur Verfügung [Bild 2]:

Typ N für normale Werkstoffe, z. B. Stahl, harte Aluminiumlegierungen
Typ H für harte Werkstoffe, z. B. Schichtpressstoffe, Hartgummi und Hartguss
Typ W für weiche Werkstoffe z. B. Kupfer, Aluminium und weiche Aluminiumlegierungen
Für **dünne Bleche** gibt es Sonderbohrer.

Bohrmaschinen mit leistungsfähigen Antrieben erbringen hohe Drehmomente und ermöglichen einen gleichmäßigen Bewegungsablauf während des Zerspanvorgangs. Wenn die den Prozess beeinflussenden Größen beim Bohren richtig gewählt werden, sind Wirtschaftlichkeit und die Produktqualität gewährleistet [Bild 2, S. 18].

Die zu wählende **Schnittgeschwindigkeit v_c** ist abhängig:

- vom Werkstoff des Werkzeugs und des Werkstücks
- von der Kühlschmierung

Der zu wählende **Vorschub f** hängt ab:

- vom Werkstoff des Werkzeugs und des Werkstücks
- vom Durchmesser des Bohrers

Schnittdaten sind Tabellen zu entnehmen.

handwerk-technik.de

Fertigungstechnik/Fertigungsprozesse ▸ Trennen ▸ Spanende Fertigung von Bauteilen mit Maschinen

Es gilt: $v_c = d \cdot \pi \cdot n$

v_c: Schnittgeschwindigkeit in m/min
d: Bohrerdurchmesser
π: Kreiskonstante pi (3,14...)
n: in $\frac{1}{min}$ oder min^{-1}

Oft sind an Bohrmaschinen Nomogramme vorhanden, die eine schnelle Bestimmung der Umdrehungsfrequenz n ohne Berechnung ermöglichen [Bild 1, S. 21].

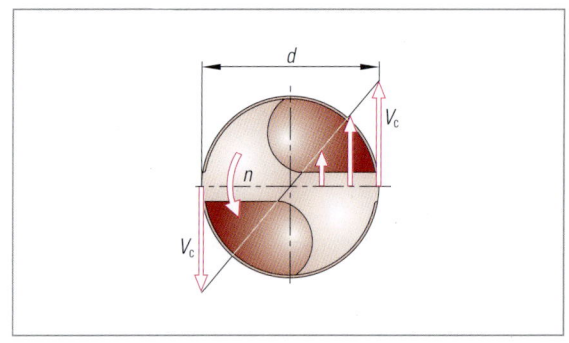

1: Bewegungen und Durchmesser beim Bohrer

Beispiel

- der Bohrerdurchmesser beträgt 8,4 mm
- die Schnittgeschwindigkeit beträgt 30 $\frac{m}{min}$

Mithilfe des Schnittpunktes A wird die Umdrehungsfrequenz ermittelt (hier ca. 1100 $\frac{1}{min}$)

Übungen

1. Bestimmen Sie die Umdrehungsfrequenz n, wenn der Bohrerdurchmesser d = 5, 10, 20 mm beträgt. Die Schnittgeschwindigkeit v_c beträgt 20 $\frac{m}{min}$.

2. Ein HSS-Spiralbohrer mit einem Durchmesser von 25 mm zerspant einen unlegierten Baustahl mit einer Umdrehungsfrequenz von n = 320 $\frac{1}{min}$. Berechnen Sie die Schnittgeschwindigkeit in $\frac{m}{min}$. Kontrollieren Sie mithilfe der Tabelle [Bild 3], ob die zulässige Schnittgeschwindigkeit überschritten wurde.

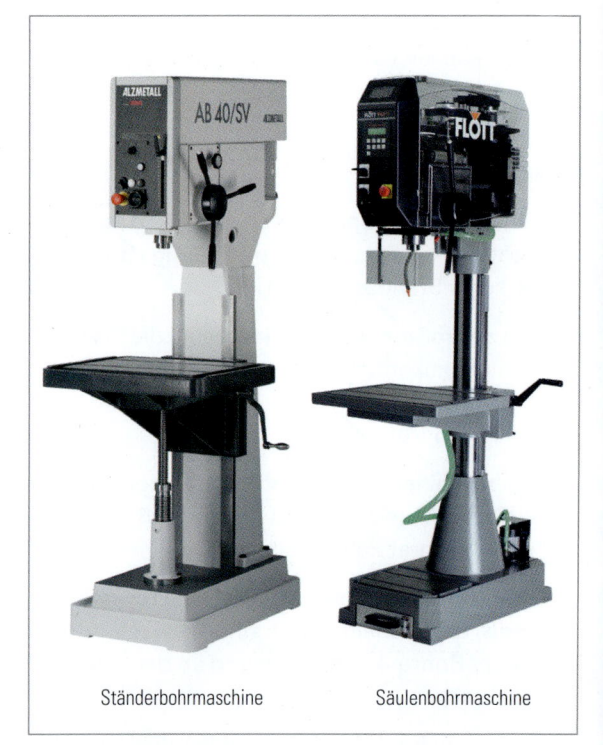

2: Bohrmaschinen (Ständerbohrmaschine, Säulenbohrmaschine)

Werkstoff	Reiben v_c in $\frac{m}{min}$	Flachsenken v_c in $\frac{m}{min}$	Bohren v_c in $\frac{m}{min}$
unlegierter Stahl	4...12	6...14	25...32
legierter Stahl	4...10	8...10	16...20
CuZn-Legierung	10...20	25...30	32...40
Al-Legierung	8...20	20...25	40...50

3: Richtwerte für Schnittgeschwindigkeiten v_c in $\frac{m}{min}$ für HSS-Werkzeuge

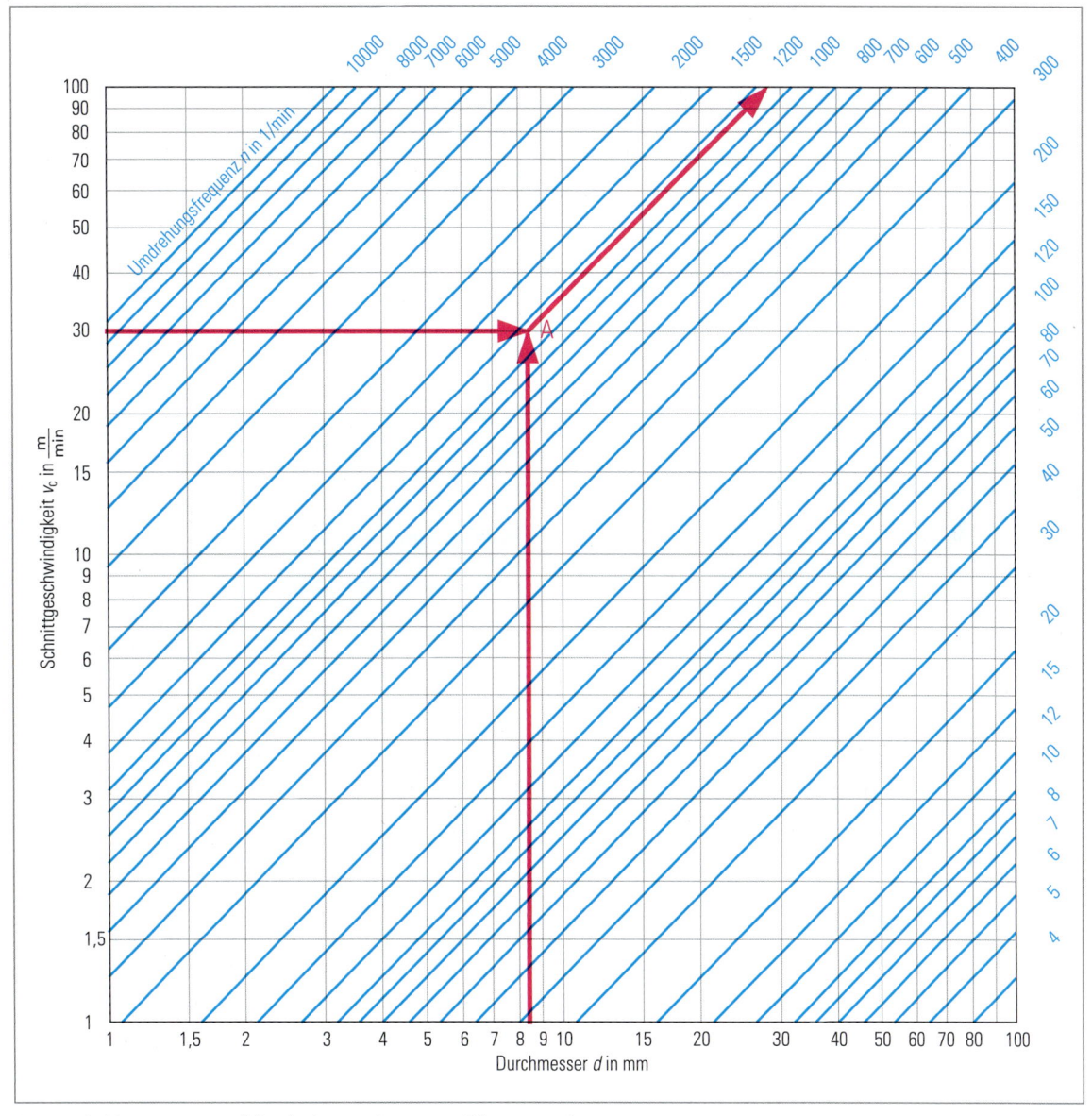

Fertigungstechnik/Fertigungsprozesse ▶ Trennen ▶ Spanende Fertigung von Bauteilen mit Maschinen

1: v_c–d–Nomogramm (Umdrehungsfrequenz-Diagramm)

Maßnahmen zur Unfallverhütung:

- Vor der Arbeit an einer Maschine ist die Fachkraft ausreichend in Funktion und Bedienung einzuweisen.
- Beim Bohren ist eng anliegende Kleidung zu tragen.
- Lange Haare sind durch Mütze oder Haarnetz zu schützen.
- Werkstücke und Werkzeuge sind sicher zu spannen.
- Späne gefährden Sie und Ihre Umgebung. Daher sind Schutzbrille und Schutzschilde zu verwenden.
- Zum Messen, Reinigen und Schmieren muss die Maschine abgeschaltet werden.

handwerk-technik.de

Übungen

1. Bestimmen und beschreiben Sie den Einsatz der Bohrertypen H, N und W.
2. Weshalb muss die Bohrerspitze symmetrisch geschliffen sein?
3. Erläutern Sie den Zusammenhang zwischen Querschneide und Vorschubkraft.
4. Formulieren Sie zu jeder Einflussgröße auf die Schnittgeschwindigkeit eine Aussage mit „je … desto".
5. Welche Auswirkungen auf die Auswahl des Vorschubs beim Bohren haben kleine Bohrerdurchmesser und harter Werkstoff des Werkstücks?
6. Was bewirkt die Einstellung einer a) höheren oder b) niedrigeren Umdrehungsfrequenz als die Berechnete?
7. Vervollständigen Sie die Mind-Map zum Thema Bohren und präsentieren Sie diese Ihren Mitschülern [Bild 1].
8. Nennen Sie mindestens vier Maßnahmen zur Unfallverhütung beim Bohren.

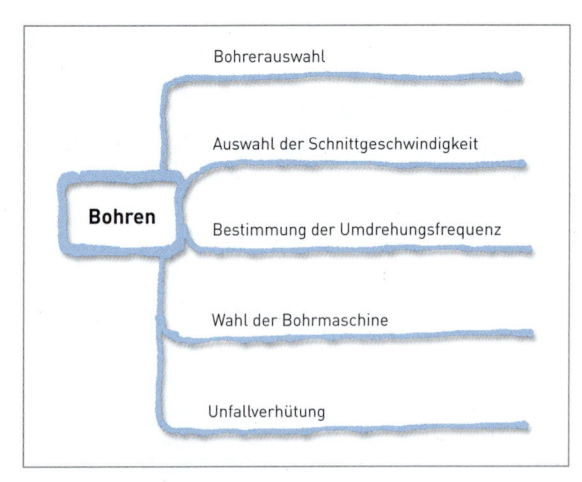

1: Mind-Map Bohren

1.4.5 Senken

Senken ist ein spanabhebendes Arbeitsverfahren zur Weiterbearbeitung von Bohrungen und Planflächen.

Aufgaben des Senkens:

- Entgraten von Bohrungen
- Herstellen von Auflageflächen für Schraubenköpfe
- Erweitern von Bohrungen

Nach dem Bohren wird gesenkt, damit von scharfen Kanten an Bohrungen keine Verletzungsgefahr ausgeht. Das spätere Fügen von Bauteilen wird durch die Senkungen erleichtert. Senker sind ein oder mehrschneidige Werkzeuge [Bild 1, S. 23].

Senkerarten:

- Senker für zylindrische Bohrungen (Spiralsenker)
- Senker für Planflächen (Plansenker, z. B. Flachsenker)
- Senker für Formbohrungen (Formsenker, z. B. Kegelsenker)

Kegelsenker mit einem Spitzenwinkel von 90° werden zum Entgraten und für Senkungen für Senkkopfschrauben verwendet.
Senkungen für Senkniete erfordern 75° Kegelsenker. **Flachsenker** (Zapfensenker) erzeugen zylindrische Senkungen z. B. für Zylinderschrauben mit Innensechskant.
Die Schnittgeschwindigkeit beim Senken wird ca. halb so groß wie beim Bohren gewählt. Dadurch werden **Rattermarken** (Kerben in der Oberfläche) vermieden. Der Vorschub kann gegenüber dem Bohren vergrößert werden, da nur eine kleine Ringfläche zu bearbeiten ist.

> **Merke**
> Um Verletzungen zu vermeiden, werden Bohrungen gesenkt.
> Flachsenker müssen sicher gespannt werden.

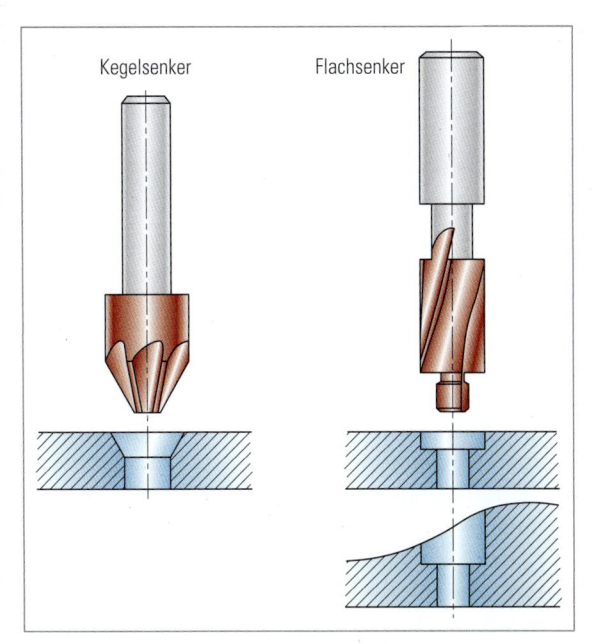

Fertigungstechnik/Fertigungsprozesse ▶ Trennen ▶ Spanende Fertigung von Bauteilen mit Maschinen

1: Senker für verschiedene Anwendungen

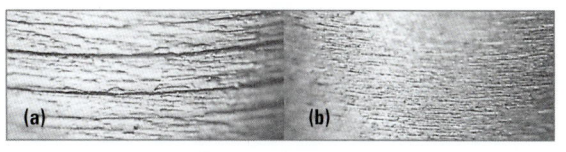

2: Bohrungsoberfläche vor (a) und nach (b) dem Reiben

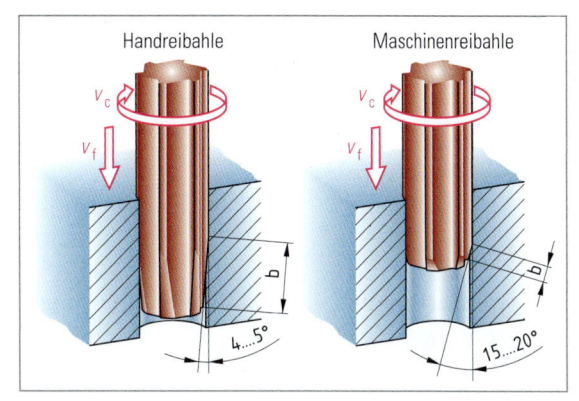

3: Reiben mit Hand- und Maschinenreibahlen

Übungen

1. In welchen Fällen werden Kegelsenker und Flachsenker eingesetzt?
2. Was ist beim Senken hinsichtlich der Schnittgeschwindigkeit und des Vorschubs zu beachten?

1.4.6 Reiben

Reiben dient zur **Feinbearbeitung** von Bohrungen bei geringer Spanabnahme. Die Zähne haben daher eine **schabende** Wirkung.

Aufgaben des Reibens sind Herstellen von:
- maßgenauen Bohrungen
- Bohrungen mit genauer zylindrischer Form
- Bohrungen mit hoher Oberflächengüte [Bild 2]

Beispiele:
- Bohrungen für die Aufnahme von Buchsen und Stiften
- Bohrung mit dem Ø 10 H7 (H7 siehe Kapitel 2)

Es wird unterschieden zwischen [Bild 3]:
- Handreibahlen
- Maschinenreibahlen

Handreibahlen besitzen zur besseren Führung einen langen Anschnitt (beträgt $\frac{1}{4}$ der Schneidenlänge) und ein langes Führungsteil. Am Schaftende haben sie einen Vierkant für das Windeisen.

Maschinenreibahlen haben einen kurzen Anschnitt (beträgt $\frac{1}{10}$ der Schneide) und ein kurzes Führungsteil, da die Reibahle von der Maschinenspindel genau geführt wird.

Reibahlenteilung
Die Zähnezahl der Reibahlen ist meist gerade. Die Zähne werden gegenüberliegend angeordnet, damit der Werkzeugdurchmesser leicht zu ermitteln ist. Um Rattermarken zu vermeiden sind die Abstände nebeneinander liegender Zähne ungleich. Die Schneidkeile wirken wegen des negativen Spanwinkels schabend. Es entstehen kleine Späne [Bild 1, S. 24].

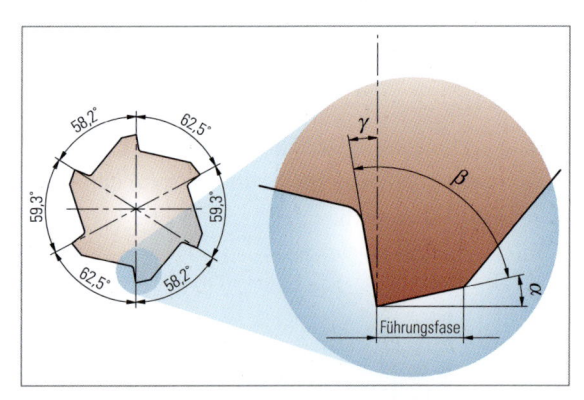

Fertigungstechnik/Fertigungsprozesse ▶ Trennen ▶ Spanende Fertigung von Bauteilen mit Maschinen

1: Teilungen der Winkel an der Reibahle

Es wird unterschieden zwischen:

- **geradverzahnten** Reibahlen für Bohrungen ohne Längs- und Quernut
- **wendelgenuteten** (meist mit Linksdrall) Reibahlen für Bohrungen mit Längsnut
- **festen** (nicht verstellbare) Reibahlen für jeweils einen bestimmten Durchmesser
- **verstellbaren** Reibahlen werden oft in der Einzelfertigung eingesetzt
- **kegeligen** Reibahlen zum Aufreiben von zylindrischen Bohrungen zur Kegelform für Kegelstifte.

Werkstatthinweise

- Werkstoffzugabe nie zu groß wählen (ca. 0,2 mm), da sonst mit erhöhtem Verschleiß gerechnet werden muss.
- Reibahle immer rechtwinkelig zur Bohrung ansetzen.
- Schneidöl verwenden (verringert die Reibung!)
- Reibahle mit gleichmäßigem Druck langsam im Uhrzeigersinn drehen.
- Nach dem Fertigreiben die Reibahle im Uhrzeigersinn aus der Bohrung drehen.
- Reibahle **niemals rückwärts** drehen, da eingeklemmte Späne die Schneiden ausbrechen können.
- Späne **nicht** mit bloßen Händen entfernen.

Übungen

1. Erklären Sie, warum gerieben wird.
2. Beschreiben Sie den Zerspanvorgang beim Reiben.
3. Worin unterscheiden sich die Bewegungen beim Bohren, Senken und Reiben?

1.4.7 Gewindeschneiden

In der Einzelfertigung und bei Montagearbeiten werden Gewinde häufig von Hand geschnitten. In der Serien- und Massenfertigung erfolgt dies maschinell.
Zur Herstellung von Innengewinde (z. B. bei einer Mutter) werden Gewindebohrer verwendet.
Zur Herstellung von Außengewinden (z. B. bei einem Bolzen) werden Schneideisen oder Schneidkluppen verwendet [Bild 2].

Innengewinde

Beim Innengewindeschneiden von Hand ist, ebenso wie beim Reiben von Hand, ein langer Anschnitt erforderlich. Um die Zerspankraft zu verringern, wird die Zerspanarbeit in drei Arbeitsschritte mit verschiedenen Gewindebohrern aufgeteilt [Bild 1, S. 25].
Die Winkel am Schneidkeil [Bild 2, S. 25] richten sich nach dem zu bearbeitenden Werkstoff. Für weiche Werkstoffe werden Schneidkeile mit größeren

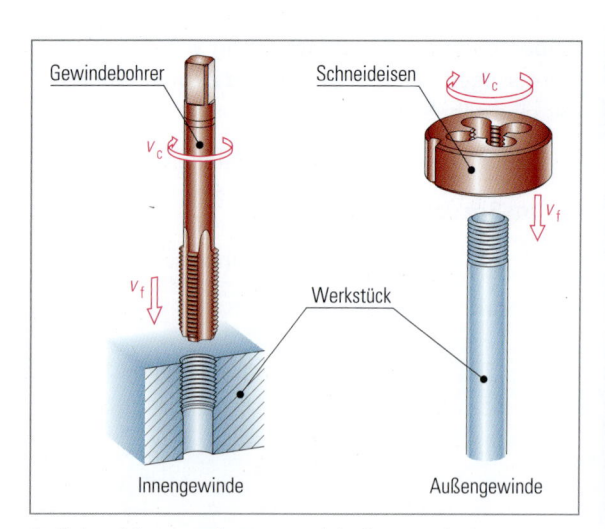

2: Schneiden von Innen- und Außengewinden von Hand

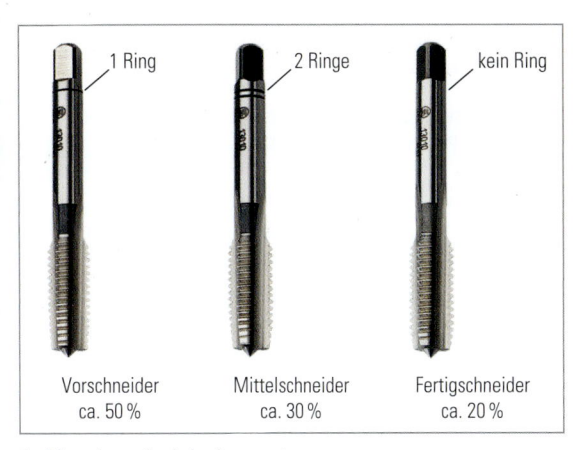

Fertigungstechnik/Fertigungsprozesse ▶ Trennen ▶ Spanende Fertigung von Bauteilen mit Maschinen

1: Handgewindebohrersatz

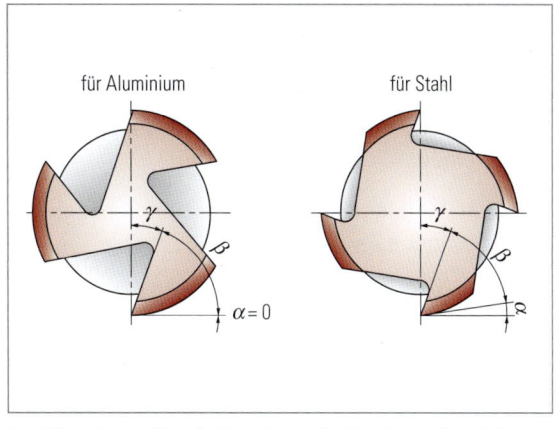

2: Winkel am Gewindebohrer für harte und weiche Werkstoffe

Spanwinkeln zur besseren Spanabnahme eingesetzt. Die Anzahl der Schneiden ist verringert und der Spanraum vergrößert. Es gibt:

■ **Handgewindebohrersatz**
Er besteht aus dem **Vorschneider** (zerspant ca. 55 % der gesamten Spanmenge) dem **Mittelschneider** (25 %) und dem **Fertigschneider** (20 %).
Mit dem Handgewindebohrersatz können Gewinde in Grundlöchern und Durchgangsbohrungen gefertigt werden.

■ **Handgewindebohrer**
Er besitzt einen langen Anschnitt und schneidet in einem Arbeitsgang das fertige Gewinde. Er wird zur Herstellung von durchgehenden Bohrungen verwendet.

■ **Maschinengewindebohrer**
Er wird zum Schneiden von Innengewinden auf Bohr- und Drehmaschinen eingesetzt.

Außengewinde
Der Bolzendurchmesser muss etwas kleiner sein, als der Gewindeaußendurchmesser. Zum besseren Anschneiden wird der Bolzen unter 45° angefast.

■ **Schneideisen**
Eine genaue Führung des Schneideisens [Bild 3] wird erreicht, indem das Werkstück in das Futter der Drehmaschine eingespannt wird und es mit dem Halter an der Reitstockpinole anliegt. Anschließend wird das Schneideisen mit dem Reitstock gegen das Werkstück gedrückt. Das Gewinde wird dann in einem Arbeitsgang gefertigt.

■ **Schneidkluppen**
Beim Schneiden von größeren Gewindedurchmessern werden oft Schneidkluppen (verstellbar) verwendet. Bei diesen Durchmessern ist die Spanmenge so groß, dass das Gewinde in mehreren Arbeitsgängen hergestellt wird.

Werkstatthinweise

- Beim Ansetzen des Gewindebohrers darauf achten, dass der Gewindebohrer genau mit der Bohrungsachse fluchtet.

- Tropfendes Schneidöl mit geeigneten Mitteln auffangen.

- Abgebrochene Gewindebohrer können mithilfe eines Gewindebohrer-Ausdrehwerkzeugs aus der Bohrung gedreht werden. Die Greifer des Werkzeugs werden in die Spannuten des abgebrochenen Gewindebohrers geschoben, und dann das Bruchstück vorsichtig herausgedreht.

3: Schneideisen mit Halter

handwerk-technik.de

Fertigungstechnik/Fertigungsprozesse ▶ Trennen ▶ Spanende Fertigung von Bauteilen mit Maschinen

Übungen

1. Vergleichen Sie die keilförmige Werkzeugschneide am Gewindebohrer mit der an der Reibahle.

2. Erstellen Sie den Arbeitsplan zum Schneiden eines Innengewindes M8.

3. Vergleichen Sie Gewindebohrer für Stahl und Aluminium.

4. Erläutern Sie die Zerspanung durch einen dreiteiligen Gewindebohrersatz.

5. Vervollständigen Sie den Fertigungsplan für die Schlauchhalter [Bilder 1–3]. Aus 4 Rohlingen 35 x 15 x 90 mm sollen die Halter gefertigt werden. Zur Verfügung stehen neben manuellen Werkzeugen eine Bohrmaschine und eine Bandsäge.

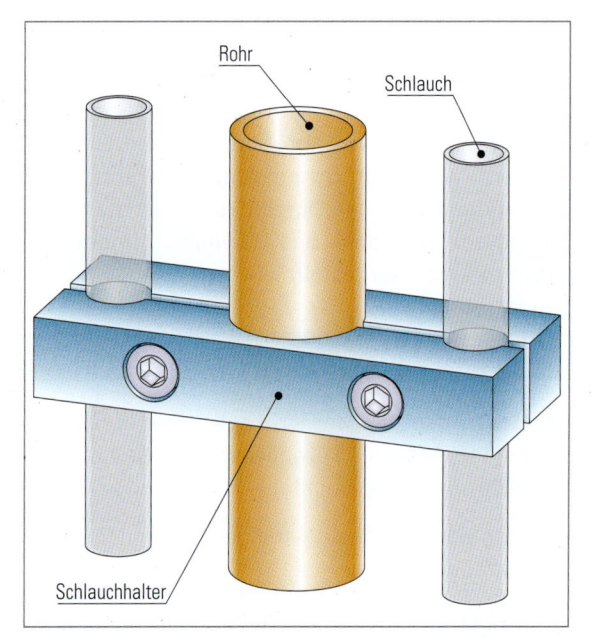

1: Schlauchhalter mit Rohr und zwei Schläuchen

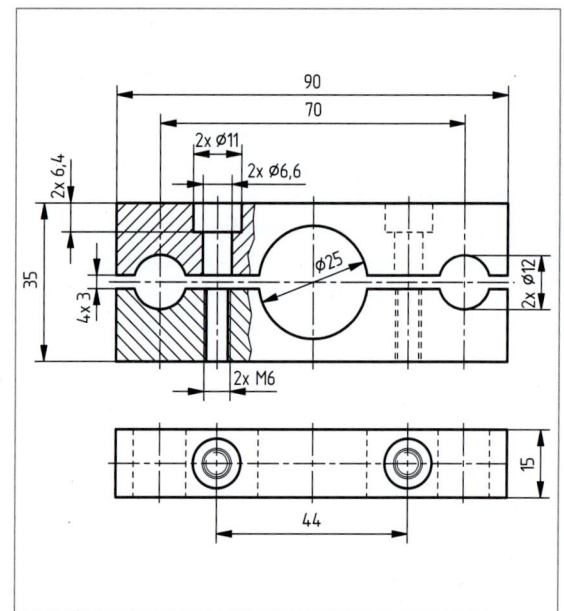

2: Schlauchhalter

Lfd. Nr.	Arbeitsgang	Werkzeuge	Technologische Daten	Hilfsstoffe
1	Rohmaße prüfen	Stahlmaß		
2	Anreißen	Parallelanreißer		Anreißfarbe
3	Körnen	Körner, Hammer		
4				

3: Fertigungsplan Schlauchhalter

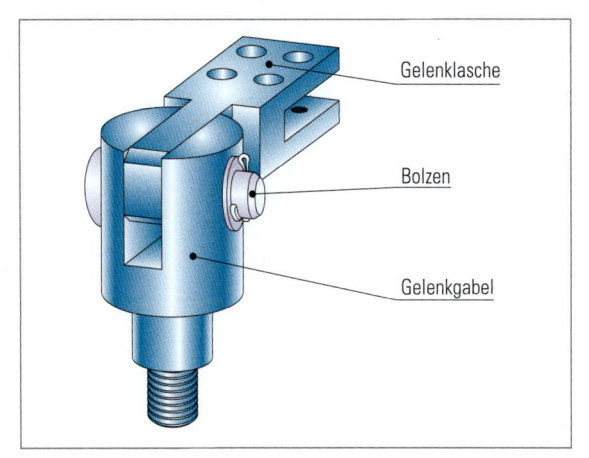

Fertigungstechnik/Fertigungsprozesse ▶ Trennen ▶ Spanende Fertigung von Bauteilen mit Maschinen

1: Stahlgelenk

1.4.8 Drehen

Die Gelenkgabel [Bild 2] ist Teil eines Stahlgelenks [Bild 1]. Die Grundform [Bild 3] der Gelenkgabel ist ein Zylinder, somit ein Drehteil.
Folgende Arbeiten müssen durchgeführt werden:

1. Den Rohling auf Länge drehen (130 mm)
2. Werkstückabsätze (Ø 30 mm und Ø 24 mm) drehen
3. Gewinde M24 drehen

Die unterschiedlichen Arbeiten erfordern verschiedene Bewegungsabläufe [Bild 4] während der Zerspanung. Beim Drehen wird die kreisförmige Schnittbewegung vom Werkstück ausgeführt. Die geradlinigen Vorschub- und Zustellbewegungen erfolgen durch den Drehmeißel.

1. Den Rohling auf Länge drehen (130 mm) durch **Querplandrehen** [Bild 2a, S. 28].

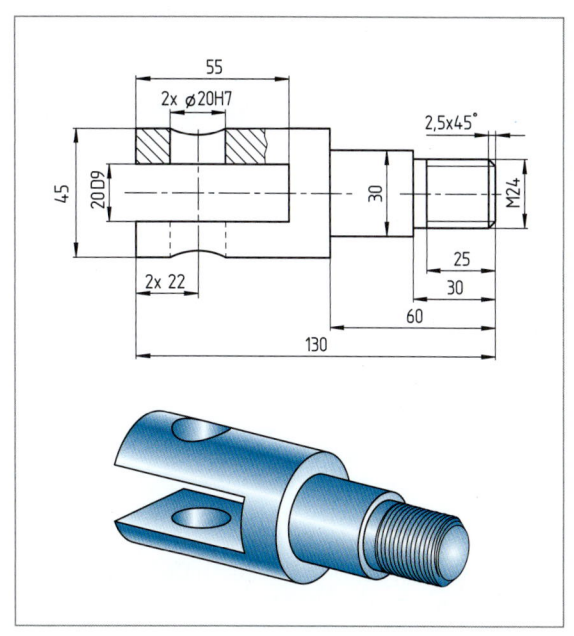

2: Gelenkgabel

Der abgesägte Rundstahl wird eingespannt und eine Stirnseite abgedreht. Hierzu erfolgt die Zustellbewegung längs der Werkstückachse (axial). Vor der Spanbildung wird die Schnitttiefe a_p festgelegt. Die Vorschubbewegung verläuft quer zur Werkstückachse (radial). Es wird eine ebene Fläche erzeugt. Die Stirnseite wird plan gedreht.
Danach wird der Rundstahl umgespannt und die zweite Stirnseite plan gedreht. Die Länge wird abgemessen und die erforderliche Schnitttiefe zugestellt. Nun wird auf die geforderte Länge abgedreht.

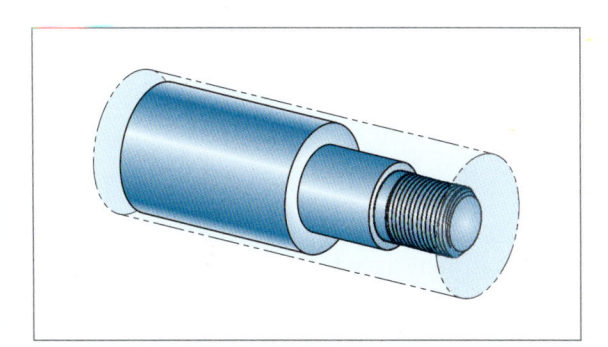

3: Grundform der Gelenkgabel ist ein Drehteil

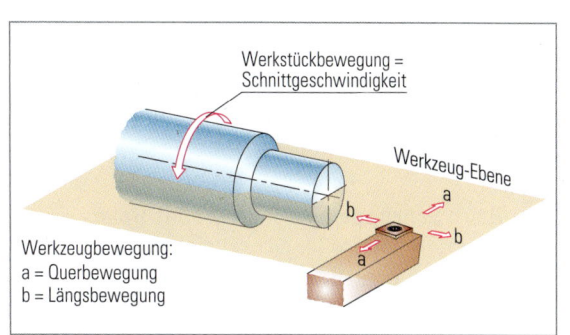

4: Bewegungen beim Drehen

handwerk-technik.de

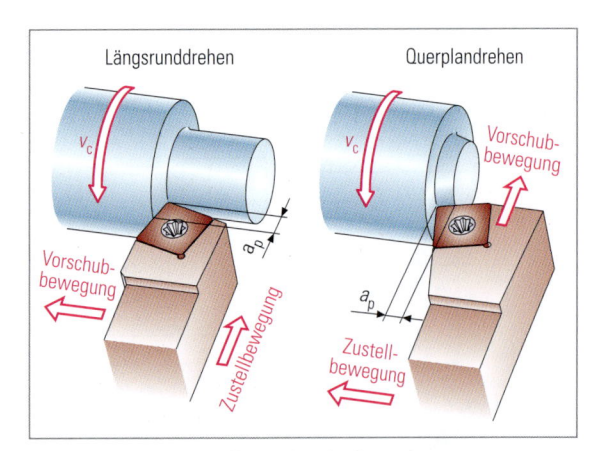

Fertigungstechnik/Fertigungsprozesse ▶ Trennen ▶ Spanende Fertigung von Bauteilen mit Maschinen

1: Längsrund- und Querplandrehen

> **Merke:** **Ebene Flächen** werden durch Querplandrehen erzeugt.

2. Werkstückabsätze (Ø 30 mm und Ø 24 mm) drehen durch Längsrunddrehen

Um den Durchmesser zu verkleinern, wird der Rundstahl nun am Umfang bearbeitet. Die Zustellbewegung erfolgt quer zur Werkstückachse (radial). Die Schnitttiefe wird festgelegt. Die Vorschubbewegung verläuft längs zur Werkstückachse (axial). So wird eine zylindrische Form erzeugt. Der Umfang wird längsrund gedreht [Bild 1].

> **Merke:** **Zylindrische Formen** werden durch Längsrunddrehen erzeugt.

Kostengünstiges Arbeiten:
Um beim Drehen schnell nah an das geforderte Maß heranzukommen, wird zunächst in möglichst kurzer Zeit ein großes Spanvolumen abgenommen. Dabei kommt es noch nicht auf Maßhaltigkeit, Oberflächenqualität und Formgenauigkeit an. Es wird **geschruppt** [Bild 2b].

> **Merke:** Beim **Schruppen** wird ein großes Spanvolumen mit großer Schnitttiefe und großem Vorschub erreicht.

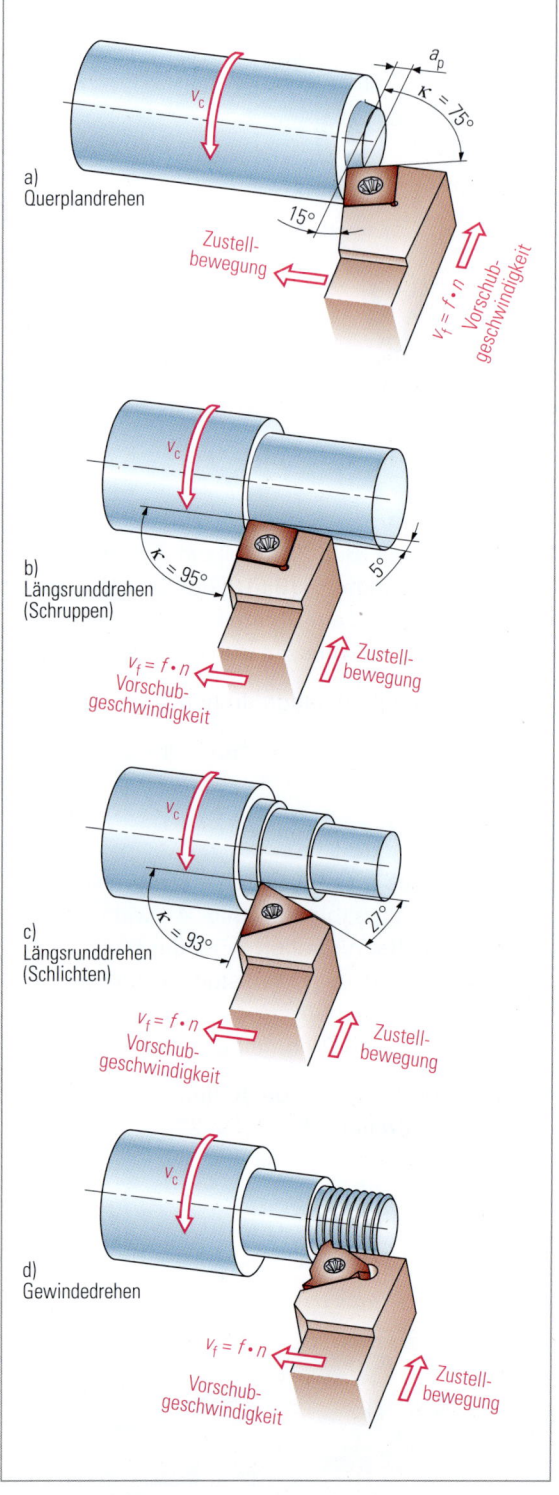

a) Querplandrehen
b) Längsrunddrehen (Schruppen)
c) Längsrunddrehen (Schlichten)
d) Gewindedrehen

2: Arbeitsschritte beim Drehen der Grundform für die Gelenkgabel

Anschließend müssen **Maßhaltigkeit**, **Oberflächenqualität** und **Formgenauigkeit** erzielt werden. Das Werkstück wird **geschlichtet** [Bild 2, S. 28].

> **Merke**
> Beim **Schlichten** wird ein kleines Spanvolumen mit kleinerer Schnitttiefe und kleinerem Vorschub erreicht.
> Die **Schnittgeschwindigkeit** ist höher als beim Schruppen.

Die technologischen Daten (Schnittgeschwindigkeit, Zustellung und Vorschub) werden bestimmt:

- vom **Werkstoff** des **Werkstücks** (Material)
- vom **Werkstoff** des **Werkzeugs** (Schneidstoff)
- von der **Bearbeitungsart** (Schruppen/Schlichten)
- von der **Kühlung** und der **Schmierung**

Bei konventionellen Drehmaschinen wird nicht die Schnittgeschwindigkeit, sondern die Umdrehungsfrequenz eingestellt. Diese wird nach folgender Formel berechnet:

$$n = \frac{v_c}{d \cdot \pi}$$

n: Umdrehungsfrequenz in $\frac{1}{min}$

v_c: Schnittgeschwindigkeit in $\frac{m}{min}$

d: Durchmesser in mm

3. Gewinde M24 drehen durch **Gewindedrehen**

Zum Gewindedrehen stehen besondere Schneidplatten zur Verfügung. Die Form der Schneide entspricht dem Profil des Gewindes. Der Vorschub des Gewindedrehmeißels erfolgt über die Leitspindel, er muss der Gewindesteigung entsprechen [Bild 2d, S. 26].

Weitere Drehverfahren:

Stechdrehen
Beim Stechdrehen wird ein Werkstück abgestochen. So können auch Einstiche (z. B. Nuten für Sicherungsringe) gedreht werden [Bild 1].

Außermittedrehen
Für Dreharbeiten an Werkstücken, bei denen Ansätze, Zapfen oder Bohrungen exzentrisch angeordnet sind. Dies erfolgt durch Drehen zwischen Spitzen, auf der Planscheibe oder mit Vorrichtungen.

Formdrehen
Zum Herstellen schwieriger Mantelflächen (z. B. Kugelköpfe, Gewindefreistiche). Da Formdrehmeißel verhältnismäßig teuer sind, lohnt sich ihre Anschaffung meist nur für die Serienfertigung.

Kegeldrehen
Erfolgt durch Verdrehen des Querschlittens (kurze und dicke Kegel) oder durch Verstellen des Reitstocks (lange und schlanke Kegel).

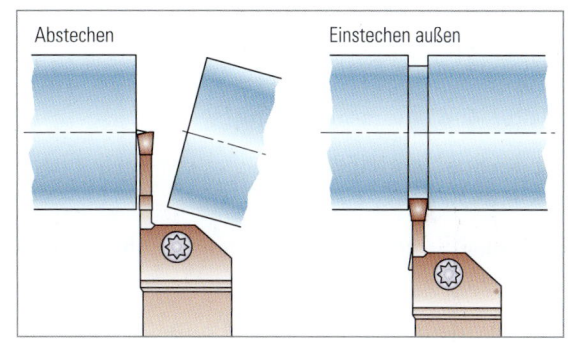

1: Stechdrehen

Übungen

1. Beim Drehen gilt $v_c = d \cdot \pi \cdot n$. Bestimmen Sie n für die Durchmesser 10, 25, 40 und 70 mm, wenn die Schnittgeschwindigkeit je 20 $\frac{m}{min}$ beträgt.

2. Eine Welle mit einem Durchmesser von 100 mm wird mit einer Umdrehungsfrequenz von $n = 700 \frac{1}{min}$ längsrund gedreht. Wird hierbei die vorgegebene Schnittgeschwindigkeit von 250 $\frac{m}{min}$ überschritten?

3. Handelt es sich beim Gewindedrehen um Querplan- oder Längsrunddrehen?

4. Beschreiben und erläutern Sie die Unterschiede der Drehmeißel zum Längsrunddrehen und Querplandrehen.

5. Unterscheiden Sie die Bewegungen beim Längsrunddrehen und Querplandrehen. Warum ergeben sich beim Plandrehen Probleme, eine gleichbleibende Oberflächenqualität zu erreichen?

6. Beschreiben Sie die Bewegungen beim Stechdrehen.

Drehwerkzeuge

> **Merke**
> Die Auswahl des Drehwerkzeugs hängt von der **Dreharbeit** und der **Spanabnahme** (Schruppen oder Schlichten) ab.

Außen- und Innendrehmeißel unterscheiden sich in Lage des Schneidkopfes zum Schaft [Bild 1]:

- **gerader** Drehmeißel
- **gebogener** Drehmeißel
- **abgesetzter** Drehmeißel

Weiter wird unterschieden in:

- **rechter** Drehmeißel (arbeitet von **rechts** nach links)
- **linker** Drehmeißel (arbeitet von **links** nach rechts)

Eine leichte Spanabnahme und gute Oberflächenqualität wird durch einen **positiven Spanwinkel** erzielt (schneidende Wirkung) [Bild 2].
Eine stabile Schneidkante, die stoßartige Belastungen besser aufnehmen kann, wird durch einen **negativen Spanwinkel** erzielt (schabende Wirkung).

Der Drehmeißel muss auf dem Oberschlitten möglichst kurz und fest eingespannt werden, um zu verhindern, dass er ins Schwingen gerät. Auch die richtige Höhe muss eingestellt werden. Die Zentrierspitze des Reitstocks dient als Kontrollpunkt.
Der Drehmeißel kann aus Werkzeugstahl bestehen. Schaft und Schneide sind aus einem Stück.
Meist werden jedoch Schneidkörper in besondere Halter geklemmt. Die Schneidkörper können Plättchen aus Schnellarbeitsstahl, Hartmetall, Oxidkeramik oder einzelne Diamanten sein.
Wendeschneidplatten haben 3, 4, 6, oder 8 Hauptschneiden, die dann nacheinander bis zum Stumpfwerden im Einsatz bleiben und anschließend entsorgt werden [Bilder 1 + 2, S. 31].

Werkstatthinweise

- Damit die vorgegebene Schneidengeometrie eingehalten wird, ist die Schneidenkante des Drehmeißels auf Werkstückmitte einzustellen.
- kleiner Einstellwinkel (geringe Beanspruchung der Schneide)
- Einstellwinkel κ (kappa) liegen bei ca. 30° bis 90° [Bild 3, S. 31] – beim Schruppen ca. 45°

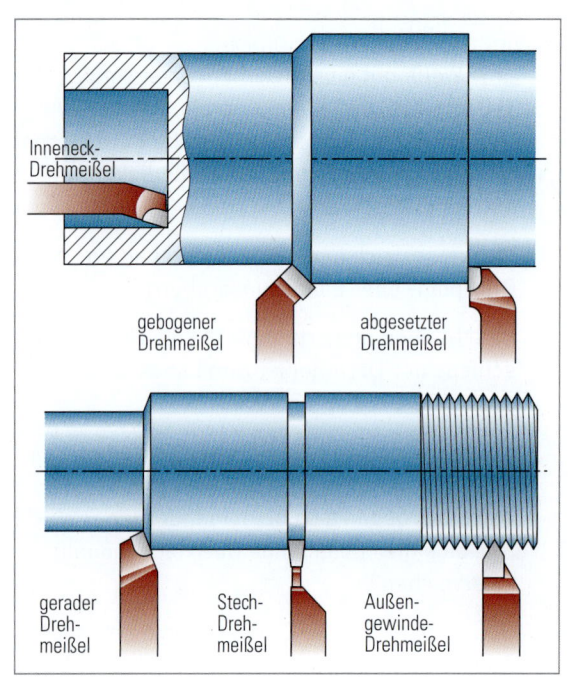

1: Drehmeißel

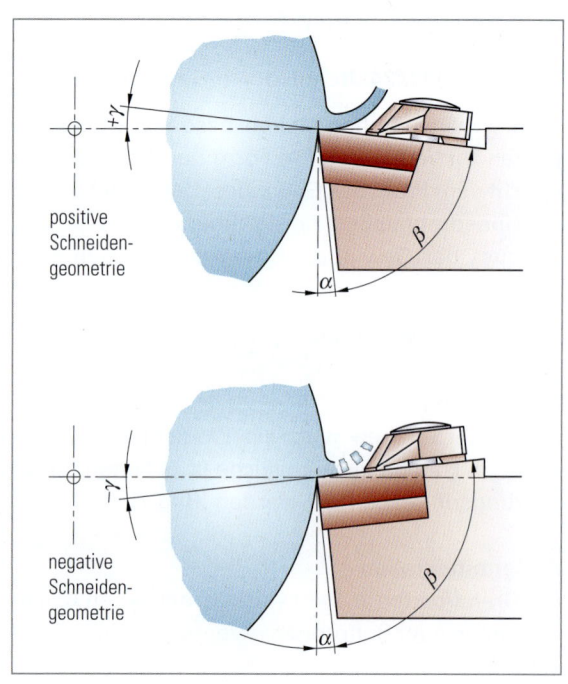

2: Winkel am Drehmeißel

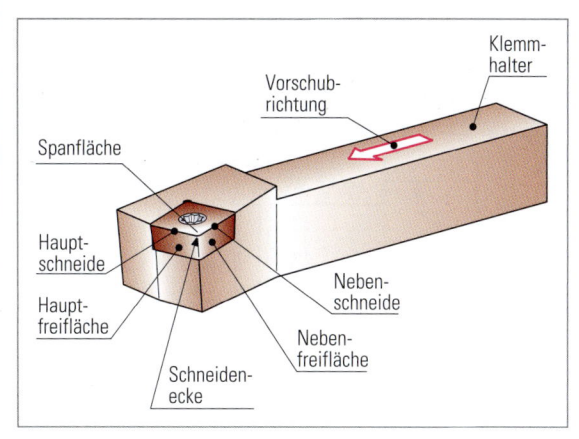

Fertigungstechnik/Fertigungsprozesse ▶ Trennen ▶ Spanende Fertigung von Bauteilen mit Maschinen

1: Bezeichnungen am Drehmeißel

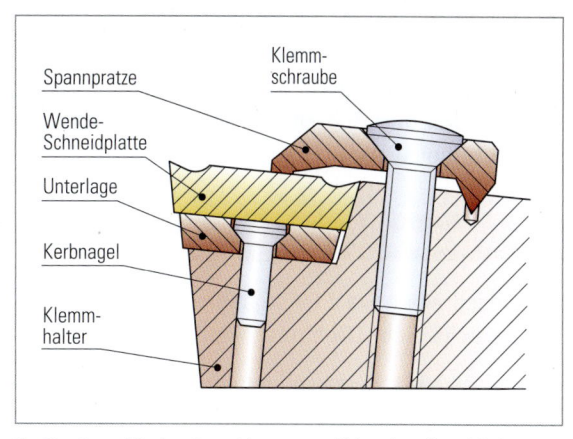

2: Drehmeißel mit geklemmter Wendeschneidplatte

Übungen

1. Warum muss ein Drehmeißel möglichst kurz und fest eingespannt werden?

2. Weshalb wird beim Schruppen ein größerer Eckenwinkel gewählt?

3. Welcher Schneidstoff wird bei Drehmeißeln vorwiegend verwendet?

4. Die Hauptnutzungszeit t_h beim Drehen ergibt sich aus Drehlänge L geteilt durch die Vorschubgeschwindigkeit v_f. Die Drehlänge beträgt 20 mm. Der Vorschub je Umdrehung f liegt bei 0,15 mm. Die Drehfrequenz n beträgt 1400 $\frac{1}{\min}$. Für v_f gilt: $v_f = f \cdot n$
Ermitteln Sie t_h in min.

Drehmaschinen

An konventionellen Drehmaschinen [Bild 1, S. 33] werden die Arbeitsspindel und das Vorschubgetriebe über ein Hauptgetriebe bewegt.

Mit der **Arbeitsspindel** wird die kreisförmige Schnittbewegung ausgeführt. Über das Dreibackenfutter wird diese auf das Werkstück übertragen.

Mit dem **Vorschubgetriebe** wird über Leit- und Zugspindel die geradlinige Vorschubbewegung ausgeführt. Beim Längsrund- und beim Querplandrehen dient die **Zugspindel** als Antriebselement für die Vorschubbewegung. Die **Leitspindel** ist zum Gewindeschneiden erforderlich.

Die Größe der Drehmaschine ist bestimmt durch:

- **Spitzenhöhe** (Abstand vom Maschinenbett zur Mitte der Arbeitsspindel)

- **Drehlänge** (Abstand zwischen Dreibackenfutter und Reitstock)

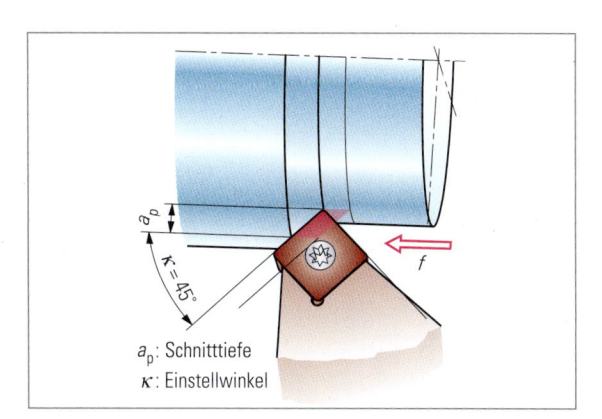

3: Einstellwinkel κ (kappa)

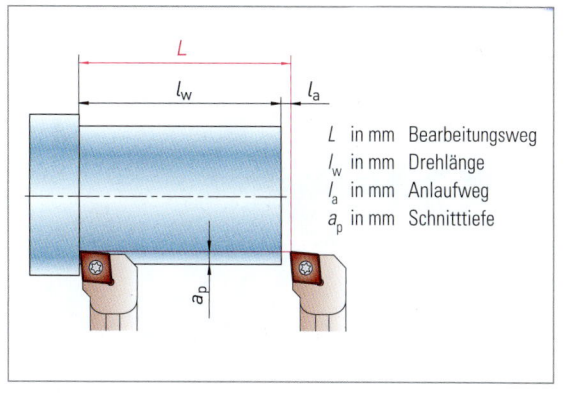

4: Skizze zu Aufgabe 4

L in mm Bearbeitungsweg
l_w in mm Drehlänge
l_a in mm Anlaufweg
a_p in mm Schnitttiefe

Fertigungstechnik/Fertigungsprozesse ▶ Trennen ▶ Spanende Fertigung von Bauteilen mit Maschinen

Heute werden vermehrt Drehmaschinen mit numerischer Steuerung eingesetzt (**CNC-Maschinen**). Die Eingabe des CNC-Programms erfolgt meist über Tastatur und Bildschirm [Bild 3] oder über ein Computernetzwerk.

Übungen

1. Beschreiben Sie die Aufgaben der wichtigsten Bauteile einer Drehmaschine.
2. Für eine Maschine soll folgendes Drehteil gefertigt werden [Bild 1].
   Es steht ein Rohling von ⌀ 60 mm x 500 mm zur Verfügung. Die Auswahl der Drehmeißel und deren Werkstoffe richten sich nach dem, was in Ihrer Werkstatt vorhanden ist. Planen Sie die Fertigung nach folgendem Muster [Bild 2].

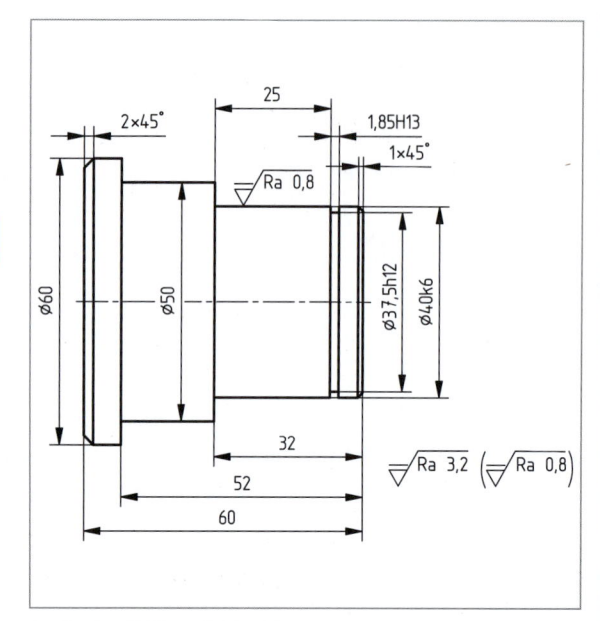

1: Drehteil (Bundbolzen)

Lfd. Nr.	Arbeitsgang	Werkzeuge	Technologische Daten	Hilfsstoffe
1	Querplandrehen der Stirnseite	Drehmeißel mit Hartmetallplatte κ = 85°	$a_p = 2\,mm;\ f = 0{,}2\,mm;$ $v_c = 300\,m/min$ $n = 1540/min$	Kühlschmierstoff
2				
3				
4				

2: Muster einer Fertigungsplanung

3: Bedienung und Programmierung an einer CNC-Drehmaschine

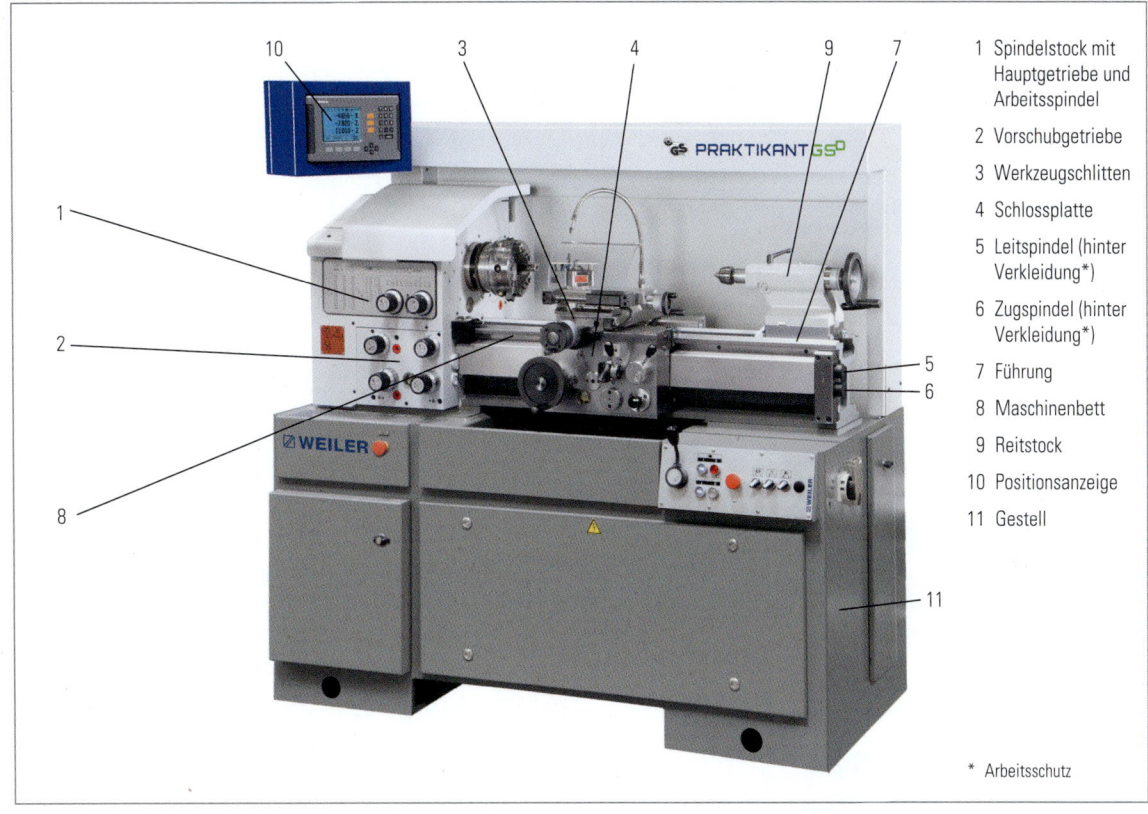

Fertigungstechnik/Fertigungsprozesse ▶ Trennen ▶ Spanende Fertigung von Bauteilen mit Maschinen

1 Spindelstock mit Hauptgetriebe und Arbeitsspindel
2 Vorschubgetriebe
3 Werkzeugschlitten
4 Schlossplatte
5 Leitspindel (hinter Verkleidung*)
6 Zugspindel (hinter Verkleidung*)
7 Führung
8 Maschinenbett
9 Reitstock
10 Positionsanzeige
11 Gestell

* Arbeitsschutz

1: Konventionelle Drehmaschine

1.4.9 Fräsen

Aus einem Stahlrohling (130 mm x 50 mm x 20 mm) soll die Grundform der Gelenklasche [Bild 2] gefräst werden. Dabei sind folgende Fräsarbeiten auszuführen:

1. Prismatischen Grundkörper fräsen
2. Werkstückabsätze fräsen
3. Nut fräsen

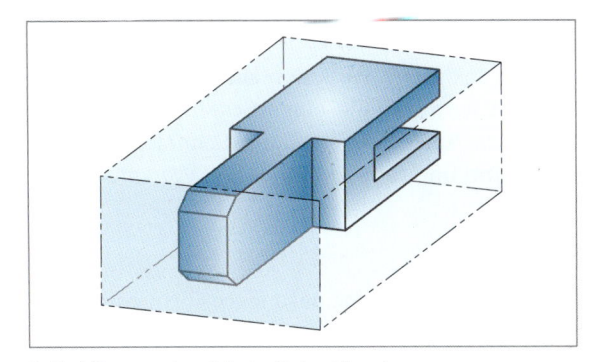

2: Rohling und gefräste Gelenklasche

Stirnfräsen

Zuerst wird das Rohteil von einem Flachstahl abgesägt. Danach wird es in die Fräsmaschine eingespannt und die erste Fläche eben gefräst. Dann wird umgespannt und die Gegenfläche parallel zur ersten gefräst. Die Zustelltiefe des Fräskopfes wird so zugestellt, dass das geforderte Maß entsteht. Mit den zwei anderen Flächenpaaren wird gleich verfahren.

Beim Stirnfräsen [Bild 1, nächste Seite] steht die Achse des Fräswerkzeuges senkrecht auf der Schnittfläche. Nur an der Stirnseite des Fräsers entsteht die Werkstückoberfläche. Die Spanabnahme ist dadurch gleichmäßig und die Zerspanungsleistung ist hoch. Kurze Fertigungszeiten sind die Folge.

> **Merke:** Beim Stirnfräsen entsteht die Werkstückoberfläche durch die Schneiden an der Fräserstirn.

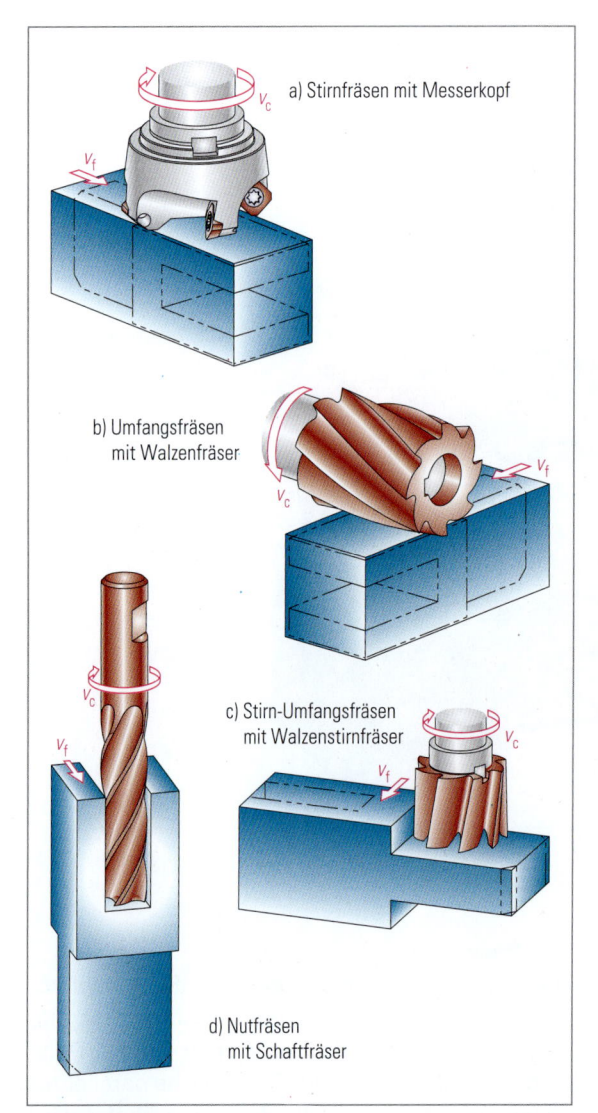

Fertigungstechnik/Fertigungsprozesse ▶ Trennen ▶ Spanende Fertigung von Bauteilen mit Maschinen

a) Stirnfräsen mit Messerkopf

b) Umfangsfräsen mit Walzenfräser

c) Stirn-Umfangsfräsen mit Walzenstirnfräser

d) Nutfräsen mit Schaftfräser

1: Arbeitsschritte beim Fräsen der Grundform für die Gelenkgabel

mit geraden Zähnen

mit wendelförmigen Zähnen

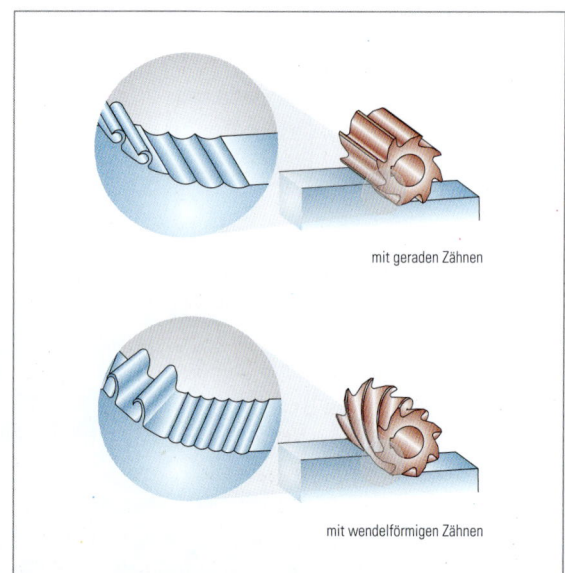

2: Durch Umfangsfräsen erzeugte Oberflächen

Umfangsfräsen
Alternativ zum Stirnfräsen kann der Quader für die Gelenklasche auch durch Umfangsfräsen hergestellt werden. Die Drehachse des Fräsers liegt hierbei parallel zur Schnittfläche. Die Werkstückoberfläche wird durch den Fräserumfang erzeugt. Es entsteht jedoch ein „kommaförmiger" Span [Bild 2]. Dies ergibt eine ungleichmäßigere Spanabnahme und es entsteht eine wellige Werkstückoberfläche. Ein Fräser mit wendelförmigen Zähnen verbessert durch seine Zahngeometrie die Werkstückoberfläche, da mehr Schneiden gleichzeitig am Zerspanprozess beteiligt sind [Bild 2].

> **Merke:** Beim Umfangsfräsen entsteht die Werkstückoberfläche durch die Schneiden am Fräserumfang.

Stirn-Umfangsfräsen
Die Fräserachse steht senkrecht zur Werkstückoberfläche. Das Fräsen erfolgt gleichzeitig durch mehrere Zähne. Der Fräsvorgang verläuft hierdurch ruhiger und der abgetrennte Span ist gleich dick. Die Stirnseiten der Fräserschneiden glätten zusätzlich die Werkstückoberfläche [Bild 1, nächste Seite].

> **Merke:** Werkstückabsätze werden durch Stirn-Umfangsfräsen eckig ausgefräst.

Nutfräsen
Die Gelenklasche wird nun erneut umgespannt. Die Nut wird mithilfe eines Schaftfräsers gefräst [Bild 1d]. Auch hier erzeugen Schneiden an der Stirnseite und am Umfang die Werkstückoberfläche.

> **Merke:** Nutfräsen ist eine besondere Form des Stirn-Umfangs-Fräsens.

Gegen- und Gleichlauffräsen

Die Bewegungsabläufe werden beim Umfangs- und Stirn-Umfangsfräsen in

- Gegenlauffräsen und
- Gleichlauffräsen

unterschieden [Bild 1]:

Beim **Gegenlauffräsen** sind die Schnittbewegung der Fräserschneide und die Vorschubbewegung des Werkstückes einander entgegengesetzt. Die Fräserschneide dringt nach und nach in den Werkstoff ein, wodurch die Beanspruchung der Schneiden ungleichmäßig ist. Der Spanwerkstoff muss auf eine bestimmte Dicke gestaucht werden, bevor ein Span abgetrennt werden kann. Durch das elastische Verhalten federt ein Teil des angestauchten Werkstoffes zurück. Dies verschlechtert die Güte der Oberfläche.

Vorteilhaft ist dieses Verfahren bei Werkstücken mit einer harten Oberfläche (z. B. Walz- oder Gusshaut). Die Schneide trifft von innen auf die harte Oberfläche und sprengt diese ab. Dadurch wird der Schneidkeil nicht zusätzlich beansprucht.

Beim **Gleichlauffräsen** bewegen sich Werkzeug und Werkstück in die gleiche Richtung. Die Spanabnahme beginnt mit der größten Dicke des „kommaförmigen Spans". Die auftretenden Kräfte bewirken ein Andrücken des Werkstückes gegen den Arbeitstisch. Ein Rattern wird hierdurch weitgehend vermieden. Der Tischantrieb muss jedoch spielfrei erfolgen.

> **Merke**
> Gleichlauffräsen bewirkt eine bessere Oberflächenqualität als Gegenlauffräsen. (Ausnahme: Werkstücke mit sehr harten Oberflächen)

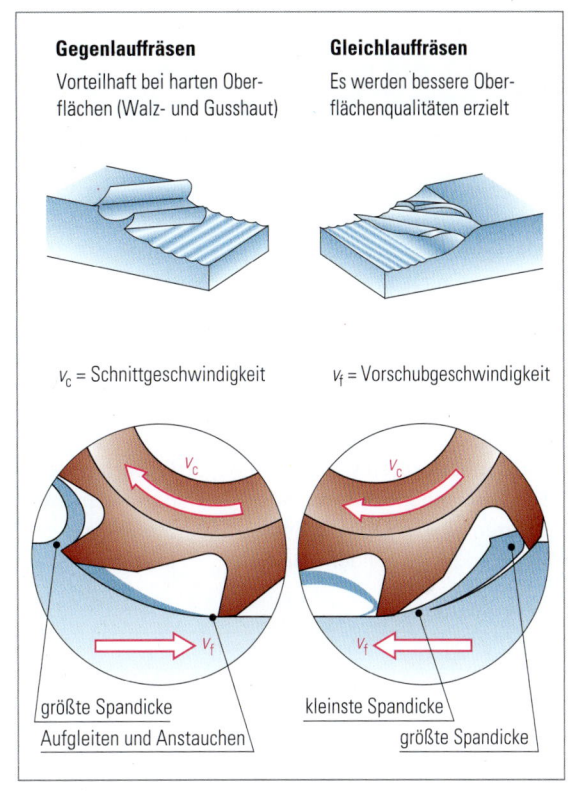

Gegenlauffräsen
Vorteilhaft bei harten Oberflächen (Walz- und Gusshaut)

Gleichlauffräsen
Es werden bessere Oberflächenqualitäten erzielt

v_c = Schnittgeschwindigkeit v_f = Vorschubgeschwindigkeit

größte Spandicke — Aufgleiten und Anstauchen
kleinste Spandicke
größte Spandicke

1: Gegen- und Gleichlauffräsen

Auswahl der Fräswerkzeuge

Fräser sind mehrschneidige Werkzeuge. Legierter Werkzeugstahl (HSS-Stahl) und Hartmetall sind die gebräuchlichsten Schneidstoffe.

Fertigungstechnik/Fertigungsprozesse ▶ Trennen ▶ Spanende Fertigung von Bauteilen mit Maschinen

Fräswerkzeuge werden ausgewählt nach		
■ der **herzustellenden Form**	■ dem zu **bearbeitenden Werkstoff**	■ der zu **erzielenden Oberflächenqualität**
Beispiele für eine Fräserauswahl:		
Für ebene Flächen: **Messerkopf** [Bild 1a, Seite 32]. Für rechtwinklige Absätze: **Walzenstirnfräser** [Bild 1b, Seite 32].	**Fräsertyp W** ist für weiche und zähe Werkstoffe geeignet. (Keilwinkel ca. 60°, Zahnteilung: grob)	Eine hohe Oberflächenqualität wird durch **Schlichten** erzielt [Bild 2].
Für Nuten: **Schaftfräser** [Bild 1d, Seite 32] oder **Scheibenfräser** [Bild 1]	**Fräsertyp N** ist für normale bis feste Werkstoffe geeignet. (Keilwinkel ca. 70°, Zahnteilung: mittel)	Durch **Schruppen** erfolgt eine große Spanabnahme. Mit stabilen und verschleißfesten Schruppfräsern [Bild 5] werden mit einer besonderen Schruppverzahnung (Fräsertyp NR) kurze Späne abgetrennt.
Für Sonderformen wie: z. B. **Schwalbenschwanz**, oder **T-Nuten** gibt es entsprechende Fräswerkzeuge [Bilder 3 und 4].	**Fräsertyp H** ist für harte und zähharte Werkstoffe geeignet [Bild 2]. (Keilwinkel ca. 80°, Zahnteilung: fein)	

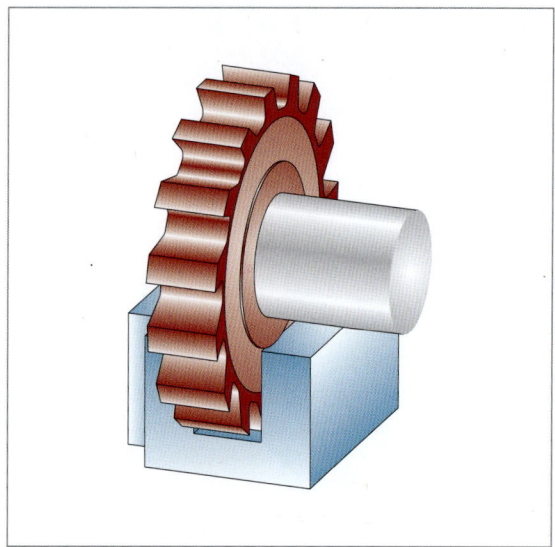

1: Scheibenfräser beim Nutfräsen

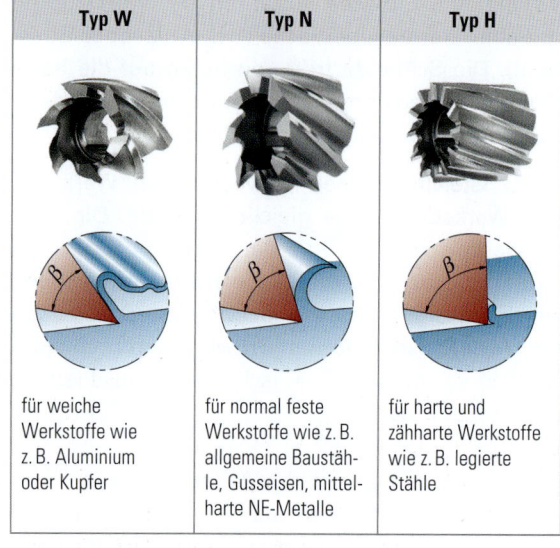

2: Schlichtfräsertypen (HSS-Fräser) für unterschiedliche Werkstoffe

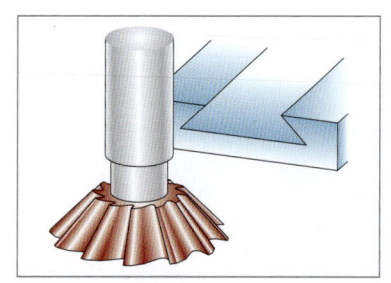

Typ W – für weiche Werkstoffe wie z. B. Aluminium oder Kupfer

Typ N – für normal feste Werkstoffe wie z. B. allgemeine Baustähle, Gusseisen, mittelharte NE-Metalle

Typ H – für harte und zähharte Werkstoffe wie z. B. legierte Stähle

3: Winkelstirnfräser 45° aus HSS zum Fräsen einer Schwalbenschwanzführung

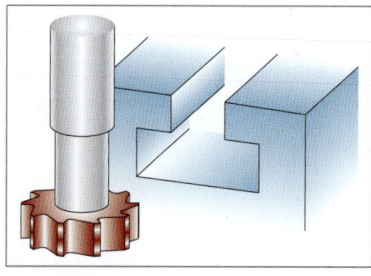

4: T-Nut-Fräser

5: Schruppfräser aus HSS mit verschleißfester Beschichtung

Fertigungstechnik/Fertigungsprozesse ▶ Trennen ▶ Spanende Fertigung von Bauteilen mit Maschinen

Fräsmaschinen

An Fräsmaschinen [Bild 1] werden die **Arbeitsspindel** (Frässpindel) und das **Vorschubgetriebe** einzeln angetrieben. Der am weitesten verbreitete Fräsmaschinetyp ist die **Universalfräsmaschine**. Die **Größe** einer Fräsmaschine ist abhängig von:

- dem Arbeitsbereich des Frästisches (x-Achse, y-Achse und z-Achse).
- der Aufspannfläche des Frästisches.

Man unterscheidet Fräsmaschinen nach der Lage der Frässpindel:

- **Waagrechtfräsmaschinen**
  Die Achse der Frässpindel liegt parallel, waagerecht zum Werkstücktisch.

- **Senkrechtfräsmaschinen**
  Die Achse der Frässpindel liegt senkrecht zum Werkstücktisch.

- **Universalfräsmaschinen**
  An dieser Maschine kann mit senkrechter oder waagrechter Frässpindel gearbeitet werden.

Je nach Anwendungsgebieten gibt es weitere Bauformen.

CNC-Fräsmaschinen sind Fräsmaschinen mit einer Computersteuerung. Mit ihr können komplizierte Werkstückgeometrien wirtschaftlich hergestellt werden [Bild 1, nächste Seite]. Ein CNC-Programm enthält alle geometrischen und technologischen Informationen für die Fertigung.

- Die **geometrischen Informationen** beinhalten alle Angaben zu den Verfahrwegen in den drei Achsen.

- Zu den **technologischen Informationen** gehören Angaben zur Vorschubgeschwindigkeit und Umdrehungsfrequenz.

> **Merke:** Die zulässigen technologischen Daten sind den Angaben der Schneidstoffhersteller oder dem Tabellenbuch zu entnehmen.

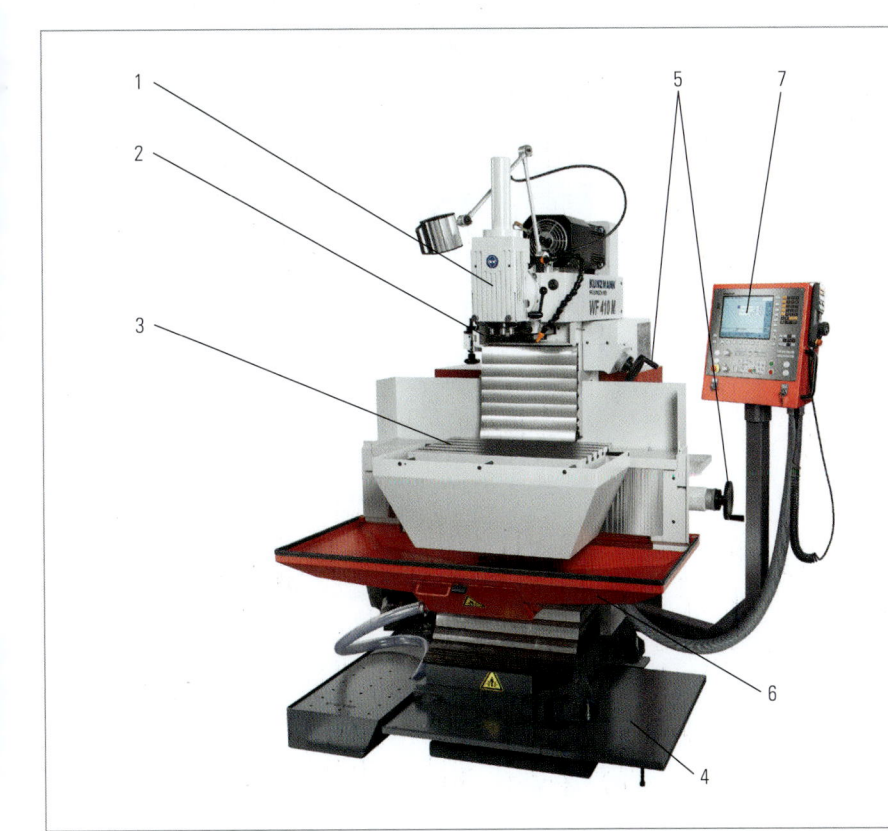

1 Vertikaler Fräskopf
2 Führungsbahn
3 Frästisch
4 Maschinenständer
5 Handräder
6 Spänewanne
7 Positionsanzeige

1: Konventionelle Fräsmaschine mit senkrechter Arbeitsspindel

handwerk-technik.de

Fertigungstechnik/Fertigungsprozesse ▶ Trennen ▶ Spanende Fertigung von Bauteilen mit Maschinen

	Folgende Formeln sind für die Berechnung der technologischen Daten beim Fräsen wichtig:		
	Umdrehungsfrequenz n	**Vorschub pro Umdrehung f**	**Vorschubgeschwindigkeit v_f**
Formel	$n = \dfrac{v_c}{d \cdot \pi}$ $v_c = n \cdot d \cdot \pi$ $d = \dfrac{v_c}{n \cdot \pi}$ n: Umdrehungsfrequenz in $\frac{1}{min}$ d: Fräserdurchmesser in mm v_c: Schnittgeschwindigkeit in $\frac{m}{min}$	$f = f_z \cdot z$ $f_z = \dfrac{f}{z}$ [f und f_z in mm] $z = \dfrac{f}{f_z}$ f: Vorschub pro Umdrehung f_z: Vorschub pro Zahn z: Schneidenzahl	$v_f = f \cdot n$ $f = \dfrac{v_f}{n}$ $v_f = f_z \cdot z \cdot n$ $n = \dfrac{v_f}{f}$ v_f: Vorschubgeschwindigkeit f: Vorschub pro Umdrehung n: Umdrehungsfrequenz
Bemerkung	Die Berechnung erfolgt in gleicher Weise wie die zum Drehen oder Bohren.	Oft ist in den Tabellen nicht die erforderliche Vorschubgeschwindigkeit v_f, sondern der Vorschub pro Zahn f_z angegeben. Mit Hilfe der Schneidenzahl z lässt sich der Vorschub pro Umdrehung f berechnen.	Wird der Vorschub pro Umdrehung f mit der Umdrehungsfrequenz n multipliziert, ergibt sich die Vorschubgeschwindigkeit v_f.

Beispiel

Mit einem Fräser soll eine Schruppbearbeitung durchgeführt werden. Der Fräser hat einen Durchmesser von $d = 160$ mm und hat 8 Schneiden ($z = 8$).

Für den Fräsvorgang sind folgende Werte zulässig:

Schnittgeschwindigkeit $v_c = 120 \frac{m}{min}$

Vorschub pro Zahn: $f_z = 0,2$ mm

Ermitteln Sie die einzustellende Umdrehungsfrequenz n in $\frac{1}{min}$ und die Vorschubgeschwindigkeit f in $\frac{mm}{min}$ für den Fräsvorgang.

Gegeben: $d = 160$ mm; $z = 8$; $v_c = 120 \frac{m}{min}$; $f_z = 0,2$ mm

Gesucht: n und v_f

Lösung: $n = \dfrac{v_c}{d \cdot \pi} = \dfrac{120 \, m}{min \cdot 0,16 \, m \cdot \pi} = 239 \, \dfrac{1}{min}$

$n = 239 \, \dfrac{1}{min}$

$v_f = f_z \cdot z \cdot n = 0,2 \, mm \cdot 8 \cdot 239 \, \dfrac{1}{min} = 382 \, \dfrac{mm}{min}$

$v_f = 382 \, \dfrac{mm}{min}$

1: Fräsen auf einer CNC-Fräsmaschine

Fertigungstechnik/Fertigungsprozesse ▶ Trennen ▶ Spanende Fertigung von Bauteilen mit Maschinen

Werkstatthinweise

Unfallverhütung[1]:

- Fräsmaschinen grundsätzlich nur mit einem wirksamen Fräserschutz betreiben. Fräserschutzeinrichtungen verhindern auch Hand- und Fingerverletzungen beim Arbeiten in der Nähe stillstehender Fräserwerkzeuge.

- Späne nur mit einem Handfeger entfernen, da Späne scharfkantig sind.

- Messungen am Werkstück nur bei Fräserstillstand vornehmen.

Übungen

1. Worin unterscheiden sich Stirnfräser, Umfangsfräser und Stirn-Umfangs-Fräser?

2. Was ist bei der Fräserauswahl zu beachten?

3. Stellen Sie die unterschiedliche Spanabnahme bei den Verfahren des Umfangsfräsens dar.

4. Bestimmen Sie mithilfe des Tabellenbuches (Richtwerte für das Fräsen) für das Umfangs-Stirnfräsen einer Aluminiumlegierung mit einem Schaftfräser von Ø 20 mm mit vier Schneiden die Schnittgeschwindigkeit, den Vorschub pro Zahn, die Umdrehungsfrequenz und die Vorschubgeschwindigkeit.

5. Welche Fräsmaschinen werden nach der Lage der Frässpindel unterschieden?

6. Welche Vorteile haben CNC-Werkzeugmaschinen gegenüber konventionellen Werkzeugmaschinen?

7. Berechnen Sie die an der Fräsmaschine einzustellende Umdrehungsfrequenz:

Fräserdurchmesser d	v_c Schruppen	v_c Schlichten
50	10	24
90	40	60
110	400	800

8. Ein Fräser (d = 120 mm, n = 63 $\frac{1}{min}$) wird durch einen Fräser mit 90 mm Durchmesser ersetzt. Wie groß wird bei gleicher Schnittgeschwindigkeit die neu einzustellende Umdrehungsfrequenz (n_{neu})?

1.4.10 Schleifen

Schleifen ist ein spanendes Fertigungsverfahren mit vielschneidigen Werkzeugen. Die Schneiden sind geometrisch unbestimmt. Sie werden von einer Vielzahl gebundener Schleifkörner gebildet. Vorteile des Schleifens:

- hohe Form und Maßhaltigkeit
- geringe Rautiefen
- Bearbeitung harter Werkstoffe möglich

Schleifmittel:

- Edelkorund Al_2O_3
- Siliziumcarbid SiC
- Borkarbid BK
- Bornitrid BN
- synthetischer Diamant

Für Schleifarbeiten werden meist künstliche (synthetische) Schleifmittel verwendet:
Edelkorund ist das wichtigste Schleifmittel. Er wird aus Bauxit und Tonerde im Elektroofen bei 2000 °C erschmolzen. Daher wird er auch als Elektrokorund bezeichnet.
Das **Siliziumcarbid** wird zum Schleifen härterer Werkstoffe verwendet. Es wird aus Quarzsand und Koks bei 2500 °C im Elektroofen erschmolzen.
Bornitrid kommt der Härte von Diamanten am nächsten. Es wird zum Schleifen von gehärteten, legierten Stählen verwendet.
Diamant ist das härteste Schleifmittel. Es wird zum Schleifen von Schnellarbeitsstählen und Hartmetallen eingesetzt.
Die **Körnung** des Schleifmittels gibt die Größe der Schleifkörner an. Sie wird durch Aussieben mit unterschiedlichen Siebgrößen bestimmt. Die Körnungszahl entspricht der Anzahl der Maschen auf 1 Zoll Sieblänge. Die Körnung reicht von 4 (sehr grob) bis 1200 (sehr fein). Die Korngröße bestimmt Zerspanleistung und Rautiefe.

---

[1] Es sind immer die aktuellsten Vorschriften der Berufsgenossenschaften zu beachten!

Fertigungstechnik/Fertigungsprozesse ▶ Trennen ▶ Spanende Fertigung von Bauteilen mit Maschinen

> **Merke**
> Eine **grobe Körnung** ergibt eine hohe Zerspanleistung bei rauer Oberfläche.

Die **Bindung** hält die Schleifkörner im Schleifkörper (z. B. Schleifscheibe) zusammen. Sie muss die einzelnen Schleifkörner festhalten, bis diese stumpf geworden sind. Die scharfen Schleifkörner kommen zum Einsatz, wenn die Härte der Schleifscheibe so gewählt wurde, dass die Bindung stumpfe Schleifkörner zum richtigen Zeitpunkt frei gibt. Die Härte des Schleifkörpers wird durch die Festigkeit bestimmt, mit der die Schleifkörner in der Bindung festgehalten werden.

> **Merke**
> Die **Härte des Schleifkörpers** bezieht sich auf die Art der Bindung, nicht auf die Härte der Schleifkörner.

Das **Gefüge** des Schleifköpers wird bestimmt durch die Verteilung der Schleifkörner, des Bindemittels und der Poren. Die anfallenden Späne werden im Porenraum aufgenommen.
Das Gefüge reicht von geschlossen (dicht) bis sehr offen (porös).

Schleifwerkzeuge:

- Schleifscheibe
- flexible Schleifscheibe
- Schleifpapier
- Schleifband
- Schleifstift

Die **Schleifscheibe** wird auf der Schleifmaschinenwelle befestigt. Vor dem Befestigen wird die Scheibe durch Klangprobe auf Risse geprüft. Um Unebenheiten auszugleichen, werden zwischen Scheibe und Flanschen elastische Zwischenlagen aus Gummi oder Weichpappe gelegt. Die Scheiben erreichen eine hohe Umfangsgeschwindigkeit [Bild 1], deshalb sind die Schutzvorrichtungen regelmäßig zu kontollieren.
Die **flexible Schleifscheibe** wird in Winkelschleifern zum Schleifen und Schruppen eingesetzt. Sie wird auch als Trennscheibe, zum Trennen von Stahlteilen, verwendet [Bild 2].
Das **Schleifpapier** dient zum Schleifen von Hand. Die übliche Körnung liegt bei 40 … 220. Für Feinstbearbeitung bis Körnung 1200.
Das **Schleifband** gibt es als geschlossenes Schleifband für tragbare und stationäre Bandschleifmaschinen.
Schleifstifte können in leichten Handschleifern und Bohrmaschinen eingespannt werden.

Schleifverfahren:

- Planschleifen
- Rundschleifen
- Formschleifen

Beim **Planschleifen** werden ebene Flächen erzeugt. Es erfolgt durch Umfangschleifen mit dem Scheibenumfang. Beim Stirnschleifen (Seitenschleifen) wird mit der Stirnfläche der Schleifscheibe gearbeitet.

blau/gelb: max. 125 m/s
grün: max. 100 m/s
rot: max. 80 m/s
gelb: max. 63 m/s
blau: max. 50 m/s

1: Farbcodierungen der zulässigen Umfangsgeschwindigkeiten

2: Winkelschleifer

handwerk-technik.de

Fertigungstechnik/Fertigungsprozesse ▶ **Trennen** ▶ Spanende Fertigung von Bauteilen mit Maschinen

Beim **Rundschleifen** werden zylinderförmige Werkstücke bearbeitet. Beim Außenrundschleifen dreht sich das Werkstück. Es führt meist auch die Längsbewegung aus. Auch beim Innenrundschleifen dreht sich das Werkstück. Die Schleifscheibe führt die Vorschub-, Schnitt- und Zustellbewegung aus.

Beim **Formschleifen** werden Formen mit einem Profilwerkzeug hergestellt.

Manuelles Schleifen:
Winkelschleifer werden häufig zum Entgraten und Trennschleifen eingesetzt. Das Werkzeug wird von Hand geführt. Die Schleifscheiben haben eine Kunstharzbindung oder eine Gewebeeinlage, damit die Gefahr des Scheibenbruchs gering ist.

Werkstatthinweise

- Beim Schleifen **immer** eine Schutzbrille tragen.
- Bei starker Staubentwicklung Schleifstaub absaugen.
- Wenn nötig Mund- oder Atemschutz verwenden.
- Beim Einsatz des **Winkelschleifers** auf **sicheren Stand** achten und beim Trennvorgang die **Schleifscheibe nicht verkanten**.
- **Schleifband** in richtiger Laufrichtung auflegen.

Übungen

1. Nennen Sie Werkstücke, die in Ihrem Betrieb geschliffen werden.
2. Beschreiben Sie einen Schleifvorgang. Berücksichtigen Sie folgende Aspekte:
   - Arbeitsvorbereitung
   - Schleifwerkzeug
   - Unfallverhütung

1.4.11 Zerteilen

1.4.11.1 Scherschneiden

Die Zuschnitte für das Führungsblech [Bild 1] sind zunächst aus einer Blechplatine auszuschneiden, bevor sie gebogen werden. Mit spanlosen Fertigungsverfahren lassen sich dünne Bleche leichter und schneller trennen als mit spanabhebenden Verfahren wie z. B. Sägen. Der Werkstoff wird hierbei zwischen Schneidkeilen zerteilt.

> **Merke**
> Zerteilen ist ein Trennen des Werkstoffs, ohne dass sich dabei Späne bilden.

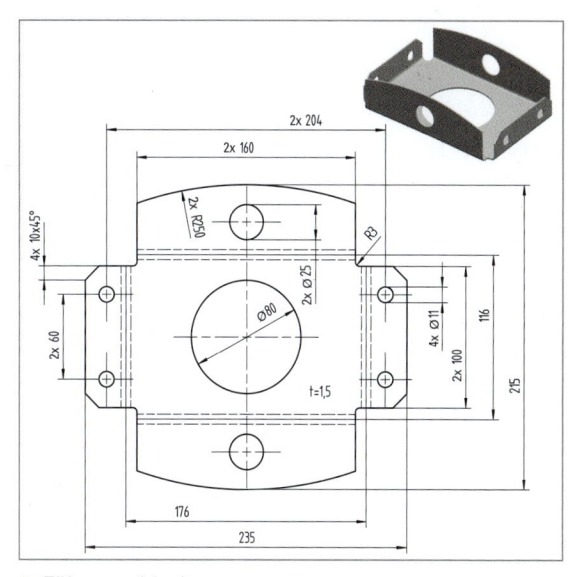

1: Führungsblech

Schneidvorgang
Die Schneidkeile bewegen sich beim Schneidvorgang aneinander vorbei. Das Eindringen der Schneiden bzw. das Zerteilen des Werkstoffs erfolgt dabei in drei Phasen [Bild 1, nächste Seite]:

- **Stauchen:** Der Werkstoff wird an seiner Ober- und Unterseite zusammengedrückt und eingekerbt.
- **Schneiden:** Dringen die Schneiden weiter in den Werkstoff ein, so wird ein Teil des Werkstoffquerschnitts geschnitten. Es entstehen dann Risse in der Scherzone.
- **Trennen:** Diese Risse führen zum Trennen des Werkstoffs. Er bricht an der Schnittstelle auseinander.

handwerk-technik.de

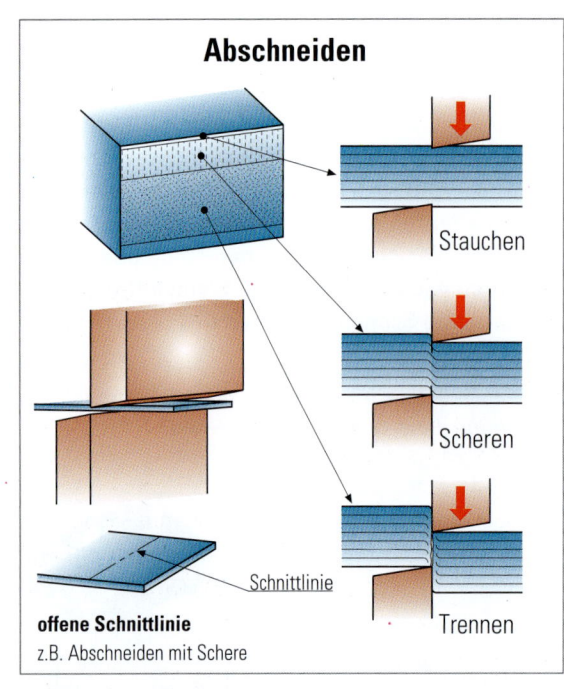

Fertigungstechnik/Fertigungsprozesse ▶ Trennen ▶ Spanende Fertigung von Bauteilen mit Maschinen

1: Schneidvorgang

Die Schneidkeile ähneln in der Form denen spanender Werkzeuge [Bild 3]:

- **Keilwinkel** β: Er verleiht der Schneide die notwendige Stabilität für den Schneidvorgang.
- **Freiwinkel** α: Er verringert die Reibung an der Freifläche.

Merke: Bewegen sich beim Trennen des Werkstoffs zwei Schneiden aneinander vorbei, so wird dies als Scherschneiden bezeichnet.

Handscheren

Handscheren bestehen aus zwei kurzen Schneiden mit entsprechend ausgebildeten Schneidkeilen.

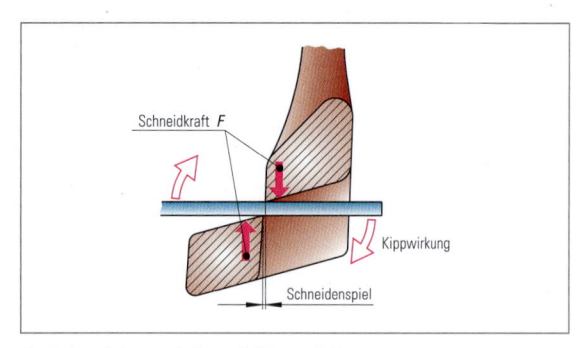

2: Schneidenspiel und Kippwirkung

Sie bewegen sich während des Schneidvorgangs aneinander vorbei. Lange Handgriffe und kurze Schneidenlängen vermindern die notwendige Handkraft. Es gilt das Hebelgesetz. Daher sollte die Schere weit geöffnet und das Blech möglichst tief in das Maul der Schere geschoben werden. Durch das **Schneidenspiel** [Bild 2] wirken die Schneidkräfte versetzt gegeneinander. Das Blech würde in der dargestellten Lage über die Schneidkeile abkippen. Es müsste mit der Hand abgestützt werden und würde sich verbiegen. Damit das nicht geschieht, ist das Blech auf die Druckfläche der Schneidbacke **aufzulegen** [Bild 3]. Auf diese Weise ist ein geringerer Kraftaufwand erforderlich und es entsteht eine optimale Schnittfläche.

Die Schneiden der Handblechschere zerteilen den Werkstoff fortlaufend entlang der Schneide (ziehender Schnitt). Der Schneidenabstand ist hierbei sehr klein. Damit die Schneiden nicht auf ihrer gesamten Länge aneinander reiben, werden sie mit einem **Hohlschliff** [Bild 1, nächste Seite] ausgestattet und vorgespannt. Die Schneiden berühren sich dann lediglich an der jeweiligen Schnittstelle. Die Schere ist beim Schneiden **nicht ganz zu schließen,** sondern bereits nach etwa ¾ der Schnittlänge zu öffnen und nachzuschieben. So entstehen nicht

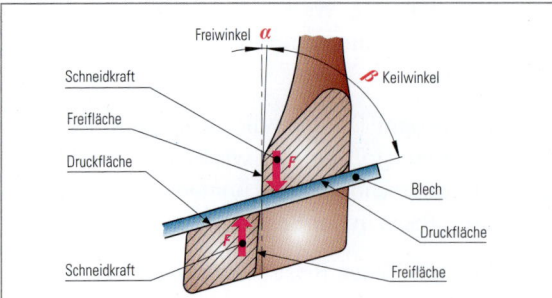

3: Blechlage, Winkel und Kräfte bei der Handhebelschere

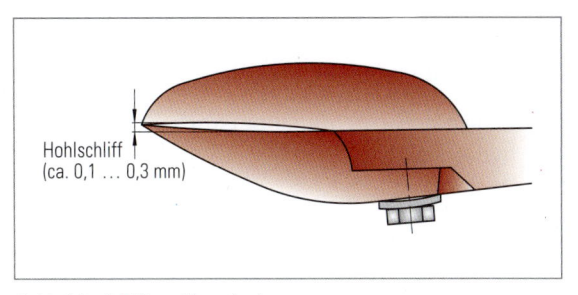

Fertigungstechnik/Fertigungsprozesse ▶ Trennen ▶ Spanende Fertigung von Bauteilen mit Maschinen

1: Hohlschliff an Handscheren

bei jedem Schnitt kleine Querrisse am Schnittende, sondern ein gratfreier Schnitt.
Grundsätzlich gibt es zwei **Scherentypen** [Bild 2]. Die **Normalblechscheren** sind sehr robust, da Schneide und Griff in einem Stück geschmiedet sind. **Hebelübersetzte Scheren** bestehen aus Scherenkopf und Griff. Beide Teile sind für sich gelenkig gelagert. Die Hebelübersetzung reduziert den Kraftaufwand um circa 25 %.

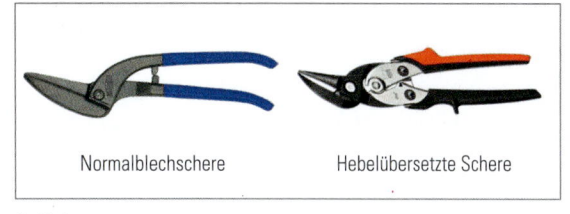

2: Scherentypen

In folgender Tabelle sind verschiedene Scherenarten mit Anwendungsbeispielen dargestellt [Bild 3]. Von den Scherenarten gibt es **linke und rechte Ausführungen** [Bild ,4]. Ob es sich um eine rechte oder linke Schere handelt, bestimmt die Lage der unteren Schneide. Linke Scheren sind für **Linkskurven** und rechte Scheren für **Rechtskurven** geeignet. Gleichzeitig ist dabei zu beachten, dass sich der Abfall bei linken Scheren auf der linken Seite verbiegt, während er sich bei rechten Scheren auf der rechten Seite verbiegt.

Scherenart	Anwendungsbeispiel	Erklärung
Durchlauf-Schere		Durchlauf-Scheren trennen mit geraden Schnitten Bleche in der Mitte oder im Randbereich. Es können großformatige Bleche abgelängt und ausgeklinkt werden.
Ideal-Schere		Ideal-Scheren sind für durchlaufende gerade und bogenförmige Schnitte geeignet. Sie eignen sich auch zum Ausklinken und Besäumen von Blechteilen.
Figuren-Schere		Figuren-Scheren eignen sich am besten für Schnitte mit kleinen Radien. Durch ihre Schneidenform können mühelos äußerst enge Kurven oder Figuren geschnitten werden.

3: Scherenarten und Anwendungsbeispiele

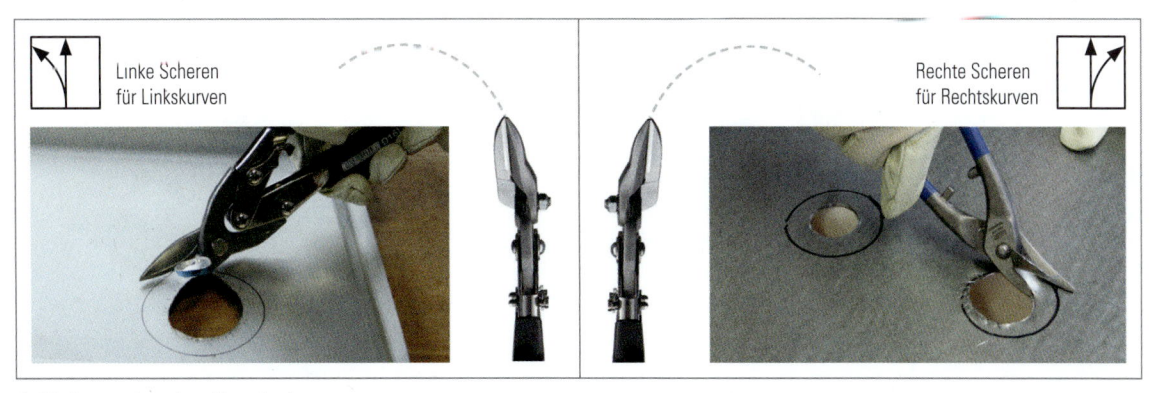

Linke Scheren für Linkskurven

Rechte Scheren für Rechtskurven

4: Linke und rechte Handscheren

handwerk-technik.de

Fertigungstechnik/Fertigungsprozesse ▶ Trennen ▶ Spanende Fertigung von Bauteilen mit Maschinen

Übung

Der Zuschnitt für das Führungsblech auf Seite 41 Bild 1 ist herzustellen. Wählen Sie geeignete Scheren aus und begründen Sie Ihre Entscheidung.

Maschinenscheren

Maschinenscheren werden für längere Schnitte und dickere Bleche verwendet. Die dafür notwendige Schneidenlänge und Schneidkraft besitzen die **Hebeltafelschere** und die **Tafelschere** [Bild 1].

Der Antrieb der Scheren erfolgt dabei:

- **von Hand** mithilfe eines Hebelarmes oder
- **maschinell** z. B. mit einem Kurbeltrieb oder hydraulisch

Beim Maschinenscheren wird das Blech in **einem Hub** getrennt.

Mit elektrisch betriebenen **Nibbelscheren** [Bild 1, nächste Seite] lassen sich Bleche einfach und schnell zuschneiden. Dies kann mit einem Handnibbler oder einer CNC-gesteuerten Nibbelmaschine erfolgen.

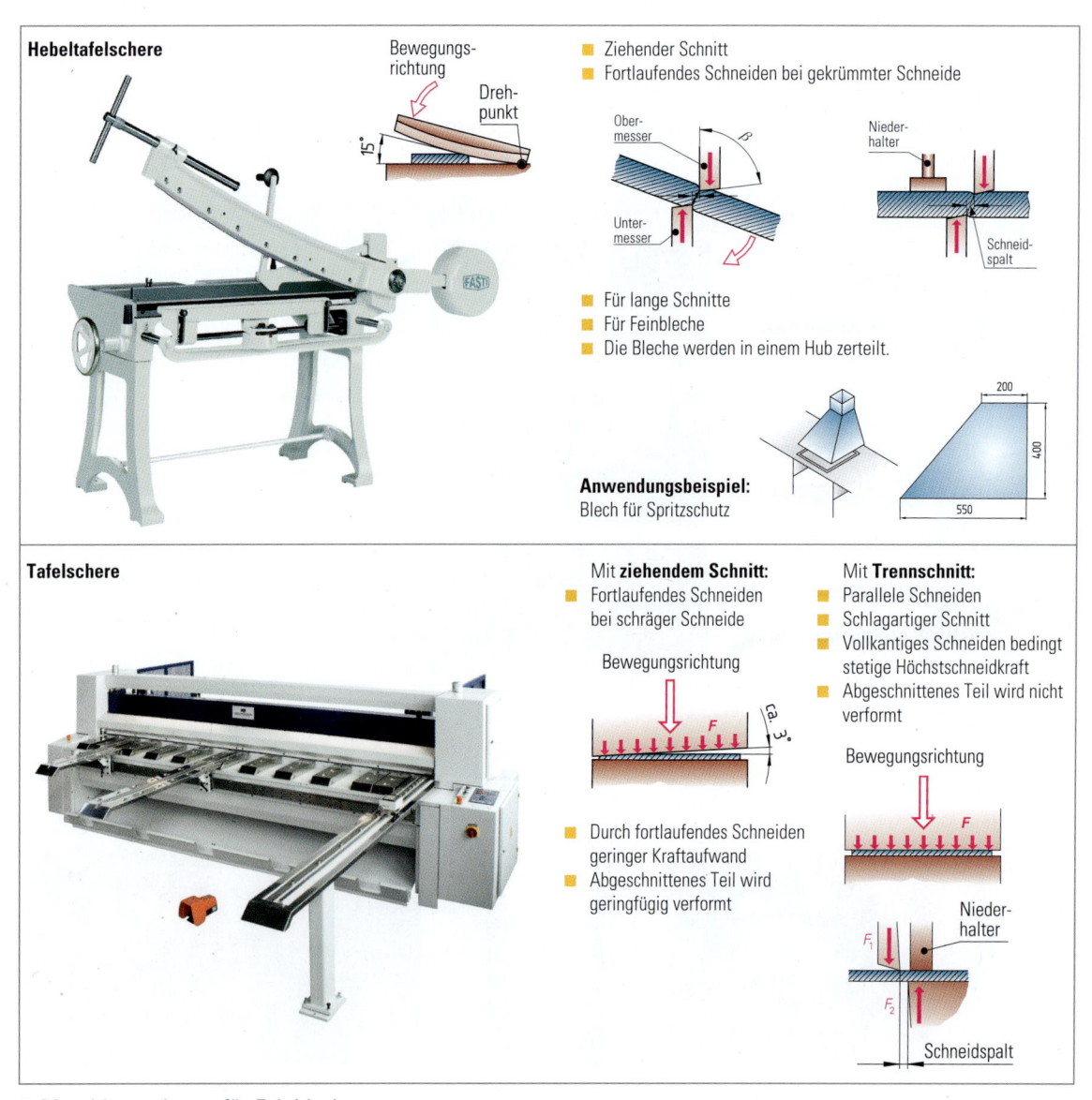

Hebeltafelschere
- Ziehender Schnitt
- Fortlaufendes Schneiden bei gekrümmter Schneide
- Für lange Schnitte
- Für Feinbleche
- Die Bleche werden in einem Hub zerteilt.

Anwendungsbeispiel: Blech für Spritzschutz

Tafelschere

Mit **ziehendem Schnitt:**
- Fortlaufendes Schneiden bei schräger Schneide
- Durch fortlaufendes Schneiden geringer Kraftaufwand
- Abgeschnittenes Teil wird geringfügig verformt

Mit **Trennschnitt:**
- Parallele Schneiden
- Schlagartiger Schnitt
- Vollkantiges Schneiden bedingt stetige Höchstschneidkraft
- Abgeschnittenes Teil wird nicht verformt

1: Maschinenscheren für Feinbleche

Fertigungstechnik/Fertigungsprozesse ▶ Trennen ▶ Spanende Fertigung von Bauteilen mit Maschinen

Trennen von Blech mit Nibbler

Beschreibung
- Stempel bewegen sich gegen Schneidmatrize
- Hubzahl bis 1400/min

Qualität des Schnittteils bei Nibbelmaschinen

1: Mehrhubige Maschinenscheren

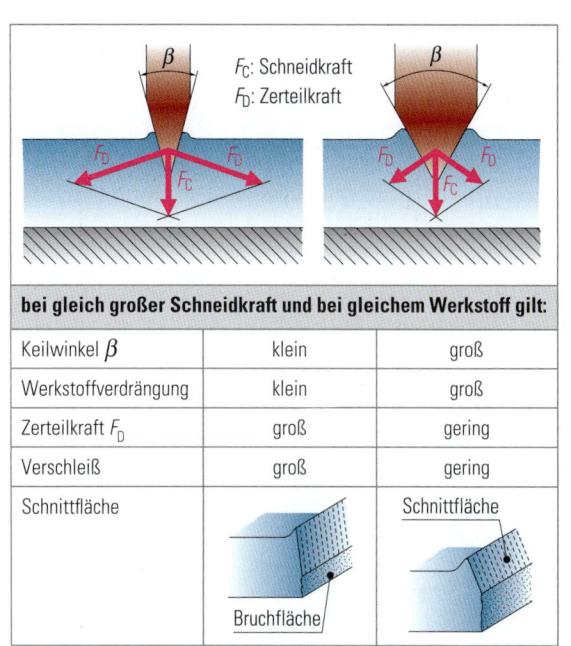

1.4.11.2 Messer- und Beißschneiden

Bei beiden Verfahren dringt der Schneidkeil in den Werkstoff ein und drängt diesen zur Seite. Das Zerteilen erfolgt hierbei ebenfalls in drei Stufen [Bild 3]. Im Gegensatz zum Scherschneiden und Spanen sind nun beide Flächen des Schneidkeils im Eingriff.

Der Keilwinkel [Bild 2] beeinflusst dabei:

- die aufzubringende Schneidkraft,
- die Haltbarkeit (Verschleiß) der Schneide und
- die Qualität der Schnittfläche (Oberflächengüte)

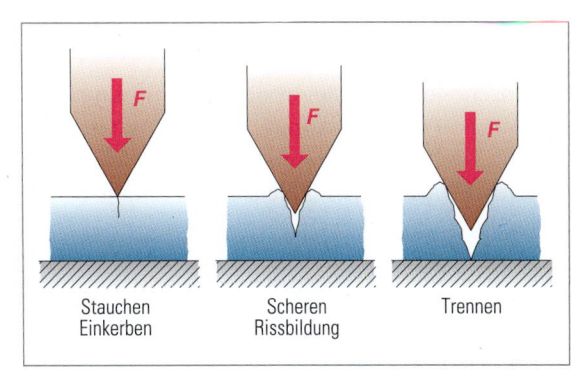

3: Zerteilvorgang

F_C: Schneidkraft
F_D: Zerteilkraft

bei gleich großer Schneidkraft und bei gleichem Werkstoff gilt:

Keilwinkel β	klein	groß
Werkstoffverdrängung	klein	groß
Zerteilkraft F_D	groß	gering
Verschleiß	groß	gering
Schnittfläche	Bruchfläche	Schnittfläche

2: Kräfte am Schneidkeil

Messerschneiden

Beim Messerschneiden [Bild 4a] wird der Werkstoff zwischen Schneidkeil und einer festen Unterlage zerteilt. Der kleine Keilwinkel der Schneide ermöglicht nur das Zerteilen von Werkstoffen mit geringer Festigkeit.

Meißel [Bild 4b] können auch zum Zerteilen verwendet werden.

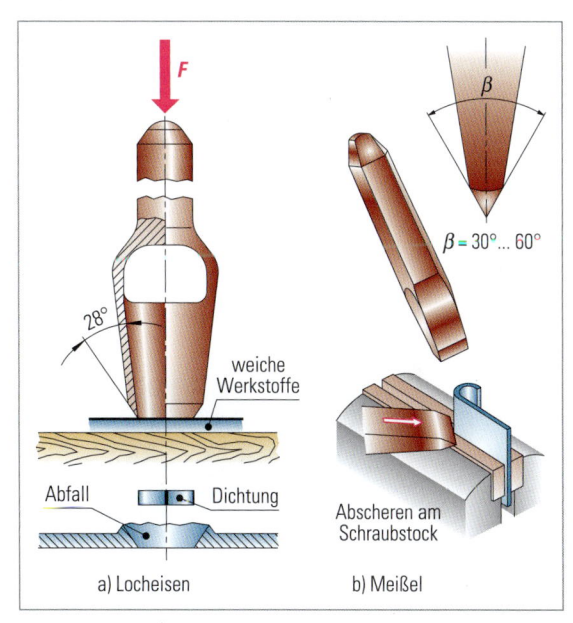

$\beta = 30°... 60°$

a) Locheisen   b) Meißel

4: Messerschneiden

Fertigungstechnik/Fertigungsprozesse ▶ Trennen ▶ Spanende Fertigung von Bauteilen mit Maschinen

Beißschneiden

Beim Beißschneiden bewegen sich zwei keilförmige Schneiden aufeinander zu. Zangenförmige Trennwerkzeuge [Bild 1] wie z.B. die **Kneifzange** arbeiten nach diesem Prinzip.
Die in Bild 1 gezeigten Werkzeuge eignen sich jedoch nur für kleine Werkstückquerschnitte.

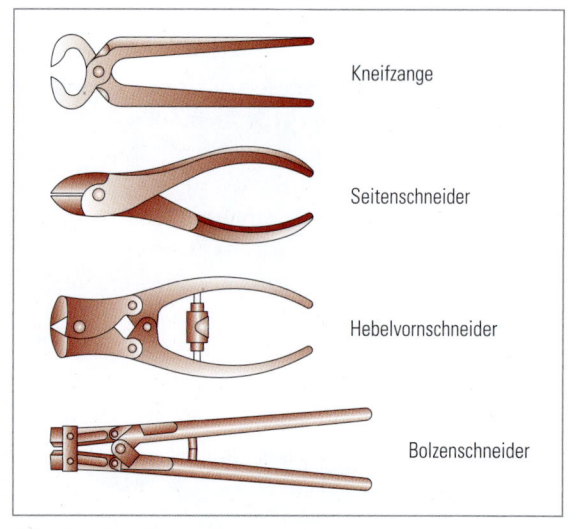

Übungen

1. a) Wodurch unterscheidet sich das Scherschneiden vom Messer- und Beißschneiden?
   b) Nennen Sie zu jedem Verfahren Anwendungsmöglichkeiten aus Ihrem Erfahrungsbereich.
2. Durch welche Maßnahmen kann die Scherkraft beim Scherschneiden verringert werden?
3. Geben Sie den allgemeinen Zusammenhang zwischen Keilwinkel und Kraftaufwand beim Scherschneiden an.
4. Welche Bewegungen sind zum Zerteilen eines Werkstoffs erforderlich?
5. Welche Aufgabe hat der Niederhalter bei Hebel- und Maschinenscheren?
6. Wählen Sie Scheren bzw. Maschinen aus:
   a) zum Schneiden langer Blechstreifen,
   b) zum Herstellen stark gekrümmter Blechschnitte,
   c) für gleichartige Blechteile in großer Stückzahl.

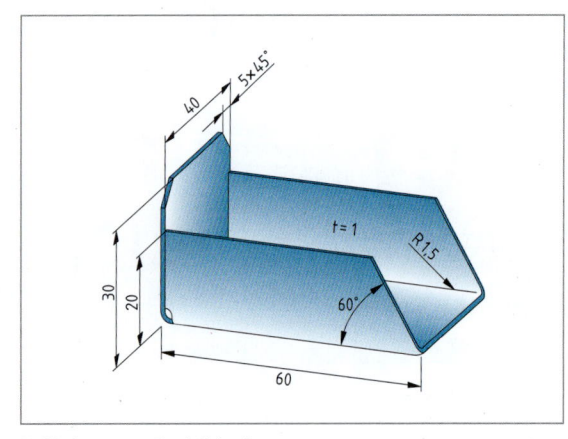

1: Beißschneiden
(Kneifzange, Seitenschneider, Hebelvornschneider, Bolzenschneider)

Projektaufgabe

Halter sind aus Stahlblech zu fertigen. Das Blech soll zuvor in Streifen geschnitten werden. Die Zuschnitte sind dann auszuschneiden [Bild 2].

1. Skizzieren Sie den Zuschnitt für den Halter und bemaßen Sie diesen.
2. Berechnen bzw. bestimmen Sie die fehlenden Maße.
3. Bestimmen Sie die Breite des Streifens.
4. Mit welchem Scherschneidwerkzeug sind die langen Blech streifen zuzuschneiden? Begründen Sie Ihre Antwort.

Es sind 5 Halter zu fertigen!

5. Nennen Sie die Fertigungsverfahren für die Herstellung der Zuschnitte.
6. Welches Scherschneidwerkzeug (Hand, Maschine) schlagen Sie vor? Begründen Sie Ihre Antwort.
7. Bestimmen Sie die Werkzeuge für die notwendigen Schneidarbeiten.
8. Beschreiben Sie die Arbeitsdurchführung.
9. Welche Probleme können bei der Herstellung des Zuschnitts auftreten?
10. Welche Lösungsmöglichkeiten schlagen Sie vor?

Es sind 1000 Halter zu fertigen!

11. Welches Scherschneidwerkzeug schlagen Sie vor? Begründen Sie Ihre Antwort.
12. Beschreiben Sie die Arbeitsdurchführung.

2: Halter aus Stahlblech

1.5 Bearbeitungszentren

Viele Bauteile [Bild 1] werden nicht nur durch Drehen oder Fräsen alleine hergestellt. Oft werden diese Fertigungsverfahren miteinander kombiniert. Dies geschieht mit weiterentwickelten Dreh- und Fräsmaschinen bis zu kompletten Bearbeitungszentren.

Diese Maschinen sind sehr flexibel einsetzbar, weil sie verschiedene Fertigungsverfahren beherrschen. So kann schnell auf eine Produktumstellung reagiert werden und Fertigungskapaziät besser ausgenutzt werden [Bilder 1–3, nächste Seite].

Vorteile einer Komplettbearbeitung auf einem Bearbeitungszentrum sind:

- Höhere Maß- und Formgenauigkeit der Fertigung, weil das Umspannen des Werkstückes weitgehend entfällt.
- Kürzere Bearbeitungszeit, weil ein Umrüsten der Maschine nicht notwendig ist.
- Werkstücke haben weniger Grat, weil nach Bohr- und Fräsarbeiten der Grat oft durch anschließendes Drehen entfernt werden kann.
- Kürzere Durchlaufzeiten, weil die Teile nicht zusätzlich für den nächsten Zerspanungsprozess von Spananhaftungen gereinigt werden müssen.

Nachteile eines Bearbeitungszentrums sind:

- Die vergleichsweise hohen Anschaffungskosten.
- Die erhöhte Wirtschaftlichkeit wird nur erreicht, wenn die Vorteile der flexiblen Fertigung genutzt werden können.
- Komplexere und leistungsfähigere Systeme benotigen immer auch einen hohen Instandhaltungsaufwand.
- Bei dem Ausfall eines der Teilsysteme ist die Maschine nicht einsetzbar.

1: Werkstücke, die mit Bearbeitungszentren hergestellt werden können.

Fertigungstechnik/Fertigungsprozesse ▶ Trennen ▶ Bearbeitungszentren

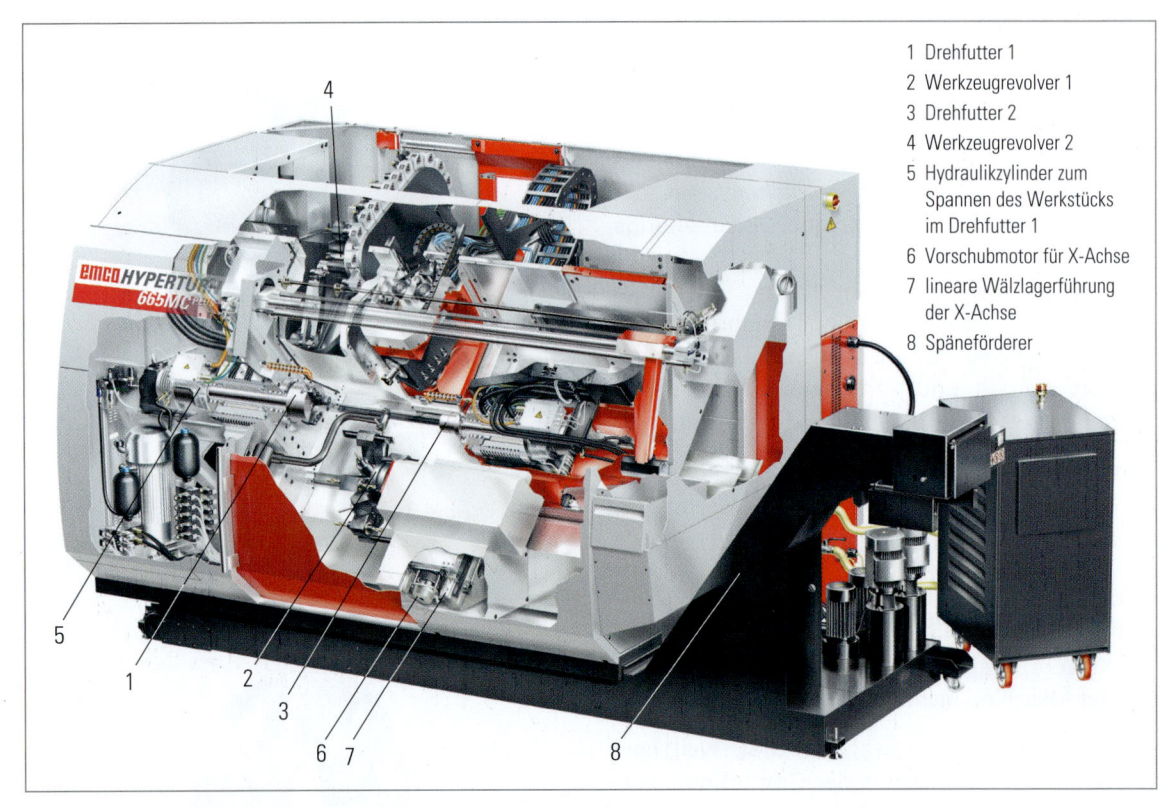

1 Drehfutter 1
2 Werkzeugrevolver 1
3 Drehfutter 2
4 Werkzeugrevolver 2
5 Hydraulikzylinder zum Spannen des Werkstücks im Drehfutter 1
6 Vorschubmotor für X-Achse
7 lineare Wälzlagerführung der X-Achse
8 Späneförderer

1: Dreh-Fräszentrum

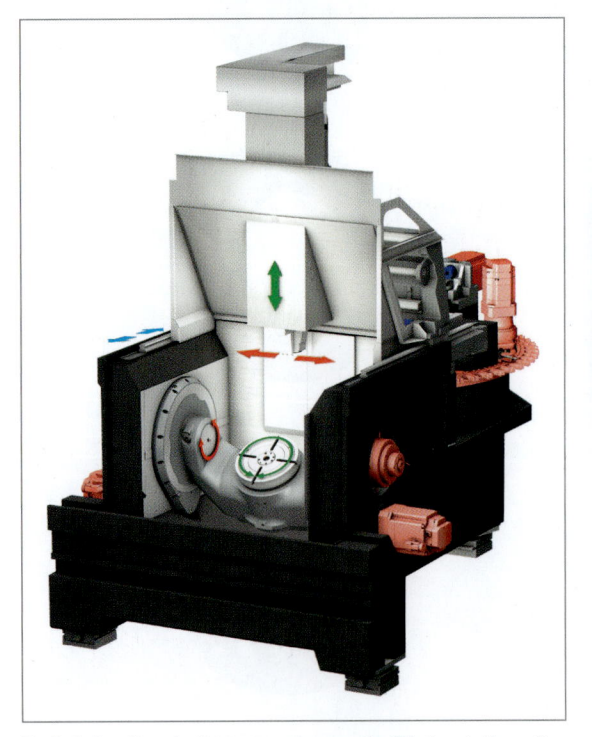

2: 5-Achs-Bearbeitungszentrum; die Pfeile stellen die Bewegungs- und Drehrichtungen dar.

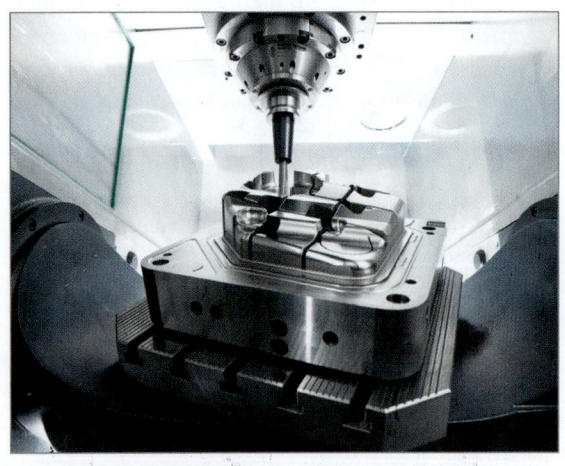

3: Bearbeitungszentrum

handwerk-technik.de

2 Umformen

2.1 Umformen durch Biegen

Viele Bauteile wie z. B. das Schutzblech für eine Werkzeugmaschine [Bild 1] werden durch Biegen umgeformt.

Vorgänge beim Biegen

Um ein Bauteil zu biegen, muss der Werkstoff dauerhaft verformbar sein. Er muss in seiner neuen Form bleiben. Solch ein Werkstoff verformt sich **plastisch**.
Wird das Blech mit geringer Kraft geringfügig gebogen, so federt es danach wieder in seine Ausgangslage zurück. Es hat sich **elastisch** verhalten. Bei entsprechend großem Kraftaufwand bleibt der überwiegende Teil der Biegung erhalten. Der Werkstoff wurde **plastisch** verformt.

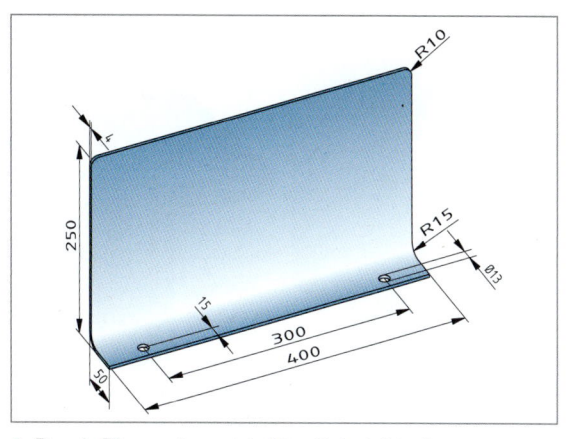

1: Durch Biegen hergestelltes Schutzblech

> **Merke**
> Biegen ist eine spanlose Formgebung.
> Der Werkstoff wird dabei plastisch verformt.

Weil der Werkstoff über den elastischen Bereich hinaus beansprucht wird, verändern sich die Werkstoffeigenschaften an der Biegestelle. Der Werkstoff wird fester, härter und somit spröder. Ist der Biegeradius zu klein können an der Außenseite des Bleches Risse entstehen. Auch das Auftreten von Quetschfalten im Innenbereich der Biegung ist möglich [Bild 2].

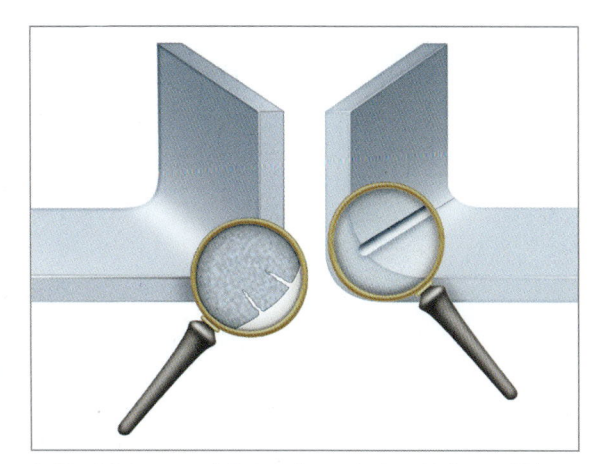

Übung

Biegen Sie einen Schweißdraht und einen Kupferdraht mehrfach im Schraubstock. Beschreiben Sie das Werkstoffverhalten und die Biegestelle.

Der abgewinkelte Teil des Flachstahls weist im Biegebereich Veränderungen am Werkstückquerschnitt auf [Bild 3]. Durch **Strecken** entsteht eine Werkstoffeinschnürung im äußeren Biegebereich. Durch **Stauchen** entsteht eine Ausbauchung im inneren Biegebereich.
In der Werkstückmitte erfährt der Werkstoff nur eine Formänderung. Entlang der Schwerpunktlinie verändert sich die Länge des Werkstückes nicht. Dieser Bereich wird auch als **neutrale Faser** (neutrale Zone) bezeichnet.

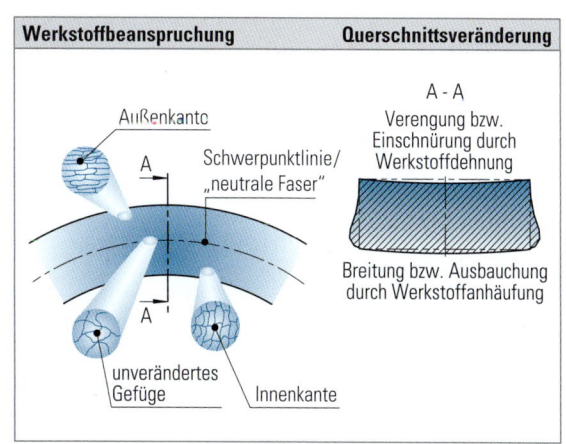

2: Rissbildung und Quetschung bei zu kleinem Biegeradius

3: Strecken und Stauchen beim Biegen

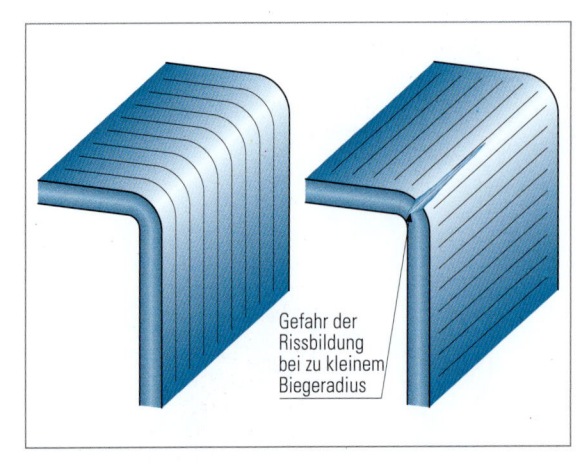

Fertigungstechnik/Fertigungsprozesse ▸ Umformen ▸ Umformen durch Biegen

1: Gefahr der Rissbildung beim Biegen parallel zur Walzrichtung

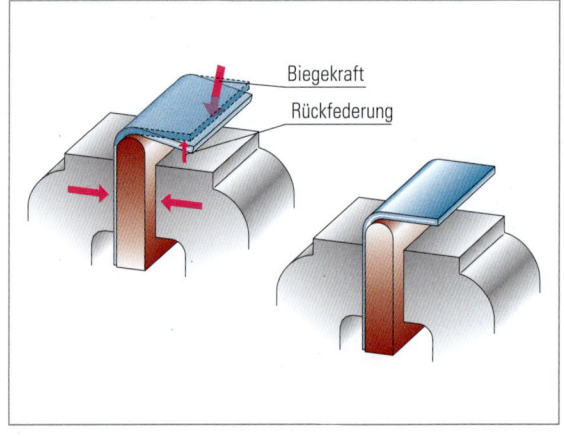

2: Rückfederung beim Biegen

> **Merke**
> Die Veränderung am Werkstückquerschnitt erfolgt durch Strecken (der Werkstoff wird gedehnt) und Stauchen (der Werkstoff wird zusammengedrückt).

Die **Gefahr der Rissbildung** besteht vor allem bei

- kleinen Biegeradien,
- großen Biegewinkeln und
- großen Werkstückdicken.

Um Rissbildung zu vermeiden, dürfen bestimmte **Mindestbiegeradien** nicht unterschritten werden. Die Mindestbiegeradien sind im Wesentlichen vom Werkstoff und der Werkstückdicke abhängig. Erfahrungswerte sind in Tabellen zusammengefasst [Bild 3].

Durch das **Walzen** eines Bleches richten sich die Kristalle innerhalb des Werkstoffes aus. Sie werden gestreckt und gestaucht. Dies wirkt sich auf die Werkstoffeigenschaften aus. Quer zur Walzrichtung ist der Werkstoff höher beanspruchbar. Wird ein Blech beim Biegen quer zur Walzrichtung gelegt ist demnach die Gefahr der Rissbildung geringer [Bild 1]. Lässt sich ein Biegen parallel zur Walzrichtung nicht vermeiden, so muss ein größerer Biegeradius gewählt werden.

Wirkt die Biegekraft nicht mehr auf das Werkstück ein, federt der gebogene Schenkel geringfügig zurück [Bild 2]. Der überwiegende Teil des Biegebereiches wurde plastisch verformt. Die Rückfederung wird durch die Elastizität des Werkstoffes verursacht.

Werkstoff	Blechdicke in mm									
	1	1,5	2,5	3	4	5	6	7	8	10
Stahl bis R_m = 390 N/mm²	1	1,6	2,5	3	5	6	8	10	12	16
Stahl bis R_m = 490 N/mm²	1,2	2	3	4	5	8	10	12	16	20
Stahl bis R_m = 640 N/mm²	1,6	2,5	4	5	6	8	10	12	16	20
Reinalum. (kaltverfestigt)	1	1,6	2,5	4	6					
AlCuMg-Leg. (ausgehärtet)	2,5	4	6	10						
CuZn-Leg. (kaltverfestigt)	1,6	2,5	4	6						
Kupfer (weichgeglüht)	1,6	2,5	4							

3: Mindestbiegeradien (Auswahl)

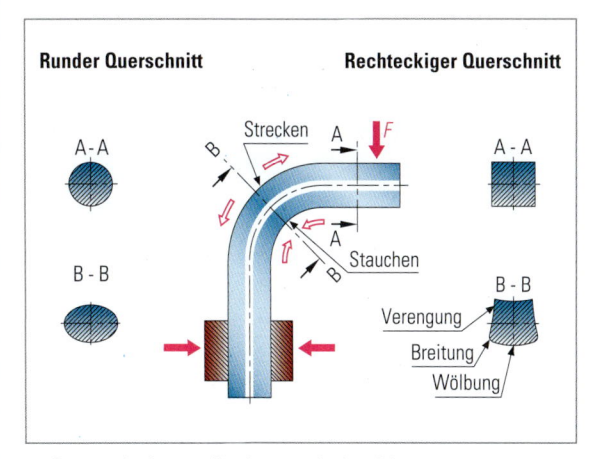

1: Querschnittsveränderung beim Biegen

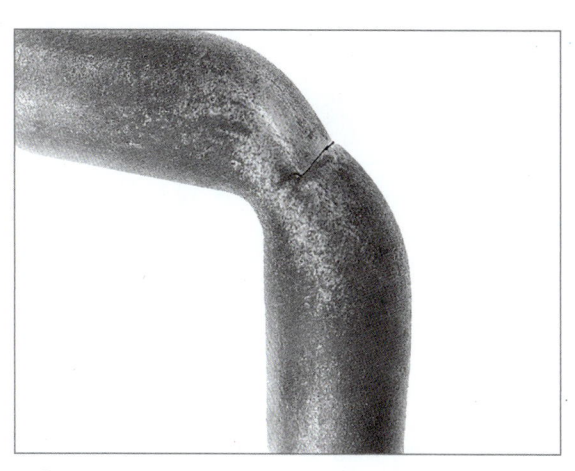

2: Querschnittsveränderung beim nicht fachgerechten Biegen eines Rohres

> **Merke**
>
> Das elastische Verhalten bewirkt, dass der Werkstoff zurückfedert. Um dies auszugleichen, werden Werkstücke **überbogen** (etwas mehr als der angegebene Winkel).

Querschnittsveränderungen, die sich beim Biegen von Vollprofilen ergeben [Bild 1b-36], sind bei **Hohlprofilen** oft unerwünscht oder unzulässig. Es bilden sich im äußeren Biegebereich starke Einschnürungen, manchmal sogar Risse, und im inneren Biegebereich Einknickungen bzw. Wellen [Bild 2].
Die Form des Rohres bleibt erhalten, wenn der kreisförmige Rohrquerschnitt entweder von innen oder von außen abgestützt wird. Eine **Rohrbiegevorrichtung** (Biegematrize) stützt den Rohrquerschnitt ab [Bild 3]. Das Rohr behält dabei während des Biegevorganges seine Querschnittsform.

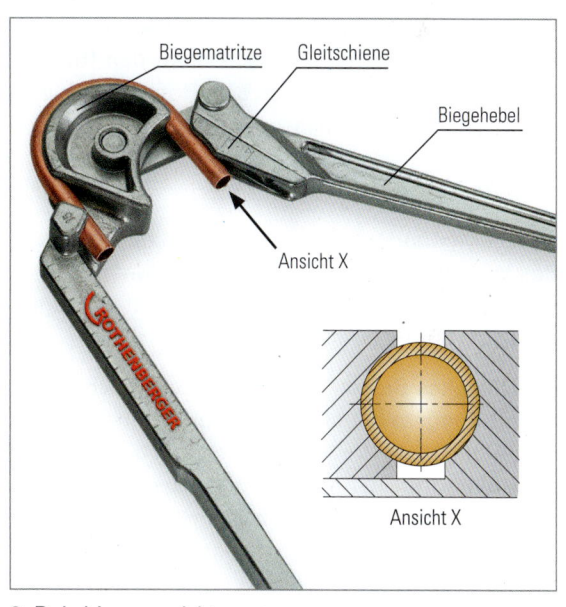

3: Rohrbiegevorrichtung

Übungen

1. Bestimmen Sie jeweils den Mindestbiegeradius für ein Blech aus S355JR und einer AlCuMg-Legierung mit einer Dicke von jeweils 3 mm und 6 mm.
2. Beschreiben Sie die Querschnittsveränderung beim Biegen von Rundstahl. Erläutern Sie die Ursachen.

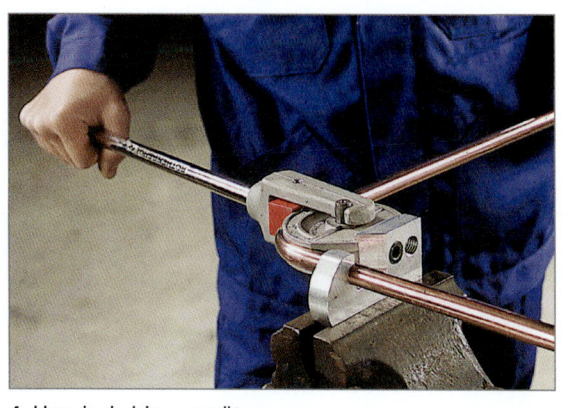

4: Handrohrbiegegerät

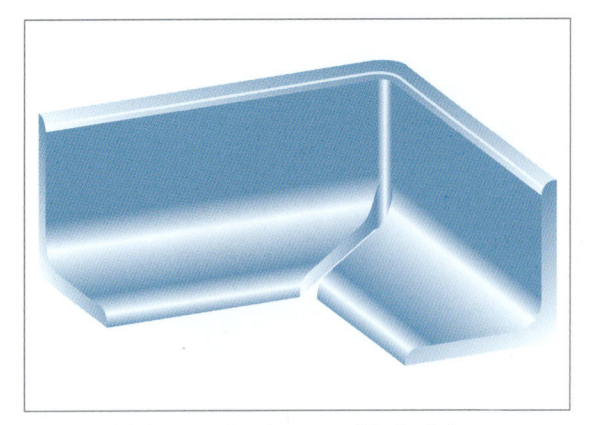

Fertigungstechnik/Fertigungsprozesse ▶ Umformen ▶ Umformen durch Biegen

1: Ausgeklinktes und gebogenes Werkstück

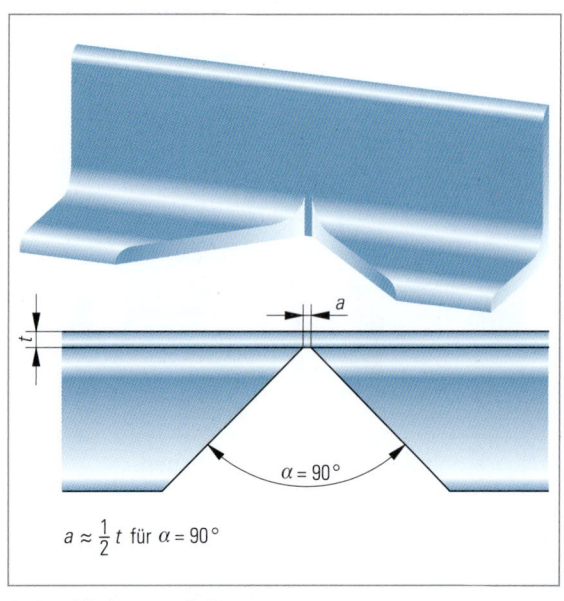

2: Ausklinkung mit Fase

Um **L-** oder **U-Profile** scharfkantig zu biegen [Bild 1], müssen diese vorher ausgeklinkt werden [Bild 2]. Das Maß *a* kann auch durch eine Bohrung mit entsprechendem Durchmesser erfolgen.

Es gilt dann: $d = \dfrac{a \cdot t}{100}$

Mit zunehmender Temperatur nimmt die Festigkeit des Werkstoffs ab. Er lässt sich dadurch leichter biegen. **Biegetemperaturen** von Baustahl liegen zwischen 800 °C und 900 °C.

Maschinelles Biegen ermöglicht wesentlich kürzere Fertigungszeiten als das Biegen von Hand. Eine kostengünstige Produktion ist die Folge. **Biegemaschinen** [Bild 3] müssen auch dann eingesetzt werden, wenn hohe Biegekräfte erforderlich sind. Diese können mechanisch, elektrisch oder hydraulisch aufgebracht werden. Oft kann dann auf ein Erwärmen des Werkstückes verzichtet werden.

Beim **Walzbiegen** [Bild 1, nächste Seite] werden große Querschnitte oder Profile in mehreren Durchgängen auf die gewünschten Biegeradien gebracht.

Biegen von Blechen
Bleche wie z. B. das Schutzblech (Seite 49) können mit verschiedenen Verfahren gebogen werden. Diese können grundsätzlich nach der Form der Werkzeugbewegung (geradlinig oder kreisförmig) unterschieden werden [Bild 3, nächste Seite].

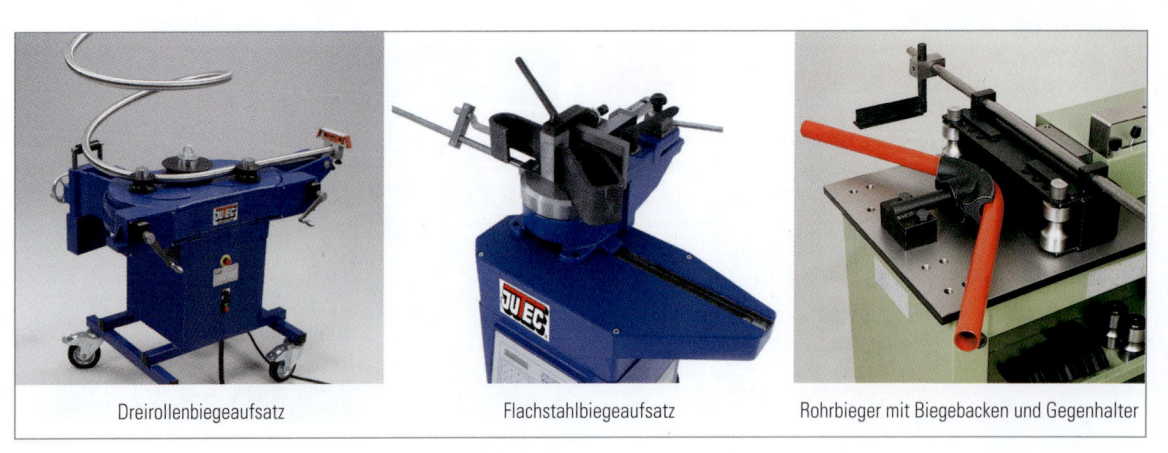

Dreirollenbiegeaufsatz | Flachstahlbiegeaufsatz | Rohrbieger mit Biegebacken und Gegenhalter

3: Maschinelles Biegen

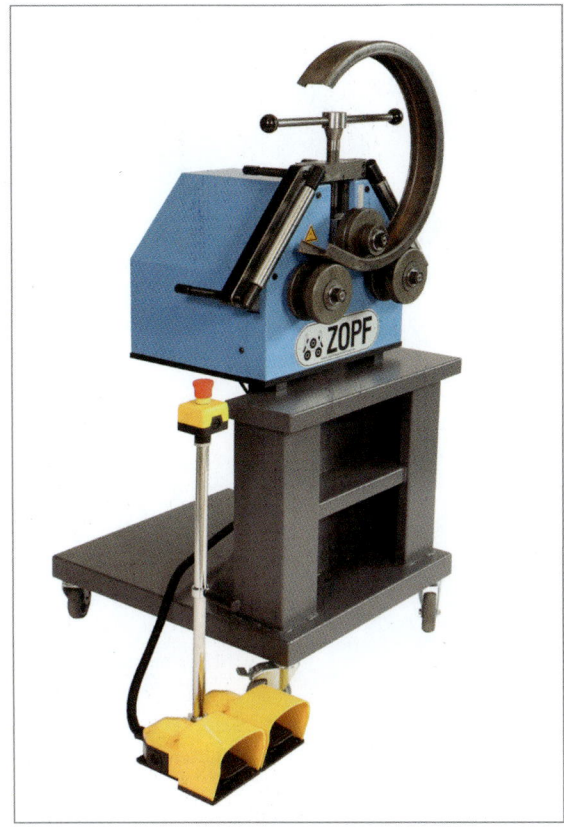

Fertigungstechnik/Fertigungsprozesse ▶ Umformen ▶ Umformen durch Biegen

1: Walzbiegen mit Walzenbiegemaschine

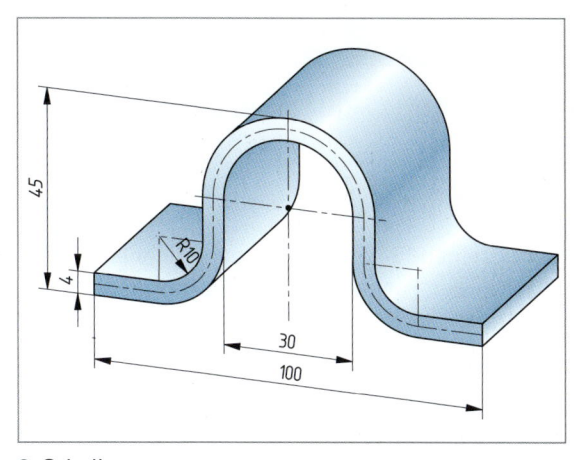

2: Schelle

Berechnung gestreckter Längen

Eine Schelle [Bild 2] aus S235JR ist herzustellen. Vor dem Biegen muss der Flachstahl auf die richtige Länge abgesägt werden. Soll kein oder nur wenig Verschnitt entstehen, so muss die gestreckte Länge für den Zuschnitt berechnet werden.

Merke: Gestreckte Länge des Biegeteils = Länge der neutralen Zone (neutrale Faser). Die neutrale Zone liegt auf der Schwerpunktachse.

Für die Schelle ist die neutrale Zone zu bestimmen. Sie liegt im **Schwerpunkt** des rechteckigen Profils und ist im Bild farblich gekennzeichnet. Die Schwerpunktlagen (z. B. Bild 4) verschiedener Profile und die Formeln für verschiedene Längen sind dem Tabellenbuch zu entnehmen [Bild 5].

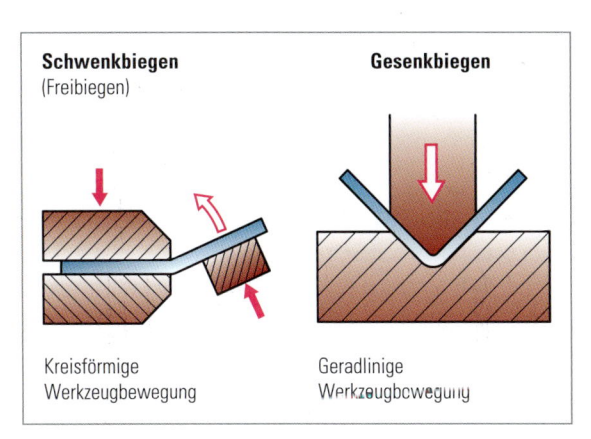

3: Verfahren zum Blechbiegen

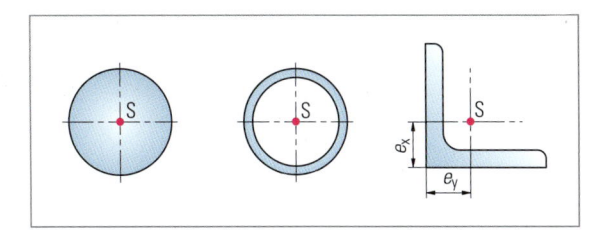

4: Schwerpunktlagen verschiedener Profile

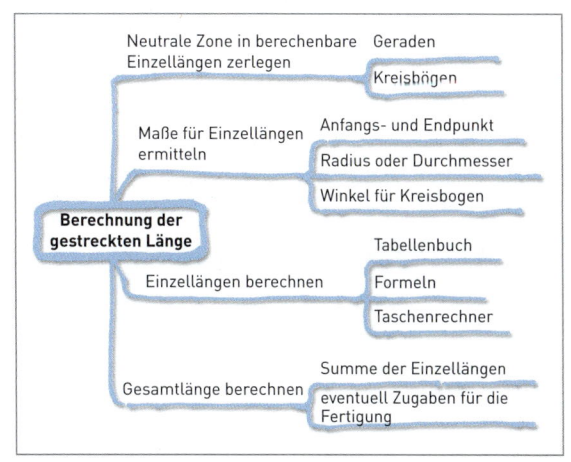

5: Mind-Map zur Berechnung gestreckter Längen

Fertigungstechnik/Fertigungsprozesse ▶ Umformen ▶ Umformen durch Biegen

Beispiel

Die Gesamtlänge wird in berechenbare **Teillängen zerlegt**.

$l = 2 \cdot l_1 + 2 \cdot l_2 + 2 \cdot l_3 + l_4$

Die einzelnen Teillängen sind zu berechnen. Dazu werden **Formeln** [Bild 2] aus dem **Tabellenbuch** verwendet.

Vorsicht!
Durchmesser und Radien immer auf die Schwerpunktachse beziehen.

$l_1 = \dfrac{100\,\text{mm} - 30\,\text{mm} - 2 \cdot \overset{\text{Radius}}{10\,\text{mm}} - 2 \cdot \overset{\text{Blechdicke}}{4\,\text{mm}}}{2}$

$l_1 = 21\,\text{mm}$

$l_2 = \dfrac{24\,\text{mm} \cdot \pi}{4}$ — Viertelkreis: $2 \cdot R + 2 \cdot$ halbe Blechdicke

$l_2 = 18{,}8\,\text{mm}$

$l_3 = 45\,\text{mm} - \dfrac{30\,\text{mm}}{2} - \overset{\text{Radius}}{10\,\text{mm}} - 2 \cdot \overset{\text{Blechdicke}}{4\,\text{mm}}$

$l_3 = 12\,\text{mm}$

$l_4 = \dfrac{d \cdot \pi}{2}$ — Halbkreis

Durchmesser + 2 · halbe Blechdicke

$l_4 = \dfrac{34\,\text{mm} \cdot \pi}{2}$

$l_4 = 53{,}4\,\text{mm}$

Addition der Teillängen

$l = 2 \cdot 21\,\text{mm} + 2 \cdot 18{,}8\,\text{mm} + 2 \cdot 12\,\text{mm} + 53{,}4\,\text{mm}$

$l = 157\,\text{mm}$

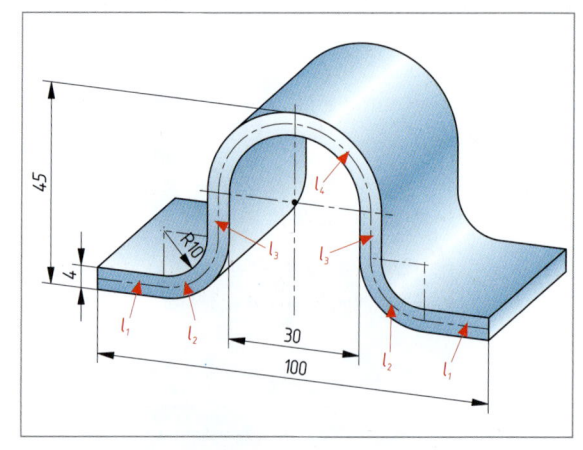

1: Schelle

Kreis-Umfang	$U = d \cdot \pi$
Vollkreis	$U_0 = d \cdot \pi$
Halbkreis	$U_0 = \dfrac{d \cdot \pi}{2}$
Viertelkreis	$U_0 = \dfrac{d \cdot \pi}{4}$

2: Formeln zur Umfangsberechnung

Übungen

1. a) Erklären Sie den Begriff „neutrale Zone" anhand der Schelle [Bild 1].
   b) Warum wird bei der Berechnung der gestreckten Länge des Biegeteils von dieser Zone ausgegangen?
   c) Berechnen Sie die Länge des Ausgangsmaterials des ungebogenen Bügels [Bild 4].

2. Wie groß ist die gestreckte Länge für den gebogenen Bügel einer Aufhängevorrichtung [Bild 1, nächste Seite]?

3. Welche Ausgangslänge wird für die Öse benötigt [Bild 3, nächste Seite]?

4. An welchen Stellen findet eine plastische Verformung an dem Bügel (Bild 1, nächste Seite) statt?

handwerk-technik.de

Fertigungstechnik/Fertigungsprozesse ▶ Umformen ▶ Drahtziehen durch Zug-Druck-Umformen

5. Beschreiben Sie die Rückfederung beim Biegen des Bügels (Bild 1).

6. Welche Probleme entstehen beim Biegen von Rohren?

7. Wodurch kann man beim Rohrbiegen den Kreisquerschnitt beibehalten?

8. Berechnen Sie die gestreckte Länge des Schutzbleches (Seite 49 Bild 1).

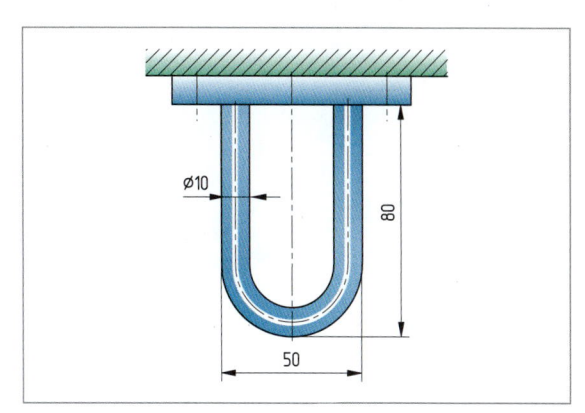

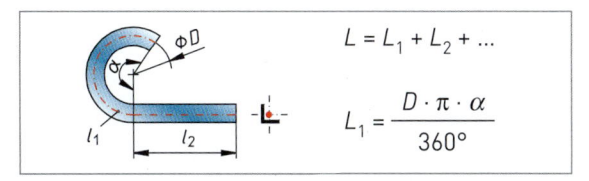

1: zu Aufgabe 2

$$L = L_1 + L_2 + \ldots$$
$$L_1 = \frac{D \cdot \pi \cdot \alpha}{360°}$$

2: Formel zur Berechnung der gestreckten Länge

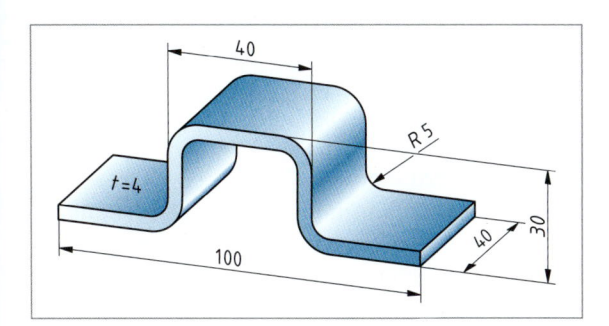

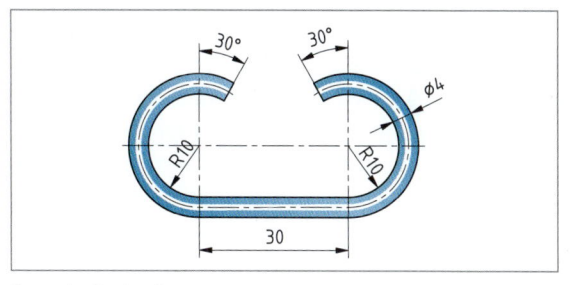

3: zu Aufgabe 3

4: zu Aufgabe 1a)

2.2 Drahtziehen durch Zug-Druck-Umformen

2.2.1 Produkte aus Draht

Aus Draht [Bild 5] werden sehr viele Produkte bzw. Bauteile gefertigt. Draht wird beispielsweise für Körbe, Zäune oder Federn [Bild 6] verwendet. Sehr dünner Draht wird in der Elektroindustrie benötigt für Spulen oder als Verbindung von Chips auf einer Platine.

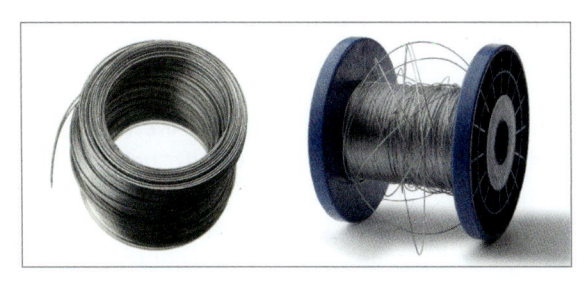

5: Draht

6: Drahtkorb, Drahtzaun und Federn

handwerk-technik.de

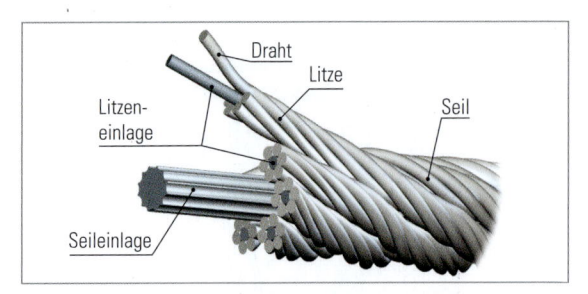

1: Drahtseil

Drahtseile [Bild 1] werden aus vielen Stahldrähten hergestellt. Werden mehrere Drähte verdrillt, können sie gleichzeitig Zugkräfte übertragen und um Rollen gelenkt werden. Drahtseile finden z. B. Verwendung auf Schiffen, in der Fördertechnik und im Brückenbau. Bei Einsatz als Spannstahl werden Drahtseile als Basis für Spannbeton genutzt. Sie dienen auch als zugkraftübertragendes Element in Bowdenzügen z. B. bei einer Fahrradbremse. In den genannten Beispielen wird der Draht selber in seiner ursprünglichen Form verwendet.

Oft ist Draht aber ein Vorprodukt für viele Maschinenteile. Der Draht als solches ist dann nicht oder nur noch kaum als Draht zu erkennen. Aus ihm werden z. B. Stifte oder Schrauben (Bild 2). Auch Muttern oder Wälzlagerlagerkugeln werden aus Draht hergestellt. Ein entsprechend dicker Draht wird von einer Drahtrolle abgeschnitten und dann durch umformen und andere Fertigungsverfahren zu dem neuen Produkt gefertigt.

2: Stifte, Schrauben und Muttern

2.2.2 Drahtherstellung

Drahtvorbehandlung

Das Ausgangsprodukt ist ein Draht (ca. ⌀30–⌀4,5mm) der durch Gießen, Warmwalzen oder Strangpressen erzeugt wird. Dieses Material hat häufig noch eine Zunderschicht an der Oberfläche. Diese muss entfernt werden, da sie eine hohe Härte hat, schlecht verformt werden kann und das Ziehwerkzeug (Ziehring) schneller verschleißen würde. Die Entzunderung geschieht mithilfe von Mineralsäuren und Lösungsmitteln.
Übliche Beizsäuren sind:

- Schwefelsäure (H_2SO_4)
- Salzsäure (HCL)
- Phosphorsäure (H_3PO_4)
- Salpetersäure (HNO_3)
- Mischsäuren

Beizsäuren werden oft kombiniert mit nachfolgenden Schmiermittelbädern, sofern dies für das anschließende Umformverfahren notwendig ist. Verbrauchte Beizbäder müssen nach entsprechender Aufbereitung gemäß den Auflagen des Umweltschutzes fachgerecht entsorgt werden.
Mechanische Drahtentzunderungen:

- Biegeentzunderung
  Durch mehrfaches Biegen in verschiedene Richtungen reißt die spröde Oxidschicht an der Drahtoberfläche. Sie löst sich und fällt ab.

- Strahlentzunderung
  Bei der Strahlentzunderung wird ein Strahlmittel (meist ein fein geschnittener Draht) auf den Draht geschleudert. Noch anhaftender Zunder wird dann durch Bürsten oder kurzzeitiges Beizen entfernt.

Bei mechanisch entzundertem Vormaterial ist durch die erhöhte Rauigkeit der Verschleiß an den nachfolgenden Ziehsteinen etwas höher als bei chemisch entzunderten Material.
Welches Entzunderungsverfahren gewählt wird, hängt ab von

- der Drahtsorte (Rund- oder Profildraht) und
- vom Drahtwerkstoff.

Ziehwerkzeuge – Ziehmittel
Damit ein Draht in einen Ziehstein eingeführt werden kann, muss er angespitzt werden. Dazu benutzt man entsprechende Anspitz- und Einzieheinrichtungen. Ist der Draht eingeführt, kann von der anderen Seite der Draht mit einer Einziehzange gefasst und gezogen werden. Für sehr dicke Drähte kann man Einstoßvorrichtungen verwenden.

Fertigungstechnik/Fertigungsprozesse ▶ Umformen ▶ Drahtziehen durch Zug-Druck-Umformen

1: Diamantziehstein

Für das Trockenziehen von Drähten aus Stahl und Nichteisenmetallen werden hauptsächlich Hartmetall-Ziehsteine verwendet. Auf Nassziehmaschinen sind Diamant-Ziehsteine [Bild 1] gebräuchlich. Daneben kommen auch polykristalline Diamantwerkzeuge zum Einsatz. Bei der Verwendung von Diamantwerkzeugen darf keine Temperatur erreicht werden, bei der der Kohlenstoff des Stahles mit dem Kohlenstoff des Diamanten reagiert[1].

Verfahren

Das Ziehen von Draht erfolgt auf Drahtziehmaschinen [Bild 2]. Der Draht wird durch einen Ziehring mit **kegeligen Düsen** [Bild 3] gezogen, bis der gewünschte Querschnitt erreicht ist. Ganz feine Drähte werden durch einen **Ziehstein** aus Hartmetall oder Diamant gezogen.

Da bei diesem Umformverfahren sowohl Zugkräfte als auch Druckkräfte auftreten, gehört das Drahtziehen (Durchziehen) zu den **Zug-Druck-Umformverfahren**.

Der Querschnitt des Drahtes wird beim Ziehvorgang über die Fließgrenze hinaus auf Druck beansprucht. Dadurch entstehen Querkräfte, die den Draht umformen [Bild 4]. Härte und Festigkeit nehmen bei diesem Vorgang zu, Zähigkeit und Dehnung nehmen ab. Wenn die Umformung des Drahtes zu hoch wird, muss er zwischengeglüht werden. Danach ist eine weitere Umformung wieder möglich.

[1] Stahl reagiert chemisch mit Diamant ab ca. 700 °C.

2: Drahtziehmaschine

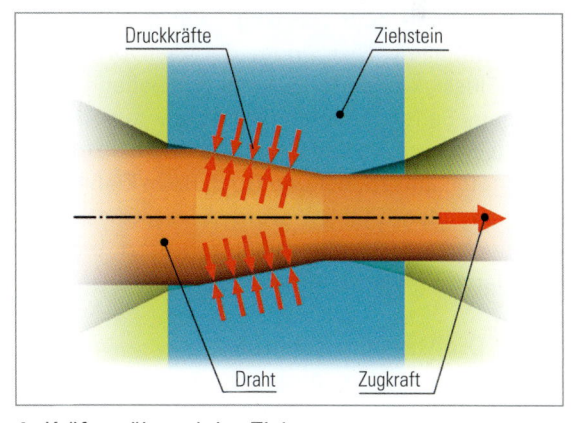

4: Kräfte während des Ziehvorganges

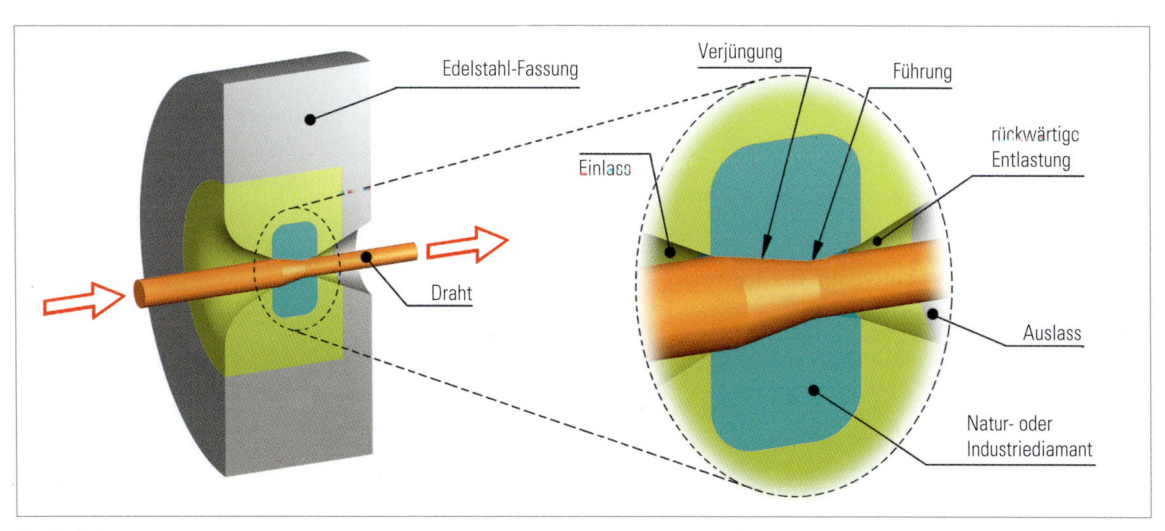

3: Ziehring

handwerk-technik.de

Ziehwerkzeuge haben die Aufgabe, die auftretenden Kräfte an den Draht zu übertragen und sich dabei selber nur wenig zu verformen. Die Maßhaltigkeit des Drahtes wird so gewährleistet. Durch ein Ziehwerkzeug werden große Werkstücklängen gezogen. Ein Ziehstein muss am Anfang und am Ende eines Ziehvorganges gleiche Abmessungen besitzen und darf keine Oberflächenfehler aufweisen. Sie werden deshalb zusätzlich in der Berührzone poliert. Diamantziehsteine werden vorwiegend beim Ziehen von dünnen NE-Metalldrähten und rostfreien Feinstdrähten verwendet.

Um die Reibung zwischen Draht und Ziehstein zu verringern werden beim **Trockenzug** Schmiermittel verwendet. Genutzt wird hierzu Natriumstearat (Ziehseife) oder mit Kalk gemagertes Kalziumstearat.

Beim **Schmier-** oder **Nasszug** kann das Schmiermittel entfallen. Hier findet der Ziehvorgang in einer Flüssigkeit statt. Es kommen Seifenemulsionen aus Seifen, Fettölen und Wasser zur Anwendung. Verwendung findet der Nasszug bei Drähten aus Kupfer, Zink, Silber und Gold. Beim Ziehen von nichtrostenden Stählen werden zusätzlich noch Additive[1] dem Schmiermittel zugesetzt um das Schmierverhalten zu verbessern.

2.2.3 Drahtziehmaschinen

Drahtziehmaschinen bestehen vorwiegend aus einer vertikal angeordneten angetriebenen Ziehscheibe (Ziehtrommel). Sie zieht den Draht durch ein Ziehhol (Ziehstein) und wickelt ihn auf. Der Draht kann entweder nur durch **ein** Ziehhol oder hintereinander durch **mehrere** Ziehhole gleichzeitig gezogen werden.
Folgende Drahtdurchmesser werden unterschieden:

1. **Grobzüge**
   Drahtdurchmesser etwa 40,0 bis 4,2 mm
2. **Mittelzüge**
   Drahtdurchmesser etwa 4,2 bis 1,6 mm
3. **Feinzüge**
   Drahtdurchmesser etwa 1,6 bis 0,7 mm
4. **Feinstzüge**
   Drahtdurchmesser unter 0,7 mm

Man unterscheidet folgende Drahtziehmaschinen:

Trockenziehmaschine (ohne Schlupf)	Nassziehmaschine (mit Schlupf[1])
■ Einzel- und Doppelziehmaschinen ■ Mehrfachziehmaschinen (gleitlos) mit/ohne Drahtansammlung	■ Mehrfachziehmaschinen ■ Tandemziehmaschinen ■ Konusziehmaschinen

Trockenziehmaschinen

Einzel- und Doppelziehmaschinen
Die einfachste Maschine arbeitet nach dem Einzelzug. Der Draht wird durch die Reibung zwischen Draht und Ziehtrommel mitgenommen und durch den Ziehstein gezogen. Ziehtrommel und Ziehstein werden wassergekühlt. Ist die Ziehtrommel gefüllt, endet der Ziehvorgang.
Werden auf einer Ziehscheibe 2 Ziehräder angeordnet, handelt es sich um eine Doppelziehmaschine. Der zweite Ziehstein ist entsprechend angeordnet. Da der Draht nach der 2. Ziehstufe länger geworden ist, muss der Durchmesser der 2. Scheibe entsprechend größer sein. Ein geringfügiger Schlupf ist dennoch unvermeidbar.

Mehrfachziehmaschinen, gleitlos
Die rationelle Fertigung der meisten Drähte erfordert eine größere Anzahl von Zügen. Dies lässt sich durch eine laufende Folge mehrerer einzelner Züge erreichen [Bilder 1 und 3]. Dabei wird der Draht gleichzeitig durch mehrere Ziehdüsen gezogen, wobei er nach jedem Durchgang durch ein Ziehhol auf eine Ziehscheibe aufgewickelt und von dieser über eine Umlenkrolle zur nächsten Düse gelangt.

Gleitlos arbeitende Ziehmaschinen mit Drahtansammlung
Für die Drahtansammlung gibt es zwei Verfahren des Ziehens:

■ Überkopfziehscheiben-Ziehen

■ Doppelscheiben-Ziehen

Bei den Drahtansammelmaschinen sind die Umfangsgeschwindigkeiten der Ziehtrommeln so abgestimmt, dass jede Trommel etwas mehr Draht zieht als die nachfolgende Trommel abnimmt.

---

[1] Zusatzstoffe

[2] Schlupf: geringfügiges Gleiten des Drahtes auf der Ziehtrommel

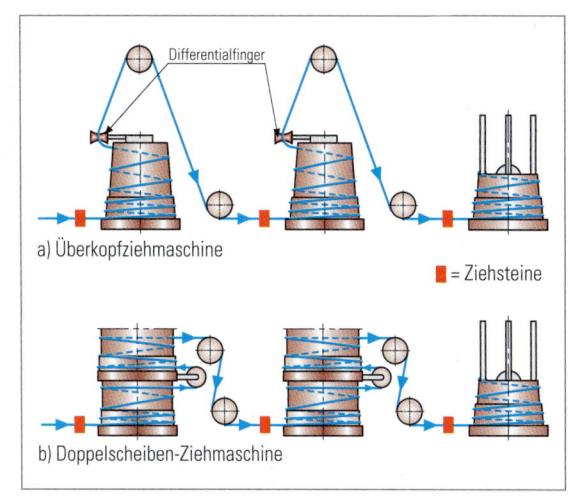

Fertigungstechnik/Fertigungsprozesse ▶ Umformen ▶ Drahtziehen durch Zug-Druck-Umformen

a) Überkopfziehmaschine
b) Doppelscheiben-Ziehmaschine

■ = Ziehsteine

1: Mehrfachziehmaschine für Trockenzug mit Drahtansammlung

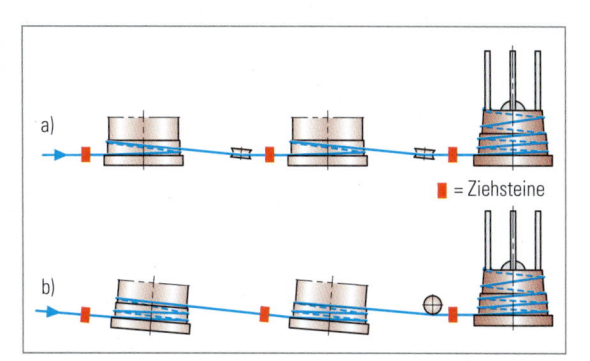

2: Nassziehmaschine

3: Mehrfachziehmaschine für Trockenzug ohne Drahtansammlung

15 Züge voll belegt
6 Züge übersprungen
9 Züge übersprungen

■ = Ziehsteine

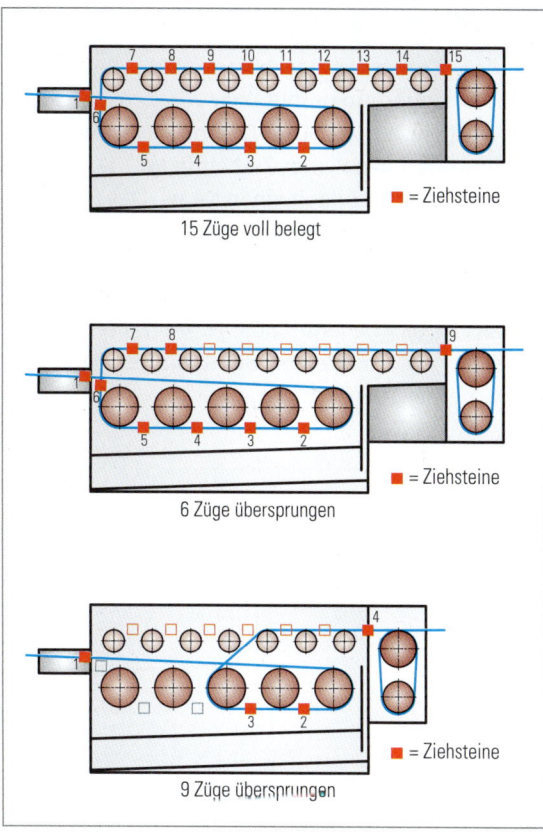

4: Grobdraht-Nassziehmaschine

Bei den Überkopfziehmaschinen wird der Draht von der Ziehscheibe über einen Differentialfinger [Bild 1] und einer darüber angeordneten Umführungsrolle zum nächsten Ziehstein geleitet.

Nassziehmaschinen

Mehrfachziehmaschinen, schlupfbehaftet (gleitend)
Die gleitend arbeitenden Maschinen werden überwiegend zum Nassziehen eingesetzt [Bild 2]. Hergestellt werden mit ihnen

- Kupferdrähte (ab 8 mm Durchmesser)
- Aluminiumdrähte (ab 16 mm Durchmesser)
- Stahldrähte (unter 1 mm Durchmesser)

zum Endziehen bis an **feinste Fertigdurchmesser** (z. B. Kupfer bis 12 µm Drahtdurchmesser).

Die **Grobdraht-Nassziehmaschinen** [Bild 4] besitzen mehrere Ziehtrommeln die in zwei Reihen übereinander angeordnet sind. Je nach gefordertem Enddurchmesser des Drahtes können einzelne Ziehstufen (Züge) übersprungen werden. Da es durch die Drahtverlängerung zu unterschiedlichen Ziehgeschwindigkeiten an den einzelnen Ziehscheiben kommt, muss dieser Prozess rechnergestützt geregelt werden.

Bei Nassziehmaschinen lassen sich zwei Maschinentypen unterscheiden:

- die Tandem- sowie
- die Konusmaschinen.

Die Kühlung und Schmierung aller Teile geschieht bei diesen Maschinen durch die Ziehflüssigkeit.
Das **Gleitprinzip** der beschriebenen Maschinen besteht darin, dass die Geschwindigkeit der Ziehscheiben in den **Tandemmaschinen** bzw. die Umfangsgeschwindigkeit der Stufenscheiben in den Konusmaschinen etwas größer gewählt wird als die sich aus der Ziehsteinabstufung ergebenden Drahtgeschwindigkeiten.

Bei den **Konusziehmaschinen** [Bild 1] wird die Drahtverlängerung unmittelbar von den Ziehscheiben aufgenommen. Die Durchmesser wachsen entsprechend nach jeder Ziehstufe an.
Die Ziehscheiben bilden einen Kegel. Das Bild zeigt schematisch eine 2-konus paarige Ziehmaschine für 13 Züge und einer Abziehscheibe mit der Drahtführung.
Es lassen sich Drähte aus NE-Metallen bis zu 0,01 mm, aus rostfreiem Stahl bis zu 0,015 mm Durchmesser ziehen.

Übungen

1. Nennen Sie mehrere Bauteile aus ihrer Praxis, die aus Draht gefertigt werden.
2. Welche Aufgaben haben verschiedene Beizen bei der Drahtherstellung?
3. Warum gehört Drahtziehen zu den Zug-Druck-Umformverfahren?
4. Erläutern Sie stichwortartig, wie ein Draht hergestellt wird.
5. Welche Aufgabe erfüllen Schmiermittel bei der Drahtherstellung? Nennen Sie einige Schmiermittel.
6. Welche beiden Drahtziehmaschinentypen werden grundsätzlich unterschieden?

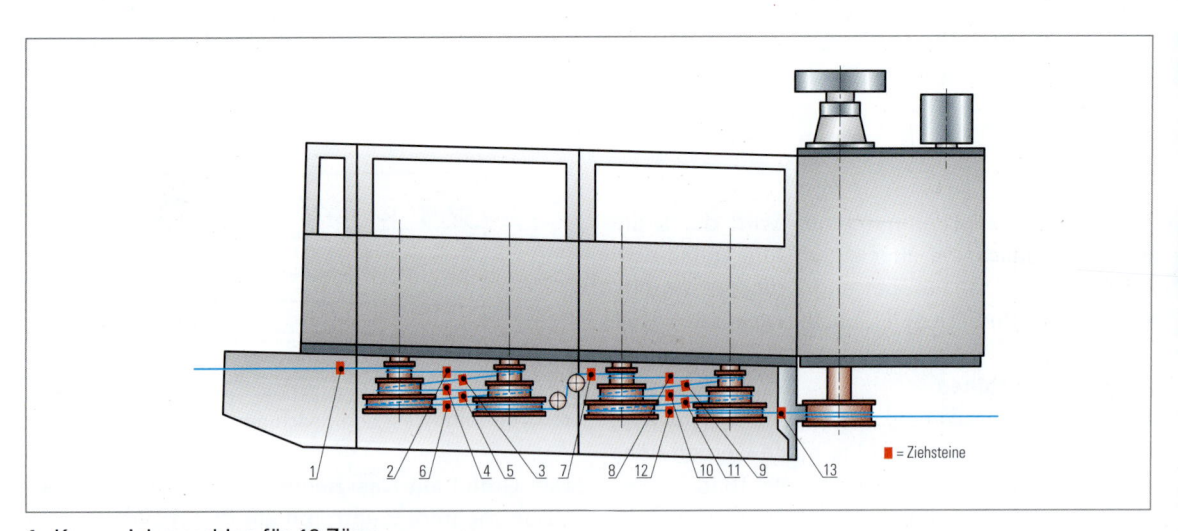

1: Konusziehmaschine für 13 Züge

3 Urformen

3.1 Spritzgießen

Viele Bauteile aus Kunststoff werden durch Spritzgießen hergestellt. Zum Beispiel werden Hüllen für Smartphones und Taschenrechner als auch Computertastaturen und Monitore aus Kunststoff hergestellt, die mithilfe des Spritzgießverfahrens hergestellt werden.

Spritzgussteile (Bild 1) eignen sich sehr gut für die Massenproduktion, sie werden also mit hohen Stückzahlen hergestellt. Es können mit diesem Verfahren Kunststoffteile hergestellt werden, die:

- eine komplizierte Bauform haben (z. B. eine Computermaus)
- sich aus verschiedenfarbigen Kunststoffen zusammensetzen
- sich aus verschiedenen Kunststoffarten zusammensetzen (z. B. Zahnbürste mit gummiertem Griff)
- definierte Oberflächenstruktur haben (z. B. rau, glatt, geriffelt, gemustert)

1: Kunststoffteile, hergestellt mit dem Spritzgießverfahren

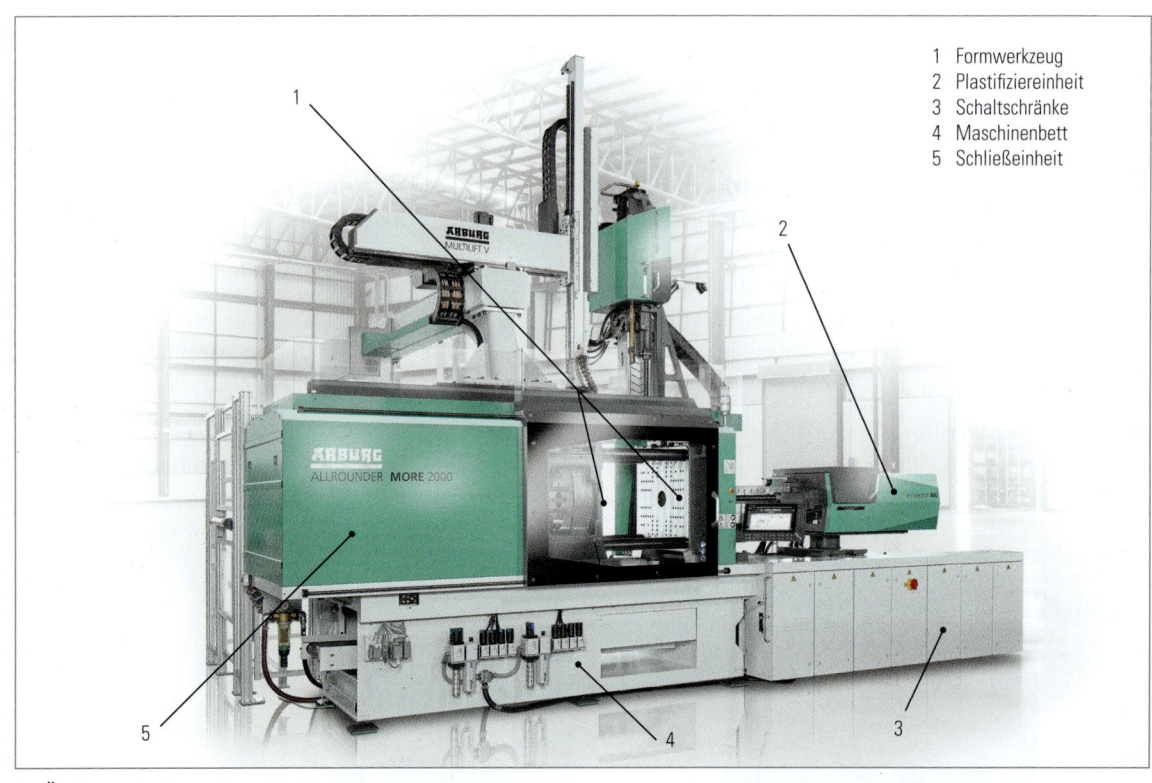

Fertigungstechnik/Fertigungsprozesse ▶ Umformen ▶ Spritzgießen

1 Formwerkzeug
2 Plastifiziereinheit
3 Schaltschränke
4 Maschinenbett
5 Schließeinheit

1: Äußerer Aufbau einer Spritzgießmaschine

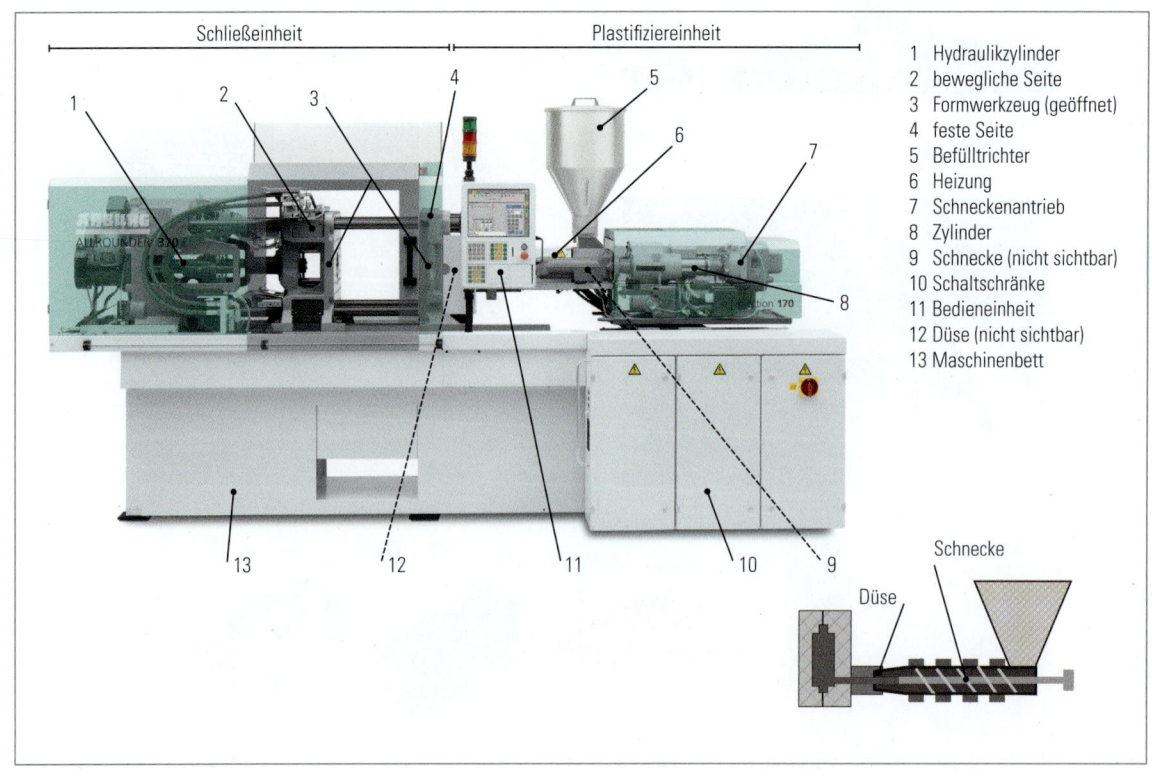

1 Hydraulikzylinder
2 bewegliche Seite
3 Formwerkzeug (geöffnet)
4 feste Seite
5 Befülltrichter
6 Heizung
7 Schneckenantrieb
8 Zylinder
9 Schnecke (nicht sichtbar)
10 Schaltschränke
11 Bedieneinheit
12 Düse (nicht sichtbar)
13 Maschinenbett

2: Innerer Aufbau einer Spritzgießmaschine

handwerk-technik.de

Die wichtigsten Baugruppen, aus denen eine Spritzgießmaschine besteht, zeigen die Bilder 2 und 3.

Spritzgussvorgang:

Plastifizieren
Damit ein Spritzgussvorgang erfolgen kann, muss der Kunststoff vorbereitet werden. Der Kunststoff in Form von Granulat wird in der **Plastifiziereinheit** aufgeschmolzen und durch die Schnecke gut vermischt (homogeniesiert). Durch das Vermischen durch die Schnecke wird der nun flüssige Kunststoff durch den Zylinder transportiert. Er erwärmt sich dabei ständig und wird zunehmend flüssiger.

Einspritzen und Nachdrücken
Beim **Einspritzvorgang** wird der flüssige Kunststoff in das Werkzeug, die Form, gepresst. Dabei sind Drücke von 500–2000 bar möglich.

Im Werkzeug kühlt der Kunststoff ab. Dabei verringert er sein Volumen geringfügig. Um dies auszugleichen, wird ein „Nachdruck" von der Einspritzeinheit aufgebaut. Dieses Nachdrücken geschieht mit deutlich geringerem Druck.

Abkühlen und Entformen
Ist der Kunststoff endgültig fest geworden, öffnet sich das Werkzeug und die fertigen Teile werden ausgestoßen und fallen aus der Maschine. Je nach Art der Bauteile kann die Entnahme auch durch einen Roboter erfolgen.

Dieser Ablauf verläuft kontinuierlich wiederkehrend (Bild 4). Das Granulat rutscht in den freiwerdenden Bereich der Schnecke nach und wird dann wieder erwärmt, bis er schmilzt.

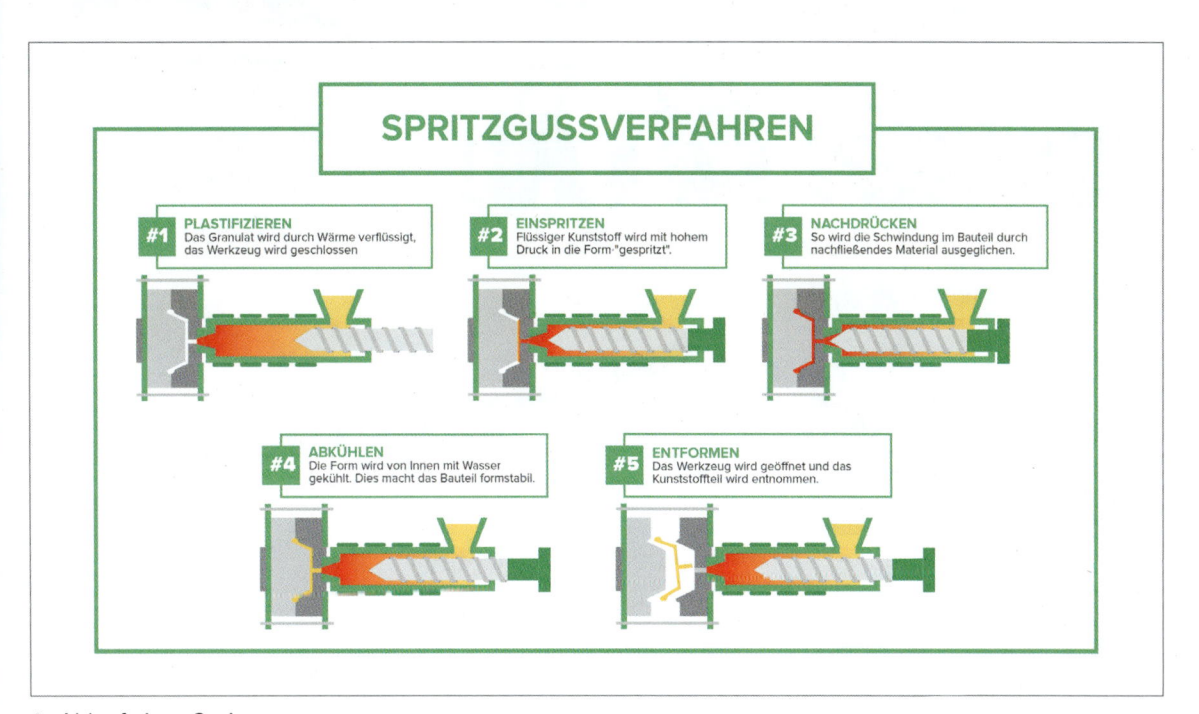

1: Ablauf eines Spritzgussvorgangs

Fertigungstechnik/Fertigungsprozesse ▶ Umformen ▶ Spritzgießen

3.2 Extrudieren

Neben der Herstellung von einzelnen Spritzgussteilen werden häufig auch lange Bauteile mit konstantem Querschnitt benötigt. Die dafür notwendige Maschine ist ein wenig anders aufgebaut. Nur der der Vorgang des Plastifizierens des Kunststoffes geschieht weitestgehend auf die gleiche Weise.

Extrudieren ist ein Formungsvorgang, bei dem eine feste oder zähflüssige Masse aus Metall oder Kunststoff durch eine Form (Matrize) kontinuierlich gedrückt wird. Dies geschieht unter hohem Druck und meist auch hohen Temperaturen. Dabei entstehen Stangenprofile wie z. B. Rohre, Kunststoffprofile oder Folien (Bild 2).

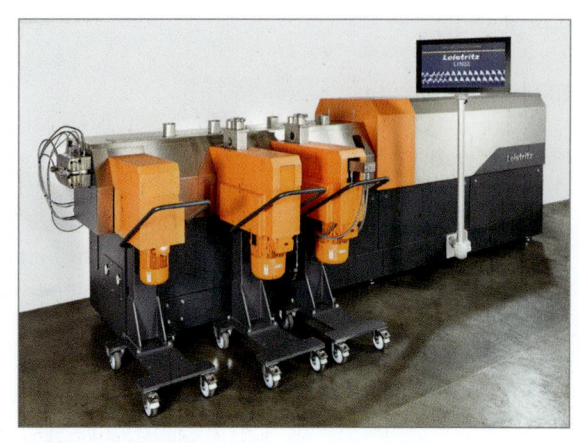

1: Extrusionsanlage

Rohre, Stäbe (Halbzeug)

Schläuche

Kunststoffprofile

Folien

Wischgummi beim Scheibenwischer

Keil- und Zahnriemen durch Zuführen von Kupferdraht durch den Extruderkopf

Türdichtungen

2: Mit Extrudieren hergestellte Produkte (Auswahl)

handwerk-technik.de

Extruder

Das wichtigste Bauteil von Extrusionsanlagen ist der **Extruder**. Von den verschiedenen gängigen Extruderbauarten wird im Folgenden nur der **Einschneckenextruder** vorgestellt (Bild 3).

In einem Schneckenzylinder befindet sich eine Schneckenwelle. Am vorderen Ende des Schneckenzylinders befindet sich eine Öffnung bzw. Düse. Am hinteren Ende des Schneckenzylinders ist die Schnecke gelagert und angetrieben. Dieser Antrieb sorgt dafür, dass die Schneckenwelle sich dreht (Bild 4).

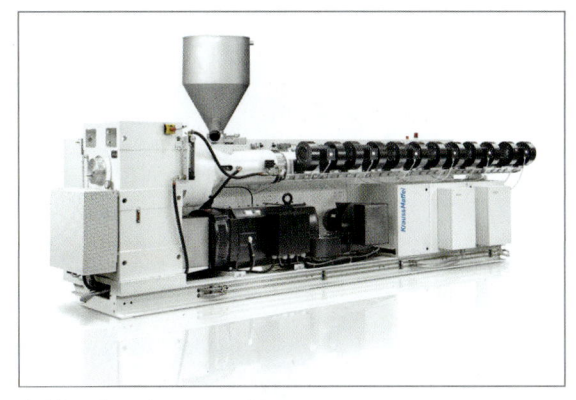

1: Einschneckenextruder

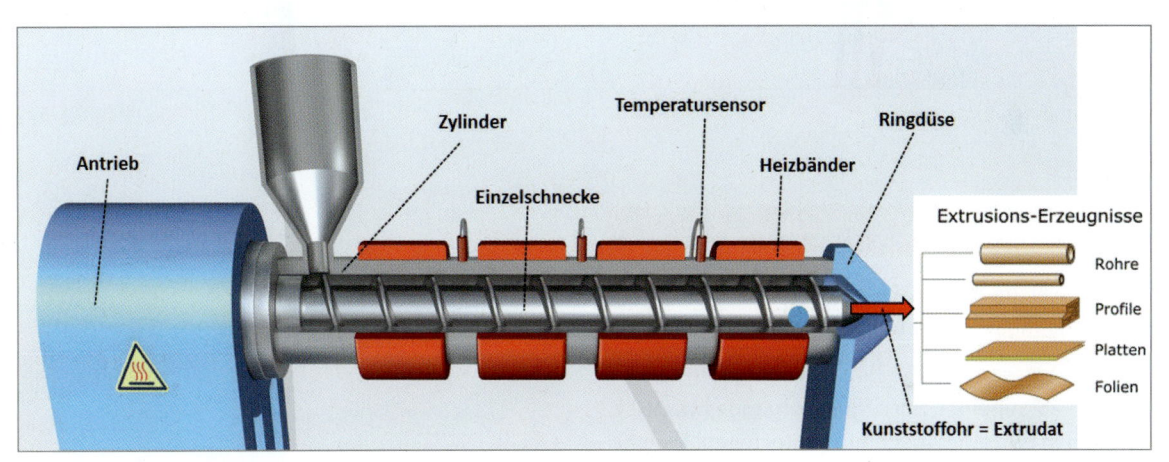

2: Aufbau eines Einschneckenextruders

Zonen der Extruder-Schnecke

Einzugszone
Die Schnecke ist in verschiedene Zonen unterteilt (Bild 5). Im hinteren Teil des Schneckenzylinders ist die **Einzugszone**. Hier wird das Kunststoffgranulat über einen Trichter in den Extruder eingespeist. Es findet hier eine erste Erwärmung des Kunststoffes statt. Auch wird der Kunststoff in diesem Bereich ein wenig verdichtet.

Kompressionszone
Nach der Einzugszone beginnt die **Kompressionszone**. Der Kunststoff wird kontinuierlich weiter erwärmt und verdichtet. Es wird somit ein Druck aufgebaut, der für den Austrag im Werkzeug notwendig ist.

Austragszone
Am Ende folgt die **Austragszone**. In diesem Bereich ist der Kunststoff gut durchgemischt und auf der richtigen Temperatur. Der Kunststoff kann somit durch das Werkzeug (Düse) aus der Maschine gedrückt werden und nimmt die gewünschte Form an.

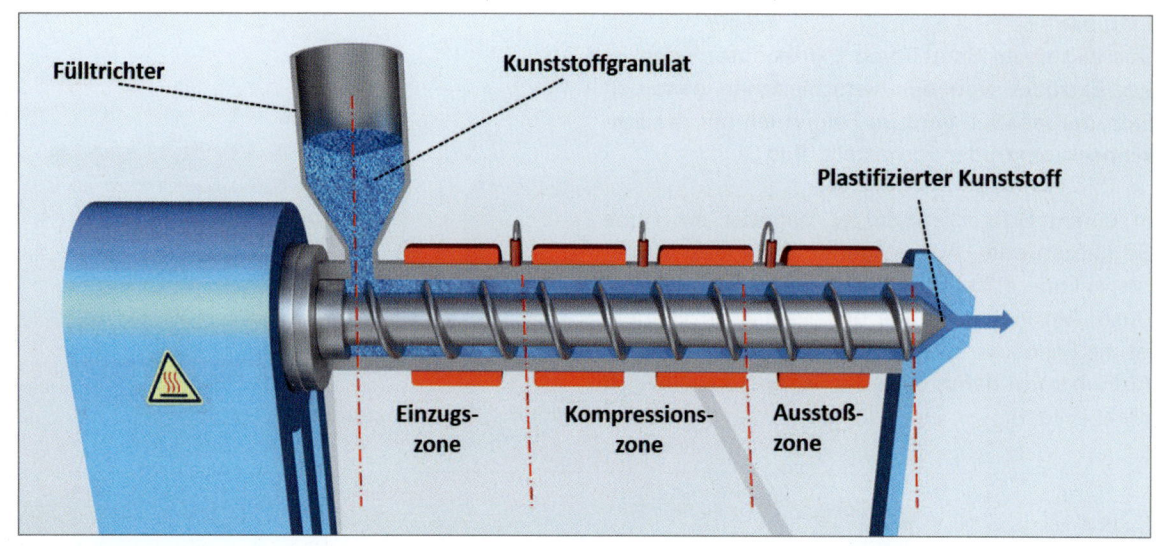

Fertigungstechnik/Fertigungsprozesse ▶ Umformen ▶ Spritzgießen

1: Zonen eines Extruders

Übungen

1. Für welche Art von Bauteilen eignet sich das Fertigungsverfahren Spritzgießen besonders gut?

2. Der Ablauf eines Spritzgussvorganges lässt sich in einzelne Abschnitte unterteilen. Welche Arbeitsabläufe finden bei einem Spritzgussvorgang statt?

3. Mit welchem Verfahren können Kunststoffrohre hergestellt werden?

4. Beschreiben Sie mit eigenen Worten die drei verschiedenen Zonen eines Extruders.

II Prüftechnik

1 Prüfen und Prüfmittel

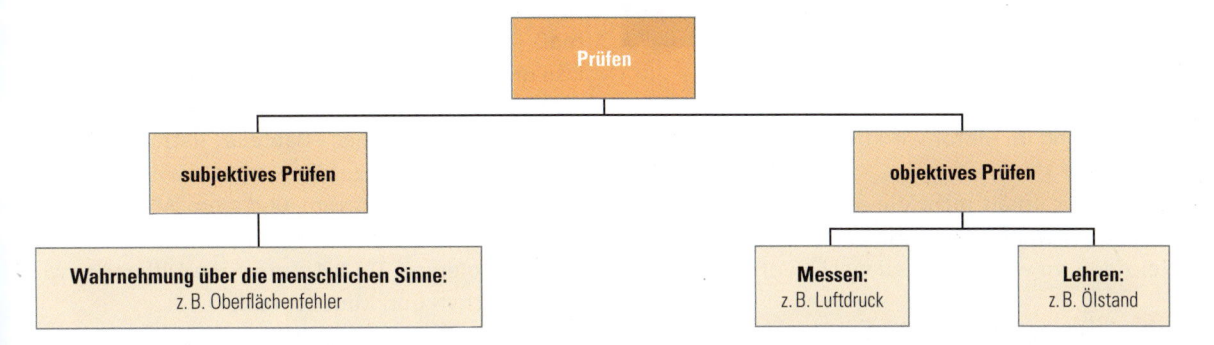

```
                          Prüfen
                ┌───────────┴───────────┐
        subjektives Prüfen         objektives Prüfen
                │                ┌───────┴───────┐
  Wahrnehmung über die        Messen:          Lehren:
  menschlichen Sinne:         z. B. Luftdruck  z. B. Ölstand
  z. B. Oberflächenfehler
```

Im beruflichen wie im privaten Bereich werden täglich die unterschiedlichsten Prüfvorgänge durchgeführt.

Merke: **Prüfen** ist das Vergleichen des vorhandenen Zustandes mit dem gewünschten Zustand.

Bei der Montage von Geräten ist u. a. zu prüfen, ob alle Einzelteile vorhanden und die Oberflächen unbeschädigt sind (**Sichtprüfung**). Abschließend wird festgestellt, ob die Funktion des Gerätes gewährleistet ist (**Funktionsprüfung**). Verlässt sich der Prüfer ganz auf seine Sinneswahrnehmung, handelt es sich um **subjektives Prüfen**. So kann es sein, dass ein Prüfer einen Oberflächenfehler sieht, während ein anderer aufgrund seiner mangelnden Sehkraft den Fehler nicht entdeckt.

Merke: Beim **subjektiven Prüfen** geschieht die Prüfung ohne jedes Hilfsmittel.

An Tankstellen werden z. B. Luftdruck und Ölstand geprüft. Hierfür werden Hilfs- bzw. Prüfmittel wie das Druckmessgerät oder der Ölpeilstab verwendet. Es handelt sich um **objektives Prüfen**.

Merke: Beim **objektiven Prüfen** werden Prüfmittel wie Messgeräte oder Lehren eingesetzt.

Der Reifendruck wird gemessen. Das Druckmessgerät zeigt z. B. einen Messwert von 1,8 bar an [Bild 1].

Merke: Beim **Messen** wird eine physikalische Größe mit einem Messgerät erfasst. Dabei wird ein Messwert ermittelt.

Messwerte sind **physikalische Größen**, die aus dem Produkt von Zahlenwert und Einheit bestehen:

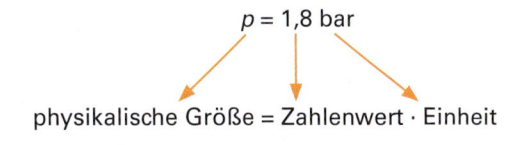

$$p = 1{,}8 \text{ bar}$$

physikalische Größe = Zahlenwert · Einheit

1: Der Reifendruck wird gemessen.

handwerk-technik.de

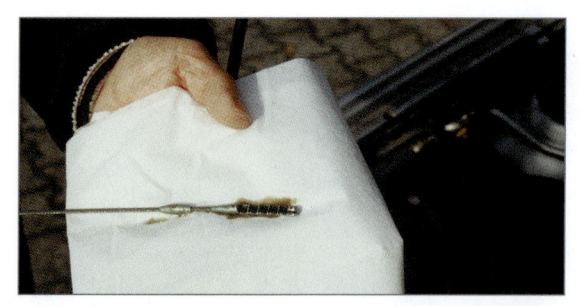

Prüftechnik ▶ Toleranzen ▶ Einzelmaße mit Toleranzangaben

1: Der Ölstand wird gelehrt.

Der Ölstand im Motor wird mit dem Ölpeilstab gelehrt [Bild 1].
Der Prüfer erhält nicht die Information, wie viele Liter Öl im Motor vorhanden sind, sondern ob ausreichend, zu wenig oder zu viel Öl vorrätig ist.

> **Merke**
> Beim **Lehren** wird festgestellt, ob der Prüfgegenstand innerhalb vorgegebener Grenzen liegt oder in welche Richtung diese überschritten werden. Das Ergebnis des Lehrens ist kein Zahlenwert.

Die **Prüfmittel** können in Anlehnung an das Prüfen in zwei Hauptgruppen eingeteilt werden: **Messgeräte** und **Lehren**:

- **Anzeigende Messgeräte** besitzen eine Anzeigeeinrichtung, an der der Messwert abgelesen wird.

- **Maßverkörperungen** stellen Längen bzw. Winkel durch den festen Abstand von Strichen oder Flächen zueinander dar.

- **Lehren** verkörpern Maße oder Formen.

2 Toleranzen

Bauteile und Ersatzteile müssen einbaufertig und austauschbar sein, d. h., sie müssen ohne Nacharbeit passen. Da es aber unmöglich ist, das auf der Zeichnung stehende Maß ganz genau einzuhalten, wird eine gewisse Abweichung vom angegebenen Maß geduldet: die **Toleranz**.

2.1 Einzelmaße mit Toleranzangaben

Bei dem Flachprofil [Bild 2] beträgt der Abstand der beiden Bohrungen 50 ± 0,2 mm.

Das **Nennmaß** $N = 50$ mm [Bild 1, nächste Seite] ist das auf der Zeichnung angegebene Maß ohne Berücksichtigung weiterer Angaben.
Die beiden **Grenzabmaße** ($\pm 0{,}2$ mm) sind hinter dem Nennmaß angegeben. Sie geben die zulässige Abweichung vom Nennmaß an.
Das **obere Grenzabmaß** $es = +0{,}2$ mm ist die Differenz zwischen dem Höchstmaß G_o und dem Nennmaß.
Das **untere Grenzabmaß** $ei = -0{,}2$ mm ist die Differenz zwischen Mindestmaß G_u und Nennmaß.
Das **Fertigmaß** eines Bauteils (**Istmaß**) muss zwischen den Grenzmaßen, d. h., zwischen dem Höchstmaß von 50,2 mm und dem Mindestmaß von 49,8 mm liegen.
Die **Maßtoleranz** $T = 0{,}4$ mm ist die Differenz zwischen Höchst- und Mindestmaß.
Je kleiner die Maßtoleranz gewählt wird, desto größer wird der fertigungstechnische Aufwand. Zusätzlich ist mit genaueren und damit teureren Messgeräten zu prüfen. Dadurch steigen die Fertigungskosten. Damit diese einerseits möglichst gering bleiben und andererseits die Funktion des Bauteils gewährleistet ist, gilt folgender Grundsatz:

> **Merke**
> **Toleranzen** sind so groß wie möglich und so klein wie nötig zu wählen.

Die Breite des Profils ist mit dem Maß 30 + 0,3 toleriert. In diesem Fall ist das untere Grenzabmaß nicht ausdrücklich angegeben; es ist Null. Somit darf das Istmaß zwischen 30,0 mm und 30,3 mm liegen. Für die Dicke 10 – 0,2 ist das Mindestmaß 9,8 mm und das Höchstmaß 10 mm.

> **Merke**
> Wenn bei einem **tolerierten Maß** nur ein Grenzabmaß angegeben ist, beträgt das andere stets Null.

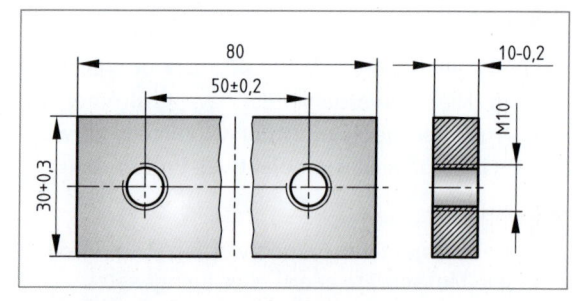

2: Flachprofil mit Gewindebohrungen

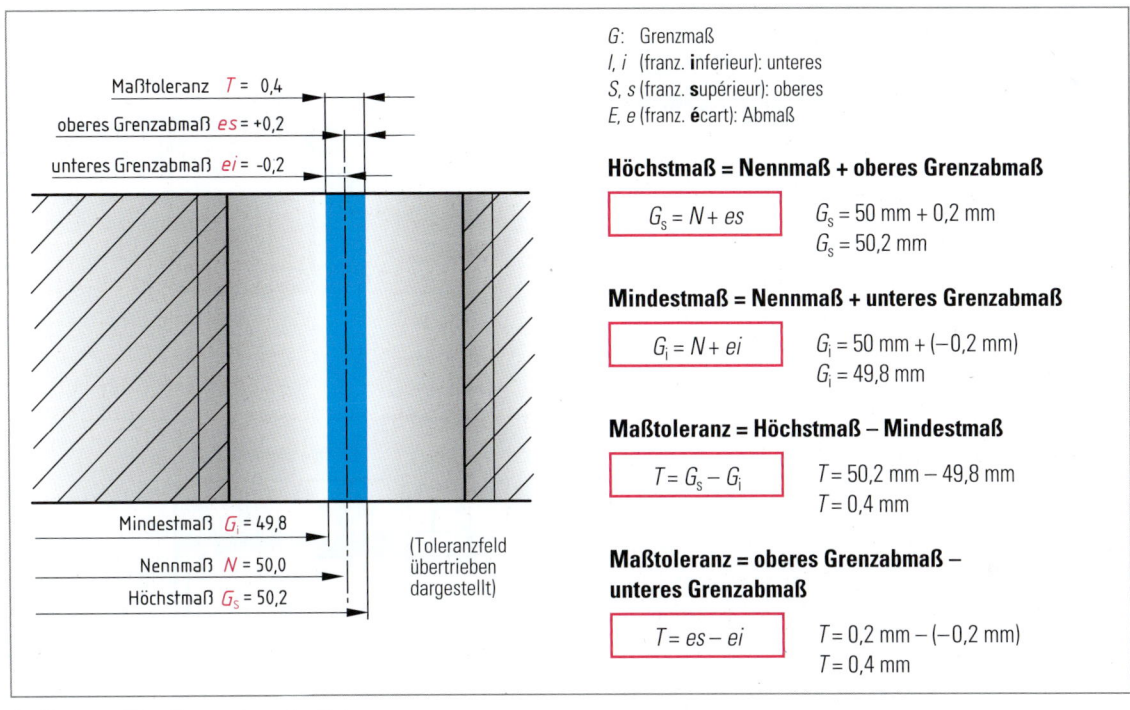

Prüftechnik ▶ Toleranzen ▶ Allgemeintoleranzen

G: Grenzmaß
l, i (franz. **i**nferieur): unteres
S, s (franz. **s**upérieur): oberes
E, e (franz. **é**cart): Abmaß

Höchstmaß = Nennmaß + oberes Grenzabmaß

$G_s = N + es$

G_s = 50 mm + 0,2 mm
G_s = 50,2 mm

Mindestmaß = Nennmaß + unteres Grenzabmaß

$G_i = N + ei$

G_i = 50 mm + (−0,2 mm)
G_i = 49,8 mm

Maßtoleranz = Höchstmaß − Mindestmaß

$T = G_s - G_i$

T = 50,2 mm − 49,8 mm
T = 0,4 mm

Maßtoleranz = oberes Grenzabmaß − unteres Grenzabmaß

$T = es - ei$

T = 0,2 mm − (−0,2 mm)
T = 0,4 mm

1: Grenzmaße, Grenzabmaße, Toleranzen

2.2 Allgemeintoleranzen

In Zeichnungen besitzen viele Maße keine Toleranzangaben (z. B. das Maß 80 mm in Bild 2, vorherige Seite). Für solche Maße gelten die Allgemeintoleranzen.

> **Merke:** Für alle Maße ohne Toleranzangaben gelten die **Allgemeintoleranzen**.

Die Tabelle [Bild 2] gibt die Grenzabmaße in Abhängigkeit von der Größe des Nennmaßes und des Genauigkeitsgrades an. Aufgrund der Funktion des Bauteils ist der erforderliche **Genauigkeitsgrad** festzulegen. Für das Flachprofil wurde der Genauigkeitsgrad „mittel" gewählt. Größere Nennmaße haben größere Toleranzen als kleinere. Das Istmaß für die Länge des Flachstahls von 80 mm darf bei dem Genauigkeitsgrad mittel zwischen den Grenzmaßen 79,7 mm und 80,3 mm liegen.

> **Merke:**
> 1. Je gröber der Genauigkeitsgrad, desto größer sind die Toleranzen.
> 2. Je größer das Nennmaß, desto größer sind die Toleranzen.

Genauig-keitsgrad	Nennbereich in mm							
	0,5 … 3	> 3 … 6	> 6 … 30	> 30 … 120	> 120 … 400	> 400 … 1000	> 1000 … 2000	> 2000 … 4000
	Grenzabmaße für Längenmaße in mm							
f (fein)	±0,05	±0,05	±0,1	±0,15	±0,2	±0,2	±0,5	±0,8
m (mittel)	±0,1	±0,1	±0,2	±0,3	±0,5	±0,5	±1,2	±2
c (grob)	±0,2	±0,3	±0,5	±0,8	±1,2	±1,2	±3	±4
v (sehr grob)	–	±0,5	±1	±1,5	±2,5	±2,5	±6	±8

2: Allgemeintoleranzen für Längen nach DIN ISO 2768-1

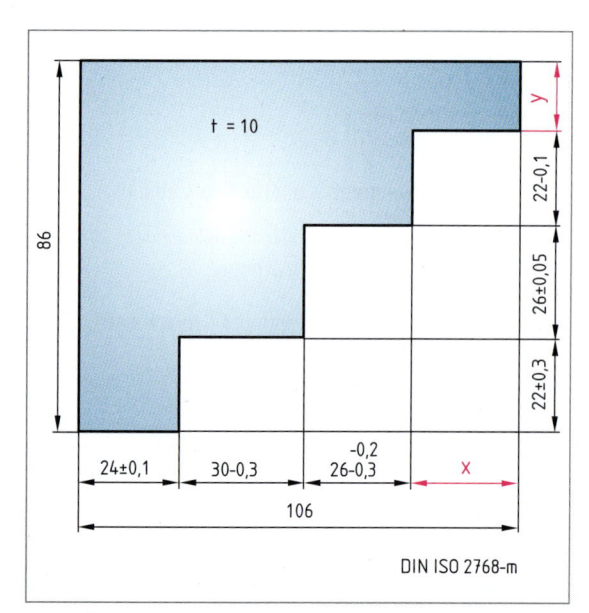

Prüftechnik ▶ Toleranzen ▶ ISO-Toleranzen

1: Zu Übung 1

2: Gleitlagerbuchse

Übungen

1. Bestimmen Sie für die einzelnen Maße die Mindest- und Höchstmaße sowie die Maßtoleranz [Bild 1].

2. Bestimmen Sie für die mit x und y gekennzeichneten Maße jeweils das Mindest- und Höchstmaß sowie die Maßtoleranz.

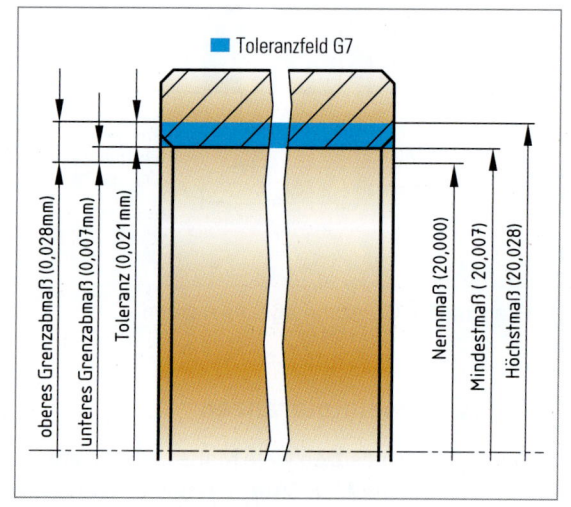

3: Maße am Innendurchmesser der Gleitlagerbuchse

2.3 ISO-Toleranzen

Hinter den Nennmaßen für die Durchmesser der Gleitlagerbuchse [Bild 2] steht jeweils eine Kombination aus Buchstaben und Ziffern (G7 bzw. r6). Dies sind ISO-Toleranzangaben die bei der Herstellung des Bauteils zu überprüfen und einzuhalten sind. Die Angaben haben folgende Bedeutung:

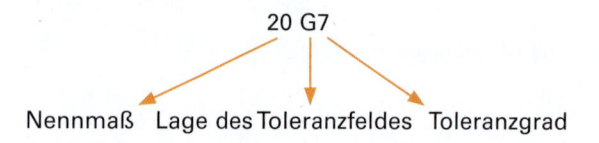

20 G7

Nennmaß — Lage des Toleranzfeldes — Toleranzgrad

Lage des Toleranzfeldes

Für den Innen- und Außendurchmesser der Gleitlagerbuchse sind die Toleranzfelder in den Bildern 3 und 4 dargestellt.

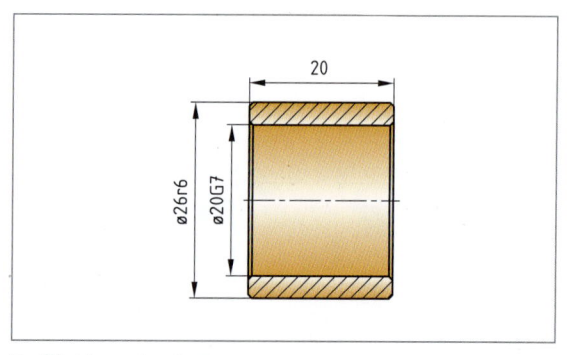

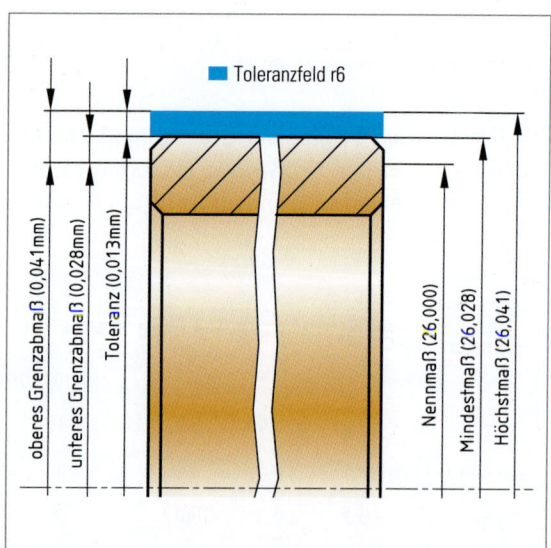

4: Maße am Außendurchmesser der Gleitlagerbuchse

Prüftechnik ▶ Toleranzen ▶ ISO-Toleranzen

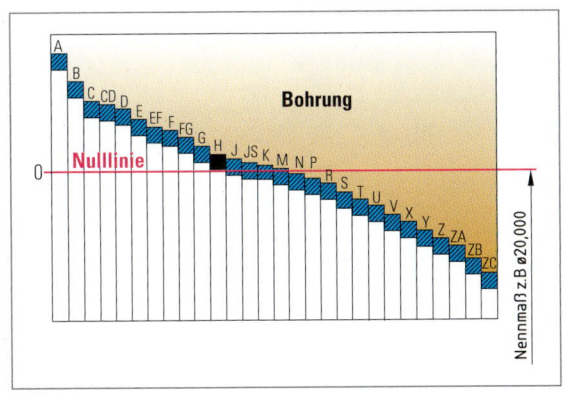

1: Lage der Toleranzfelder bei Bohrungen (Innenteile)

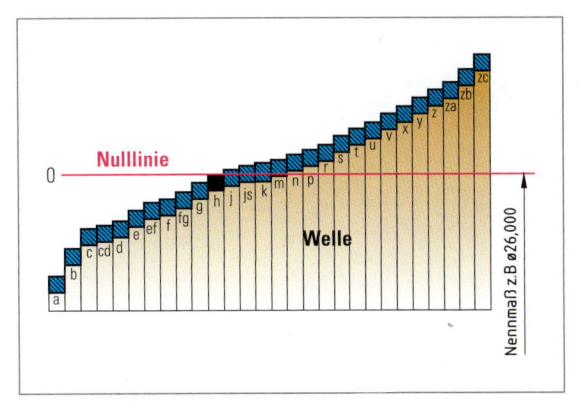

2: Lage der Toleranzfelder bei Wellen (Außenteile)

> **Merke**
> Die **Lage des Toleranzfeldes** in Bezug zur Nulllinie des Nennmaßes wird mithilfe von Buchstaben angegeben [Bilder 1 und 2].

> **Merke**
> Gr**o**ße Buchstaben für **B**ohrungen, kl**e**ine Buchstaben für **W**ellen.

Für **Bohrungen** bzw. Innenmaße gilt:

- Sie werden mit **Großbuchstaben** gekennzeichnet.
- Mit steigendem Alphabet werden die Bohrungen bei gleichem Nennmaß kleiner.
- Das Toleranzfeld H liegt direkt oberhalb der Nulllinie, sein unteres Grenzabmaß beträgt Null.

Für **Wellen** bzw. Außenmaße gilt:

- Sie werden mit **Kleinbuchstaben** gekennzeichnet.
- Mit steigendem Alphabet werden die Wellen bei gleichem Nennmaß größer.
- Das Toleranzfeld h liegt direkt unterhalb der Nulllinie, sein oberes Abmaß beträgt Null.

Maßtoleranz

Maßtoleranz ist die Bezeichnung für die Größe des Toleranzfeldes. Das Nennmaß und der Toleranzgrad (Zahl hinter dem Buchstaben) legen die Maßtoleranz fest:

> **Merke**
> Die **Maßtoleranz** wird größer mit
> - zunehmendem Nennmaß [Bild 3] und
> - steigendem Toleranzgrad bzw. steigender Zahl [Bild 4].

Die Grenzabmaße für die ISO-Toleranzen sind Tabellen zu entnehmen [Bild 1, nächste Seite], sodass für das tolerierte Maß Mindest- und Höchstmaß in der bekannten Weise ermittelt werden können.

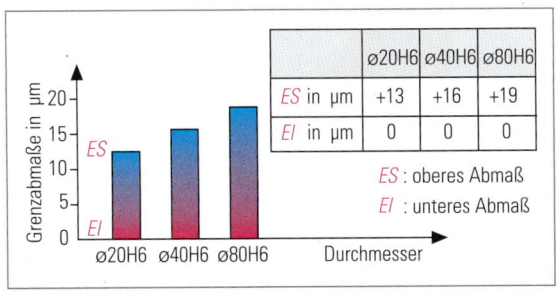

	ø20H6	ø40H6	ø80H6
ES in μm	+13	+16	+19
EI in μm	0	0	0

ES: oberes Abmaß
EI: unteres Abmaß

	ø40H5	ø40H6	ø40H7
ES in μm	+11	+16	+25
EI in μm	0	0	0

ES: oberes Abmaß
EI: unteres Abmaß

3: Maßtoleranz in Abhängigkeit vom Nennmaß

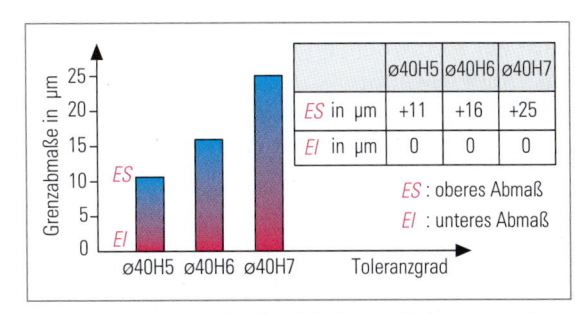

4: Maßtoleranz in Abhängigkeit vom Toleranzgrad

Prüftechnik ▶ Messgeräte ▶ Strichmaßstäbe

Nenn-maß in mm	Bohrung	Welle				
	H6	h5	j6	k6	n5	r5
von 1 bis 3	+6 / 0	0 / −4	+4 / −2	+6 / 0	+8 / +4	+14 / +10
über 3 bis 6	+8 / 0	0 / −5	+6 / −2	+9 / +1	+13 / +8	+20 / +15
über 6 bis 10	+9 / 0	0 / −6	+7 / −2	+10 / +1	+16 / +10	+25 / +19
über 10 bis 14	+11 / 0	0 / −8	+8 / −3	+12 / +1	+20 / +12	+31 / +23
über 14 bis 18						
über 18 bis 24	+13 / 0	0 / −9	+9 / −4	+15 / +2	+24 / +15	+37 / +28
über 24 bis 30						

— oberes Grenzabmaß *es* in µm
— unteres Grenzabmaß *ei* in µm

1: Auszug einer ISO-Toleranz-Tabelle

Übungen

1. Zeichnen Sie, ähnlich wie in Bild 3 auf der vorherigen Seite, maßstäblich die Maßtoleranzen für die Maße 30H6, 10h5, 20j6 und 10r5.

2. Vergleichen Sie die Maßtoleranzen für 24H6, 24j6 und 24k6 und beschreiben Sie das Ergebnis in allgemeiner Form.

3. Bestimmen Sie mithilfe des Tabellenbuches für die Maße 40H7, 20G7, 100X9, 30f7, 50m6 und 26r6 Nennmaß, oberes und unteres Grenzabmaß, Höchst- und Mindestmaß und präsentieren Sie diese in Tabellenform.

3 Messgeräte

Die Auswahl der Messgeräte richtet sich vor allem nach der zu messenden Messgröße (Länge, Winkel, Druck usw.). Größe und Form des Werkstücks sowie die Toleranz des zu messenden Maßes bestimmen weiterhin das zu wählende Messwerkzeug.

> **Merke:** Eine sorgsame Handhabung der Messgeräte und deren sichere Aufbewahrung ist die Grundlage für ihre korrekte Funktion.

3.1 Strichmaßstäbe

Stahlbandmaß, Gliedermaßstab und Rollbandmaß [Bild 2] besitzen Maßverkörperungen. Sie haben meist Millimeterteilungen[1].

Stahlbandmaße werden oft zum Messen von Rohteilmaßen und bei größeren Toleranzen eingesetzt. Der **Gliedermaßstab** hat meist eine Länge von 2 m und eine Millimeterteilung. Es kann ein Spiel in den Verbindungen der Holz- oder Kunststoffglieder entstehen, wodurch die Messgenauigkeit gemindert wird.

---
[1] Auch Zollangaben möglich (1" = 25,4 mm)

2: Stahlbandmaß, Gliedermaßstab und Rollbandmaß

Prüftechnik ▶ Messgeräte ▶ Messschieber

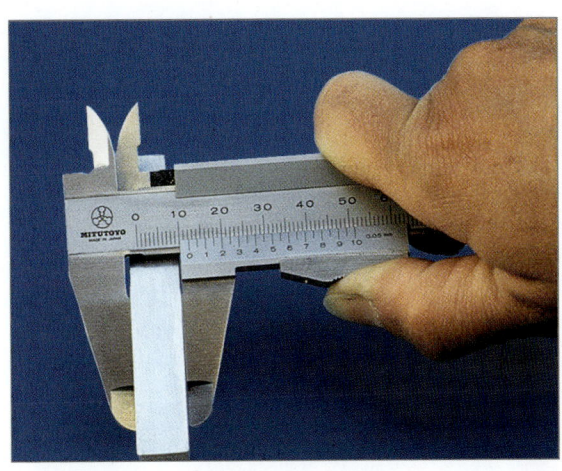

1: Messen mit dem Messschieber

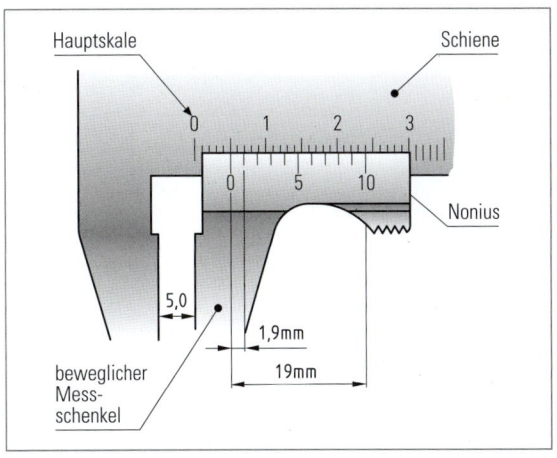

2: Aufbau eines $\frac{1}{10}$-mm-Nonius

Mit **Rollbandmaßen** können Entfernungen bis zu 50 m gemessen werden.

> **Merke:** Das Maßband muss beim Messen gespannt sein, sonst werden die Messergebnisse zu groß.

3.2 Messschieber

Um Maße überprüfen zu können, deren Toleranzen kleiner als 1 mm sind, ist ein Messgerät erforderlich, das auch Teile des Millimeters wie z. B. $\frac{1}{10}$ mm oder $\frac{1}{20}$ mm misst und gleichzeitig das Maß korrekt anzeigt [Bild 3].

Der Messschieber erfüllt beide Forderungen:

- Die beiden Messschenkel [Bild 1] erfassen das Werkstück wesentlich genauer als der Stahlmaßstab. Das gilt besonders beim Messen von Durchmessern.

- Mithilfe des Nonius ist es möglich, Millimeter so zu teilen, dass die Maße in $\frac{1}{10}$-mm- bzw. $\frac{1}{20}$-mm-Schritten abzulesen sind.

Auf dem beweglichen Messschenkel des Messschiebers befindet sich der Nonius [Bild 2]. Er ist z. B. 19 mm lang und in 10 gleiche Teile eingeteilt. Somit beträgt der Abstand von einem zum anderen Noniusstrich:

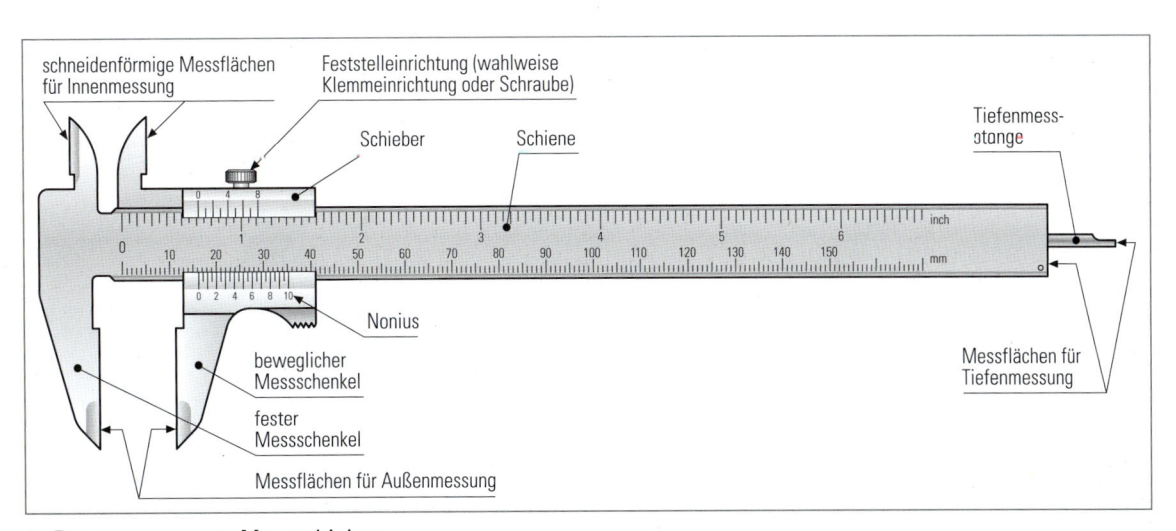

$$19 \text{ mm} : 10 = 1,9 \text{ mm}$$

3: Benennungen am Messschieber

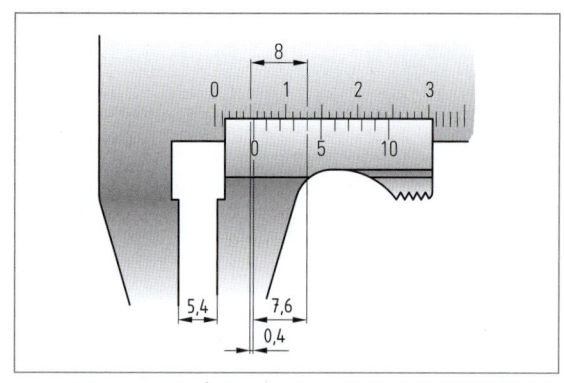

Prüftechnik ▶ Messgeräte ▶ Messschieber

1: Funktion eines $\frac{1}{10}$-mm-Nonius

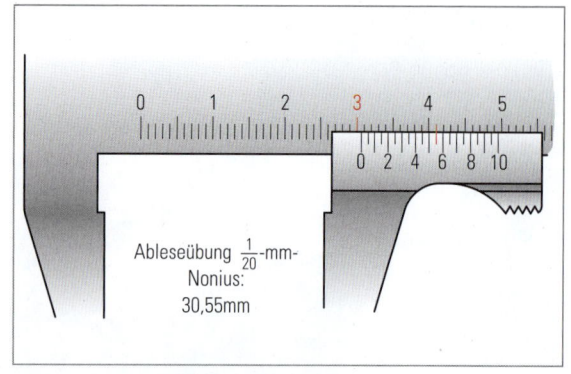

2: Aufbau eines $\frac{1}{20}$-mm-Nonius

Wenn der erste Noniusstrich (Nullstrich) mit einem Strich der Hauptskale der Schiene übereinstimmt (fluchtet), beträgt der Abstand zwischen den Messschenkeln immer ganze Millimeter.

Wird der bewegliche Messschenkel um 0,1 mm verschoben, fluchtet der „1er-Strich" des Nonius mit der Hauptskale. Dann beträgt der Abstand zu den ganzen Millimetern 0,1 mm. Wenn der „2er-Strich" mit einem Strich der Hauptskale übereinstimmt, beträgt der Abstand 0,2 mm, beim „3er-Strich" 0,3 mm, beim „4er-Strich" 0,4 mm [Bild 1] usw.

Der Nonius, mit dessen Hilfe $\frac{1}{20}$ mm abgelesen werden können, arbeitet nach dem gleichen Prinzip [Bild 2].

Merke

Die kleinste ablesbare Maßänderung wie z. B. $\frac{1}{10}$ mm oder $\frac{1}{20}$ mm heißt **Noniuswert**.

Übungen

1. Wie groß ist der Abstand der Teilstriche beim $\frac{1}{20}$-mm-Nonius?

2. Wie viele Teile hat ein Nonius, mit dem $\frac{1}{50}$ mm abgelesen werden können?
Wie groß sind dabei die Abstände der Noniusstriche und der Noniuswert?

3. Ist ein $\frac{1}{50}$-mm-Nonius noch sinnvoll? Begründen Sie Ihre Antwort.

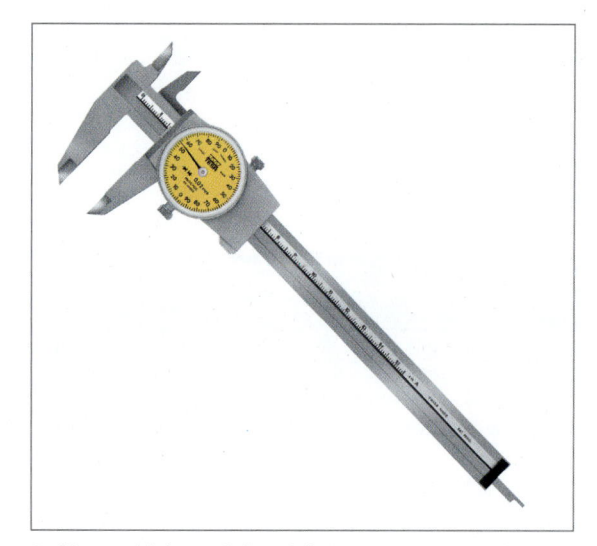

3: Messschieber mit Rundskale

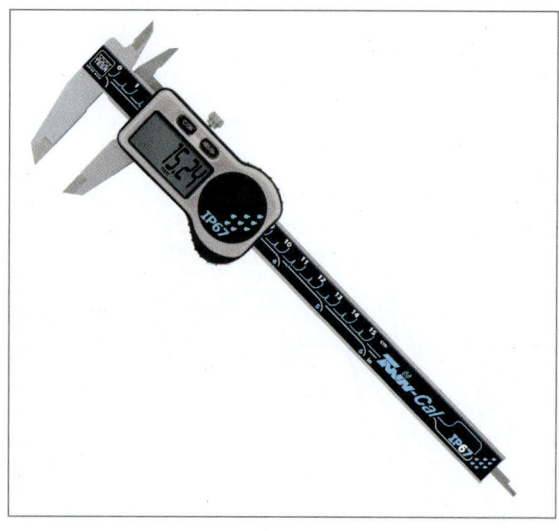

4: Messschieber mit Ziffernanzeige (digitale Anzeige)

Prüftechnik ▶ **Messgeräte** ▶ Messschieber

Messschieber mit Rundskale [Bild 3, vorherige Seite] oder mit Ziffernanzeige [Bild 4, vorherige Seite] besitzen eine Ablesegenauigkeit von $\frac{1}{100}$-mm.

> **Merke**
> Bei der Ziffernanzeige wird die kleinste ablesbare Maßänderung (z. B. 0,01 mm) als **Ziffernschrittwert** bezeichnet.
> Bei Skalen heißt dieser Wert **Skalenteilungswert**.

Beim Messschieber mit Rundskale kann der Zeiger an jeder beliebigen Position, d. h., auch zwischen den Skalenstrichen stehen. Eine solche kontinuierliche Anzeige des Messwertes wird als **analoge Anzeige** bezeichnet.

Der Messschieber mit Ziffernanzeige erlaubt die Darstellung des Messergebnisses in Abständen von 0,01 mm. Diese Anzeige in Ziffernschrittwerten heißt **digitale Anzeige**.

Das Ablesen der Messwerte auf diesen beiden Messschiebern ist einfacher und schneller als beim Messschieber mit Nonius. Bei der digitalen Anzeige kommt es kaum zu Ablesefehlern. Trotzdem können Messfehler wie beim normalen Messschieber auftreten (siehe nächste Seite).

> **Merke**
> Die höhere Ablesegenauigkeit führt nicht unbedingt zu einer größeren Messgenauigkeit.

Der fachgerechte Einsatz eines Messgerätes und das richtige Ablesen des Messwertes gewährleisten eine genaue Messwerterfassung.

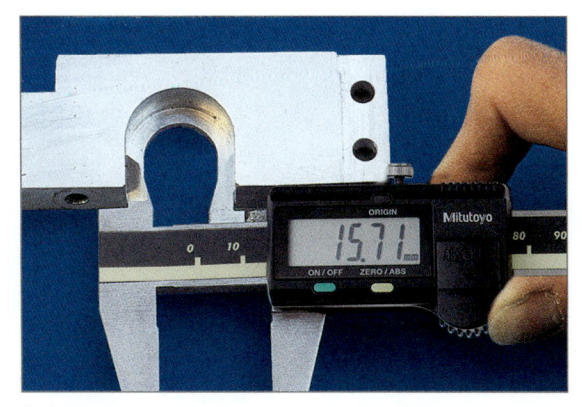

Messschieberauswahl

Welcher Messschieber einzusetzen ist, hängt von der jeweiligen Form und Größe des Werkstückes und vor allem von der Toleranzangabe ab.
Für die Auswahl des Messgerätes gilt daher folgender Grundsatz:

> **Merke**
> Der Nonius-, Skalenteilungs- oder Ziffernschrittwert des Messgerätes sollte unter günstigen Bedingungen wesentlich kleiner als die Toleranz sein.

Messschieberhandhabung

Mit Messschiebern können Außen-, Innen- [Bild 1] und Tiefenmessungen [Bild 2] durchgeführt werden.

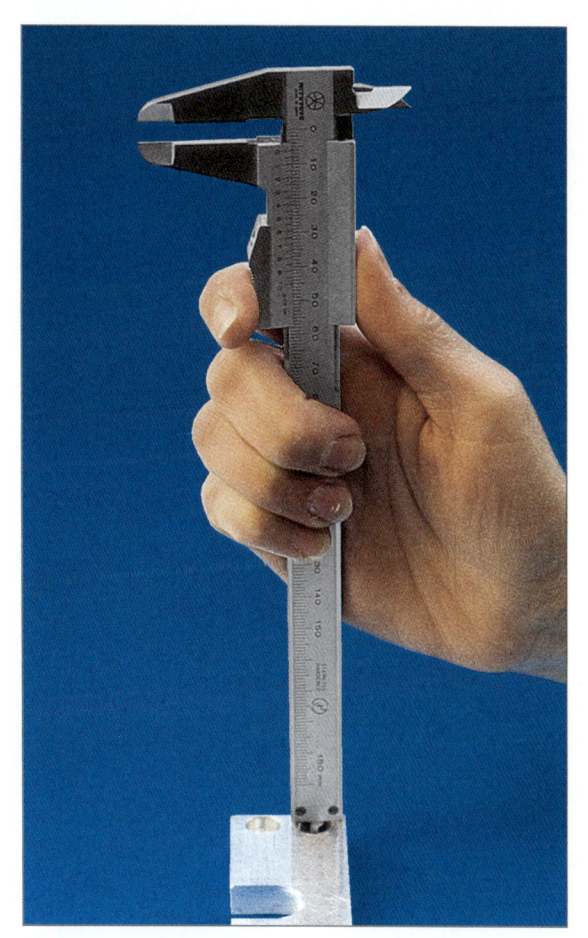

1: Innenmessung

2: Tiefenmessung

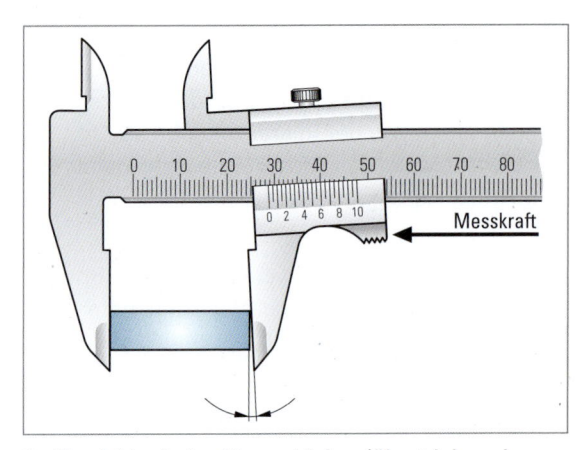

1: Kippfehler beim Messschieber (übertrieben dargestellt)

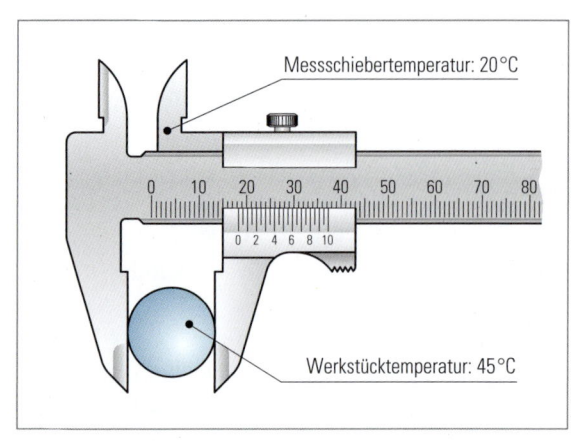

2: Werkstücktemperatur größer als Maßbezugstemperatur

Messfehler

Jedes Messergebnis ist ungenau, d.h., der Istwert stimmt nicht hundertprozentig mit dem Messwert überein. Das liegt an den Ungenauigkeiten der Messgeräte, der Unvollkommenheit der Werkstücke (z.B. Verschmutzung, Unebenheit oder Grat) und der falschen Handhabung.

Kippfehler

Durch das Kippen des beweglichen Messschenkels [Bild 1] wird das Messergebnis verfälscht. Das Schrägstellen oder Kippen geschieht besonders dann, wenn das Werkstück weit von der Messschiene zwischen den Messschenkeln entfernt liegt.

Parallaxe

Bei Messschiebern, aber auch bei Gliedermaßstäben und anderen Messgeräten, können fehlerhafte Messwerte ermittelt werden, wenn beim Ablesen der Blick schräg auf die Skale gerichtet ist [Bild 3]. Je kleiner das Maß t ist, umso geringer ist die Gefahr, dass der Messfehler ΔX eintritt, der als Parallaxe bezeichnet wird. Bei dünnen Stahlbandmaßen oder beim Messschieber in Bild 4 entsteht dieser Messfehler nicht.

> **Merke** Parallaxenfehler entstehen nicht, wenn der Messwert rechtwinklig zur Skalierung abgelesen wird.

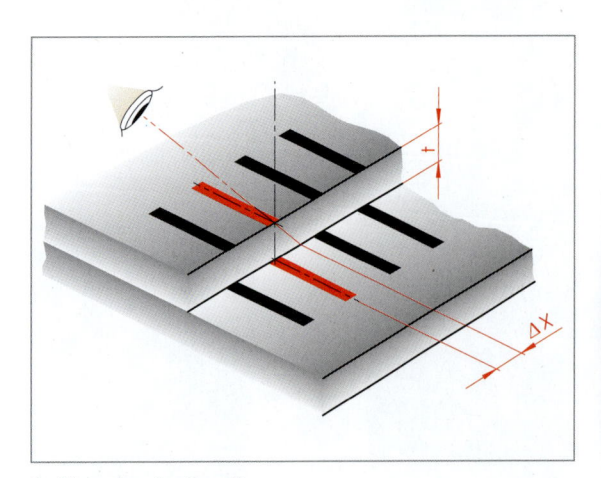

3: Ursache der Parallaxe

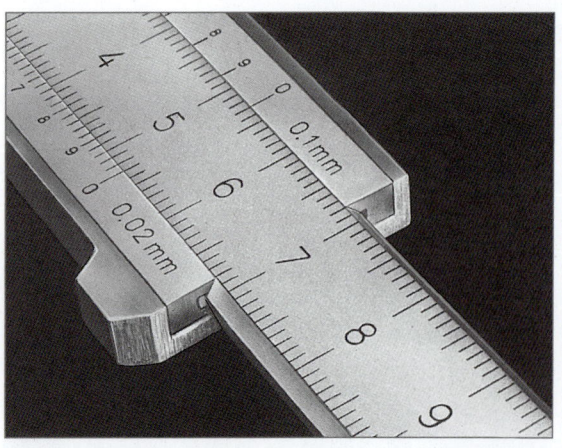

4: Messschieber mit parallaxenfreier Ablesung (Nonius und Hauptskale liegen in einer Ebene)

Prüftechnik ▶ Messgeräte ▶ Winkelmesser

Maßbezugstemperatur

Bauteile dehnen sich bei Erwärmung aus. Ein Werkstück aus Stahl von 1 m Länge verlängert sich bei einer Temperaturerhöhung von 10 °C um rund 0,1 mm. Der Messwert direkt nach der Zerspanung [Bild 2, vorherige Seite] ist größer als später bei 20 °C. Ähnliche Probleme entstehen, wenn sich das Messgerät z. B. durch intensive Sonneneinstrahlung erwärmt hat.

Merke: Um die Vergleichbarkeit der Messungen zu gewährleisten, legt die Norm eine **Maßbezugstemperatur** von 20 °C fest.

Die Maßbezugstemperatur muss beim Messen sowohl für Werkzeuge als auch für Werkstücke eingehalten werden.

Übungen

1. Bei der Tiefenmessung mit dem Messschieber [z. B. Bild 2, Seite 67] wird dieser nicht rechtwinklig zur Messfläche gehalten. Welche Art von Messfehler ist das und wie wirkt er sich aus?
2. Entsteht beim Messen eines zu warmen Werkstücks ein zu großer oder zu kleiner Messwert?

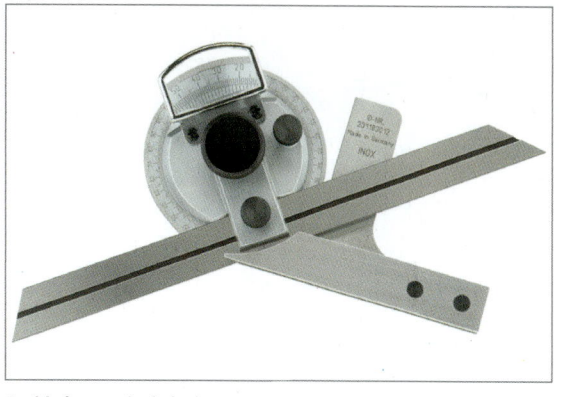

3.3 Winkelmesser

Zur groben Winkelmessung werden vorrangig einfache Winkelmesser [Bild 3] eingesetzt. Der Universalwinkelmesser [Bild 1] besitzt einen Nonius

1: Universalwinkelmesser

2: Winkelmesser mit digitaler Anzeige mit 1' Ziffernschrittwert

mit einem Nonienwert von 5'. Eine Lupe erleichtert das Ablesen. Zunehmend sind Winkelmesser mit digitaler Anzeige [Bild 2] ausgestattet.
An dem Werkstück [Bild 4] sind die Ecken auf einer Länge von 5 mm unter einem Winkel von 45° gefast. Der Winkel ist mit keiner Toleranzangabe ver-

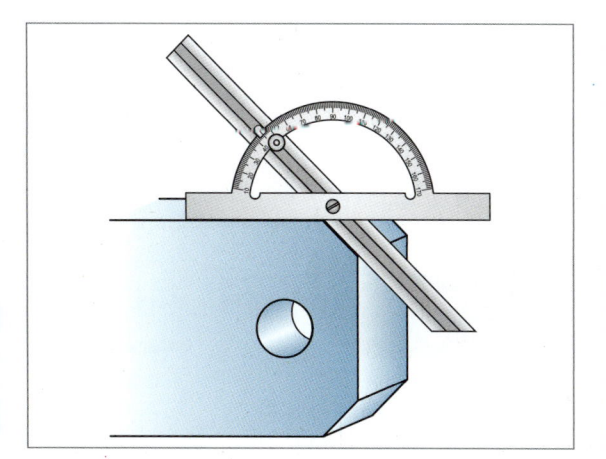

3: Einfacher Winkelmesser

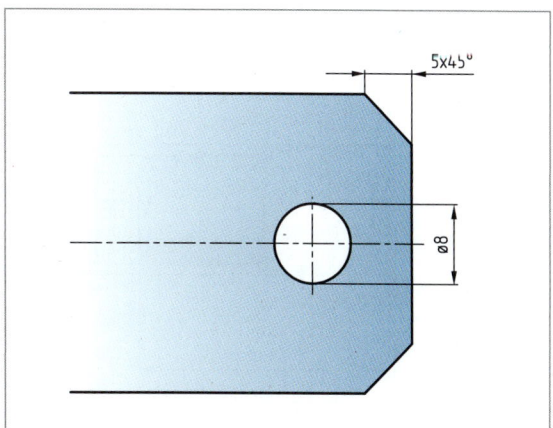

4: Werkstück mit 45°-Fasen

Prüftechnik ▶ Messgeräte ▶ Messschrauben

Genauig-keitsgrad	Nennbereich für kürzeren Schenkel in mm				
	... 10	> 10 ... 50	> 50 ... 120	> 120 ... 400	> 400
	Grenzabmaße für Winkelmaße				
f (fein)	±1°	±30′	±20′	±10′	±5′
m (mittel)					
c (grob)	±1° 30′	±1°	±30′	±15′	±10′
v (sehr grob)	±3°	±2°	±1°	±30′	±20′

1: Allgemeintoleranzen für Winkelangaben nach DIN ISO 2768-1

sehen. Es gelten die Allgemeintoleranzen [Bild 1]. Diese sind abhängig vom Genauigkeitsgrad und dem Nennmaß des kürzesten Schenkels, jedoch nicht von der Größe des Winkels. Im Beispiel sind die beiden Schenkel je 5 mm lang.
Beim Genauigkeitsgrad *mittel* beträgt die Toleranz ±1°.

> **Merke**
> Je gröber der Genauigkeitsgrad und je kleiner der kürzeste Schenkel, desto größer sind die Allgemeintoleranzen für Winkel.

Bei einer Schenkellänge von 100 mm und Genauigkeitsgrad mittel ist die Toleranz ±20′ (±20 Gradminuten). Die Gradangabe für Winkel erfolgt aufgrund folgender Definition:

> **Merke**
> Vollkreis = 360°
> Rechter Winkel = 90°
> 1° = 60′ (Gradminuten)
> 1′ = 60″ (Gradsekunden)

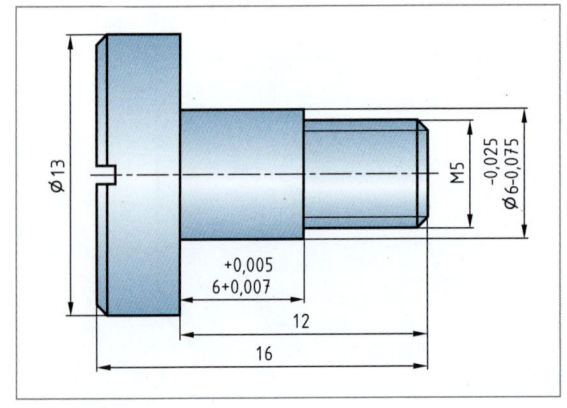

3.4 Messschrauben

Der Durchmesser der Schlitzschraube mit Bund [Bild 2] ist mit ø 6 −0,025/−0,075 mm sehr eng toleriert. Das Maß kann mit dem Messschieber nicht hinreichend genau überprüft werden, weil der Noniuswert von 0,05 mm zu groß ist. Das geeignete Messgerät zum Messen des Durchmessers ist die Messschraube [Bild 3].

> **Merke**
> Die Messschraube besitzt einen Skalenteilungswert von 0,01 mm. Sie erfasst das Maß **ohne** Kippfehler.

Um Hundertstelmillimeter sicher ablesen zu können, darf der Abstand zwischen zwei Teilstrichen nicht zu klein sein. Dies erfordert verhältnismäßig große Skalentrommeln [Bild 1, nächste Seite]. Hat eine Skalentrommel 100 Teilstriche bedeutet dies, dass eine Umdrehung der Skalentrommel die Messspindel um einen Millimeter bewegt. Die meisten Messschrauben haben jedoch Skalentrom-

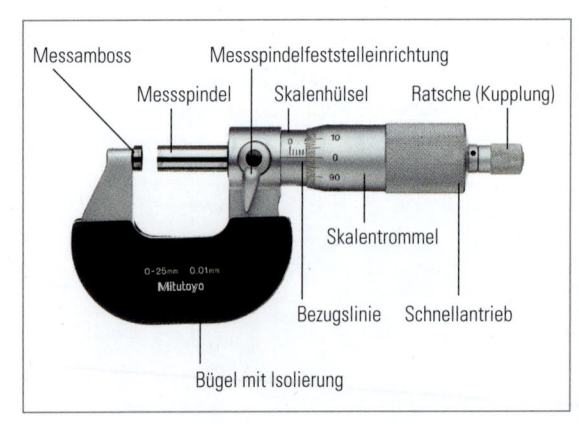

2: Schlitzschraube mit Bund

3: Benennungen an der Bügelmessschraube

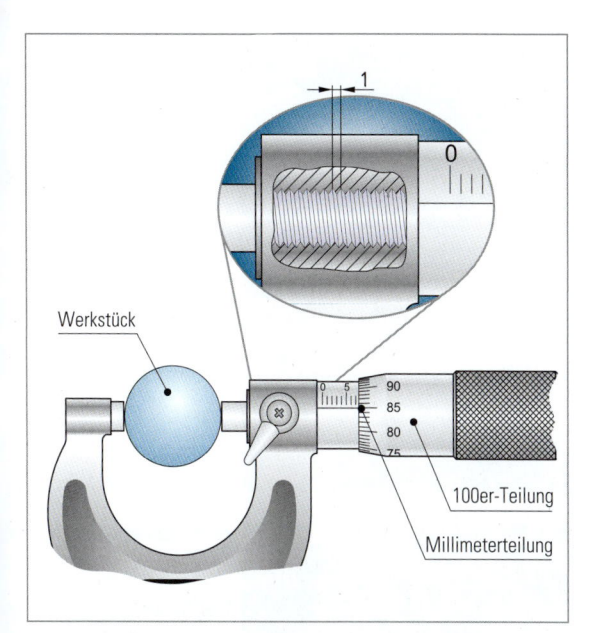

Prüftechnik ▶ Messgeräte ▶ Messuhren

1: Funktionsmodell einer Bügelmessschraube

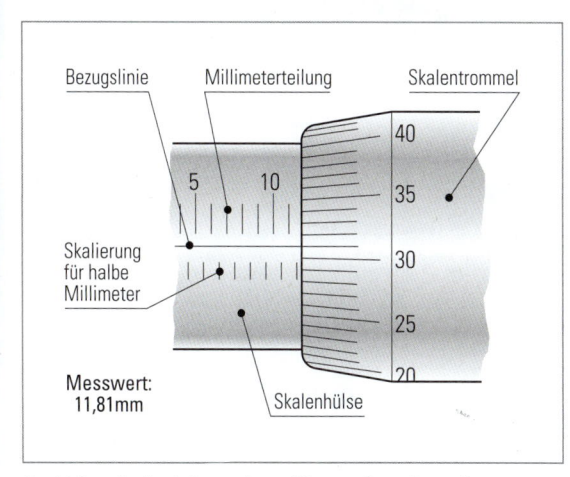

2: Ablesebeispiel an einer Messschraube mit 0,5-mm-Steigung

Handhabung von Messschrauben

Zur Vermeidung von Messfehlern beim Messen mit der Messschraube sind folgende Regeln einzuhalten:

- Um mit optimaler Messkraft zu messen, ist die Skalentrommel über die Ratsche zu betätigen. Sie rutscht bei zu großer Messkraft durch und begrenzt so die Messkraft.

- Es ist die Maßbezugstemperatur einzuhalten; deshalb Messschraube an der Kunststoffisolierung anfassen und nicht der Sonneneinstrahlung aussetzen.

- Die Messschraube ist immer rechtwinklig zu den Bezugsflächen anzusetzen.

3.5 Messuhren

Eine Messuhr kann z. B. zur Rundlaufprüfung einer Welle verwendet werden [Bild 3]. Die Messuhr wird in eine Halterung so eingesetzt, dass ihr Messbolzen auf der Lauffläche aufsitzt. Durch langsames Drehen der Welle wird der Rundlauf geprüft. Bei unrundem Lauf verändert der Messbolzen seine Stellung. Diese Längsbewegung wird durch Zahnstangen- und Zahnradtrieb in eine Drehbewegung des Zeigers umgewandelt [Bild 1, nächste Seite]. Das ist neben dem Nonius- und Messschraubenprinzip eine weitere Möglichkeit, Millimeter weiter zu unterteilen.

> **Merke**
> Der **Skalenteilungswert** der Messuhr beträgt $\frac{1}{100}$ mm.
> Der Zeiger einer Messuhr kann mehr als eine Umdrehung ausführen.

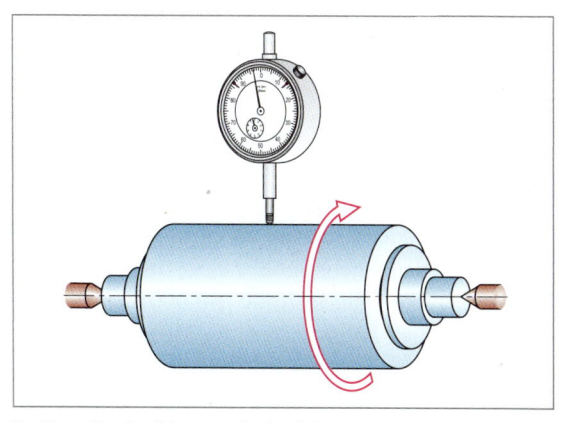

meln [Bild 2] mit 50 statt 100 Strichen. Um trotzdem eine Ablesegenauigkeit von 0,01 mm zu erhalten, darf bei einer Umdrehung nur ein Weg von $50 \cdot \frac{1}{100}$ mm = 0,5 mm zurückgelegt werden. Die Gewindespindel in der Messschraube hat eine Steigung von 0,5 mm. Es müssen zwei Umdrehungen durchgeführt werden, um einen Millimeter zurückzulegen.
Bei der Messschraube mit 0,5-mm-Steigung hat die Skalentrommel eine Skalierung von 0...49 hundertstel Millimeter. Bild 2 erläutert das Ablesen.

3: Rundlaufprüfung mit der Messuhr

Prüftechnik ▸ Lehren ▸ Formlehren

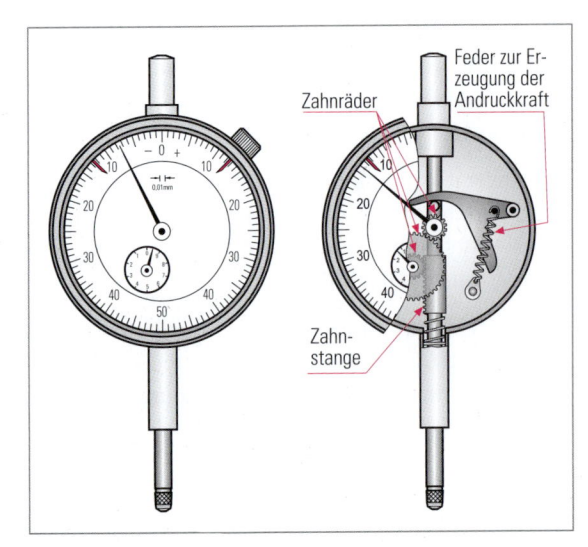

1: Funktionsprinzip der Messuhr

4 Lehren

Beim Lehren wird nicht das Istmaß (Radius in Bild 2) ermittelt, sondern es wird die Entscheidung getroffen, ob das Werkstück in die Bereiche „Gut", „Nacharbeit" oder „Ausschuss" einzuordnen ist.

4.1 Formlehren

Formlehren ermöglichen die Prüfung von Flächen, Winkeln, Radien und anderen Geometrien nach dem Lichtspaltverfahren [Bild 2].

4.2 Maßlehren

Maßlehren sind in Abständen gestuft, d.h., von Lehre zu Lehre nimmt das Maß zu. Neben den Endmaßen gehören z. B. Fühler-, Loch- und Blechlehren dazu [Bild 1, nächste Seite].

4.3 Grenzlehren

Der Bohrungsdurchmesser [Bild 2, nächste Seite] ist mit ⌀8H7 toleriert.
Der Bohrungsdurchmesser ist „gut", wenn er nicht größer als das Höchstmaß ⌀8,015 mm und nicht kleiner als das Mindestmaß ⌀8,000 mm ist. Ob das der Fall ist, kann auch ohne Messen beurteilt werden. Dazu sind zwei Prüfzylinder erforderlich, von denen der eine ⌀8,015 mm und der andere ⌀8,000 mm Durchmesser besitzt. Der Bohrungs-

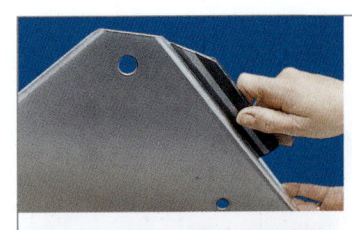

a) Haarlineal
Die Ebenheit einer Fläche wird mit dem schneidenförmig zulaufenden Haarlineal gelehrt. Bei einer ebenen Fläche ist kein Lichtspalt erkennbar.

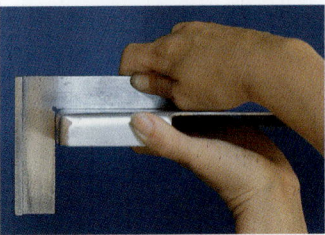

b) Winkel
Anschlag- und Flachwinkel werden sowohl zum Prüfen als auch zum Anreißen von 90°-Winkeln genutzt.

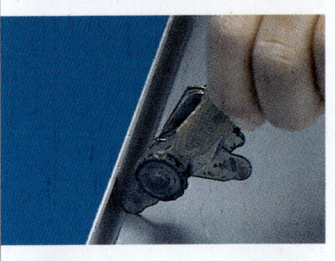

c) Rundungslehre
Innen und Außenradien können mit der Rundungs- bzw. Radiuslehre geprüft werden. Rundungslehren sind in verschiedenen Sätzen zusammengefasst wie z. B.
1 mm … 7 mm
oder
7,5 mm … 15 mm
usw.

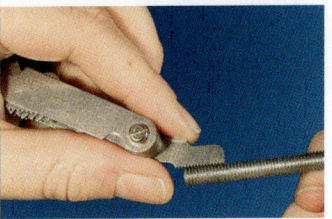

d) Gewindelehre
Die Prüfung erfolgt nach dem Lichtspaltverfahren.

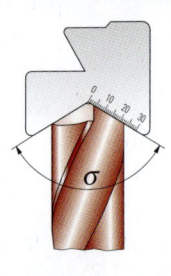

e) Schleiflehre
Das Anschleifen von Spiralbohrern kann mit Schleiflehren kontrolliert werden. Die Schleiflehre ermöglicht die Prüfung der wichtigsten Winkel an der Werkzeugschneide.

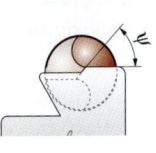

2: Formlehren

Prüftechnik ▶ Lehren ▶ Grenzlehren

Fühlerlehre
Der Abstand oder das Spiel zwischen eng aneinander liegenden Bauteilen kann mit der Fühlerlehre annähernd bestimmt werden. Die Blechstreifen haben eine Dicke zwischen 0,05 mm und 1 mm. Sie müssen vorsichtig gehandhabt werden.

Lochlehre
Mithilfe von Lochlehren können die Durchmesser von Bohrern, Fräsern, Niete, Bolzen usw. schnell annähernd bestimmt werden. Dazu werden die Teile in die passenden Durchmesser der Lehre gesteckt und die jeweiligen Durchmesser abgelesen.

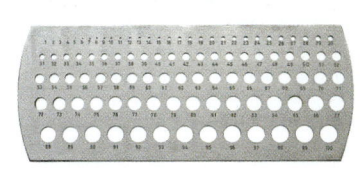

Blechlehre
Die genormten Blechdicken sind bei Blechlehren als Spalte an ihrem Umfang verkörpert. Die Lehre wird auf das entgratete Blech gesteckt. Lässt sich z. B. der Schlitz mit 0,5 mm aufstecken und der mit 0,4 mm nicht, so ist das Blech 0,5 mm dick.

1: Maßlehren

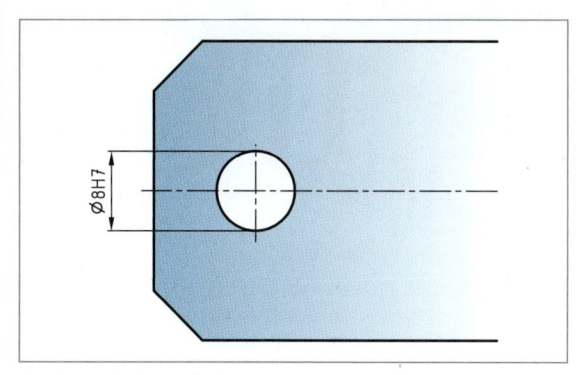

2: Eng tolerierte Bohrung

3: Grenzlehrdorn

Gutseite
langer Zylinder

Ausschussseite
kurzer Zylinder
rote Markierung evtl. Rille

durchmesser liegt innerhalb der Toleranz, wenn folgende Bedingungen zutreffen:

- **Das Mindestmaß ist überschritten.** Dazu muss sich der Prüfzylinder mit dem Mindestmaß in die Bohrung einführen lassen.

- **Das Höchstmaß ist unterschritten.** Der Prüfzylinder mit dem Höchstmaß darf sich nicht in die Bohrung einfügen lassen.

Aus diesen Überlegungen heraus entstanden die **Grenzlehrdorne** [Bild 3], die an jedem Ende einen Prüfzylinder (Gut- und Ausschussseite) besitzen. Bild 4 zeigt Gewindelehren, die nach dem gleichen Prinzip arbeiten [Bild 1, nächste Seite].

Merke
Die Gutseite des Grenzlehrdornes hat das Mindestmaß und den längeren Zylinder. Die Ausschussseite besitzt das Höchstmaß, ist rot gekennzeichnet und hat den kürzeren Zylinder.

Gewindelehre

Gut
Gewindelehrring

Ausschuss

4: Gewindelehre, Gewindelehrring

handwerk-technik.de

Prüftechnik ▶ Lehren ▶ Grenzlehren

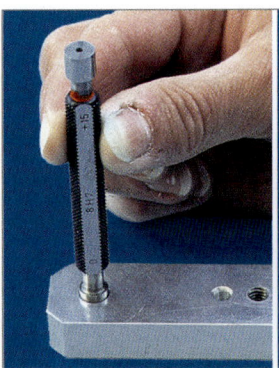

Die **Gutseite** des Grenzlehrdorns muss durch sein Eigengewicht in die Bohrung gleiten. Der Grenzlehrdorn darf nicht mit zusätzlicher Kraft in die Bohrung gedrückt werden.

Die **Ausschussseite** des Grenzlehrdorns darf durch sein Eigengewicht nicht in die Bohrung gleiten, sondern nur „anschnäbeln". Die Ausschussseite ist **rot** gekennzeichnet.

1: Prüfen mit Grenzlehrdorn

Die Achse [Bild 2] soll einen Durchmesser von ⌀20h6 erhalten. Die Überprüfung des Durchmessers ist mit einer **Grenzrachenlehre** [Bild 3] möglich. Im Bild 4 ist der Einsatz der Grenzrachenlehren dargestellt.

Das Lehren mit Grenzlehren ist gegenüber dem Messen vorteilhaft, wenn:

- Werkstücke mit Normmaßen in großen Stückzahlen und engen Toleranzen gefertigt werden.
- Maße schnell und sicher überprüft werden sollen.
- die Istwerte nicht benötigt werden.

Bei der spanenden Bearbeitung ist der Istwert des Werkstücks oft sehr wichtig, um entsprechende Zustellungen vornehmen zu können. Daher wird dort zunehmend gemessen anstatt zu lehren. Bei Endkontrollen kann das Lehren bevorzugt werden.

Übungen

1. Unter welchen Bedingungen trifft beim Lehren die Behauptung zu: „Das Werkstück ist Ausschuss, wenn das Höchstmaß überschritten ist"?

2. Bei welchen Grenzlehren ist das Mindestmaß die Gutseite?

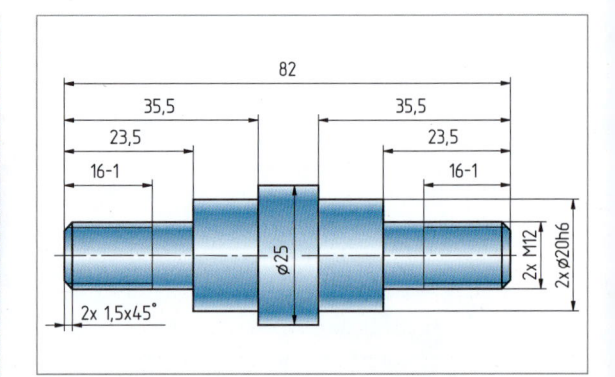

2: Achse mit eng toleriertem Durchmesser

Die Gutseite besitzt das Höchstmaß, die Prüfflächen sind **nicht** angefast. Die Ausschussseite hat das Mindestmaß, die Prüfflächen sind angefast. Die Ausschussseite ist **rot** gekennzeichnet.

3: Grenzrachenlehre

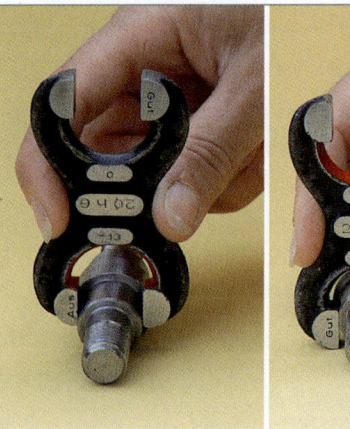

Die **Ausschussseite** darf nur „anschnäbeln".

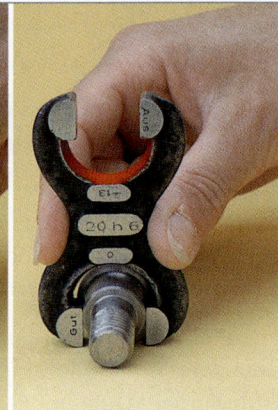

Die **Gutseite** muss lediglich durch das Eigengewicht über das Werkstück gleiten.

Die Lehre darf auf keinen Fall mit zusätzlicher Kraft auf das Werkstück gedrückt werden. Hierdurch würde die Lehre aufgebogen und das Prüfergebnis verfälscht werden.

4: Prüfen mit Grenzrachenlehre

5 Endmaße

Parallelendmaße [Bild 2] sind Maßverkörperungen aus Stahl oder Hartmetall. Die beiden gegenüber liegenden, planparallelen Messflächen sind mit sehr geringen Toleranzen gefertigt. Sie sind so „glatt", dass zwei Endmaße aneinander haften, wenn sie aneinander geschoben werden. Sie sollen nicht mehrere Tage aneinander geschoben bleiben, weil sie nach längerer Zeit nicht ohne Beschädigung voneinander getrennt werden können.

Durch Kombination von einzelnen Endmaßen können Maße auf tausendstel Millimeter genau verkörpert werden. Endmaßsätze sind daher entsprechend gestuft [Bild 1]. Das Maß 82,456 mm kann mit Endmaßen z. B. folgendermaßen zusammengestellt werden:

```
     1,006 mm
  +  1,050 mm
  +  1,400 mm
  +  9,000 mm
  + 70,000 mm
    82,456 mm
```

- Beginnen mit der niedrigsten Reihe und enden mit der höchsten
- Möglichst wenige Endmaße kombinieren
- Es darf nur **ein** Endmaß aus jeder Reihe verwendet werden, um ein Maß zusammenzustellen.

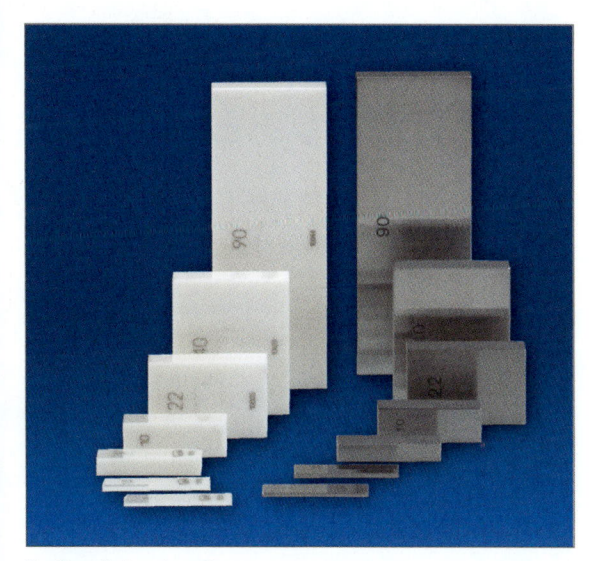

Reihe	Stufung in mm	Länge in mm
1	0,001	1,001 … 1,009
2	0,010	1,010 … 1,090
3	0,100	1,100 … 1,900
4	1,000	1,000 … 9,000
5	10,000	10,000 … 90,000

1: Stufung der Parallelendmaße

6 Prüfprotokoll

In der Serienfertigung werden die Prüfergebnisse oft in Prüfprotokollen dokumentiert.

Einerseits liefern diese den Nachweis, dass das jeweilige Produkt die Qualitätsanforderungen erfüllt, nachgearbeitet werden muss oder Ausschuss ist. Andererseits können aus ihrer statistischen Auswertung Rückschlüsse für die Fertigung abgeleitet werden. Die Protokolle können während der Fertigung oder nach deren Ende (Endkontrolle) ausgefüllt werden. In Prüfprotokollen sind

- **Prüfeigenschaften**
- **Prüfzeiten** bzw.
- **Prüfmittel** und
- **Prüforte** festgelegt.

Für die Endkontrolle der Zentrierplatte [Bild 3] könnte das Prüfprotokoll folgendermaßen aussehen [Bild 1, nächste Seite].

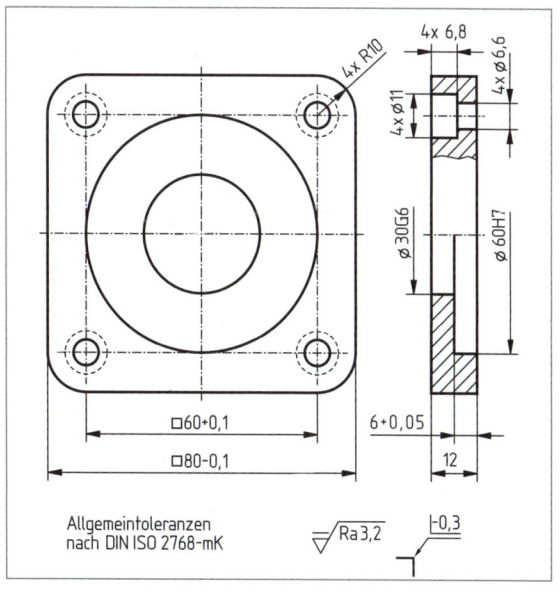

2: Parallelendmaße

3: Zentrierplatte

Prüftechnik ▶ Prüfprotokoll

Firma: HAFRITEC	Bauteil Zentrierplatte	Prüftermin: Endkontrolle		Prüfer: R. Haffner		Prüfdatum 11.12.2013	
Prüfung	Prüfmittel	Mindestmaß	Höchstmaß	Istmaß	Gut	Ausschuss	Nacharbeit
Teil nach Zeichnung	Sichtkontrolle				X		
Oberfläche	Sichtkontrolle				X		
Gratfreiheit	Sichtkontrolle				X		
12	Messschieber	11,8	12,2	12,1	X		
80 −0,1	Messschieber	79,9	80,0	79,95	X		
80 −0,1	Messschieber	79,9	80,0	79,9	X		
60 +0,1	Messschieber	60,0	60,1	60,05	X		
60 +0,1	Messschieber	60,0	60,1	60,1	X		
6,8	Messschieber	6,6	7,0	6,7	X		
11H13	Messschieber	11,0	11,27	11,1	X		
6,6H13	Messschieber	6,6	6,82	6,7	X		
6 +0,05	Tiefenmessschraube	6,0	6,05	6,03	X		
30G6	Grenzlehrdorn 30G6	30,007	30,020		X		
60H7	Grenzlehrdorn 60H7	60,000	60,030		X		

1: Prüfprotokoll

Ist das Ergebnis von einer der geforderten Prüfungen Ausschuss, ist das ganze Teil unbrauchbar. Daher ist es meistens wirtschaftlicher, das Produkt während der Fertigung an verschiedenen Orten zu prüfen und die Ergebnisse zu protokollieren. Auf diese Weise wird vermieden, dass noch Kosten während der folgenden Bearbeitung entstehen, obwohl schon ein Ausschussmaß vorliegt.

Übungen

1. Unterscheiden Sie subjektives und objektives Prüfen und nennen Sie zu jedem ein Beispiel aus dem privaten und beruflichen Bereich.
2. Was wird
   a) als Messen und
   b) als Lehren bezeichnet?
3. Nennen Sie zwei Fälle, bei denen Sie außer Längen weitere physikalische Größen gemessen haben.
4. Aus welchen Teilen besteht eine Größenangabe?
5. Erläutern Sie mithilfe der Maßangabe 32 +0,3/−0,2 folgende Begriffe:
   a) Nennmaß
   b) Höchstmaß
   c) Mindestmaß
   d) Maßtoleranz
   e) Grenzabmaße
   f) oberes Grenzabmaß
   g) unteres Grenzabmaß.
6. Begründen Sie den fertigungstechnischen Grundsatz: „Toleriere so grob wie möglich und so fein wie nötig".
7. Von welchen Faktoren sind die Allgemeintoleranzen für Längen abhängig? Schreiben Sie zwei Sätze auf mit „Je ... desto".
8. Bestimmen Sie für die Maße x und y die Höchst- und Mindestmaße sowie die Maßtoleranz [Bild 1, nächste Seite].
9. Was geben die Buchstaben bei den ISO-Toleranzen an?

handwerk-technik.de

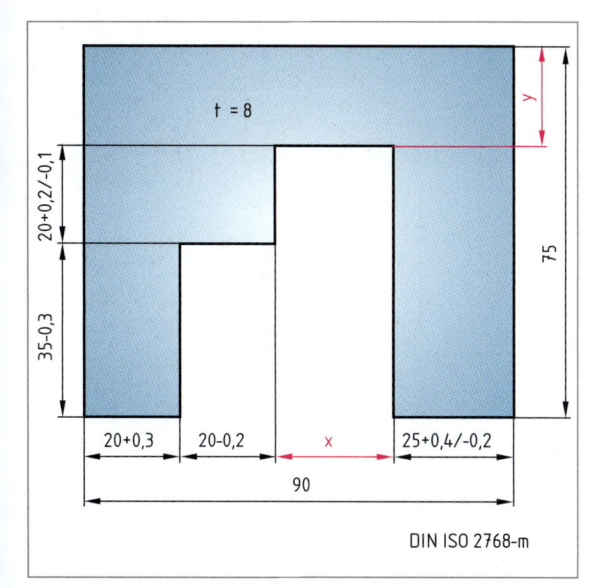

1: Bild zu Aufgabe 8

10. Wie wirkt sich der Toleranzgrad auf die Größe der Maßtoleranz aus?

11. Welchen Einfluss hat das Nennmaß auf die Maßtoleranz bei den ISO-Toleranzen?

12. Bestimmen Sie für die folgenden Toleranzangaben die Höchst- und Mindestmaße sowie die Maßtoleranz:
20h6, 20H7, 50k6, 70F8, 80k4.

13. In welchen Fällen bevorzugen Sie den Gliedermaßstab gegenüber dem Stahlbandmaß?

14. Welche Aufgabe hat der Nonius beim Messschieber?

15. Welches Maß wird gemessen [Bild 2]?

16. Durch welche Maßnahmen kann die Parallaxe beim Messen verringert bzw. verhindert werden?

17. Unterscheiden Sie analoge und digitale Anzeigen.

18. Können beim Einsatz von digitalen Messschiebern Messfehler entstehen? Begründen Sie Ihre Antwort.

19. Wie groß ist
    a) der spitze und
    b) der stumpfe Winkel am Universalwinkelmesser [Bild 3]?

20. Beschreiben Sie den Unterschied zwischen Form- und Maßlehren.

21. Welches Maß ist an der Messschraube abzulesen [Bild 4]?

22. Durch welche Maßnahme wird eine konstante Anpresskraft zwischen Messschraube und Werkstück erreicht?

23. Welche Messfehler können beim Messen mit der Messschraube auftreten?

24. Wie funktioniert eine Messuhr und welchen Skalenteilungswert besitzt sie?

25. Woran erkennt man die Ausschussseite
    a) eines Grenzlehrdorns und
    b) einer Grenzrachenlehre?

26. Was ist beim Einsatz von Grenzlehren zu beachten?

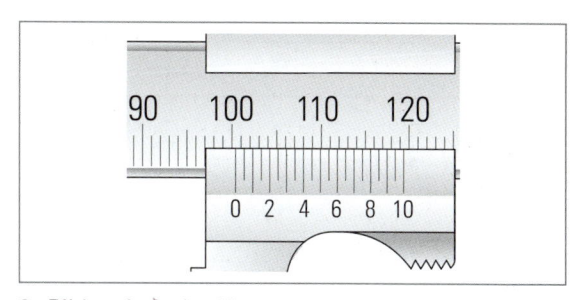

2: Bild zu Aufgabe 15

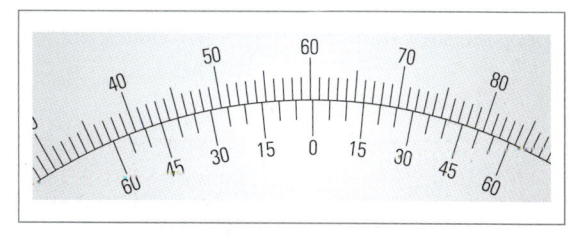

3: Bild zu Aufgabe 19

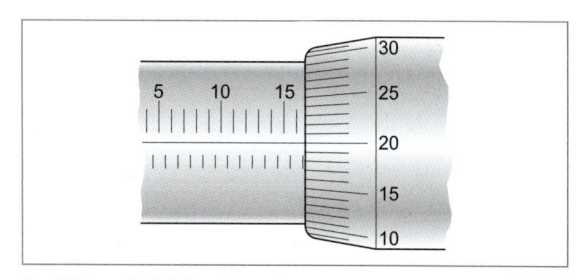

4: Bild zu Aufgabe 21

Prüftechnik ▶ Prüfprotokoll

Beispiel

Laufwerk für Elektrozug [Bild 2]

Bei und nach der Fertigung der Einzelteile müssen diese geprüft werden. Für Einzelteile des Laufwerkes ist festzulegen, mit welchen Prüfwerkzeugen dies geschehen soll.

Seitenteil Pos. 4 [Bild 1]

1. Welche Prüfmittel werden benötigt, um das Seitenteil Pos. 4 zu prüfen?
2. Welche Maße können mit dem Messschieber geprüft werden?
3. Beschreiben Sie, wie das Maß 130 mm überprüft werden kann. Zur Verfügung stehen 2 Zylinderstifte ISO 2338-20m6x40-St und ein Messschieber.

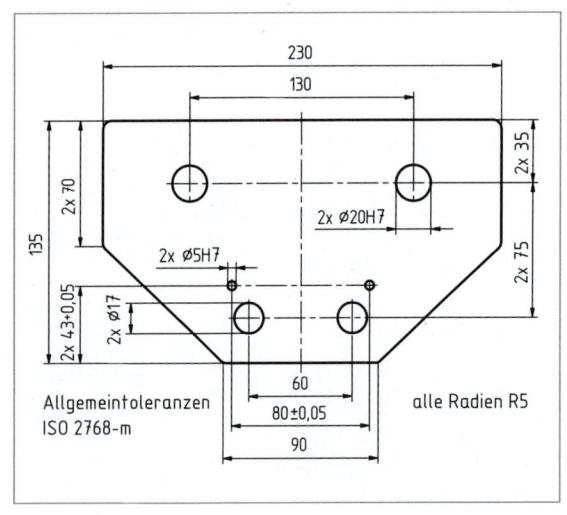

1: Seitenteil Pos. 4

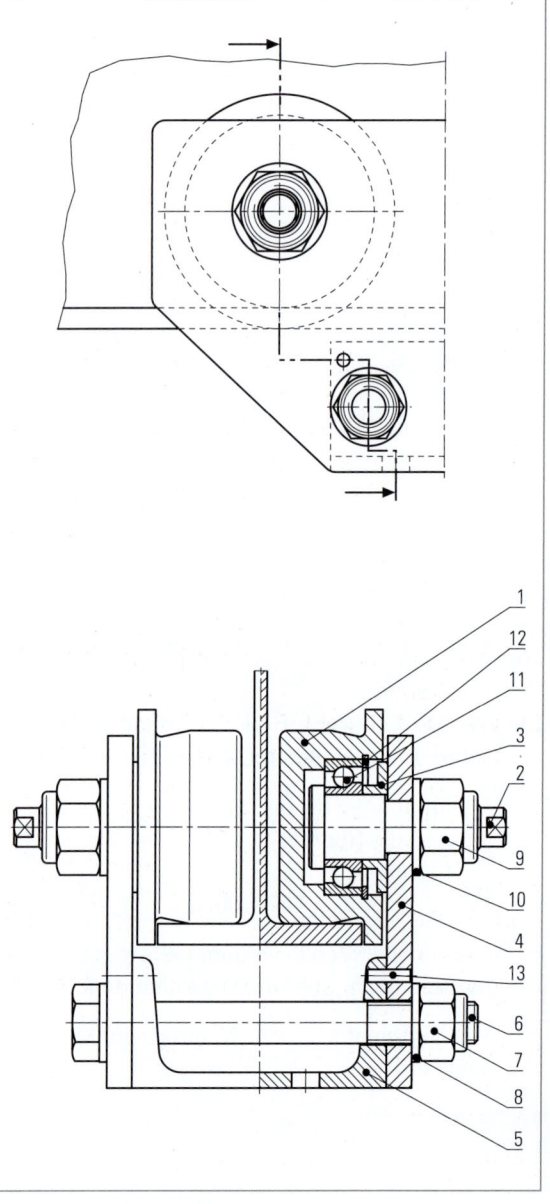

2: Laufwerk für Elektrozug

III Werkstofftechnik

1 Einsatz und Einteilung von Werkstoffen

1.1 Einsatz von Werkstoffen

Als Werkstoffe werden im technischen Bereich am häufigsten **Metalle** verwendet. Außerdem kommen **Nichtmetalle** z. B. **Natur- und Kunststoffe** zum Einsatz. Für besondere Anforderungen werden unterschiedliche **Verbundwerkstoffe** benutzt. Sie sind aus verschiedenen Werkstoffen zusammengesetzt. **Hilfsstoffe** werden zur Herstellung von Werkstücken benötigt, sind aber am fertigen Produkt nicht mehr vorhanden.

Die Werkstoffauswahl [Bild 1] erfolgte früher fast ausschließlich nach technischen und wirtschaftlichen Gesichtspunkten. Durch die zunehmende Umweltbelastung muss bei der Auswahl der Werkstoffe, besonders bei Massenproduktion, auf umweltverträgliche Fertigung geachtet werden. Die **ökologische**[1] **Optimierung**[2] wird auch zunehmend **ökonomisch**[3] sinnvoll. Bei der trockenen Zerspanung werden z. B. Kühlschmierstoffe und Energie eingespart. Diese Entwicklung trägt nachhaltig zur Verbesserung des Umweltschutzes bei.

Bei der **Werkstoffauswahl** sind folgende Grundsätze zu berücksichtigen:

- Mit **Ressourcen** (Rohstoffen und Energie) sparsam umgehen.
- Möglichst **wiederverwertbare Stoffe** einsetzen (Recycling).
- Unnötige Abfälle vermeiden (Kostenreduzierung).
- Menschen dürfen durch die verwendeten Stoffe nicht gefährdet werden.
- Die **Umweltverträglichkeit** für Luft, Wasser und Boden muss gewährleistet sein.
- Die Gesundheit der Fachkräfte darf nicht durch eine unzulässige Belastung von Schadstoffen am Arbeitsplatz gefährdet werden!

Übungen

1. Ordnen Sie die Begriffe rund um die Werkstoffauswahl [Bild 1] zu einer Mind-Map. Ergänzen Sie weitere Begriffe, die Ihnen dazu noch einfallen.
2. Welche Werkstoffe werden in Ihrem Betrieb verarbeitet?

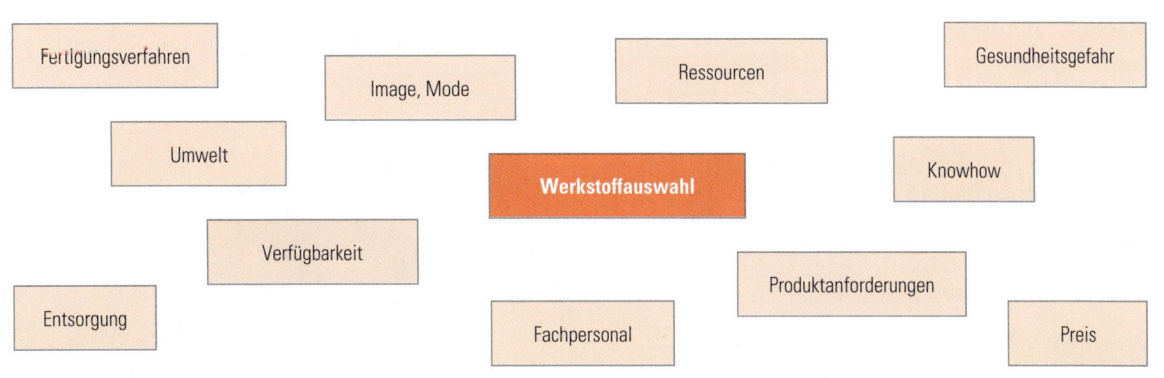

---

[1] ökologisch: umweltverträglich
[2] optimieren: die „beste" Lösung für ein Problem
[3] ökonomisch: wirtschaftlich

1: Werkstoffauswahl

Begriffe: Fertigungsverfahren, Image, Mode, Ressourcen, Gesundheitsgefahr, Umwelt, Knowhow, **Werkstoffauswahl**, Verfügbarkeit, Produktanforderungen, Entsorgung, Fachpersonal, Preis

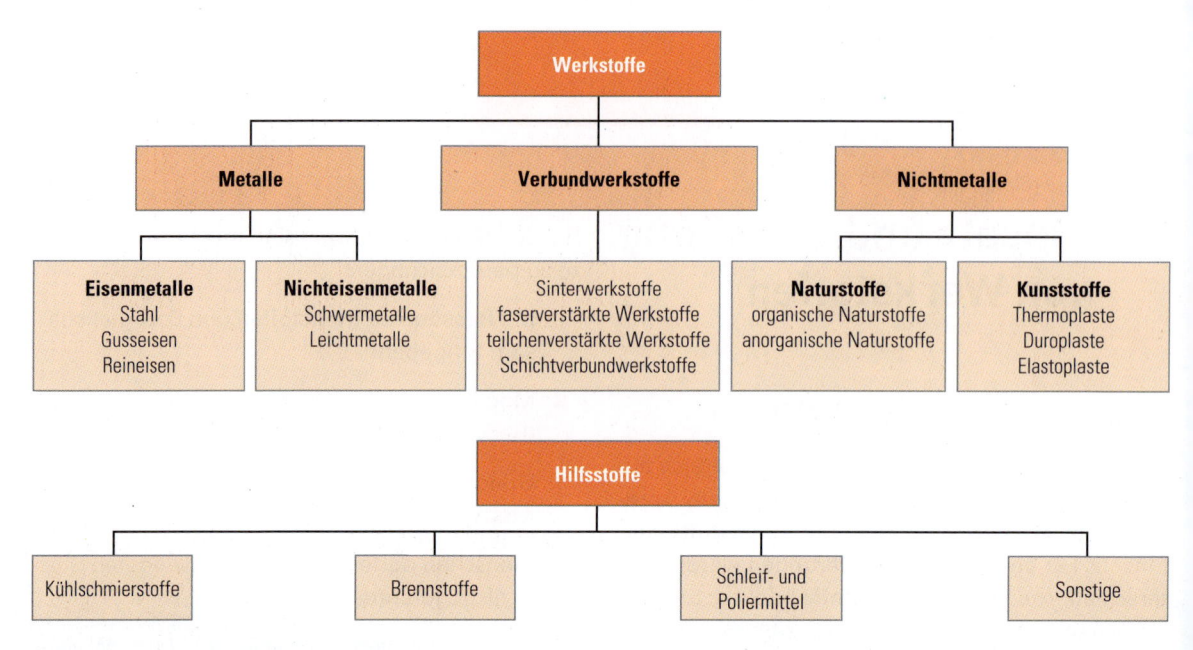

Werkstofftechnik ▶ **Eigenschaften von Werkstoffen** ▶ Einsatz von Werkstoffen

```
                           Werkstoffe
      ┌────────────────────────┼────────────────────────┐
   Metalle              Verbundwerkstoffe            Nichtmetalle
   ┌─────┴─────┐                │                ┌─────┴─────┐
Eisenmetalle  Nichteisen-  Sinterwerkstoffe   Naturstoffe  Kunststoffe
Stahl         metalle      faserverstärkte    organische   Thermoplaste
Gusseisen     Schwermetalle Werkstoffe        Naturstoffe  Duroplaste
Reineisen     Leichtmetalle teilchenverstärkte anorganische Elastoplaste
                           Werkstoffe         Naturstoffe
                           Schichtverbund-
                           werkstoffe
```

```
                           Hilfsstoffe
      ┌────────────────┬─────────┴─────────┬────────────────┐
  Kühlschmierstoffe  Brennstoffe      Schleif- und       Sonstige
                                      Poliermittel
```

1: Einteilung der Werkstoffe

1.2 Einteilung von Werkstoffen

Nach **Werkstoff-Art** und **Werkstoff-Verwendung** wird unterschieden in:

- Werkstoffe
- Hilfsstoffe

[Bild 1]

2 Eigenschaften von Werkstoffen

Die Anforderungen an Werkstoffe bei der Fertigung sind sehr unterschiedlich. Die Formgebung durch Gießen, Umformen, Trennen, Schweißen usw. erfordert ganz spezielle Werkstoffeigenschaften. Die Eignung für bestimmte Verfahren lässt sich oft durch einfaches Ausprobieren feststellen [Bild 2], [Bild 3].
Es wird unterschieden zwischen:

1. Mechanischen Eigenschaften
2. Physikalischen Eigenschaften
3. Chemischen Eigenschaften
4. Fertigungstechnischen Eigenschaften

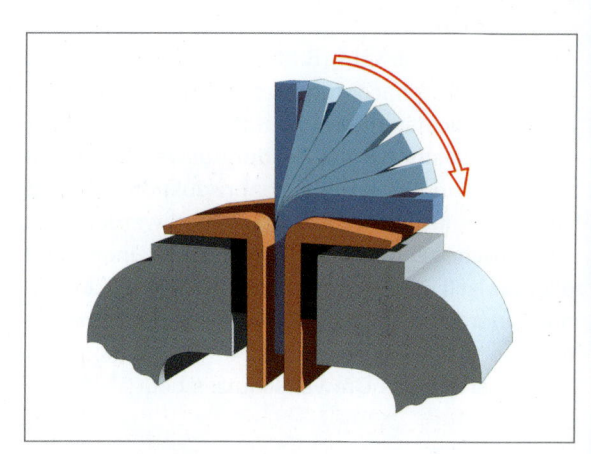

2: Biegeprüfung

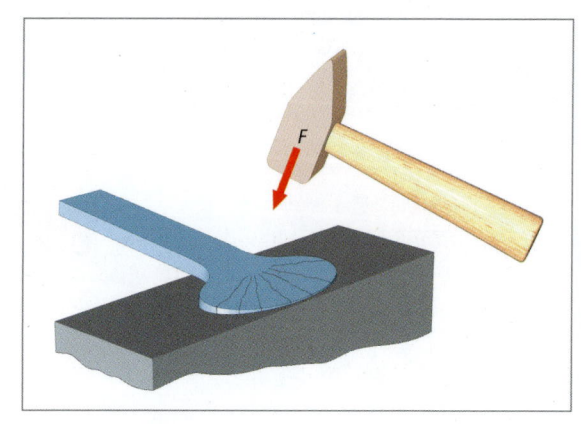

3: Ausbreitprüfung

handwerk-technik.de

Werkstofftechnik ▶ Eigenschaften von Werkstoffen ▶ Mechanische Eigenschaften

2.1 Mechanische Eigenschaften

Die Verwendbarkeit der Werkstoffe hängt großteils von ihren Eigenschaften ab. Zu den mechanischen Eigenschaften gehören u. a. Härte, Festigkeit, Zähigkeit, Sprödigkeit, Elastizität und Plastizität.

Hart – weich

Wird eine gehärtete Stahlkugel zwischen eine Aluminiumplatte und eine Stahlplatte in einen Schraubstock gespannt [Bild 1], lässt sich erkennen, welcher von beiden Werkstoffen härter ist. Bei der härteren Oberfläche des Stahlblechs ist der Eindruck der Kugel deutlich geringer. Die Kugel wird tiefer in die Aluminiumplatte gedrückt als in die Stahlplatte. Die Stahlplatte ist somit härter als die weichere Aluminiumplatte.

> **Merke**
> **Härte** ist der Widerstand, den ein Werkstoff dem Eindringen eines anderen Körpers entgegensetzt. Bei der Härteprüfung ist der Prüfkörper härter als der Werkstoff.

1: Eindrückversuch

Fest – brüchig

Die Zugprüfmaschine zieht den Probestab in die Länge. Dadurch treten im Inneren des Probestabs Zugspannungen auf. Halten die Werkstoffteilchen nicht fest genug zusammen, reißt oder bricht der Probestab. Die Spannung, die ein Werkstoff bei einer äußeren Beanspruchung aushält, heißt **Festigkeit**.

> **Merke**
> **Festigkeit** ist die Fähigkeit eines Werkstoffes einer äußeren Beanspruchung standzuhalten, ohne zu brechen.

Die Zugfestigkeit R_m in $\frac{N}{mm^2}$ wird im Zugversuch [Bild 2] aus der Verlängerung der Zugprobe und der Maximalkraft F_{max} ermittelt.

Zugversuch:
Eine Probe aus Rundstahl, 10 mm Durchmesser und 100 mm lang, wird mit einer **Zugprüfeinrichtung** in die Länge gezogen, bis das Material reißt. Mit Hilfe einer elektronischen Messeinrichtung kann direkt von der Prüfmaschine ein **Kraft-Verlängerungs-Diagramm** erstellt werden (Probe I). Ist keine direkte Aufzeichnungsmöglichkeit vorhanden, werden die Zahlenpaare von Kraft und jeweilig zugehörender Verlängerung in ein Versuchsprotokoll eingetragen. Aus den ermittelten Zahlenpaaren wird das Schaubild von Hand gezeichnet.

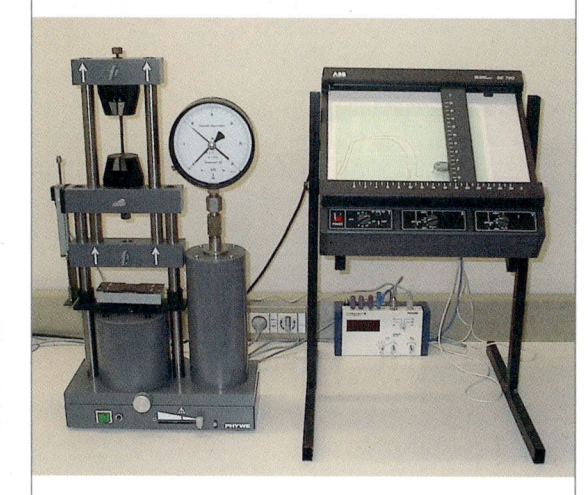

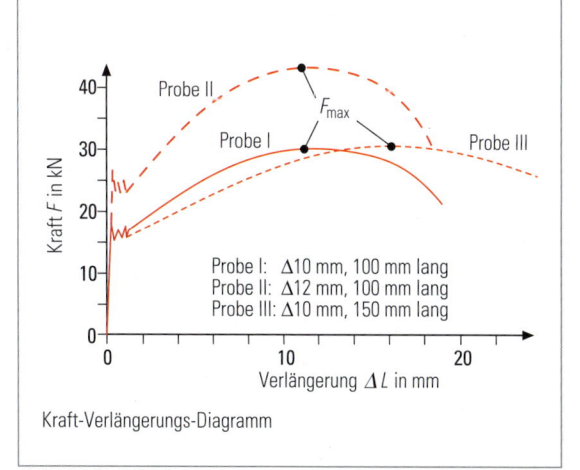

Probe I: ∆10 mm, 100 mm lang
Probe II: ∆12 mm, 100 mm lang
Probe III: ∆10 mm, 150 mm lang

Kraft-Verlängerungs-Diagramm

2: Zugversuch

Aus dem für eine Probe gültigen Kraft-Verlängerungs-Diagramm kann das Spannungs-Dehnungs-Diagramm [Bild 1] erstellt werden. Dieses ist für einen bestimmten Werkstoff und nicht nur für eine Probe gültig [Bild 2].
Weitere Festigkeitsarten können Druck-, Scher- oder Biegefestigkeit sein.

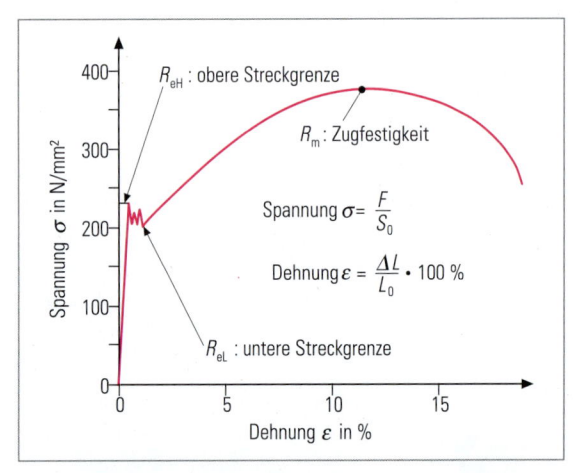

1: Spannungs-Dehnungs-Diagramm

R_{eH}: obere Streckgrenze
R_m: Zugfestigkeit
R_{eL}: untere Streckgrenze

$$\text{Spannung } \sigma = \frac{F}{S_0}$$

$$\text{Dehnung } \varepsilon = \frac{\Delta L}{L_0} \cdot 100\ \%$$

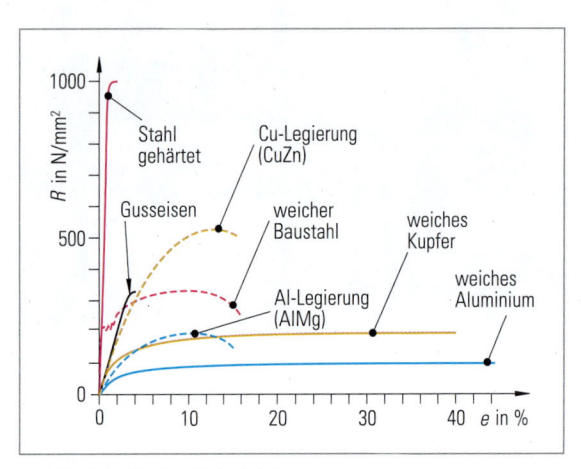

2: Werkstoffe im Vergleich

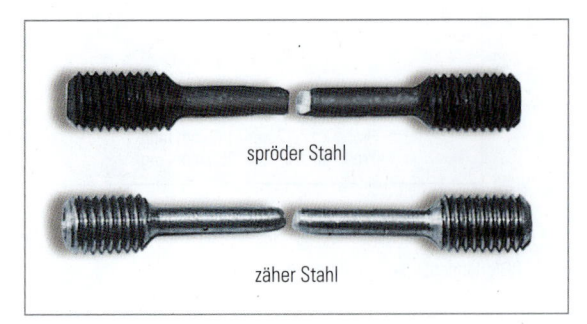

Stahl gehärtet, Cu-Legierung (CuZn), Gusseisen, weicher Baustahl, weiches Kupfer, Al-Legierung (AlMg), weiches Aluminium

3: Bruchverhalten

spröder Stahl
zäher Stahl

Zäh – spröde
Manche Werkstoffe, z. B. Kupferdrähte, verformen sich zuerst stark plastisch, bevor sie brechen.
Ein Stoff, der größere bleibende Verformung zulässt, wird **zäh** genannt [Bild 3]. Andere Werkstoffe, wie z. B. Gusseisen, gehen mit sehr geringer plastischer Verformung zu Bruch. Ein Stoff, der sich nur geringfügig plastisch verformt, wird als **spröde** bezeichnet.

Elastisch – plastisch
Wird z. B. eine Büroklammer ein **wenig** gebogen, so kann sie nach dieser Beanspruchung wieder alleine ihre ursprüngliche Form einnehmen. Das bedeutet sie verhält sich **elastisch**.

> **Merke**
> **Elastizität** ist die Fähigkeit von Stoffen, nach einer Beanspruchung unterhalb der Elastizitätsgrenze wieder die ursprüngliche Form anzunehmen.

Wird die Büroklammer sehr **stark** gebogen, so wird sie auch nach dieser Beanspruchung noch verformt bleiben. Dann bedeutet es, sie verhält sich **plastisch**.

> **Merke**
> **Plastizität** ist das Vermögen eines Werkstoffs, unter Krafteinwirkung eine andere Form anzunehmen und diese bei zu behalten.

Der Übergang vom elastischen zum plastischen Bereich wird als **Streckgrenze R_e** bezeichnet.

Übungen

1. Unterscheiden Sie die Eigenschaften „Härte" und „Festigkeit".
2. Unterscheiden Sie plastisches und elastisches Werkstoffverhalten an einem selbst gewählten Beispiel.

2.2 Physikalische Eigenschaften

Zu den physikalischen Eigenschaften gehören: Schmelzpunkt, Siedepunkt, Dichte, Wärmedehnung, Elektrische- und Wärmeleitfähigkeit und verschiedene weitere Stoffkonstanten, die in Tabellenbüchern zu finden sind.

> **Merke**
>
> Die **Dichte** ρ (Roh) eines Körpers ist das Verhältnis seiner **Masse** (m) zu seinem **Volumen** (V).
>
> Formel: $\rho = \dfrac{m}{V}$ Einheit: $\dfrac{kg}{dm^3}$ oder $\dfrac{g}{cm^3}$

Die **Dichte** beschreibt, ob ein Körper bezogen auf ein bestimmtes Volumen „leicht" wie Aluminium ist, oder „schwer" wie Blei ist.
Blei hat eine höhere Dichte als Aluminium (siehe Tabellenbuch). Ein Werkstück aus Blei ist somit „schwerer" als ein Werkstück **gleicher Form und Größe** aus Aluminium.

Übungen

1. Stellen Sie die Formel für die Dichte nach m und V um.

2. Ein Quader aus Kupfer hat die Maße 30 x 40 x 50 mm.
   a) Wie groß ist die Dichte (ρ) von Kupfer? (siehe Tabellenbuch)
   b) Welche Masse m in g, kg hat dieser Quader?

3. Ein Zylinder mit den Maßen $D = 30$ mm und $h = 60$ mm hat eine Masse von 540 g. Aus welchem Werkstoff könnte er gefertigt sein?

2.3 Chemische Eigenschaften

Hier ist besonders die **Korrosionsbeständigkeit** von großer Bedeutung, z. B. bei Anlagen in Räumen mit hoher Luftfeuchtigkeit oder im Freien.
Stoffe, die z. B **giftig**, **gesundheitsgefährdend**, **ätzend**, **leicht entzündlich** oder **umweltgefährdend** sind, müssen gekennzeichnet werden [Bild 2]. Auf diese Gefahrstoffe wird durch Warnzeichen aufmerksam gemacht [Bild 1]. Die Vorschriften für den Umgang mit Gefahrstoffen sind im eigenen Interesse einzuhalten.
Die persönliche Schutzausrüstung (PSA) hilft Unfälle zu vermeiden [Bild 3].

1: Auswahl von Warnzeichen

Eigenschaft des Stoffes	alt (erlaubt bis 2017)	neu (ab 2008)
Tödliche Vergiftung		
Schwerer Gesundheitsschaden		
Gesundheitsgefährdung		
Zerstörung von Haut oder Augen		
Entzündet sich schnell		
Gefährlich für Tiere und die Umwelt		

2: Gefahrstoffkennzeichen

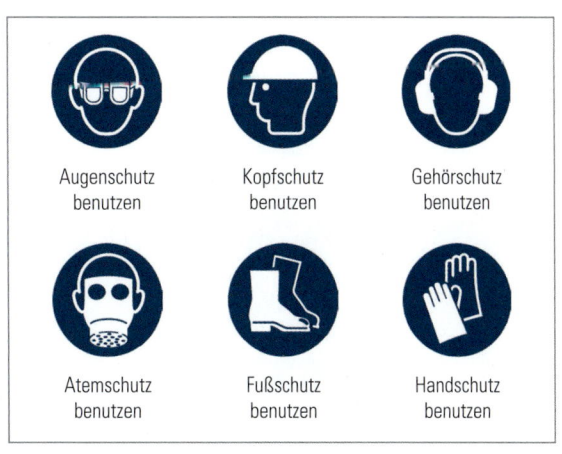

3: Auswahl von Gebotszeichen (Augenschutz benutzen, Kopfschutz benutzen, Gehörschutz benutzen, Atemschutz benutzen, Fußschutz benutzen, Handschutz benutzen)

Übungen

1. Wie können Werkstoffe die Umwelt belasten?
2. Mit welchen Gefahrstoffen haben Sie in Ihrem Betrieb zu tun?
3. Warum ist es wichtig, eine einheitliche Kennzeichnung von Gefahrstoffen durchzuführen?
4. Informieren Sie sich über Gefahrstoffkennzeichnung in Ihrem Betrieb. Stellen Sie ein Kennzeichen Ihrer Klasse vor.

2.4 Fertigungsbezogene Eigenschaften

Diese Eigenschaften kennzeichnen das Verhalten der Werkstoffe bei ihrer Verarbeitung.

Zerspanbarkeit hängt von der Härte, dem Gefügeaufbau und von den Legierungsbestandteilen ab. Die Zerspanbarkeit eines Stoffes lässt sich verhältnismäßig leicht beurteilen. Mit einer Säge oder Feile werden von dem Stoff Späne abgetrennt. Bei schlecht zerspanbaren Stoffen lässt sich nur wenig Spanvolumen abtragen.

Gießbarkeit weisen alle Metalle auf. Sie ist abhängig vom Gefügeaufbau und vom Schmelzpunkt der Metalle. Zinn schmilzt z. B. bei 232 °C, Wolfram bei 3380 °C. Gut gießbare Werkstoffe lassen sich im geschmolzenen Zustand gut in Formen gießen und erstarren dort weitgehend gleichmäßig. Viele Maschinenteile, wie z. B. das Gehäuse für ein Getriebe sind Gussteile [Bild 3].

Kaltformbarkeit ist beim Tiefziehen von großer Bedeutung. Durch die Tiefziehprüfung kann die Kaltverformbarkeit ermittelt werden [Bild 1].

Warmformbarkeit muss z. B. beim Walzen von Brammen im Stahlwerk gegeben sein. (Brammen sind durch Gießen hergestellte lange Stangen mit rechteckigem Querschnitt.) Durch die Ausbreitprüfung können Rückschlüsse auf die Warmformbarkeit gezogen werden.

Die **Schweißbarkeit** und **Lötbarkeit** sind wichtige Eigenschaften um Bauteile verbinden zu können. Durch eine Probeverbindung lässt sich die Löt- bzw. die Schweißbarkeit eines Werkstoffs grob beurteilen.

1: Tiefziehprüfung

Mechanische Eigenschaften	physikalische Eigenschaften	chemische Eigenschaften	fertigungstechnische Eigenschaften
fest, hart, dehnbar, elastisch, zäh u. a.	Schmelzpunkt, Siedepunkt, Dichte, Leitfähigkeit, Ausdehnungskoeffizient u. a.	giftig, korrosionsbeständig, brennbar, explosiv, biologisch abbaubar u. a.	zerspanbar gießbar, formbar, schweißbar, schmiedbar, lötbar u. a.

2: Werkstoffeigenschaften

3: Getriebegehäuse

Werkstofftechnik ▶ Eigenschaften von Werkstoffen ▶ Fertigungsbezogene Eigenschaften

Übungen

1. Folgende Bilder [Bild 3] lassen typische Werkstoffeigenschaften erkennen. Versuchen Sie den Bildern die Eigenschaften zuzuordnen:
   ① Wärmeausdehnung, ② Giftigkeit, ③ Dichte, ④ Elastizität, ⑤ Plastizität, ⑥ Härte, ⑦ Wärmeleitfähigkeit, ⑧ Zugfestigkeit, ⑨ Gießbarkeit, ⑩ Umformbarkeit, ⑪ Zerspanbarkeit, ⑫ Korrosionsbeständigkeit

2. Welche Eigenschaften der Metalle sind für die Verarbeitung von Bedeutung?

3. Wie lässt sich beurteilen, ob ein Werkstoff kalt oder warm umformbar ist?

4. Wie muss sich ein Werkstoff verhalten, damit er eine gute Gießbarkeit aufweist?

5. Finden Sie Werkstoffbeispiele für die Getriebeteile [Bild 1] und das Getriebe [Bild 2].

6. Welche Eigenschaften sind für die Werkstoffauswahl der Getriebeteile aus Aufg. 5 von Bedeutung? Begründen Sie Ihre Zuordnung.

1: Getriebeteile

2: Industriegetriebe

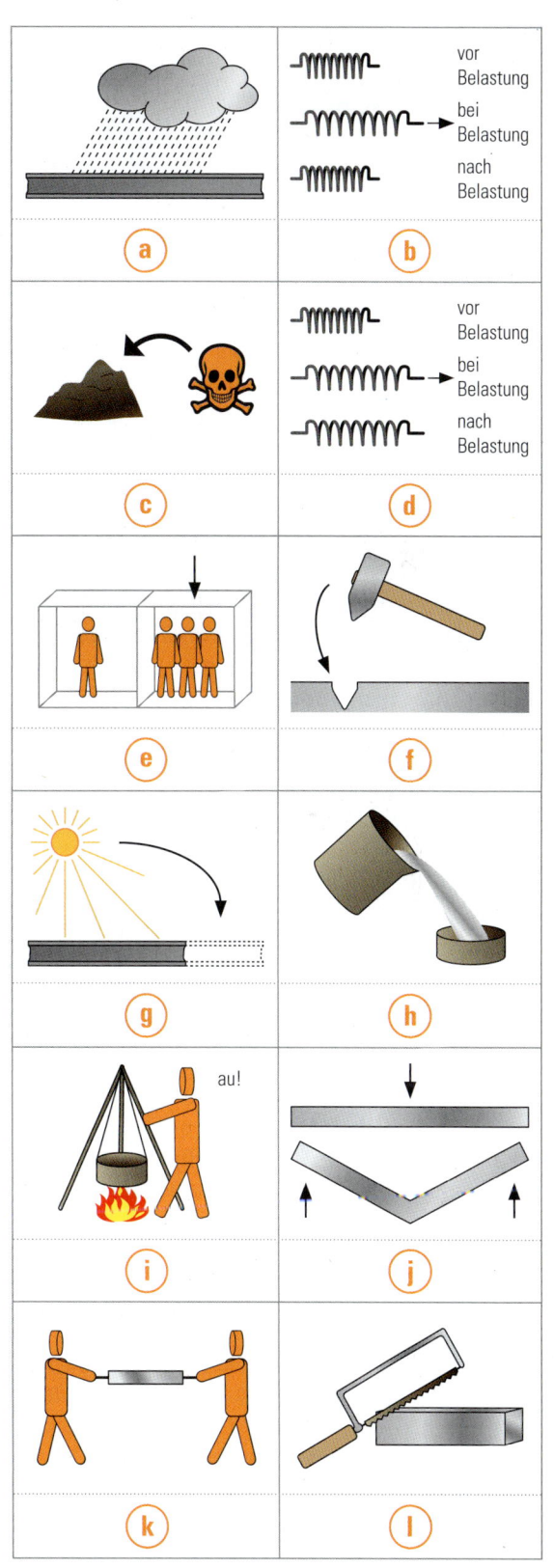

3: Typische Werkstoffeigenschaften

3 Metallische Werkstoffe

3.1 Aufbau metallischer Werkstoffe

An den Außenflächen von metallischen Werkstoffen lässt sich selten eine Struktur erkennen. An den Bruchflächen ist jedoch häufig mit bloßem Auge ein kristalliner Aufbau zu erkennen. Es handelt sich um das Gefüge.

Das **Gefüge** wird erst nach Behandlung durch Polieren und Ätzen unter dem Mikroskop sichtbar [Bild 1]. Es ist eine Zusammensetzung unregelmäßiger Kristallgebilde. Diese sind je nach Art, Herstellung und Abkühlung verschieden geformt und sind nicht gleich groß.

Die im Schliffbild sichtbar gewordenen Kristallgebilde nennt man **Körner** oder Kristallite. Ihre unregelmäßige, polyedrische (vielflächige) Gestalt entsteht durch das Zusammenstoßen der wachsenden Kristalle in der Schmelze. Die Berührungsflächen werden **Korngrenzen** genannt.

1: Gefüge eines weichen Werkstoffes

Kristallgitter

Die einzelnen Kristallite bilden sich aus einer großen Zahl miteinander verbundener Elementarzellen. Ihre Form ist kubisch (lat. würfelförmig) oder hexagonal (lat. sechseckig).
Es wird unterschieden in [Bild 2]:

- **k**ubisch-**r**aum**z**entriertes Gitter (krz)
  Hier befinden sich die Atome auf den Raumecken, ein weiteres Atom befindet sich in der Würfelmitte. Diesen Aufbau haben z. B. Chrom, Wolfram, α-Eisen (siehe Kap. 3.3.2).
  Metalle dieser Gitterstruktur sind **fest** und **schlecht formbar**.

- **k**ubisch-**f**lächen**z**entriertes Gitter (kfz)
  Hier befinden sich die Atome ebenfalls auf den Raumecken, zusätzlich befindet sich in jeder Flächenmitte ein Atom. Diesen Aufbau haben z. B. Aluminium, γ-Eisen, Blei, Gold, Silber, Platin, Kupfer und Nickel.
  Metalle dieser Gitterstruktur sind **weich** und **gut formbar**.

- **Hex**agonales Gitter (hex)
  Hier befinden sich sechs Atome auf den Raumecken. Je ein Atom in der Grund- und Deckfläche. In der Zwischenschicht lagern drei Atome. Diesen Aufbau haben Titan, Zink, Magnesium, Kobalt, Cadmium und Beryllium.
  Metalle dieser Gitterstruktur sind **spröde**.

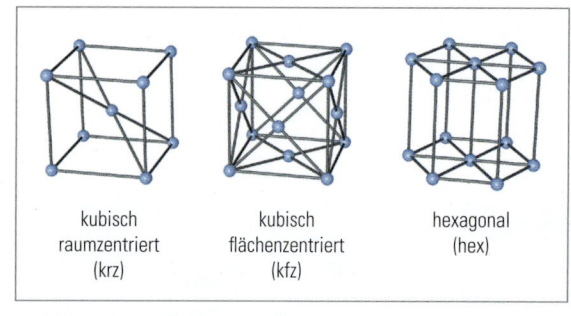

kubisch raumzentriert (krz)   kubisch flächenzentriert (kfz)   hexagonal (hex)

2: Kristallgitterformen

Legierungsbildung

In der Technik werden Metalle selten rein verwendet. Zur Erzielung bestimmter Eigenschaften werden den Grundmetallen ein oder mehrere andere Metalle oder Nichtmetalle zugemischt. Die Mischung erfolgt in flüssigem Zustand. Dieser Vorgang wird **legieren** genannt. Das Produkt ist eine **Legierung** [Bild 1, S. 95].

Werkstofftechnik ▶ Metallische Werkstoffe ▶ Aufbau metallischer Werkstoffe

Zweistoff-Legierung

Mischkristall-Legierung (Modell)		Kristallgemisch (Modell)
Austausch- oder Substitutionsmischkristalle ■ Die Legierungselemente haben das **gleiche Gittersystem** und ungefähr **gleiche Atomdurchmesser**. ■ Die Atome der beteiligten Metalle tauschen untereinander die Plätze und bilden gemeinsame Kristallgitter. z. B. bei Kupfer-Nickel-Legierungen	**Einlagerungsmischkristalle** ■ Die Legierungselemente haben das **gleiche Gittersystem** aber **sehr unterschiedlich große Atomdurchmesser**. ■ In dem Basisgitter (Element mit großen Atomen) können sich die kleineren Atome des anderen Elements auf freien Zwischengitterplätzen einlagern. z. B. Kupfer-Aluminium-Legierungen	**Metalle mit verschiedenen Gittersystemen** Bei der Abkühlung entmischen sich die Metalle und bilden jeweils eigene Kristalle. z. B. Lagermetalle, Lote und Al-Gusslegierungen.
Eigenschaften dieser Mischkristall-Legierungen sind: ■ homogenes (gleichartiges) Gefüge ■ korrosionsbeständig ■ hoher elektrischer Widerstand ■ gut umformbar ■ schlecht gießbar ■ schlecht zerspanbar		**Eigenschaften dieser Legierungen sind:** ■ heterogenes (ungleichartiges) Gefüge ■ niedriger Schmelzpunkt ■ gut gießbar ■ gut spanbar ■ schlecht umformbar

1: Legierungen

Legierungsbestandteile

Eine Legierung besteht aus mindestens zwei Bestandteilen (Komponenten). Es wird unterschieden in Zweistoff- und Mehrstoff-Legierungen. Die Hauptbestandteile sind meist Metalle. Nichtmetalle wie Kohlenstoff oder Silizium sind ebenfalls an Legierungen beteiligt. In flüssigem Zustand sind die Komponenten vollkommen gemischt. Sie bilden eine einheitliche, homogene Schmelze. Dies bedeutet eine vollkommene Löslichkeit in flüssigem Zustand. Je nach Art der beteiligten Stoffe kommt es bei der Erstarrung zu unterschiedlichen Gefügebildungen. Bei den Zweistoff-Legierungen wird zwischen Mischkristall-Legierung und Kristallgemisch unterschieden [Bild 1].

Übungen

1. Welche Raumgittertypen bilden die Metalle?
2. Welche Legierungstypen werden unterschieden?

3.2 Werkstoffverhalten

Beanspruchung von Bauteilen
Die Bauteile einer Maschine oder Anlage sind im Betrieb unterschiedlichen Beanspruchungen ausgesetzt [Bild 1].
Kräfte können Beanspruchungen auf Druck, Zug, Biegung, Abscherung und Torsion (Verdrehung) bewirken. Die Beanspruchungen treten häufig auch kombiniert auf. Eine Antriebswelle wird z. B. auf Torsion, Biegung und Abscherung beansprucht. Hinzu kommen meist noch Reibung, sowie chemische und thermische Beanspruchungen.

Werkstoffverhalten bei Beanspruchung
Verschiedene Werkstoffe verhalten sich bei zunehmender Beanspruchung unterschiedlich. Ihr Verhalten ist abhängig von ihren Werkstoffeigenschaften.
Federstahl, Werkzeugstahl und Gummi verformen sich elastisch. Bei Überbeanspruchung brechen oder reißen sie, ohne besondere, sichtbar bleibende Verformung.
Blei verformt sich von Beginn der Beanspruchung an bleibend. Bei Überbeanspruchung reißt der Werkstoff und die vorangegangene Verformung bleibt sichtbar.
Die meisten Baustähle, Leicht- und Schwermetall-Legierungen zeigen ein Mischverhalten. Sie verformen sich elastisch, wenn die Belastung zunimmt. Wird die Elastizitätsgrenze überschritten, verformen sie sich plastisch. Bei Überbeanspruchung reißen, oder brechen die Werkstoffe.

Übungen

1. Welche Beanspruchungsarten für Bauteile gibt es?
2. Nennen Sie Beanspruchungsarten an Bauteilen, die in Ihrem Betrieb hauptsächlich auftreten.

Abkürzungen von Metallbezeichnungen
Um die Beschriftung von Stoffen zu vereinfachen, gibt es für jedes chemische Element eine Abkürzung, z. B.
Al = Aluminium
Cu = Kupfer
C = Kohlenstoff
Fe = Eisen usw.

Übungen

1. Benennen Sie mithilfe des Tabellenbuches folgende Elemente:
Zn, Sn, W, V, Mo, S, Ti, P, Co, N, C
2. Ordnen Sie diese Elemente in Nichtmetalle und Metalle (siehe Schaubild am Kapitelanfang).

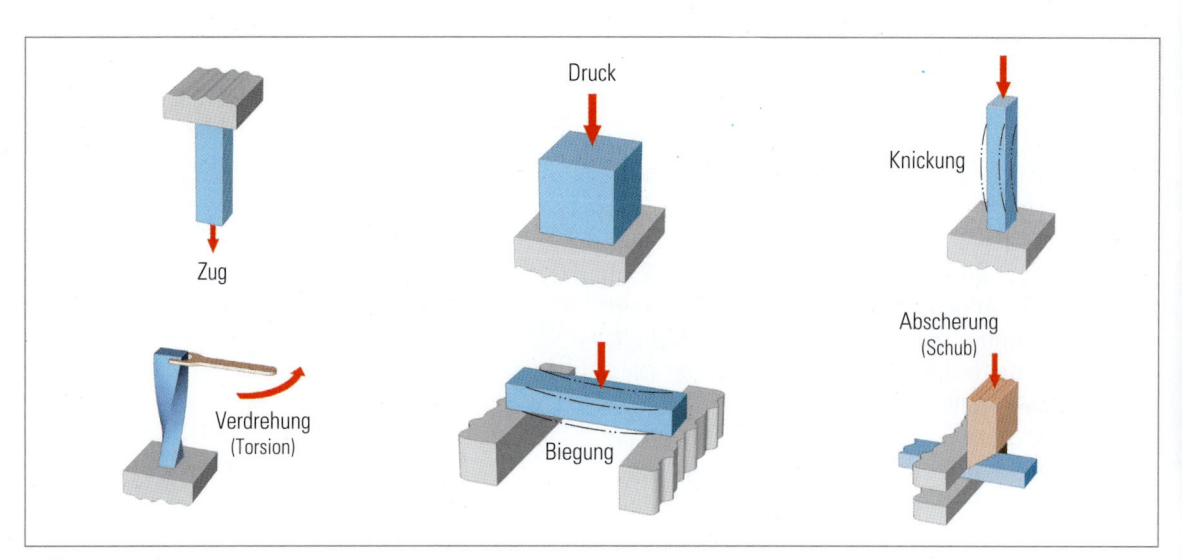

1: Beanspruchungsarten

Werkstofftechnik ▶ Metallische Werkstoffe ▶ Eisenmetalle

3.3 Eisenmetalle

Eisenwerkstoffe werden zu einem großen Anteil wieder verwertet (Recycling). Für die Stahl- und Gusseisenerzeugung werden ca. 60 % Schrott verwendet. Der Rest wird aus Erzen gewonnen. Im Hochofen wird Roheisen hergestellt, das dann weiterverarbeitet wird.

> **Merke**
> Eisenerze sind chemische Verbindungen des Eisens vor allem mit Sauerstoff. Ihr Eisenanteil beträgt 30 % bis 70 %.

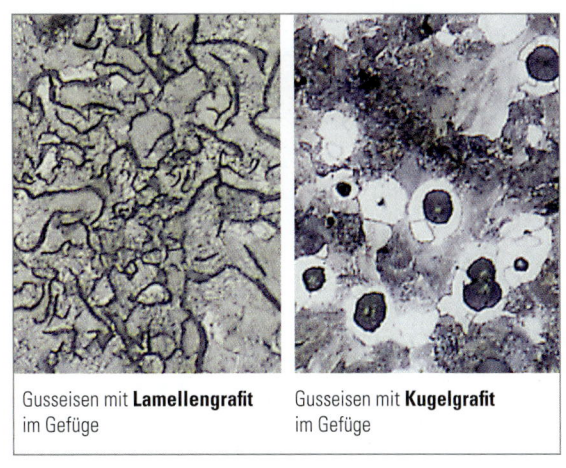

Gusseisen mit **Lamellengrafit** im Gefüge   Gusseisen mit **Kugelgrafit** im Gefüge

Roheisen wird zu Stahl (0,02 % – 2,06 % C) und zu Gusseisen (2,06 % – 6,7 % C) verarbeitet [Bild 1].

1: Kohlenstoffanordnung im Gusseisen

Eisenbegleiter
Zu den Eisenbegleitern gehören folgende Stoffe: Kohlenstoff (C), Silizium (Si), Phosphor (P), Schwefel (S), Mangan (Mn), Sauerstoff (O), Stickstoff (N) und Wasserstoff (H).
Sie beeinflussen die Eigenschaften des Stahls stark [Bild 2].

Stahl
Das im Hochofen [Bild 1, nächste Seite] erzeugte Roheisen enthält zuviel Kohlenstoff und zu hohe Anteile Eisenbegleiter, wie Phosphor, Schwefel und Silizium. Bei der Stahlgewinnung müssen diese Stoffe, je nach gewünschter Stahlsorte, reduziert werden.

Eigenschaften \ Element	Mn	Si	Cr	Ni	W	V	Mo	Co	Al
Härte	+	+	++	+	+	+	+	+	≈
Zugfestigkeit	+	+	++	+	+	+	+	+	−
Streckgrenze	+	++	++	+	+	+	+	+	−
Elastizität	+	+	+	−	−	+	+	−	−
Dehnung	≈	−		+	−	≈	−	−	−
Kerbschlagzähigkeit	≈	−	−	++	≈	+	+	−	−
Warmfestigkeit	≈	+	+	+	++	++	++	++	≈
Nitrierbarkeit	≈	−	++	−	+	+	+	−	++
Zerspanbarkeit	≈	−	−	−	−	−	−	−	≈
Verschleißfestigkeit	≈	+	+	−−	++	++	++	≈	≈
Abkühlgeschwindigkeit	−−	−	−−	−−	−−	−−	−−	+	≈

2: Einfluss der Legierungselemente auf die Stahleigenschaften

handwerk-technik.de

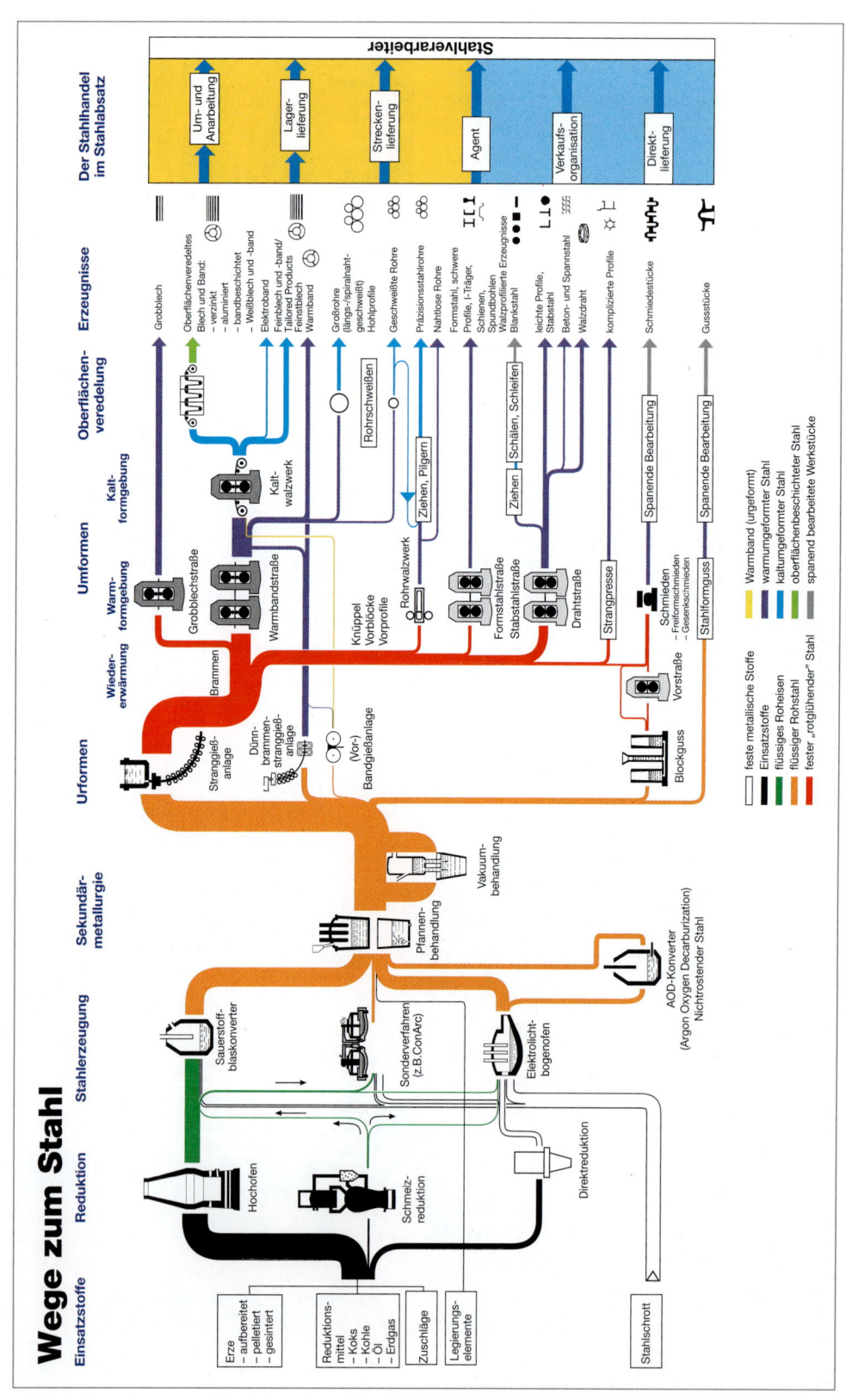

Werkstofftechnik ▶ Metallische Werkstoffe ▶ Werkstoffverhalten

1: Vom Eisenerz zum Stahlerzeugnis

Bei der **Entschwefelung** wird ein pulverförmiges Gemenge aus Calcium und Magnesium mit Hilfe von Stickstoff in das Roheisen geblasen. Ein Teil des Schwefels bindet sich als Schlacke und wird dann entfernt. Die Schlacke hat einen starken Schwefelgeruch und wird z. B. im Straßenbau weiterverwendet.

Beim **Frischen** wird Sauerstoff in den Stahl geblasen. Beim **LD-Verfahren** (Linz-Donawitz) wird Sauerstoff von oben mit einer wassergekühlten Lanze in das Roheisen geblasen [Bild 1].

Der Rohstahl nimmt beim Frischen Sauerstoff, Stickstoff und Wasserstoff auf.

Merke: Durch das Frischen wird der Kohlenstoffgehalt des Stahls reduziert (verringert).

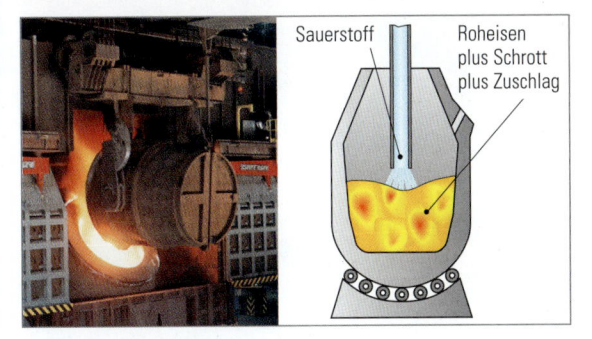

1: LD-Konverter

Die Eigenschaften des fertigen Stahl hängen stark von den Anteilen der **Legierungselemente** ab (siehe Seite 85 oder Tabellenbuch). Hier einige Beispiele:

- **Kohlenstoff (C)** steigert Festigkeit und Härte, vermindert aber Schweiß- und Schmiedbarkeit [Bild 2].

- **Chrom (Cr)** steigert die Härte und die Korrosionsbeständigkeit. Es vermindert die Bruchdehnung.

- **Nickel (Ni)** steigert die Härte, Bruchdehnung, Korrosionsbeständigkeit und Zähigkeit. Es vermindert die Zerspanbarkeit und Verschleißfestigkeit.

- **Wolfram (W)** und **Molybdän (Mo)** steigern die Warmfestigkeit und die Verschleißfestigkeit. Sie vermindern aber die Zerspanbarkeit.

- **Schwefel (S)** verbessert die Zerspanbarkeit.

Eisenwerkstoffe sind:

- **Stahl** – bei einem Kohlenstoffgehalt bis ca. 2 %

- **Stahlguss** – wenn Stahl in Formen gegossen wird

- **Gusseisen** – wenn der Kohlenstoffgehalt bei ca. 2 % – ca. 5 % liegt und das Material gegossen wird.

Stahlsorten werden unterschieden nach der Zusammensetzung in:

- **unlegierte Stähle**, wenn die Beimengungen festgelegte Grenzen (siehe Tabellenbuch) nicht überschreiten, also sehr gering sind.

- **legierte Stähle**, wenn diese Grenzen überschritten werden, die Beimengungen also höher sind als bei unlegierten Stählen.

- **nicht rostende Stähle**, wenn der Kohlenstoffgehalt $\leq$ 1,2 % und der Chromgehalt $\geq$ 10,5 % ist.

- **Edelstähle** sind Stähle, deren Gehalt an Phosphor und Schwefel 0,02 % nicht überschreiten. Die Zusammensetzung der Edelstähle ist in engen Grenzen festgelegt. Bei der Herstellung von Edelstählen muss auf eine sehr genaue Zusammensetzung der Legierungselemente geachtet werden. Sie werden im Elektro-Lichtbogen-Verfahren hergestellt [Bild 3].

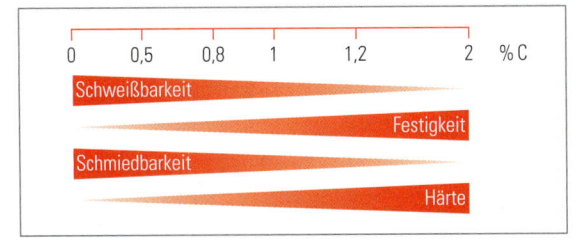

2: Wirkung des Legierungselementes Kohlenstoff

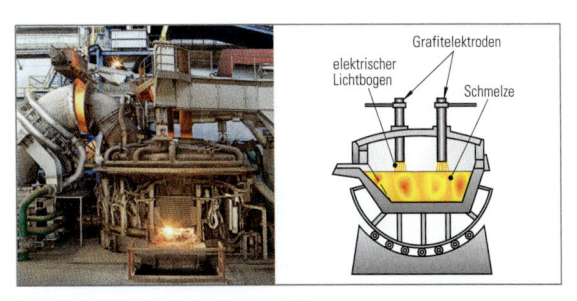

3: Elektro-Lichtbogen-Verfahren

Werkstofftechnik ▶ Metallische Werkstoffe ▶ Eisenmetalle

Die Stahlschmelze wird zu Stahlblöcken im Stranggussverfahren [Bild 1] vergossen oder im Blockguss (Kokillen [Bild 2]) verarbeitet. Dabei wird der Stahl direkt nach dem Erstarren im glühenden Zustand ausgewalzt. Durch Weiterverarbeitung [Bilder 3 und 4] entstehen eine Vielzahl von Stahlprofilen [Bild 1, nächste Seite].

Als **Qualitätsstähle** werden alle weiteren Stähle bezeichnet.

Stähle werden auch nach ihrer späteren **Verwendung** eingeteilt [Bild 5].

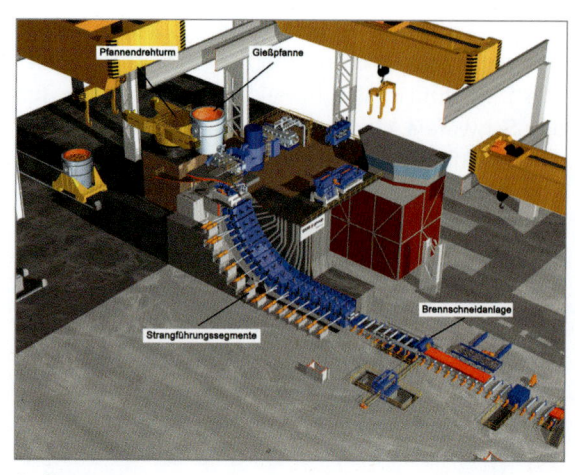

1: Strangguss

2: Kokillenguss

3: Gezogene Profile

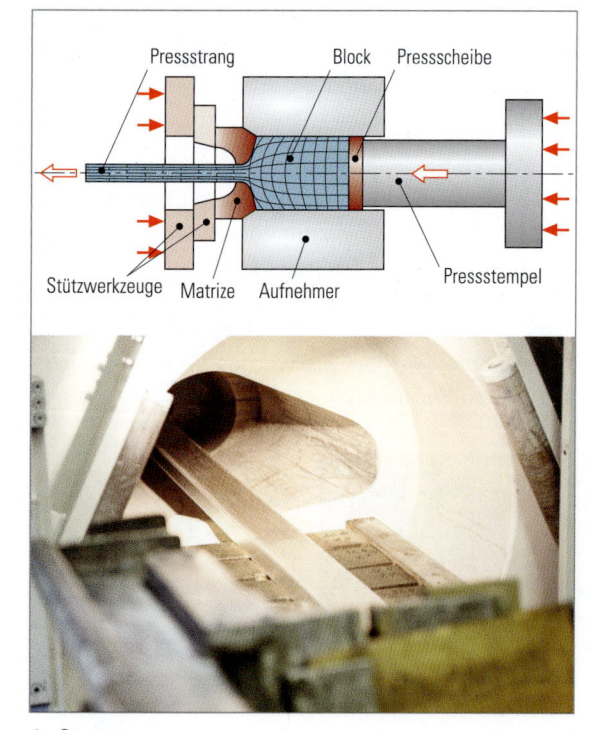

4: Strangpresse

Stahlsorte	Norm
Unlegierte Baustähle für warmgewalzte Erzeugnisse	DIN EN 10025-2
Schweißgeeignete Feinkornbaustähle	DIN EN 10025-3, 4
Warmgewalzte Baustähle mit höherer Streckgrenze für Flacherzeugnisse im vergüteten Zustand	DIN EN 10025-6
Werkzeugstähle	DIN EN ISO 4957
Automatenstähle	DIN EN ISO 683-4 DIN EN 10277-3
Wälzlagerstähle	DIN EN ISO 683-17
Nichtrostende Stähle	DIN EN 10088-2
Vergütungsstähle	DIN EN ISO 683-1, -2
Einsatzstähle	DIN EN ISO 683-3
Nitrierstähle	DIN EN ISO 683-5
Druckbehälterstähle	DIN EN 10028-2…7

5: Stahlsorten

Werkstofftechnik ▶ Metallische Werkstoffe ▶ Eisenmetalle

Warmgewalzte I-Träger (IPB-Reihe) DIN 1025-2

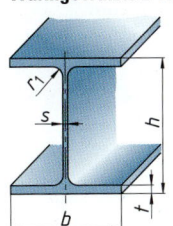

Beispiel:
I-Profil DIN 1025 – S235JR – IPB 360
h:	360 mm
b:	300 mm
t:	22,5 mm
s:	12,5 mm
r_1:	27 mm
Querschnittsfläche S:	18 100 mm²
Längenbezogene Masse m':	142 kg/m

Warmgewalzter U-Profilstahl DIN 1026-1

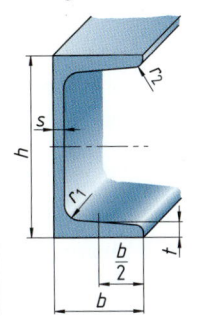

Beispiel:
U-Profil DIN 1026 – U 100 – S235JR
h:	100 mm
b:	300 mm
t:	8,5 mm
s:	6 mm
r_1:	8,5 mm
r_2:	4,5 mm
Querschnittsfläche S:	1350 mm²
Längenbezogene Masse m':	10,6 kg/m

Ungleichschenkliger Winkel aus Stahl DIN EN 10056-1

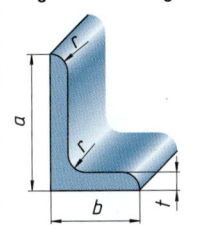

Beispiel:
L EN 10056-1-30 3 20 3 4 – S235JO
a:	30 mm
b:	20 mm
t:	3 mm
s:	4 mm
r:	3 mm

Blankstahlerzeugnisse DIN EN 10278

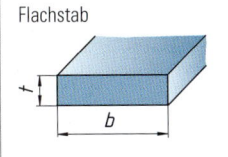

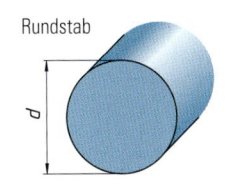

Flachstab   Rundstab   Vierkantstab   Sechskantstab

Erzeugnis	Norm
Warmgewalzter gleichschenkliger scharfkantiger Winkelstahl	DIN 1022
Gleichschenklige und ungleich-Winkel aus Stahl	DIN EN 10056-1
Warmgewalzte schmale I-Träger	DIN 1025-1
Warmgewalzte I-Träger (IPB-Reihe)	DIN 1025-2
Warmgewalzte breite I-Träger, leichte Ausführung (IPBl-Reihe)	DIN 1025-3
Warmgewalzte breite I-Träger, verstärkte Ausführung (IPBv-Reihe)	DIN 1025-4
Warmgewalzte mittelbreite I-Träger, (IPE-Reihe)	DIN 1025-5
Warmgewalzter U-Profilstahl mit geneigten Flanschflächen	DIN 1026-1
Warmgewalzter rundkantiger Z-Stahl	DIN 1027
Warmgewalzter scharfkantiger T-Stahl	DIN 59051
Warmgewalzter gleichschenkliger T-Stahl mit gerundeten Kanten und Übergängen	DIN EN 10055
Warmgefertigte Hohlprofile	DIN EN 10210-2
Stahldraht und Drahterzeugnisse	DIN EN 10218
Nahtlose und geschweißte Stahlrohre	DIN EN 10220
Stahldraht für Federn	DIN EN 10270-1, -2
Blankstahlerzeugnisse	DIN EN 10278
Präzisionsstahlrohre	DIN EN 10305

Bei den NE-Metallen sind die Halbzeuge innerhalb der Werkstoffnormen genannt, z. B. Aluminium DIN EN 573

Formnormen von Profilen (Beispiele)

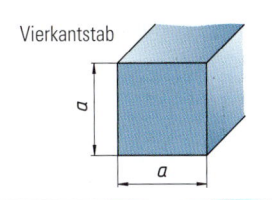

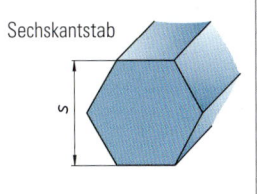

1: Genormte Stahlprofile

Übungen

1. Beschreiben Sie den Werdegang eines Stahlblocks aus unlegiertem Stahl vom Eisenerz bis zum Blockguss.
2. Welchen Einfluss haben die Legierungselemente C, Cr, Ni, W, Mo auf die Eigenschaften von Stählen?
3. Wie werden Eisenwerkstoffe eingeteilt?
4. Unterscheiden Sie Stahl und Gusseisen.
5. Benennen Sie weitere Stahlprofile mithilfe Ihres Tabellenbuches. Fertigen Sie je eine Skizze an.

Werkstofftechnik ▸ Metallische Werkstoffe ▸ Eisenmetalle

Unlegierte Baustähle sind durch Warmwalzen vorgeformt. Sie unterscheiden sich hauptsächlich durch die Werkstoffkennwerte Zugfestigkeit, Streckgrenze und Dehnung.

Beispiele:

Pos. 1   Pos. 2

- **S185** für geringe Beanspruchung z. B. Geländer
  - Streckgrenze $R_e = 185 \frac{N}{mm^2}$ [Bild 2]
  - Stähle für den allgemeinen Stahlbau

- **S235JR** für mittlere Beanspruchung z. B. Bolzen

- **S355JR** für höhere Beanspruchung z. B. als Stahl für Brücken

- **E335** für höchste Beanspruchung z. B. Führungsteile

1: Warmgewalzte Erzeugnisse aus unlegierten Baustählen

Unlegierte Baustähle werden auch zu Blechen verarbeitet. Diese werden auf Walzstraßen gefertigt [Bilder 1 und 2, nächste Seite].
Die Werkstoffe für Tiefziehbleche sind genormt [Bilder 3 und 4, nächste Seite], die Oberflächen [Bild 5, nächste Seite] richten sich nach der Walzbreite der Tiefziehbleche.

Symbole für Bezeichnung nach Anwendung (Auswahl)

G:	Stahlguss
S:	Stähle für den allgemeinen Stahlbau
E:	Maschinenbaustähle
D:	Flacherzeugnisse zum Kaltumformen
H:	Kaltgewalzte Flacherzeugnisse aus höherfesten Stählen zum Kaltumformen
P:	Stähle für den Druckbehälterbau
HS:	Schnellarbeitsstähle
B:	Betonstähle
L:	Stähle für Leitungsrohre

Symbole für Bezeichnung nach chemischer Zusammensetzung

C:	unlegierte Stähle (Kohlenstoffstähle) (mit Ausnahmen)
X:	legierte Stähle mit mehr als 5 % Legierungsbestandteilen (mit Ausnahmen)

Flacherzeugnisse zum Kaltumformen:

C:	kaltgewalzt
D:	warmgewalzt
X:	Walzart nicht vorgeschrieben

Aufbau des Bezeichnungssystems

Pos. 1:	Erzeugnisart, Anwendung oder vorangestellter Buchstabe
Pos. 2:	Eigenschaften, Zahlenangaben von Kennwerten oder Kohlenstoffkennzahl
Pos. 3:	Kennzeichnung der Legierungselemente, chemische Symbole und Zahlenangaben
Pos. 4:	Zusatzsymbole Gruppe 1
Pos. 5:	Zusatzsymbole Gruppe 2
Pos. 6:	Zusatzsymbole ohne Gruppenbezeichnung
Pos. 7:	Behandlungszustand oder Überzugsart

Stähle für den Stahlbau:

Kerbschlagarbeit in Joule			Prüftemperatur in °C
27 J	40 J	60 J	°C
JR	KR	LR	+20
J0	K0	L0	0
J2	K2	L2	−20
J3	K3	L3	−30
J4	K4	L4	−40
J5	K5	L5	−50
J6	K6	L6	−60

Zusatzsymbole Gruppe 1 (Auswahl)

E:	eingeschränkter Schwefelgehalt
M:	Feinkornstahl, thermomechanisch gewalzt
O:	Feinkornstahl, vergütet
G:	andere Merkmale folgen

Zusatzsymbole Gruppe 2 (Auswahl)

C:	besondere Kaltumformbarkeit
H:	für hohe Temperaturen
L:	für tiefe Temperaturen
M:	thermomechanisch gewalzt
N:	normalgeglüht oder normalisierend gewalzt
O:	vergütet
X:	Hoch- und Tieftemperatur

Zusatzsymbole ohne Gruppenbezeichnung (Auswahl)

+C:	Grobkornstahl
+F:	Feinkornstahl

Zusatzsymbole für Stahlerzeugnisse (Auswahl)

+A:	weichgeglüht
+C:	kaltverfestigt
+CR:	kaltgewalzt
+QT:	vergütet
+ZE:	elektrolytisch verzinkt

2: Bezeichnung von Stählen nach DIN EN 10027-1

Werkstofftechnik ▶ Metallische Werkstoffe ▶ Eisenmetalle

Übungen

1. Ermitteln Sie mithilfe Ihres Tabellenbuchs die Werkstoffkennwerte (Zugfestigkeit, Streckgrenze und Dehnung) für folgende Stähle:
   a) S185   b) S235JR   c) S355JR   d) E335
2. Was bedeutet bei den Baustahlbezeichnungen JR?
3. Welche warmgewalzten Baustähle verarbeiten Sie in Ihrem Betrieb?

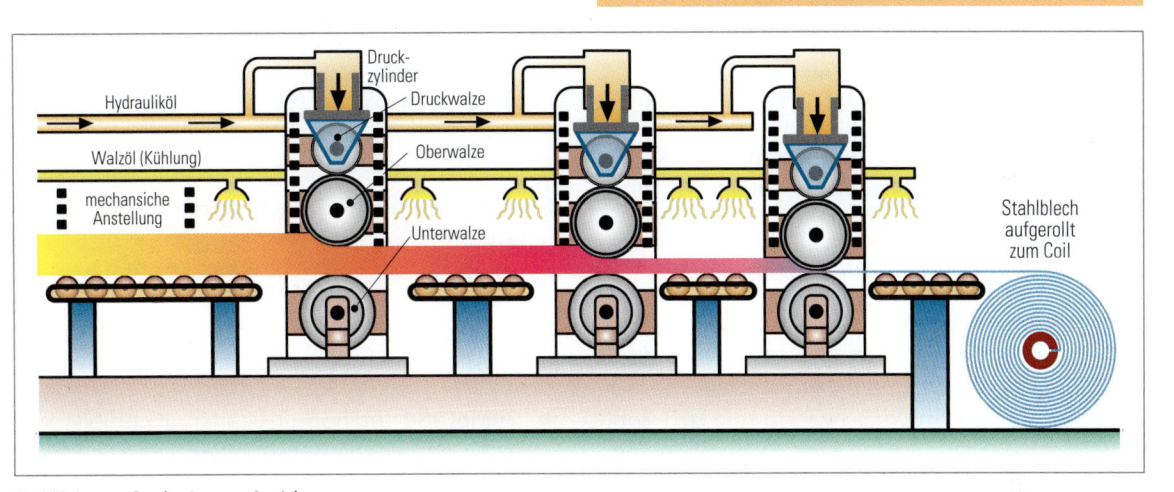

1: Walzstraße

2: Walzstraße (schematisch)

Werkstoff-Nummer	Kurzzeichen	Zugfestigkeit R_m in N/mm²	Streckgrenze R_e in N/mm²	Bruchdehnung A_{80} in %	Eigenschaft
1.0330	DC01	270 … 410	280	28	Ziehgüte
1.0347	DC03	270 … 370	240	34	Tiefziehgüte
1.0338	DC04	270 … 350	210	38	Sondertiefziehgüte

3: Werkstoffe für Tiefziehbleche nach DIN EN 10130

Werkstoff-Nummer	Kurzzeichen	Oberflächenart	Zugfestigkeit R_m in N/mm²	Streckgrenze R_e in N/mm²	Bruchdehnung A in %
1.0116G	S215G	A / MA / MB / MC	360 … 510	215	20
1.0144G	S245G		430 … 580	245	18
1.0570G	S325G		510 … 680	325	16

4: Kaltgewalzte Bänder und Bleche nach DIN 1623

Kennzeichen	Benennung
A	übliche kalt gewalzte Oberfläche
B	beste Oberfläche

Kennzeichen	Benennung	Oberflächen	R_a in µm
b	besonders glatt	gleichmäßig glatt	< 0,4
g	glatt	gleichmäßig glatt	< 0,9
m	matt	gleichmäßig matt	0,6 … 1,9
r	rau	aufgeraut	> 1,6

5: Oberflächen von Tiefziehblechen

handwerk-technik.de

Werkstofftechnik ▶ Metallische Werkstoffe ▶ Eisenmetalle

Werkzeugstähle werden für Werkzeuge mit den unterschiedlichsten Anforderungen verwendet. Sie werden in **unlegierte** und **legierte Werkzeugstähle** eingeteilt.

- unlegierte „Kaltarbeitsstähle":
  z. B. **C135W2** für Feilen, Fräser
  - Gütestufe 2
  - Kohlenstoff-Gehalt 1,35 %
  - Symbol für Kohlenstoff

- legierte Werkzeugstähle:
  z. B. **105WCr6** für Scheren, Messer

- legierte Werkzeugstähle:
  z. B. **X40CrMoV5-1** für Presswerkzeuge

Werkzeugstähle werden häufig auch nach ihrer Arbeitstemperatur in **Kalt- und Warmarbeitsstähle**, sowie in **Schnellarbeitsstähle** eingeteilt.

- Schnellarbeitsstahl:
  z. B. **HS10-4-3-10** für Drehmeißel, Fräser

Automatenstähle werden durch Zerspanung bearbeitet. Kurzbrüchige Späne ermöglichen meist einen problemlosen Spanfluss. Bei langen Spänen kann die Spanabfuhr schwierig sein (z. B. kann eine Drehmaschine durch lange Fließspäne „verstopft" werden).
Automatenstähle enthalten bis zu 0,3 % Schwefel. Schwefel lässt den Werkstoff warmbrüchig werden. Dadurch entstehen kürzbrüchige Späne. Durch die Zugabe von 0,3 % Blei lässt sich das gleiche Ziel erreichen.
Bei Automatenstählen mit geringen Bleizusätzen lassen sich besonders gute Oberflächen erzielen.

> **Merke**
> **Blei** ist ein giftiges Schwermetall. Bei seiner Ver- und Bearbeitung sind besondere Vorschriften zu beachten.

Normteile (z. B. Stifte, Wellen, ...) werden oft aus Automatenstählen hergestellt.
Beispiele:

- **11SMn30** für Griffe – geringe Festigkeit, keine Wärmebehandlung vorgesehen

- **10S20** für Stifte und Bolzen – mittlere Festigkeit, Wärmebehandlung (Einsatzhärten)

- **44SMn28** für Wellen, Stifte – hohe Festigkeit, Wärmebehandlung (Vergüten)

Übungen

1. Welche besondere Eigenschaft hat ein Automatenstahl?

2. Nennen Sie Legierungselemente, die kurze Späne ermöglichen.

3. Entschlüsseln Sie die Kurzbezeichnungen der genannten Automatenstähle mithilfe des Tabellenbuches.

Stähle für die Wärmebehandlung
Durch Wärmebehandlung ist es möglich, die Eigenschaften von Stählen zu ändern. Das anzuwendende Wärmebehandlungsverfahren wird meist durch die chemische Zusammensetzung der Stähle bestimmt.

Einsatzstähle sind Stähle mit einem Kohlenstoffgehalt $\leq 0,2\,\%$. Sie können einsatzgehärtet werden.

Beispiel:

- **20MoCrS4** für höchst beanspruchte Teile wie Kegelräder, Wellen

Vergütungsstähle sind Stähle mit einem Kohlenstoffgehalt zwischen 0,2 und 0,6 %. Sie werden gehärtet, anschließend auf Temperaturen von 500–700 °C erhitzt und langsam abgekühlt.

Beispiele:

- Unlegierter Vergütungsstahl
  C45 für geringe Beanspruchung und kleine Querschnitte, wie Bolzen und Schrauben.

- Legierter Vergütungsstahl
  25CrMo4 für höhere Beanspruchung und größere Querschnitte, wie Zahnräder und Wellen.

Nitrierstähle sind Stähle mit einem Chromanteil bis zu 3,3 % und einem Aluminiumanteil von 1,2 %. Sie werden durch hinzufügen von Stickstoff gehärtet.

Beispiel:

- **34CrAlMo5-10** für warm- und verschleißfeste Teile, wie Nockenwellen, Heißdampfarmaturen

Werkstofftechnik ▶ Metallische Werkstoffe ▶ Eisenmetalle

Übungen

Ordnen Sie die folgenden Stähle anhand der chemischen Zusammensetzung der entsprechenden Stahlsorte (Einsatzstahl, Vergütungsstahl, Nitrierstahl) zu.

- a) 41CrAlMo7-10
- b) C60
- c) 51CrV4
- d) C10E
- e) 16MnCr5
- f) 31CrMo12
- g) C45E
- h) 15CrNi6
- i) 20MnCr5
- j) 34CrAlMo5

E360+A
- weichgeglüht
- Streckgrenze 360 $\frac{N}{mm^2}$
- Maschinenbaustahl (Engineering)

Um den prozentualen Anteil der Legierungselemente im Stahl zu ermitteln, werden Multiplikatoren verwendet:

- bei C, N, P, S wird durch 100 geteilt.
- bei Al, Cu, Mo, Ta, Ti, V wird durch 10 geteilt.
- bei Cr, Co, Mn, Ni, Si, W wird durch 4 geteilt.

> **Merke**
> „Eselsbrücken":
> Legierungselemente **AlCuMoTaTiV** durch **10** teilen.
> **Ch**rom **ko**nnte **m**an **ni**cht **s**icher **w**ahrnehmen (Cr, Co, Mn, Ni, Si, W) durch **4** teilen.

C45+QT
- vergütet
- C-Gehalt 0,45 % ($\frac{45}{100}$ = 0,45)
- „Kohlenstoffstahl"

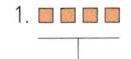

Bezeichnungssystem für Stähle

Haupt- und Zusatzsymbole nach DIN EN 10027-1: 2005-10 [Bild 1 und Bild 2, nächste Seite]

Beispiele:

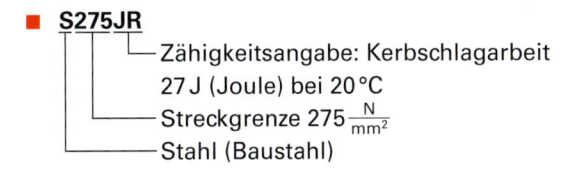

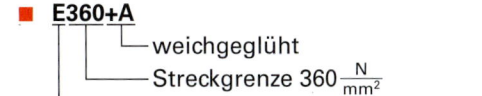

S275JR
- Zähigkeitsangabe: Kerbschlagarbeit 27 J (Joule) bei 20 °C
- Streckgrenze 275 $\frac{N}{mm^2}$
- Stahl (Baustahl)

---

1. ■■■■
   - Sortennummer (Stellen 2 bis 5) gebildet aufgrund der chemischen Zusammensetzung bestimmter Erzeugnis- und Verwendungsbedingungen.
   - 2. und 3. Stelle: **Sortenklasse**
   - 4. und 5. Stelle: **Zählnummern**

Sortenklassen:

00 bis 07 und **90 bis 97:**	**unlegierte Qualitätsstähle (Grundstähle);** allgemeine Baustähle; sonstige, nicht für eine Wärmebehandlung bestimmte Baustähle
08 bis 09 und **98 bis 99:**	**legierte Qualitätsstähle** mit besonderen physikalischen Eigenschaften oder für verschiedene Anwendungsbereiche
10 bis 19:	**unlegierte Edelstähle;** Stähle mit besonderen physikalischen Eigenschaften; Bau-, Maschinenbau- und Behälterstähle; Werkzeugstähle
20 bis 29:	**legierte Edelstähle;** Werkzeugstähle; Unterteilung nach chem. Zusammensetzung
30 bis 39:	**legierte Edelstähle;** verschiedene Stähle; Schnellarbeitsstähle; Wälzlagerstähle; Werkstoffe mit besonderen physikalischen oder magnetischen Eigenschaften
40 bis 49:	**legierte Edelstähle;** chem. beständige Stähle; nichtrostende Stähle mit Unterteilung nach chem. Zusammensetzung; hitzebeständige oder hochwarmfeste Werkstoffe
50 bis 84:	**legierte Edelstähle;** Bau-, Maschinenbau- und Behälterstähle; Unterteilung nach chem. Zusammensetzung
85:	**legierte Edelstähle;** Nitrierstähle
87 bis 89:	**legierte Edelstähle;** nicht für eine Wärmebehandlung beim Verbraucher bestimmte Stähle; hochfeste schweißgeeignete Stähle
Beispiele:	1.0038 S235JR 1.0503 C45 1.7131 16MnCr5 1.2363 X100CrMoV5-1

1: Bezeichnung von Stählen nach DIN EN 10027-2

- **16MnCr5+C**
  - kaltverfestigt
  - Cr-Gehalt unter 1 %
  - Mn-Gehalt 1,25 % ($\frac{5}{4} = 1{,}25$)
  - C-Gehalt 0,16 % ($\frac{16}{100} = 0{,}16$)

Die erste Zahl hinter den Elementen (hier 5) bezieht sich bei Stahl immer auf das erste Element (hier Mn) hinter dem Kohlenstoffgehalt.

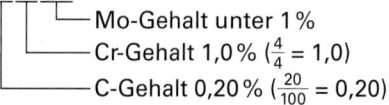

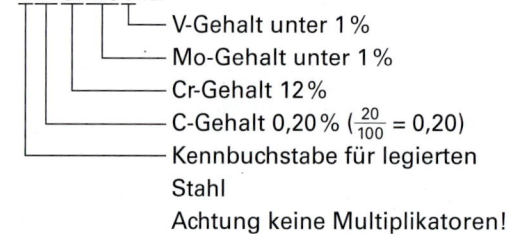

- **20CrMo4**
  - Mo-Gehalt unter 1 %
  - Cr-Gehalt 1,0 % ($\frac{4}{4} = 1{,}0$)
  - C-Gehalt 0,20 % ($\frac{20}{100} = 0{,}20$)

- **X20CrMoV12**
  - V-Gehalt unter 1 %
  - Mo-Gehalt unter 1 %
  - Cr-Gehalt 12 %
  - C-Gehalt 0,20 % ($\frac{20}{100} = 0{,}20$)
  - Kennbuchstabe für legierten Stahl
  - Achtung keine Multiplikatoren!

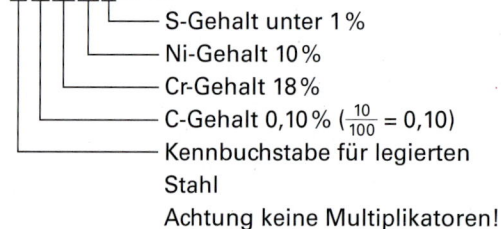

- **X10CrNiS18-10**
  - S-Gehalt unter 1 %
  - Ni-Gehalt 10 %
  - Cr-Gehalt 18 %
  - C-Gehalt 0,10 % ($\frac{10}{100} = 0{,}10$)
  - Kennbuchstabe für legierten Stahl
  - Achtung keine Multiplikatoren!

- **HS 18-1-2-10**
  - Co-Gehalt 10 %
  - V-Gehalt 2 %
  - Mo-Gehalt 1 %
  - W-Gehalt 18 %
  - Hochleistungsstahl, legierter Stahl

Bei Schnellarbeitsstählen ist die Reihenfolge der Legierungselemente festgelegt:
W – Mo – V – Co

Weitere Beispiele für Stähle finden Sie im Tabellenbuch.

Bezeichnungssystem für Gusseisen

Kurzzeichen für Gusseisen [Bild 1] bestehen maximal aus 6 Positionen. Es müssen aber nicht alle belegt sein.

Beispiel:

- Gusseisen mit lammellarer Grafitstruktur
  EN-GJL –200
  - Zugfestigkeit 200 $\frac{N}{mm^2}$
  - Grafitstruktur lammellar
  - europäisch genormtes Gusseisen

Weitere Beispiele für Gusseisen finden Sie in Ihrem Tabellenbuch.

Pos. 1:	Vorsilbe **EN** für europäisch genormten Werkstoff
Pos. 2:	Zeichen für Gusseisen **GJ**
Pos. 3:	Zeichen für die Grafitstruktur: L: lamminar, S: kugelig, M: Temperkohle, N: grafitfrei (Temperkohle), Y: Sonderstruktur
Pos. 4:	Mikro- oder Makrostruktur: A: Austenit, F: Ferrit, P: Perlit, M: Martensit, L: Ledeburit, Q: abgeschreckt, T. vergütet, B: nicht entkohlend geglüht, W: entkohlend geglüht
Pos. 5:	Zeichen für Klassifizierung durch mechanische Eigenschaften: – Herstellungsmethode: S: getrennt gegossenes Probestück, U: angegossenes Probestück, C: einem Gussstück entnommenes Probestück – Zugfestigkeit: Mindestwert in N/mm² – Dehnung: Mindestwert in % – Härte in HB oder HV oder HR – Prüftemperatur: RL: Raumlufttemperatur; LT: Tieftemperatur oder nach chemischer Zusammensetzung
Pos. 6:	Zeichen für zusätzliche Anforderungen

1: Aufbau des Bezeichnungssystems für Gusseisen

Übungen

„Entschlüsseln" Sie folgende Werkstoffbezeichnungen.

a) 31CrMo12
b) 90MnCr5
c) X38CrMoV5-1
d) S10-4-3-10
e) EN-GJL-150
f) HS12-1-4-5

3.3.1 Wärmebehandlung von Eisenwerkstoffen

Nach dem Walzen ist das Gefüge eines Eisenwerkstoffes stark verformt. Eine weitere Verformung würde zum Bruch des Werkstücks führen. Um eine Weiterverarbeitung zu ermöglichen, muss die Gefügeveränderung durch eine Wärmebehandlung rückgängig gemacht werden [Bild 1]. Dies geschieht z. B. durch Glühen [Bild 2].

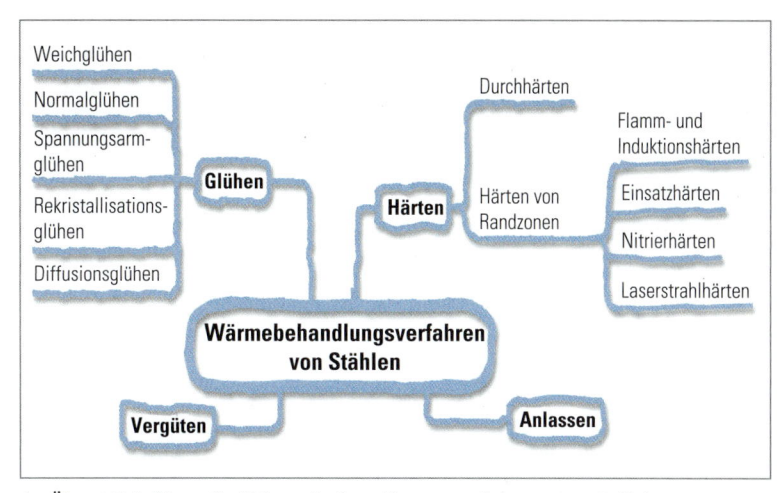

1: Überblick über die Wärmebehandlungsverfahren von Stählen

Wärmebehandlung	Erläuterung	Vorgänge
Abschrecken	Abkühlen eines Werkstücks aus dem Austenitbereich mit großer Geschwindigkeit	Abkühlen in Wasser → hohe Härte Abkühlen in Öl → geringere Härte
Anlassen	Erwärmen nach dem Abschrecken auf Temperaturen unterhalb GSK mit nachfolgendem Abschrecken	Erwärmen auf ca. 300 °C ergibt „Schneidhärte" ca. 500 °C ergibt „Schlaghärte"
Austenithärten	Erwärmen auf Austenisitisierungstemperatur (über GSK)	Kohlenstoffatome werden vollständig im Eisengitter gelöst
Einsatzhärten	Härten nach vorhergehendem Aufkohlen der Randzone des Werkstücks	Kohlenstoff diffundiert in die Randzone ein und steigert den C-Gehalt
Flammhärten	Erwärmen der Randzone eines Werkstücks (über GSK) mit einem Brenner und sofortiges Abkühlen	rasches Erwärmen und Abkühlen insb. bei Serienteilen üblich, da automatisierbar
Glühen ■ Diffusionsglühen	langsames Erwärmen – langsames Abkühlen Eindringen (= Diffundieren) von Atomen von außen, z. B. C-Atomen beim Einsetzen	Erwärmen über 1050 °C
■ Rekristallisationsglühen	Neubildung der Kornstruktur, z. B. nach Grobkornbildung durch Schweißen	Erwärmen auf 500 … 550 °C
■ Spannungsarmglühen	Verringern der inneren Spannungen durch Gitterumlagerungen	Erwärmen auf 550 … 650 °C
■ Weichglühen	„weich machen" von gehärteten Werkstücken	Erwärmen im Bereich PSK
■ Zwischenglühen	Glühen zwischen zwei Bearbeitungsvorgängen z. B. beim Umformen	Erwärmen
■ Normalglühen	Verringern der Spannungen und Verfeinerung des Gefüges	Erwärmen auf 780 … 950 °C
Härten	rasches Abkühlen des Austenitgefüges	Härtesteigerung durch Einlagerung von Kohlenstoffatomen im Gitter = Martensitbildung
Induktionshärten	Erwärmen der Randzone eines Werkstücks (über GSK) durch elektrische Induktion und sofortiges Abkühlen	rasches Erwärmen und Abkühlen insb. bei Serienteilen üblich, da automatisierbar
Nitrieren	Erwärmen in stickstoffabgebenden Medien und anschließendes Abschrecken	Einhängen in heißes Stickstoffgas – keine Martensitbildung, geringe Schichtdicken
Vergüten	Härten mit nachfolgendem Anlassen mit Temperaturen knapp unterhalb GSK	Martensithärten mit Anlassen auf „Schlaghärte"

(GSK und PSK siehe Zustandsdiagramm Eisen-Kohlenstoff, Bild 1 Seite 101)

2: Wärmebehandlung von Stahl

3.3.2 Glühen von Eisenwerkstoffen

Glühen ist eine Wärmebehandlung, bei der das Werkstück langsam auf Glühtemperatur gebracht wird. Diese Temperatur wird solange gehalten, bis das Werkstück durchgehend erwärmt und die beabsichtigte Umwandlung des Gefüges erfolgt ist. Danach wird langsam abgekühlt.

Es gibt verschiedene Glühverfahren [Bild 2, vorherige Seite]:

- Normalglühen
- Weichglühen
- Rekristallisationsglühen
- Spannungsarmglühen
- Diffusionsglühen
- Grobkornglühen

Beim **Normalglühen** wird das Werkstück kurzzeitig auf 780…950 °C erwärmt. Das ist im Eisen-Kohlenstoff-Diagramm [Bild 1, nächste Seite] der Bereich oberhalb der GSK-Linie. Der sich über GSK bildende feinkörnige Austenit wandelt sich bei der Abkühlung zu feinem Ferrit und Perlit [Bild 2, nächste Seite]. Normalglühen beseitigt grobes, ungleichmäßiges Gefüge bei Stahlguss-, Walz- und Schmiedeteilen.

Beim **Weichglühen** wird untereutektoidischer Stahl unterhalb der Linie PS geglüht. Übereutektoidischer Stahl wird über die Linie SK erwärmt. Lamellares und streifiges Gefüge wird in körniges Gefüge umgewandelt. Dies ist weniger hart. Weichglühen wird eingesetzt, um das geglühte Werkstück leichter spanend oder spanlos bearbeiten zu können. Bei Automatenstählen wird so z. B. die Zerspanbarkeit verbessert.

Rekristallisationsglühen wird angewandt, wenn Werkstücke mehrmals hintereinander kaltverformt werden sollen z. B. beim Drahtziehen. Durch das Kaltumformen streckt und verfestigt sich das Gefüge. Ein weiteres Umformen wird erschwert. Durch Glühen bei 500…550 °C wird das gestreckte Gefüge wieder entspannt.

Das **Spannungsarmglühen** wird eingesetzt, um Spannungen, die beim Schweißen, Schmieden oder Gießen entstanden sind, abzubauen. Die inneren Spannungen werden bei Temperaturen von 550…650 °C vermindert. Die Fließgrenze wird so verringert. Nach mehrstündigem Glühen muss langsam abgekühlt werden.

Diffusionsglühen ist Glühen bei sehr hohen Temperaturen (über 1050 °C). Es werden örtlich ungleiche Konzentrationen vor allem der Legierungselemente verteilt, die beim schnellen Erstarren aus der Schmelze entstehen. Atome z. B. C-Atome können von außen eindringen (= Diffundieren). Das Verfahren wird meist bei legierten Stahlgussteilen angewandt.

Durch **Grobkornglühen** wird die Spanbildung verbessert. Es können kurzbrüchige Scherspäne erreicht werden. Beim Grobkornglühen wird der Stahl einige Stunden 150° oberhalb der G-S-Linie geglüht. Es entstehen dadurch grobe Kristalle. Verwendet wird das Grobkornglühen meist bei weichen, unlegierten Stählen.

Da sich andere Werkstoffeigenschaften, wie z. B. die Zähigkeit, durch das Grobkornglühen verschlechtern, wird das Werkstück nach der Zerspanung wieder normalgeglüht. Beim „Einsetzen" oder Vergüten von Stählen wird das grobe Korn ebenfalls beseitigt.

Übungen

1. Welche Glühverfahren kommen in Ihrem Betrieb zum Einsatz?

2. Ein Stahlrohr soll mehrfach bis auf das Endmaß gezogen werden. Welches Glühverfahren eignet sich hier? Begründen Sie Ihre Entscheidung.

3. Ein Pumpengehäuse wird durch Gießen hergestellt. Nach dem Gießen soll das Gehäuse noch spanend bearbeitet werden. Welches Glühverfahren sollte vorab verwendet werden? Begründen Sie.

4. Erstellen Sie eine Tabelle mit folgenden Vorgaben:

Nr.	Glühverfahren	Glühtemperatur	Anwendungsbeispiel
1			
2			
3			

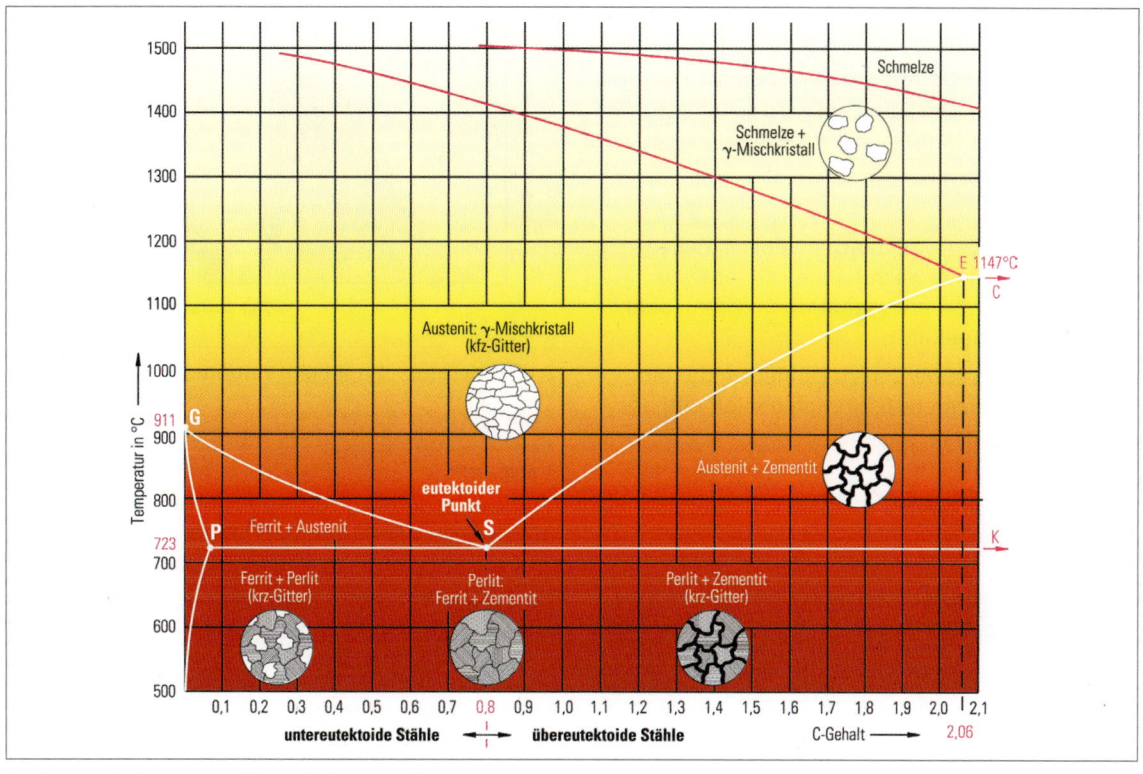

1: Zustandsdiagramm Eisen-Kohlenstoff

Eisenwerkstoff	Gefügebezeichnung/Eigenschaften	Aussehen
Reines Eisen Fe Reines Eisen kann quasi keinen Kohlenstoff C aufnehmen.	**Ferrit** Weich (ca. 100 HV), leicht umformbar, magnetisierbar, **k**ubisch **r**aum **z**entriertes (krz) Gitter	Korngrenzen, Ferritkörper
Stahl mit 0,8 % Kohlenstoff Perlit ist schichtenförmig aus reinem Eisen und Zementit angeordnet. Zementit Fe_3C ist eine chemische Verbindung zwischen Eisen und Kohlenstoff.	**Perlit:** zäh, fest; resultiert aus den Anteilen **Ferrit:** weich, leicht umformbar, magnetisierbar und **Zementit:** hart (ca. 1100 HV), spröde	Fe (weiße Streifen), Fe_3C (schwarze Streifen)
Stahl mit weniger als 0,8 % Kohlenstoff enthält zu wenig Kohlenstoff, um ein reines Perlitgefüge bilden zu können. Somit entstehen Ferrit- und Perlitkörner.	**Ferrit-Perlit**	
Stahl mit mehr als 0,8 % Kohlenstoff enthält soviel Kohlenstoff, dass sich an den Korngrenzen des Perlitgefüges noch zusätzlich Zementit bildet. Dieses Zementit wird auch als Korngrenzenzementit oder Sekundärzementit bezeichnet.	**Perlit-Zementit**	Korngrenzenzementit

2: Gefügearten der Stähle bei Raumtemperatur

3.3.3 Härten

Mit einer weichen Werkstoffschneide können metallische Werkstoffe nur schwer oder gar nicht bearbeitet werden. Die Schneide wird schnell stumpf. Um dies zu verhindern wird die Schneide gehärtet [Bilder 1 und 2].

> **Merke**
> Beim Härten wird der Stahl oberhalb der G-S-K-Linie **erwärmt**, eine Zeit lang auf dieser Temperatur **gehalten** und dann **sehr schnell abgekühlt**.
>
> Um gehärtet werden zu können, sollte ein Stahl mindestens 0,2 % Kohlenstoff enthalten.

Je nach Stahlsorte wird in Wasser, Öl oder Luft abgeschreckt.

1: Gefüge eines weichen Werkstoffs

2: Gefüge eines harten Werkstoffs

Anlassen
Durch das Härten entstehen im Werkstoff ungleichmäßige innere Spannungen. Oft besteht Bruchgefahr. Nach dem Härtevorgang wird daher oft angelassen. Durch das Anlassen sollen die größten Spannungen abgebaut werden.

> **Merke**
> Beim **Anlassen** wird der Stahl auf eine Temperatur zwischen 200 °C und 400 °C erwärmt, eine Zeit lang auf dieser Temperatur gehalten, und dann langsam abgekühlt.

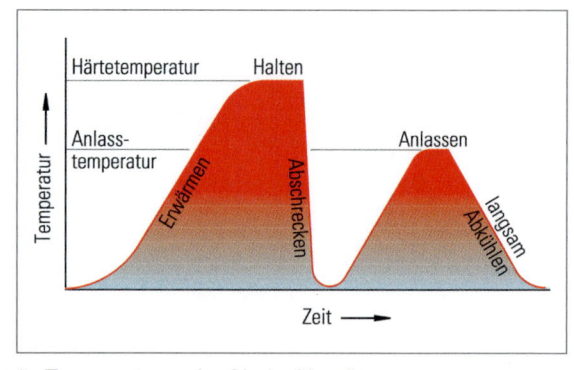

3: Temperaturverlauf beim Vergüten

Vergüten
Werkstoffe müssen oft eine große Festigkeit bei gleichzeitig ausreichender Zähigkeit aufweisen. So können Brüche an Bauteilen vermieden werden. Durch das Vergüten kann dieser gewünschte Zustand des Werkstoffes erreicht werden [Bild 3].

> **Merke**
> **Vergüten** ist Härten mit Anlassen bei **höheren Temperaturen** zwischen 500 °C und 700 °C.

Härten der Randzone
Wenn eine harte, verschleißfeste Oberfläche und gleichzeitig ein zäher Kern benötigt werden (z. B. Lagerschalen), wird nur die Randzone gehärtet. Das Härten der Randschicht kann durch unterschiedliche Verfahren erfolgen:

- Flamm- und Induktionshärten
- Einsatzhärten
- Carbonitrieren
- Nitrierhärten (Nitrieren)

Beim **Flammhärten** wird die zu härtende Randschicht durch eine Flamme auf Härtetemperatur gebracht und dann abgeschreckt. Somit wird nur die Randschicht gehärtet [Bild 1, nächste Seite].
Beim **Induktionshärten** wird die Randschicht des Werkstücks durch Wechselstrom auf Härtetemperatur erwärmt. Je niedriger die Stromfrequenz ist, desto tiefer reicht die Erwärmung in die Randschicht. Nach dem Abschrecken ist der erwärmte Bereich gehärtet [Bild 2, nächste Seite].

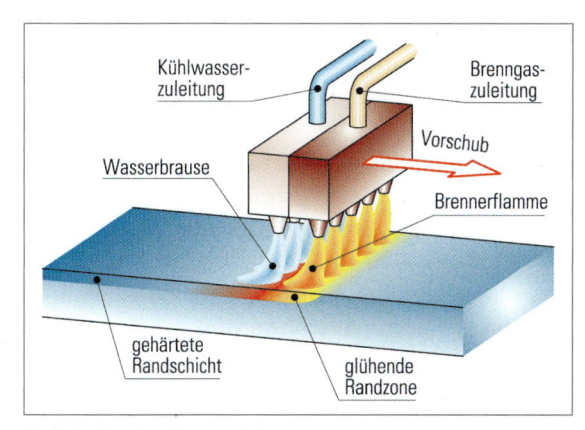

Werkstofftechnik ▶ Metallische Werkstoffe ▶ Nicht-Eisen-Metalle

1: Prinzip des Flammhärtens

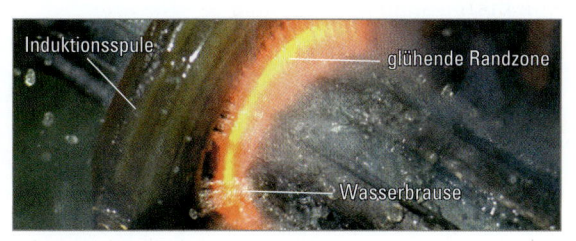

2: Induktionshärten

> **Merke**
> Zum Flamm- und Induktionshärten werden in erster Linie **Vergütungsstähle** genutzt.

Einsatzhärten
Im Einsatzofen werden die Werkstücke mit Grafit oder kohlenstoffreichem Gas im Austenitbereich geglüht. Dabei dringt durch Diffusion im Laufe der Zeit der Kohlenstoff in die Eisenkristalle ein. Die Randschicht ist nun härtbar [Bild 3].

> **Merke**
> Je länger das Glühen im Austenitbereich dauert, desto dicker wird die härtbare Randschicht.

3: Anreichern mit Kohlenstoff

Carbonitrieren
Beim Carbonitrieren werden Werkstücke in Gas geglüht, das außer **Kohlenstoff** (C) auch noch **Stickstoff** (N) enthält. Bei 750 ... 850 °C lagern sich C und N in der Randzone ein. Das N bildet Eisennitride, die zusammen mit dem Härtegefüge (Martensit) eine sehr harte und verschleißfeste Randzone ergeben.

Nitrierhärten (Nitrieren)
Beim Nitrieren wird **Stickstoff** (N) den Stählen mit den Legierungselementen Al, Cr, Mo und V zugeführt. Stickstoff dringt aus einer Gasatmosphäre oder einer Salzbadschmelze in die Werkstoffoberfläche ein. Der Stickstoff bildet mit den Legierungselementen chemische Verbindungen. Diese bewirken eine Härtesteigerung. Da keine Gitterumwandlung erfolgt, ist der **Härteverzug** der Werkstücke **sehr gering**.

> **Merke**
> **Nitrierstähle** haben eine sehr hohe Verschleißfestigkeit, bei gleichzeitig hoher Zähigkeit. Zusätzlich weisen sie eine hohe Korrosionsbeständigkeit auf.

Übungen

1. Wovon hängt die Härtbarkeit von Stahl ab?
2. Welche Randschichthärteverfahren gibt es?
3. Wie wird das Vergüten durchgeführt?
4. Nennen Sie vergütete Teile aus Ihrem Betrieb.

3.4 Nicht-Eisen-Metalle

Nicht-**E**isen-**M**etalle (NE-Metalle) sind alle reinen Metalle und Legierungen, bei denen kein Eisen (oder nur ein geringer Anteil an Eisen) enthalten ist.

Es wird zwischen

- NE-**Leichtmetallen** (Dichte $\rho < 4,5\,\frac{kg}{dm^3}$) und
- NE-**Schwermetallen** (Dichte $\rho > 4,5\,\frac{kg}{dm^3}$)

unterschieden.

Werkstofftechnik ▶ Metallische Werkstoffe ▶ Nicht-Eisen-Metalle

Legierungen werden nach ihrer Verwendung unterteilt in:

- Gusslegierungen [Bild 1], für das Vergießen von Metallen zu Großwerkstücken.
- Knetlegierungen sind zum Umformen geeignet.
- Lotlegierungen werden zum Löten verwendet.
- Gleitlagerwerkstoffe finden bei Lagerbuchsen Anwendung.

Übungen

1. Um welche Metalle handelt es sich bei den folgenden Kurzbezeichnungen?
   Zn, Sn, W, V, Mo, Ni, Ti, Mn
   Al, Co, Cu, Au, Ag, Pb, Mg

2. Unterteilen Sie die Stoffe aus Aufgabe 1 in Leicht- und Schwermetalle.

Kennbuchstaben für die Herstellung und Verwendung			
G:	Guss (allgemein)	GC:	Strangguss
GD:	Druckguss	Gl:	Gleitmetall (Lagermetall)
GK:	Kokillenguss	Lg:	Lagermetall
GZ:	Schleuderguss		
Kennzeichen für die Zusammensetzung			
Al:	Aluminium	Cu:	Kupfer
Mg:	Magnesium	Ni:	Nickel
Pb:	Blei	Si:	Silicium
Sn:	Zinn	Zn:	Zink
Ti:	Titan		
Kurzzeichen für Behandlungszustand, Zugfestigkeit, Oberflächenbeschaffenheit			
H:	Hüttenwerkstoff		
F:	Festigkeitszahl		
bei Leichtmetallen:			
ka:	kalt ausgelagert		
wa:	warm ausgelagert		
g:	geglüht und abgeschreckt		
wh:	gewalzt (walzhart)		
zh:	gezogen (ziehhart)		

1: Werkstoffnormung von Nichteisenmetallen nach DIN 1700 (teilweise zurückgezogen)

B:	Blockmetall	M:	Vorlegierung
C:	Gusslegierung	W:	Knetlegierung

2: Buchstaben für die Art der Legierung

3.4.1 Aluminium und Aluminiumlegierungen

Aluminium (Al)

Aluminium ist das wichtigste **Leichtmetall**. Es besitzt eine starke Affinität (Anziehung) zu Sauerstoff. Es kommt in der Erdrinde häufig als Aluminiumoxid Al_2O_3 (Bauxit) vor.
Aus dem Aluminiumrohstoff Bauxit wird Tonerde gewonnen. Durch Elektrolyse wird das Aluminium vom Sauerstoff getrennt.
Reines Al (z. B. 99 %) wird in der Elektrotechnik, in der chemischen und Nahrungsmittelindustrie, im Fahrzeugbau, für Verpackungsfolien und viele weitere Einsatzgebiete verwendet.

Eigenschaften von Al

- Dichte = 2,7 $\frac{kg}{dm^3}$ (Leichtmetall)
- Schmelzpunkt 660 °C
- Festigkeit 40 … 150 $\frac{N}{mm^2}$
- gute elektrische Leitfähigkeit
- gute Wärmeleitfähigkeit
- korrosionsbeständig
- leicht umformbar
- leicht polierbar
- schlecht löt- und schweißbar
- nicht laugenbeständig

Beispiel [Bild 2, 3]:

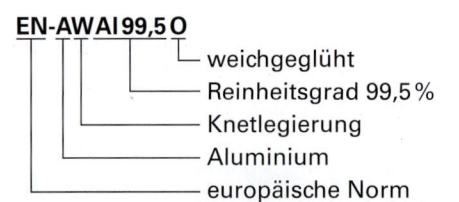

EN-AW Al 99,5 O
- O — weichgeglüht
- 99,5 — Reinheitsgrad 99,5 %
- AW — Knetlegierung
- Al — Aluminium
- EN — europäische Norm

(sehr korrosionsbeständig, gut gieß- und schweißbar)

A:	Aluminium oder Aluminiumlegierung
C:	Kupfer oder Kupferlegierung
M:	Magnesium oder Magnesiumlegierung

3: Buchstaben für Basismetalle

Al-Legierungen

Al-Knetlegierungen werden mit Cu, Mg, Mn, Zn und Si legiert, um Festigkeit und Härte zu steigern. Durch Aushärten kann bei einigen Legierungen die Festigkeit weiter erhöht werden.

Aus Knetlegierungen werden Bleche, Drähte und Profile, z. B. für den Maschinenbau, hergestellt. Räder, Felgen und Karosserieteile werden für den Kfz-Bau gefertigt.

Beispiel: aushärtbare Knetlegierung

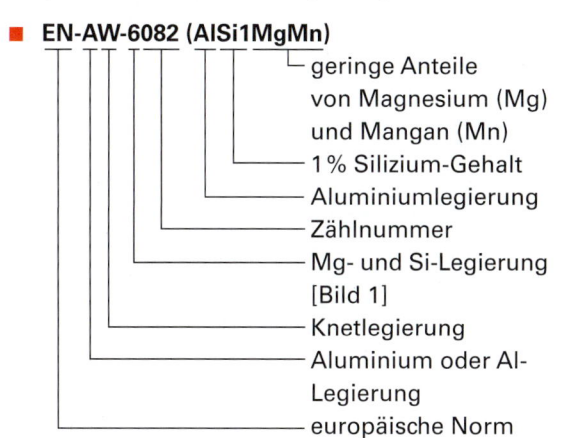

■ **EN-AW-6082 (AlSi1MgMn)**
- geringe Anteile von Magnesium (Mg) und Mangan (Mn)
- 1 % Silizium-Gehalt
- Aluminiumlegierung
- Zählnummer
- Mg- und Si-Legierung [Bild 1]
- Knetlegierung
- Aluminium oder Al-Legierung
- europäische Norm

(gute Korrosionsbeständigkeit und Schweißbarkeit)

Al-Gusslegierungen sind meist mit Mg und Si legiert. Die Gießbarkeit wird stark verbessert, bei guter Festigkeit und niedrigem Gewicht.
Motor- und Getriebegehäuse, Kolben, Zylinderköpfe usw. werden aus diesen Legierungen hergestellt.
Im Leichtbau für Luft- und Raumfahrt [Bild 2], sowie im Fahrzeugbau [Bild 3] werden zur Gewichtsersparnis viele Teile aus Al und Al-Legierungen gefertigt.
Weitere Bezeichnungsbeispiele für Al-Legierungen finden Sie in [Bild 4].

Übungen

Bestimmen Sie die Bestandteile folgender Al-Legierungen:

a) AlMg1
b) AlSi12
c) AlMg3Si
d) AlSi5Mg

1:	Reinaluminium
2:	Legierung mit Kupfer
3:	Legierung mit Mangan
4:	Legierung mit Silicium
5:	Legierung mit Magnesium
6:	Legierung mit Magnesium und Silicium
7:	Legierung mit Zink
8:	Legierung mit sonstigen Elementen

1: Legierungsgruppen bei Aluminium

2: Passagierflugzeug

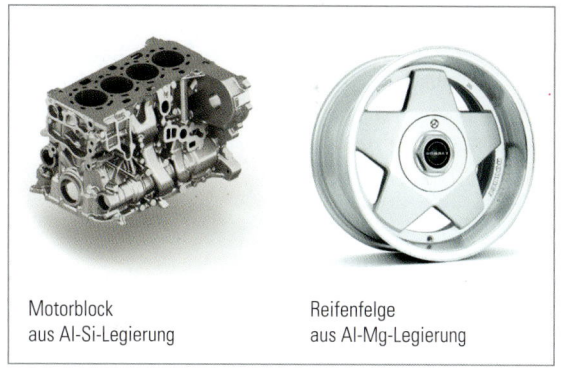

Motorblock aus Al-Si-Legierung

Reifenfelge aus Al-Mg-Legierung

3: Kfz-Teile aus Aluminiumlegierung

	Numerisch	Kurzzeichen	Zugfestigkeit in N/mm²	Streckgrenze in N/mm²	Bruchdehnung in %
EN-AW	3103	AlMn1	90…130	≥ 35	≥ 21
EN-AW	2024	AlCu4Mg1	≥ 220	≥ 140	≥ 13
EN-AW	6060	AlMgSi	≥ 120	≥ 60	≥ 14
EN-AW	1200	Al99	65…95	≥ 20	≥ 26
EN-AC	71000	AlZn5Mg	190	120	4
EN-AC	42000	AlSi7Mg	140	80	2

4: Bezeichnungsbeispiele und Kennwerte von Al-Legierungen

3.4.2 Kupfer und Kupferlegierungen

Kupfer (Cu)

Kupfer ist das wichtigste NE-Schwermetall. Es kommt in der Natur als Kupferkies, Malachit und Rotkupfererz vor.

Die Kupfergewinnung ist sehr aufwendig, weil die Erze nur bis ca. 7,5 % Cu enthalten. Daher ist die Kupfergewinnung sehr kostenintensiv.

Der größte Teil der Weltkupferproduktion wird in der Elektrotechnik verbraucht. Ein weiterer großer Anteil wird zu Legierungen verarbeitet. Rohrleitungen, Regenrinnen, Dachabdeckungen [Bild 1], Wärmetauscher, Kessel und vieles mehr, werden ebenfalls aus Kupfer hergestellt.

Durch den ständig steigenden Cu-Verbrauch werden die Rohstoffressourcen immer knapper. Bei der Verarbeitung von Cu und Cu-Legierungen müssen daher Späne und Verschnitt für eine Wiederverwertung gesammelt werden. Auch die Altteile sollten der Wiederverwertung zugeführt werden, um die Rohstoffquellen zu schonen.

Merke

Durch Recycling und Wiederaufbereitung bleiben Rohstoffquellen länger erhalten.

Sortenreines Trennen der Werkstoffe erleichtert die Wiederverwertung.

Eigenschaften von Cu

- Dichte = 8,93 $\frac{kg}{dm^3}$ (Schwermetall)
- Schmelzpunkt 1083 °C
- sehr gute Wärme-Leitfähigkeit
- sehr gute elektrische Leitfähigkeit
- Zugfestigkeit 210 … 240 $\frac{N}{mm^2}$
- Kaltfestigkeit bis 500 $\frac{N}{mm^2}$
- korrosionsbeständig
- Dehnung bis 50 %
- sehr gut umformbar
- gut weich- und hartlötbar
- gut legierbar
- schwer gießbar

1: Kupferbedachung, oxidiert

Kupferlegierungen

Legierungen aus Kupfer (Cu) und Zinn (Sn) waren schon seit der Bronzezeit bekannt. Heute gibt es eine Vielzahl von Kupferlegierungen. Sie bestehen aus Zwei- und Mehrstoffausführungen und sind für die verschiedensten Einsatzgebiete verwendbar. Die alten Bezeichnungen Bronze und Messing wurden durch neue Normen ersetzt.

Cu-Knetlegierungen sind:

- Cu-Zn-Legierungen (Messing)
- Cu-Sn-Legierungen (Bronze)
- Cu-Ni-Legierungen (Neusilber)

Weitere Legierungselemente sind z. B.:

- Pb um die Zerspanbarkeit zu verbessern
- Al um das Gesamtgewicht zu verringern

Kupferknetlegierungen lassen sich gut umformen und gut zerspanen. Sie bilden mit dem Sauerstoff der Luft eine Schutzschicht (Patina, auch Grünspan genannt). Daher haben sie eine gute Korrosionsbeständigkeit.

Aus Cu-Knetlegierungen werden Draht, Profile Rohre [Bild 1, nächste Seite] und Bleche hergestellt. Diese werden dann zu Federn, Düsen, Scheiben, Gehäusen, … weiterverarbeitet.

Cu-Gusslegierungen haben als Legierungselemente Sn, Pb, Zn, Ni, Al und Fe. Sie können, je nach Zusammensetzung, als Sandguss, Kokillenguss, Druckguss oder Zentrifugalguss gefertigt werden. Bei einigen Zusammensetzungen (z. B. CuZn 38 Al) behalten die Gussteile ihre metallisch blanke Oberfläche. Bezeichnungsbeispiele finden Sie in Bild 2, nächste Seite.

Werkstofftechnik ▶ Metallische Werkstoffe ▶ Nicht-Eisen-Metalle

1: Kupferrohre in einer industriellen Verteileranlage

Aus Cu-Gusslegierungen werden Armaturen, Pumpengehäuse, Ventilgehäuse, Schneckenräder, Ritzel, Lagerbuchsen und Mehrschichtlager hergestellt [Bild 3].

	Numerisch	Kurzzeichen	Zugfestigkeit in N/mm²	Streckgrenze in N/mm²	Bruchdehnung in %
EN 1982-	CC040A	Cu-C	≥ 150	≥ 40	≥ 25
EN 1982-	CB750S	CuZn33Pb2-B	≥ 180	≥ 70	≥ 12
EN 1982-	CB480K	CuSn10-B	≥ 250	≥ 130	≥ 18
EN 1982-	CC483K	CuSn12-C	≥ 260	≥ 140	≥ 7
EN 1982-	CC484K	CuSn12Ni2-C	≥ 280	≥ 160	≥ 12
EN 1982-	CC491K	CuSn5Zn5Pb5-C	≥ 200	≥ 90	≥ 13
EN 1982-	CC493K	CuSn7Zn4Pb7-C	≥ 230	≥ 120	≥ 15
EN 1982-	CC333G	CuAl10Fe5Ni5	≥ 600	≥ 250	≥ 13

2: Bezeichnungsbeispiele und Kennwerte von Cu-Gusslegierungen

Gedrehte Gleitlagerbuchsen aus Cu-Sn-Zn-Legierung (Rotguss)

Sandgussteile aus Cu-Sn-Legierungen (Bronze)

Messingrohre und Messingprofilrohre in Bohr- und Drehqualität

Pressteile aus Cu-Zn-Legierung (Messing)

3: Anwendungsbeispiele für Kupfer und Kupferlegierungen

handwerk-technik.de

3.4.3 Blei und Bleilegierungen

Eigenschaften sind:

- Dichte = 11,4 $\frac{kg}{dm^3}$, (Schwermetall)
- korrosionsbeständig
- giftig
- weichlötbar
- weich und zäh
- strahlenabsorbierend (d. h. z. B. radioaktive Strahlen dringen schlecht hindurch)
- leicht schmierend, daher schlecht zerspanbar.

Verwendung:

- Strahlenschutz [Bild 1]
- Ablaufbleche an Dächern
- Legierungszusatz in Werkstoffen für Gleitlager
- als Legierungselement zur Erhöhung der Zerspanbarkeit

An **Gleitlager** werden Anforderungen mit entgegengesetzten Eigenschaften gestellt.
Der Werkstoff sollte folgende Eigenschaften besitzen:

- geringe Reibung
- gute Tragfähigkeit
- gute Laufeigenschaften
- Einbettfähigkeit für Fremdkörper
- Warmdruck- und Abriebfestigkeit

All diese Anforderungen kann kaum ein Werkstoff allein erfüllen. Daher sind Lagerwerkstoffe meist eine Kombination aus mehreren Komponenten.
Eine Komponente ist weich, um gute Laufeigenschaften zu gewährleisten. Die andere Komponente ist hart, um die Trag- und Druckfestigkeit sicher zu stellen. Es gibt hier zwei verschiedene Möglichkeiten:

- Bei Pb-Sn-Lagerwerkstoffen sind in weicher Grundmasse harte Tragkristalle eingebettet.
- Bei Lagerbronzen befinden sich in harter Grundmasse weiche Gefügebestandteile.

Lagerwerkstoffe werden meist durch Gießen hergestellt. Sie können auch durch Sintern produziert werden. In den Hohlräumen der Sinterwerkstoffe wird Öl als Schmiermittel eingelagert (getränkt) [Bild 2].

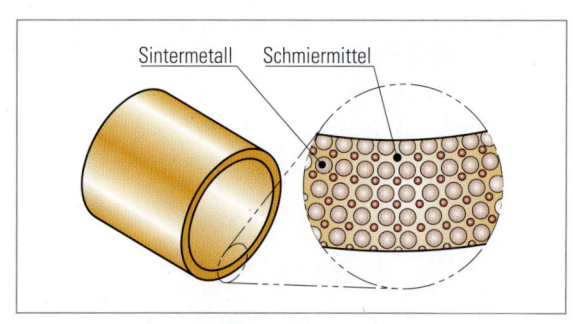

2: Sinterbronze-Gleitlager

1: Transportbehälter aus Blei

3.4.4 Zink und Zinklegierungen

Eigenschaften:

- Dichte = 7,1 $\frac{kg}{dm^3}$, (Schwermetall)
- korrosionsbeständig
- weichlötbar
- zäh und gut umformbar
- giftig

Verwendung:

- Überzug zum Korrosionsschutz von Stahlteilen [Bild 1, nächste Seite]
- Legierungsmetall in Cu- und Al-Legierungen

Werkstofftechnik ▶ Nichtmetalle und Verbundstoffe ▶ Kunststoffe

4 Nichtmetalle und Verbundstoffe

Nichtmetallische Werkstoffe, wie Kunststoffe, Verbundstoffe und Keramik werden auch in Metallberufen verarbeitet. Naturstoffe wie Holz, Leder und Naturfasern werden in diesen Berufen eher selten verwendet.

4.1 Kunststoffe

Kunststoffe werden aus **Erdöl**, **Kohle** oder **Erdgas** (C-Verbindungen) künstlich hergestellt. Das mechanische Verhalten der Kunststoffe hängt von ihrem inneren Aufbau und der Temperatur ab. Kunststoffe sind aus fadenförmigen Riesenmolekülen (Makromoleküle, z. B. Ethylen [Bild 3] aufgebaut. Ihre Struktur ist filz- oder netzartig. Durch die Struktur ergeben sich ihre speziellen Eigenschaften [Bild 1, nächste Seite].

Merke: Kunststoffe bestehen aus Makromolekülen.

Kunststoffe finden eine immer häufigere Verwendung [Bild 2, nächste Seite]:

- Kunststoffschläuche werden für Gas- und Flüssigkeitsleitungen gebraucht.
- Kunststoffformteile sind in der Herstellung häufig preisgünstiger als Metallguss.
- Als Beschichtungsmaterial kommt Kunststoff ebenfalls zum Einsatz.

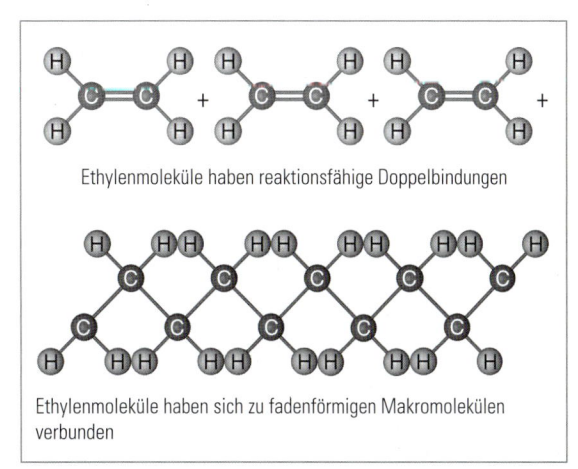

1: Feuerverzinkungsanlage

3.4.5 Zinn (Sn) und Zinn-Legierungen

Eigenschaften:

- Dichte = 7,3 $\frac{kg}{dm^3}$ (Schwermetall)
- gut umformbar und gießbar
- korrosionsbeständig
- Besonderheit: Beim Verformen entsteht ein Geräusch (Zinnschrei)

Verwendung:

- Weichlot
- Überzug als Korrosionsschutz von Stahlblech
- Gusswerkstoff

2: Konservendosen aus Weißblech

3: Aus Ethylen wird Polyethylen

Ethylenmoleküle haben reaktionsfähige Doppelbindungen

Ethylenmoleküle haben sich zu fadenförmigen Makromolekülen verbunden

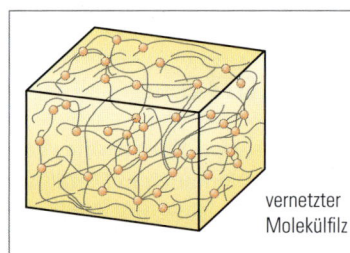

Werkstofftechnik ▸ **Nichtmetalle und Verbundstoffe** ▸ Kunststoffe

vernetzter Molekülfilz

unvernetzter Molekülfilz

teilvernetzte Molekülfäden

Duroplaste
Duroplaste **(Duromere)** behalten ihre einmal eingenommene Form auch bei Erwärmung. Bei noch höheren Temperaturen zersetzt sich der Stoff. Diese Eigenschaften hängen vom Vernetzungsgrad der Moleküle ab. Unvernetzt ist der Werkstoff thermoplastisch, stark vernetzt ist er duroplastisch.

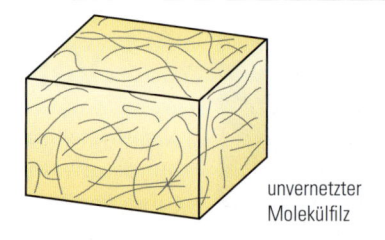

Thermoplaste
Thermoplaste **(Thermomere)** werden bei Erwärmung immer wieder zähfließend. Bei höherer Temperatur ist ihre Anwendung durch die Erweichungsgefahr begrenzt. Bei tiefen Temperaturen neigen sie zum Verspröden.

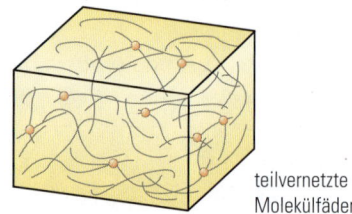

Elastoplaste
Gummiartige Elastoplaste **(Elastomere)** entstehen bei einer Teilvernetzung. Sie werden bei hohen Temperaturen schmierig, können aber nicht mehr umgeformt werden.

1: Strukturen von Kunststoffmolekülen

Spritzgusswerkstücke aus Duroplast

Blasformwerkstücke aus Thermoplast

Geschäumte Werkstücke aus Thermo-, Duro- und Elastoplast

2: Anwendungsbeispiele für Kunststoffe

Verarbeitung von Kunststoff

Kunststoffe werden häufig mithilfe von Extrudern (Schneckenpressen) verarbeitet. Dabei wird der Kunststoff in Form von Körnern (Granulat) über eine Schnecke in das Formwerkzeug geleitet. Dort wird das Granulat erwärmt und in die gewünschte Form gebracht. In diesem Fall ein Rohr [Bild 3].

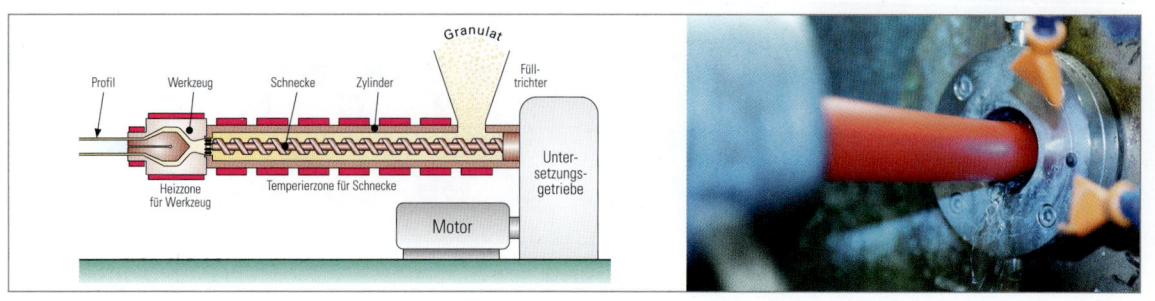

3: Extruder

Werkstofftechnik ▶ Nichtmetalle und Verbundstoffe ▶ Kunststoffe

Kunststoffarten

Duroplaste (lat.: durus, hart)
Duroplaste sind Kunststoffe, die stark räumlich vernetzt aufgebaut sind. Sie lassen sich auch beim Erwärmen nicht verformen, da die Bindungen nicht verschoben werden können. Duroplaste sind nicht schmelzbar. Bei hohen Temperaturen zersetzen sich Duroplaste. Es entstehen gefährliche Dämpfe (Säuren).

> **Merke**
> **Duroplaste** bestehen aus **stark vernetzen** Makromolekülen. Sie lassen sich beim Erwärmen **nicht verformen**.

Thermoplaste (griech.: thermos, warm; plastos, verformbar)
Thermoplaste werden bei Erwärmung plastisch verformbar (etwa wie Knetmasse oder Wachs). Beim Abkühlen erhärten sie und behalten die neue Form bei. Dieser Vorgang des Erwärmens und Erkaltens kann beliebig oft wiederholt werden. Bei zu hohen Temperaturen zersetzt sich der Kunststoff, oder er verbrennt.

> **Merke**
> **Thermoplaste** bestehen aus **nebeneinander** liegenden Kohlenstoffketten. Sie lassen sich beim Erwärmen **leicht verformen**.

Elastomere (griech.: elastos, dehnbar; meros, Teil)
Elastomere enthalten Kettenmoleküle, die den Stoff elastisch (wie Gummi) machen. Die Moleküle bilden Netzwerke, die nach Druck- oder Zugbeanspruchung wieder in die ursprüngliche Form zurückkehren.
Elastomere sind wegen der Verknüpfungen nicht schmelzbar. Ab einer bestimmten Temperatur zersetzen sie sich.

> **Merke**
> **Elastomere** bestehen aus vernetzten, **elastischen** Kettenmolekülen. Sie lassen sich beim Erwärmen nur **schwach verformen**.

Werkstatthinweise

Beim **Erwärmen** von Kunststoffen:
- Werkstätten gut lüften!
- Gefährliche Dämpfe und Säuren nur mit Schutzausrüstung beseitigen!

Kunststoffe haben sehr unterschiedliche Eigenschaften. Häufige Gemeinsamkeiten sind:
- leichter als viele Metalle
- in fast alle Formen gieß-, spritz-, oder pressbar
- beliebig einfärbbar
- bei Raumtemperatur wasser-, luft- und lichtbeständig
- schlechte Leiter für elektrischen Strom und Wärme
- kratzempfindlich
- durch Umwelteinflüsse kaum abzubauen

Der Einsatz von Kunststoffen steigt, da die positiven Eigenschaften und der Preis die Entscheidung für diesen Werkstoff begünstigen.

Übungen

1. In welche drei große Gruppen werden Kunststoffe unterteilt?
2. Wie unterscheiden sich diese Kunststoffarten?
3. Nennen Sie 5 Anwendungsbeispiele von Kunststoffen aus Ihrem Betrieb.

   Begründen Sie, warum kein anderer Werkstoff für die Anwendungsbeispiele gewählt wurde.

4.2 Verbundwerkstoffe

Verbundwerkstoffe kombinieren die positiven Eigenschaften unterschiedlicher Werkstoffe. Kunststoffe werden z. B. durch Glasfasern, Kohlefasern oder Metalleinlagen verstärkt [Bild 1]. Auch Papier oder Textileinlagen werden verwendet (z. B. bei Platinen für die Steuerungselektronik). Stahlbeton oder Spanplatten gehören ebenfalls zu den Verbundwerkstoffen.

Auch **Sinterwerkstoffe** gehören zu den Verbundwerkstoffen. Durch Sintern lassen sich zähe metallische Grundstoffe mit harten keramischen Teilchen verbinden. Die Ausgangsstoffe werden pulverisiert und gemischt und dann zu Rohteilen gepresst. Im Sinterofen verbacken die Pulverkörner zu einem mehr oder weniger porösen Werkstoff.

Beispiele:

- **Wendeschneidplatten** [Bild 2] werden auf diese Weise hergestellt. Sie werden sehr fest gepresst. Sie sind sehr hart und temperaturbeständig.

- **Filter** [Bild 3] werden aus groben Pulvern hergestellt. Sie werden nicht sehr fest gepresst. Werkstücke, die durch Sintern mit vielen Hohlräumen hergestellt wurden, sind meist sehr leicht.

1: Druckluftschlauch

2: Wendeschneidplatten

3: Filterformteile

Übungen

1. Was ist ein Verbundwerkstoff?
2. Nennen Sie 5 Anwendungsbeispiele für Verbundwerkstoffe.

Werkstofftechnik ▶ Entsorgung und Recycling

4.3 Keramische Werkstoffe

Durch Brennen von Karbiden, Nitriden, Oxiden, Boriden und Silikaten (das sind Verbindungen mit C, N, O, B, SiO_2) entstehen sehr harte und spröde keramische Werkstoffe. Wegen der hohen Verschleißfestigkeit und der hohen Temperaturbeständigkeit werden keramische Werkstoffe oft als Schneidstoffe bei der Zerspanung angewendet [Bild 1].

1: Keramikschneidplatten

4.4 Fertigungshilfsstoffe

Zu diesen Stoffen gehören Stoffe, die bei der Herstellung von Werkstücken während des Fertigungsprozesses benötigt werden, selber aber keine Werkstücke sind. Hierzu zählen die Kühlschmierstoffe [Bild 2].

2: Kühlschmierstoffe im Einsatz

5 Entsorgung und Recycling

Heute werden alte Geräte und Maschinen nicht mehr durch unsortierte Deponien und Verbrennung entsorgt. Bei Deponien besteht die Gefahr der Grundwasserverseuchung. Bei der Müllverbrennung entstehen giftige Gase z. B. Dioxine. Die Entsorgung muss getrennt und kontrolliert erfolgen. Um Maschinen zu entsorgen, müssen zunächst alle Flüssigkeiten, wie Kühlmittel und Hydrauliköl, getrennt entfernt werden. Kunststoffteile müssen ausgebaut und sortiert werden. Kabelbäume und Elektromotoren werden ausgebaut. Aluminiumteile werden entfernt. Auch Problemfälle, wie Batterien oder elektronische Bauteile, werden wiederverwendet.

Recycling bedeutet die Wiederverwendung von Materialien. Viele Werkstoffe aus Maschinen, Geräten und Fahrzeugen können recycelt werden. Energie und Deponieraum können so eingespart werden. Die Umwelt wird somit weniger belastet.

- Aus Eisen und Stahlschrott wird neuer Stahl, der Hochofenprozess entfällt somit.
- Durch Einschmelzen von Aluminiumschrott wird viel elektrische Energie eingespart, da die Elektrolyse entfällt.
- Altöl kann gefiltert, aufbereitet und wiederverwendet werden.
- Kunststoffteile werden zu neuen Teilen mit geringen Qualitätsansprüchen, z. B. Abdeckhauben, verarbeitet.
- Resscourcen müssen geschont werden.

Übungen

1. Wohin mit den „Abfällen" aus der Produktion?
   a) Erstellen Sie eine Tabelle von Produktionsabfällen aus Ihrem Betrieb (Hilfsstoffe, alte Werkzeuge, Späne/Blechabschnitte).
   b) Wie werden diese „Abfälle" fachgerecht entsorgt oder wiederverwendet?

handwerk-technik.de

Automatisierungsprozesse IV

1 Entwicklungen der Automatisierung

Um gleichmäßig eine **hohe Qualität** bei **großen Stückzahlen** zu erzielen, wird in der Technik eine halb- oder vollautomatisierte Fertigung eingesetzt. Automation bedeutet, dass die Maschinen großteils nicht mehr von Menschen, sondern von Maschinen gesteuert und kontrolliert werden. Bei Systemen mit hohem Automatisierungsgrad übernimmt der Mensch die Aufgabe der Programmierung, der Wartung, der Kontrolle und der Behebung von Störfällen.

> **Merke**
> Automatisierte Maschinen bestehen aus **mechanischen** und **steuerungstechnischen** Einrichtungen.

Die **mechanische Einrichtung** erfüllt direkt den Zweck des Systems, z. B. Zerspanen eines Werkstücks und Abtransport der Späne.
Die **steuerungstechnische Einrichtung** dient der Maschinensteuerung. Diese kann elektrisch, pneumatisch oder hydraulisch betätigt werden [Bild 2]. Ein typisches Beispiel ist das **Bearbeitungszentrum** [Bild 1]. Es ist ein Automat, der ein Werkstück bei entsprechender Programmierung selbstständig (z. B. durch Bohren oder Fräsen) bearbeiten kann. Er führt auch die für die Bearbeitung erforderlichen **Handhabungstätigkeiten** (z. B. Einspannen, Zuführen, Umspannen, Werkzeugwechsel) zum Teil selbst aus.

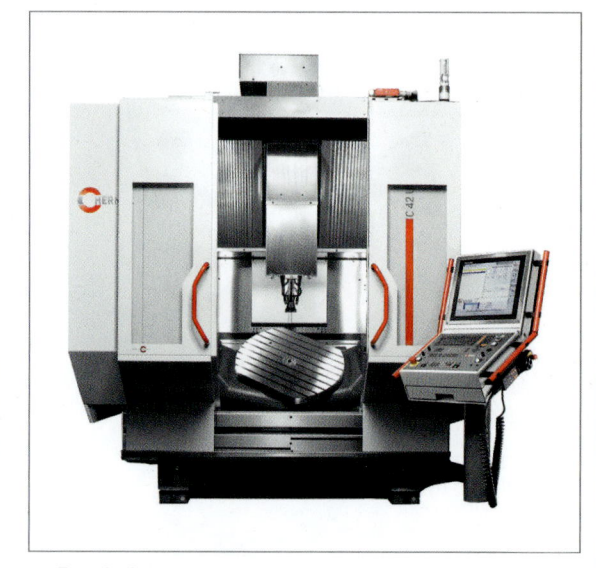

1: Bearbeitungszentrum

Bei der Automatisierung ist die **Prozessvisualisierung** ein wichtiger Bestandteil. Der Ablauf des Prozesses kann, wenn Soll- und Istwerte vorliegen, auf einem Monitor dargestellt werden. Dieser kann auch abseits vom Ort des Prozesses stehen (z. B. Leitstand, Bild 1, nächste Seite). Bei Störungen kann von dort aus eingegriffen werden. Werden die Prozessdaten gleichzeitig gespeichert und ausgewertet, können sie zur Qualitätssicherung herangezogen werden.
Störungen an einer Anlage können viele Ursachen haben (z. B. mechanische, elektrische, pneumatische). Störungen werden meist durch optische (z. B. Lampen, Anzeigen) oder akustische (z. B. Hupe, Sirene) Warnsignale angezeigt. Bei der Beseitigung von Störungen sind die betrieblichen Arbeitsanweisungen zu befolgen und die UVV (Unfallverhütungsvorschriften) einzuhalten.

Antriebsart	Beschreibung
Pneumatik	Bei der Pneumatik wird die **Energie der Druckluft** zum Antreiben von Maschinen verwendet. Auch zum Übertragen und Verarbeiten von Signalen wird sie eingesetzt.
Hydraulik	Bei der Hydraulik wird eine **Flüssigkeit als Energieträger** zum Antreiben verwendet.
Elektrik	Bei der Elektrik wird die **elektrische Energie** zum Antreiben von Maschinen und zum Übertragen und Verarbeiten von Signalen verwendet.

2: Antriebsarten

handwerk-technik.de

Automatisierungsprozesse ▶ Entwicklungen der Automatisierung ▶ Handhabungsgeräte

1.1 Handhabungsgeräte

Bei der Fertigung, Montage und beim Transport von Werkstücken treten immer wiederkehrende Handhabungsvorgänge auf. So müssen z. B. Werkzeugmaschinen beschickt, Werkzeuge gewechselt und Paletten neu bestückt werden.

Merke

Handhabungsgeräte verbessern, erleichtern rationalisieren und präzisieren Fertigungs-, Montage- und Transportabläufe.

Durch Handhabungsgeräte werden Arbeitsplätze humanisiert, da körperbelastende oder gefährliche Arbeiten von ihnen übernommen werden können [Bild 2].

1: Prozessvisualisierung in einem Leitstand

Übungen

1. Nennen Sie Beispiele für Handhabungsgeräte aus Ihrem Ausbildungsbetrieb.
2. Welche Aufgaben haben Handhabungsgeräte?

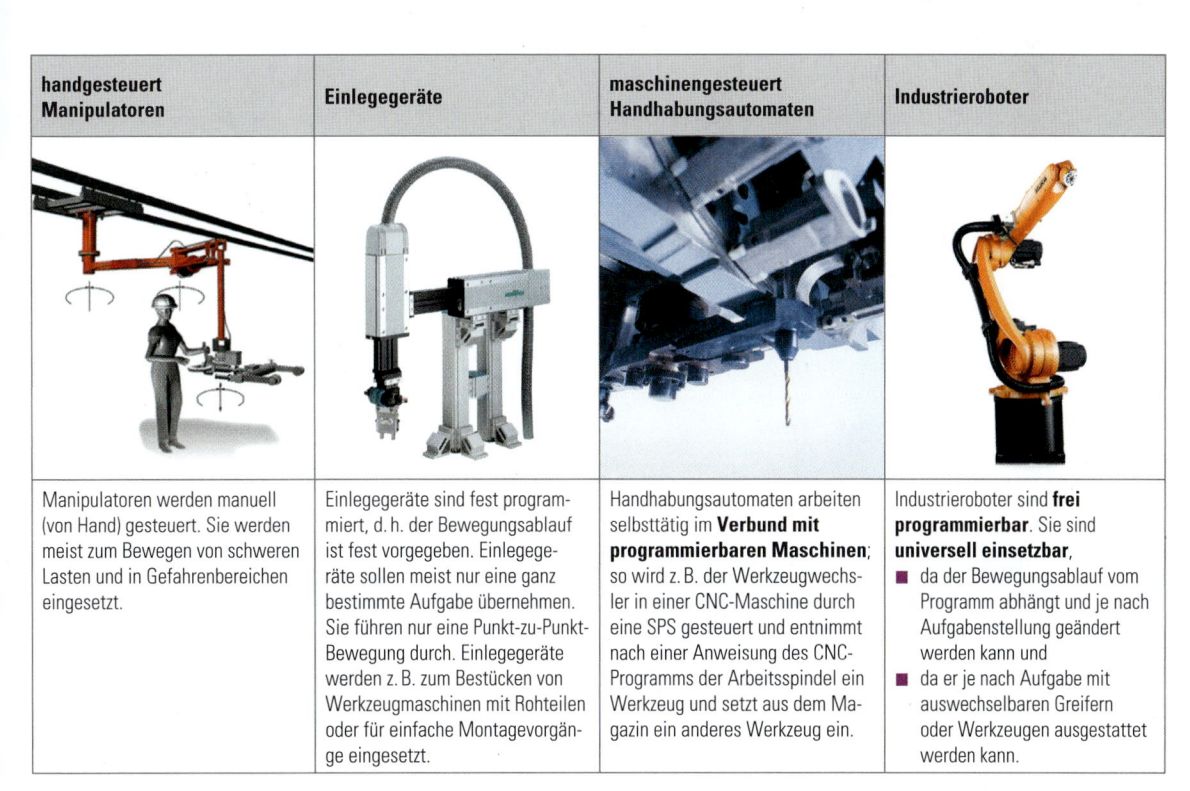

handgesteuert Manipulatoren	Einlegegeräte	maschinengesteuert Handhabungsautomaten	Industrieroboter
Manipulatoren werden manuell (von Hand) gesteuert. Sie werden meist zum Bewegen von schweren Lasten und in Gefahrenbereichen eingesetzt.	Einlegegeräte sind fest programmiert, d. h. der Bewegungsablauf ist fest vorgegeben. Einlegegeräte sollen meist nur eine ganz bestimmte Aufgabe übernehmen. Sie führen nur eine Punkt-zu-Punkt-Bewegung durch. Einlegegeräte werden z. B. zum Bestücken von Werkzeugmaschinen mit Rohteilen oder für einfache Montagevorgänge eingesetzt.	Handhabungsautomaten arbeiten selbsttätig im **Verbund mit programmierbaren Maschinen**; so wird z. B. der Werkzeugwechsler in einer CNC-Maschine durch eine SPS gesteuert und entnimmt nach einer Anweisung des CNC-Programms der Arbeitsspindel ein Werkzeug und setzt aus dem Magazin ein anderes Werkzeug ein.	Industrieroboter sind **frei programmierbar**. Sie sind **universell einsetzbar**, ■ da der Bewegungsablauf vom Programm abhängt und je nach Aufgabenstellung geändert werden kann und ■ da er je nach Aufgabe mit auswechselbaren Greifern oder Werkzeugen ausgestattet werden kann.

2: Einteilung der Handhabungsgeräte

handwerk-technik.de

1.2 Industrieroboter

Aufgrund ihrer vielseitigen Verwendbarkeit kommen zunehmend Industrieroboter in der Fertigung und Montage zum Einsatz. Die Bewegungen der Achsen des Roboters sind in ihrer Lage und Geschwindigkeit geregelt. Die einzelnen Achsen wirken unabhängig voneinander. Jede Achse hat einen eigenen Antrieb und ein eigenes Wegmesssystem. Ein Industrieroboter kann sein Ziel punkt- oder bahngesteuert anfahren.

Die **Punktsteuerung** ist die einfachste Steuerungsart. Mit ihr ist es möglich, Zielpunkte genau anzufahren. Der Bahnverlauf zwischen den Punkten ist im Programm nicht genau bestimmt. Eingesetzt wird die Punktsteuerung z. B. beim Punktschweißen, Stanzen, Bohren oder bei Einlegegeräten für die Montage [Bild 1].

Bei der **Bahnsteuerung** werden mehrere Achsen gleichzeitig bewegt. Dabei wird der Roboter mit vorgegebener Geschwindigkeit entlang einer programmierten Bahn geführt. Eingesetzt wird die Bahnsteuerung z. B. beim Brennschneiden oder Fräsen [Bild 3].

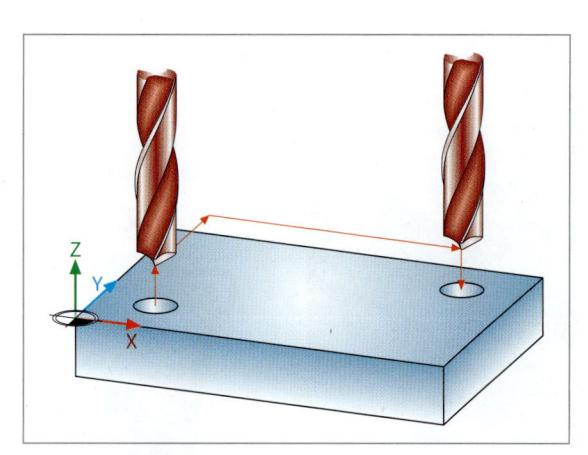

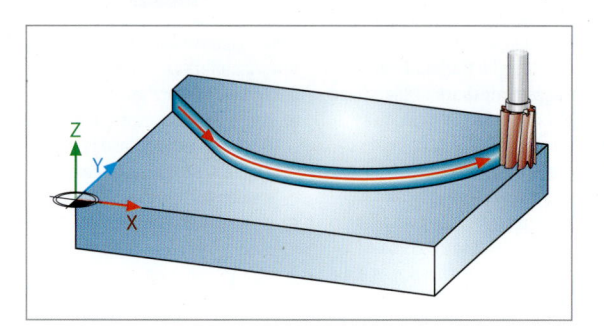

Es gibt zwei mögliche Achsbewegungen bei Industrierobotern [Bild 2]:

- **lineare** (geradeaus) **Bewegungen**
- **drehende** (kreisförmige) **Bewegungen**

Damit der Roboter ein Werkstück bearbeiten kann, braucht er verschiedene Roboterwerkzeuge.

Werkzeuge/Bestückung für Roboter

Roboterwerkzeuge können Greifwerkzeuge oder Werkzeuge zur Fertigung sein. Als Bindeglied zwischen Roboter und Greifer kommen zum Teil Schnellwechselsysteme oder Ausgleichseinheiten und vieles mehr zum Einsatz. Roboterwerkzeuge werden meist an Handgelenkflanschen angebracht [Bild 4, Bilder 1 und 2, nächste Seite].

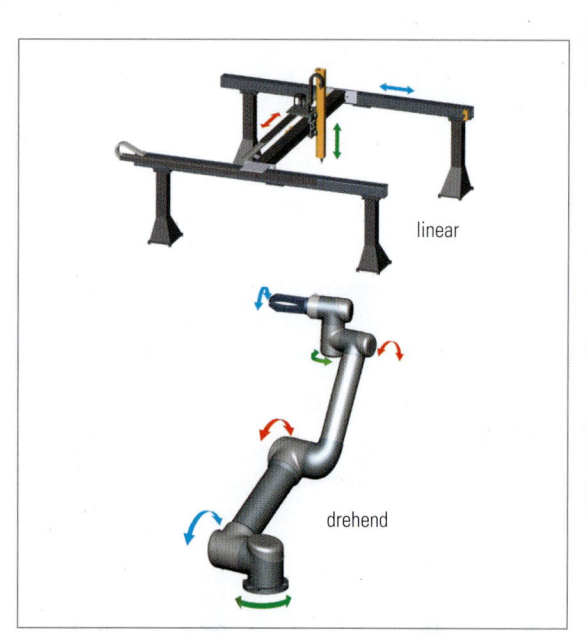

1: Punktsteuerung

2: Bewegungsrichtungen bei Industrierobotern

3: Bahnsteuerung

4: Handgelenkflansch

Automatisierungsprozesse ▶ Entwicklungen der Automatisierung ▶ Industrieroboter

1: Roboterwerkzeuge

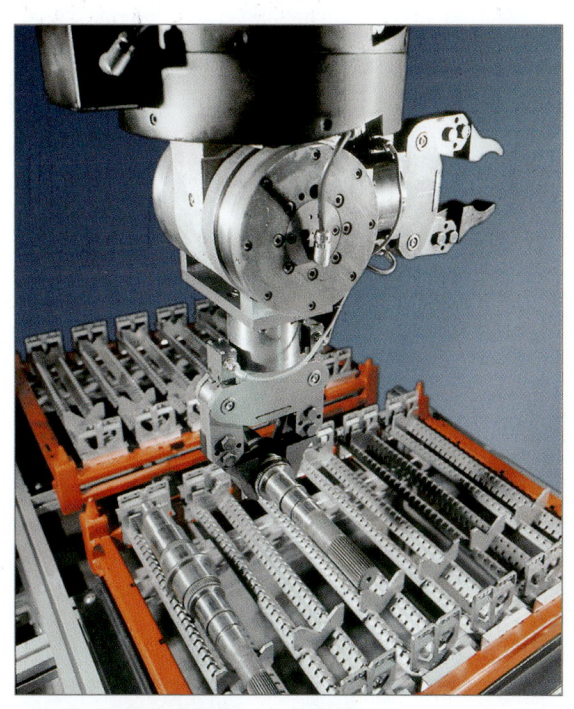

2: Roboter mit 2 Greifwerkzeugen

Sicherheitsvorrichtungen bei Industrierobotern

Von Industrierobotern können Gefahren ausgehen durch:

- **unvorhersehbare Bewegungen** mit großer Geschwindigkeit und großen Kräften und Drehmomenten

- die **Verletzungsgefahr** durch Abscheren und Quetschen

- Gefährdung durch **Roboterwerkzeuge** (z. B. Schneid- oder Schleifwerkzeuge)

3: Abgeschirmte Zelle

Auf Grundlage der **europäischen Maschinenrichtlinie** gibt es verschiedene Möglichkeiten, um sich vor Gefahren durch Industrieroboter zu schützen:

- Vollständige Abschirmung des Industrieroboters durch ein Metallgitter oder Sicherheitsglas [Bild 3]

- Lichtvorhang, der den Roboter abschirmt [Bild 4]

Werden die Zugangstüren geöffnet oder der Lichtvorhang unterbrochen, muss die Roboterbewegung sofort stoppen.

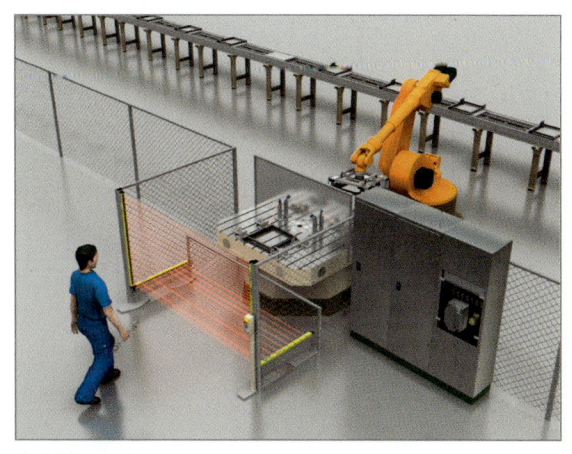

4: Lichtvorhang

Automatisierungsprozesse ▶ Entwicklungen der Automatisierung ▶ Industrieroboter

Zur Überwachung des Umfeldes eines Industrieroboters können Laserscanner eingesetzt werden [Bild 1].

Diese Laserscanner teilen das Umfeld des Industrieroboters in Zonen ein. Betritt eine Person eine dieser Zonen, die auf keinen Fall betreten werden dürfen, dann wird der Roboter sofort angehalten. Es können aber auch Zonen im Gefahrenbereich festgelegt werden, die während der Fertigung betreten werden dürfen.

Im Bild 2 muss der rechte Teil der Zelle zum Abtransport der Paletten mit einem Gabelstapler zu befahren sein. Zu diesem Zeitpunkt darf der Roboter in dieser Zone nicht arbeiten. Er kann aber in anderen Zonen (z. B. auf der linken Seite) durchaus weiter arbeiten.

Für Notfälle, die trotz der Schutzeinrichtungen eintreten können, ist ein NOT-AUS Schalter zwingend notwendig [Bild 3].

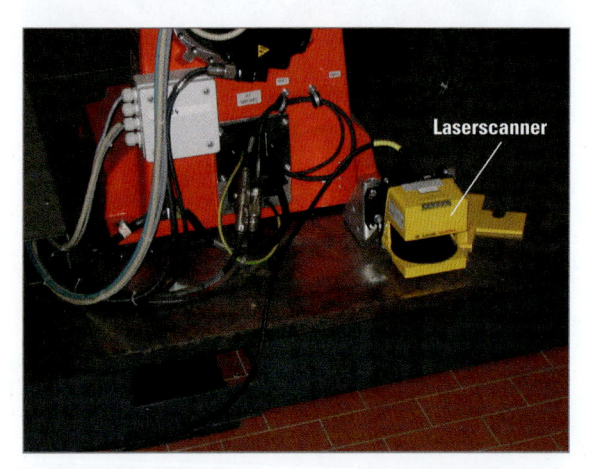

3: Schalteinheit mit AS-Interface

Die roten Pfeile in Abbildung 4 geben die Bewegungsmöglichkeiten der Industrieroboter an.
T bedeutet geradlinige/lineare Bewegung (translatorisch)
R bedeutet kreisförmige Bewegung (rotatorisch)

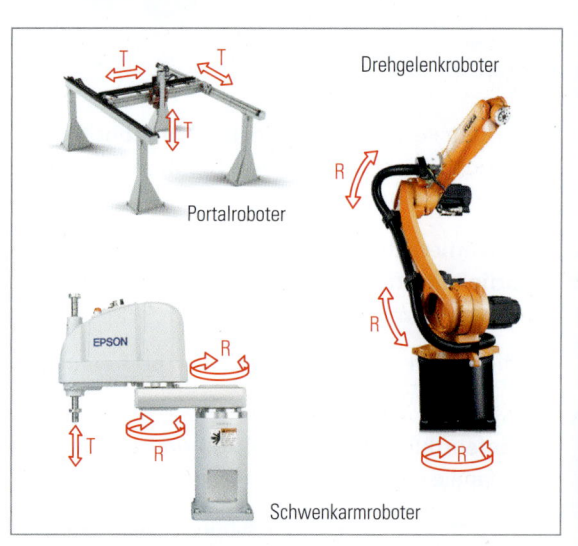

1: Laserscanner

4: Typen von Industrierobotern

Übungen

1. Welche Industrieroboter sind in Ihrem Ausbildungsbetrieb im Einsatz?
2. Welche Fertigungs- oder Montagetätigkeiten würden sich in einem Betrieb für den Robotereinsatz eignen?
3. Unterscheiden Sie zwischen Punkt- und Bahnsteuerung.

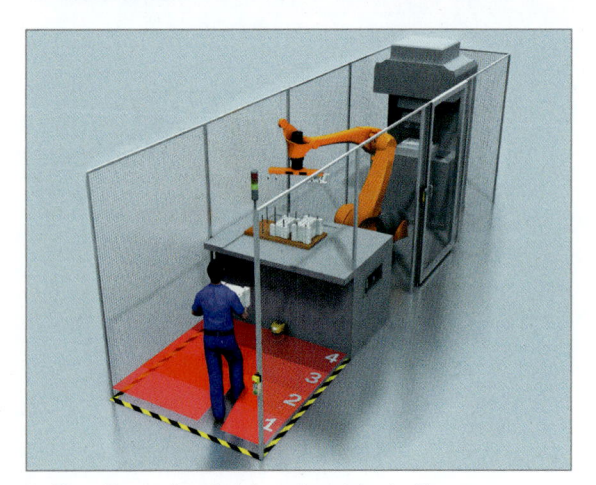

2: Einteilung des Gefahrenbereichs in Zonen

2 Steuerungstechnische Begriffe

2.1 Steuern

Steuern ist ein Vorgang, bei dem eine oder mehrere Eingangsgrößen die Ausgangsgröße (Steuergröße) beeinflussen. Es erfolgt keine Rückmeldung. Durch Störgrößen verursachte Abweichungen von der gewünschten Ausgangsgröße werden nicht berücksichtigt. Wenn der Wirkungsablauf also offen ist, heißt eine solche Anordnung von Bauelementen **Steuerkette**.

Zur vereinfachten Darstellung von Bauelementen werden Blockschaltbilder verwendet. Einzelne Bauglieder werden als Rechtecke dargestellt. Die Richtung des Signalflusses wird durch Pfeile angegeben [Bild 2].

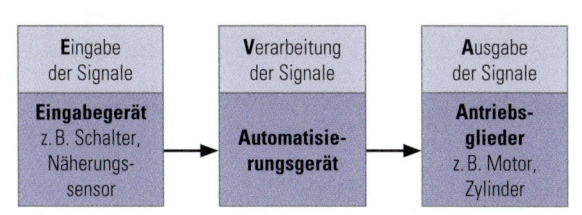

2: Steuerkette, EVA-Prinzip

Beispiel: Glühofen

Durch Umformung können im Werkstück Spannungen auftreten. Ein Glühofen dient z. B. dazu, Spannungen in einem Werkstück zu lösen, indem das Werkstück eine bestimmte Zeit bei einer bestimmten Temperatur (Glühtemperatur) im Glühofen bleibt. **Steuern** bedeutet hier: ein **Sollwert** wird eingegeben z. B. 600 °C. Das Gas strömt solange in den Glühofen und erwärmt ihn, bis der Sollwert 600° C erreicht wurde. Dann wird über die **Steuereinrichtung** der Stellmotor angesprochen. Dieser schließt das Ventil zur Gaszufuhr. Wie hoch die Temperatur im Glühofen wirklich ist und ob sie auch so bleibt, wird nicht weiter überprüft [Bild 1].

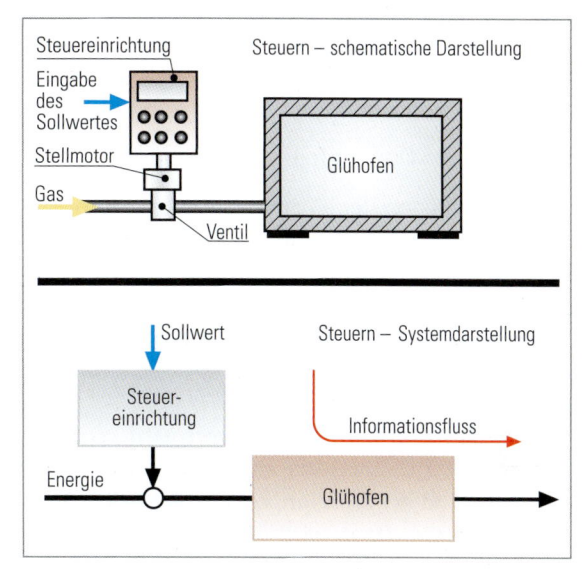

1: Glühofen – Steuerkette

2.2 Regeln

Regeln ist ein Vorgang, bei dem die Ofentemperatur (Regelgröße x) aufgrund ständiger Korrekturen auf einem vorgegebenen Wert (Sollwert) gehalten wird. Es ist daher nötig, dass ständig Rückmeldungen von der tatsächlichen Ofentemperatur (Istwert) erfolgen. Die eingestellte Heizgasmenge (Stellgröße y) muss entsprechend geändert werden. Der Wirkungsablauf ist geschlossen. Diese Anordnung von Bauelementen heißt **Regelkreis** [Bild 3].

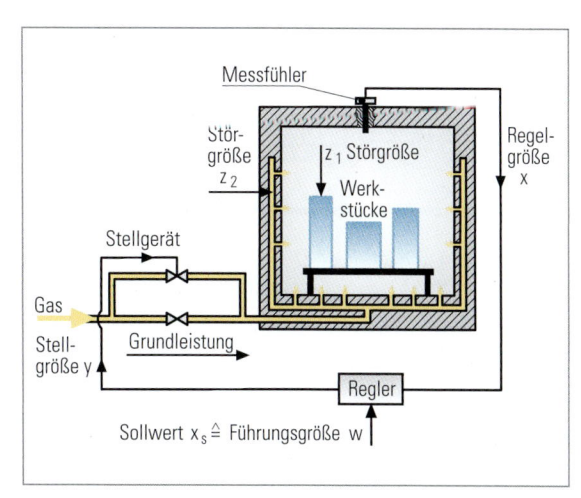

3: Regelkreis

Automatisierungsprozesse ▶ Steuerungstechnische Begriffe ▶ Steuerungsarten

Bei einer Regelung wird die Istgröße (tatsächlich gemessene Größe) ständig gemessen und mit dem Sollwert (eingestellte Größe) verglichen (**Soll-Ist-Vergleich**). Störgrößen (z), z. B.

- Zufuhr kalter Werkstücke (z_1)
- Zufuhr von kaltem Gas (z_2)
- geöffnete Ofentür (z_3)

beeinflussen den Regelvorgang. Werden aufgrund von Störgrößen Temperaturabweichungen festgestellt, wird die Heizgasmenge (Stellgröße) durch die Regeleinheit so lange verändert, bis die gewünschte Temperatur (Sollwert) erreicht ist.

Beispiel: Glühofen

Regeln bedeutet hier: ein **Sollwert** wird eingegeben z. B. 600 °C. Das Gas strömt solange in den Glühofen und erwärmt ihn, bis der Sollwert 600 °C erreicht wurde. Dann wird über die **Regeleinrichtung** der Stellmotor angesprochen, der nun das Ventil zur Gaszufuhr schließt. Ein Temperaturmessgerät misst den **Istwert** im Glühofen und meldet diesen an die Regeleinrichtung [Bild 1].

- Liegt der Istwert (gemessene Temperatur) unter 600 °C, wird der Stellmotor das Ventil zur Gaszufuhr öffnen. Das Gas heizt den Glühofen wieder auf.
- Liegt der Istwert über 600 °C, wird die Gaszufuhr gestoppt.

> **Merke**
> Beim **Steuern** ergibt der offene Ablauf der Signalverarbeitung eine **Steuerkette** (Wirkungsweg).
> Beim **Regeln** wird der geschlossene Ablauf der Signalverarbeitung zum **Regelkreis** (Wirkungsweg).

Auch die **automatische Dickenmessung** einer **Walzanlage** ist Teil eines Regelvorgangs. Solange der gemessene Ist-Wert mit dem Sollwert übereinstimmt läuft die Anlage „normal". Bei Abweichungen vom Sollwert regelt die Anlage über verschiedene Parameter (z. B. Geschwindigkeit, Walzenabstand) so lange nach, bis die **gewünschte Dicke** wieder erreicht wird. Kann die Anlage dies nicht selbsttätig, erfolgt eine Störungsmeldung. In diesem Fall muss der Bediener der Anlage für die Beseitigung der Störung sorgen.

Übungen

1. Unterscheiden Sie Steuern und Regeln (Tabelle) und nennen Sie typische Anwendungsbeispiele.

2. Erstellen Sie von dem oben beschriebenen Regelvorgang an einer Walzanlage (Dickenmessung):
   a) eine Prinzipskizze
   b) ein Blockschaltbild
   Verwenden Sie u.a. folgende Begriffe: Sollwert, Istwert, Störgröße, Regeleinheit, Dickenmessgerät

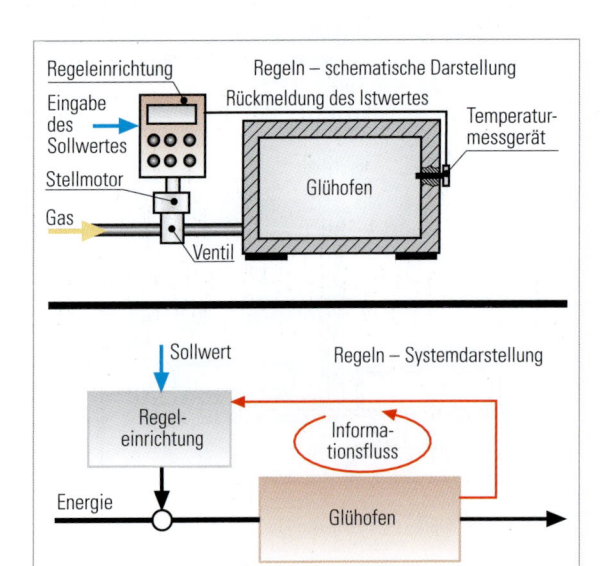

1: Glühofen – Regelkreis

2.3 Steuerungsarten

Das **Programm** einer Steuerung umfasst alle **Anweisungen zur Signalverarbeitung**, durch die eine Anlage beeinflusst wird. **Steuerungen** können nach ihrer Signalverarbeitung unterteilt werden in:

a) **Verknüpfungssteuerungen** (Kombinatorische Steuerungen)

b) **Ablaufsteuerungen**

a) Eine Presse soll z. B. aus Sicherheitsgründen nur durch das Betätigen von zwei Tastern (mit der Rechten **UND** der linken Hand gleichzeitig gedrückt) schließen. Diese Verknüpfungsart wird

UND-Verknüpfung genannt. Dieses Beispiel zeigt eine **Verknüpfungssteuerung**.
Weitere Verknüpfungsfunktionen sind: **ODER, NICHT, Exclusiv ODER** (siehe Tabellenbuch).
Bei den **Verknüpfungssteuerungen** gibt das Steuerglied nur dann Signale an das Stellglied, wenn **zwei oder mehr Signale** von den Signalgliedern aufgenommen und im Steuerglied miteinander logisch verknüpft werden.
Bei der **Zweihandbetätigung** einer Presse bedeutet dies: Beide Hände müssen je einen Taster (Signalglied) drücken. Das Signal wird vom UND-Ventil (Steuerglied) aufgenommen und logisch verknüpft (UND). Das Steuerglied gibt nun das Signal über das Wege-Ventil (Stellglied) an den Zylinder der Presse weiter. Die Presse formt das Werkstück.

> **Merke**
> Bei der **Verknüpfungssteuerung** werden die Ausgangssignale durch Verknüpfungsfunktionen (z. B. UND, ODER) bestimmt.

b) Für Steuerungen, bei denen die einzelnen Arbeitszyklen selbstständig nacheinander oder parallel ablaufen, werden **Ablaufsteuerungen** verwendet. Ein Werkstück wird z. B. automatisch eingespannt, bearbeitet, ausgespannt und anschließend weitertransportiert.
Bei der **Ablaufsteuerung** erfolgt die Signalverarbeitung somit nach einem festgelegten Ablauf. Ein Beispiel aus der Pneumatik:
Zuerst fährt Zylinder 1 aus. Dann fährt Zylinder 2 aus. Nachdem beide Zylinder ausgefahren sind, fahren sie gleichzeitig wieder ein.
Dieser Ablauf der Steuerung kann durch ein Weg-Schritt-Diagramm oder eine Grafcet-Darstellung verdeutlicht werden (siehe Kap. 3.3).

> **Merke**
> Eine **Ablaufsteuerung** ist eine Steuerung mit zwangsläufig schrittweisen Abläufen.

Verknüpfungs- und Ablaufsteuerungen können als:

- **V**erbindungs-**P**rogrammierte **S**teuerung **VPS**

oder

- **S**peicher-**P**rogrammierbare **S**teuerungen **SPS**

aufgebaut sein.

Bei den **Verbindungsprogrammierten Steuerungen** (VPS) sind die einzelnen Elemente (Signal- Steuer und Stellglieder) fest miteinander verdrahtet. Ein automatisches Getriebe kann so z. B. gesteuert werden.
Speicherprogrammierbare Steuerungen (SPS) werden meist an Werkzeugmaschinen eingesetzt. Sie haben elektronische Speicher, die je nach Bedarf anders programmiert werden können. Der Schaltungsaufbau braucht dabei nicht verändert zu werden.

2.4 Signale

Ein **Signal** im technischen Sinne ist eine Wirkung, die zur Übertragung einer Information genutzt werden kann. Der Empfänger des Signals sollte die Information auswerten können. Ein Gerät oder Gegenstand zur Signalerzeugung ist ein **Signalgerät**. Wird ein Signal zur Auswertung von Information genutzt, nennt man es **Nutzsignal**. Eine Kontrollleuchte zeigt z. B. an, dass eine Palette mit fertig bearbeiteten Werkstücken voll besetzt ist. Nun kann das Fachpersonal diese Palette durch eine leere Palette ersetzen. Das Signal ist demnach ein Nutzsignal.
Behindert das Signal die Übertragung nützlicher Information, so heißt es **Störsignal**. In diesem Fall enthält es selbst keine verwertbare Information. Betritt z. B. eine Person den Gefahrenbereich eines Industrieroboters bewirkt das Störsignal, das der Roboter nicht weiterarbeiten kann.
Der Ablauf vom Signaleingang bis zum Signalausgang wird als **Signalfluss** bezeichnet.
Eine **Steuerung** kann verschiedene Signale aufnehmen und verarbeiten.
Es wird unterschieden zwischen:

- binäre Signale
- analoge Signale
- digitale Signale

Binäre Signale zeigen unterschiedliche physikalische Werte durch zwei Schaltstellungen an. Entweder sie übertragen ein Signal (1) oder es wird kein Signal weitergegeben (0). Bei einer Lichtschranke zur Absicherung des Gefahrenraumes [Bild 1, nächste Seite] bedeutet z. B. 1 = Gegenstand befindet sich im Gefahrenraum und 0 = Gefahrenraum ist frei.

Automatisierungsprozesse ▶ **Steuerungstechnische Begriffe** ▶ Signale

1: Binäres Signal ein/aus (Lichtschrankenvorgang)

Analoge Signale verändern sich gleichmäßig mit der gemessenen physikalischen Größe.

1. Eine Bimetallfeder biegt sich z. B. analog zur jeweiligen Temperaturänderung. Sie kann als Thermometer verwendet werden.
2. Bei einem Widerstandsthermometer wächst mit der Temperatur der elektrische Widerstand der Messsonde [Bild 3].

> **Merke**
> Das **analoge Signal** ändert sich entsprechend einer physikalischen Größe.
> Ändert sich z. B. die Spannung, dann ändert sich zeitgleich auch die Anzeige.

Digitale Signale zeigen eine sich ändernde physikale Größe stufenweise an. Die Anzeige erfolgt in festgelegten Schritten. Eine digital arbeitende Steuerung gibt bei sich ändernden Werten nicht ständig Signale weiter. Sie gibt sie nur dann weiter, wenn sich die Werte in vorgegebenen Schritten von z. B. 100 1/min geändert haben [Bild 2].

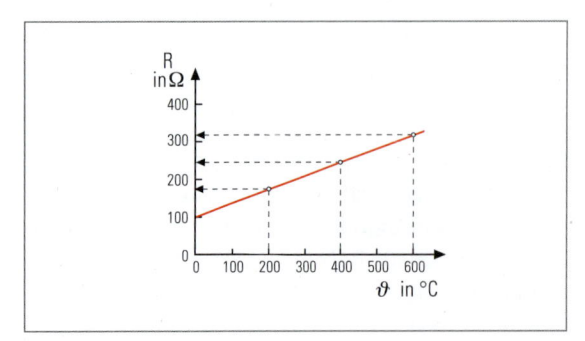

3: Analoges Signal (Kennlinie eines Widerstandsthermometers)

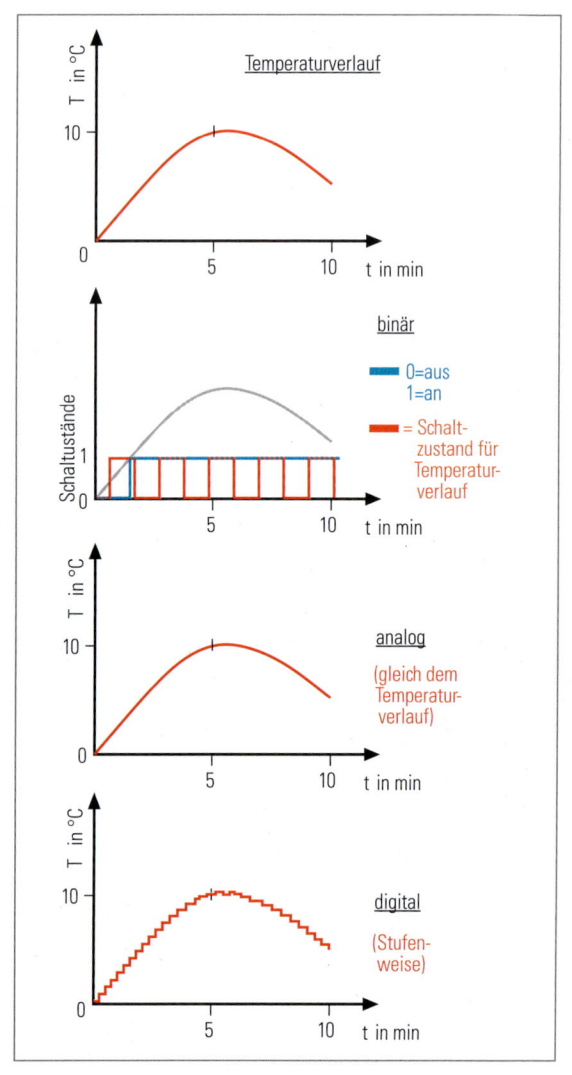

2: Signale

Übungen

1. Überlegen Sie, um welche Signalart (binär, analog oder digital) es sich bei den folgenden Beispielen handeln könnte. Begründen Sie!
   a) Ein mit Flüssigkeit gefülltes Außenthermometer zeigt eine Temperatur von 21 °C an.
   b) Ein Kaffeeautomat füllt nach Geldeingabe einen Becher mit Kaffee.
   c) Bei einem Stahlblech wird alle 30 s während des Walzvorgangs eine Dickenmessung durchgeführt. (2,466 mm; 2,471 mm; ...).
   d) Der Zeiger einer Uhr bewegt sich jede Sekunde einen Strich weiter.

Automatisierungsprozesse ▶ Steuerungstechnische Begriffe ▶ Prozessdarstellung

Energie:
Die **Energie** ist eine physikalische Größe. Sie wird gemessen in **Joule**. Energie verrichtet mechanische Arbeit. Sie ist nötig, um einen Körper zu beschleunigen oder ihn entgegen einer Kraft zu bewegen. Energie kann in verschiedenen **Energieformen** vorkommen. Hierzu gehören:

- Höhen- oder Lageenergie (potentielle Energie)
- Bewegungsenergie (kinetische Energie)
- chemische Energie
- Wärmeenergie (thermische Energie)
- elektrische Energie

Die **Gesamtenergie** innerhalb eines *abgeschlossenen Systems* kann aufgrund der **Energieerhaltung** weder vermehrt noch vermindert werden. Die Energie kann nicht verbraucht werden. Sie kann nur von einer Energieform in eine andere umgewandelt werden. Dabei verrichtet sie Arbeit.
Der Ablauf von Energieeingabe, Energieweitergabe und Energieausgabe wird als **Energiefluss** bezeichnet.

Signal- und Energieträger sind:

- Mechanische Bauteile
- Druckluft
- Hydrauliköl
- Elektrischer Strom

2.5 Prozessdarstellung

Um den Prozess einer Steuerung darstellen zu können werden **Logiksymbole** verwendet. Diese Symbole beschreiben in einem **Logikplan (Funktionsplan)** die Gesamtfunktion.
Ein weiteres Hilfsmittel zur Darstellung von Gesamtfunktionen sind **Funktionstabellen**, die auch als Wahrheitstabellen bezeichnet werden. Funktionstabellen erfassen alle Kombinationen der Eingänge und ordnen ihnen, entsprechend der logischen Grundfunktionen, die jeweiligen Ausgänge zu [Bild 1].
In der folgenden Übersicht sind die wichtigsten logischen Grundfunktionen aufgeführt [Bild 1, nächste Seite].
Diese Darstellungsweisen (Logikplan und Funktionstabelle) können sowohl bei pneumatischen, hydraulischen oder elektrischen Steuerungen verwendet werden.

Eingänge:			Ausgänge:
E3	E2	E1	A1
0	0	0	0
0	0	1	0
0	1	0	0
0	1	1	0
1	0	0	0
1	0	1	0
1	1	0	0
1	1	1	1

1: Aufbau einer Funktionstabelle

Übungen

1. Formulieren Sie schriftlich die logischen Verknüpfungen der Grundfunktionen [Bild 1, nächste Seite], z. B.: UND bedeutet, ...

2. Bild 1 enthält eine Funktionstabelle.
   a) Welche Eingangssignale bewirken hier ein Ausgangssignal (1)?
   b) Um welche logische Verknüpfung handelt es sich?
   c) Erstellen Sie zu Bild 1 das Logiksymbol.

Automatisierungsprozesse ▶ Planung einer Steuerung ▶ Prozessdarstellung

Funktion	Logiksymbol	Funktionstabelle			Beschreibung
		E2	E1	A1	
UND	E1 & A1, E2	0	0	0	Erst wenn **alle** Eingangssignale den Wert 1 haben, gilt: A1 = 1.
		0	1	0	
		1	0	0	
		1	1	1	
		E2	E1	A1	
ODER	E1 ≥1 A1, E2	0	0	0	Wenn **mindestens** ein Eingangssignal den Wert 1 hat, gilt: A1 = 1
		0	1	1	
		1	0	1	
		1	1	1	
			E1	A1	
NICHT	E1 1 ○ A1		0	1	Diese Funktion bewirkt die **Umkehrung** des Signals.
			1	0	
		E2	E1	A1	
Exclusiv ODER (XOR)	E1 XOR A1, E2	0	0	0	Nur wenn E1 oder E2 den Wert 1 haben, gilt: A1 = 1 (Beachte: Wenn beide E den Wert 1 haben, gilt: A1 = 0)
		0	1	1	
		1	0	1	
		1	1	0	

Eingangssignale: E1, E2, ...   Ausgangssignale: A1, ...

1: Logische Grundfunktionen (Auswahl)

3 Planung einer Steuerung

Im folgenden Abschnitt wird die Vorgehensweise zur Planung einer Steuerung erklärt.

Beispiel: Zuführeinrichtung [Bild 3]

Aufgabenstellung: Ein Pneumatikzylinder schiebt aus einem Stapelmagazin Werkstücke nach rechts gegen einen Anschlag. Von dort aus erfasst ein Greifer die Werkstücke und transportiert sie weiter. Die Steuerung hat 3 Signalgeber:

- Einen Signalgeber -SJ1 an einem zentralen Steuerpult.
- Einen Handtaster -SJ2 in der Nähe der Zuführreinrichtung.
- Einen Taster -BG1 zur Positionsabfrage des Werkstückes.

Es soll nur dann ein Werkstück zugeführt werden, wenn einer der beiden Handtaster betätigt wird und sich kein Werkstück in der Greifposition befindet.

Vorgehensweise der Planung:

1. Erstellen einer Zuordnungstabelle

In ihr werden alle beteiligten Signalgeber und Antriebe festgelegt. Die logische Zuordnung der Signalzustände wird beschrieben [Bild 2].

Gerät	Signal	Beschreibung
-SJ1: Hand-Stellschalter	E1	E1 = 1: -SJ1 wird handbetätigt
-SJ2: Hand-Tastschalter	E2	E2 = 1: -SJ2 wird handbetätigt
-BG1: Werkstückabfrage	E3	E3 = 1: Werkstück in Position
Zuführzylinder	A1	A1 = 1: Zylinder fährt aus

2: Zuordnungstabelle

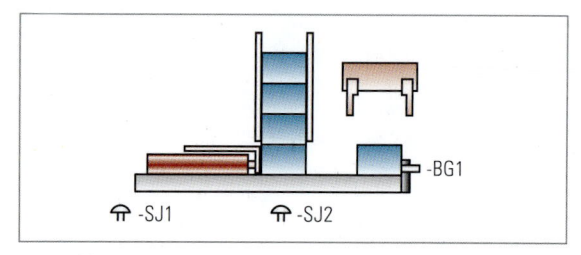

3: Zuführeinrichtung

2. Beschreibung der Steuerfunktionen und Reduzierung auf die Grundfunktion.

In diesem Schritt wird die Gesamtfunktion der Steuerung in logische Grundfunktionen zerlegt.
„Der Zuführstempel fährt aus, wenn die Signalgeber -SJ1 oder -SJ2 betätigt werden und der Signalgeber -BG1 kein Signal liefert."

3. Weg-Schritt-Diagramm

Das Weg-Schritt-Diagramm ist eine Darstellungsform, bei der der Weg des Arbeitselements (Zylinders) und die Voraussetzungen für das Aus- oder Einfahren dargestellt werden können [Bild 1].

Erklärung:
Der dicke schwarze Strich gibt den Weg des Zylinders an.

Ausgangsstellung:
Zylinder -MM1 eingefahren

Zeitlicher Ablauf:
1. Schritt: Zylinder -MM1 fährt aus.
2. Schritt: Zylinder -MM1 fährt ein.
In Schritt 3 ist die Ausgangstellung wieder erreicht, daher 3 = 1.
-SJ1, -SJ2, -BG1 sind Geräte, die das Signal für die Zylinderbewegung weitergeben (Signalgeber).

4. Erstellen von Logikplan und Funktionstabelle:

Der Logikplan verbindet das Logiksymbol mit den Geräten.

Z. B. 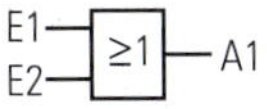 E1, E2 →[≥1]— A1

In der Funktionstabelle werden die Eingangssignale (E) den Ausgangssignalen (A) zugeordnet.
Z. B. E1 = 0 dann ist A1 auch = 0.

3.1 Funktionsplan (Logikplan)

Der Funktionsplan arbeitet mit Eingangssignalen E1, E2, E3, ... und Ausgangssignalen A1, A2, A3, ...
Die Logiksymbole werden zusammengesetzt und ergeben so den Funktionsplan [Bild 3].
Liegt Eingangssignal E1 **oder** E2 **oder** beide (E1, E2) an, **und** liegt gleichzeitig E3 **nicht** an, so erfolgt ein Ausgangssignal A1.

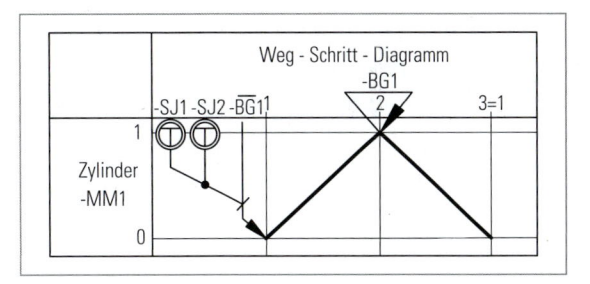

1: Weg-Schritt-Diagramm

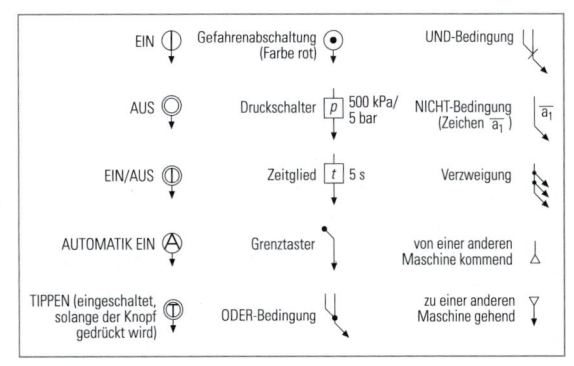

2: Symbole im Weg-Schritt- und Weg-Zeit-Diagramm

3.2 Funktionstabellen

Zeile 1: Die Eingangsgrößen und die Ausgangsgrößen werden gegenüber gestellt (E1, E2, E3, A1) [Bild 4].
Zeile 2: Eingangssignal E1, E2 und E3 liegen bei 0, d. h. es liegt kein Signal vor.
Die Folge davon ist: das Ausgangssignal A1 ist ebenfalls 0, der Zylinder fährt nicht aus.
Zeile 3: E3 und E2 liegen bei 0. E1 hat das Signal 1. Die Folge davon ist: das Ausgangssignal liegt nun bei 1, d. h. der Zylinder fährt aus.

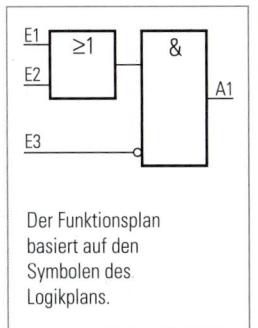

E3	E2	E1	A1	Zeile 1
0	0	0	0	Zeile 2
0	0	1	1	Zeile 3
0	1	0	1	Zeile 4
0	1	1	1	Zeile 5
1	0	0	0	Zeile 6
1	0	1	0	Zeile 7
1	1	0	0	Zeile 8
1	1	1	0	Zeile 9

Der Funktionsplan basiert auf den Symbolen des Logikplans.

3: Funktionsplan (Logikplan)

4: Funktionstabelle

Automatisierungsprozesse ▶ Planung einer Steuerung ▶ Funktionstabellen

3.3 GRAFCET

Bei der **Ablaufsteuerung** erfolgt die Planung in aufeinander folgenden Schritten. Eine Möglichkeit, um diese Abläufe darzustellen ist GRAFCET[1].

Mit GRAFCET können Steuerungsaufgaben übersichtlich dargestellt werden. Nachfolgende Übersicht zeigt die wichtigsten Symbole von GRAFCET [Bild 1]:

Beispiel: Ein doppelt wirkender Zylinder soll bei der Betätigung des Tasters -SF1 ausfahren. Durch Taster -SF2 soll er wieder einfahren [Bild 2, Bild 3]. Die Erklärung des pneumatischen Schaltplans und des Stromlaufplans werden im Kap. 4.3 Pneumatik und Elektropneumatik (Kap. 5) erläutert.

1	**Anfangsschritt:** Grundstellung der Steuerung, aus der die Anlage gestartet werden kann, z. B. Zylinder -MM1 ist sind in der hinteren Endlage.
2	**Allgemeiner Schritt:** Die einzelnen Schritte der Steuerung erhalten entsprechend des Steuerungsablaufs eine Nummer in einem Quadrat.
↑	Die einzelnen Schritte sind mit einer Wirkverbindung verbunden. Ein Pfeil kann die Richtung des Ablaufs angeben.
┼ -SF2	Der Übergang von einem zum nächsten Schritt wird mit einer Übergangsbedingung (Transition) angegeben.
-SF1 · -SF2	UND-Verknüpfung von -SF1 und -SF2
-SF1 + -SF2	ODER-Verknüpfung von -SF1 und -SF2
‾-SF1‾	-SF1 **NICHT** (Negation)

1: Symbole

2: Pneumatischer Schaltplan und Stromlaufplan

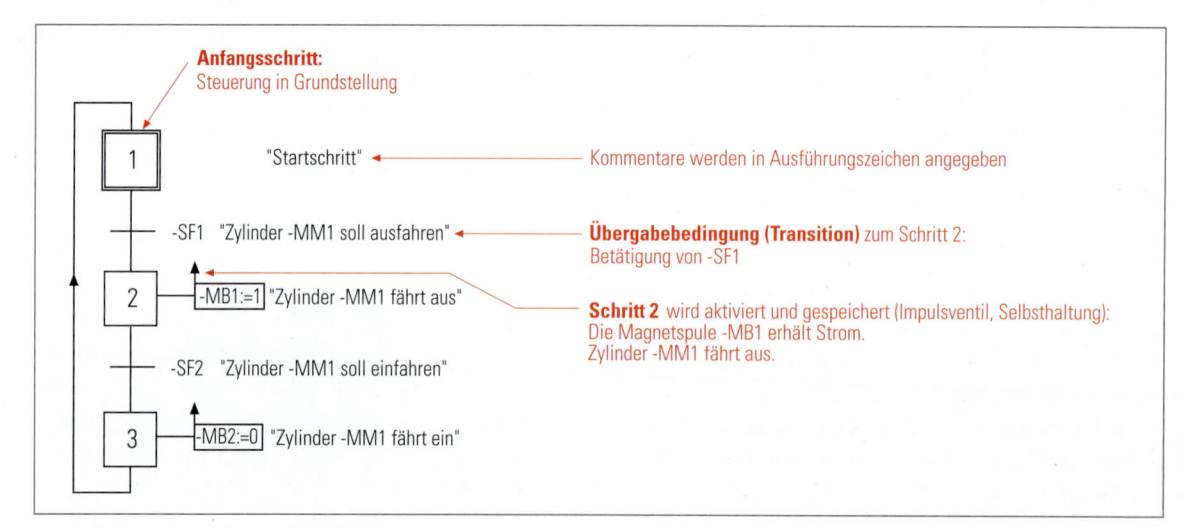

Anfangsschritt: Steuerung in Grundstellung

"Startschritt" ← Kommentare werden in Ausführungszeichen angegeben

-SF1 "Zylinder -MM1 soll ausfahren" ← **Übergabebedingung (Transition)** zum Schritt 2: Betätigung von -SF1

2 -MB1:=1 "Zylinder -MM1 fährt aus" ← **Schritt 2** wird aktiviert und gespeichert (Impulsventil, Selbsthaltung): Die Magnetspule -MB1 erhält Strom. Zylinder -MM1 fährt aus.

-SF2 "Zylinder -MM1 soll einfahren"

3 -MB2:=0 "Zylinder -MM1 fährt ein"

3: Funktionsdarstellung GRAFCET

---

[1] **GRA**phe **F**onctionnel de **C**ommande **E**tapes/**T**ransitions (Spezifikationssprache für Funktionspläne der Ablaufsteuerung)

4 Grundlagen der Pneumatik

Die **Pneumatik** gehört zur **Fluidtechnik**. Dies ist ein Sammelbegriff für die Steuerung und Betätigung von Maschinen und Anlagen durch strömende Stoffe, wie z. B. Luft (Pneumatik) oder Öl (Hydraulik). In pneumatischen Anlagen strömt **Druckluft** durch Schläuche oder Rohre zu pneumatischen Bauteilen. Die Energie der Druckluft bewirkt, dass Ventile schalten und Antriebsglieder sich bewegen [Bild 1].

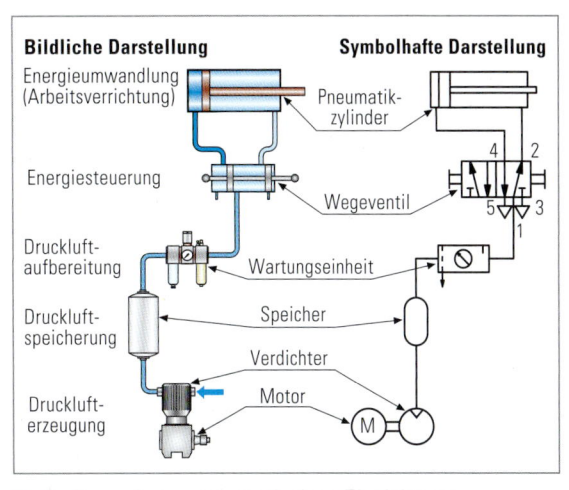

1: Aufbau einer pneumatischen Einrichtung

4.1 Druckluft

In **pneumatischen Anlagen** wird Druckluft zur Steuerung und zum Betrieb von Vorrichtungen oder Maschinen verwendet. Das Symbol für die Druckluft ist ein „nicht ausgefülltes" Dreieck △. Im Maschinenbau wird Druckluft zu vielfältigen Steuerungs- und Antriebsaufgaben eingesetzt.

Beispiele

- Die Spannvorrichtungen an Poliermaschinen können pneumatisch betätigt werden.
- Die Positionierung auf Förderstraßen erfolgt oft durch pneumatische Bauelemente.
- Mit Druckluft kann auch restliches Kühlschmiermittel von Werkstücken durch Abblasen entfernt werden [Bild 2].

Druckluft wird in der Technik schon lange als **Energieträger** eingesetzt. Die Verdichtung auf die in der Pneumatik üblichen Drücke von 5...10 bar erfolgt durch **Kompressoren** (Verdrängungsverdichter). Durch die ein- oder mehrstufige Verdichtung wird die Luft stark erwärmt. Sie muss daher abgekühlt werden. Dabei scheiden sich Luftfeuchtigkeit und aufgenommenes Öl ab.

Eine zentrale **Drucklufterzeugungsanlage** [Bild 1, nächste Seite] versorgt mehrere Verbraucher innerhalb eines Betriebes mit Druckluft. Sie hat einen Druck von 10 bar und mehr. Für geringen Luftverbrauch reichen kleine Drucklufterzeugungsanlagen [Bild 3] aus.

2: Entfernen von Bearbeitungsrückständen

3: Kolbenkompressor

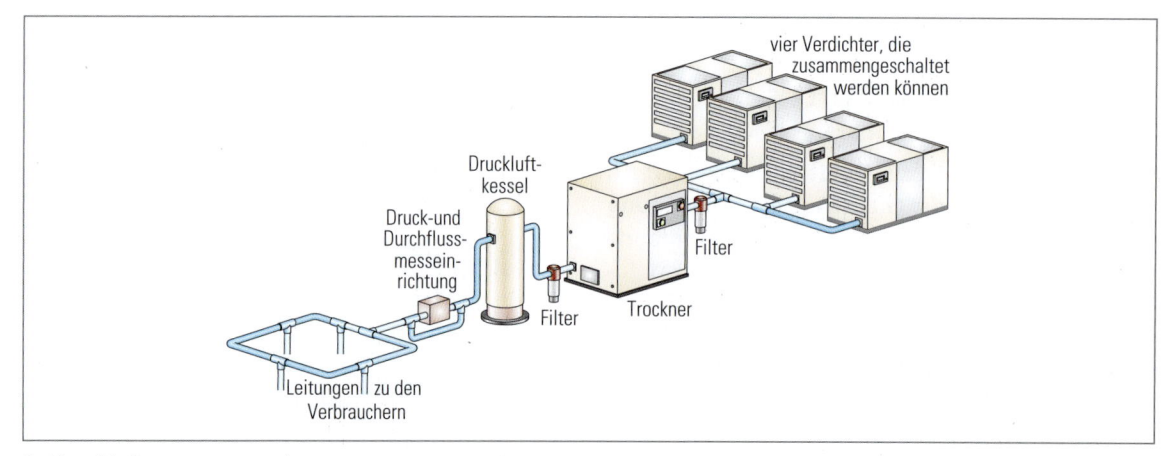

1: Drucklufterzeugungsanlage

Vor dem Verbrauch in Pneumatik-Bauteilen muss die Luft **gefiltert, entwässert, druckgeregelt** und **geölt** werden. Dies erfolgt in einer Wartungseinheit [Bild 2]. Bei den Bauteilen dient das Ölen der Druckluft dem Korrosionsschutz und der Schmierung der beweglichen Bauteile.

Die besonderen Eigenschaften der Druckluft sind ihre **geringe Dichte** und die **Komprimierbarkeit** (Zusammendrückbarkeit). Durch die geringe Dichte können in pneumatischen Anlagen hohe Geschwindigkeiten erzielt werden.

Die Komprimierbarkeit lässt keine hohen Kräfte zu. Sie kann jedoch für ein dämpfendes Verhalten genutzt werden. Da pneumatische Bauteile keinen Funkenflug erzeugen sind diese Anlagen auch in explosionsgefährdeten Bereichen zugelassen.

Druckluft ist ein **ungefährliches Arbeitsmedium**. Leckstellen bedeuten lediglich Druckverlust. Leitungsschäden bei Druckluft sind im Vergleich zu hydraulischen oder elektrischen Anlagen nicht umweltbelastend oder gefährlich. Pneumatische Anlagen kommen daher oft auch in der Lebensmittelindustrie zum Einsatz [Bild 3].

> **Merke**
> **Pneumatische Antriebe** können schnelle Bewegungen bei mittleren Kräften ausführen. Sie eignen sich für Steuerungen mit kurzen Wegen.

Übungen

1. Überlegen Sie, warum mit Industriedruckluft keine Autoreifen aufgepumpt werden.
2. Erstellen Sie eine Tabelle mit den Vor- und Nachteilen der Druckluft bei der Arbeit in Ihrem Betrieb.

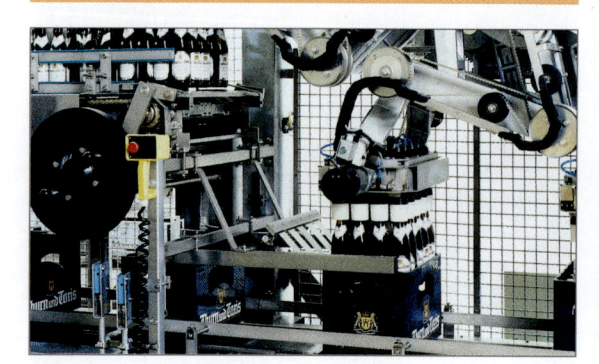

2: Wartungseinheit im Schnitt

3: Füllen von Flaschenkästen

Regeln beim Umgang mit Druckluft
Um Unfälle zu vermeiden, müssen beim Umgang mit Druckluft einige Regeln beachtet werden.

- mit Druckluft **nicht auf Körperteile** zielen.
- Beim Abblasen von Werkstücken mit Druckluft **Schutzbrille und geeignete Schutzkleidung** tragen.
- Maschinen nicht mit Druckluft reinigen, da sonst z. B. Späne zwischen Führungen und in Lager gedrückt werden könnten.
- **Brennbare Flüssigkeiten** nicht mit Druckluft aus einem Behälter drücken (Explosionsgefahr).
- Wird Druckluft zum Säubern oder Trocknen von **dünnwandigen** Behältern benutzt besteht die Gefahr des explosionsartigen Bruches des Behälters.
- In Druckgasflaschen kann der Druck mehrere 100 bar betragen. Die Druckhöhe muss ablesbar sein.

Aus Sicherheitsgründen sind im Bereich der Pneumatik weitere Regeln zu beachten:

- Arbeiten an pneumatischen Baugruppen dürfen **nur an entlüfteten Anlagen** durchgeführt werden.
- Vor dem Einschalten der Druckluft alle **Schlauchverbindungen** auf sicheren **Sitz überprüfen**.
- Bei **Impulsventilen** (siehe nächste Seite) ist die momentane Schaltstellung von außen nicht zu sehen. Die Kolbenstange kann eventuell beim Einschalten der Druckluft sofort ausfahren. Treffen Sie Vorsichtsmaßnahmen (z. B. nicht in den Ausfahrbereich fassen).
- Rolltaster nicht von Hand betätigen (Quetschgefahr).

Merke: Zur eigenen **Arbeitssicherheit** die Regeln im Umgang mit Druckluft beachten.

Übungen

1. Nennen Sie Beispiele, wofür bei Ihnen im Betrieb Druckluft eingesetzt wird.
2. Simulieren Sie mit Ihrem Tischnachbarn ein Gespräch zwischen Ausbilder und Auszubildendem. **Thema:** Einweisung an einen Arbeitsplatz, an dem mit Druckluft gearbeitet wird.

4.2 Pneumatische Bauteile

4.2.1 Wartungseinheit

Die Wartungseinheit [Bild 1 und 2] dient der **Aufbereitung** der Druckluft. Zu ihr gehört

- ein Druckmessgerät (Manometer)
- ein Filter mit Wasserabscheider
- ein Normalnebelöler
- ein Druckregelventil (Druckreduzierventil)

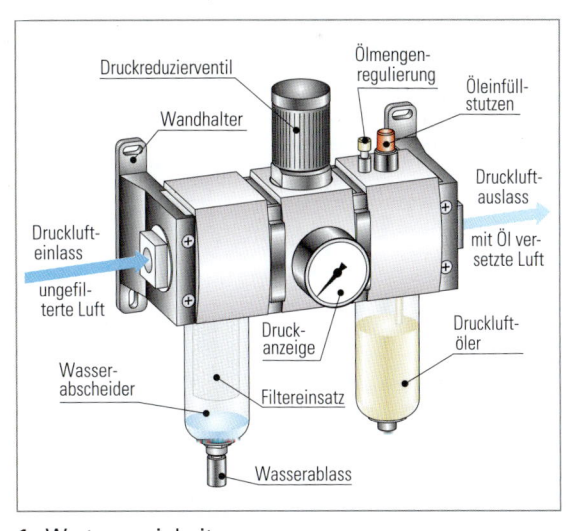

1: Wartungseinheit

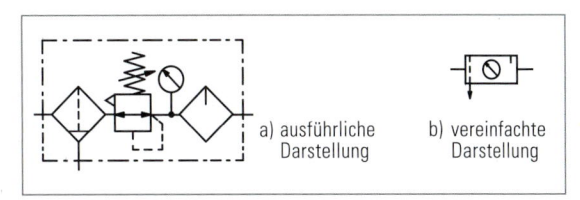

2: Symbolhafte Darstellung der Wartungseinheit im Pneumatikschaltplan
a) ausführliche Darstellung
b) vereinfachte Darstellung

Automatisierungsprozesse ▶ Grundlagen der Pneumatik ▶ Pneumatische Bauteile

4.2.2 Ventile

In der Pneumatik gibt es die unterschiedlichsten Ventile, die je nach Anwendungsfall verschiedene Aufgaben übernehmen.

> **Merke**
> **Ventile** dienen zur **Eingabe**, **Verarbeitung** und zur **Ausgabe** von Signalen. Auch das Arbeitsmedium wird durch Ventile gesteuert.

Nach der Funktion wird unterschieden in:

- Wegeventile
- Sperrventile
- Druckventile
- Stromventile

Wegeventile haben die Aufgabe, den Durchfluss der Druckluft entweder in einen bestimmten Luftweg zu leiten oder den Durchfluss zu sperren. Die Steuerfunktion der Wegeventile ist im genormten Schaltsymbol auf dem Gehäuse der Ventile abgebildet.

Wegeventile [Bild 1] werden nach der **Anzahl der Anschlüsse** und der **Zahl der Schaltstellungen** eingeteilt und bezeichnet.

z. B. 5/2 Wegeventil:

5 Anschlüsse, 2 Schaltstellungen

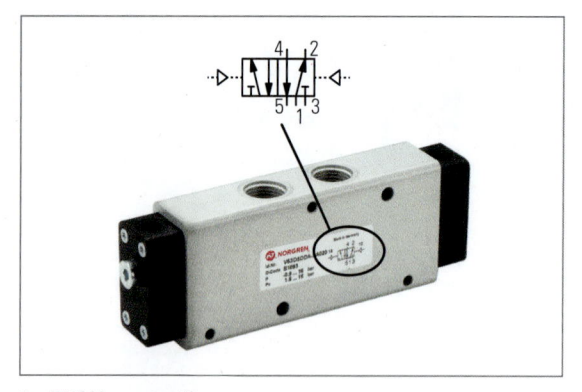

Jede Schaltstellung wird im Schaltbild als Quadrat dargestellt. Die Anschlüsse sind als kurze Striche außen an dem Quadrat angebracht, das die Ruhestellung des Ventils darstellt. Die Anschlüsse werden Wege genannt. Sie werden mit Ziffern (1, 2, 3, 4, …) bezeichnet. Die Druckluftzufuhr wird mit 1 (P = alte Bezeichnung), Arbeitsanschlüsse mit 2 (A) oder 4 (B) und die Entlüftungsanschlüsse mit 3 (R) oder 5 (S) gekennzeichnet. Die Verbindungen der Anschlüsse werden durch Linien dargestellt, Pfeile geben die Strömungsrichtung an. Von links und rechts werden Betätigungssymbole gezeichnet [Bild 2].

Wegeventile ohne Federrückstellung speichern ihre Schaltstellung und benötigen nur eine kurzzeitige Betätigung. Sie heißen daher **Impulsventile**.

> **Merke**
> **Impulsventile** bleiben nach einem Schaltimpuls in ihrer Schaltstellung.

1: 5/2 Wegeventil

Betätigungsart	Symbol	Ventilbezeichnungen und Erläuterung
Handbetätigung durch Druckknopf mit Raste und Federrückstellung		2/2 Wegeventil 2 Anschlüsse 2 Schaltstellungen
Betätigung durch Rolle und Federrückstellung		3/2 Wegeventil in Sperrruhestellung 3 Anschlüsse 2 Schaltstellungen
beidseitige Betätigung mit Druckluft		4/2 Wegeventil 4 Anschlüsse 2 Schaltstellungen
beidseitige elektrische Betätigung		5/2 Wegeventil 5 Anschlüsse 2 Schaltstellungen
beidseitige Betätigung mit Druckluft		4/3 Wegeventil mit Sperrmittenstellung 4 Anschlüsse 3 Schaltstellungen

2: Auswahl gebräuchlicher Wegeventile mit unterschiedlicher Betätigung

Automatisierungsprozesse ▶ Grundlagen der Pneumatik ▶ Pneumatische Bauteile

Wegeventile können in Steuerungen unterschiedliche **Funktionen** übernehmen:

- Als **Signalgeber** liefern sie Eingangssignale [Bild 3]. Auch Sensoren, das sind berührungslose oder berührende Grenztaster, können Eingangssignale liefern [Bilder 1 und 4].

- Wegeventile nehmen als **Verarbeitungsglied** [Bild 2] an der Verknüpfung von Signalen teil.

- Als **Stellglied** weisen sie dem Antriebsglied eine Aktion zu [Bild 5].

Übung

Welche Ventile in der Tabelle [Bild 2, vorherige Seite] sind Impulsventile?

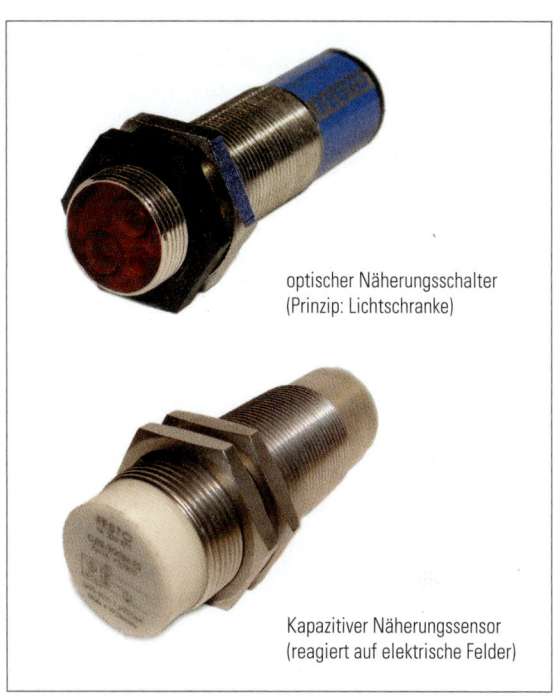

optischer Näherungsschalter (Prinzip: Lichtschranke)

Kapazitiver Näherungssensor (reagiert auf elektrische Felder)

1: Näherungssensor

2: 3/2 Wegeventil mit einseitiger Betätigung durch Druckluft und Federrückstellung

a) Handbetätigung
b) Fußpedal
c) Rollenbetätigung
d) Kipphebel

3: Wegeventile mit unterschiedlichen Betätigungsarten (Hand, Fuß, Rolle, Hebel)

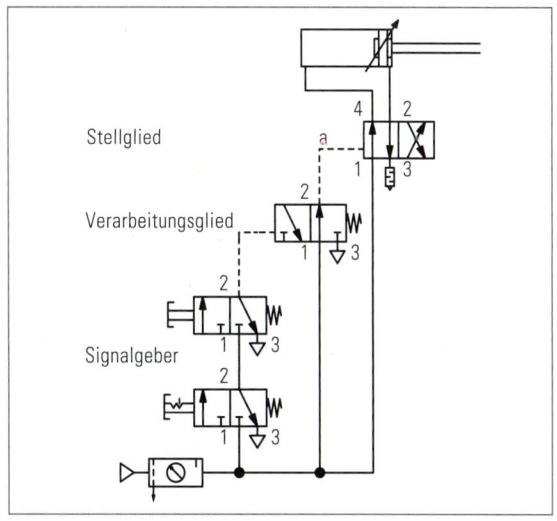

4: Wegeventile in unterschiedlichen Funktionen

Automatisierungsprozesse ▶ **Grundlagen der Pneumatik** ▶ Pneumatische Bauteile

Sperrventile

Unter der Bezeichnung **Sperrventile** werden Ventile zusammengefasst, die den Durchfluss der Druckluft nur in eine Richtung zulassen. In die andere (entgegengesetzte) Richtung wird der Durchfluss **gesperrt**.

Zu ihnen gehören:

- Zweidruckventile
- Wechselventile
- Rückschlagventile

Zweidruckventile [Bild 1] haben zwei Eingänge und einen Ausgang. Es lässt nur Luft zum Ausgang (2), wenn an beiden Eingängen (1) Druckluft anliegt. Das bedeutet: Eingang (1) auf der linken **und** Eingang (1) auf der rechten Seite müssen mit Druckluft beaufschlagt werden, damit die Luft zum Ausgang gelangen kann. Nur in diesem Fall „schaltet" das Ventil. Liegt nur an einem Eingang ein Signal an, sperrt der Steuerkolben den Luftweg. Das Ventil „schaltet" nicht. Das Zweidruckventil wird auch als **UND-Ventil** bezeichnet. Es wird für logische **UND-Verknüpfungen** verwendet.

a) Einseitige Druckbeaufschlagung von links oder von rechts ⇒ Kein Durchfluss

b) Beidseitige Druckbeaufschlagung ⇒ Durchfluss an der Seite mit dem geringeren Druck

1: Zweidruck- bzw. UND-Ventil

Wechselventile [Bild 2] haben ebenfalls zwei Eingänge (1) und einen Ausgang (2). Der Eingang mit dem höheren Druck ist mit dem Ausgang verbunden, der andere Eingang wird mit einem Ventilkörper (z. B. Kugel) verschlossen. Es kann also der linke oder der rechte Eingang oder beide Eingänge die Druckluft weiterleiten. Das Wechselventil wird auch als **ODER-Ventil** bezeichnet. Es wird für logische **ODER-Verknüpfungen** verwendet.

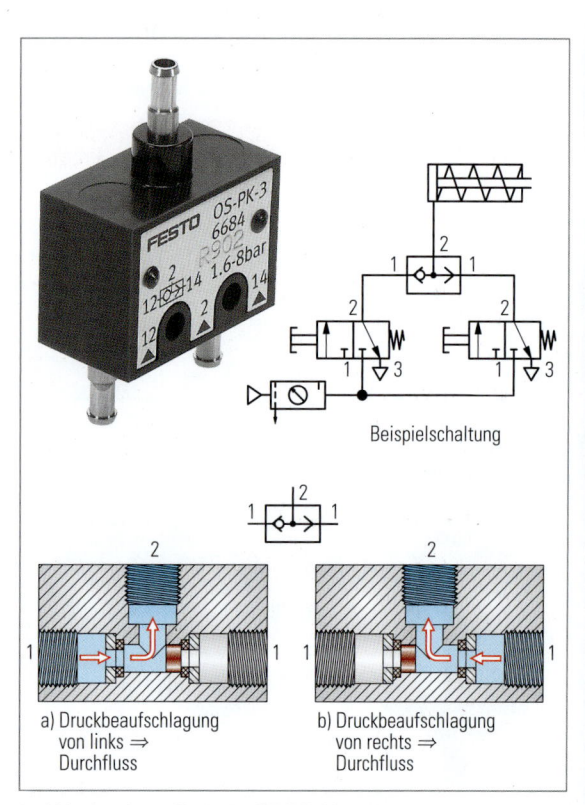

Beispielschaltung

a) Druckbeaufschlagung von links ⇒ Durchfluss

b) Druckbeaufschlagung von rechts ⇒ Durchfluss

2: Wechselventil- bzw. ODER-Ventil

Rückschlagventile können unbelastet oder federbelastet sein. Sie lassen den Luftstrom nur in eine Richtung durch und sperren die andere Richtung. Bei Druckabfall oder -ausfall verhindern sie ein Ausströmen der Druckluft aus dem System [Bild 3].

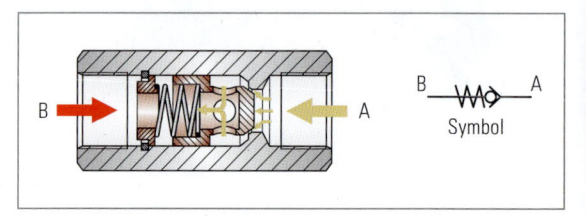

Symbol

3: Rückschlagventil

Druckventile sind Bauelemente, die den Druck steuern.

Zu ihnen gehören:

- Druckbegrenzungsventile
- Druckregelventile

Druckbegrenzungsventile öffnen bei Überschreitung eines einstellbaren Drucks die Ausgangsöffnung zur Atmosphäre. Sie werden auch Sicherheitsventile genannt [Bild 1].

Druckregelventile oder Druckreduzierungsventile liefern bei veränderlichem Eingangsdruck am Ausgang den eingestellten konstanten Druck. Der Eingangsdruck muss höher sein, als der eingestellte Regeldruck [Bild 3].

Stromventile dienen dazu, den Durchfluss der Druckluft in bestimmter Weise zu beeinflussen.

Zu ihnen gehören:

- Drosselventile
- Drosselrückschlagventile
- Schnellentlüftungsventile
- Zeitverzögerungsventil

Drosselventile weisen im Innern eine Verengung auf [Bild 2]. Dadurch wird der Durchfluss gedrosselt. Die Verengung kann einstellbar sein. Drosselventile wirken in beide Richtungen.

Drosselrückschlagventile [Bild 4] begrenzen den Durchfluss nur in einer Richtung. Die Durchflussrichtung ist durch einen Pfeil auf dem Ventil gekennzeichnet. Die Drosselung ist regelbar. In der anderen Richtung erfolgt der Durchfluss ungedrosselt.

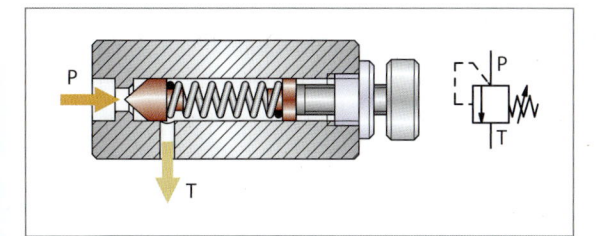

1: Druckbegrenzungsventil

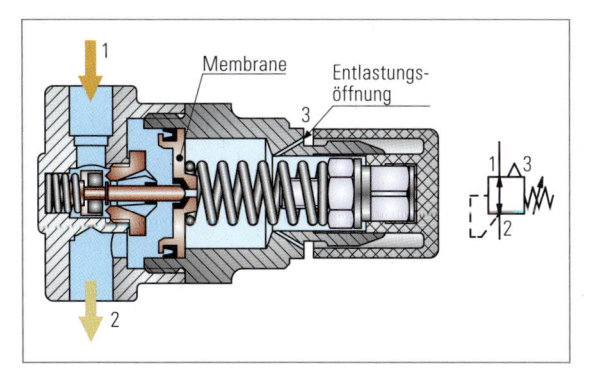

2: Drosselventil

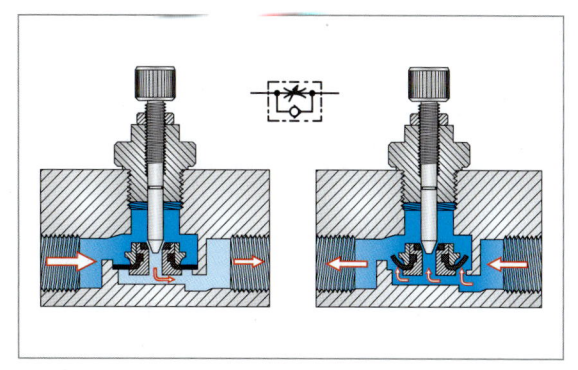

3: Druckregelventil

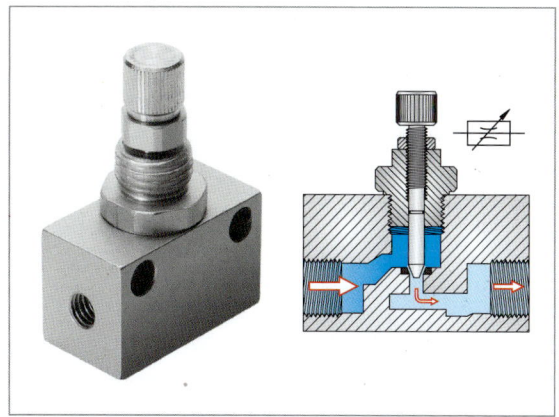

4: Drosselrückschlagventil

Automatisierungsprozesse ▶ **Grundlagen der Pneumatik** ▶ Pneumatische Bauteile

Schnellentlüftungsventile erhöhen die Kolbengeschwindigkeit [Bilder 1 und 2]. Mit ihnen werden lange Rückhubzeiten besonders bei einfach wirkenden Zylindern verkürzt. Die Abluft des Zylinders strömt bei diesem Ventil über einen großen Querschnitt und bei geringem Luftwiderstand nach außen. Es ist sinnvoll das Ventil möglichst nah an den Zylinder zu montieren. Bei Richtungsänderung sperrt es die Auslassöffnung 3 und führt die vom Wegeventil kommende Druckluft in den Zylinder.

Zeitverzögerungsventile sind eine Kombination aus Drosselrückschlagventil, Speicher und 3/2 Wegeventil. Das Eingangssignal wird mit einer über die Drossel regelbaren Verzögerung weitergegeben. Die Weitergabe erfolgt nur, wenn im Speicher der erforderliche Druck für die Betätigung des 3/2 Wegeventils aufgebaut ist [Bild 4].

> **Merke**
> **Drossel- und Drosselrückschlagventile** verlangsamen die Kolbengeschwindigkeit [Bild 3].

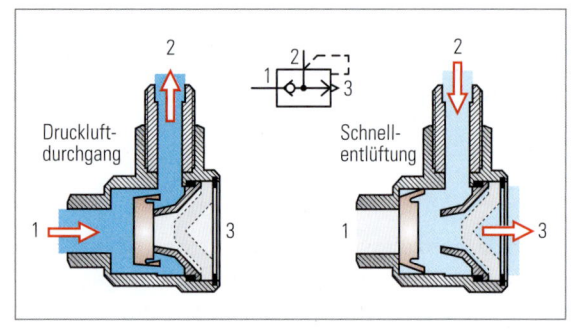

1: Schnellentlüftungsventil

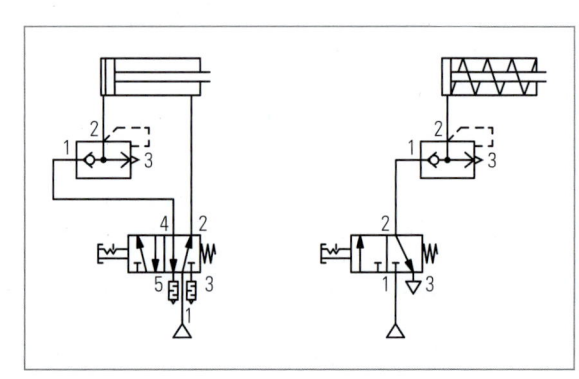

2: Erhöhung der Kolbengeschwindigkeit durch Schnellentlüftung

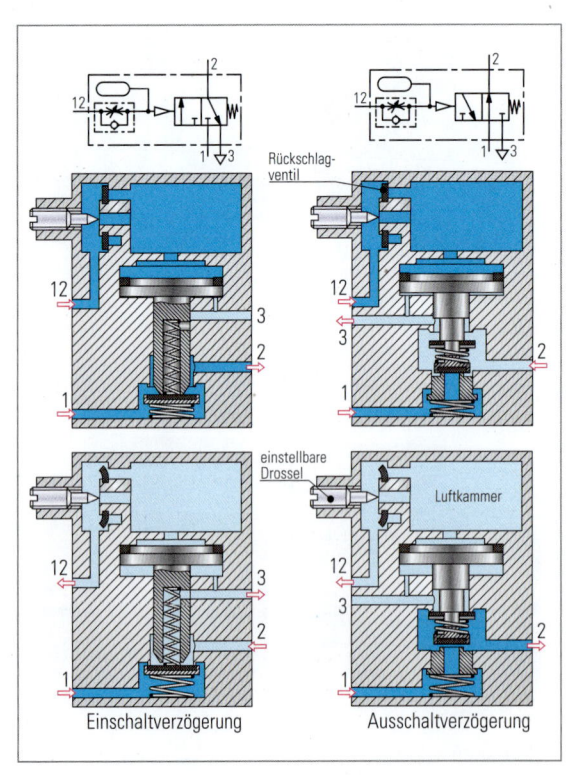

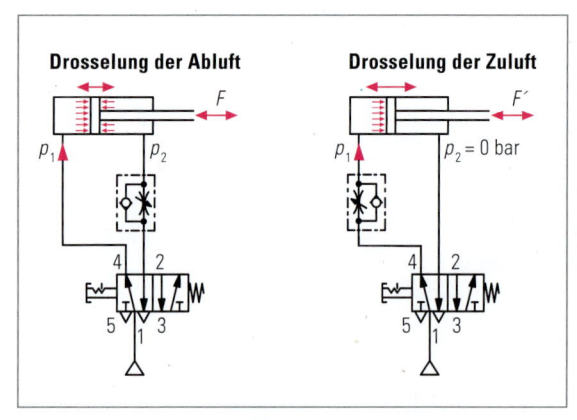

3: Verlangsamen der Kolbenbewegung

4: Zeitverzögerungsventil

Automatisierungsprozesse ▶ Grundlagen der Pneumatik ▶ Pneumatische Bauteile

Je nach Anordnung wird zwischen Zuluftdrosselung und Abluftdrosselung entschieden.

Zuluftdrosselung
Wenn die zugeführte Luft gedrosselt wird, ist nur eine Zylinderkammer druckbeaufschlagt. (z. B. p_1 = 6 bar). Die andere Kammer wird entlüftet (p_2 = 0 bar). Wirken bei dieser Drosselungsart von außen wechselnde Kräfte (F) auf die Kolbenstange, können ruckartige Bewegungen des Kolbens entstehen. Auch wenn wechselnde Reibungskräfte in der Kolbenführung vorliegen kommt es zu ruckartigen Bewegungen. Dieses „ruckeln" wird Slip-Stick-Effekt (engl. slip: gleiten, engl. stick: haften) genannt.

Abluftdrosselung
Bei der Abluftdrosselung stehen beide Zylinderkammern unter Druck. Der Kolben wird pneumatisch eingespannt. Die Kolbenbewegung verläuft deshalb bei wechselnden Kräften gleichmäßiger.

> **Merke**
> Die **Abluftdrosselung** ist der **Zuluftdrosselung** vorzuziehen.

Übung
Beschreiben Sie die Vorteile der Abluftdrosselung am Beispiel der Schwenkvorrichtung [Bild 1].

Ventilbetätigung
Ventile können auf verschiede Weise betätigt werden. Die **Betätigungsart** eines Ventils richtet sich nach seinem **Einsatzort** innerhalb der Steuerkette. Es gibt Ventilbetätigungen mit:

- Muskelkraft
- mechanischer Betätigung
- Druckluft Betätigung
- elektrischer Betätigung

Auch Kombinationen dieser Betätigungen sind möglich.

Ventile, die mit **Muskelkraft** betätigt werden, sind meist Signalglieder am Anfang der Steuerkette. Sie können hand- oder fußbetätigt sein. Das Ventil hat meist eine Rastung zum Halten der Schaltstellung. Die Rückstellung erfolgt durch den Bediener des Ventils. Bei einem Taster erfolgt die Rückstellung durch eine Feder.

Mechanisch betätigte Ventile werden verwendet, wenn z. B. ein Werkstück oder eine Kolbenstange die Betätigung auslösen soll.

Druckluftbetätigte Ventile sind meist Steuer- und Stellglieder. Die Schaltung erfolgt durch einen Druckluftstoß (Impuls) oder durch Druckentlastung.

Elektrisch betätigte Ventile ermöglichen die direkte Verarbeitung von elektrischen Signalen. Die Schaltung erfolgt über einen Elektromagneten oder einen Motor.

Kombiniert betätigte Ventile werden durch Druckluft und elektrische Energie betätigt. Die Schaltung kann als UND- oder ODER-Verknüpfung ausgelegt sein. Diese Ventile werden meist Vorsteuerventile genannt.

Übungen
1. Welche Betätigungsarten von Ventilen werden in Ihrem Betrieb bevorzugt eingesetzt?
2. Nennen Sie Gründe dafür.

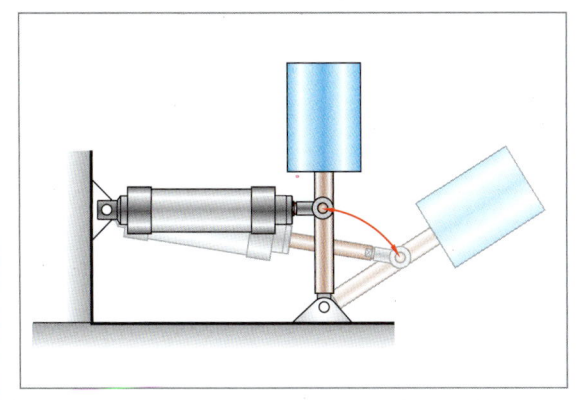

1: Abluftdrosselung am Beispiel der Schwenkvorrichtung

Automatisierungsprozesse ▶ **Grundlagen der Pneumatik** ▶ Pneumatische Bauteile

Neben den Ventilen sind die Zylinder wichtige Bauteile die in der Pneumatik verwendet werden.

4.2.3 Zylinder

Zylinder wandeln die in der Druckluft gespeicherte Energie in Bewegungsenergie um. Sie führen dabei geradlinige Bewegungen aus. Die Kraft berechnet sich aus dem Produkt von Druck und Kolbenfläche ($F = P \cdot A$) [Bild 2].

Es gibt verschiedene **Bauformen** von Zylindern:

- Kolbenzylinder
- Membranzylinder
- Sonderzylinder

Kolbenzylinder werden am häufigsten als Arbeitselemente verwendet:

- Sie benötigen wenig Wartung.
- Sie haben hohe Arbeitsgeschwindigkeiten.
- Sie sind relativ betriebssicher.
- Die möglichen Kräfte sind beschränkt (ca. 20 kN).

In der Wirkung gibt es:

- einfach wirkende Zylinder
- doppelt wirkende Zylinder

Einfach wirkende Zylinder haben nur **einen** Druckluftanschluss [Bilder 1 und 3]. Durch Druckluft fährt der Kolben aus in die vordere Endlage und verrichtet Arbeit. Auf der anderen Kolbenseite wird gleichzeitig eine Feder gespannt. Dadurch wird die nutzbare Kraft mit zunehmendem Weg verringert. Die Feder bewegt den Kolben nach Entlüftung wieder in die Ausgangslage, die hintere Endlage, zurück.

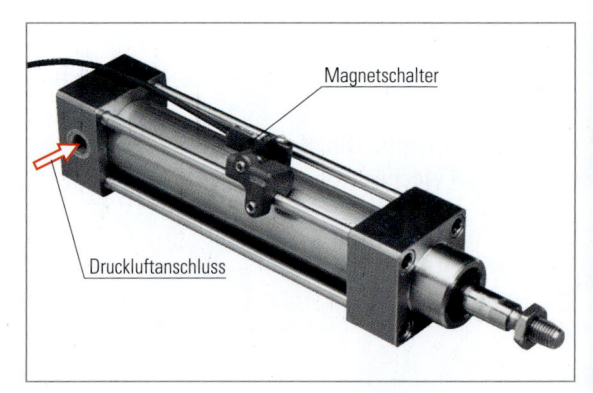

1: Einfach wirkender Zylinder mit verschiebbarem Magnetschalter

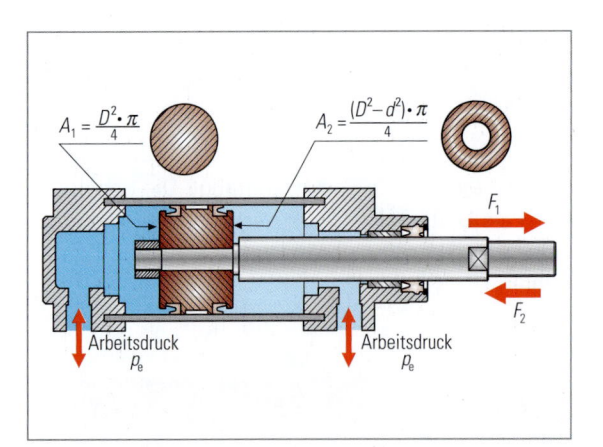

2: Kolbenflächen eines doppelt wirkenden Zylinders

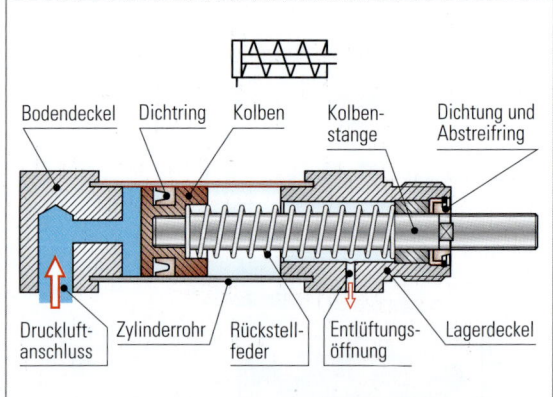

3: Prinzipbild eines einfach wirkenden Zylinders

Doppelt wirkende Zylinder haben auf beiden Seiten einen Druckanschluss [Bilder 1 und 3]. Sie besitzen also **zwei** Druckanschlüsse. Sie können in beiden Richtungen Arbeit verrichten. Die **Kraftwirkung beim Vorhub** (Kolben fährt aus) **ist größer** als beim Rückhub (Kolben fährt ein). Dies liegt an der durch die Kolbenstange verringerte, wirksame Kolbenfläche. Die Zylinder können zur Endlagendämpfung eine mechanische- oder pneumatische Vorrichtung haben.

Membranzylinder haben statt des Kolbens eine elastische oder eine Rollmembran. Sie arbeiten **nur in eine Richtung**. Ihre Hublänge ist gering. Sie werden meist zum schnellen spannen und lösen von Werkstücken verwendet.

Sonderzylinder gibt es für besondere Anwendungsgebiete, z. B. der Kurzhubzylinder und der Balgzylinder [Bild 2].
Die Antriebe in der Pneumatik können zur Vereinfachung symbolhaft dargestellt werden [Bild 4].

Übungen

1. Suchen Sie 2 verschiedene Zylinder (z. B. einfach und doppelt wirkenden Zylinder) und 3 verschiedene Ventile (z. B. 5/2-Wege, 4/2-Wege und 3/2-Wege-Ventil) aus Ihrem Tabellenbuch heraus.

2. Zeichnen Sie das jeweilige Sinnbild und benennen Sie es vollständig.

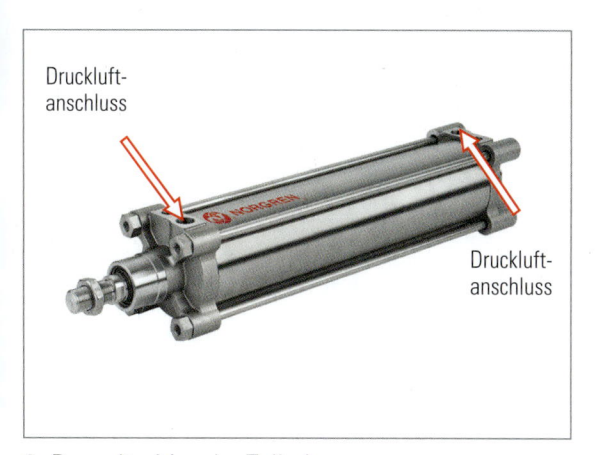

1: Doppelt wirkender Zylinder

2: Balgzylinder

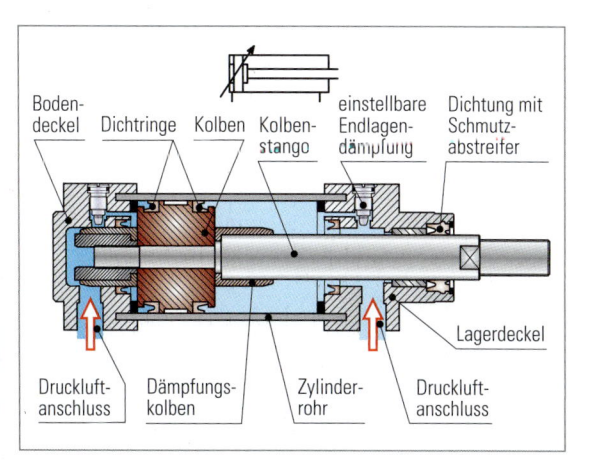

3: Prinzipbild eines doppelt wirkenden Zylinders mit Endlagendämpfung

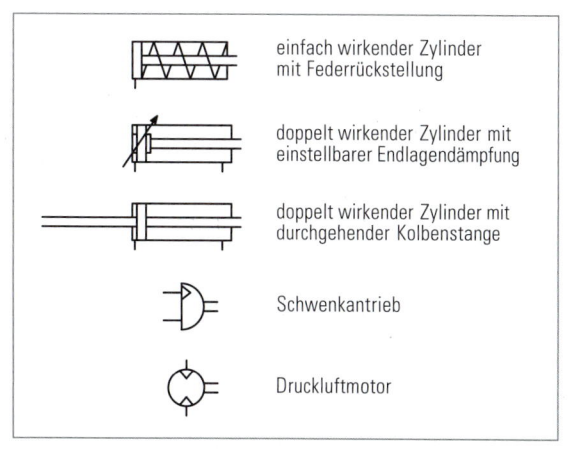

4: Symbole pneumatischer Antriebe

4.3 Pneumatische Schaltungen

Pneumatische Steuerungsanlagen werden zur Verbesserung der Übersichtlichkeit in Form von Schaltplänen dargestellt. Die Funktion und die Wirkungsweise sind so leicht erkennbar [Bild 1 links].

Schaltplanaufbau

Es gelten folgende Regeln:

1. Schaltpläne werden von unten nach oben, immer dem Signalfluss folgend, aufgebaut.
2. Alle Elemente (Signal-, Stell- und Arbeitselemente) werden waagerecht dargestellt, unabhängig von ihrer tatsächlichen Lage in der Steuerung.
3. Zur Darstellung der Baugruppen werden Symbole nach ISO 1219-1 verwendet (siehe Tabellenbuch).
4. Zylinder und Ventile werden in der Stellung dargestellt, in der sie sich vor dem Start der Steuerung befinden. Zylinder können z. B. im ausgefahrenen Zustand gezeichnet werden. Vor dem Start betätigte Ventile werden mit einem **Schaltnocken** gekennzeichnet. Die Anschlussleitungen liegen dann an der aktivierten Seite des Symbols [Bild 1 rechts].
5. Druckluftleitungen werden rechtwinkelig zueinander als Volllinien gezeichnet. Leitungen, die der Betätigung dienen sind Steuerleitungen. Sie werden als Strichlinien gezeichnet.
6. Innerhalb eines Schaltplanes werden die Bauteile mit einem Bezeichnungsschlüssel gekennzeichnet, z. B. -SJ1 (DIN EN 81346-2).

Auswahl von Kennzeichnungen steuerungstechnischer Systeme (DIN EN 81346-2)

AZ	Wartungseinheit
B	Eingangsgrößen zur anschließenden Signalverarbeitung umwandeln
BG	Positionsschalter, Näherungssensor
BP	Drucksensor, Druckschalter
GQ	Druckluftquelle
GP	Hydropumpe

HQ	Rücklauffilter
K	Signal verarbeiten
KF	Hilfsrelais, Zeitrelais
KH	Signalverknüpfungen (UND, ODER)
M	mit mechanischer Energie betätigen und antreiben
MA	Elektromotor
MB	Betätigungsspule der Magnetventile
MM	Hydraulikzylinder
P	Informationen darstellen
PF	optischer Melder, Kontrolllampe
PG	Manometer
QM	Wegeventil
QN	Druckbegrenzungsventil
RM	Rückschlagventil
RP	Schalldämpfer
RZ	Drosselrückschlagventil
S	Umwandlung eines manuellen Signals
SF	elektrischer Schalter, Tastschalter
SJ	handbetätigtes Ventil

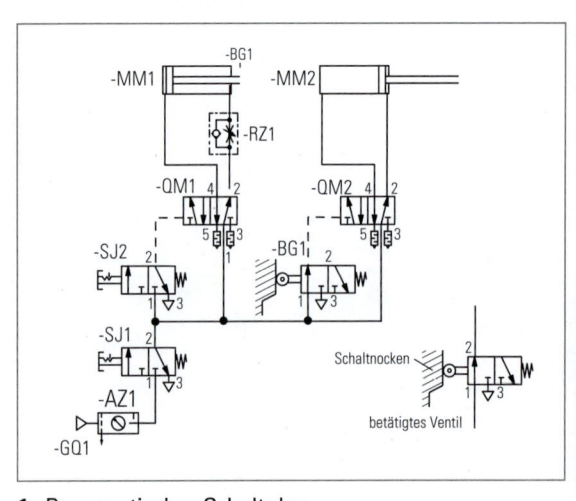

1: Pneumatischer Schaltplan

Automatisierungsprozesse ▶ Grundlagen der Pneumatik ▶ Pneumatische Schaltungen

Nach **Art der Betätigung** wird unterschieden in:

- direkte Steuerung
- indirekte Steuerung

Bei der **direkten Steuerung** erfolgt die Zufuhr der Druckluft zum Arbeitselement direkt über das Signalelement. Mit einem 3/2 Wegeventil kann ein einfach wirkender Zylinder gesteuert werden. Mit einem 4/2 Wegeventil wird ein doppelt wirkender Zylinder gesteuert. Bei der direkten Steuerung muss das Signalglied so lange betätigt werden, bis der Kolben voll ausgefahren ist. Spannvorrichtungen können so betätigt werden [Bild 1].

Bei der **indirekten Steuerung** liefern die Signalelemente Druckimpulse oder Dauersignale an das Stellglied. Dieses sorgt durch entsprechende Umschaltung für die Druckluftzufuhr zum Arbeitselement. Kommen die Signale von verschiedenen Eingängen werden sie mit UND oder ODER verknüpft. Müssen die Signale mehrerer Eingänge nach bestimmten Regeln logisch verknüpft werden, geschieht das in Steuergliedern. Die Steuerelemente geben dann die Signale an die Stellglieder weiter. Bei den meisten indirekten Steuerungen reichen kurze Impulse von den Signalgliedern, um die entsprechende Schaltung auszulösen [Bild 2]. Ausnahmen sind Steuerungen mit Zeitverzögerungsventilen. Diese benötigen mindestens so lange eine Druckluftzufuhr, bis die eingestellte Zahl erreicht ist. Dann kann das Steuersignal an das Stellglied weitergeleitet werden.
Bei der indirekten Steuerung werden die Verbindungen/Leitungen im Pneumatikplan gestrichelt dargestellt.

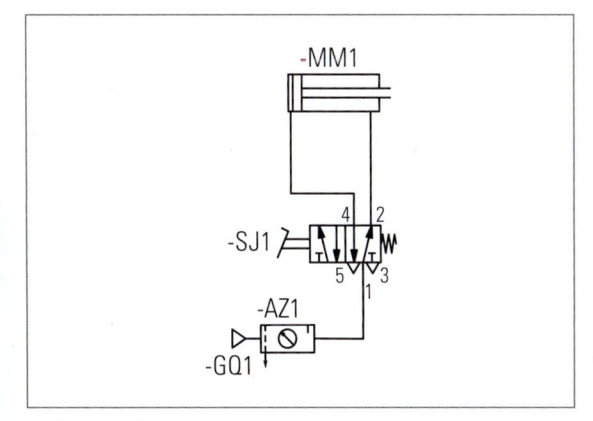

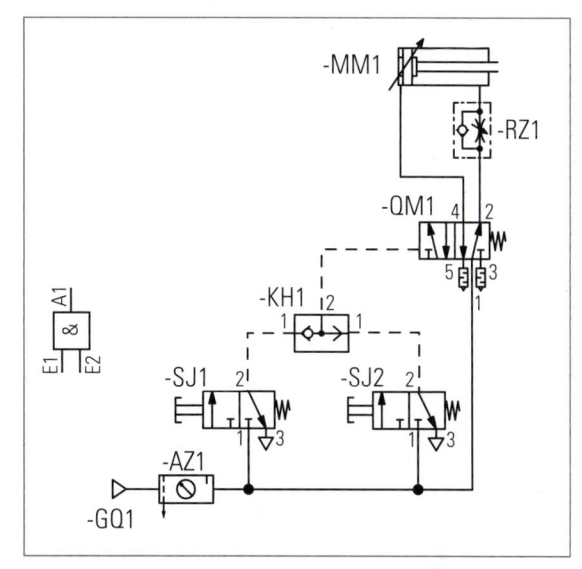

2: Indirekte Steuerung (Werkstückspannung)

Übung

Ein einfach wirkender Zylinder soll durch Betätigung eines Tasters ein Paket anheben.
Zeichnen Sie den möglichen Pneumatikplan:

a) als direkte Steuerung
b) als indirekte Steuerung

Planung pneumatischer Anlagen
Die pneumatische oder elektropneumatische Steuerung könnte durch nachfolgende Vorgehensweise erfolgen [Bild 1, nächste Seite].

Beispielaufgabe:
In einer Schneidvorrichtung zum Trennen von Kunststoffprofilen [Bild 2, nächste Seite] schneidet ein Messer durch das Profil. Das Messer wird durch einen Pneumatikzylinder geführt. Während des Rückhubs hat das Messer keine schneidende Wirkung. Die Betätigung des Zylinders erfolgt über ein Fußventil. Mit dem Abbruch der Betätigung fährt der Zylinder zurück.

1. Festlegen des Antriebselementes:
Es wird ein doppelt wirkender Zylinder gewählt. Er wird von einem 5/2 Wegeventil mit Pedalbetätigung direkt gesteuert.

1: Direkte Steuerung

Automatisierungsprozesse ▶ Grundlagen der Pneumatik ▶ Pneumatische Schaltungen

Vorgehensweise: Planen verbindungsprogrammierter Steuerungen

- **Schritt 1: Festlegen des Antriebsgliedes**
  - Art des Antriebs
  - Größe des Antriebs
    - Berechnung
    - Auswahl
  - Geschwindigkeiten
    - Ausfahrbewegung
    - Einfahrbewegung

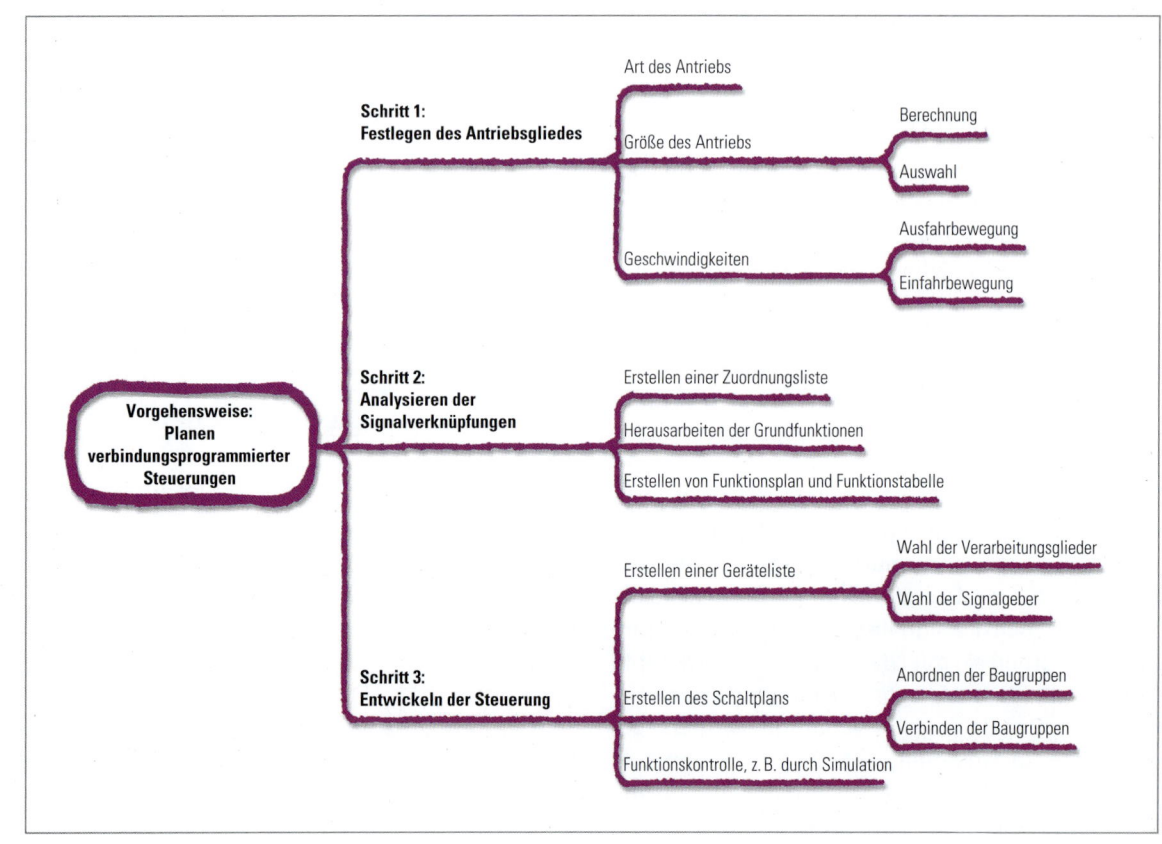

- **Schritt 2: Analysieren der Signalverknüpfungen**
  - Erstellen einer Zuordnungsliste
  - Herausarbeiten der Grundfunktionen
  - Erstellen von Funktionsplan und Funktionstabelle

- **Schritt 3: Entwickeln der Steuerung**
  - Erstellen einer Geräteliste
    - Wahl der Verarbeitungsglieder
    - Wahl der Signalgeber
  - Erstellen des Schaltplans
    - Anordnen der Baugruppen
    - Verbinden der Baugruppen
  - Funktionskontrolle, z. B. durch Simulation

1: Planungshilfe

2. Analysieren der Signalverknüpfung

- Zuordnungsliste:

Bauteil	Signal	Beschreibung
Fußventil	E1	E1 = 1: Signal wird weitergeleitet
Zylinder	A1	A1 = 1: Zylinder fährt aus A1 = 0: Zylinder fährt ein

- Grundfunktion:
  Bei Betätigung von -SJ1 fährt -MM1 aus. Das Eingangssignal ist mit dem Grundsignal identisch, dies wird **Identität** genannt.

- Funktionsplan (Logikplan) [Bild 3]

3. Entwickeln der Steuerung

- Bauteilliste:
  - -AZ1: Wartungseinheit
  - -SJ1: Fußventil (5/2 Wegeventil mit Fußbetätigung, Sperrruhestellung)
  - -RZ1: Drosselventil
  - -RZ2: Drosselventil
  - –MM1: Schneidzylinder (doppelt wirkender Zylinder)
  - -GQ1: Druckquelle

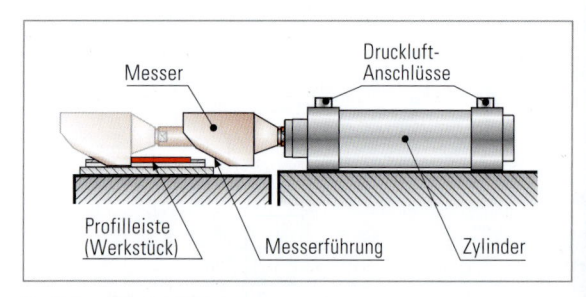

2: Schneidvorrichtung

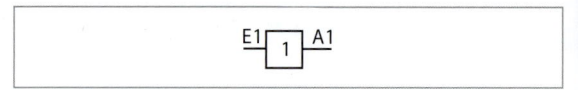

3: Logikplan (Identität)

Durch Drehen des Funktionsplanes um 90° entsteht eine Vorlage für den Pneumatikplan.

■ Pneumatikplan [Bild 1]

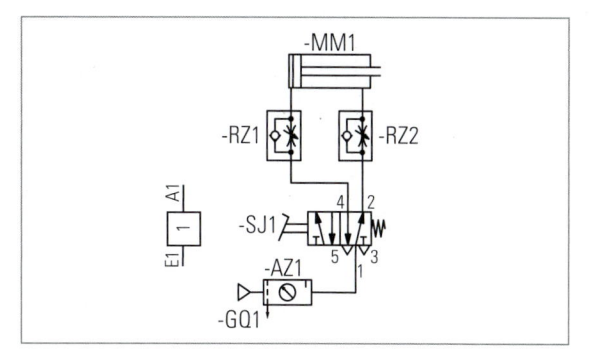

Übungen

1. Ein Werkstück soll gespannt werden. Erstellen Sie anhand des Pneumatikplans [Bild 2] die fehlenden Arbeitsunterlagen:
   a) Zuordnungsliste
   b) Funktionsplan (Logikplan)
   c) Bauteilliste

2. Der Pneumatikplan [Bild 4] soll analysiert werden.
   a) Benennen Sie die verwendeten pneumatischen Baugruppen.
   b) Beschreiben Sie die Bedingungen zum Ein- und Ausfahren des Kolbens im Zylinder.
   c) Beschreiben Sie die Geschwindigkeit des Kolbens bei Vor- und Rückhub.
   d) Erstellen Sie den Funktionsplan (Logikplan) der Steuerung.

3. Eine Vorrichtung [Bild 1, nächste Seite] wird nach vorgegebenem Pneumatikplan bedient.
   a) Kennzeichnen Sie die pneumatischen Elemente 1 bis 10 nach DIN EN 81346-2.
   b) Beschreiben Sie die Funktion der Steuerung.
   c) Beschreiben Sie die Geschwindigkeitssteuerung des Kolbens.

4. Ein einfach wirkender Zylinder soll durch Betätigung des Signalgebers (Ventil mit Handbetätigung und Raste) ein Werkstück spannen [Bild 3].
   a) Entwickeln Sie den Pneumatikschaltplan.
   b) Es steht Ihnen nur ein 5/2-Wegeventil zur Verfügung. Wie lösen Sie das Problem?

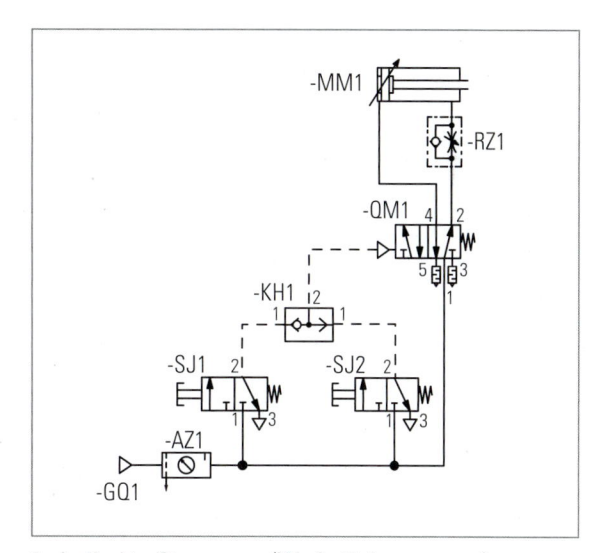

1: Funktionsplan und Pneumatikplan

2: Indirekte Steuerung (Werkstückspannung)

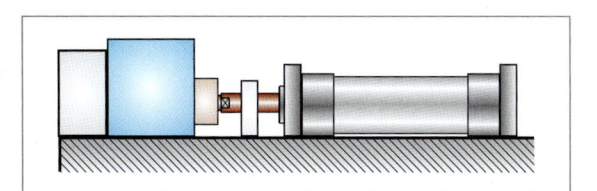

3: Werkstück spannen

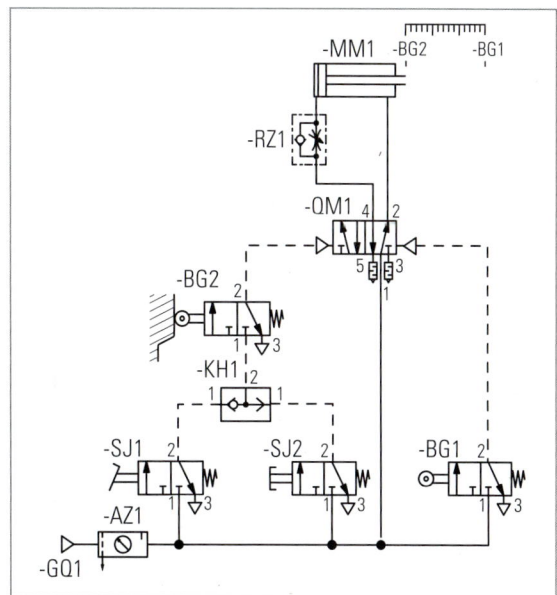

4: Pneumatikplan

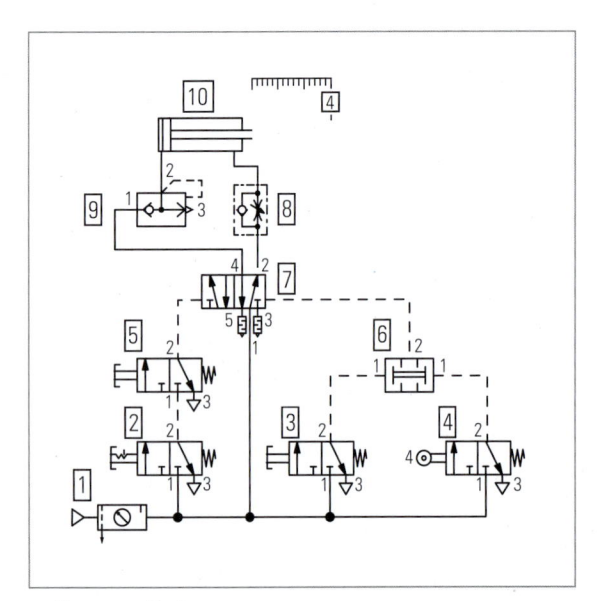

Automatisierungsprozesse ▸ Grundlagen der Pneumatik ▸ Montage pneumatischer Einrichtungen

1: Pneumatikplan

4.4 Montage pneumatischer Einrichtungen

Die Montage von pneumatischen Einrichtungen erfolgt durch **Stecken** und/oder **Verschrauben**. Pneumatische Leitungen können aus Kunststoff oder aus Gummi sein. Auch Rohre aus Stahl, Kupfer und Aluminium sind möglich. Metallrohre sind gegen äußere thermische und mechanische Einwirkungen widerstandsfähiger als Kunststoffrohre. Pneumatikschläuche zeichnen sich durch ihre hohe Biegsamkeit, Vielfalt und ihren verhältnismäßig geringen Preis aus. Daher werden sie häufig verwendet. Schläuche können mit Steckverbindungen bequem und schnell angeschlossen werden [Bilder 2 und 3].

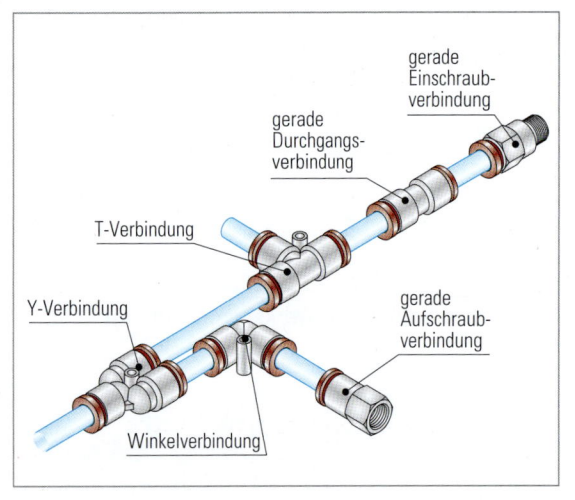

2: Steckverbindungen

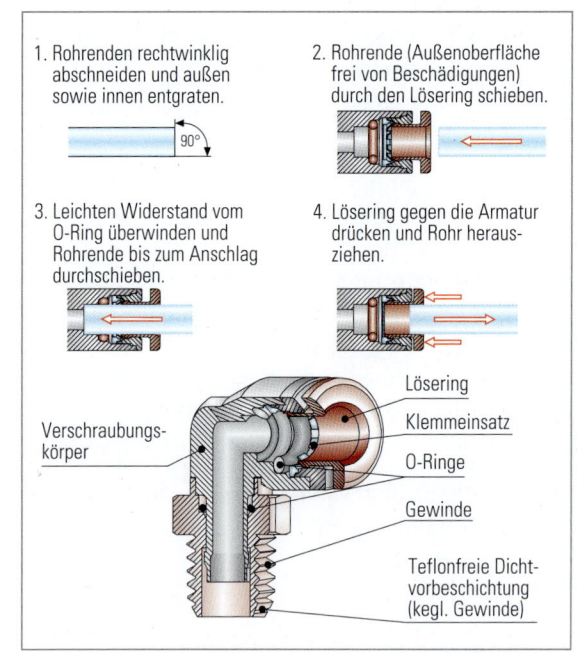

1. Rohrenden rechtwinklig abschneiden und außen sowie innen entgraten.

2. Rohrende (Außenoberfläche frei von Beschädigungen) durch den Lösering schieben.

3. Leichten Widerstand vom O-Ring überwinden und Rohrende bis zum Anschlag durchschieben.

4. Lösering gegen die Armatur drücken und Rohr herausziehen.

Verschraubungskörper
Lösering
Klemmeinsatz
O-Ringe
Gewinde
Teflonfreie Dichtvorbeschichtung (kegl. Gewinde)

3: Montage und Demontage einer Steckverbindung

5 Grundlagen der Elektropneumatik

5.1 Elektrische Steuerung

Vorteile von elektrischen Steuerungen sind:

- sehr hohe Schaltgeschwindigkeit
- Große Entfernungen können überbrückt werden.
- leicht verlegbare Leitungen
- Strom ist relativ, verglichen mit anderen Energiearten, kostengünstig.

Nachteile von elektrischen Steuerungen sind:

- Strom ist, verglichen mit anderen Energiearten, nur begrenzt speicherbar.
- Unfallgefahr, z. B. durch spannungsführende Bauteile

Aufgrund der Vorteile, die der elektrische Strom bietet, werden immer häufiger elektropneumatische Steuerungen verwendet.

Die **Kontaktsteuerung** ist eine elektrische Steuerung:

- Sie erfolgt über Kontakte (Relais, Schütz).
- Mit ihr sind mit geringem Aufwand große Leistungen schaltbar.
- Die UND- bzw. ODER-Verknüpfungen werden durch Reihen- oder Parallelschaltung realisiert.
- Die Beschreibung erfolgt durch Stromlaufpläne und Bauteillisten.

In der elektropneumatischen Steuerung wird elektrische Energie eingesetzt, um Signale zu erfassen. Diese Signale werden verarbeitet und als Befehle ausgegeben.

Die Signalverarbeitung kann auf verschiedene Art und Weise erfolgen:

- **Verbindungsprogrammiert:**
  durch Relais und andere elektronische Bauteile

Die **VPS-Steuerung** (**V**erbindungs**p**rogrammierte elektrische **S**chaltung) hat den Nachteil, dass sich ein Platinenaufbau nur bei hohen Stückzahlen rechnet.

- **Speicherprogrammiert:**
  auf der Grundlage eines geschriebenen Programms, das von einem Steuergerät abgearbeitet wird

Bei der **SPS-Steuerung** (**S**peicher-**P**rogrammierbare elektrische **S**chaltung) wird ein speicherprogrammierbares Automatisierungsgerät (Computer) mit anwenderorientierter Programmiersprache für die Steuerung eingesetzt.

Die **Antriebe** werden von pneumatischen Baugruppen ausgeführt. Diese setzen die zugesetzte Energie in Bewegungsenergie um.

Die Baugruppen bestehen aus:

- Wartungseinheit
- elektrisch betätigten Wegeventilen
- pneumatischen Antrieben (Zylinder)
- Stromventilen (Drosselrückschlag- oder Schnellentlüftungsventile)

5.2 Elektropneumatische Bauteile

Zu den elektropneumatischen Bauteilen gehören:

- Ventile
- Zylinder
- Signalgeber

5.2.1 Elektropneumatische Ventile

Die Symbole der Wegeventile sind bei der Pneumatik und der Elektropneumatik im Wesentlichen gleich.

> **Merke**
> Das **Bindeglied** zwischen elektrischer Signalverarbeitung und dem pneumatischen Antrieb ist das **elektrisch betätigte Wegeventil** (Magnetventil) [Bild 2, nächste Seite].

Die erforderlichen Schaltkräfte erhält das Wegeventil von den Elektromagneten (-MB1 und -MB2). Als Bindeglied erscheint es im Pneumatikplan und im Stromlaufplan [Bilder 1 und 4, nächste Seite].

Automatisierungsprozesse ▶ Grundlagen der Elektropneumatik ▶ Elektropneumatische Bauteile

1: Wegeventil mit beidseitiger magnetischer Betätigung

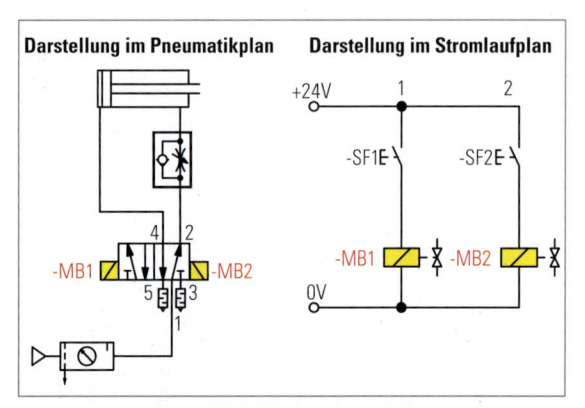

Taster oder **Tastschalter** stellen sich nach dem Abbruch der Betätigung wieder zurück.

Stellschalter haben eine Raste. Sie verbleiben nach Betätigung so lange in ihrer Schaltstellung, bis sie erneut betätigt werden.

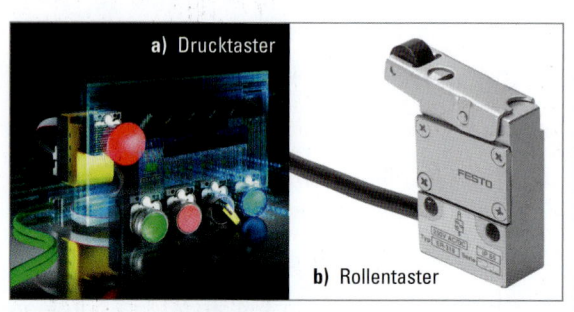

2: Elektrisch betätigtes Wegeventil mit den Magnetspulen -MB1 und -MB2

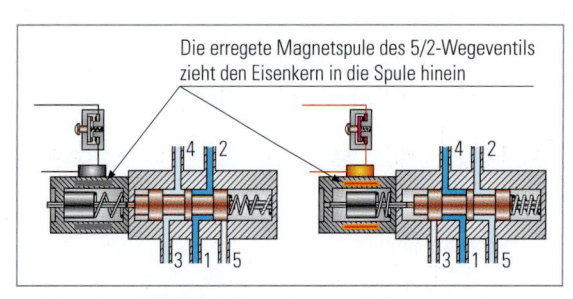

3: Mechanische Signalgeber

Signalgeber	Schaltzeichen	Funktion
Schließer	13 / 14	Schließer schließen den Stromkreis bei Betätigung. Kontaktbezeichnungen 3 und 4 (1. Bauteilkontakt [1])
Öffner	41 / 42	Öffner öffnen bzw. unterbrechen den Stromkreis bei Betätigung. Kontaktbezeichnungen 1 und 2 (4. Bauteilkontakt [1]).
Wechsler	32 34 / 31	Wechsler wechseln zwischen zwei Strompfaden, indem sie einen Strompfad öffnen und den anderen schließen. Kontaktbezeichnungen 1, 2 und 4 (3. Bauteilkontakt [1]).

[1] Signalgeber können mehrere Kontakte haben

4: Elektromagnetisch betätigtes 5/2-Wegeventil

5: Kontrakte elektrischer Schalter

5.2.2 Zylinder

In der Elektropneumatik werden meist die gleichen Zylinder verwendet wie in der Pneumatik (vergleiche Kap. 4.2.3).

5.2.3 Signalgeber in der Elektropneumatik

- **Mechanische Signalgeber** haben einen oder mehrere elektrische Kontakte. Diese können als Schließer, Öffner oder Wechsler ausgelegt sein [Bilder 3 und 5].

- **Elektrische Signalgeber** können auf unterschiedlichste Art und Weise betätigt werden. Die gebräuchlichsten Kontakte und ihre Symbole sind im folgenden Bild dargestellt [Bild 6].

Rückstellung bei Abbruch der Betätigung
- allgemein, Hand-
- durch Drücken
- durch Elektromagnet
- Rolle
- Raste, Einrasten bei Betätigung, Aussrasten bei erneuter Betätigung

Beispiele für Schalter mit Betätigung
- Wechsler, betätigt mit Rolle
- Stellschalter, Öffner handbetätigt durch Drücken
- Öffner, betätigter Zustand (in Ruhestellung geschlossen)
- Schließer, betätigter Zustand (in Ruhestellung offen)

6: Symbole elektrischer Signalgeber und ihre Betätigungsart

Automatisierungsprozesse ▶ Grundlagen der Elektropneumatik ▶ Elektropneumatische Bauteile

- **Elektronische Signalgeber** sind zum Beispiel **Näherungssensoren**. Diese werden berührungslos, durch Annähern eines Gegenstandes betätigt.

physikalische Wirkung auf den Sensor → Sensor Signalaufnahme und Signalumwandlung → z. B. pneumatisches oder elektrisches Signal

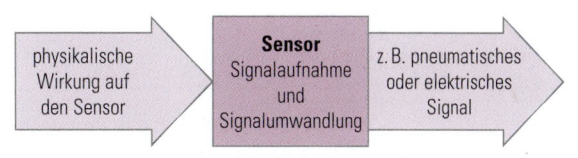

1: Wirkungsweise von Sensoren

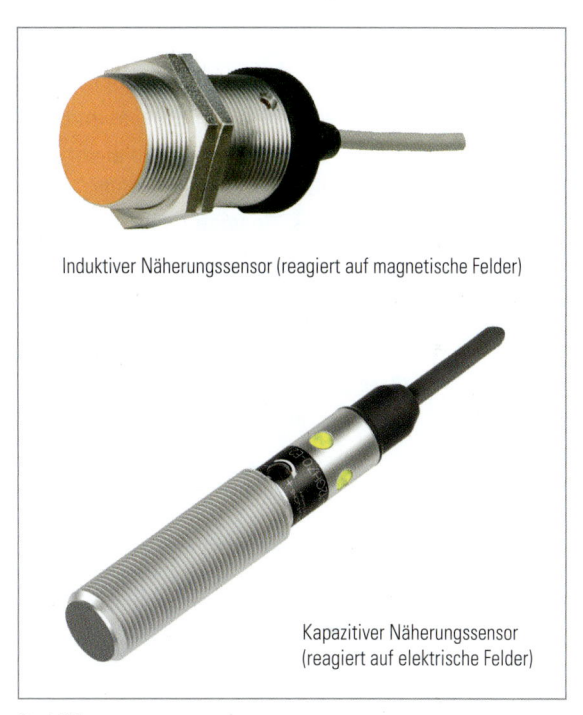

Sensoren
Sensoren nehmen eine physikalische Größe auf, und geben ein entsprechendes Signal weiter [Bild 1].

- Drucksensoren (Piezo-Effekt) werden zur Endlagensicherung eingesetzt.
- Flüssigkeitssensoren ermitteln z. B. die Füllstandsanzeige in einem Ölbehälter.
- Sensoren (**induktiv**/nur magnetische Werkstoffe oder **kapazitiv**/alle festen Werkstoffe) geben Auskunft über Werkstoffe [Bild 2].
- Optische Sensoren werden z. B. als Lichtschranke in Gefahrenbereichen eingesetzt.

Vorteil: Sensoren können eine berührungsfreie „Auslösung" des Kontaktes ermöglichen.

Nachteil: Verschmutzungen eines optischen Sensors können die Signalübertragung beeinträchtigen. Würde der Sensor dort eingebaut, wo er stark verschmutzt, dann würde er z. B. dauerhaft eine Störung anzeigen.
Die Bilder 3 und 4 zeigen die physikalische Wirkung am Ein- und Ausgang von Sensoren.

Induktiver Näherungssensor (reagiert auf magnetische Felder)

Kapazitiver Näherungssensor (reagiert auf elektrische Felder)

2: Näherungssensor

physikalische Wirkung am Eingang	Sensor	physikalische Wirkung am Ausgang
Betätigung durch Handkraft	3/2-Wegeventil mit Handbetätigung	Druckluftstrom
Betätigungskraft der Kolbenstange	3/2-Wegeventil mit Rollenbetätigung	Druckluftstrom

3: Wegeventile als Sensoren in pneumatischen Steuerungen

physikalische Wirkung am Eingang	Sensor	physikalische Wirkung am Ausgang
Handkraft	Tastschalter	elektrischer Strom
Lichtenergie	Fotoelement	elektrischer Strom
Temperatur	Temperaturfühler	elektrischer Strom
Magnetfeld	induktiver Sensor	elektrischer Strom

4: Sensoren in elektrischen Stromkreisen

Automatisierungsprozesse ▶ Grundlagen der Elektropneumatik ▶ Elektropneumatische Bauteile

Wirkungsweise	Beschreibung	Symbol
induktiv	Spulen mit Eisen-Kern erzeugen ein elektromagnetisches Wechselfeld. Dieses wird durch metallische Objekte beeinflusst. Der Sensor reagiert auf **elektrisch leitfähige Materialien**. Beispiel: Abfrage von Kolbenstangen	
kapazitiv	Kondensator erzeugt Feld mit bestimmter Kapazität und Stromaufnahme. Diese wird durch Objekte im Feld verändert. Der Sensor reagiert auf elektrisch leitende und nicht leitende **feste, pulverförmige und flüssige Stoffe**. Beispiel: Füllstand von Hydrauliköl	
optisch	Der Sensor arbeitet mit einen Sender und einen Empfänger. Objekte bewirken Helligkeitsänderungen. Diese führen zu einer Spannungsänderung im Sensor. Der Sensor reagiert auf verschiedene **lichtdurchlässige und lichtreflektierende Materialien**. Beispiel: Lichtschranke	
magnetisch-induktiv	Der Strom in der Sensorspule wird durch Annäherung eines Permamagneten verändert. Der Sensor reagiert auf **Magnetfelder und magnetische Objekte**. Beispiel: Kolbensteuerung	
galvanisch	Der elektrische Widerstand zwischen Elektroden hängt von der Konzentration der Ionen in der Flüssigkeit oder dem Gas ab. Der Sensor reagiert auf **Flüssigkeiten oder Gase**. Beispiel: Rauchmelder	
thermo-elektrisch	Bei steigender Temperatur nimmt die elektrische Leitfähigkeit von Siliziumkristallen zu. Der Sensor reagiert auf **Wärme**. Beispiel: Glühofensteuerung	
piezoelektrisch	Quarzkristalle geben unter Druck eine elektrische Ladung frei. Der Sensor reagiert auf **Druck oder Kraft**. Beispiel: Kraftsensor	
ultraschall	Ein ausgestrahlter Schallimpuls erreicht nach entfernungsabhängiger Zeit den Sensor. Das Objekt reflektiert den Schallimpuls. Der Sensor reagiert auf alle **Schallreflektierende** (Reflektieren = Zurückwerfen) **oder Schallabsorbierende** (Absorbieren = Aufnehmen) Materialien. Beispiel: Überwachung von Flächen	

1: Wirkungsweisen von Sensoren

Relais/Schütz

Relais [Bild 1] sind Geräte, die Kontakte elektrisch schalten. Ab Schaltströmen über 10 Ampère werden sie Schütz genannt. Sie bestehen aus einer Magnetspule und einigen mechanisch gekoppelten Schaltkontakten. Wird an die Relaisspule (Kontakte A1 und A2) eine Spannung angelegt, werden über einen Anker Kontakte betätigt. Dies geschieht aufgrund magnetischer Wirkungen.

Zeitrelais haben ein zusätzlich elektronisches System, mit dem Signale verzögert werden können. So schließt oder öffnet der Relaiskontakt erst nach Ablauf einer eingestellten Zeit [Bild 2].

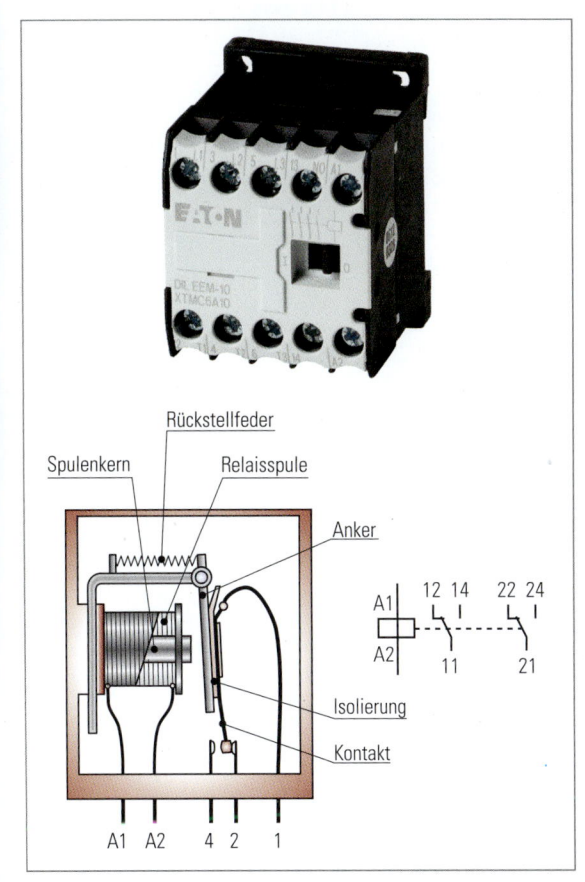

1: Relais/Schütz

- -KF1 ⊠ Relais mit Ansprechverzögerung
- -KF1 Schließer, schließt verzögert bei Betätigung von -KF1
- -KF1 Öffner, öffnet verzögert bei Betätigung von -KF1

2: Beispiel eines Schaltsymbols für ein Zeitrelais

Klemmleisten

Die Installation der Verdrahtung soll einen übersichtlichen Aufbau und eine schnelle Fehlersuche und Instandsetzung ermöglichen. Dies geschieht durch die Verwendung von Klemmleisten. Eine Klemmleiste besteht aus mehreren nebeneinander liegenden Klemmen [Bild 3].

Die Leitungen der Signalglieder, die mit den Relais im Schaltschrank verdrahtet werden, und die Leitungen, die von den Relais aus dem Schaltschrank wieder zu den Stellgliedern (z. B. Ventile) hinausgehen, verlaufen über Klemmleisten. Wenn z. B. im Schaltschrank ein Relais defekt ist, kann es schnell von der Klemmleiste abgeklemmt und durch ein neues Relais ersetzt werden.

Bei einfachen Steuerungen werden die Leitungen der Magnetspulen, Sensoren, Taster an einer Klemmleiste im Schaltschrank gesammelt und dort mit den Relais verbunden [Bild 1a, nächste Seite].

Bei umfangreicheren Anlagen werden zwei Klemmleisten verwendet [Bild b, nächste Seite].

Die beiden Anschlüsse einer Klemme sind leitend miteinander verbunden. Durch das Einsetzen von Brücken können nebeneinander liegende Klemmen leitend miteinander verbunden werden.

■ Klemmen werden mit einem X gekennzeichnet.

Hat eine Leiste mehrere Klemmen, so werden diese durchnummeriert: X1, X2, X3, ...

Bei mehreren Klemmleisten hat jede Leiste eine eigene Nummer.

■ Klemme 7 auf Klemmleiste 1 würde bedeuten: **X1–7**

3: Klemmleiste

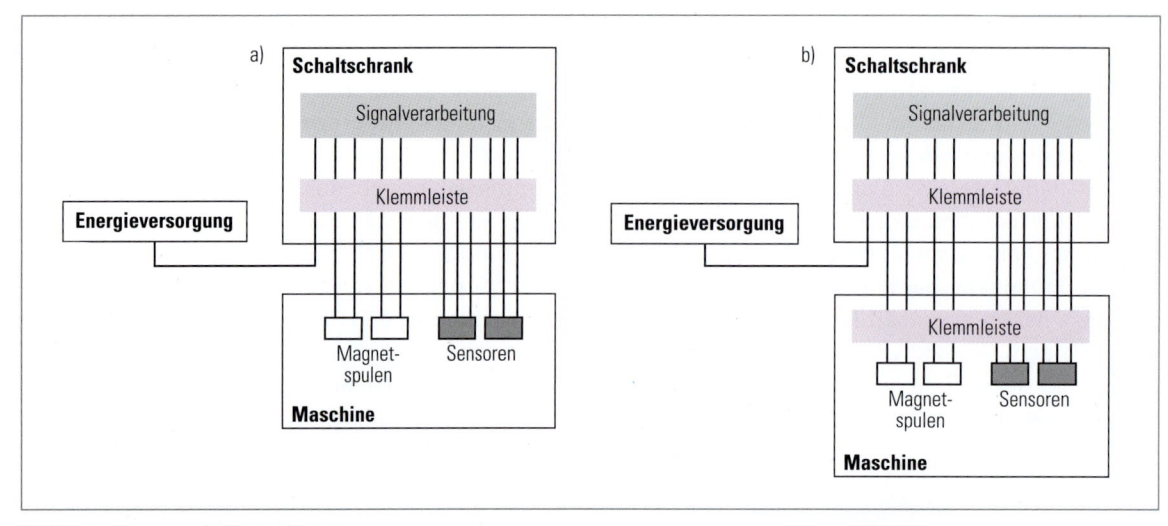

Automatisierungsprozesse ▶ Grundlagen der Elektropneumatik ▶ Elektropneumatische Bauteile

1: Verdrahtung mit Klemmleisten

Die Verdrahtung einer elektrischen Schaltung wird im Klemmenanschlussplan dokumentiert. Dieser besteht aus dem Stromlaufplan und dem Klemmenbelegungsplan [Bilder 2 und 3].

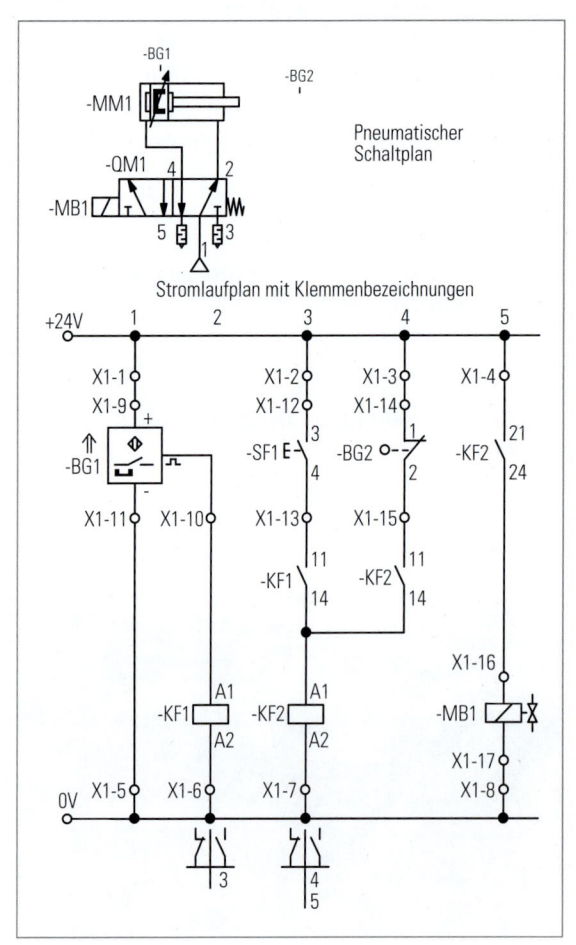

2: Klemmenbezeichnungen im Stromlaufplan

3: Klemmenbelegungsplan

Maschine				Schaltschrank	
Ziel		Verbindungsbrücke	Klemmen-Nr. X1	Ziel	
Bauteil-bezeichnung	Anschluss-bezeichnung			Bauteil-bezeichnung	Anschluss-bezeichnung
	+24V		1	X1	9
			2	X1	12
			3	X1	14
			4	-KF2	21
	0V		5	X1	11
			6	-KF1	A2
			7	-KF2	A2
			8	X1	17
-BG1	+		9	X1	1
-BG1	⎍		10	-KF1	A1
-BG1	−		11	X1	5
-SF1	3		12	X1	2
-SF1	4		13	-KF1	11
-BG2	1		14	X1	3
-BG2	2		15	-KF2	11
-MB1			16	-KF2	24
-MB1			17	X1	6
			18		
			19		
			20		

Spannungsversorgung

Brücken

Der Pluspol von -BG1 ist auf der Maschinenseite der Klemme X1-9 angeschlossen

Anschluss 2 des Öffners -BG2 wird auf der Maschinenseite an Klemme X1-15 angeschlossen

Der noch freie Anschluss der Klemme X1-9 wird entsprechend dem Stromlaufplan mit der Klemme X1-1 verbunden

Anschluss 11 des Schließers -KF2 wird auf der Schaltschrankseite an Klemme X1-15 angeschlossen

Automatisierungsprozesse ▶ **Grundlagen der Elektropneumatik** ▶ Elektropneumatische Bauteile

Vorgehensweise bei der Erstellung eines Klemmenbelegungsplanes:

1. Ausgehend vom Stromlaufplan werden alle Strompfade gekennzeichnet, die am Pluspol angeschlossen werden (X1–1 bis X1–4).
2. Nun werden alle Strompfade gekennzeichnet, die am Minuspol (Masse) angeschlossen werden (X1–5 bis X1–8).
3. Alle Bauelemente außerhalb des Schaltschranks werden gekennzeichnet, angefangen mit Strompfad 1 von oben nach unten (X1–9 bis X1–11).

Verdrahtungen innerhalb des Schaltschranks müssen nicht mit Klemmnummern gekennzeichnet werden (z. B. die Anschlüsse von -KF1 und -KF2). Nach der Vergabe der Klemmen im Stromlaufplan erfolgt der Eintrag im Klemmenbelegungsplan:

1. Übertragen aller Betriebsmittel und Anschlüsse auf der Maschinenseite des Klemmenbelegungsplans (links).
2. Eintragen der Brücken (X1–1 bis X1–4) und (X1–5 bis X1–8) für die Versorgungsspannung.
3. Verbindungen zwischen den Anschlüssen verschiedener Klemmen eintragen (z. B. der freie Anschluss der Klemme X1–9 muss mit Klemme X1–1 verbunden werden).

> **Merke**
> Klemmleisten bei der elektropneumatischen Steuerung sind:
> - instandhaltungsfreundlich
> - übersichtlich
>
> Die Dokumentation der Verdrahtung erfolgt im Klemmenanschlussplan.

Beispiele für elektropneumatische Schaltungen

Schaltpläne sind notwendige Unterlagen, um Steuerungen herzustellen, in Betrieb zu nehmen, zu warten, Fehler zu suchen und Reparaturen auszuführen. Die Grundlage, für den Aufbau einer elektropneumatischen Anlage ist der Stromlaufplan.

Für den **Stromlaufplan** gelten folgende Regeln:

- Der Signalfluss verläuft von oben nach unten.
- Die obere waagerechte Leiterbahn ist mit dem Pluspol, die untere mit dem Minuspol einer Spannungsquelle verbunden.
- Die Stromwege sind geradlinig und im Verlauf parallel zu zeichnen.
- Die Nummerierung der Stromwege erfolgt fortlaufend von links nach rechts.
- Schaltzeichen und Schaltelemente sind senkrecht darzustellen.
- Betriebsmittel (z. B. Lampe) werden mit einem Symbol (Kreis mit X darin) dargestellt und mit einem Buchstaben (PF) gekennzeichnet.
- Für Elemente eines Bauteils (z. B. Relais) sind die gleichen Bauteilbezeichnungen zu verwenden.
- Hauptstromkreis und Steuerstromkreis werden getrennt angeordnet [Bild 1].

In der Elektropneumatik kommen wie in der Pneumatik logische Grundverknüpfungen zur Anwendung [Bild 1, nächste Seite].

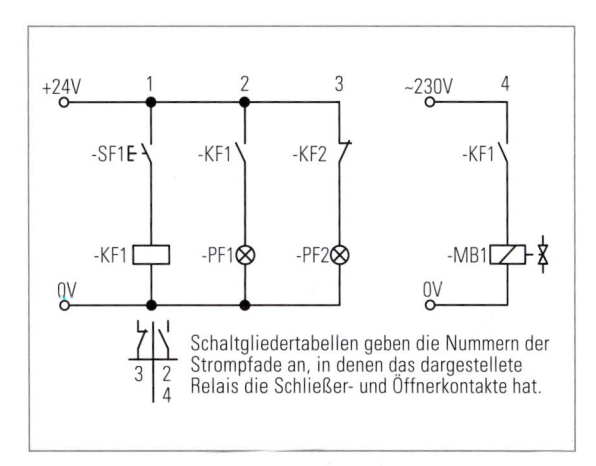

1: Stromlaufplan

Automatisierungsprozesse ▶ Grundlagen der Elektropneumatik ▶ Elektropneumatische Bauteile

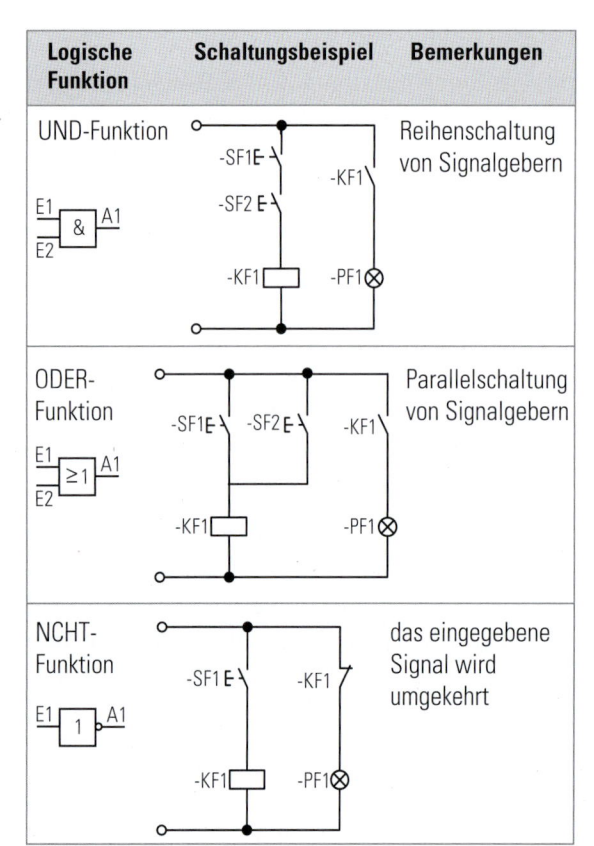

Logische Funktion	Schaltungsbeispiel	Bemerkungen
UND-Funktion E1 & A1 E2	-SF1E- -KF1 -SF2 E- -KF1 -PF1⊗	Reihenschaltung von Signalgebern
ODER-Funktion E1 ≥1 A1 E2	-SF1E- -SF2 E- -KF1 -KF1 -PF1⊗	Parallelschaltung von Signalgebern
NCHT-Funktion E1 1 A1	-SF1 E- -KF1 -KF1 -PF1⊗	das eingegebene Signal wird umgekehrt

1: Logische Grundverknüpfungen

2: Hallentor

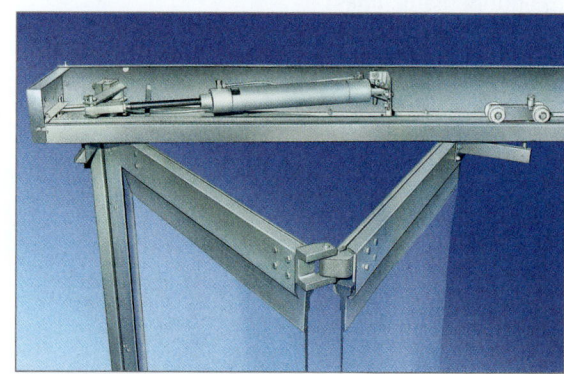

3: Öffnen und Schließen eines Hallentors

Beispiel: Torsteuerung
Zwei Lagerhallen A und B sind durch ein Falttor miteinander verbunden [Bilder 2 und 3].
Die Torflügel werden von pneumatisch betriebenen Zylindern auf- und zugeschoben. Auf jeder Seite des Tores befinden sich zwei elektrische Signalgeber. Einer zum Öffnen und einer zum Schließen.

Planung:

1. Festlegen des pneumatischen Antriebs
Die Zylinder sind doppelt wirkend mit Endlagendämpfung. Das 5/2 Wegeventil wird beidseitig elektromagnetisch gesteuert. Einstellbare Drosseln reduzieren die Kolbengeschwindigkeit.

2. Analysieren der Signalverknüpfung [Bild 4]

3. Herausarbeiten der Grundfunktionen
Das Tor soll öffnen, wenn ein Signalgeber „Öffnen" der Lagerhallen A oder B betätigt wird. Das Tor soll sich schließen, wenn ein Signalgeber „Schließen" der Halle A oder B betätigt wird.

Gerät	Signal
Handtaster Halle A: Öffnen	E1
Handtaster Halle B: Öffnen	E2
Handtaster Halle A: Schließen	E3
Handtaster Halle B: Schließen	E4
Wegeventil	A1
Wegeventil	A2

4: Zuordnungstabelle

Automatisierungsprozesse ▶ Grundlagen der Elektropneumatik ▶ Elektropneumatische Bauteile

4. Funktionsplan erstellen [Bild 2]

5. Geräteliste erstellen [Bild 3]

6. Erstellen des Pneumatikplans [Bild 1]

7. Erstellen des Stromlaufplans [Bild 4]

Wird für die Ansteuerung der Wegeventile eine hohe Spannung eingesetzt, dann kann mithilfe von Relais der Steuerstromkreis (niedrige Leistung und Spannung) vom Hauptstromkreis (hohe Leistung und Spannung) getrennt werden.

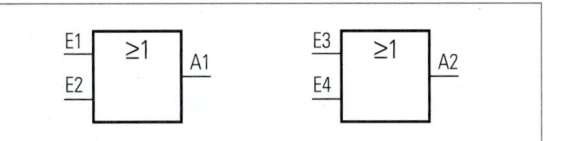

1: Pneumatikplan

2: Funktionsplan

-AZ1	Wartungseinheit
-RZ1	Drosselventil
-RZ2	Drosselventil
-QM1	5/2-Wegeventil mit beidseitiger elektrischer Betätigung
-MM1	Doppelt wirkender Zylinder mit einstellbarer Endlagendämpfung
-MM2	Doppelt wirkender Zylinder mit einstellbarer Endlagendämpfung
-SF1	Handtaster Halle A: Öffnen (Schließer)
-SF2	Handtaster Halle B: Öffnen (Schließer)
-SF3	Handtaster Halle A: Schließen (Schließer)
-SF4	Handtaster Halle B: Schließen (Schließer)
-KF1	Relais
-KF2	Relais
-GQ1	Druckquelle

3: Geräteliste

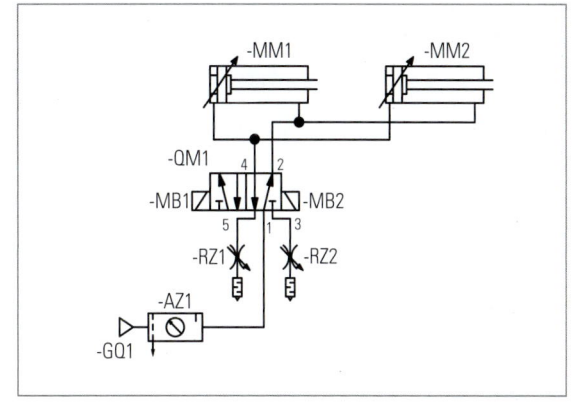

Variante 1: Stromlaufplan 1 mit **direkter** Steuerung des Ventils

Variante 2: Stromlaufplan 2 mit **indirekter** Steuerung des Ventils

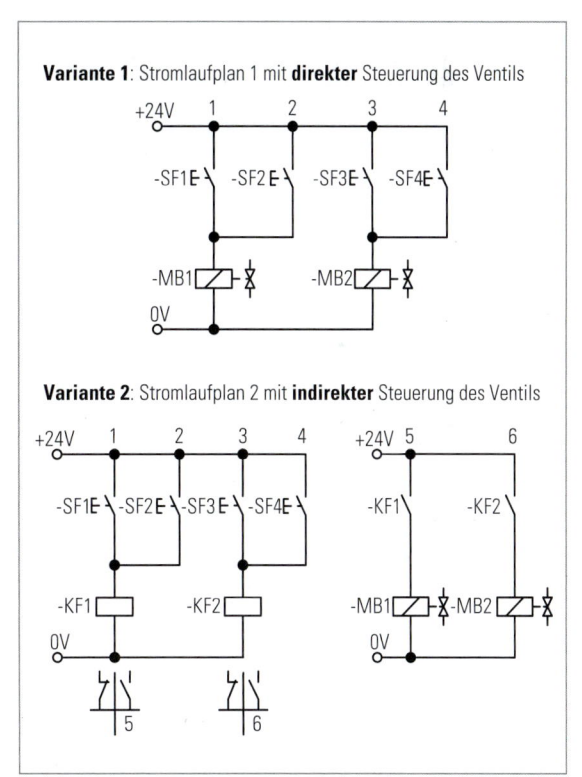

4: Erstellen des Stromlaufplanes

Automatisierungsprozesse ▶ Grundlagen der Elektropneumatik ▶ Elektropneumatische Bauteile

Besonderheit im Stromlaufplan: „Selbsthaltung" eines Relais

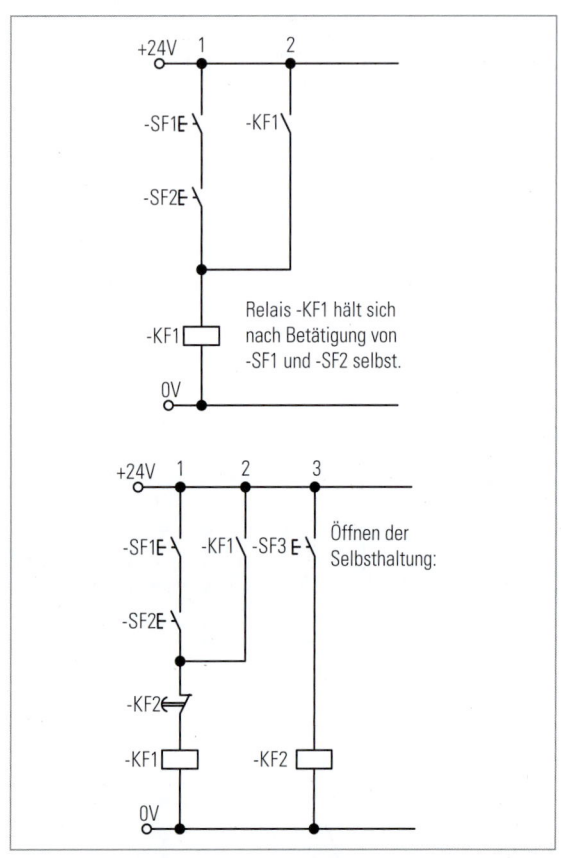

1: Selbsthaltung

4. Welche logischen Verknüpfungen sind im Stromlaufplan erkennbar? Nennen Sie den Strompfad und die beteiligten Signalgeber.

5. Wie reagiert die Steuerung:
   a) wenn nur -SF1 oder -SF2 betätigt wird?
   b) wenn beide Signalgeber (-SF1, -SF2) innerhalb von 3 Sekunden betätigt werden?
   c) wenn -SF1 sieben Sekunden nach -SF2 betätigt wird?
   d) wenn der Kolben ausgefahren ist und dann nur -SF1 oder nur -SF2 betätigt wird?
   e) Warum schreibt die Berufsgenossenschaft solch eine Art der Steuerung vor?

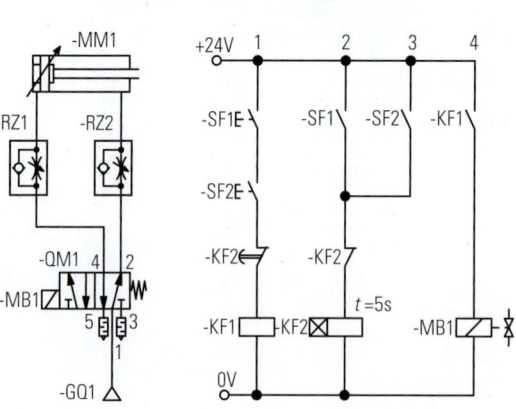

Übung

Bei welchem Ventil ist eine „Selbsthaltung" sinnvoll?

Übungen

1. Erstellen Sie eine Geräteliste der elektrischen und pneumatischen Bauteile der pneumatischen Presse [Bild 2].

2. Was können Sie über die Geschwindigkeit des Pressenstempels aussagen?

3. Erstellen Sie Schaltgliedertabellen für die Relais.

2: Pneumatische Presse

6 Hydraulik

Hydraulische Systeme können große Kräfte erzeugen. Bei vielen Werkzeugmaschinen kommen daher Hydraulikeinrichtungen zum Einsatz [Bild 1]. Das Symbol für Hydrauliköl ist ein ausgefülltes Dreieck ▲.

6.1 Vergleich von Pneumatik und Hydraulik

In der Tabelle [Bild 2] werden pneumatische und hydraulische Besonderheiten gegenüber gestellt. Aus ihnen ergeben sich auch die Einsatzgebiete für pneumatische und hydraulische Systeme.

Übungen

1. Entscheiden Sie bei den folgenden Beispielen, ob eine pneumatische oder eher eine hydraulische Steuerung verwendet werden sollte. Begründen Sie!

a) Antrieb von Montagewerkzeugen
b) Verpackungsmaschine in der Lebensmittelindustrie
c) Vorschubsteuerung von Schleifmaschinen
d) Steuerung der Ruder in einem Flugzeug
e) Steuerung an brand- oder explosionsgefährdeten Orten (z. B. Gießerei)

1: Hydraulisches Spannsystem an einer CNC-Drehmaschine

	Pneumatik	Hydraulik
Eigenschaft des Mediums	Luft ist kompressibel[1]	Öl ist nahezu inkompressibel
Positioniergenauigkeit	nicht ohne weiteres möglich, weil Luft sich komprimieren lässt	sehr gut, weil Öl sich nicht komprimieren lässt
Drücke	ca. 6 bar	bis zu 1000 bar
Leitungen	Schläuche, Rohre. Es ist nur eine Hinleitung nötig.	Schläuche, Rohre. Es sind eine Hin- und eine Rückleitung nötig.
Kräfte	begrenzt durch relativ geringen Druck	Erzeugung großer Kräfte durch hohe Drücke; kompakte Bauweise der Zylinder möglich
Bewegungen	linear (geradlinig) rotatorisch (drehend) ungleichmäßig	linear, rotatorisch, gleichförmig
Sicherheit	Arbeitsglieder können überlastet werden (Druckluft entweicht).	Ein Druckbegrenzungsventil ist notwendig.
Geräuschentwicklung	Abluftgeräusche	geräuscharm
Umweltverträglichkeit	keine Gefährdung	Lecköl
Temperaturempfindlichkeit	relativ temperaturunempfindlich	Öl ändert seine Viskosität[2].

[1] zusammendrückbar
[2] Die Viskosität ist ein Maß für die Zähflüssigkeit des Öls. Je größer die Viskosität ist, desto dickflüssiger, d. h. weniger fließfähig ist das Öl.

2: Vergleich von Pneumatik und Hydraulik

Hydraulische Steuerungen

Die Hydraulik gehört wie die Pneumatik zur **Fluidtechnik**. Dies ist der Sammelbegriff für die Steuerung und Betätigung von Maschinen und Anlagen durch strömende Stoffe. Bei der Pneumatik ist es Luft, bei der Hydraulik Öl. Prinzipiell sind Hydrauklikanlagen und Pneumatikanlagen sehr ähnlich aufgebaut, daher sind auch die Schaltsymbole für pneumatische und hydraulische Elemente weitgehend gleich. Abweichende Details, wie z. B. ausgefüllte Pfeilspitzen bei der Hydraulik dienen zur Unterscheidung.

6.2 Aufbau einer Hydraulikanlage

Die nachfolgende Abbildung stellt den Energie- und Informationsfluss einer Hydraulikanlage dar [Bild 1].

Die Hydraulikanlage besteht aus dem **Versorgungsteil**:

- -MA1 Antriebsmotor
- -GP1 Hydropumpe
- -PG1 Manometer
- -HQ1 Rücklauffilter inkl. Rückschlagventil -RM2
- -PG2 Manometer (Verschmutzungsanzeige)
- -QN1 Druckbegrenzungsventil
- -RM1 Rückschlagventil

Steuerteil:

- -QM1 4/3-Wegeventil (Umlauf-Mittelstellung)

Antriebsteil:

- -MM1 doppelt wirkender Zylinder

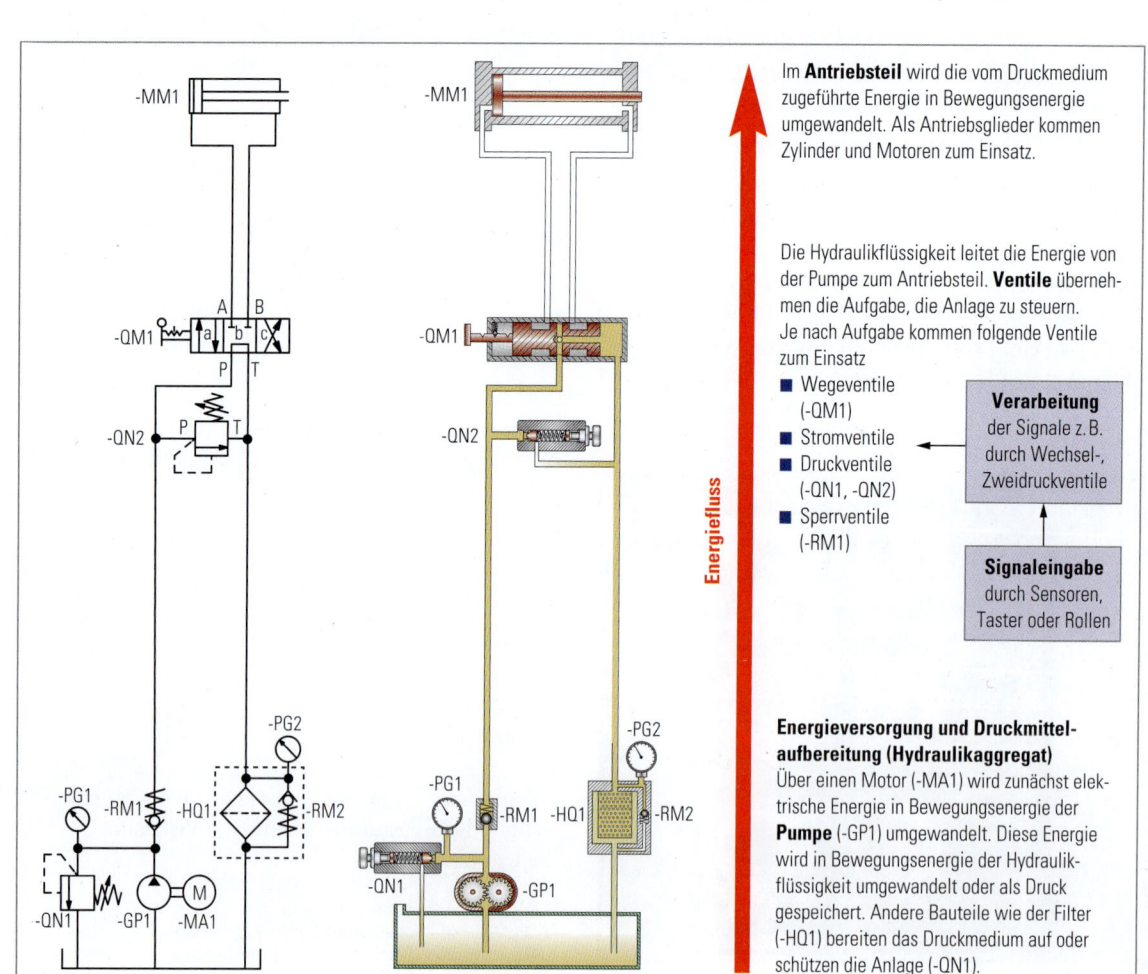

Im **Antriebsteil** wird die vom Druckmedium zugeführte Energie in Bewegungsenergie umgewandelt. Als Antriebsglieder kommen Zylinder und Motoren zum Einsatz.

Die Hydraulikflüssigkeit leitet die Energie von der Pumpe zum Antriebsteil. **Ventile** übernehmen die Aufgabe, die Anlage zu steuern. Je nach Aufgabe kommen folgende Ventile zum Einsatz
- Wegeventile (-QM1)
- Stromventile
- Druckventile (-QN1, -QN2)
- Sperrventile (-RM1)

Verarbeitung der Signale z. B. durch Wechsel-, Zweidruckventile

Signaleingabe durch Sensoren, Taster oder Rollen

Energieversorgung und Druckmittelaufbereitung (Hydraulikaggregat)
Über einen Motor (-MA1) wird zunächst elektrische Energie in Bewegungsenergie der **Pumpe** (-GP1) umgewandelt. Diese Energie wird in Bewegungsenergie der Hydraulikflüssigkeit umgewandelt oder als Druck gespeichert. Andere Bauteile wie der Filter (-HQ1) bereiten das Druckmedium auf oder schützen die Anlage (-QN1).

1: Aufbau einer Hydraulikanlage – Energie- und Informationsfluss

Das **Hydrauliköl** befindet sich in einem Kreislaufsystem. Nach der Energieabgabe muss es in einer Leitung zum Pumpenvorratsbehälter zurückgeführt werden. Da Öl **nicht kompressibel** (zusammendrückbar) ist, ist der Öldruck nicht direkt speicherbar. Dies hat zur Folge, dass die Pumpe dauernd fördern muss. In Hydrospeichern kann mithilfe eines Stickstoffpolsters eine gewisse Druckspeicherung für Druckschwankungen erfolgen und Öl für Eilgangbewegungen bereitgestellt werden.

Hydraulikanlagen müssen sorgfältig gewartet werden, damit keine Leckagen (Undichtigkeiten) entstehen. Wegen der hohen Drücke könnten sie sehr gefährlich werden. Ölverluste sind auch auf Grund von Gesundheitsgefährdung und Umweltbelastung zu vermeiden.

> **Merke**
> Die **Hydraulikanlage** besteht aus der Energieversorgung mit der Ölaufbereitung (Druckmittelaufbereitung), dem Steuerteil und dem Antriebsteil.

Die Hydraulikanlage benötigt sowohl Elemente zur Signaleingabe als auch häufig zur Signalverarbeitung.

Hydrauliköl
Hydrauliköle sind Mineralöle. Sie enthalten Wirkstoffe zum Korrosionsschutz, zur **Alterungsbeständigkeit** und für **hohe Druckbelastbarkeit**. Sie sind nach DIN 51524 genormt. In allen Hydraulikanlagen darf nur das vorgeschriebene Öl verwendet werden. Der Ölwechsel erfolgt nach dem Wartungsplan der Anlage. Es sind Betriebsstunden gebundene Fristen einzuhalten. Das Altöl muss vorschriftsmäßig entsorgt bzw. wieder aufbereitet werden.

6.2.1 Bauteile der Hydraulikanlage
Die Druckerzeugung erfolgt in Hydraulikanlagen durch **Verdrängungspumpen**. Dies sind meist Zahnrad- oder Flügelzellenpumpen [Bilder 1 bis 3].

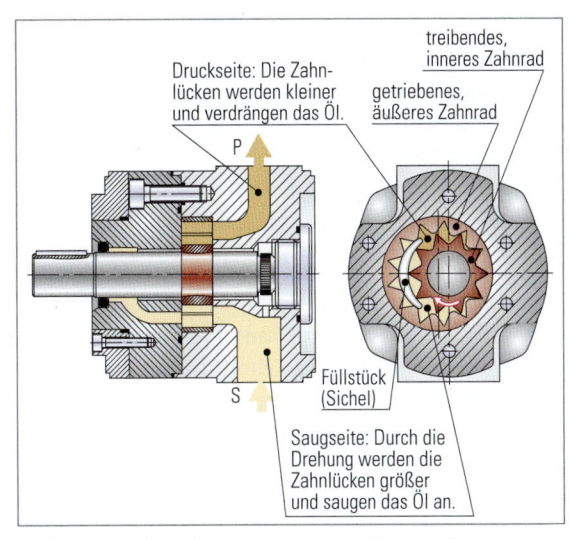

1: Schema einer innenverzahnten Zahnradpumpe

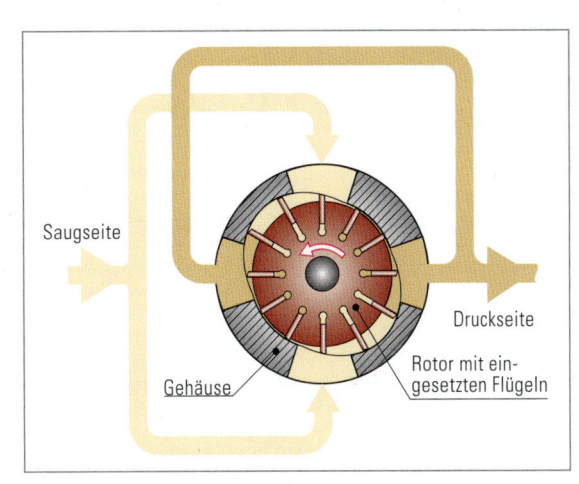

2: Schema einer Flügelzellenpumpe

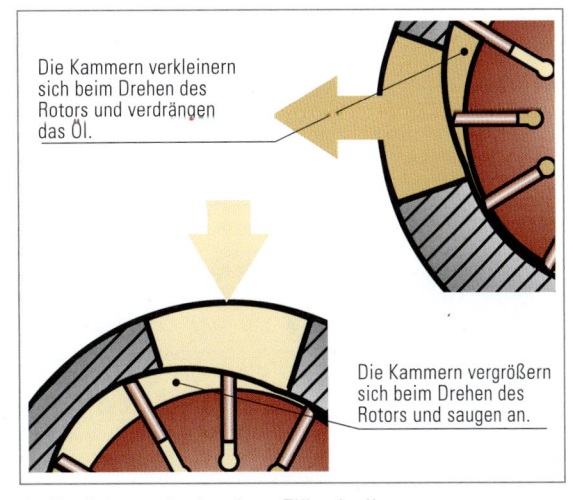

3: Funktionsprinzip einer Flügelzellenpumpe

Mit **Manometern** wird der Überdruck in hydraulischen Anlagen gegenüber der Atmosphäre gemessen [Bild 1].

Das Staudruck-Manometer **mit Rohrfeder** kann Drücke bis 1000 bar messen.

Manometer **mit Plattenfedern** sind unempfindlicher. Sie kommen bei aggressiven oder zähflüssigen Medien zum Einsatz.

Hydrozylinder (Hydraulikzylinder) haben kleinere Durchmesser, aber größere Wandstärken und Kolbenstangen als vergleichbare Pneumatikzylinder. Dies ist nötig, da in der Hydraulik mit größeren Kräften gearbeitet wird (z. B. bei einer Presse) [Bild 3].

Ventile

Bei den Hydraulikventilen gibt es folgende Anschlüsse:

- P: Druckanschluss
- T: Tankanschluss
- A, B: Arbeitsanschlüsse
- L: Leckölanschluss
- X, Y: Steueranschlüsse

Je nach Anwendung existieren bei den Wegeventilen unterschiedliche Durchflussrichtungen [Bild 2].

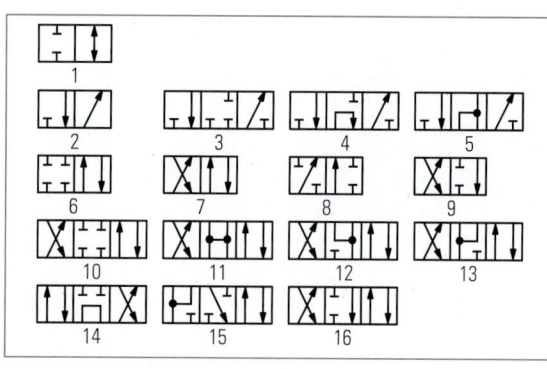

1: Manometer

2: Durchflussrichtungen von Wegeventilen

Übung

Benennen Sie die Wegeventile 1-16 in Bild 2.
Beispiel:

1. 2/2-Wege-Ventil
2. ...

Die Betätigung der Ventile kann mechanisch, pneumatisch, hydraulisch oder elektrisch erfolgen [Bild 1, nächste Seite].

2/2- und 3/2-Wegeventil

Das 2/2-Wegeventil [Bild 2, nächste Seite] ist in Ruhestellung gesperrt. Es besitzt die Anschlüsse P (Druckanschluss) und A (Arbeitsanschluss). Es kann den Ölstrom entweder sperren oder frei geben.

Das 3/2-Wegeventil besitzt die Anschlüsse P, A und T (Tankanschluss). Der Anschluss T leitet das Öl zum Tank.

3: Hydraulikzylinder
(Boden, Dichtringe, Kolben, Kolbenstange, einstellbare Endlagendämpfung, Abstreifring, Öleinlass/Ölauslass, Dämpfungskolben, Zylinderrohr, Öleinlass/Ölauslass, Dichtung)

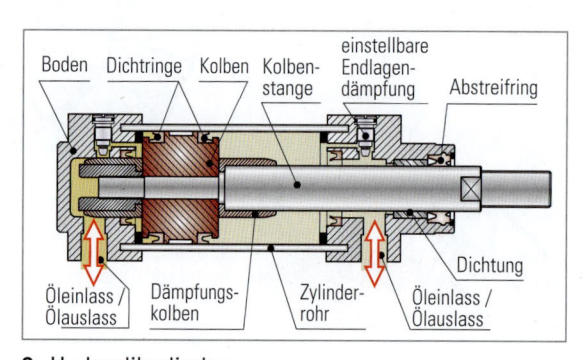

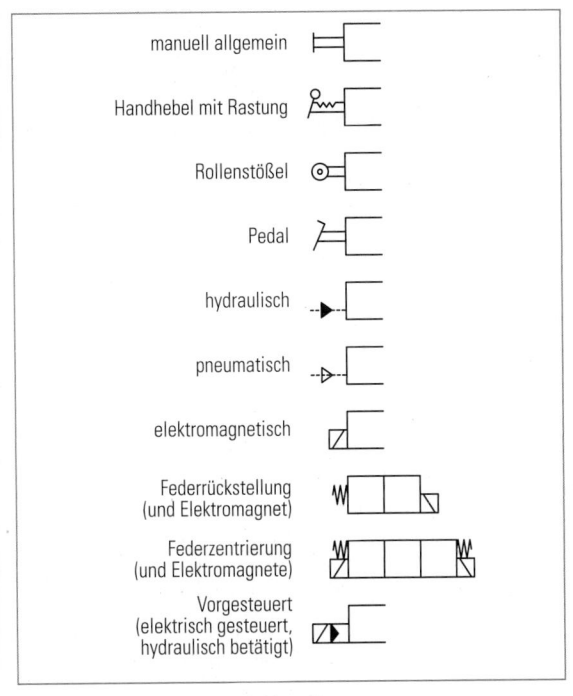

Automatisierungsprozesse ▶ Hydraulik ▶ Aufbau einer Hydraulikanlage

1: Betätigungsarten von Ventilen

- manuell allgemein
- Handhebel mit Rastung
- Rollenstößel
- Pedal
- hydraulisch
- pneumatisch
- elektromagnetisch
- Federrückstellung (und Elektromagnet)
- Federzentrierung (und Elektromagnete)
- Vorgesteuert (elektrisch gesteuert, hydraulisch betätigt)

Die 2/2 und 3/2-Wegeventile werden zum Ansteuern einfach wirkender Zylinder oder Hydraulikmotoren mit einer Drehrichtung benutzt [Bild 2].

4/2-Wegeventil
Das 4/2-Wegeventil hat den Anschluss P, T und zwei Arbeitsanschlüsse A und B. Es wird bei doppelt wirkenden Zylindern oder Hydraulikmotoren mit zwei Drehrichtungen verwendet. Der Zylinder kann ein- oder ausfahren. Er kann aber nicht anhalten [Bild 3].

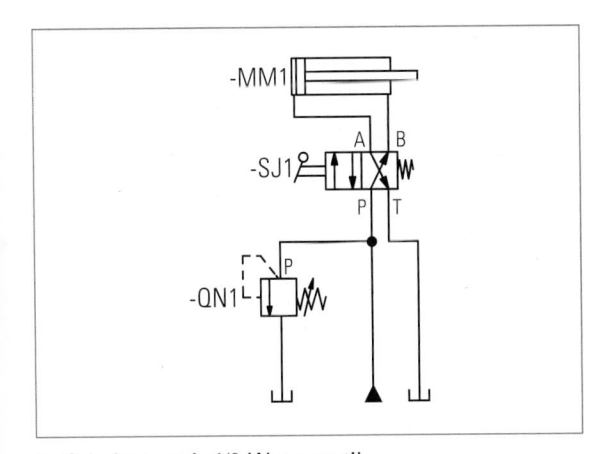

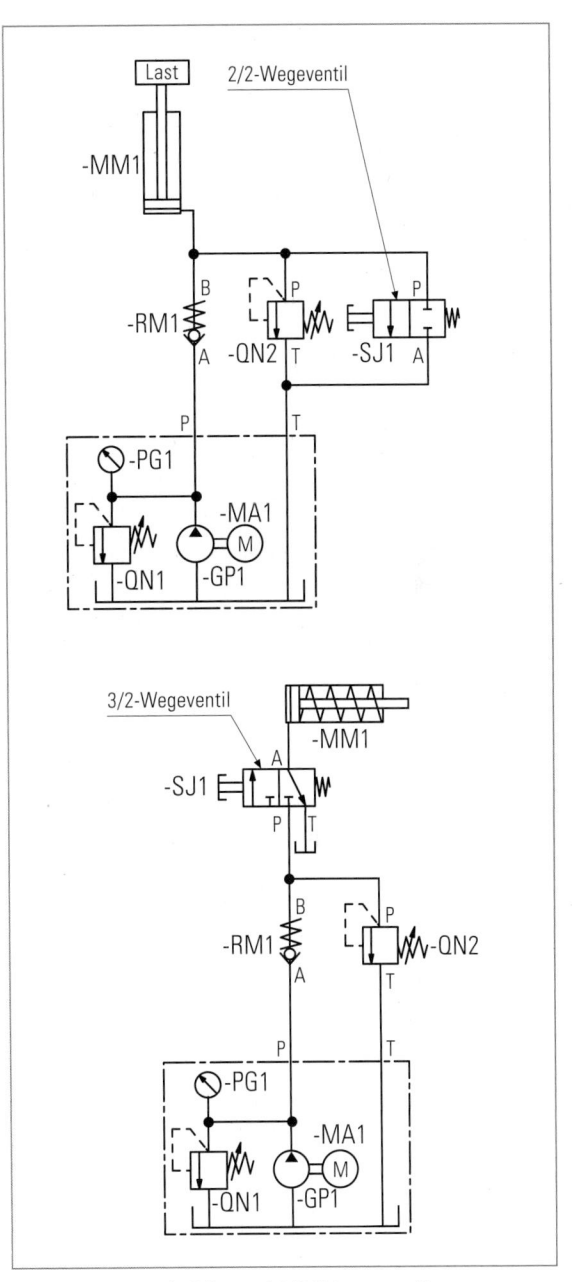

2: Schaltung mit 2/2- und 2/3-Wegeventilen

3: Schaltung mit 4/2-Wegeventil

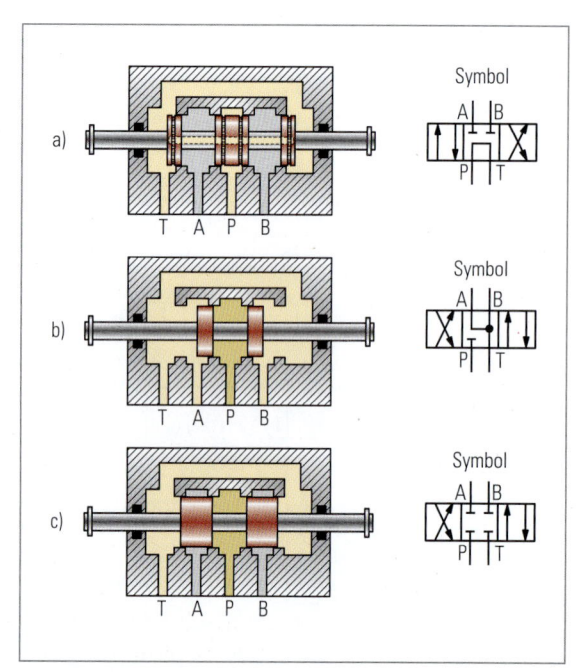

Automatisierungsprozesse ▶ Hydraulik ▶ Aufbau einer Hydraulikanlage

1: 4/3-Wegeventil

2: Hydraulikmotor

4/3-Wegeventil

In einem 4/3-Wege Hydraulikventil gibt es immer eine Mittelstellung. Mit dieser Stellung ist es möglich, den Hydraulikzylinder in einer bestimmten Position anzuhalten [Bild 1].

Bild a) zeigt ein 4/3-Wegeventil mit einem Schieber, der in Achsrichtung durchbohrt ist und am Umfang mehrere Schlitze hat. Dadurch ist in der Mittelstellung der Druckanschluss mit dem Tank verbunden. Es findet ein druckloser Umlauf statt. Die Pumpe nimmt weniger Energie auf. Die Arbeitsanschlüsse sind gesperrt. Dieses Ventil wird verwendet, wenn nur **ein Antriebsglied** angesteuert werden soll.

Bild b) zeigt ein 4/3-Wegeventil mit einem anderen Schieber. Hier ist der Druckanschluss in der Mittelstellung gesperrt. Die Arbeitsanschlüsse sind mit dem Tank verbunden. Der Hydraulikzylinder bleibt so durch äußere Kräfte beweglich. Diese Schaltstellung heißt **Schwimmmittelstellung**.

Bild c) zeigt ein 4/3-Wegeventil, bei der in Mittelstellung alle Anschlüsse gesperrt sind. Das von der Pumpe geförderte Öl muss über das Druckbegrenzungsventil zum Tank fließen. Dadurch kommt es zu Energieverlusten. Das Öl wird erwärmt. Dieses Ventil wird zum Ansteuern **mehrerer Arbeitselemente** über mehrere Ventile verwendet.

Hydromotoren gibt es als Zahnrad-, Flügelzellen- und Kolbenmotoren. Es wird zwischen Langsam- und Schnellläufer unterschieden. Langsamläufer haben vom Stillstand an ein hohes Drehmoment, das über den ganzen Drehfrequenzbereich nahezu konstant hoch bleibt. Alle Hydromotoren sind gut regelbar. Im unteren Drehfrequenzbereich sind sie den E-Motoren überlegen [Bild 2].

Hydrospeicher benötigen zum Speichern **Gas** oder **Federkraft**. Meist wird Stickstoffgas als Speichermedium verwendet. In Blasen-, Membran- oder Kolbenspeichern wird der Stickstoff durch den Öldruck komprimiert. Wenn der Druck im System nachlässt, wird Öl ins System gefördert. Dies ist z. B. bei Förderschwankungen, Eilgangbewegungen oder als Reserve für Notbetätigungen notwendig [Bild 3].

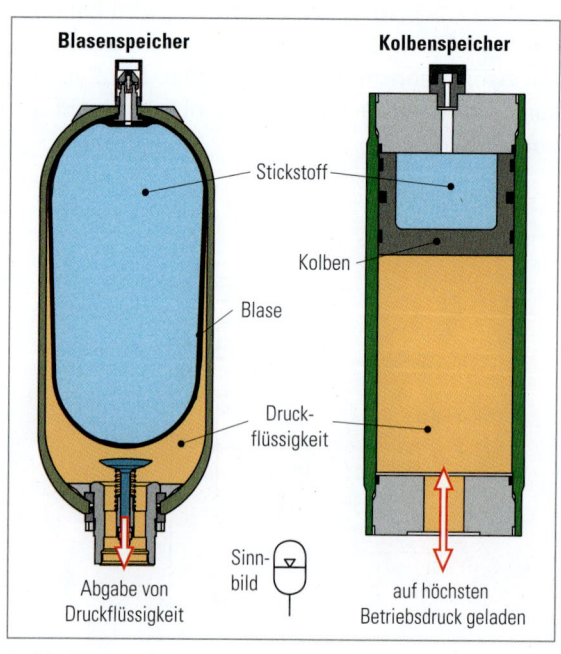

3: Hydrospeicher

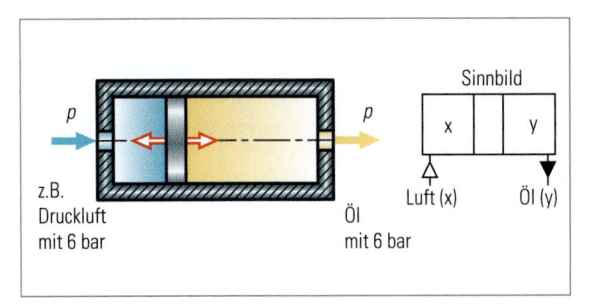

1: Druckmittelwandler

z.B. Druckluft mit 6 bar — Öl mit 6 bar

Druckmittelwandler arbeiten mit zwei Medien. Der Druck des einen Mediums wird über einen beweglichen Kolben an das andere Medium weiter gegeben. Meist wird von Druckluft auf Öl umgesetzt. Der Druckmittelwandler kann auch Druckübersetzer sein [Bild 1].

Druckwandler (Druckübersetzer) arbeiten nach dem Prinzip der hydraulischen Presse. Sie haben einen Tandemkolben (Doppelkolben) mit einer großen und einer kleinen Kolbenfläche. Es erfolgt eine Druckübersetzung, da sich die Drücke umgekehrt verhalten wie die Kolbenflächen ($p_1 : p_2 = A_2 : A_1$). Meist wird eine Druckerhöhung angestrebt. Hierzu muss der Systemdruck auf die größere Kolbenseite wirken [Bild 2].

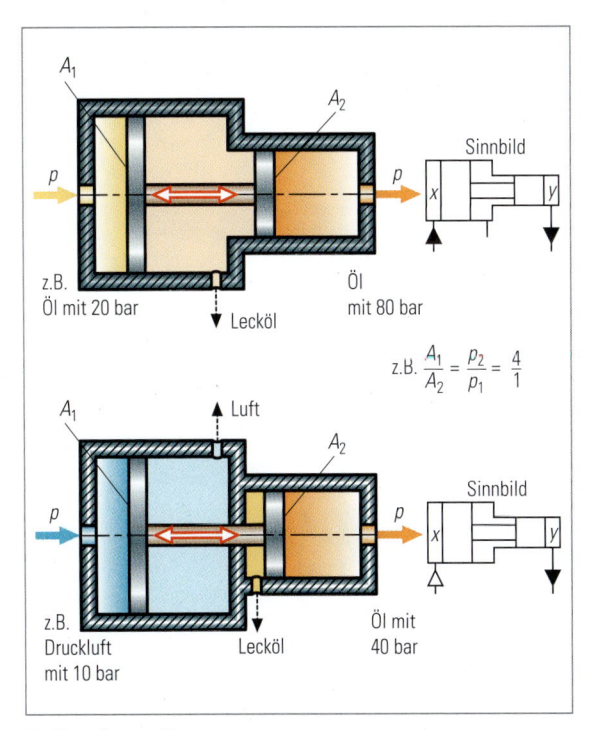

Hydraulikfilter

Festpartikel im Hydrauliköl verursachen Verschleiß und können somit zu Störungen führen. Filter halten die Festpartikel zurück. Die Betriebssicherheit der Anlage wird erhöht. Filter können an verschiedenen Stellen des Hydraulikkreislaufes vorgesehen werden [Bild 3].

a) **Rücklauffilter** sind in der Rücklaufleitung, meist am Behälter montiert.

b) **Druckfilter** befinden sich zwischen Pumpe und Wegeventil. Sie schützen durch ihre hohe Filterfeinheit nachfolgende Ventile.

c) **Saugfilter** sind vor der Pumpe angebracht. Sie sind grobmaschig und schützen nur die Pumpe vor großen Fremdkörpern.

Der Verschmutzungsgrad eines Filters kann meist über Anzeigen abgelesen werden [Bild 4].
Filter müssen regelmäßig ausgetauscht werden.

Hydraulikleitungen sind entweder festverlegte Präzisionsstahlrohre oder Schläuche aus Synthesekautschuk mit Gewebeeinlagen.

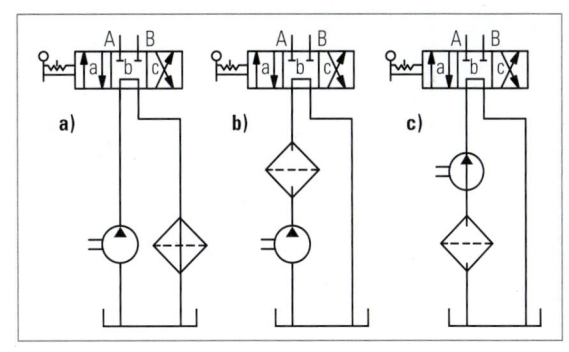

3: Filter im Hydraulikkreislauf

z.B. Öl mit 20 bar — Öl mit 80 bar — Leköl

z.B. $\dfrac{A_1}{A_2} = \dfrac{p_2}{p_1} = \dfrac{4}{1}$

z.B. Druckluft mit 10 bar — Öl mit 40 bar — Leköl

2: Druckwandler

4: Verschmutzungsanzeige

Automatisierungsprozesse ▶ Hydraulik ▶ Aufbau einer Hydraulikanlage

Rohrleitungen verbinden fest angeordnete Bauteile miteinander. Bei der Montage von Rohrleitungen ist folgendes zu beachten:

- Längere Leitungen sind mit entsprechenden **Rohrbefestigungen** anzubringen, um Schwingungen zu vermeiden [Bild 1].

- Bei der Verbindung zweier fester Bauteile ist die **Längenausdehnung** bei Temperaturänderungen zu beachten. Es sind entsprechende Möglichkeiten des Längenausgleichs zu schaffen [Bild 2].

- Biegestellen vermeiden, da Druckverluste entstehen.

- Rohre werden mit entsprechenden Biegegeräten kalt gebogen. Der Biegeradius sollte das 8-fache des Rohrdurchmessers betragen.

- Rohre müssen nach dem Trennen entgratet werden, da der Grat an der Rohrinnenwand einen Druckverlust bewirken kann.

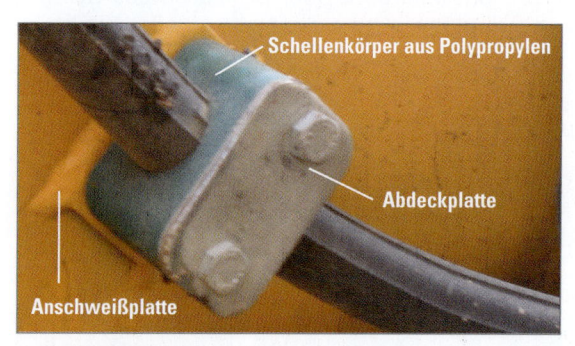

1: Rohrbefestigung

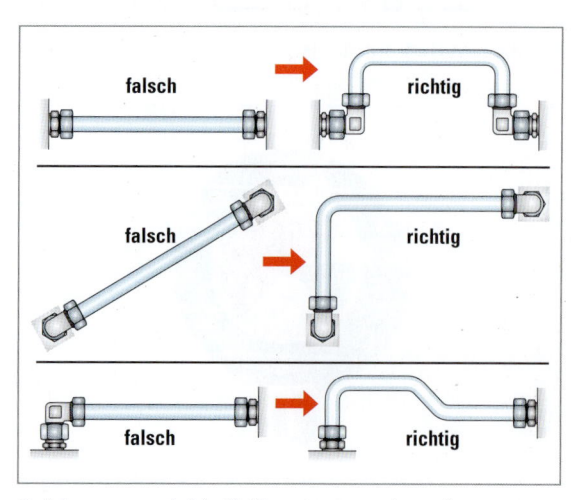

2: Längenausgleich für Temperaturschwankungen

Verschraubungen

Verschraubungen verbinden Rohre untereinander bzw. Rohre mit dem Hydraulikteil. Es gibt Verschraubungen in verschiedenen Varianten und Abmessungen [Bild 3].
Die Abdichtung zwischen Rohr und Verschraubung kann auf verschiedene Art erreicht werden [Bild 4]. DIN 3859-2 beschreibt die einzelnen Schritte zur Herstellung einer fachgerechten Schneidringverbindung [Bild 1, nächste Seite].

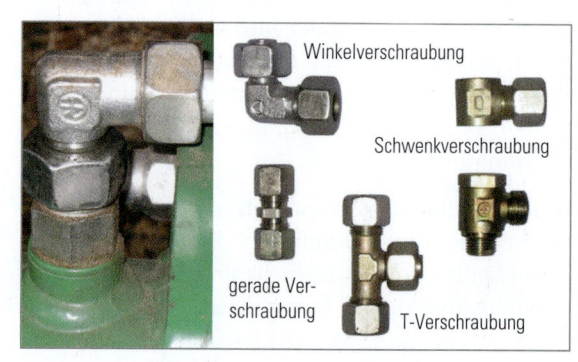

3: Rohrverschraubung

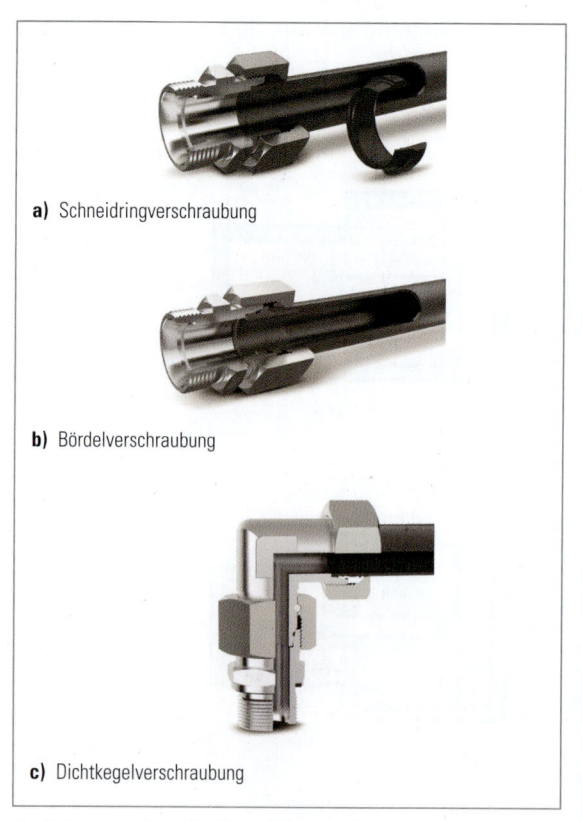

a) Schneidringverschraubung
b) Bördelverschraubung
c) Dichtkegelverschraubung

4: Rohrverschraubungen (Auswahl)

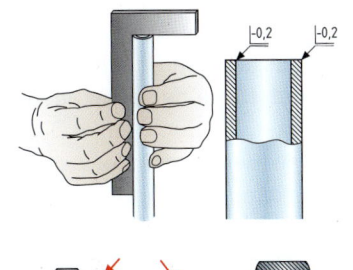

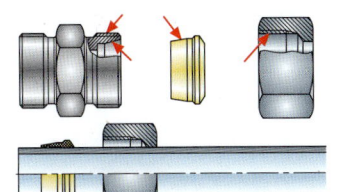

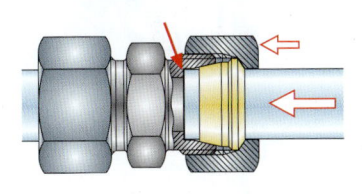

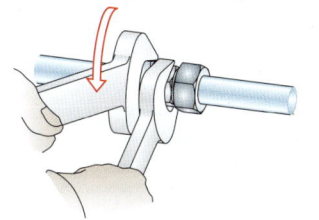

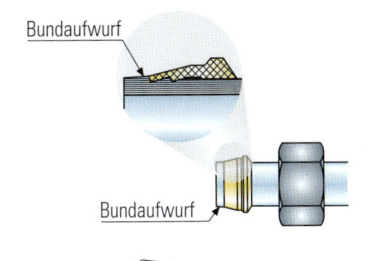

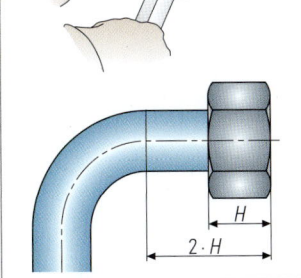

Automatisierungsprozesse ▶ Hydraulik ▶ Aufbau einer Hydraulikanlage

1. Rohr rechtwinklig absägen. Eine Winkeltoleranz von 0,5° ist zulässig.
   Keine Rohrabschneider oder Trennschleifer verwenden.
   Rohrenden innen und außen leicht entgraten.
   Reinigen.
   Achtung! Bei dünnwandigen Rohren sind zusätzliche Einsteckhülsen zu verwenden (siehe Herstellerangaben).
   Formabweichungen am Rohrende wie z. B. schief gesägte oder falsch entgratete Rohre reduzieren die Lebensdauer und die Dichtheit der Verbindung.

2. Gewinde und Konus des Verbindungsstutzens sowie Gewinde der Überwurfmutter mit Schmierstoff versehen.
   Überwurfmutter und Schneidring mit der Schneide zum Rohrende aufschieben.
   Achtung! Auf richtige Lage des Schneidrings achten – sonst Fehlmontage.

3. Überwurfmutter von Hand bis zur fühlbaren Anlage von Verschraubungsstutzen, Schneidring und Überwurfmutter festschrauben.
   Rohr gegen den Anschlag in Verschraubungsstutzen drücken.
   Achtung! Das Rohr muss am Anschlag anliegen, sonst erfolgt kein Rohreinschnitt.

4. Überwurfmutter 1,5 Umdrehungen anziehen, Verschraubungsstutzen mit Schraubenschlüssel gegenhalten.
   Achtung! Abweichender Anzugsweg reduziert die Druckbelastbarkeit und die Lebensdauer der Rohrverschraubung. Leckagen oder Herausrutschen des Rohrs sind die Folge.

5. **Kontrolle**
   Rohranschluss demontieren.
   Sichtbar gewordenes Rohrmaterial (Bundaufwurf) muss die Schneidenstirnfläche voll ausfüllen.
   Der Schneidring darf sich auf dem Rohr nicht drehen lassen.

6. **Wiederholmontage**
   Nach jedem Lösen des Rohranschlusses ist die Überwurfmutter wieder fest anzuziehen (gleicher Kraftaufwand) wie bei Erstmontage, hierbei Verschraubungsstutzen mit Schraubenschlüssel gegenhalten.

7. **Mindestlänge für das gerade Rohrende am Rohrbogen**
   Bei Rohrbögen muss das gerade Rohrende bis zum Beginn des Biegeradius mindestens 2 × Überwurfmutterhöhe betragen.
   Das gerade Rohrende darf im gesamten Bereich 2 × H keine Abweichung von der Rundheit und Geradheit aufweisen, die die Maßtoleranz des Rohrs nach DIN EN 10305-1 überschreitet.

1: Montage einer Schneidringverbindung

Schlauchleitungen

Schlauchleitungen bestehen aus einem Hydraulikschlauch, an dessen Enden Schlaucharmaturen aufgepresst sind. Sie ermöglichen die Verbindung zwischen festen und beweglichen Bauteilen. Aufgrund ihrer Elastizität können sie Druckstöße aufnehmen. Schlauchleitungen können mit Schutzüberzügen wie z. B. Spiralen oder Kunststoffschläuchen versehen werden [Bild 2].

Schlauchleitungen haben an ihren Enden unterschiedliche Armaturen, die den Anschluss an hydraulische Bauteile ermöglichen.

Schlauchleitungen sollen nicht älter als 2 Jahre sein, Schläuche sollen bei Herstellung einer Schlauchverbindung nicht älter als 4 Jahre sein.

Werkstatthinweise

Vor der Montage von Schlauchleitungen ist folgendes zu prüfen:

- Sind Schlauch und Schlaucharmatur funktionsgerecht verbunden?
- Ist die maximale Lagerzeit für Schläuche nicht überschritten?
- Die Schläuche dürfen keine Mängel aufweisen.

Schnellkupplungen

Wenn Bauteile schnell getrennt und wieder angeschlossen werden müssen, werden oft **Schnellkupplungen** verwendet. Diese bestehen aus einer Muffe und einem Stecker, die durch einen Dichtkegel abgedichtet werden. Beim Verbinden der Kupplung werden die Dichtkegel geöffnet [Bild 1].

Der Hersteller, das Herstelldatum (Monat/Jahr) und der höchst zulässige dynamische Betriebsdruck müssen deutlich erkennbar und dauerhaft in der Hülse der Armatur eingepresst sein [Bild 3].

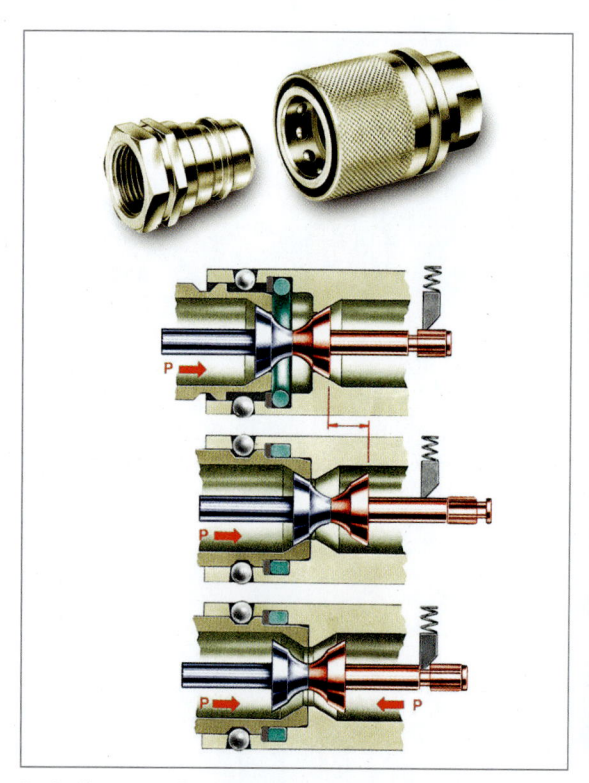

2: Aufbau und Funktion einer Schnellkupplung

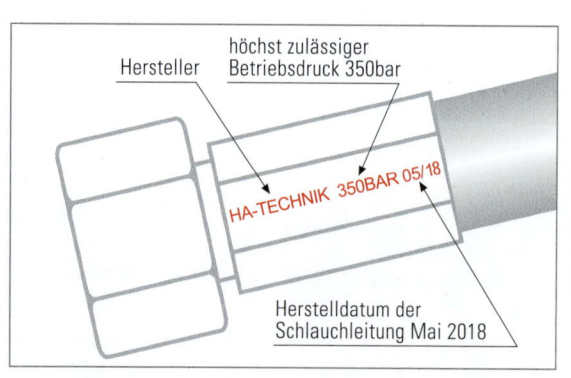

1: Schlauchleitungen (Schlauch + Armatur)

3: Vorgeschriebene Angaben auf der Hülse der Armatur

Automatisierungsprozesse ▶ Hydraulik ▶ Aufbau einer Hydraulikanlage

Die vollständige Bezeichnung von Schlauchangaben enthält nach DIN 20066
- den verwendeten Schlauchtyp
- den Nenndurchmesser
- die aufgepressten Armaturen
- die Schlauchleitungslänge
- den Verdrehwinkel der aufgepressten Armaturen zueinander [Bild 1]

Bei der **Montage von Schlauchleitungen** ist Folgendes zu beachten:

- Schlauchleitungen müssen ein wenig durchhängen, da sich der Schlauch bei Druck aufweitet und dadurch kürzer wird. Wird die Schlauchleitung zu straff eingebaut, könnte sie reißen. Außerdem darf sie nicht auf Zug, Torsion oder Stauchung beansprucht werden.

- Die vom Hersteller vorgeschriebenen zulässigen Biegeradien dürfen nicht unterschritten werden, auch nicht, wenn sich Bauteile bewegen.

- Für einen zweckmäßigen Einbau von Schlauchleitungen stehen Rohrkrümmer zur Verfügung. Der Radius dieser Verschraubungen ist so klein, dass auch bei beengten Einbauverhältnissen eine richtige Verlegung möglich ist.

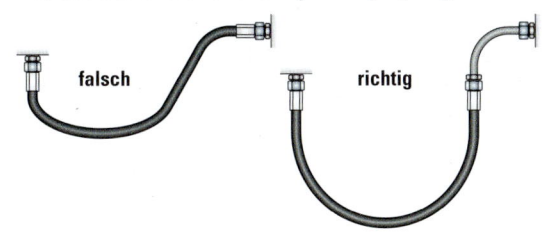

- Berührungen der Schläuche im Betrieb mit anderen Bauteilen verhindern, da die Umhüllung durch das ständige Reiben beschädigt wird.

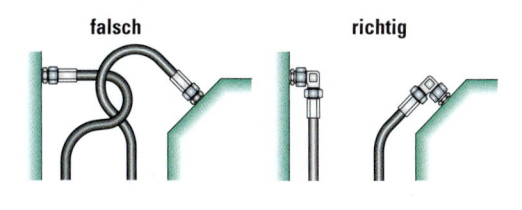

- Rohrkrümmer sind auch dort angebracht, wo die Anordnung einen „hängenden" Bogen nicht zulässt.

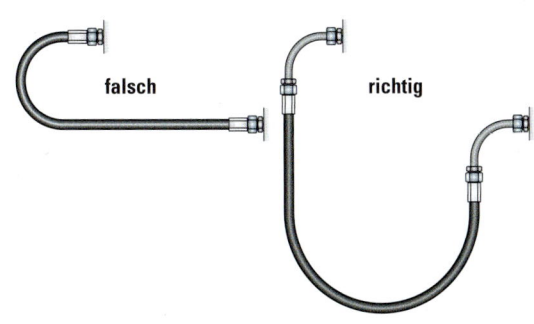

- Schläuche nicht verdreht einbauen, da sich die Verschraubung bei Druck lösen könnte.

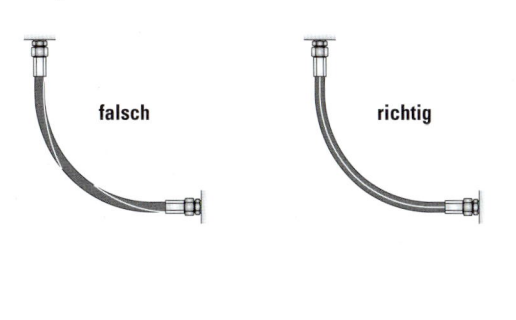

1: Montage von Schlauchleitungen

handwerk-technik.de

Automatisierungsprozesse ▶ Hydraulik ▶ Aufbau einer Hydraulikanlage

Schläuche

Schläuche bestehen aus einer wetterbeständigen, abriebfesten Schutzumhüllung aus Synthesekautschuk, aus bis zu vier Stahleinlagen, Baumwollgeflecht und der Seele aus einem ölbeständigen synthetischen Gummi [Bild 1].

Übungen

1. Wie unterscheiden sich Rohre, Schlauchleitungen und Schläuche bei einer Hydraulikanlage (Tabellenform)?

2. Eine hydraulische Presse soll durch Zweihandbetätigung schließen (Pressvorgang). Beim Lösen der Zweihandbetätigung soll sich die Presse wieder öffnen.
   a) Wählen Sie mögliche, zu verwendende Bauteile aus.

   Zeichnen Sie für die gewählten Bauteile:

   b) Weg-Schritt-Diagramm des Pressenzylinders
   c) Funktionsplan (Logiksymbole)
   d) Hydraulikschaltplan

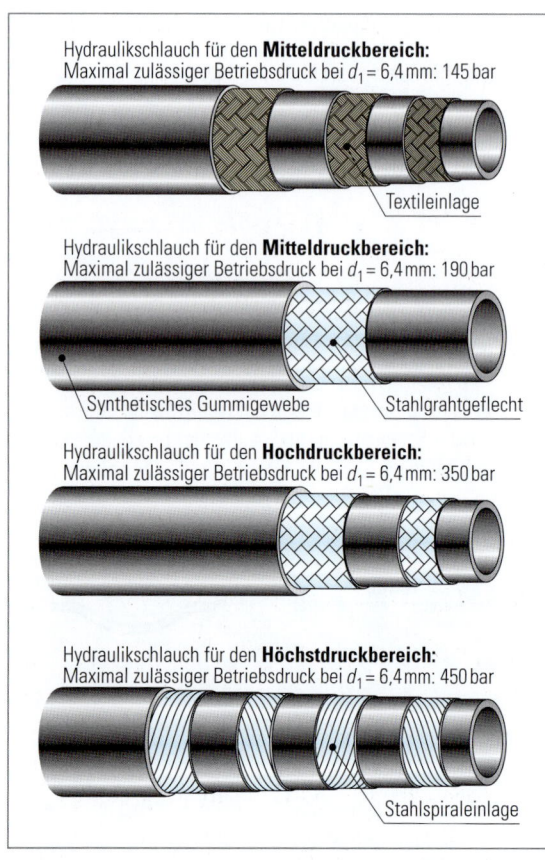

Hydraulikschlauch für den **Mitteldruckbereich**:
Maximal zulässiger Betriebsdruck bei $d_1 = 6{,}4$ mm: 145 bar
— Textileinlage

Hydraulikschlauch für den **Mitteldruckbereich**:
Maximal zulässiger Betriebsdruck bei $d_1 = 6{,}4$ mm: 190 bar
— Synthetisches Gummigewebe — Stahlgrahtgeflecht

Hydraulikschlauch für den **Hochdruckbereich**:
Maximal zulässiger Betriebsdruck bei $d_1 = 6{,}4$ mm: 350 bar

Hydraulikschlauch für den **Höchstdruckbereich**:
Maximal zulässiger Betriebsdruck bei $d_1 = 6{,}4$ mm: 450 bar
— Stahlspiraleinlage

1: Aufbau verschiedener Hydraulikschläuche

V Montageprozesse

1 Fertigungsprozesse

Ein erfolgreicher Fertigungsprozess muss in mehreren Teilprozessen durchlaufen werden. Man spricht vom Prinzip der vollständigen Handlung [Bild 1]. Dieses gliedert sich in folgende Teilprozesse [Bild 2]:

Informieren
Die Fachkraft muss sich im Klaren über das zu erreichende Ziel sein. Dies ist in der Regel der erfolgreich und fehlerfrei ausgeführte Auftrag.

Planen
In diesem Prozess plant die Fachkraft die Vorgehensweise für die Erfüllung eines Auftrages. Es werden alternative Lösungsmöglichkeiten miteinander verglichen und ein Arbeitsablauf erstellt.

Entscheiden
Die Fachkraft fällt in diesem Prozess die Entscheidung, wie der Auftrag konkret umgesetzt werden soll.

Ausführen
Es werden nun alle erforderlichen Arbeitsschritte, die im Planungsprozess erarbeitet worden sind, ausgeführt.

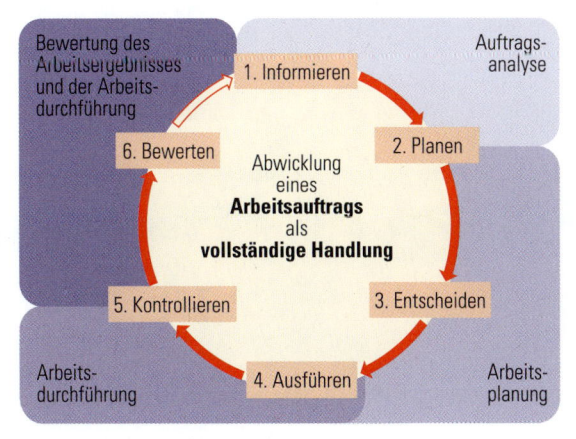

Kontrollieren
Hier macht die Fachkraft einen Soll-Ist-Vergleich. Es wird das Arbeitsergebnis mit dem vorgegebenen Ziel verglichen. Diese Kontrolle kann als Selbstbewertung oder als Bewertung innerhalb einer Gruppe stattfinden.

Bewerten
In diesem Prozess wird nicht nur das konkrete Arbeitsergebnis einer Bewertung unterzogen, sondern die gesamte Vorgehensweise, die zu dem Arbeitsergebnis geführt hat.
In diesem Prozess können Optimierungen für zukünftige Aufträge erarbeitet werden.

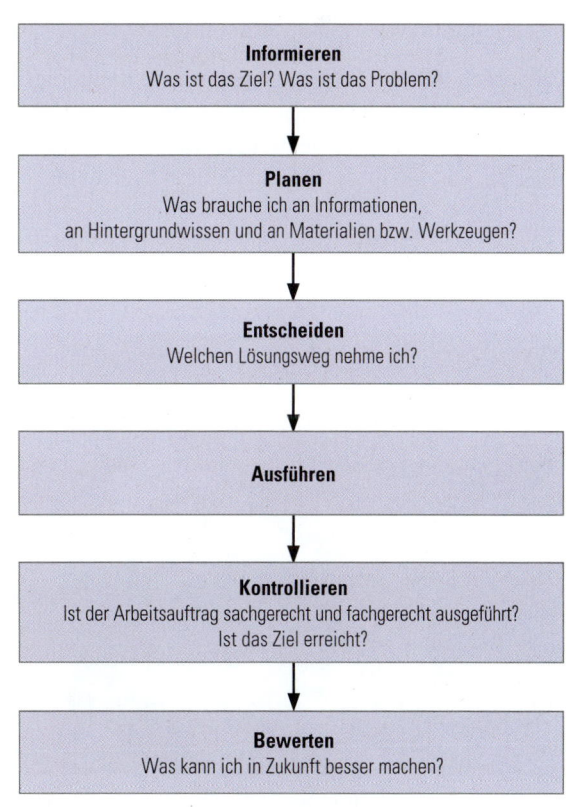

1: Prinzip der vollständigen Handlung

2 Teilprozesse eines Fertigungsprozesses

Montageprozesse ▶ Fertigungsprozesse

Beispiel

Im Folgenden wird am Beispiel einer Bearbeitung von Aluminium-Profilen ein vollständiger **Fertigungsprozess** dargestellt.

Die Fachkraft bekommt einen Arbeitsauftrag [Bild 1]. Dieser Arbeitsauftrag beinhaltet u. a.:

- **Arbeitsabläufe** (Reihenfolge einzelner Arbeitsschritte)
- **Werkzeugliste** (Angaben über die zu verwendenden Werkzeuge)
- **Stückzahl** (Angaben über die zu fertigende Anzahl von Bauteilen (Losgröße))
- **Zeichnungen** (alle für die Produktion erforderlichen Zeichnungen mit Maßen und Toleranzangaben)
- **CNC-Programm** (Computerprogramm u. a. mit der Konturbeschreibung des zu fertigenden Bauteils)
- **Prüfvorschriften** (Plan über die Prüfhäufigkeit einzelner Maße und die Festlegung, welche Prüfmittel verwendet werden müssen)

Entsprechend des Auftrages werden die benötigten **Aufnahmevorrichtungen** aus dem Magazin entnommen und in das Bearbeitungszentrum eingesetzt [Bild 2]. Wo es erforderlich ist, werden hydraulische oder pneumatische Verbindungen hergestellt. Der korrekte Einbau und die Funktion der **Spannvorrichtungen** werden von der Fachkraft geprüft.

Die erforderlichen **Werkzeuge** werden aus dem Werkzeugmagazin [Bild 1a, nächste Seite] genommen. Je nach Organisation des Betriebes ist eine Werkzeugvermessung durchzuführen. Das Werkzeug wird in die Maschine eingesetzt [Bild 1b, nächste Seite]. Die Werkzeugaufnahmen sowie das Werkzeug selbst müssen sauber sein und dürfen während der Montage nicht beschädigt werden.

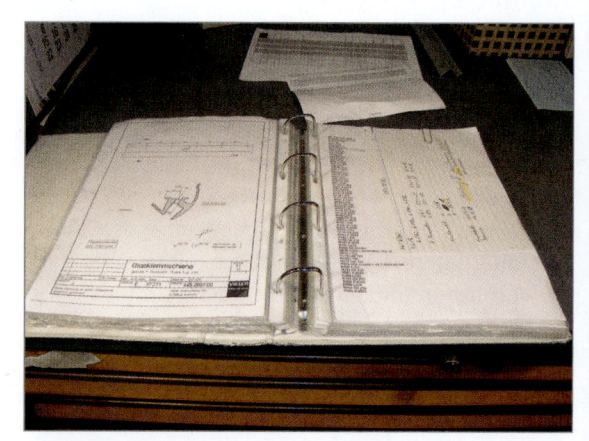

1: Prüfen des Arbeitsauftrages und der Zeichnungen

2: Einbau der Vorrichtungen

handwerk-technik.de

Montageprozesse ▶ Fertigungsprozesse

1a/b: Entnahme der Werkzeuge aus dem Werkzeugmagazin und Bestücken der Maschine mit den erforderlichen Werkzeugen

Ist die Maschine eingerichtet, wird das **CNC Programm** in die **Steuerung** der Maschine geladen [Bild 2]. Falls erforderlich, werden an dieser Stelle optimierte Daten in das Programm eingefügt. Diese Daten sind aus vorhergehenden Fertigungsprozessen entwickelt worden.

Ist die Maschine vollständig eingerichtet, werden alle Sicherheitseinrichtungen, z. B. Spannfunktion [Bild 3a], Not-Aus Funktion [Bild 2], korrekte Türverriegelung [Bild 3b] geprüft.

2: Laden des CNC-Programms in die Steuerung der Fertigungsmaschine

3a/b: Prüfen der Funktionen und Sicherheitseinrichtungen der Maschine (z. B. Spanneinrichtung und Türverriegelung)

Montageprozesse ▶ Fertigungsprozesse

Sind alle Funktionen geprüft, kann der Auftrag abgearbeitet werden. Dazu werden die Werkstücke in die Maschine eingelegt [Bild 1] und gespannt. Das Programm wird gestartet und überwacht [Bild 2].

Nach Beendigung der Bearbeitung wird die Maschine geöffnet. Bearbeitungsrückstände wie z. B. Kühlmittel werden entfernt [Bild 3]. Die Werkstücke werden ausgespannt [Bild 4] und aus der Maschine entnommen [Bild 5].

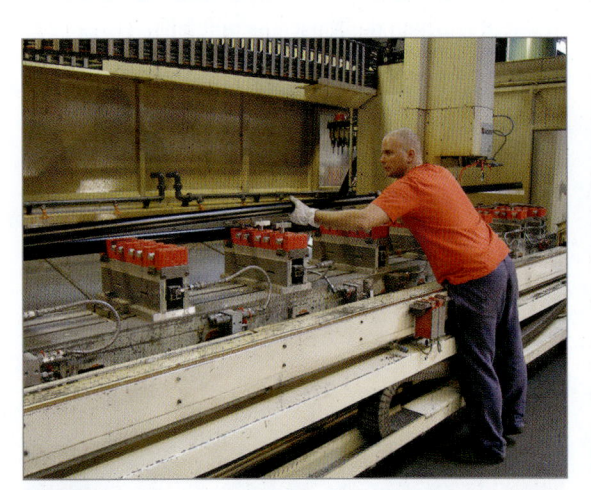

1: Einlegen der Profile

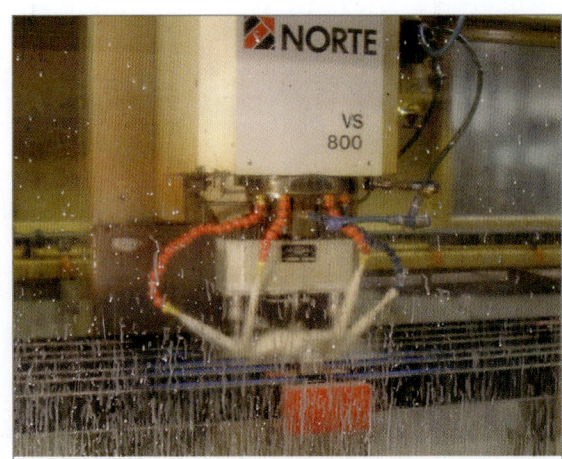

2: Maschine (Programm) starten und überwachen

3: Entfernen von Bearbeitungsrückständen

4: Ausspannen der Profile

5: Entnahme der Profile

Montageprozesse ▶ Fertigungsprozesse

1: Überprüfung der Fertigungsmaße

Nachdem die Maschine neu bestückt und das Fertigungsprogramm gestartet wurde, werden die bereits gefertigten Werkstücke auf ihre Maßhaltigkeit geprüft [Bild 1]. Dies geschieht nach einem festgelegten **Prüfplan**. In diesem werden

- die **Prüfmittel**,
- die **Prüfmaße** sowie
- die **Prüfhäufigkeit** festgelegt.

Soweit erforderlich, können im Anschluss an diese Tätigkeiten Nacharbeiten stattfinden. In diesem Fall wird die Oberfläche mit einem Schleifmittel nachgearbeitet [Bild 2]. Optische Fehler werden so korrigiert.

Sind alle geforderten Arbeiten ausgeführt worden, werden die fertigen Werkstücke in die dafür vorgesehenen Transportwagen gelegt [Bild 3]. Auch hierbei können Arbeitsanweisungen auf die vorgeschriebene Art der Lagerung hinweisen.

Während und nach der Bearbeitung und Prüfung der Werkstücke werden die Ergebnisse dokumentiert und von der Fachkraft unterschrieben [Bild 4].

Übungen

1. Wie lauten die Ablaufabschnitte eines vollständigen Fertigungsprozesses?
2. Warum ist der Teilprozess: „Bewerten" so wichtig?

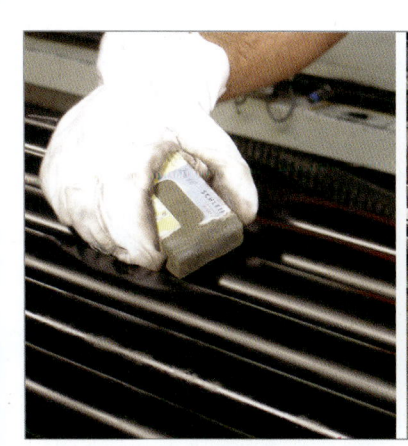

2: Nachbehandlung der Oberflächen

3: Sortierung der fertigen Profile in Transportboxen zur Weiterverarbeitung

4: Dokumentation des Auftrages

Montageprozesse ▶ Hebezeuge

2 Hebezeuge

Sowohl in der Fertigung, der Lagerwirtschaft als auch bei der Montage werden häufig Lasten mit Hebezeugen bewegt bzw. positioniert [Bild 1].
Ein sicherer Transport von Lasten mit Hebezeugen ist nur dann gewährleistet, wenn die Fachkraft die für das Heben der Last geeigneten Lastaufnahme- und Anschlagmittel auswählt.

Lastaufnahmeeinrichtungen
Der Fachausdruck Lastaufnahmeeinrichtung ist der Oberbegriff für

- Tragmittel
- Lastaufnahmemittel
- Anschlagmittel

Die **Lastaufnahme- und Anschlagmittel**

- müssen für den jeweiligen Verwendungszweck geeignet sein,
- dürfen bei bestimmungsgemäßer Verwendung nicht über ihre Tragfähigkeit hinaus belastet werden und
- müssen sich in einem betriebssicheren Zustand befinden [Bild 1, nächste Seite].

Damit eine Last von einem Kran angehoben werden kann, müssen entsprechende Lastaufnahmeeinrichtungen verwendet werden. An diesen befestigt die Fachkraft die anzuhebende Last – die Last wird von ihr **angeschlagen**.
In Bild 2 bis 5 auf der nächsten Seite werden die gebräuchlichsten Anschlagmittel bezüglich ihrer jeweiligen Einsatzgebiete verglichen.

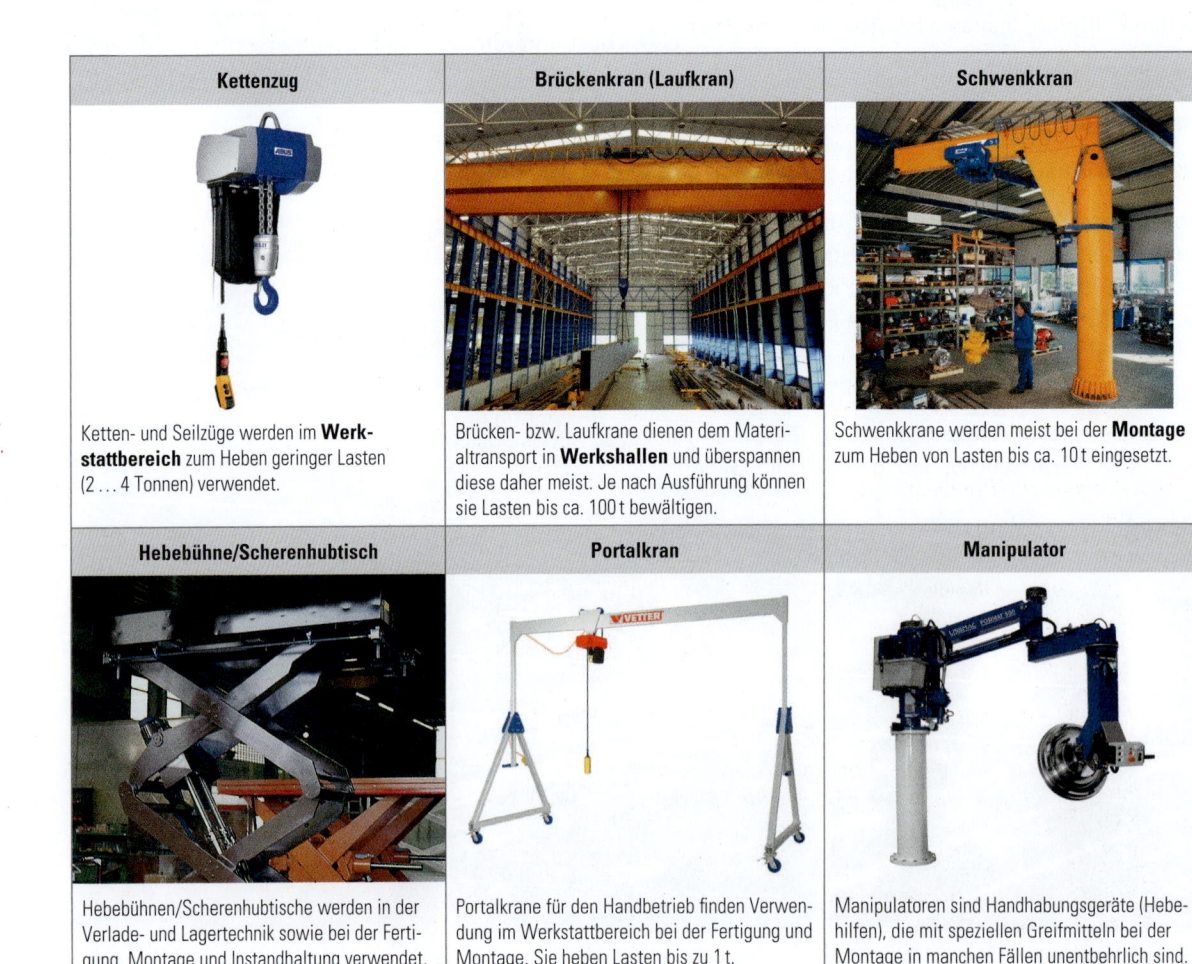

Kettenzug	Brückenkran (Laufkran)	Schwenkkran
Ketten- und Seilzüge werden im **Werkstattbereich** zum Heben geringer Lasten (2 … 4 Tonnen) verwendet.	Brücken- bzw. Laufkrane dienen dem Materialtransport in **Werkshallen** und überspannen diese daher meist. Je nach Ausführung können sie Lasten bis ca. 100 t bewältigen.	Schwenkkrane werden meist bei der **Montage** zum Heben von Lasten bis ca. 10 t eingesetzt.
Hebebühne/Scherenhubtisch	**Portalkran**	**Manipulator**
Hebebühnen/Scherenhubtische werden in der Verlade- und Lagertechnik sowie bei der Fertigung, Montage und Instandhaltung verwendet. Sie heben Lasten bis ca. 2 t.	Portalkrane für den Handbetrieb finden Verwendung im Werkstattbereich bei der Fertigung und Montage. Sie heben Lasten bis zu 1 t.	Manipulatoren sind Handhabungsgeräte (Hebehilfen), die mit speziellen Greifmitteln bei der Montage in manchen Fällen unentbehrlich sind. Je nach Ausführung heben sie Lasten bis zu 1 t.

1: Hebezeuge für verschiedene Anwendungsgebiete

Montageprozesse ▶ Hebezeuge

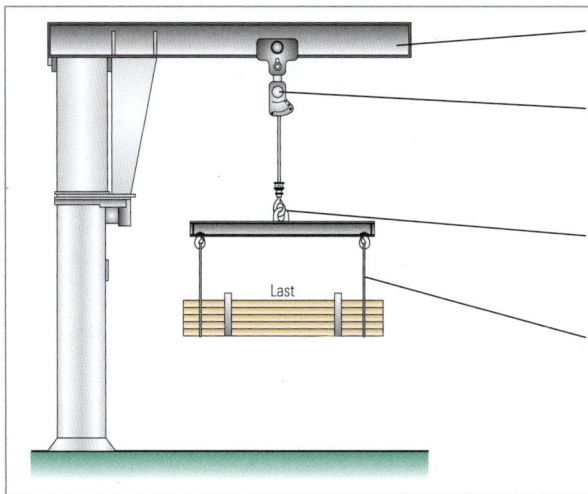

Hebezeuge wie z. B. Brückenkran oder Wandkran dienen zum Anheben von Lasten

Tragmittel wie z. B. Traversen und Kranhaken sind Einrichtungen, die **fest** mit dem Hebezeug **verbunden** sind.
Sie dienen zur Aufnahme von Anschlagmitteln oder direkt der jeweiligen Last.

Lastaufnahmemittel sind z. B. Kübel, Greifer, Lasthebemagnete, Traversen oder Zangen. Sie dienen zum Aufnehmen der Last und werden mit dem Tragmittel des Hebezeugs verbunden.

Anschlagmittel wie z. B. Ketten, Seile oder Bänder sind Einrichtungen, die eine Verbindung zwischen Tragmittel und Last bzw. zwischen Tragmittel und Lastaufnahmemittel herstellen.

1: Bezeichnungen an einer Lastenaufnahmeeinrichtung

Vorteile
- hohe Tragfähigkeit bei geringem Eigengewicht
- leichte Handhabung, gut für Schnürgang
- Hebebänder eigensteif
- lastschonend, rutschhemmend

Nachteile
- nicht verkürzbar
- sehr empfindlich (raue Oberflächen, scharfe Kanten, Hitze)
- Hebeband für Schrägzug ungeeignet

Einsatzgebiete
Überall, wo leichte und Oberflächen schonende Anschlagmittel erforderlich sind, jedoch keine rauen Bedingungen herrschen.

2: Hebebänder und Rundschlingen (Polyester oder Polyamid)

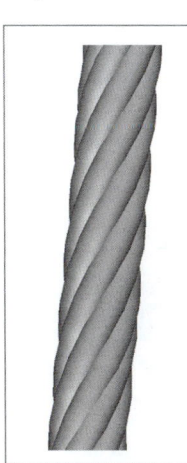

Vorteile
- robust
- langlebig
- unempfindlich gegen Kanten und raue Oberflächen
- hitzebeständig
- leicht und sicher längenverstellbar
- Baukasten: sehr variabel

Nachteile
- keine Eigensteifigkeit (Durchschieben)
- aufwendige Prüfung

Einsatzgebiete
Rauer Betrieb, wo es weniger auf die Oberfläche der Last ankommt

3: Rundstahlkette

Vorteile
- eigensteif
- preisgünstig
- in jeder Länge

Nachteile
- nicht verkürzbar
- empfindlich gegen scharfe Kanten
- Verletzungsgefahr bei Drahtbrüchen

Einsatzgebiete
Überall dort, wo leichte, eigensteife und relativ robuste Anschlagmittel gefordert sind.

4: Stahldrahtseile

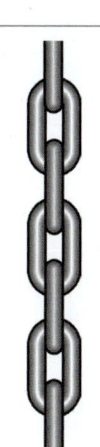

Vorteile
- leicht zu handhaben
- in jeder Länge herstellbar
- preisgünstig

Werkstoffe   **Natur**   **Chemie**
- Manila   - Polyamid
- Hanf   - Polyester
   - Polypropylen

Nachteile
- geringe Tragfähigkeit
- Brennbarkeit
- Verrottung

Einsatzgebiete
Überall, wo leichte und Oberflächen schonende Anschlagmittel erforderlich sind, jedoch keine rauen Betriebsbedingungen herrschen.

5: Natur- und Chemie-Faserseile

Montageprozesse ▶ Hebezeuge ▶ Anschlagen von Lasten

2.1 Anschlagen von Lasten

Beim Umgang mit **Hebezeugen** sind einige wichtige Verhaltensregeln bzw. Vorschriften einzuhalten[1]. Im Arbeitsbereich mit Hebezeugen ist ein Warnschild anzubringen [Bild 2].

Merke: Personen, die Lasten anschlagen (anbinden) und diese anheben, müssen dafür ausgebildet bzw. unterwiesen sein.

Viele Unfälle geschehen beim innerbetrieblichen Transport von Lasten. Ursachen hierfür sind:

- Verhaltensfehler beim Anschlagen der Last
- Mängel an den Hebezeugen und den Lastaufnahmeeinrichtungen

Um den **Transport** einer Last mit einem Kran ohne Überlastung durchführen zu können, sind Angaben über die Größe der anzuhebenden Last erforderlich. Die maximal zulässige Tragfähigkeit des Krans darf nicht überschritten werden.
Häufig kommt es durch die mangelhafte Befestigung des Anschlagmittels direkt an der Last oder am Kranhaken zu Unfällen. Die Fachkraft muss beim Anschlagen (Anbinden) der Last mit den ausgewählten Lastaufnahme- und Anschlagmitteln u. a. Folgendes beachten (Auswahl):

- Es müssen immer sichere Anschlagpunkte an der Last gewählt werden.
- Lastaufnahmeeinrichtungen dürfen nur bis zu ihrer maximal zulässigen Tragfähigkeit beansprucht werden. Bei Seilen, Bändern und Ketten darf der Spreizwinkel von 120° bzw. ein Neigungswinkel von 60° nicht überschritten werden [Bild 1]. Die auftretenden Seilkräfte würden sonst unzulässig hoch (Kräftezerlegung). Die Angaben über die zulässigen Tragfähigkeiten in Abhängigkeit vom Spreizwinkel müssen z. B. an Ketten auf einer Plakette angebracht sein [Bild 3].

- Ketten, Seile und Bänder dürfen nicht über scharfe Kanten gezogen werden. Eine Kante gilt dann als „scharf", wenn der Kantenradius R der Last kleiner als der Durchmesser d des Seils, die Nenndicke d der Rundstahlkette oder die Dicke d des Hebebandes ist. Falls erforderlich, muss ein Kantenschutz verwendet werden [Bild 1, nächste Seite].

[1] Es sind immer die jeweiligen Vorschriften der Berufsgenossenschaften in ihrer jeweils gültigen Fassung zu beachten.

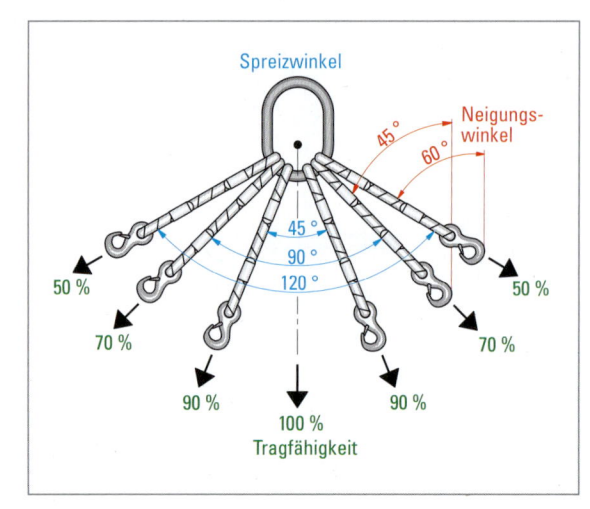

1: Tragfähigkeit von Lastaufnahmemitteln in Abhängigkeit vom Spreiz- bzw. Neigungswinkel

2: Warnung vor schwebender Last

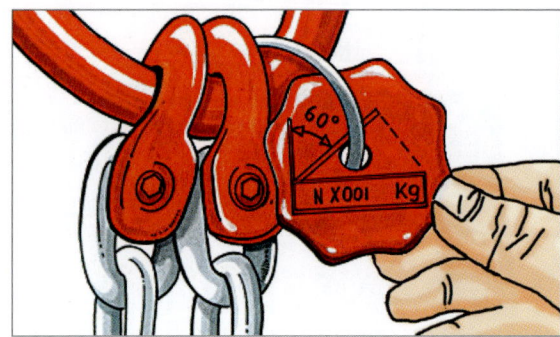

3: Kennzeichnungsschild für eine Anschlagkette

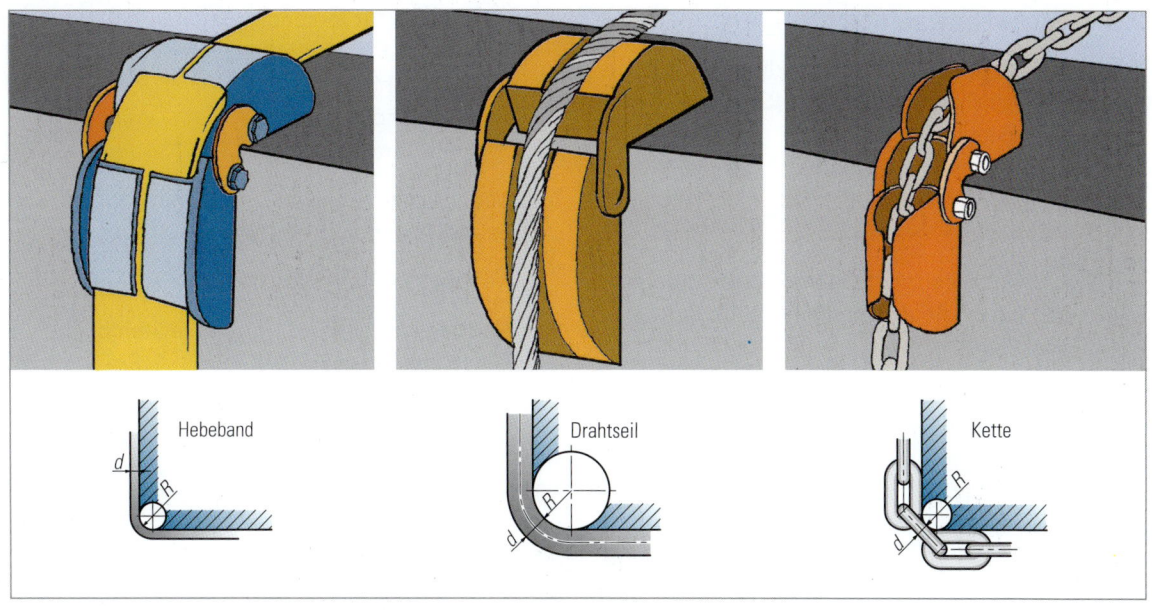

Montageprozesse ▶ **Hebezeuge** ▶ Anschlagen von Lasten

1: Kantenschutz für scharfkantige Lasten

- Die Fachkraft muss einen sicheren Standplatz haben. Sie muss im Gefahrenfall ausweichen können. Sie darf dabei niemals zwischen der Last und einer Wand, Maschine oder sonstiger Einrichtung stehen, da sie keine Ausweichmöglichkeit hat, wenn die Last ins Pendeln kommt.

- Der Kranhaken muss mittig über dem Schwerpunkt der Last stehen, da die Last sonst beim Anheben ins Pendeln kommt und Personen gefährdet, die zu nahe an der Last stehen. Pendelt die Last beim Anheben, niemals versuchen, sie mit der Hand anzuhalten [Bild 3]!

- Beim Einweisen ist es wichtig, dass der Einweiser die Zeichen so gibt, wie sie aus Sicht des Kranführers eindeutig sind [Bild 2].

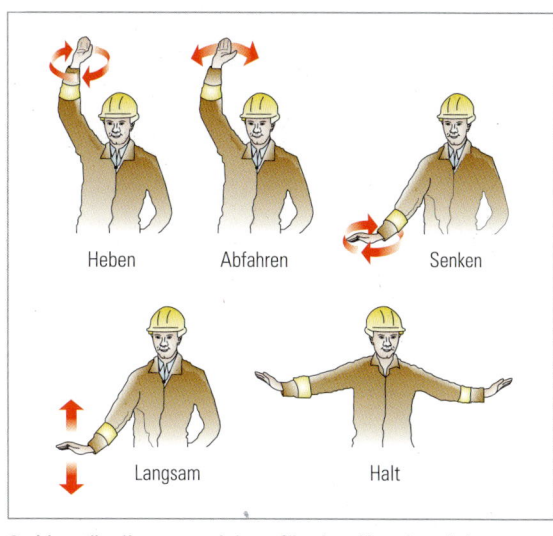

2: Verständigungszeichen für den Kranbetrieb

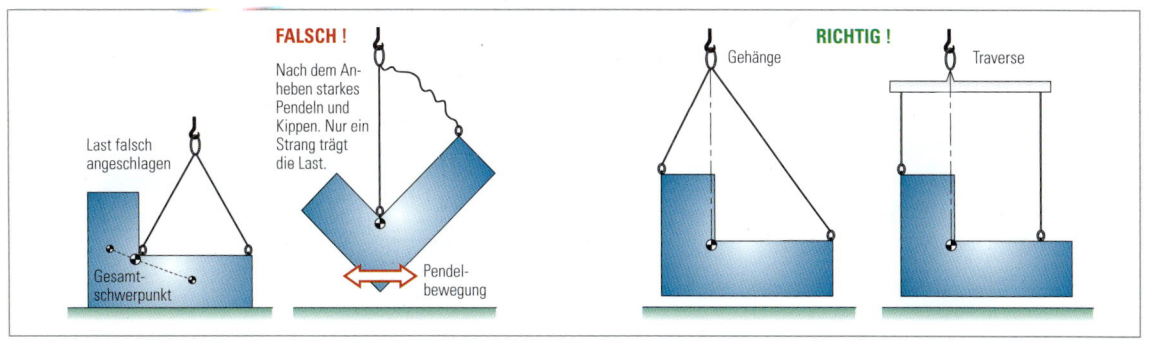

3: Schwerpunkt der Last

2.2 Sicherheitseinrichtungen

Zusätzlich zur normalen Arbeitskleidung hat die Fachkraft zusätzliche **persönliche Schutzmaßnahmen** zu ergreifen [Bild 1].

Übungen

1. Nennen Sie Hebezeuge, die zum Heben von Lasten innerhalb der Montage besonders geeignet sind.

2. Nennen Sie Hebezeuge, die in Ihrem Ausbildungsbetrieb zu finden sind.
Welche Lasten können damit jeweils maximal gehoben werden?
Vergleichen Sie Ihre Ergebnisse innerhalb Ihrer Klasse.

3. Nennen Sie verschiedene
   a) Lastaufnahmemittel
   b) Anschlagmittel

4. Sie haben die Aufgabe bekommen, Stangenmaterial (Vierkantrohr) aus dem Materiallager zu einer Bandsäge mit einem Brückenkran zu transportieren. Welches Anschlagmittel wählen Sie? Begründen Sie ihre Auswahl.

5. Nennen Sie für folgende Anschlagmittel die geeigneten Einsatzgebiete:
   a) Rundstahlketten
   b) Hebebänder
   c) Stahldrahtseile

6. Woher erhalten Sie Informationen darüber, wie viel ein Anschlagmittel maximal tragen darf?

7. Wer darf ein Hebezeug bedienen?

8. Welches sind häufige Unfallursachen beim Heben von Lasten?

9. Was müssen Sie beim Anschlagen von Lasten besonders beachten?

10. Welche persönlichen Schutzmaßnahmen sind von Ihnen im Zusammenhang mit dem Heben von Lasten zu ergreifen?

11. In welchem Fall bezeichnet man eine Last als scharfkantig?

12. Welche Maßnahme muss beim Anschlagen von scharfkantigen Lasten getroffen werden?

13. Wo muss sich der Kranhaken befinden, wenn eine Last angehoben wird?

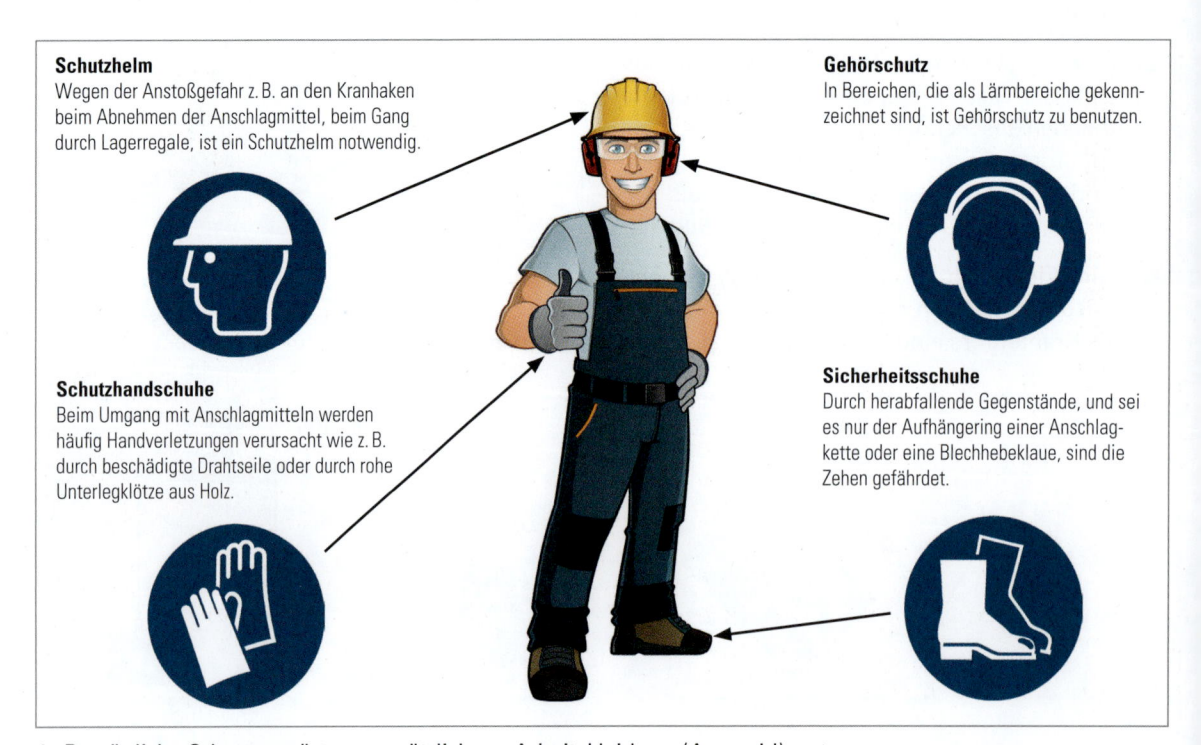

Schutzhelm
Wegen der Anstoßgefahr z. B. an den Kranhaken beim Abnehmen der Anschlagmittel, beim Gang durch Lagerregale, ist ein Schutzhelm notwendig.

Gehörschutz
In Bereichen, die als Lärmbereiche gekennzeichnet sind, ist Gehörschutz zu benutzen.

Schutzhandschuhe
Beim Umgang mit Anschlagmitteln werden häufig Handverletzungen verursacht wie z. B. durch beschädigte Drahtseile oder durch rohe Unterlegklötze aus Holz.

Sicherheitsschuhe
Durch herabfallende Gegenstände, und sei es nur der Aufhängering einer Anschlagkette oder eine Blechhebeklaue, sind die Zehen gefährdet.

1: Persönliche Schutzausrüstung zusätzlich zur Arbeitskleidung (Auswahl)

3 Montagetechnik

Maschinen, Anlagen oder Geräte werden aus vielen Einzelteilen zusammengesetzt. Zunächst werden aus Einzelteilen Gruppen montiert und aus diesen dann Einrichtungen. Aus diesen Einrichtungen entsteht dann ein System wie z. B. eine Werkzeugmaschine [Bild 1]. Dazu müssen die Einzelteile gehandhabt werden, d. h., sie werden in einer vorher festgelegten Reihenfolge gefügt und montiert. Dies kann durch eine Fachkraft manuell erfolgen oder automatisch. Im Folgenden wird die Montage durch eine Fachkraft behandelt.

Das Verbinden von Einzelteilen oder Baugruppen nennt man **Fügen**. Zusätzlich zum Fügen werden beim **Montieren** jedoch Arbeitsvorgänge ausgeführt, zu denen das

- Messen und Überprüfen z. B. der Rohmaße,
- Positionieren der Bauteile sowie das
- Bereitstellen der Arbeitsmittel

zählt. Montieren ist also mehr als Fügen.

> **Merke**
>
> **Fügen** ist das auf Dauer angelegte Verbinden (oder sonstige Zusammenbringen) von zwei oder mehr Einzelteilen.
>
> **Montieren** umfasst weiter gehende Tätigkeiten wie z. B. Messen und Positionieren von Werkstücken.

In der Montagetechnik gibt es viele Möglichkeiten, Bauteile miteinander zu verbinden.

Wichtige **Fügeverfahren** sind:

- **Zusammensetzen** wie z. B. Verschrauben
- **Füllen** wie z. B. Tränken von Öl in ein Sinterlager
- **Anpressen/Einpressen** wie z. B. Schrumpfen
- **Urformen** wie z. B. Spritzgießen von flüssigem Kunststoff in ein Spritzgusswerkzeug
- **Umformen** wie z. B. Nieten, Bleche börden
- **Stoffschluss** wie z. B. Schweißen, Löten, Kleben

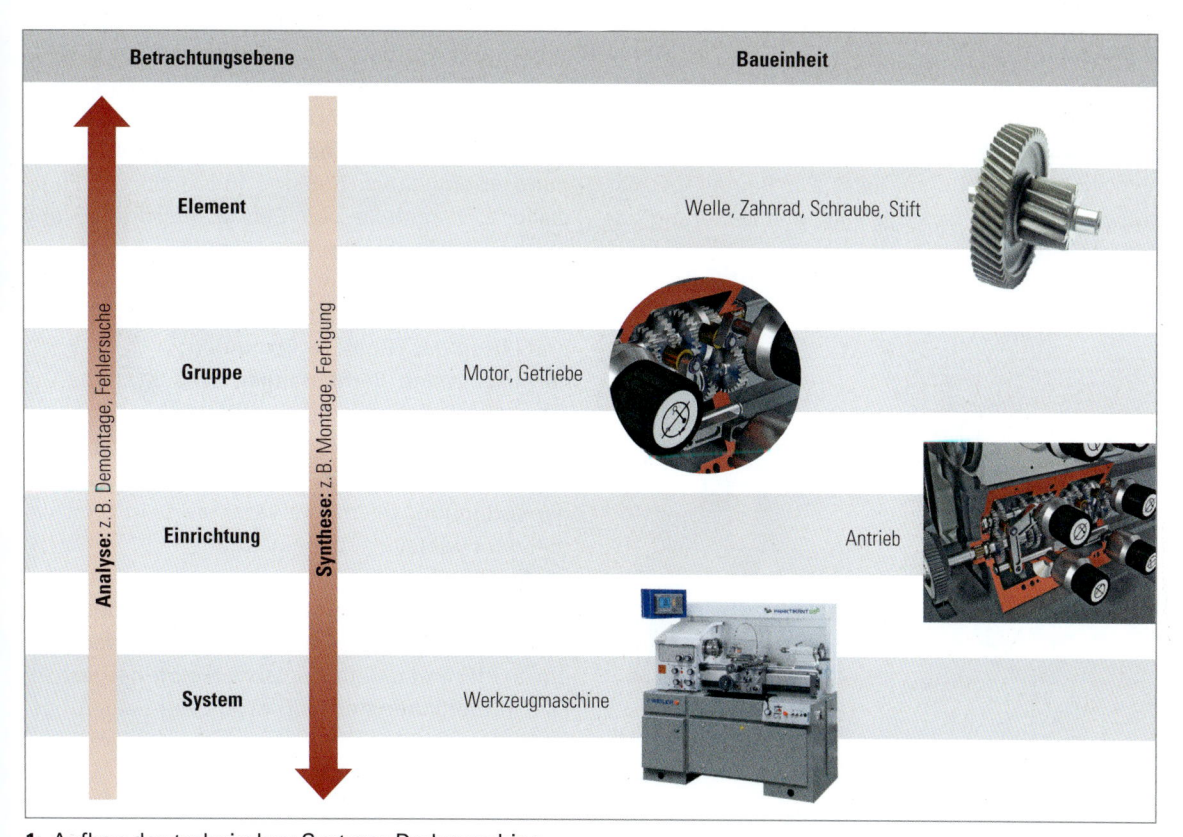

1: Aufbau des technischen Systems Drehmaschine

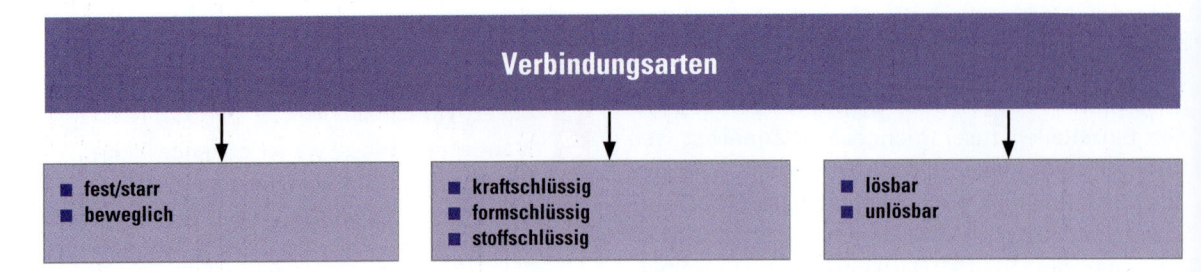

Montageprozesse ▶ Montagetechnik ▶ Verbindungsarten

Verbindungsarten

- fest/starr
- beweglich

- kraftschlüssig
- formschlüssig
- stoffschlüssig

- lösbar
- unlösbar

1: Verbindungsarten

Die Aufgabe einer Verbindung besteht darin, Kräfte von einem Bauteil auf ein anderes zu übertragen. Verbindungen können nach unterschiedlichen Gesichtspunkten betrachtet und unterschieden werden [Bild 1].

3.1 Verbindungsarten

3.1.1 Bewegliche und starre Verbindungen

Bei einer **starren Verbindung** wird eine Bewegung der Bauteile gegeneinander unterbunden. Zwei Einzelteile werden z. B. mit einer Schraube starr verbunden.

Eine **bewegliche Verbindung** überträgt Kräfte und/oder Drehmomente und erlaubt eine Bewegung der Teile gegeneinander. Das können Dreh- oder Verschiebebewegungen sein. Ein Bauteil z. B. ist mit einem Bolzen beweglich in einer Halterung gelagert [Bild 2].

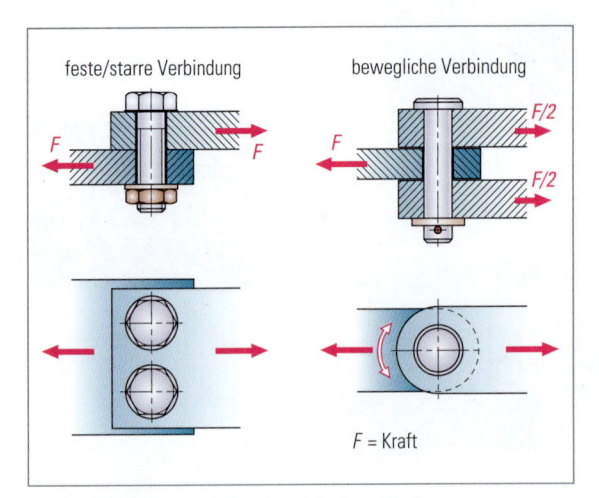

2: Feste/starre und bewegliche Verbindung

3.1.2 Kraft-, form- und stoffschlüssige Verbindungen

Eine andere Art der Unterteilung der Fügearten ist die Unterscheidung nach Fügen durch

- Kraftschluss
- Formschluss und
- Stoffschluss

Bei dieser Art der Betrachtung wird nicht das Fertigungsverfahren berücksichtigt, mit dem die Verbindung hergestellt wird. Es wird nur die Fügestelle selbst betrachtet. Die Art der Kraftübertragung kann dann einer der drei genannten Verfahren zugeordnet werden. Auch hier sind Mischformen (z. B. bei Keilverbindungen[1]) innerhalb der Fügearten möglich [Bild 1, nächste Seite].

Kraftschlüssige Verbindungen: Die Kraftübertragung erfolgt durch Reibung innerhalb der Fügestelle, z. B. mithilfe von Sechskantschraube und Mutter. Die Anpresskraft der Verbindungselemente ist die Voraussetzung für die Reibung zwischen den Bauteilen. Erst dadurch wird ein Verschieben und Lösen der Fügeteile verhindert.

Formschlüssige Verbindungen: Die Kraftübertragung erfolgt durch die geometrische Form der beteiligten Bauteile. Bild 1 auf der nächsten Seite zeigt dies anhand einer Stiftverbindung. Die Form der Verbindungselemente verhindert ein Verschieben der Fügeteile gegeneinander.

Stoffschlüssige Verbindungen werden durch das Vereinigen von Werkstoffen in der Verbindungszone unter Anwendung von Wärme und/oder Kraft ohne oder mit einem Zusatzwerkstoff hergestellt. Fast immer kommt es hierbei zu einer Legierungsbildung.

---
[1] Siehe Kap. 3.2.2.4

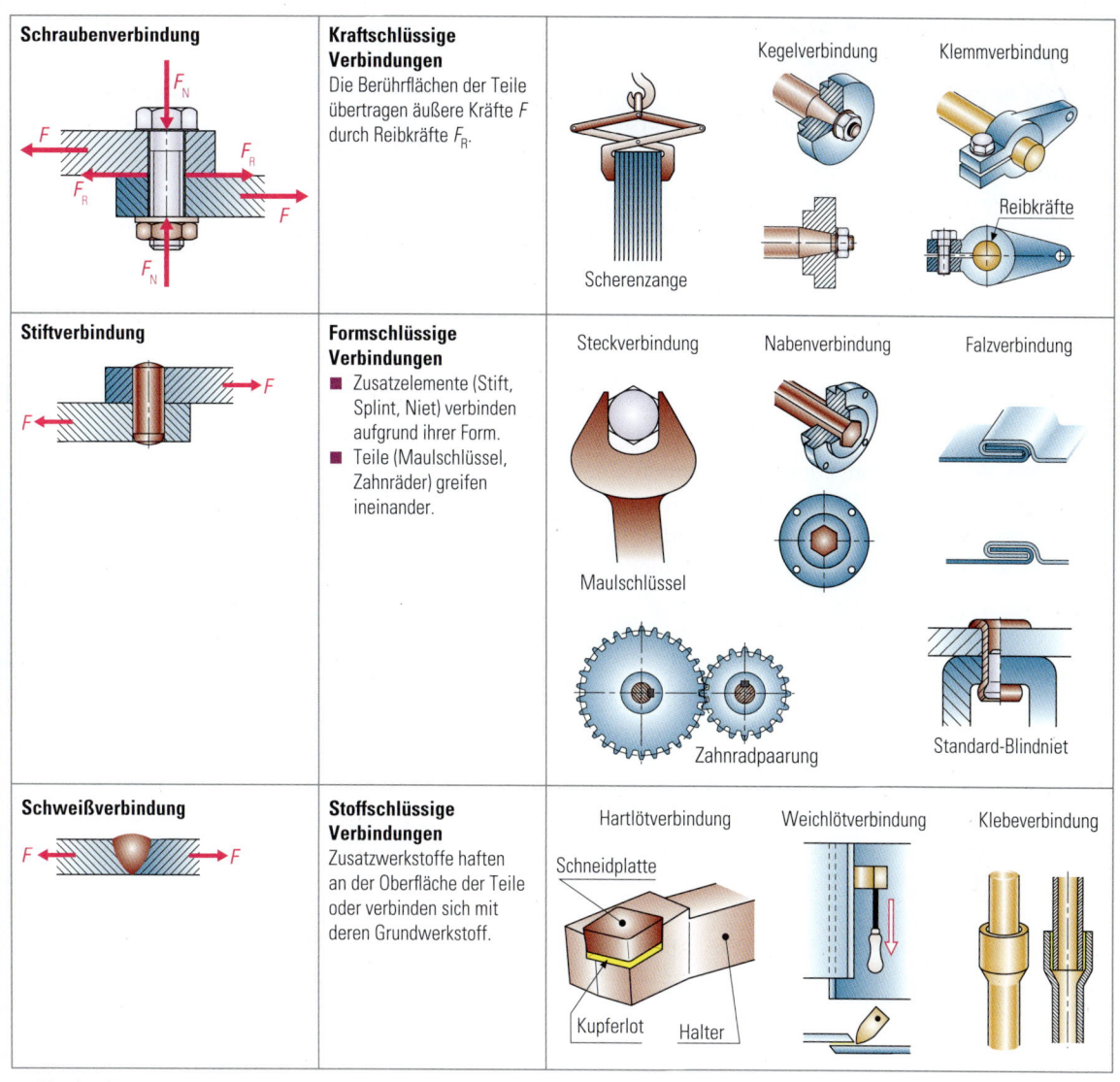

Montageprozesse ▶ **Montagetechnik** ▶ Verbindungsarten

185

Schraubenverbindung	**Kraftschlüssige Verbindungen** Die Berührflächen der Teile übertragen äußere Kräfte F durch Reibkräfte F_R.	Kegelverbindung — Klemmverbindung — Scherenzange — Reibkräfte
Stiftverbindung	**Formschlüssige Verbindungen** <ul><li>Zusatzelemente (Stift, Splint, Niet) verbinden aufgrund ihrer Form.</li><li>Teile (Maulschlüssel, Zahnräder) greifen ineinander.</li></ul>	Steckverbindung — Nabenverbindung — Falzverbindung — Maulschlüssel — Zahnradpaarung — Standard-Blindniet
Schweißverbindung	**Stoffschlüssige Verbindungen** Zusatzwerkstoffe haften an der Oberfläche der Teile oder verbinden sich mit deren Grundwerkstoff.	Hartlötverbindung — Weichlötverbindung — Klebeverbindung — Schneidplatte — Kupferlot — Halter

1: Kraft-, form- und stoffschlüssige Verbindungen

Montageprozesse ▶ Montagetechnik ▶ Verbindungsarten

3.1.3 Lösbare und unlösbare Verbindungen

Eine weitere Einteilung ist die Art der Lösbarkeit einer Verbindung. So kann zwischen lösbaren und unlösbaren Verbindungen unterschieden werden.

Lösbare Verbindungen können ohne Zerstörung der Bauteile oder der Verbindungselemente gelöst werden. Lösbare Verbindungen sind sinnvoll, wenn am Zusammenbau Veränderungen vorgenommen werden müssen. Häufigste Verbindungsart ist hier die Schraubenverbindung; durch Lösen der Mutter kann die Verbindung gelöst werden. Die Verbindungselemente können wieder verwendet werden.

Unlösbare Verbindungen können nur durch Zerstörung der beteiligten Verbindungselemente gelöst werden. Dabei können auch die verbundenen Bauteile beschädigt werden. Eine Nietverbindung wird durch Abtrennen des Nietkopfes gelöst. Mit einem Splintentreiber wird der Nietschaft aus der Bohrung getrieben. Eine Beschädigung der Bauteiloberfläche ist kaum vermeidbar und der Niet ist nicht wieder verwendbar [Bild 1].

Übungen

1. Nennen Sie Beispiele für
   a) lösbare und unlösbare,
   b) starre und bewegliche
   Verbindungen aus Ihrem Erfahrungsbereich.

2. Wie erfolgt bei den von Ihnen gefundenen Beispielen die Kraftübertragung?

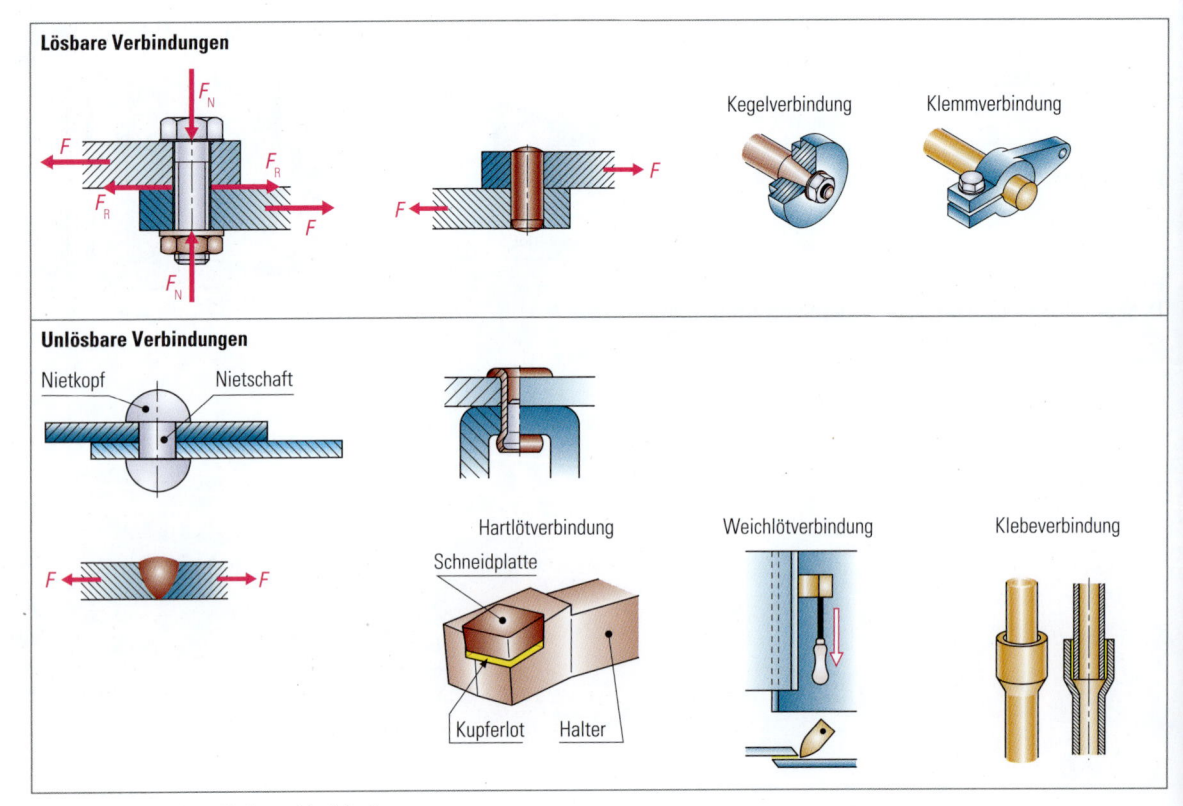

1: Lösbare und unlösbare Verbindungen

Montageprozesse ▶ Montagetechnik ▶ Fügeverfahren

3.2 Fügeverfahren, Werkzeuge und Vorrichtungen für die Montage

Für Montageaufgaben, die manuell ausgeführt werden, stehen eine große Zahl verschiedener Fügeverfahren (z. B. Schraubenverbindung) und Standardwerkzeuge (z. B. Schraubenschlüssel) zur Verfügung [Bild 1]. Wenn Baugruppen montiert werden, sind oft auch besondere Montagewerkzeuge notwendig. Es kann sogar vorkommen, dass für eine spezielle Montage- oder Demontageaufgabe ein einzelnes Montagewerkzeug angefertigt wird.

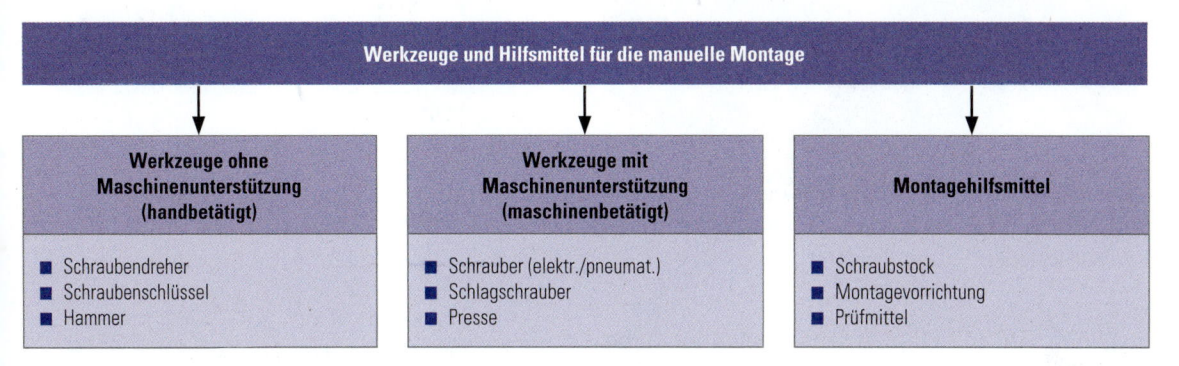

Werkzeuge und Hilfsmittel für die manuelle Montage		
Werkzeuge ohne Maschinenunterstützung (handbetätigt)	**Werkzeuge mit Maschinenunterstützung (maschinenbetätigt)**	**Montagehilfsmittel**
■ Schraubendreher ■ Schraubenschlüssel ■ Hammer	■ Schrauber (elektr./pneumat.) ■ Schlagschrauber ■ Presse	■ Schraubstock ■ Montagevorrichtung ■ Prüfmittel

1: Werkzeuge und Montagehilfsmittel

3.2.1 Fügen durch Kraftschluss

3.2.1.1 Schraubenverbindungen

Innerhalb der lösbaren Verbindungen ist die **Schraube** das am häufigsten verwendete Verbindungselement. Sie wird für die unterschiedlichsten Aufgaben eingesetzt und dem jeweiligen Verwendungszweck angepasst. Deshalb gibt es Schrauben in vielen Ausführungsarten. Sie unterscheiden sich z. B. in Größe, Form und Werkstoff.

Durch die Form der Bauteile bzw. durch die Montageverhältnisse wird meist festgelegt, welche Schraube zu verwenden ist [Bild 2].

	Sechskantschraube	**Stiftschraube**	**Innensechskantschraube**	**Gewindestift**
Schraubenverbindung				
Merkmale	Die Sechskantschraube besteht aus Schraubenkopf und Gewindeschaft. Gegebenenfalls wird sie mit einer Mutter verschraubt.	Die Stiftschraube hat unterschiedlich lange Gewindezapfen. Das Ende mit dem kurzen Gewinde wird in das Werkstück geschraubt.	Der Schraubenkopf kann bei entsprechender Flachkopfsenkung im Gehäuse versenkt werden.	Gewindestifte haben über ihre gesamte Länge ein Gewinde. Zur Montage dient ein Schlitz oder ein Innensechskant.
Bemerkung	Je nach Anwendungsfall ist eine Scheibe und/oder eine Schraubensicherung gegen Lösen erforderlich. Diese Schraubverbindung ist mit dem geringsten Fertigungs- und Montageaufwand verbunden.	Das Lösen der Verbindung erfolgt durch die Mutter. Das Gewinde im Bauteil wird dadurch geschont. Diese Verbindungsart ist z. B. an Maschinendeckeln zu finden, die häufig wieder gelöst werden müssen.	Versenkte Schraubenköpfe sind erforderlich ■ aus Sicherheitsgründen (Verletzungsgefahr) ■ um die Funktion der Einzelteile sicherzustellen	Mit Gewindestiften werden Maschinenteile wie z. B. Lagerbuchsen oder Stellringe gegen Verdrehen und axiales Verschieben gesichert.

2: Merkmale von Schraubenarten

handwerk-technik.de

Montageprozesse ▶ **Montagetechnik** ▶ Fügeverfahren

1: Verbindung von Führungsschienen an einem Kontrollschieber

In Bild 1 wird mit einer Innensechskantschraube eine Führungsschiene an den Grundkörper des Kontrollschiebers[1] montiert.
Wird die Schraubenverbindung fest angezogen, so werden die Fügeteile durch die **Normalkraft** F_N zusammengepresst. Die Normalkraft ist eine Kraft, die senkrecht zu einer Oberfläche wirkt. Dabei dehnt sich die Schraube geringfügig und spannt die Bauteile. Die Schraube ist vorgespannt und stellt die kraftschlüssige Verbindung sicher. Ein Modell [Bild 2] verdeutlicht dies (Die Schraube wird dabei modellhaft durch eine Feder ersetzt).
Üblicherweise werden Gewinde mit Rechtssteigung verwendet (**Rechtsgewinde**). Es gibt jedoch Anwendungen, bei denen ein linkssteigendes Gewinde erforderlich ist. So wird z. B. für die Vertauschungssicherheit von Gasflaschen das Anschlussgewinde für die Druckminderarmatur und Schläuche der Brenngasflasche ein **Linksgewinde** verwendet. Die Sauerstoffflasche erhält ein Rechtsgewinde. So wird verhindert, dass die Druckminderarmaturen versehentlich an die falschen Gasflaschen angeschlossen werden.
Linksgewinde sind ebenso notwendig, damit sich z. B. Schleifscheiben bei Betrieb aufgrund der Drehrichtung nicht selbsttätig lösen [Bild 3].
Muttern und Schraubenköpfe mit links steigendem Gewinde werden durch eine Kerbe oder einen Pfeil gekennzeichnet [Bild 4].

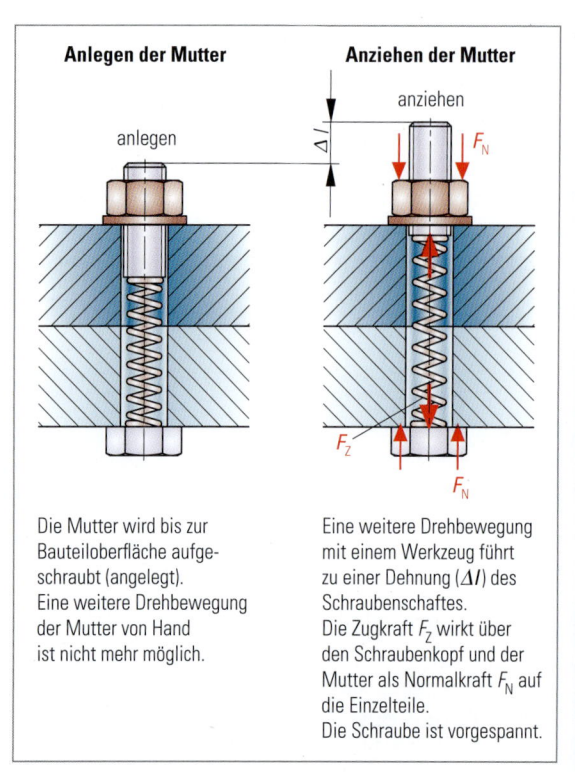

Anlegen der Mutter
Die Mutter wird bis zur Bauteiloberfläche aufgeschraubt (angelegt). Eine weitere Drehbewegung der Mutter von Hand ist nicht mehr möglich.

Anziehen der Mutter
Eine weitere Drehbewegung mit einem Werkzeug führt zu einer Dehnung (Δl) des Schraubenschaftes. Die Zugkraft F_Z wirkt über den Schraubenkopf und der Mutter als Normalkraft F_N auf die Einzelteile.
Die Schraube ist vorgespannt.

2: Kraftschlüssige Schraubenverbindung

3: Linke Schleifscheibe muss durch eine Mutter mit Linksgewinde gesichert werden

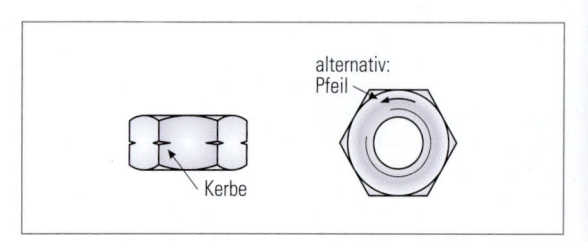

4: Kennzeichnung für Linksgewinde

---
[1] Der Kontrollschieber wird im Kapitel 7 (Technische Kommunikation) vollständig vorgestellt.

Bezeichnungen und Kennwerte am Gewinde

Für ein Schraubengewinde sind verschiedene Bezeichnungen festgelegt [Bild 2]. Neben diesen geometrischen Festlegungen sind auch Kennzeichnungen für die Festigkeit möglich bzw. erforderlich. Eine Festigkeitsbezeichnung für Schrauben besteht aus zwei Zahlen die durch einen Punkt voneinander getrennt sind. Aus ihnen lassen sich ungefähr die **Festigkeitswerte** der Schraube ableiten [Bild 1 und Bild 1, nächste Seite]. Die genauen **Festigkeitskennwerte** von Schrauben sind dem Tabellenbuch zu entnehmen.

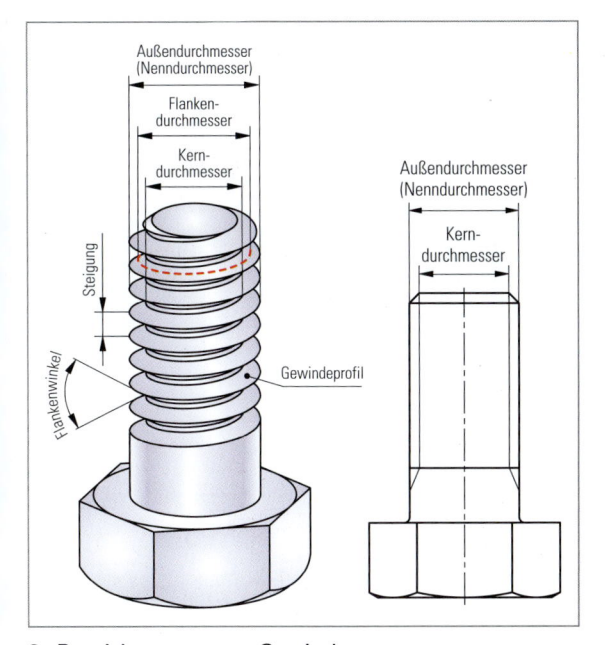

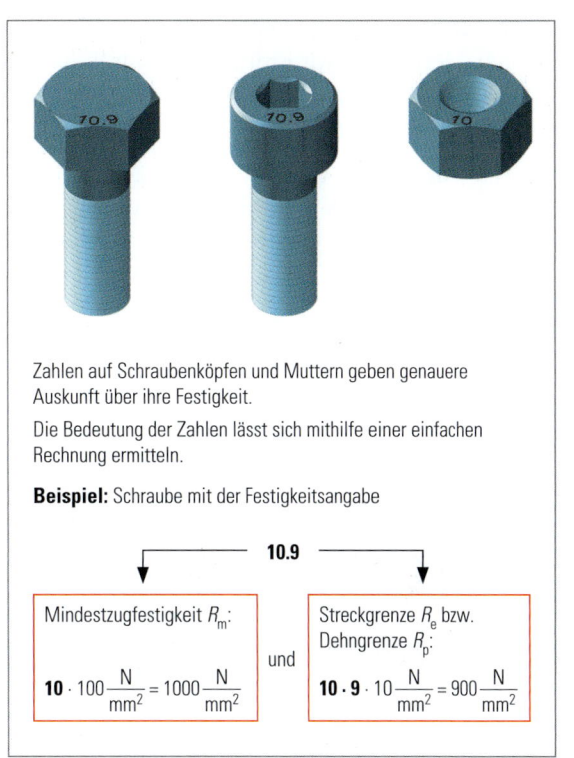

Zahlen auf Schraubenköpfen und Muttern geben genauere Auskunft über ihre Festigkeit.

Die Bedeutung der Zahlen lässt sich mithilfe einer einfachen Rechnung ermitteln.

Beispiel: Schraube mit der Festigkeitsangabe

10.9

Mindestzugfestigkeit R_m:

$$10 \cdot 100 \frac{N}{mm^2} = 1000 \frac{N}{mm^2}$$

und

Streckgrenze R_e bzw. Dehngrenze R_p:

$$10 \cdot 9 \cdot 10 \frac{N}{mm^2} = 900 \frac{N}{mm^2}$$

1: Schrauben- und Mutternfestigkeit

2: Bezeichnungen am Gewinde

Muttern

An Durchgangsbohrungen müssen Schrauben mithilfe einer Mutter die notwendige Anpresskraft sicherstellen [Bild 3]. Auch die Muttern werden den vielfältigen Aufgaben angepasst und deshalb in unterschiedlichen Formen ausgeführt [Bild 4].

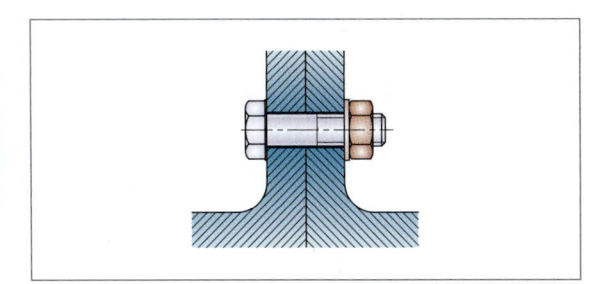

Sechskantmutter Hutmutter Kronenmutter

Nutmutter Zweilochmutter

3: Schraubenverbindung mit einer Mutter

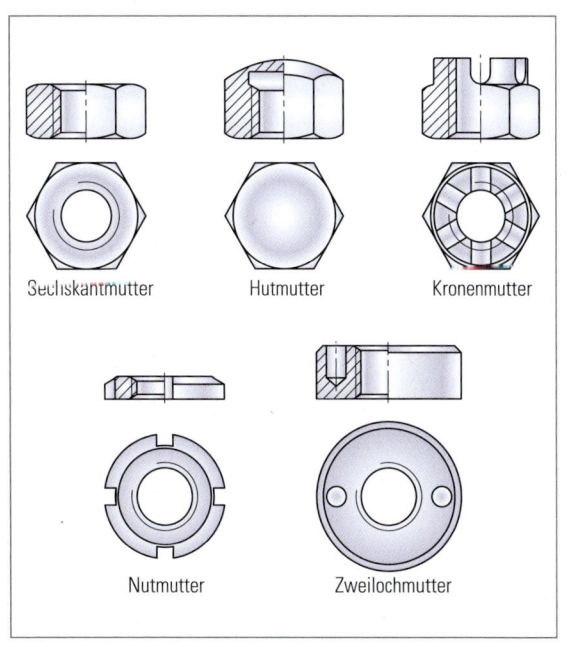

4: Mutternformen

- Die **Sechskantmutter** ist die häufigste Form einer Mutter. Sie wird mit Sechskantschlüsseln [Bild 1, S. 185] oder Steckschlüsseln [Bild 2, S. 185] befestigt.

- Die **Hutmutter** verdeckt das Gewindeende. Dies kann für den Unfallschutz wichtig sein. Gleichzeitig wird eine Beschädigung bzw. Verschmutzung des Schraubenendes verhindert.

- **Nutmuttern** werden für Verschraubungen an Wellen und Achsen vorgesehen. Sie haben meist große Gewindedurchmesser und werden mit einem Hakenschlüssel [Bild 1, S. 186] befestigt.

- Die **Kronenmutter** kann mit einem Splint gegen Verlieren gesichert werden. Splinte werden mit Zangen montiert.

Werkstatthinweis

- Splinte dürfen nur einmal verwendet werden.

- Es besteht **Unfallgefahr**, da ein Splint bei erneutem biegen durch Kaltverfestigung brechen kann. Dies kann auch später während des Betriebs der Anlage geschehen.

Innengewinde an einem Bauteil müssen eine bestimmte **Einschraubtiefe** l_e haben [Bild 3], um bei Belastung eine Beschädigung des Gewindes zu vermeiden. Diese Mindesttiefe hängt von der Festigkeit des Bauteilwerkstoffs und von der Festigkeitsklasse der Schraube ab. Bei Bauteilen aus Stahl entspricht die Mindesteinschraubtiefe etwa der Mutternhöhe. Die genauen Werte sind dem Tabellenbuch zu entnehmen.

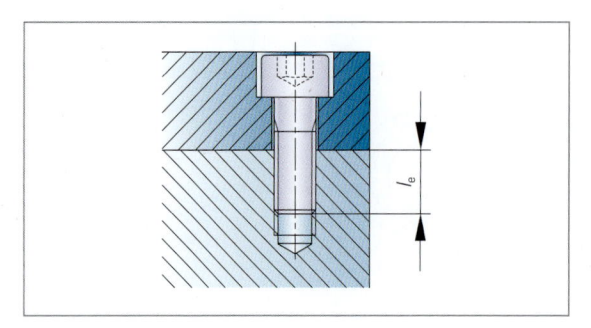

3: Mindesteinschraubtiefe

Festigkeit von Muttern

Muttern werden mit einer Festigkeitskennzahl gekennzeichnet. Z. B. **8 ≙ 800 N/mm²** Mindestzugfestigkeit (σ_z).

Merke
Die Festigkeitsklasse einer Mutter [Bild 1] soll der Festigkeitsklasse der Schraube [Bild 2] entsprechen.

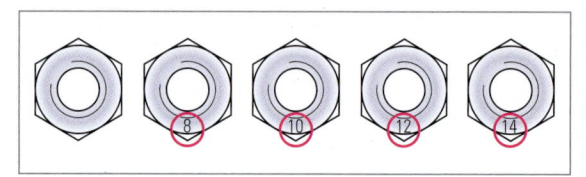

1: Festigkeitskennzahlen von Muttern

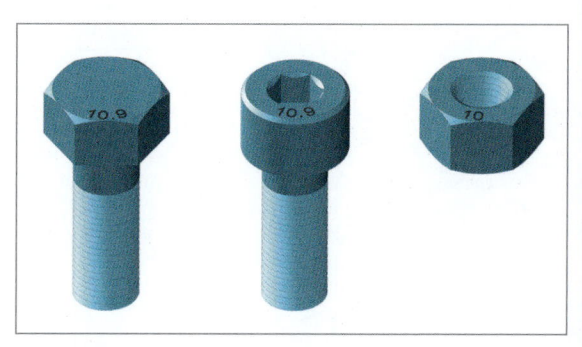

2: Schraubenfestigkeit

Scheiben

Scheiben [Bild 4] sind erforderlich, wenn die Oberfläche (z. B. eine Beschichtung) des Bauteiles nicht beschädigt werden darf. Bei weichen Bauteilen hat die Scheibe die Aufgabe, die Schraubenkraft über eine größere Fläche in das Bauteil zu leiten. Dies

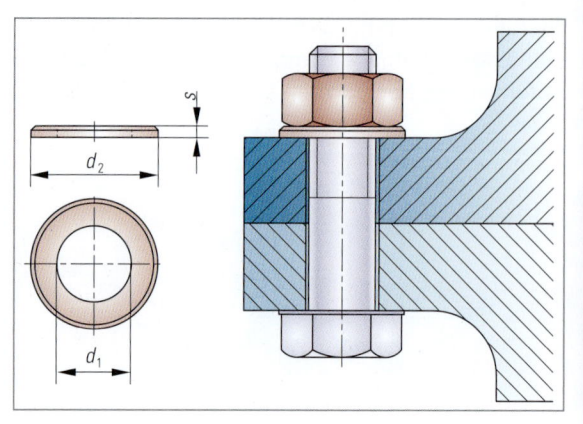

4: Scheiben

kann auch bei Bauteilen mit rauer Oberfläche erforderlich sein.
Bei gehärteten Bauteileoberflächen dürfen keine Scheiben verwendet werden. Sie weisen nicht die erforderliche Druckfestigkeit auf.
Für verschiedene Schraubenarten stehen unterschiedliche Scheiben zur Verfügung. Sie unterscheiden sich in den Durchmessern d_1, d_2 und in der Scheibendicke s.

Schraubensicherungen

Schraubensicherungen nehmen je nach Beanspruchung unterschiedliche Aufgaben wahr. Sie müssen deshalb je nach Aufgabe ausgewählt werden. Die Übersicht zeigt eine Auswahl verschiedener Schraubensicherungen [Bild 1].

Setzsicherung

Durch zu starke Beanspruchung der Schraubenverbindung kann die Flächenpressung zwischen Schraubenkopf und Bauteil so hoch werden, dass sich die Bauteile plastisch verformen (= setzen). Setzsicherungen sollen durch ihr elastisches Verhalten das Setzen der Bauteile ausgleichen und die Vorspannkraft erhalten.

Losdrehsicherung

Eine Losdrehsicherung verhindert ein Lösen der Schraubverbindung.
Setzvorgänge werden nicht ausgeglichen.

Verliersicherung

Nach dem Lösen einer Schraubensicherung wird lediglich der Verlust der Schraube/Mutter verhindert. Diese Sicherung wird oft bei formschlüssigen Schraubenverbindungen angewendet.

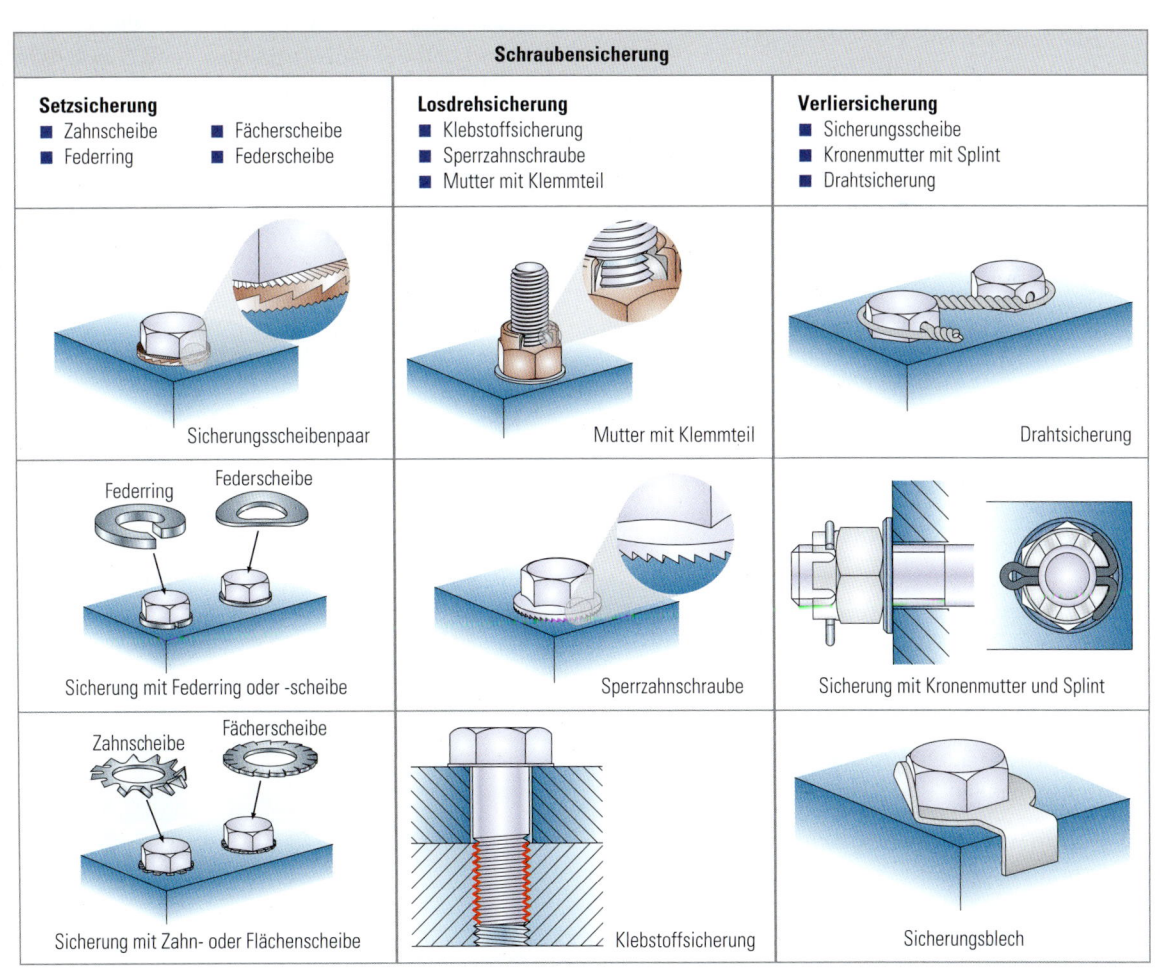

Schraubensicherung		
Setzsicherung ■ Zahnscheibe ■ Fächerscheibe ■ Federring ■ Federscheibe	**Losdrehsicherung** ■ Klebstoffsicherung ■ Sperrzahnschraube ■ Mutter mit Klemmteil	**Verliersicherung** ■ Sicherungsscheibe ■ Kronenmutter mit Splint ■ Drahtsicherung
Sicherungsscheibenpaar	Mutter mit Klemmteil	Drahtsicherung
Sicherung mit Federring oder -scheibe	Sperrzahnschraube	Sicherung mit Kronenmutter und Splint
Sicherung mit Zahn- oder Flächenscheibe	Klebstoffsicherung	Sicherungsblech

1: Schraubensicherungen

Montageprozesse ▶ **Montagetechnik** ▶ Fügeverfahren

Eine Sicherung gegen unbeabsichtigtes Lösen ist nicht für jede Schraubverbindung erforderlich. Es ist möglich, dass die Reibungskräfte im Gewinde und an den Anlageflächen so groß sind, dass sich die Verbindung nicht selbsttätig löst. Dies ist meist bei ruhenden (statisch belasteten) Bauteilen der Fall. Bei ungünstigen Betriebsverhältnissen wie z. B. bei starken Erschütterungen (dynamische Belastung) muss eine zusätzliche Sicherung gegen Lösen verwendet werden.

Grundsätzlich lassen sich Schraubensicherungen in **form-, stoff- und kraftschlüssige Schraubensicherungen** unterteilen. Häufig werden auch Kombinationen aus diesen Sicherungsarten verwendet.

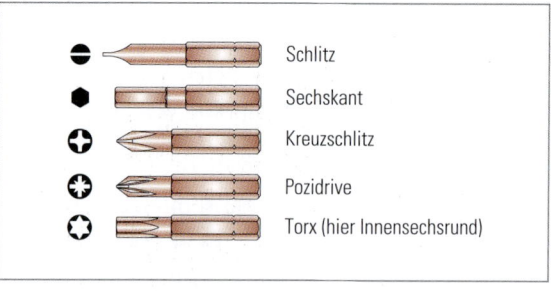

1: Schraubendrehereinsätze

Übungen

1. Übernehmen Sie die folgende Tabelle in Ihre Unterlagen und kreuzen Sie die richtigen Zuordnungen an.

Verbindungsart Verbindungs- beispiel	fest/starr	beweglich	kraftschlüssig	formschlüssig	stoffschlüssig	lösbar	unlösbar
Nieten	☐	☐	☐	☐	☐	☐	☐
Verschrauben mit Sechskantschraube	☐	☐	☐	☐	☐	☐	☐
Schweißen	☐	☐	☐	☐	☐	☐	☐
Verstiften	☐	☐	☐	☐	☐	☐	☐
Pressen	☐	☐	☐	☐	☐	☐	☐
Verschrauben mit Passschraube	☐	☐	☐	☐	☐	☐	☐
Klemmen	☐	☐	☐	☐	☐	☐	☐
Schrumpfen	☐	☐	☐	☐	☐	☐	☐

2. Wodurch bringt man bei einer Schraubverbindung die notwendigen Kräfte auf?

3. In welchen Fällen wird die Verwendung eines Linksgewindes erforderlich?

4. Warum werden bei einigen Anwendungsfällen Schrauben mit Innensechskant (ISO 4762) anstelle von Schrauben mit Sechskantkopf (z. B. ISO 4014) eingesetzt?

Montagewerkzeuge zum Verschrauben

Schraubendreher werden zum Befestigen oder Lösen von Schrauben benutzt. Schraubendreher haben unterschiedliche Klingenspitzen [Bild 1]. Diese müssen dem jeweiligen Schraubenkopf entsprechen. Die gebräuchlichsten Formen sind die Schlitz- und Kreuzschlitzschraubendreher.

Bei **Schlitzschraubendreher** besteht die Gefahr, während des Schraubvorganges seitlich aus dem Schraubenkopf herauszurutschen.

Kreuzschlitzschraubendreher brauchen während des Schraubvorganges zusätzlich Anpresskräfte. Für die Montage von Schrauben mit Sechskantkopf stehen unterschiedliche Werkzeuge zur Verfügung:

- Schraubenschlüssel
- Steckschlüssel
- Hakenschlüssel
- Drehmomentschlüssel

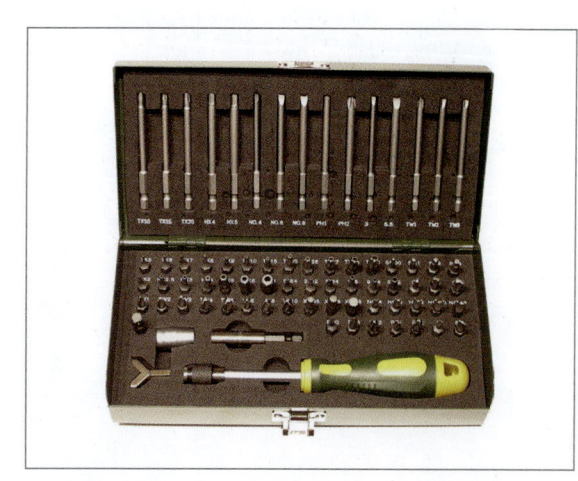

2: Werkzeugeinsätze für verschiedene Schraubenköpfe

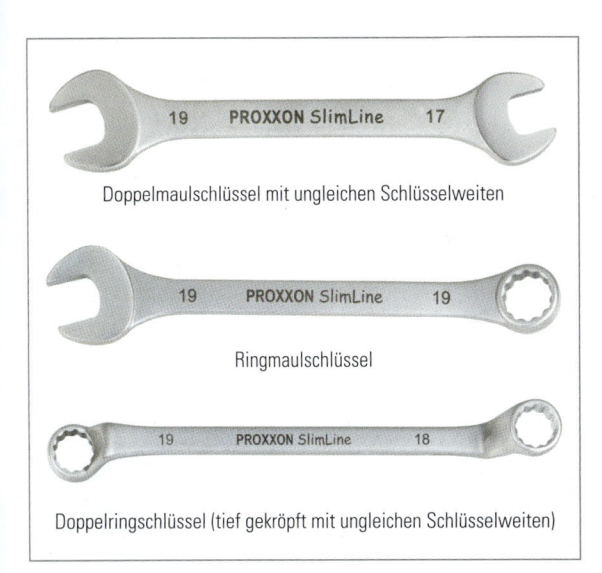

Montageprozesse ▶ Montagetechnik ▶ Fügeverfahren

Gängige Schlüsselweiten sind:

Gewindegröße	M5	M6	M8	M10	M12	M16	M20	M24
Schlüsselweite in mm	8	10	13	(17) 16	(19) 18	24	30	36

Die Werte in den Klammern geben die alte Normung wieder. Sie sind noch sehr verbreitet.

Steckschlüssel eignen sich für die Montage aus Richtung des Schraubenkopfes [Bild 2].
Steckschlüssel gibt es für unterschiedliche Aufnahmegrößen. Die Aufnahme hat eine Vierkantform. Für die Steckschlüssel sind zusätzliche Handhabungswerkzeuge notwendig:

- **Knarren**, die eine Drehbewegung in nur eine Richtung ermöglichen, sowie
- **Steckgriffe mit Vierkant** und
- **Quergriffe**,

die eine vielseitige Anwendung bei der Montage und Demontage von Bauteilen erlauben [Bild 4].

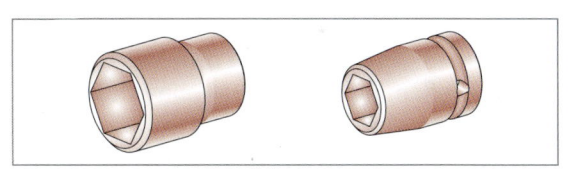

Doppelmaulschlüssel mit ungleichen Schlüsselweiten

Ringmaulschlüssel

Doppelringschlüssel (tief gekröpft mit ungleichen Schlüsselweiten)

1: Sechskantschlüssel

Schraubenschlüssel sind zum Verschrauben seitlich des Schraubenkopfes vorgesehen [Bild 1]. Es gibt sie in verschiedenen Ausführungsarten. Die Ausführungsarten sollen für entsprechende Schraubverbindungen den optimalen Sitz des Schraubenschlüssels auf dem Schraubenkopf gewährleisten.
Damit die Anzahl der Werkzeuge gering gehalten wird, werden einige Schraubenschlüssel doppelseitig mit unterschiedlichen Schlüsselweiten hergestellt. Eine Ausnahme bildet der Ring-Maulschlüssel, er wird jeweils nur für eine Schlüsselweite angeboten.
Die Öffnung der Maulschlüssel ist um 15° gegenüber der Griffachse versetzt. Dies ermöglicht ein einfaches Umsetzen des Schlüssels bei engen Montageverhältnissen [Bild 3].

2: Steckschlüssel

Knarre

Steckgriff mit Vierkant

Quergriff mit Gleitstück (Außenvierkant)

3: Ringmaulschlüssel bei der Montage

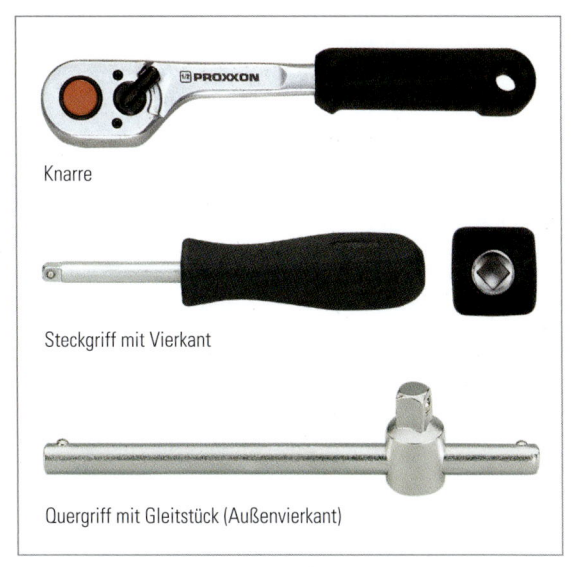

4: Handhabungswerkzeuge für Steckschlüssel

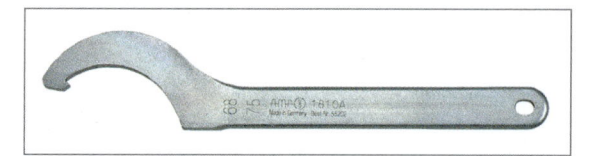

Montageprozesse ▸ Montagetechnik ▸ Fügeverfahren

1: Hakenschlüssel

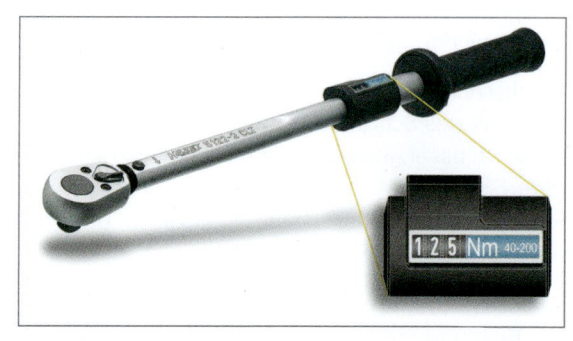

2: Drehmomentschlüssel

Hakenschlüssel werden für das Verschrauben von Nutmuttern verwendet [Bild 1].

Drehmomentschlüssel sind erforderlich, um eine Schraubverbindung mit einem bestimmten Drehmoment anzuziehen [Bild 2]. Mit ihnen lässt sich das vorgeschriebene Drehmoment einstellen. Wird das erforderliche Drehmoment beim Verschrauben erreicht, bekommt die Fachkraft einen fühlbaren Impuls durch das Werkzeug. Je nach Ausführung des Drehmomentschlüssels kann dies auch zusätzlich optisch durch eine Anzeige erfolgen.

Übungen

1. Mit welchen Werkzeugen können Sechskantschrauben angezogen werden?
2. In welchen Fällen wird die Verwendung eines Linksgewindes erforderlich?
3. Eine Schraubverbindung soll mit einem bestimmten Drehmoment angezogen werden. Nennen Sie Montagewerkzeuge, mit denen Sie das erreichen können.
4. Welches Drehmoment würde sich ergeben, wenn die Hand aus dem obigen Beispiel in einer Entfernung von 180 mm zum Drehpunkt angreifen würde?

Beispiel: Drehmoment

Das Produkt aus **Kraft F** (Einheit: N) mal **Hebelarm l** (Einheit: m) heißt **Drehmoment M** (Einheit: N · m).

$$M = F \cdot l$$

An dem Ringmaulschlüssel wirkt eine Handkraft von 80 N. Die Hand greift in einer Entfernung von ca. 120 mm vom Drehpunkt an.

Wie groß ist das Drehmoment M in N · m?

Gegeben:

$F = 80\,\text{N}$

$l = 120\,\text{mm} = 0{,}12\,\text{m}$

Lösung:

$M = F \cdot l$	Formel
$M = 80\,\text{N} \cdot 0{,}12\,\text{m}$	Einsetzen der gegebenen Werte mit den Einheiten in die Formel
$\underline{M = 9{,}6\,\text{N} \cdot \text{m}}$	Berechnung des Ergebnisses

Antwort:

Das Drehmoment an der Schraube beträgt 9,6 N · m.

Montageprozesse ▶ **Montagetechnik** ▶ Fügeverfahren

3.2.1.2 Klemmverbindungen

Bauteile, die nicht gegeneinander verschoben werden sollen, können geklemmt werden. Dies geschieht immer durch Kraftschluss. Der Vorteil besteht darin, dass dies an verschiedenen Stellen des Bauteils erfolgen kann. Bild 1 zeigt einige Beispiele.

Die Schraube drückt direkt auf das zu klemmende Bauteil. Diese Klemmverbindung ist leicht herzustellen hat aber den Nachteil, dass das Bauteil beschädigt werden kann.

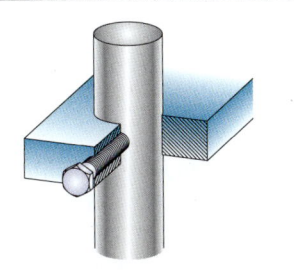

Zwei Klemmbacken drücken auf das runde Bauteil. Eine Beschädigung der Bauteiloberflächen wird so vermieden. Die Bauteile können exakt zueinander fixiert werden.

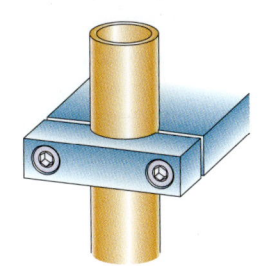

Durch die Neigung eines Keils wird eine hohe Anpresskraft zwischen den zu fügenden Bauteilen erzeugt.

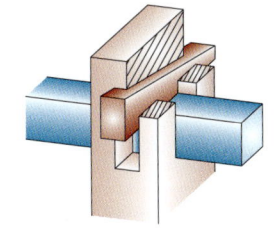

Wird eine Scheibe auf einer Welle so angebracht, dass die Scheibenachse außerhalb der Wellenachse liegt, so spricht man von einem Exzenter. Je kleiner die Exzentrizität, desto größer ist die Spannkraft.

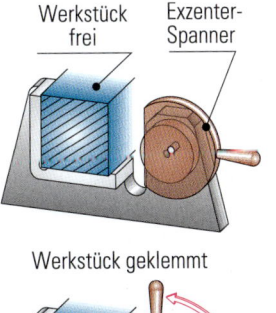

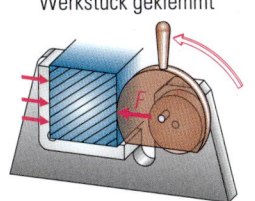

1: Ausgewählte Klemmverbindungen

3.2.1.3 Pressverbindungen

Vor allem zylindrische Bauteile können durch Pressen miteinander gefügt werden. Diese Fügeverbindung nennt man auch **Pressverband** [Bild 2]. Er besteht aus einer **Welle**, **Achse** oder einem **Bolzen** und einer umgebenden **Nabe**.

Voraussetzung für einen Pressverband ist, dass der Außendurchmesser des Bolzens geringfügig größer ist als der Innendurchmesser der Bohrung, in die er eingepresst werden soll.

Beim Einpressen des Bolzens wird dieser an der Verbindungsstelle gestaucht und die Nabe gedehnt. Die Kräfte, die zwischen Bolzen und Bohrung aufgrund der elastischen Verformung wirken, ermöglichen die notwendige Haftung durch Reibung. Ein größerer Durchmesserunterschied führt zu größeren übertragbaren Kräften. Sie reichen aus für:

- die **Befestigung** von Teilen,
- die **Sicherung** gegen Lösen und
- der **Übertragung** von Drehmomenten.

Pressverbindungen erfordern keine zusätzlichen Verbindungselemente wie Schrauben, Passfedern oder Stifte. Aufgrund dieses Vorteils werden sie z. B. im Maschinenbau, vermehrt aber auch im Fahrzeugbau und in der Kunststofftechnik angewendet.

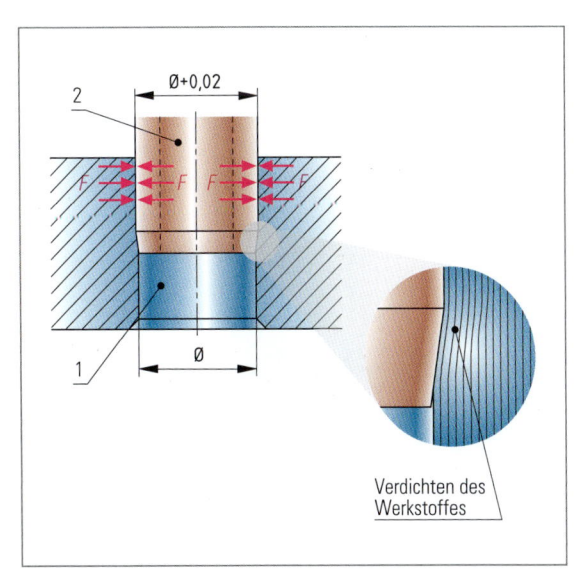

2: Pressverband

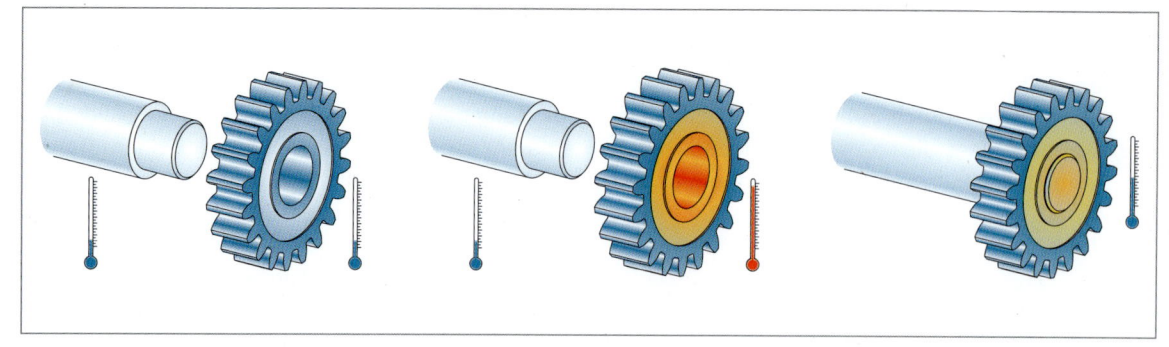

Montageprozesse ▶ Montagetechnik ▶ Fügeverfahren

1: Pressverband einer Welle-Naben-Verbindung durch Wärmedehnung und anschließende Schrumpfung

Für die leichtere Montage kann es erforderlich sein, die Wärmedehnungen der Bauteile zu nutzen. Die Nabe kann erwärmt werden, um deren Innendurchmesser zu erweitern [Bild 1] oder die Welle kann abgekühlt werden, um deren Außendurchmesser zu verringern. So wird eine Beschädigung der Bauteile durch das Aufpressen verhindert. Die Festigkeitswerte für z. B. Zug oder Abscherung der beteiligten Werkstoffe dürfen dabei nicht überschritten werden.

Ein weiteres Beispiel für einen Pressverband ist das Einsetzen von Ventilbuchsen in einen Motorblock. Sie werden in flüssigem Stickstoff (−196 °C) heruntergekühlt. Hierdurch verringert sich ihr Durchmesser so weit, dass sie leicht in die Bohrungen des Motorblocks eingesetzt werden können. Nach dem Erwärmen dehnen sie sich wieder aus und stellen so einen Pressverband her.

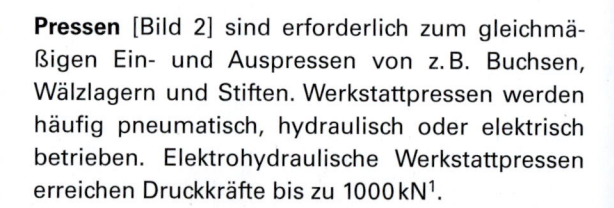

Pressen [Bild 2] sind erforderlich zum gleichmäßigen Ein- und Auspressen von z. B. Buchsen, Wälzlagern und Stiften. Werkstattpressen werden häufig pneumatisch, hydraulisch oder elektrisch betrieben. Elektrohydraulische Werkstattpressen erreichen Druckkräfte bis zu 1000 kN[1].

Übungen

1. Erklären Sie, wie ein Bolzen in eine Bohrung gepresst wird.
2. Wie kann man die Montage von Welle und Nabe vereinfachen?
3. Wie werden die Einpresskräfte bei Werkstattpressen aufgebracht?

3.2.2 Fügen durch Formschluss

Eine weitere Möglichkeit für Bauteilverbindungen bietet das formschlüssige Fügen von Bauteilen. Hierbei wird die Kraftübertragung durch eine geeignete Formgebung der Bauteile ermöglicht. Die Bauteile werden hauptsächlich auf **Abscherung** beansprucht. Hinzu kommt oft eine **Druckbeanspruchung** durch zusammendrücken von zwei Flächen. Diese Druckbeanspruchung nennt man **Flächenpressung**.

2: Pneumatikpresse

---

[1] Eine Presse mit einer Druckkraft von 1000 kN wird auch als „1-t-Presse" bezeichnet.
(1 t = 1 Tonne = 1000 kg)

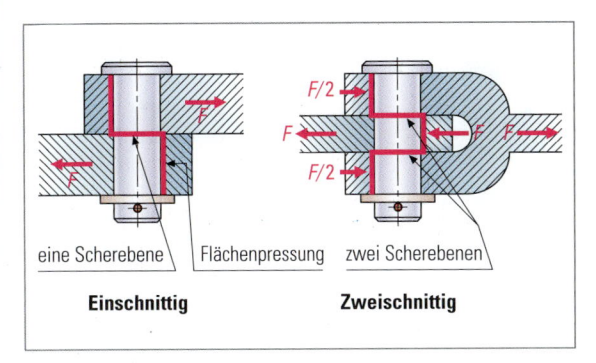

Montageprozesse ▶ Montagetechnik ▶ Fügeverfahren

1: Gelenkverbindung mit Bolzen

2: Bauteilpositionierung mittels Zylinderstiften

3.2.2.1 Bolzenverbindungen

Bolzen werden überwiegend als Verbindungselemente für Bauteile verwendet, die sich gegeneinander um eine Achse bewegen müssen. Zwei unterschiedliche Gelenkverbindungen sind in Bild 1 zu sehen.

Die linke Darstellung zeigt eine Verbindung zweier flacher Bauteile, in der Kräfte entgegengesetzt wirken. Der Bolzen wird dabei hauptsächlich auf Abscherung beansprucht. An den Bohrungsinnenseiten entsteht eine Flächenpressung (Lochleibungsdruck). Hat der Bolzen nur eine Scherebene, spricht man von einer **einschnittigen Verbindung**. Die rechte Darstellung in Bild 1 zeigt eine **zweischnittige Bolzenverbindung**. Hier erfolgt die Kraftübertragung über zwei Scherebenen. Dadurch kann eine höhere Kraft übertragen werden.

3.2.2.2 Stiftverbindungen

Stiftverbindungen [Bild 2] erfüllen verschiedene Aufgaben:

- Sie übertragen Kräfte oder Drehmomente formschlüssig.

- Mit zwei **Stiften** wird die Lage von Bauteilen zueinander fixiert und ein Verschieben verhindert. Nach einer Demontage (z. B. Reparatur) können so die Teile problemlos und schnell zueinander ausgerichtet werden.

Zylinderstifte, Kegelstifte, Spannstifte oder **Kerbstifte** werden in unterschiedlichen Ausführungen für unterschiedliche Aufgaben gebraucht [Bild 3].

Beispiel				
Bezeichnung	Zylinderstift	Kegelstift	Spannstift	Kerbstift
Anwendung	Lagesicherung von Bauteilen	Sehr genaue Lagefixierung zweier Bauteile	■ Einfache Lagefixierung ■ Sicherheitsstift	■ Übertragung von Querkräften ■ Sicherheitsstift
Herstellen der Bohrung	■ Bohren: 0,1 … 0,3 mm Untermaß ■ Reiben: H7	■ Bohren (in Stufen) mit dem Kegelbohrer ■ Reiben mit Kegelreibahle	Bohren	Bohren

3: Stiftarten (Auswahl)

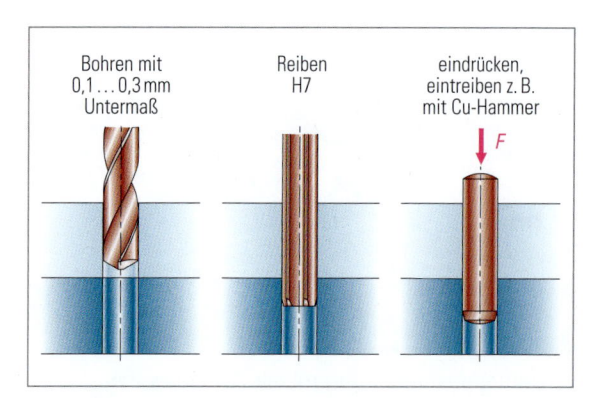

1: Fertigungsablauf beim Herstellen einer Zylinderstiftverbindung

2: Hämmer (Auswahl)

Die einzelnen Stiftarten können in verschiedenen Werkstoffen (Automatenstahl, Nichtrostender Stahl) mit unterschiedlichen Toleranzen und Oberflächenbeschaffenheiten bezogen werden.

Werden Zylinderstifte verwendet, so sind nachbearbeitete Bohrungen erforderlich. Dies geschieht mit einer Reibahle (vgl. Kap 1). Um die richtige Lage der Bauteile zu einander zu erreichen, müssen sie meistens zusammen gebohrt und gerieben werden. Den Fertigungsablauf zeigt Bild 1.

Gehärtete Stifte lassen sich mehrmals montieren, ohne dass sie sich dabei abnutzen. Sie bestehen aus Stahl und werden für hochbeanspruchte Teile wie z. B. im Vorrichtungsbau oder im Werkzeugbau verwendet.

Ungehärtete Stifte werden in ihrer Funktion als Kraftübertragungselement zum Fixieren von Bauteilen auch als Gelenk- und Scharnierstift eingesetzt. Stifte, die zur Positionierung von Bauteilen dienen, sollen aufgrund der besseren Wirkung (Verdrehsicherung) in möglichst großer Entfernung voneinander angeordnet werden. Als Werkstoff werden Automatenstähle verwendet.

Die einzelnen Stiftarten werden durch die Form gekennzeichnet [Bild 3, vorherige Seite].

Montagewerkzeuge zum Verstiften

- **Hämmer** [Bild 2] werden für Bauteile benötigt, die sich auf Grund ihrer Funktion nur schwer fügen lassen. Da Stahlhämmer gehärtete Oberflächen haben, ist bei ihrer Anwendung darauf zu achten, dass die zu fügenden Bauteile nicht beschädigt werden. Sind die zu fügenden Bauteile selbst gehärtet (z. B. Passstifte) sollte ein weicherer Hammer aus Kupfer, Aluminium oder Kunststoff verwendet werden. Kunststoffhämmer, die für die Blechbearbeitung eingesetzt werden, sollten eine Schrotfüllung haben. Dies erleichtert die Handhabung erheblich, da ein Prellen des Hammers verhindert wird.

- **Durchtreiber** [Bild 3] sind stärker ausgeführt. Der vordere Bereich verläuft konisch. Sie sind für das Herhaustreiben von Stiften, Bolzen und Niete geeignet. Sie kommen oft an Wellen, Lagern und Getrieben zum Einsatz. Der erforderliche Durchmesser ist für den jeweiligen Stift auszuwählen. Durchtreiber werden auch zum Durchschlagen von dünnen Blechen oder zum Versenken von Stiften verwendet.

- **Splinttreiber** [Bild 1, nächste Seite] weisen am vorderen Teil eine zylindrische Form auf. Sie sind für das Herhaustreiben von Splinten und Stiften vorgesehen.

3: Durchtreiber

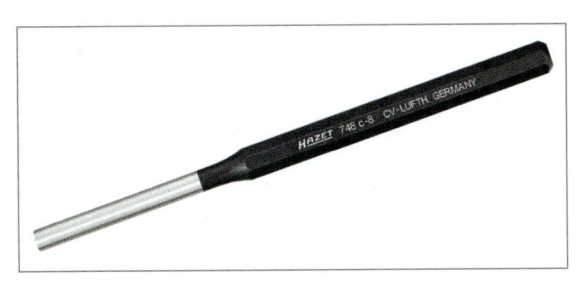

Montageprozesse ▶ Montagetechnik ▶ Fügeverfahren

1: Splinttreiber

2: Handnietzange für Blindniete

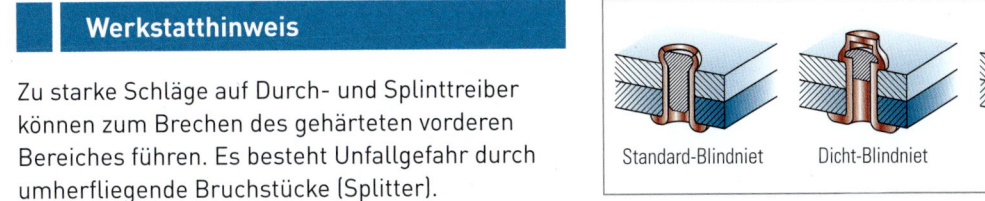

Werkstatthinweis

Zu starke Schläge auf Durch- und Splinttreiber können zum Brechen des gehärteten vorderen Bereiches führen. Es besteht Unfallgefahr durch umherfliegende Bruchstücke (Splitter).

3: Blindnietformen (Standard-Blindniet, Dicht-Blindniet, Spreiz-Blindniet)

3.2.2.3 Nietverbindungen durch Blindnieten

Das Fügen durch **Blindnieten** ist in Bild 4 dargestellt. Es dient zum formschlüssigen Fügen von Blechen. Ein großer Vorteil dieses Fügeverfahrens ist das verzugfreie Fügen. Es kann manuell mit einer Handnietzange [Bild 2] erfolgen. In diese wird ein Niet eingesetzt. Durch Zudrücken der Zange erfolgt das Fügen. Je nach Anforderung an die Nietverbindung stehen verschiedene Blindnietformen zur Verfügung [Bild 3].

Dieses Nietverfahren eignet sich sowohl für das maschinelle wie auch das automatisierte Fügen.

3.2.2.4 Welle-Nabe-Verbindung

Formschlüssige Welle-Nabe-Verbindungen

Die Passfeder [Bild 5] wirkt **formschlüssig**. In die Welle und in die Bohrung werden Nuten eingearbeitet, die die Passfeder aufnehmen. So können die wirkenden Kräfte über ihre Seitenflächen aufgenommen werden. Der Querschnitt der Passfeder wird auf Abscherung beansprucht.

> **Merke:** Passfedern verhindern nicht das Verschieben der Bauteile in Längsrichtung (axial) der Welle. Eine Sicherung der Bauteile ist je nach Anforderung an die Funktion zusätzlich erforderlich.

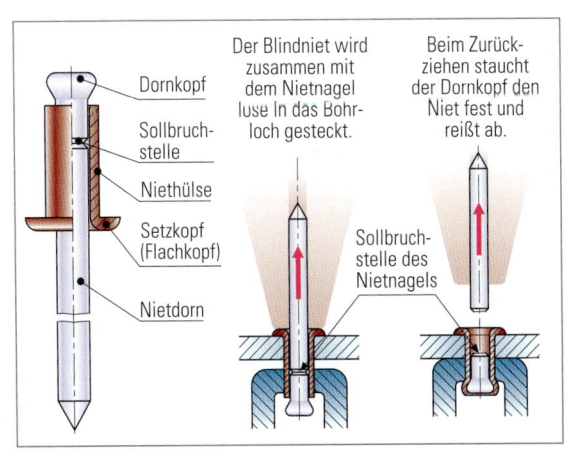

4: Herstellen einer Blindnietverbindung (Dornkopf, Sollbruchstelle, Niethülse, Setzkopf (Flachkopf), Nietdorn)

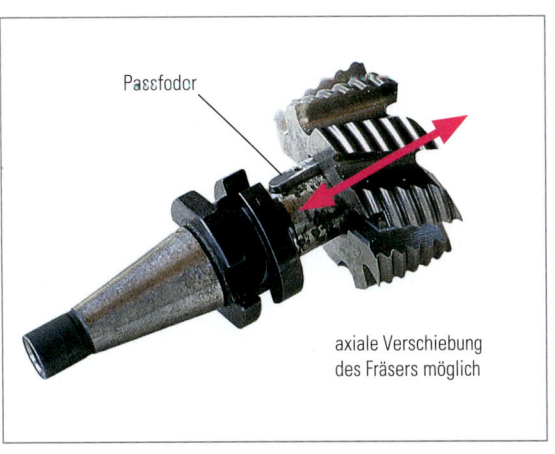

5: Passfederverbindung an einer Fräseraufnahme (axiale Verschiebung des Fräsers möglich)

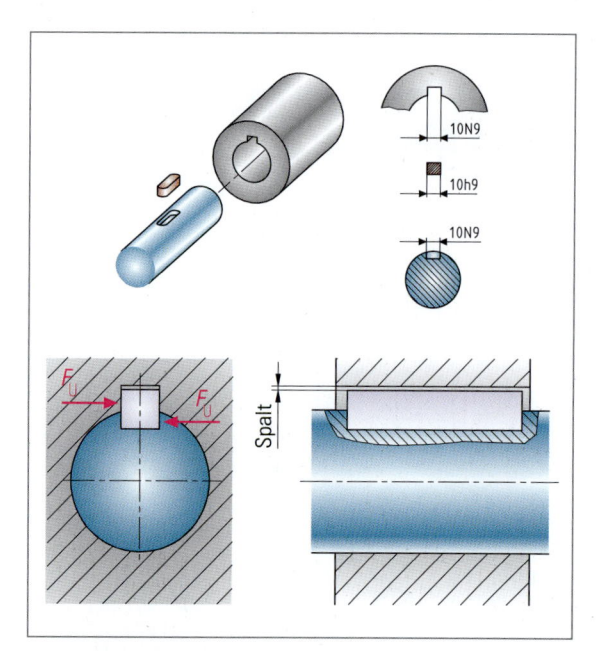

Montageprozesse ▶ Montagetechnik ▶ Fügeverfahren

1: Passfederverbindung

Profilwellenverbindungen:
Bei wechselseitiger Beanspruchung einer Welle-Naben-Verbindung kommen Wellen mit besonderem Profil zum Einsatz. Hierdurch wird eine gleichmäßigere Kraftverteilung am Wellenumfang erreicht.
Die wichtigsten Profilwellenverbindungen sind das Keilwellenprofil, das Kerbzahnprofil und das Polygonwellenprofil.

Zahnwellenverbindung:
Zahnwellen [Bild 2] eignen sich durch ihre große Anzahl von Zähnen für besonders große und stoßweise auftretende Kräfte. Durch die günstige Kraftverteilung auf der Welle eignet sich diese Verbindung auch für schmale Naben.
Zahnwellen werden als Kerbverzahnung und als Evolventenzahnprofil ausgeführt. Das **Kerbzahnprofil** wird vorwiegend für feste Verbindungen eingesetzt und das **Evolventenzahnprofil** für leicht lösbare, verschiebbare aber auch feste Verbindungen.

Polygonwellenverbindung:
Polygonwellen [Bild 4] werden für hohe Beanspruchungen bei gleichzeitig hoher Rundlaufgenauigkeit verwendet. Sie sind für lösbare Verbindungen, Schiebesitze und für Übermaßpassungen geeignet.

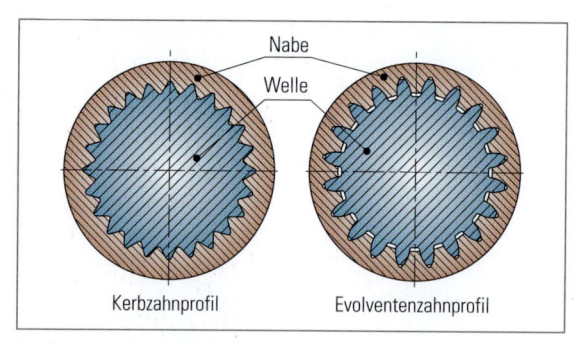

Das Maß der Nutbreite hat eine geringe Toleranz (z.B. P9 für festen Sitz), d.h., es muss mit einer hohen Genauigkeit gefertigt werden. Dies ist für einen sicheren (spielfreien) Sitz notwendig [Bild 1]. Die Höhe der Nut muss mit einem oberen Spiel gefertigt werden. Damit ist sichergestellt, dass das aufmontierte Teil nicht aus der Mitte gedrückt wird und keine Rundlaufabweichung entsteht. Das ist für viele Verbindungsarten mit hohen Umdrehungsfrequenzen wichtig (Werkzeuge, Zahnräder, Kupplungen und Riemenscheiben).
Die Passfederverbindung ist leicht zu montieren und zu demontieren. Die Verbindung kann außerdem so gestaltet werden, dass sich Bauteile wie z.B. Zahnräder in Längsrichtung (axial) verschieben lassen. Dazu müssen die Toleranzen von Passfeder und Nut aufeinander abgestimmt werden.
Bild 3 zeigt verschiedene Ausführungsformen von Passfedern (siehe auch Tabellenbuch).

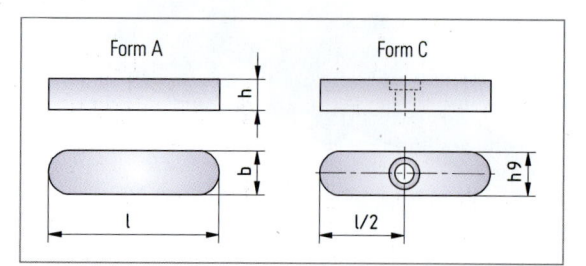

2: Zahnwellenverbindung

3: Passfedern

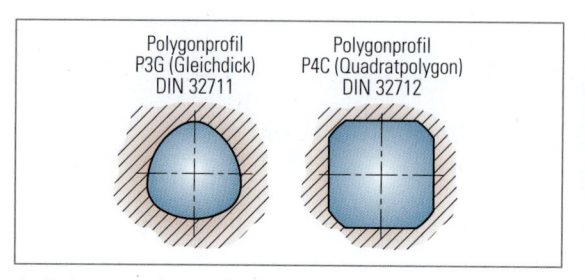

4: Polygonwellenverbindung

Montageprozesse ▶ Montagetechnik ▶ Fügeverfahren

Kraftschlüssige Wellen-Naben-Verbindungen

Keilverbindungen:
Der Aufbau einer Keilverbindung hat Ähnlichkeit mit einer Passfederverbindung. Ein **Keil** ermöglicht die Kraftübertragung durch ein Verklemmen der Bauteile [Bild 2]. Im Gegensatz zur formschlüssigen Kraftübertragung zwischen Welle und Nabe mit einer Passfeder, erfolgt bei einer Keilverbindung die Kraftübertragung durch eine **Kombination aus Kraft- und Formschluss**.
Der Keil, der durch seine Form eine Vorspannung bei der Montage zwischen Welle und Nabe bewirkt, kippt die Nabe gegenüber der Welle geringfügig [Bild 2]. Dadurch entstehen Rundlauffehler.
Das Einsatzgebiet ist daher beschränkt. Keilverbindungen werden vorwiegend dort eingesetzt, wo besonders große, wechselnde und stoßartige Belastungen bei geringen Umdrehungsfrequenzen auftreten.

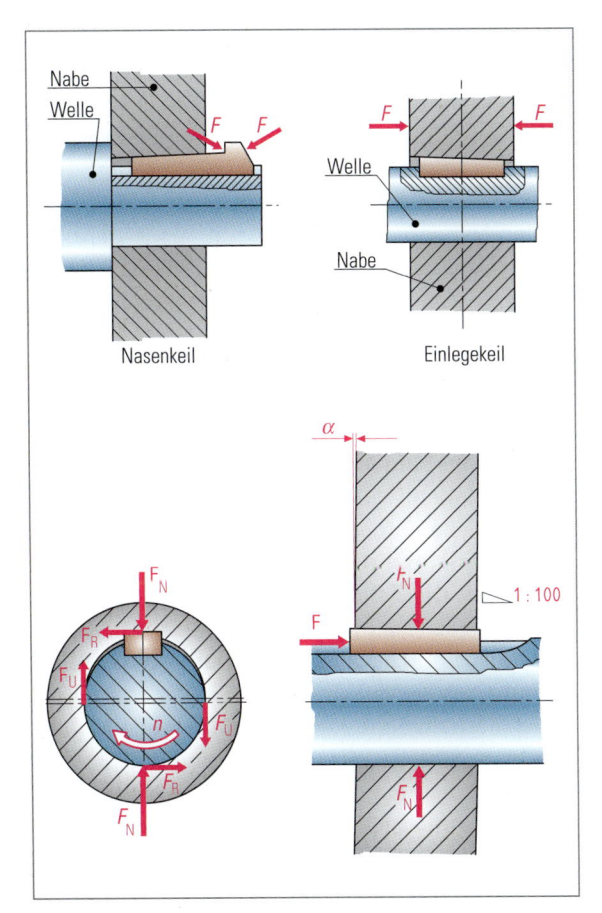

Keilarten und deren Montage:
Bild 1 zeigt Einbauarten verschiedener Keile. Der Keil wird mit einem Hammer oder, wo erforderlich, mit einem Keiltreiber [Bild 3] in die Nut getrieben. Dabei dürfen die Oberflächen der Welle oder des Keils nicht beschädigt werden.

a) Der Einlegekeil (Keil Form A) [Bild 1a]) wird in Naben- und Wellennut eingesetzt und kann große Drehmomente übertragen.

b) Der Treibkeil (Keil Form B) [Bild 1b]) wird mithilfe eines Keiltreibers montiert. Die Wellennut muss den Einsatz des Keiltreibers ermöglichen. Bei dieser Art der Montage lässt sich die axiale Lage der Nabe genau bestimmen.

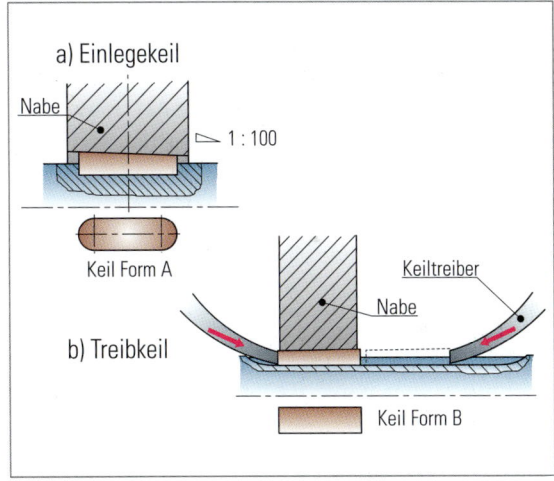

1: a)/b) Keilarten

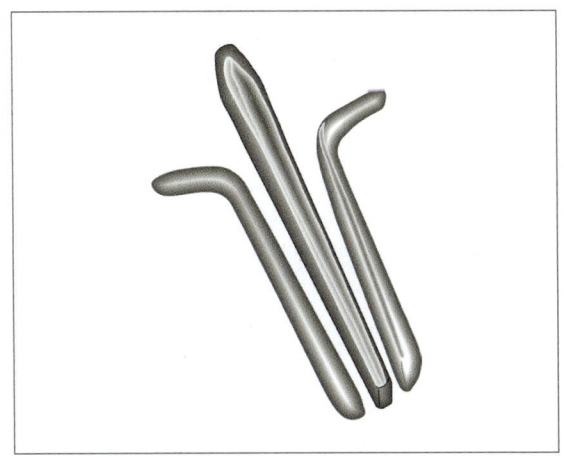

2: Keilverbindung

3: Treibkeilgarnitur

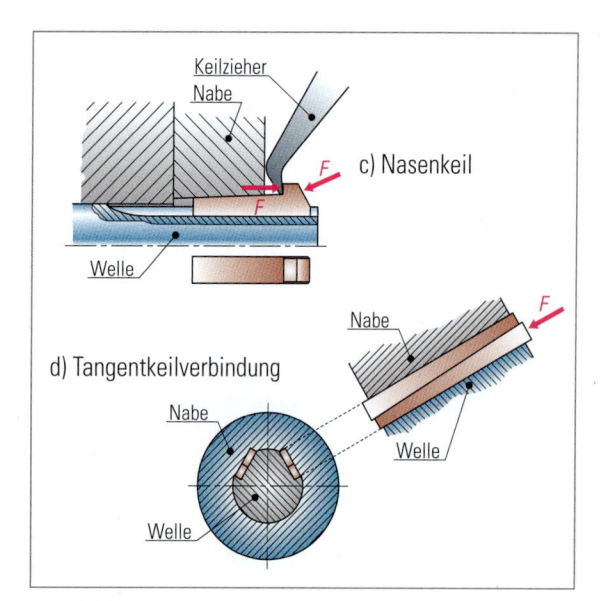

1: c)/d) Keilarten

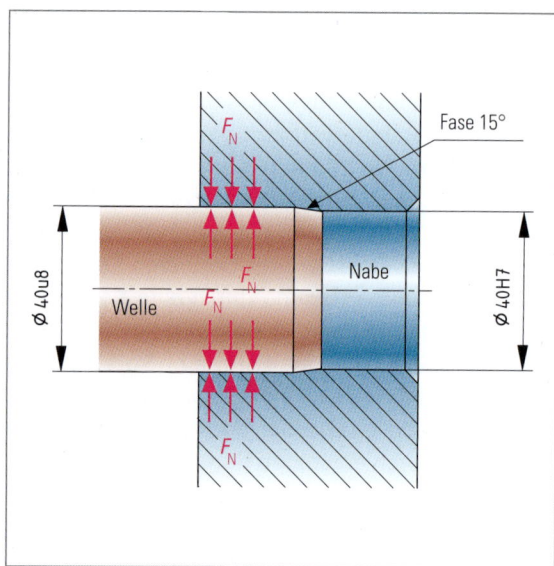

2: Längspressverbindung

c) Der Nasenkeil [Bild 1c] wird dort eingesetzt, wo der Keil nicht von der Rückseite her demontiert werden kann. Mit einem Keilzieher, der hinter die Nase greift, kann der Keil demontiert werden.

d) Die Tangentkeilverbindung [Bild 1d] kann große Drehmomente mit wechselnder Drehrichtung übertragen. Durch die Anordnung der Keile wird das Drehmoment ausschließlich formschlüssig übertragen.

Pressverbindungen:
Bild 2 zeigt eine Wellen-Naben-Verbindung als **Längspressverband**. Sie besteht aus der Welle und der umgebenden Nabe der Keilriemenscheibe. Die gewählte Übermaßpassung H7/u8 stellt den festen Sitz dieser Verbindung sicher.
Beim Einpressen des Bolzens wird dieser an der Verbindungsstelle gestaucht und die Nabe gedehnt. Die Kräfte, die zwischen Bolzen und Bohrung aufgrund der elastischen Verformung wirken, ermöglichen die notwendige Haftung durch Reibung.

Montage einer Pressverbindung:
Die Montage einer Keilriemenscheibe kann mit verschiedenen Verfahren einer Pressverbindung erfolgen.

1. Längspressverbindung:
Bild 2 zeigt eine **Längspressverbindung**. Voraussetzung hierfür ist eine entsprechende Passung von Welle und Nabe. Eine Fase von 15° erleichtert bzw. ermöglicht das Einschieben der Welle in die Nabe. Ölen der Fügeteile erleichtert den Einpressvorgang. Das eigentliche Einpressen erfolgt mit Hilfe einer Presse.
Wellen-Naben-Verbindungen mit einer geringen Übermaßpassung (z. B. H7/r6) und kleinen Durchmessern können mit Hammerschlägen gefügt werden.

2. Querpressverbindungen:
Bild 1, nächste Seite zeigt den Ablauf einer **Schrumpfverbindung**. Die Verbindung wird hergestellt, indem die Nabe erwärmt und danach auf die Welle aufgeschoben wird. Die Nabe kühlt ab. Sie verringert dadurch ihren Durchmesser, sie schrumpft. Die Folge ist ein fester Sitz der Nabe auf der Welle. Die Montage erfolgt schnell, jedoch ist eine nachträgliche Korrektur der Lage der Nabe nicht mehr möglich.
Bild 2, nächste Seite zeigt die Keilriemenscheibenmontage mithilfe der **Dehnverbindung**. Hierbei wird die Welle abgekühlt. Sie verringert dadurch ihren Durchmesser. Die Abkühlung kann in einem Kühlschrank, mit Trockeneis, flüssigem Sauerstoff oder Stickstoff erfolgen. Die abgekühlte Welle wird

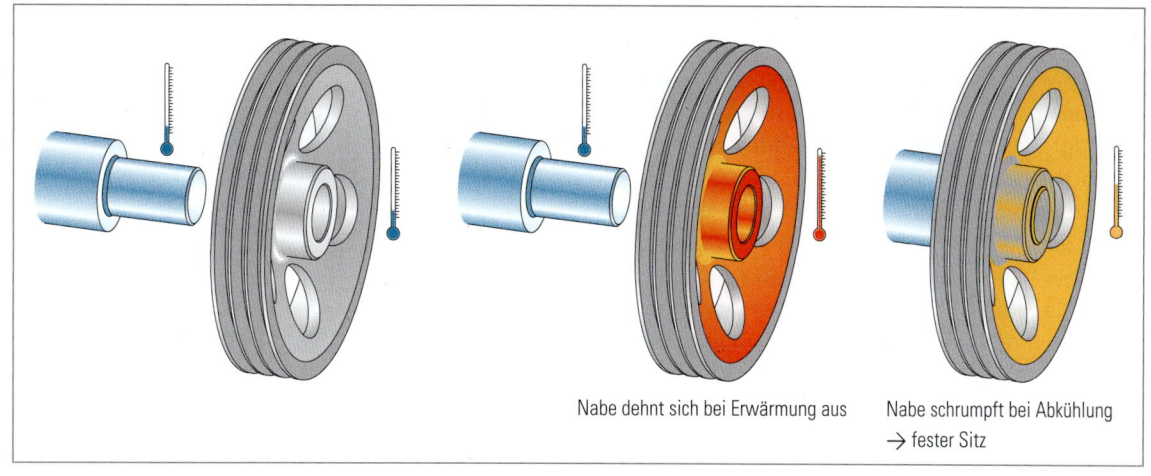

Montageprozesse ▶ Montagetechnik ▶ Fügeverfahren

1: Schrumpfverbindung

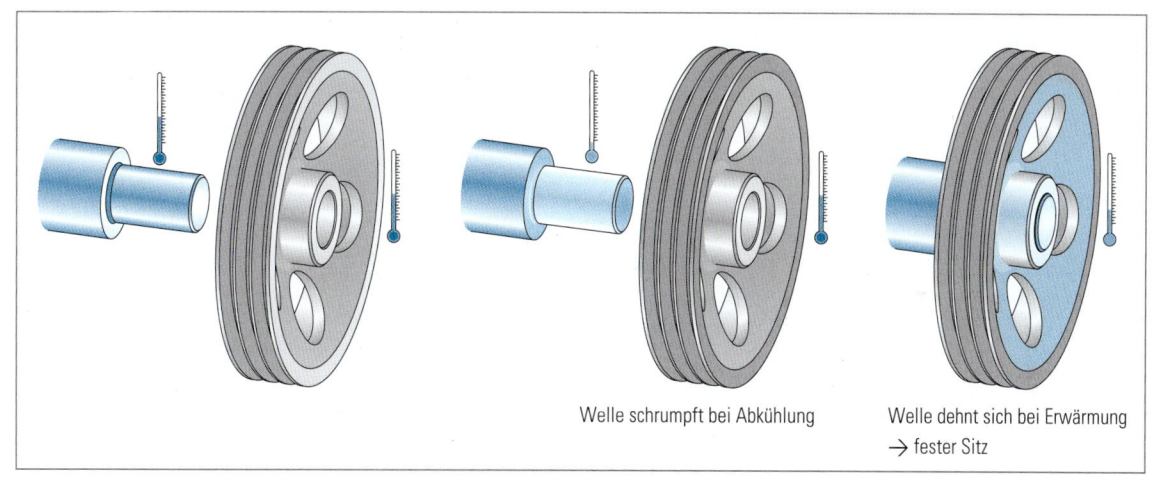

Nabe dehnt sich bei Erwärmung aus

Nabe schrumpft bei Abkühlung
→ fester Sitz

2: Dehnverbindung

Welle schrumpft bei Abkühlung

Welle dehnt sich bei Erwärmung
→ fester Sitz

in die Nabe geschoben. Bei Erwärmung der Welle auf Raumtemperatur dehnt sie sich aus und ein fester Sitz zwischen Welle und Nabe ist die Folge. Auch bei dieser Fügetechnik ist eine nachträgliche Korrektur des Nabensitzes nicht möglich.
Bei der Erwärmung bzw. der Abkühlung von Bauteilen sind die geltenden Sicherheitsvorschriften zu beachten und geeignete Sicherheitsmaßnahmen zu ergreifen.

Übungen

1. Nennen Sie Welle-Nabe-Verbindungen.
2. Welchen Vorteil hat eine Polygonwellenverbindung?
3. Beschreiben Sie die Herstellung einer Verbindung mit Passstiften.
4. Welche Sicherheitsvorschriften müssen beim Eintreiben eines Passstiftes in ein Bauteil beachtet werden?
5. Warum müssen Naben manchmal erwärmt werden, bevor sie mit einer Welle gefügt werden?

Montageprozesse ▶ Montagetechnik ▶ Fügeverfahren

3.2.3 Fügen durch Stoffschluss

Beim stoffschlüssigen Fügen wird ein Stoffzusammenhalt zwischen den zu fügenden Bauteilen hergestellt. Es werden dadurch weniger Bauteile benötigt, da die zusammenhaltenden Kräfte nicht durch zusätzliche Fügeelemente, wie z. B. Schrauben, aufgebracht werden müssen. Um diesen Zusammenhalt aufzulösen wie z. B. zur Demontage einzelner Teile, muss die Verbindung zerstört werden. Die stoffschlüssigen Verbindungen zählen deshalb zu den **unlösbaren** Verbindungen.

3.2.3.1 Kleben

Kleben wird z. B. in der Mikroelektronik, Optik, Luft- und Raumfahrt und im Maschinen- und Fahrzeugbau eingesetzt.

> **Merke:** Kleben ist eine stoffschlüssige Verbindung von Werkstoffen mithilfe eines Klebstoffs.

Oberflächenbehandlung

Die Haftkraft des Klebstoffes auf der Oberfläche eines Werkstückes beruht auf Anhangskräften (Adhäsion). Ein Klebstoff hat umso höhere Haftkräfte, je höher seine Fähigkeit ist, die Bauteiloberfläche zu benetzen [Bild 1].
Die innere Haftfähigkeit eines Klebstoffes beruht auf Kohäsion [Bild 2].

> **Merke:** Ein idealer Klebstoff besitzt ein Gleichgewicht zwischen **Anhangskräften** (Adhäsion) zu den Bauteilen und **inneren Bindungskräften** des Klebstoffes selbst (Kohäsion).

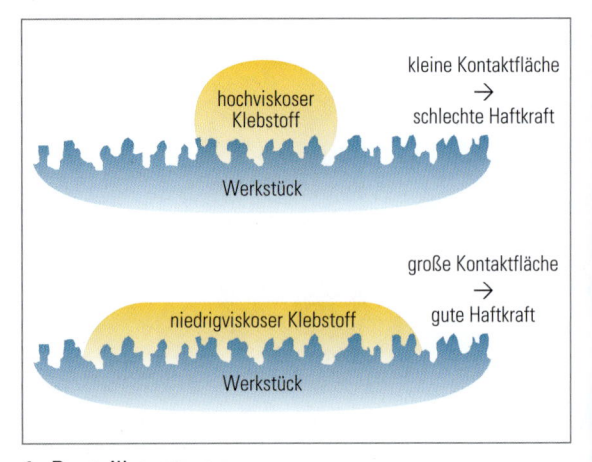

1: Bauteilbenetzung

Adhäsion ist das physikalische Aneinanderhaften verschiedener Stoffe, z. B. Kreide an einer Tafel.
Kohäsion ist der Zusammenhalt zwischen den Teilchen des selben Stoffes, z. B. in Klebstoffen.

Klebstoffarten

Bild 1 auf der nächsten Seite zeigt die Einteilung der Klebstoffe nach ihren Aushärtmechanismen. In Bild 2 (nächste Seite) sind Klebstoffe mit ihren Eigenschaften aufgelistet.
Einkomponentenklebstoffe enthalten die zum Aushärten erforderlichen Bestandteile. Das Aushärten der Klebnaht erfolgt z. B. durch Verdampfen des Lösungsmittels, durch Wärme, durch UV-Licht oder durch die Luftfeuchtigkeit (bei den so genannten Sekundenklebern).
Bei **Zweikomponentenklebstoffen** liegen die einzelnen Bestandteile getrennt vor. Diese sind **Harz** und **Härter** (auch Aktivator genannt). Vor dem Auftragen auf die Klebfläche werden die Bestandteile

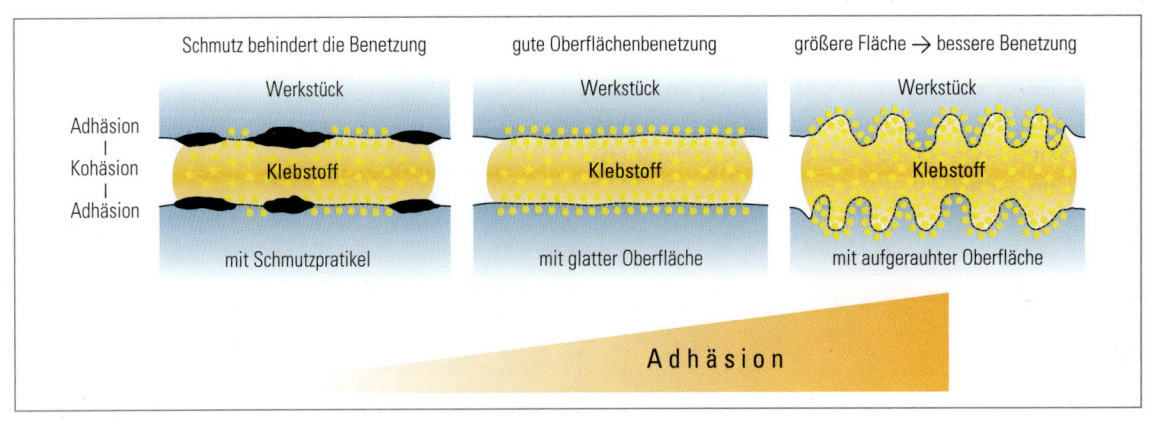

2: Kohäsion – Adhäsion

Montageprozesse ▶ Montagetechnik ▶ Fügeverfahren

in vorgegebenem Mischungsverhältnis gemischt. Da Harz und Härter schon beim Anrühren reagieren, muss der Klebstoff schnell verarbeitet werden. Die Verarbeitungszeit wird „Topfzeit" genannt. Nach Überschreiten dieser Zeit kann der Klebstoff nicht mehr verwendet werden.

Kaltklebstoffe härten bei Raumtemperatur (20 °C) aus. Ihre Aushärtezeit ist unterschiedlich je nach Klebstoffart. Die Zeitspanne reicht von wenigen Sekunden bis zu mehreren Tagen.

Warmklebstoffe haben eine Aushärtetemperatur von 150 °C bis ca. 250 °C, die Aushärtezeit kann mehrere Stunden betragen. Einige Klebstoffe erfordern zudem einen hohen Anpressdruck der Fügeteile.

Bei der Klebstoffauswahl sind folgende Einflussgrößen zu beachten:

- Werkstoff der Fügeteile
- Aushärtebedingung (z. B. Aushärtezeit)
- Einsatzbedingung (z. B. Einsatztemperatur, Belastungsart)

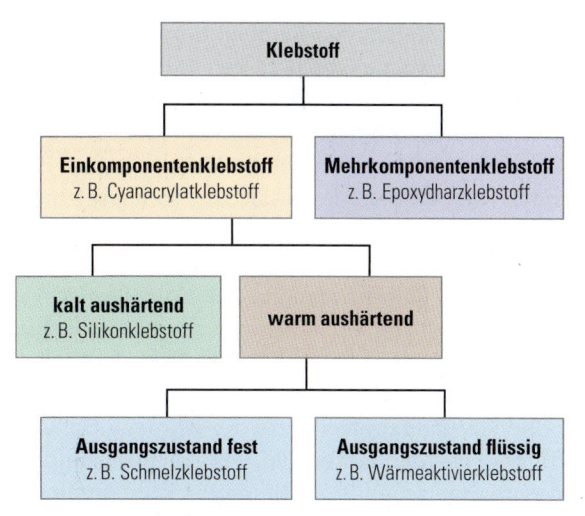

1: Einteilung der Klebstoffe

Einteilung	Klebstoffart	Geeignet für	Ideale Spaltbreite in mm	Scherfestigkeit	Härteverfahren und -zeit	Typischer Anwendungsbereich	Bemerkung
Einkomponentenklebstoff	Cyanacrylatklebstoff	Metalle, Kunststoffe, Gummi, Holz	< 0,2	hoch	Luftfeuchtigkeit, unter Druck wenige Minuten	Metallverklebungen, Elektroindustrie	einkomponentig
Zweikomponentenklebstoff	Epoxidharzklebstoff	Metall	0,1 … 0,4	hoch	Härter, 3 … 180 min	Vergießen (Elektronik) Herstellen von Verbundwerkstoffen (Luft- und Raumfahrtindustrie)	zweikomponentig, zum Mischen
Kaltklebstoff	Silikonklebstoff	Metalle, Glas, Keramik	0,2 … 0,5	niedrig bis mittel	Luftfeuchtigkeit, mehrere Tage	Dichten von Fugen (Bau-, Elektro-, Kfz-Industrie), Kleben von Silikonteilen	flüssig bis pastös, einkomponentig, „elastisch"
Warmklebstoff	Schmelzklebstoff	viele Materialien	0,1 … 1,2	mittel	Temperaturveränderung 10 … 150 s	Kleben von Kartonagen (Verpackungen) Holz (Möbel)	festes Granulat wird aufgeschmolzen
	Wärmeaktivierklebstoff	viele Materialien	0,1 … 0,4	hoch	Temperaturveränderung	Metallverklebungen, Kleben von Blechen	Wärme und Druck aktivieren die Vernetzung des flüssigen Klebstoffs

2: Ausgewählte Klebstoffarten

Montageprozesse ▶ Montagetechnik ▶ Fügeverfahren

Damit eine Klebstoffverbindung möglichst haltbar ist, ist eine Vorbehandlung der Klebflächen notwendig.

Um maximale Haftkräfte zwischen Klebstoff und Werkstück zu erreichen, ist ein klebegerechter Zustand der Werkstückoberflächen Voraussetzung. Verschmutzte oder verölte Oberflächen verringern/verhindern die Adhäsion. Deshalb sind die Klebflächen sorgsam zu reinigen z. B. durch Entfetten. Zusätzlich ist die Oberfläche zu vergrößern. Das kann durch eine chemische Behandlung der Klebefläche durch Beizen, Ätzen[1], Schmirgeln, Bürsten oder Feinsandstrahlen erreicht werden. Danach müssen die Klebflächen evtl. von den Rückständen der mechanischen Bearbeitung (Stäube) gereinigt werden. Vorbereitete Klebflächen dürfen nicht mit bloßen Händen berührt werden. Der Handschweiß verursacht eine störende Oxidationsschicht. Ein Haftvermittler (Primer) wird auf Fügeflächen aufgetragen, wenn zwischen Bauteiloberfläche und Klebstoff eine zusätzliche Haftschicht notwendig wird.

Den grundsätzlichen Ablauf einer Klebstoffverbindung zeigt Bild 2. Die Verarbeitungs- und Warnhinweise des Klebstoffherstellers sind immer zu beachten.

Beanspruchung von Klebverbindungen

Es ist eine möglichst große Klebfläche [Bild 1] vorzusehen. Eine Beanspruchung auf Scherung ist vorteilhaft.

Eine Beanspruchung auf Schälung [Bild 3] wirkt immer nur auf die vorderste Klebschicht und ist zu vermeiden.

Vorteile des Klebens sind:

- Fügen unterschiedlicher Materialien wie z. B. Stahl und Aluminium
- Fügen von sehr dünnen Werkstücken wie z. B. Folien oder Blechen
- Gewichtsersparnis (Leichtbau)
- keine Gefügeveränderung der zu verbindenden Teile durch hohe Temperatureinwirkung, wie beim Schweißen oder Löten
- keine zusätzlichen Verbindungselemente an der Fügestelle wie z. B. Schrauben oder Stifte
- keine Veränderung des Querschnittes durch Bohrungen
- wirtschaftlich (preisgünstig durch einfache Arbeitstechnik)

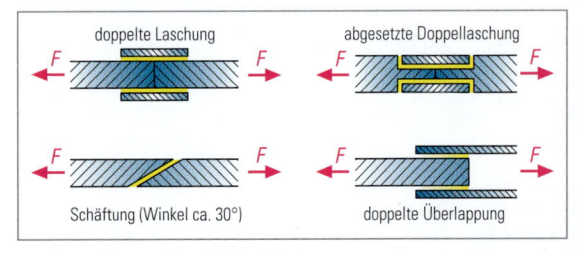

---

[1] Chemische Oberflächenbehandlung

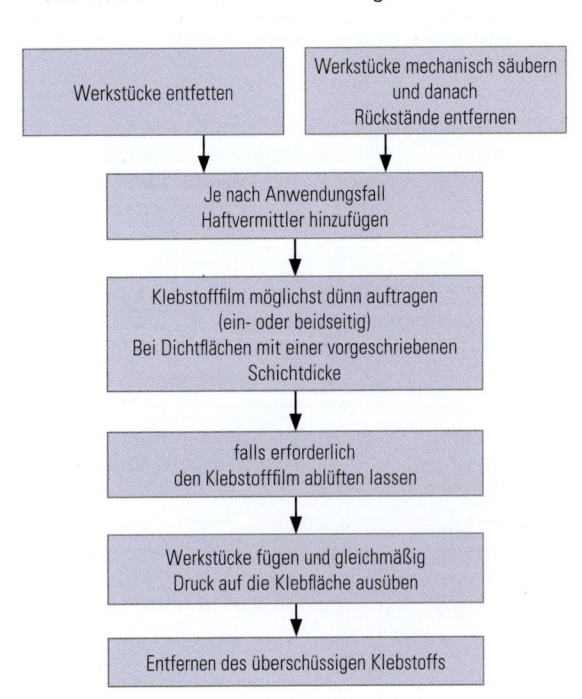

2: Durchführung einer Klebstoffverbindung

Werkstücke entfetten →
Werkstücke mechanisch säubern und danach Rückstände entfernen →
Je nach Anwendungsfall Haftvermittler hinzufügen →
Klebstofffilm möglichst dünn auftragen (ein- oder beidseitig) Bei Dichtflächen mit einer vorgeschriebenen Schichtdicke →
falls erforderlich den Klebstofffilm ablüften lassen →
Werkstücke fügen und gleichmäßig Druck auf die Klebfläche ausüben →
Entfernen des überschüssigen Klebstoffs

1: Gestaltung der Klebefläche

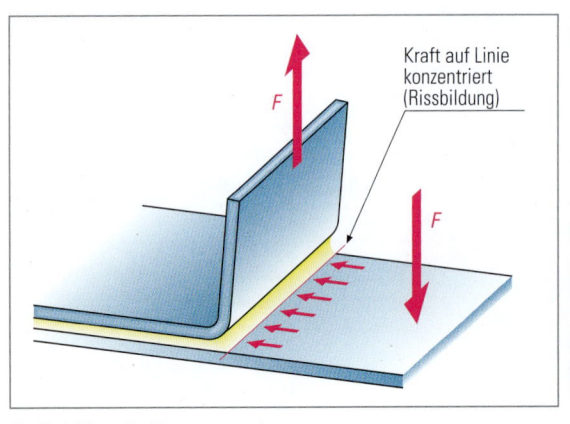

- doppelte Laschung
- abgesetzte Doppellaschung
- Schäftung (Winkel ca. 30°)
- doppelte Überlappung

3: Schälende Beanspruchung

Kraft auf Linie konzentriert (Rissbildung)

Nachteile des Klebens sind:

- Zum Teil sind lange Aushärtezeiten der Klebstoffverbindung erforderlich.
- Es ist teilweise eine aufwändige Oberflächenvorbehandlung der Fügeteile notwendig.
- Wärmeeinwirkung beeinflusst die Klebstofffestigkeit.
- Die Eigenschaften des Klebstoffs (z. B. seine Festigkeit) ändern sich durch die Alterung.
- Nicht alle Beanspruchungsarten sind möglich.
- Im Vergleich zum Löten oder Schweißen sind große Verbindungsflächen erforderlich.

Arbeitssicherheit und Unfallverhütung

- Arbeitsplatz sauber halten.
- Das Einatmen von Lösungsmitteldämpfen ist gesundheitsschädlich. Beim Verarbeiten des Klebstoffes ist für ausreichende Entlüftung/Absaugung zu sorgen.
- Dämpfe von Lösungsmitteln und Reinigern sind feuergefährlich. Offenes Feuer ist daher verboten!
- Vorsicht beim Umgang mit Klebstoffen. Sie sind Chemikalien. Hände, Augen und Atmungsorgane können gefährdet sein. Es sind Körperschutzmittel (z. B. Handschuhe, Schutzbrille) zu tragen.
- Klebstoffe können giftig sein. Daher darf während der Arbeit nicht gegessen und getrunken werden.
- Chemikalien und Lösungsmittel fachgerecht entsorgen, nicht in den Abfluss gießen.

Übungen

1. Wozu dienen Klebstoffverbindungen?
2. Welche Werkstoffe können geklebt werden?
3. Warum sind bei Klebstoffverbindungen oft große Verbindungsflächen der Fügeteile notwendig?
4. Unter welchen Bedingungen dürfen Klebverbindungen nicht angewendet werden?
5. Was versteht man unter einem Zweikomponentenklebstoff?
6. Zwei Messingbleche sollen geklebt werden. Erläutern Sie die dafür notwendigen Montageschritte (Klebstoffauswahl, Vorbehandlung der Klebeflächen, Durchführung, Werkzeuge, Sicherheitsmaßnahmen).

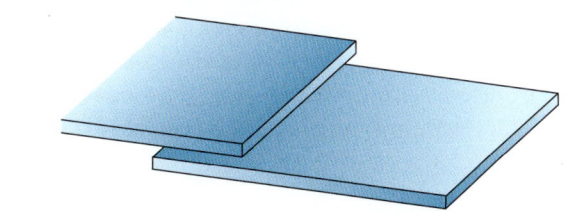

Montageprozesse ▶ Montagetechnik ▶ Fügeverfahren

1: Weichlotzugabe bei abgewendeter Flamme

2: Beim Hartlöten wird das Lot in der Brennerflamme abgeschmolzen

3.2.3.2 Löten

Die Lötverfahren Weich- und Hartlöten werden nach dem Schmelzbereich der Lote unterschieden:

- **Weichlöten** (Arbeitstemperatur unter 450 °C; Bild 1) wird hauptsächlich für elektrisch leitende Verbindungen im Bereich der Elektrotechnik und bei Hausinstallationen angewendet (Sanitär-, Heizungs- und Lüftungstechnik).

- **Hartlöten** (Arbeitstemperatur über 450 °C; Bild 2) wird oft im Bereich des Maschinenbaus eingesetzt, sowie beim Löten von Rohren der Hausinstallation.

Beim Löten werden z. B. die Teile (Rohr und Fitting) mit einem Lot (Metall bzw. Metalllegierung) verbunden [Bild 2]. Das Lot wird verflüssigt, die Werkstücke jedoch nicht. Das flüssige Lot kann somit in den Spalt zwischen den Bauteilen eindringen. Dabei verbindet es sich mit ihrer Randzone. Damit die Lötflächen während des Lötens oxidfrei bleiben, muss ein Flussmittel verwendet werden. Lot und Grundwerkstoff der Teile können somit leichter eine Legierung bilden. Der Schmelzpunkt des Lotes ist dabei niedriger als der Schmelzpunkt der Bauteile. Es ist möglich, Metalle oder Legierungen miteinander zu verbinden, deren Schmelzpunkte unterschiedlich sind [Bild 3].

Bei der Verbindung von Bauteilen durch Löten ist zu beachten, dass

- sich die Werkstoffe der Bauteile zum Löten eignen, also Metalle oder Metalllegierungen sind und

- die Verbindung den geforderten Eigenschaften (z. B. Temperaturbeständigkeit) genügt.

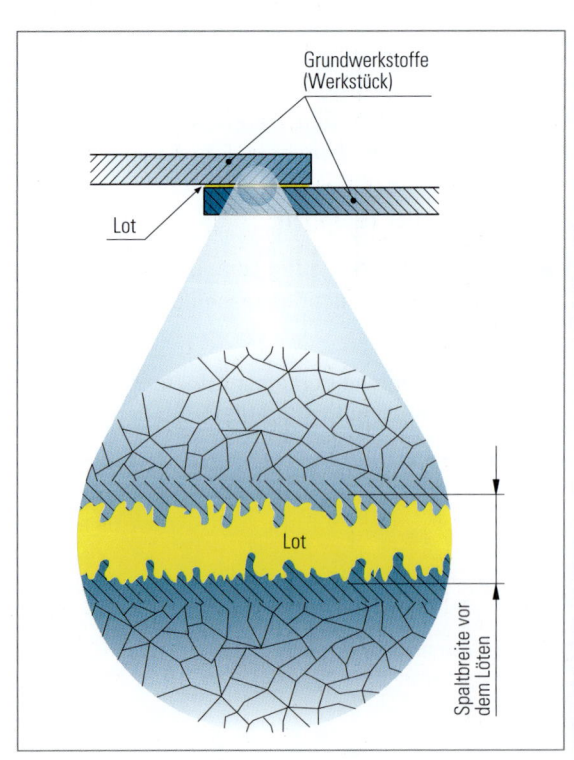

> **Merke**
> Durch Löten werden metallische Bauteile mithilfe eines Zusatzwerkstoffes (Lot) stoffschlüssig miteinander verbunden.
> Hohe Festigkeit und geringer Verzug zeichnen diese Verbindung aus.

3: Legierungsbildung beim Löten

Montageprozesse ▶ Montagetechnik ▶ Fügeverfahren

Lötspalt

Eine haltbare Lötverbindung setzt voraus, dass das Lot den Grundwerkstoff gut benetzt und den gesamten Lötspalt (Ringspalt bei Rohrverbindungen) ausfüllt. Eine richtig gewählte Spaltbreite begünstigt den kapillaren Fülldruck. Er beruht auf den Adhäsionskräften zwischen dem flüssigen Lot und den benetzten Wandungen. Bild 2 zeigt diesen physikalischen Effekt.

Je größer die Spaltbreite wird, desto geringer ist die Steighöhe der Flüssigkeitssäule. Für die Lottechnik ist der markierte Bereich wichtig. Beträgt der Spalt ca. 0,2 mm, so wird das Lot tief in den Spalt hineingezogen [Bild 1a]. Ist der Lötspalt zu breit, erfolgt die Saugwirkung nur unzureichend [Bild 1b].

Merke: Je geringer der Spalt (0,05 ... 0,2 mm), desto größer die Kapillarwirkung (Saugwirkung).

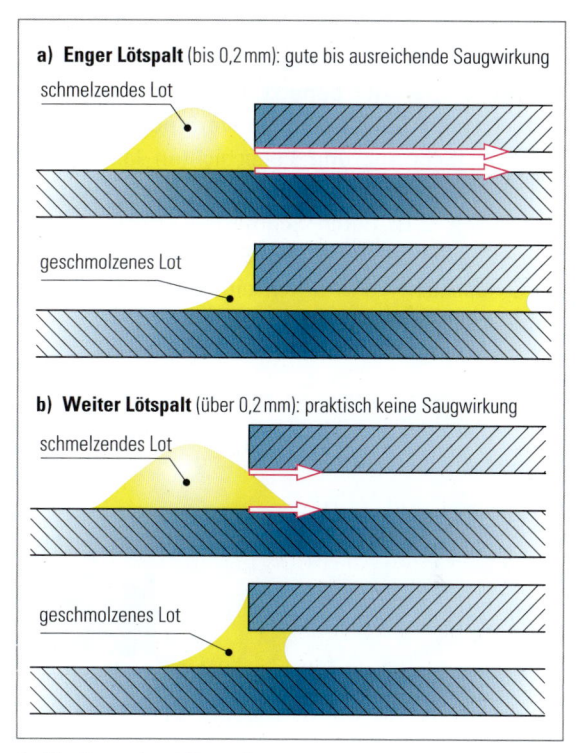

a) Enger Lötspalt (bis 0,2 mm): gute bis ausreichende Saugwirkung

b) Weiter Lötspalt (über 0,2 mm): praktisch keine Saugwirkung

1: Einfluss des Lötspalts

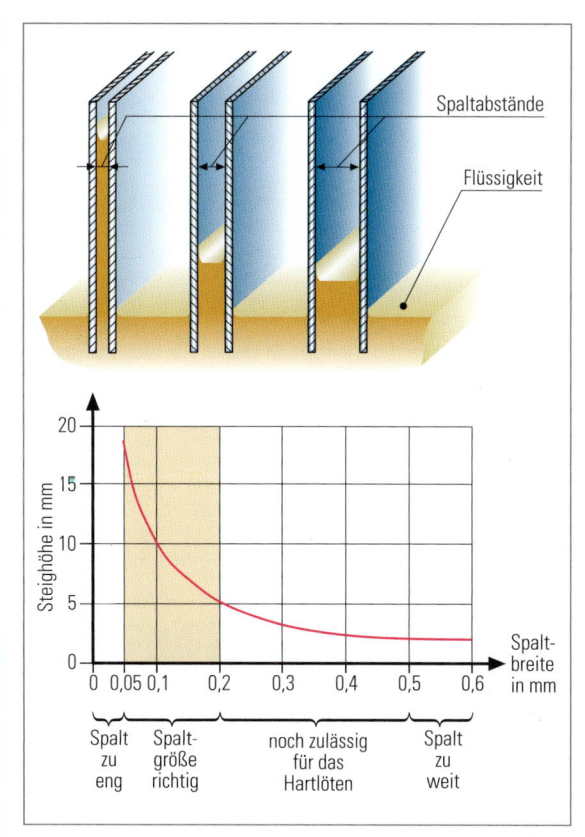

Gestaltung einer Lötnaht

Damit eine Lötverbindung optimal hält, sind Besonderheiten bei der Bauteilgestaltung zu berücksichtigen. Grundsätzlich ist dabei immer die richtige Spaltbreite für den Lotfluss einzuhalten.
Bild 3 zeigt verschiedene Möglichkeiten, eine Lötnaht konstruktiv günstig zu gestalten.
Schälende Beanspruchung einer Lötnaht ist, wie auch bei den Klebverbindungen, zu vermeiden.

Merke: Je größer die mit Lot benetzte Fügefläche, desto belastbarer ist die Lötverbindung.

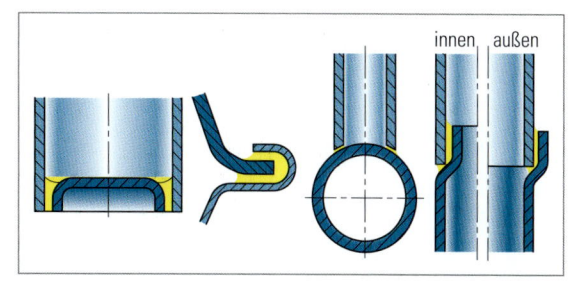

2: Kapillarwirkung

3: Gestaltungsmöglichkeiten einer Lötverbindung

Montageprozesse ▶ Montagetechnik ▶ Fügeverfahren

Flussmittel

Nur metallisch reine Oberflächen des Grundwerkstoffes werden gut benetzt. Oxid-, Schmutz- und Fettschichten beeinträchtigen/verhindern die Benetzung. Schmutz und Fettschichten lassen sich durch entsprechende Behandlung der Werkstückoberfläche, z. B. durch Schmirgeln, Bürsten oder Beizen beseitigen. Die beim Erwärmen entstehende Oxidschicht kann durch ein geeignetes Flussmittel verhindert werden.

> **Merke:** Flussmittel beseitigen die bei Erwärmung entstehende Oxidschicht der Lotflächen und verhindern deren Neubildung.

Je wirkungsvoller ein Flussmittel die Oxidschicht beseitigt, desto größer ist die Gefahr einer späteren Korrosion an den Lötstellen. Flussmittelreste sind deshalb nach dem Löten sorgfältig zu entfernen.

Je nach Arbeitstemperatur des Lotes hat die Fachkraft ein geeignetes Flussmittel auszuwählen. Das Flussmittel hat einen bestimmten Temperaturbereich, in dem es wirkt und Oxide lösen kann. Flussmittel sind genormt und werden nach den geforderten Ansprüchen an die Lötverbindung ausgewählt [Bild 1].

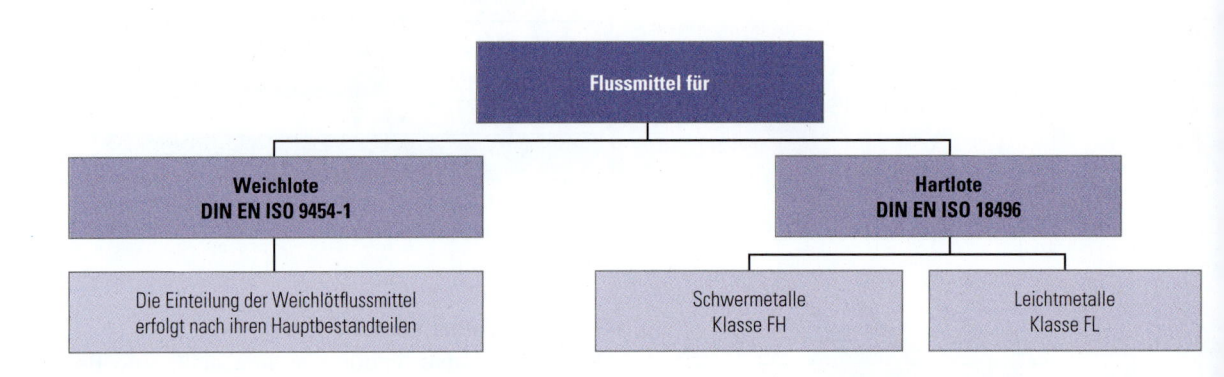

```
                    Flussmittel für
                    /            \
          Weichlote              Hartlote
       DIN EN ISO 9454-1      DIN EN ISO 18496
              |                /        \
   Die Einteilung der     Schwermetalle   Leichtmetalle
   Weichlötflussmittel     Klasse FH       Klasse FL
   erfolgt nach ihren
   Hauptbestandteilen
```

Flussmittel zum Hartlöten			Flussmittel zum Weichlöten				
Norm-zeichen	Wirktemperatur-bereich	Wirkung der Rückstände (Anwendungen)	Norm-zeichen	Flussmitteltyp	Flussmittel-basis	Flussmittel-Aktivator	Wirkung der Rückstände (Anwendung)
FH11	für Schwermetalle / 550 °C ... 800 °C	Allgemein korrodierend. Rückstände, z. B. durch Waschen oder Beizen entfernen (Kupfer-Aluminium-Legierungen)	3.2.2.	anorganisch	Säuren	andere Säuren	korrodierend (Klempnerarbeiten)
			3.1.1.	anorganisch	Salze	mit Ammoniumchlorid	korrodierend (Klempnerarbeiten)
FH 21	750 °C ... 1100 °C	Allgemein nicht korrodierend. Rückstände können mechanisch oder durch Beizen entfernt werden (Vielzweckflussmittel).	2.1.2.	organisch	wasserlöslich	mit Halogenen aktiviert	bedingt korrodierend
FL 10	für Leichtmetalle / > 550 °C	Allgemein korrodierend. Rückstände z. B. durch Waschen oder Beizen entfernen.	1.1.1.	Harz	Kolophonium	ohne Aktivator	nicht korrodierend (Elektrotechnik)

1: Ausgewählte Flussmittel

Lotauswahl

Verschiedene Metalle wie z. B. Zinn, Blei, Kupfer und deren Legierungen, werden als Lote verwendet. Bei der Auswahl des Lotes ist zu beachten:

- Die Temperaturbeständigkeit der zu lötenden Werkstoffe (siehe Lötverfahren).

- Die geforderte Festigkeit der Lötverbindung. Hohe Festigkeit der Lötverbindung lässt sich z. B. durch Lote mit hohem Schmelzpunkt erreichen. Die Legierungsschicht von Lot und Bauteilwerkstoff ist dabei besonders groß. Es ist auf eine eventuell auftretende Festigkeitsverminderung der Werkstücke zu achten [Bild 1].

- Unbedenklichkeit der Lotzusammensetzung. Lote für Trinkwasserleitungen dürfen keine Schwermetalle (z. B. gesundheitsschädliches Blei, Cadmium) enthalten und dürfen nicht hartgelötet werden [Bilder 2 und 3].

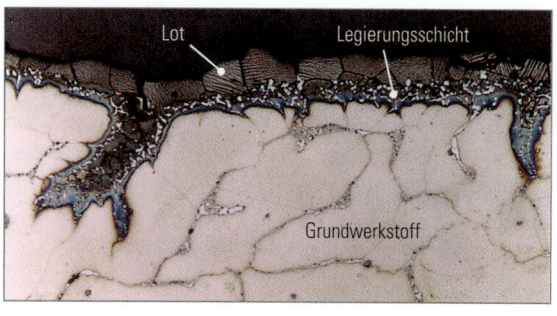

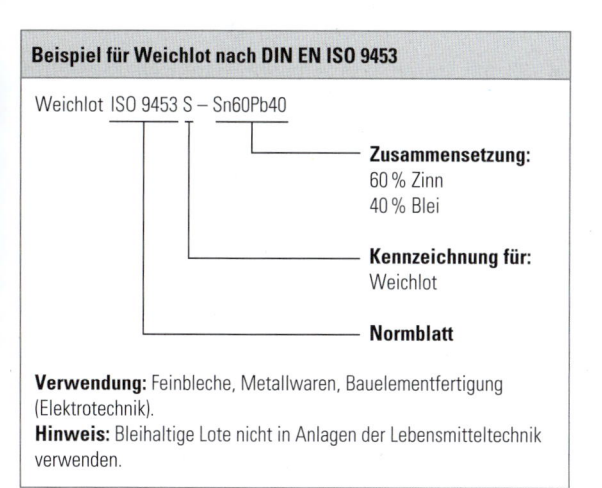

1: Randbereich einer Lötnaht

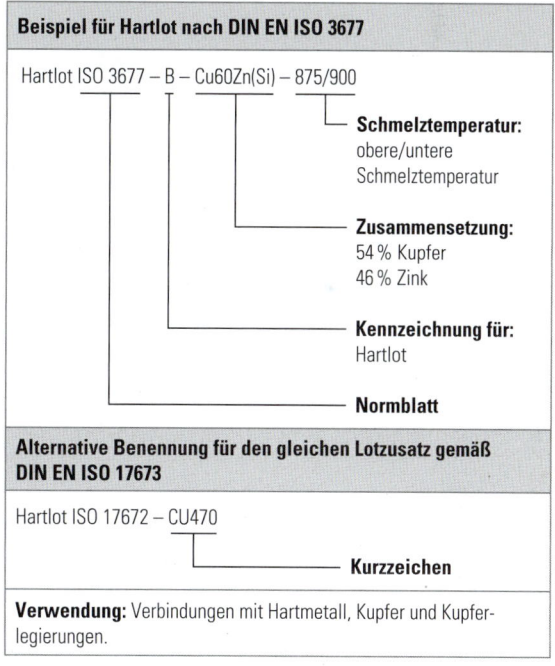

Beispiel für Weichlot nach DIN EN ISO 9453

Weichlot ISO 9453 S – Sn60Pb40

- Zusammensetzung: 60 % Zinn, 40 % Blei
- Kennzeichnung für: Weichlot
- Normblatt

Verwendung: Feinbleche, Metallwaren, Bauelementfertigung (Elektrotechnik).
Hinweis: Bleihaltige Lote nicht in Anlagen der Lebensmitteltechnik verwenden.

2: Weichlot

Beispiel für Hartlot nach DIN EN ISO 3677

Hartlot ISO 3677 – B – Cu60Zn(Si) – 875/900

- Schmelztemperatur: obere/untere Schmelztemperatur
- Zusammensetzung: 54 % Kupfer, 46 % Zink
- Kennzeichnung für: Hartlot
- Normblatt

Alternative Benennung für den gleichen Lotzusatz gemäß DIN EN ISO 17673

Hartlot ISO 17672 – CU470

- Kurzzeichen

Verwendung: Verbindungen mit Hartmetall, Kupfer und Kupferlegierungen.

3: Hartlot

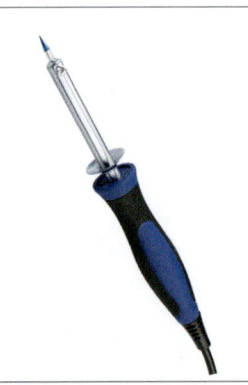

Montageprozesse ▸ Montagetechnik ▸ Fügeverfahren

Propan-Sauerstoff-Brenner zum Weichlöten	**Hammerlötkolben zum Weichlöten**	**Elektrolötkolben zum Weichlöten**	**Acetylen-Sauerstoff-Brenner zum Hartlöten**
Je nach Brenner und Einstellung liegt die Flammentemperatur zwischen 1200 °C und 2000 °C. Geeignet z. B. zum Löten von Rohrverbindungen.	Als Wärmequelle dienen elektrische Energie oder z. B. ein Propan-Luft-Brenner. Geeignet z. B. für Blecharbeiten.	Vielseitig einsetzbar, 30 W Nennleistung, 380 °C maximale Löttemperatur.	Für diese Anlage sind Acetylen- und Sauerstoffflaschen, Schläuche und Brenner erforderlich. Zum Löten wird eine Mehrlochdüse verwendet, mit der eine bessere Wärmeverteilung am Werkstück erreicht wird.

1: Wärmequellen zum Löten (Auswahl)

Wärmequellen

Flussmittel verlieren bei zu langer Erwärmung nach ca. 4 min ihre Wirksamkeit. Deshalb muss die Wärmequelle in der Lage sein, die Löttemperatur innerhalb kurzer Zeit zu erzeugen. Für die unterschiedlichen Lötverfahren von Hand werden verschiedene Wärmequellen eingesetzt [Bild 1]:

- Propan-Sauerstoff- oder Propan-Luft-Brenner
- Lötkolben
- Acetylen-Sauerstoff-Brenner

Eine gute Lötverbindung ist zu erkennen an:

- einer sauberen und gleichmäßigen Nahtoberfläche
- einer Hohlkehle der Lötnaht (bei waagerechter Lage der Bauteile)
- einem ausgefüllten Lötspalt

Vorteile des Lötens sind:

- Durch Löten können alle festen Metalle und Metalllegierungen gefügt werden.
- Die Löttemperaturen sind wesentlich niedriger als beim Schweißen. Dadurch verringert sich z. B. der Wärmeverzug. Es werden oft auch negative Eigenschaftsänderungen an den Bauteilen vermieden (z. B. Härtesteigerung, Sprödigkeit, Grobkornbildung)
- Lötverbindungen sind dicht (Installationsbau); sie leiten elektrischen Strom (Elektrotechnik).

Nachteile des Lötens sind:

- Die Festigkeitswerte sind niedriger als beim Schweißen.
- Lötverbindungen sind korrosionsanfällig. Ursache hierfür sind unterschiedliche Bauteilwerkstoffe und Flussmittelreste.
- Wegen der geringen Spaltbreite muss die Werkstückvorbereitung genau sein.
- Flussmittel ist fast immer erforderlich.
- große Verbindungsflächen sind, wie beim Kleben, günstig für die Verbindung (Überlappungen der Fügeflächen) [Bild 1, nächste Seite].

Montageprozesse ▶ Montagetechnik ▶ Fügeverfahren

Unfallverhütung und Brandschutz

- Beim Löten sind Schutzkleidung und Schutzbrille zu tragen.
- Flussmittel sind aggressive Stoffe, die zu Verätzungen der Haut führen, deshalb ist mit diesen sorgsam umzugehen.
- Die Dämpfe von Loten und Flussmittel sind gesundheitsschädlich, deshalb ist der Arbeitsplatz gut zu entlüften bzw. abzusaugen.
- Brenngase können explodieren, wenn das entsprechende Mischungsverhältnis mit Sauerstoff vorliegt. Deshalb soll der Brenner sofort nach dem Öffnen des Ventils gezündet werden.
- Wenn in der Nähe brennbarer Stoffe gelötet wird, müssen die erforderlichen Brandschutzmaßnahmen ergriffen werden.

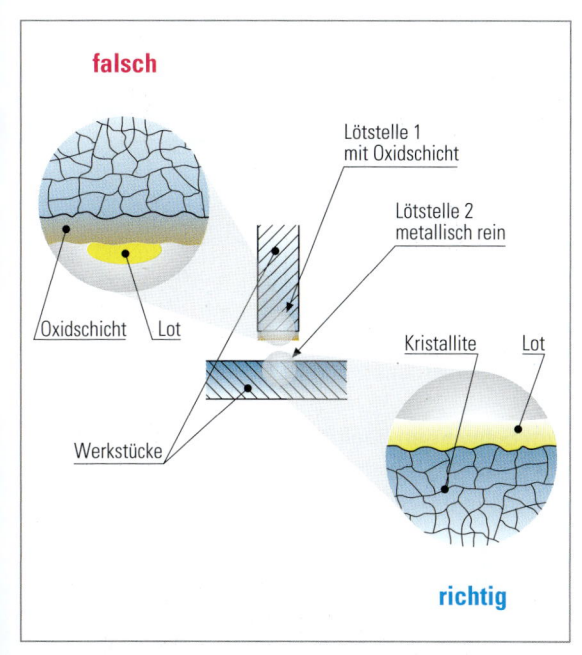

1: Voraussetzung für eine gute Lötverbindung

Übungen

1. Welche Lötverfahren unterscheidet man?
2. Worauf ist bei der Herstellung einer Lötverbindung besonders zu achten und warum?
3. Warum ist die Anwendung eines Flussmittels erforderlich und wieso müssen Flussmittelreste nach dem Löten entfernt werden?
4. Erläutern Sie die Zusammensetzung und die Anwendungsgebiete folgender Lote mithilfe Ihres Tabellenbuchs:
   S-Sn97Cu3
   S-Sn63Pb37
   B-Cu55ZnAg-820/870
   B-Cu80AgP-645/800
5. Bis zu welcher Löttemperatur spricht man vom Weichlöten?
6. Woran erkennen Sie eine gut ausgeführte Lötverbindung?

1. **Lotfläche säubern**
   Oxidschicht entfernen (mechanisch oder chemisch)

2. **Flussmittel auftragen**
   Flussmittel mit dem Pinsel auftragen

3. **Werkstück fixieren**
   Lötspaltbreite beachten (0,05 … 0,2 mm)

4. **Lötstelle gleichmäßig erwärmen**
   Die Löttemperatur soll schnell erreicht und nicht überschritten werden.

5. **Lot einbringen**
   Das Flussmittel wird erschmolzen und das Lot kann durch die Kapillarwirkung den Lötspalt vollständig ausfüllen.

6. **Werkstück erkalten lassen**
   Die Werkstücke dürfen in der Erstarrungsphase nicht bewegt werden.

7. **Flussmittelreste entfernen**
   Flussmittel können Korrosion verursachen.

8. **Kontrolle der Lötnaht**
   Lötnahtaussehen beurteilen

2: Herstellen einer fachgerechten Lötverbindung

3.2.3.3 Schweißen

Ein dünnwandiges Rohr ist mit einem Flansch zu verbinden [Bild 1]. Die relativ kleine Verbindungsfläche der Teile lässt aus Festigkeitsgründen keine Kleb- oder Lötverbindung zu. Rohr und Flansch werden daher durch Schweißen miteinander verbunden. Das Schweißen wird in vielen Bereichen wie z. B. im Stahl-, Karosserie- und Maschinenbau als Fügeverfahren eingesetzt.

> **Merke:** Beim Schweißen werden die Bauteile an der Fügezone bis in den flüssigen Zustand erwärmt. Ihr Werkstoff verbindet sich dabei **unlösbar**.

Sowohl **Eisen-** als auch **Nichteisenmetalle** können durch Schmelzschweißen dauerhaft verbunden werden. Voraussetzung ist jedoch, dass es sich um Werkstoffe mit annähernd gleichem Schmelzpunkt handelt. Nicht alle Werkstoffe sind gleich gut zum Schweißen geeignet. So beeinflussen z. B. bei Stahl der Kohlenstoffgehalt und die Legierungsbestandteile die Schweißbarkeit.

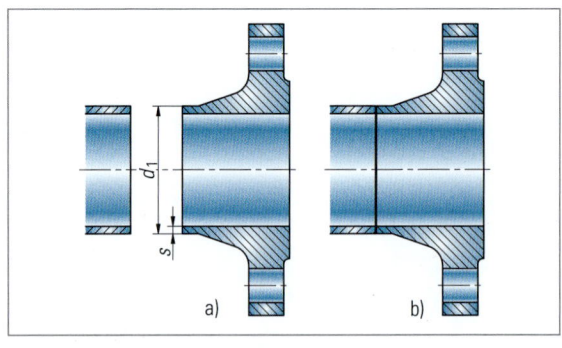

1: Vorschweißflansch mit Stumpfstoß

> **Merke:** Stähle mit niedrigem Kohlenstoffgehalt (C < 0,25 %) sind gut schweißbar.

Art der Schweißnahtvorbereitung	Symbol nach ISO 2553	Schnitt	Darstellung
Stumpfnähte, einseitig geschweißt			
Kanten bördeln	⅄		
I-Fuge	‖	$t = 3 \dots 8\,mm \Rightarrow b \approx t$ $t > 8 \dots 15\,mm \Rightarrow b = 6 \dots 8\,mm$	
V-Fuge	V	$40° \dots 60°$ $t = 3 \dots 10\,mm \Rightarrow b \leq 4\,mm$	
Stumpfnähte, beidseitig geschweißt			
I-Fuge	‖	$t \leq 8\,mm \Rightarrow b \approx t/2$ $t > 8 \dots 15\,mm \Rightarrow b \leq t/2$	
D(oppel)-V-Fuge	X	$40° \dots 60°$ $t > 10\,mm \Rightarrow b \leq 1 \dots 3\,mm$	
Kehlnähte, einseitig geschweißt			
Stirnfläche rechtwinklig	△		

2: Nahtformen (Auswahl nach EN ISO 9692)

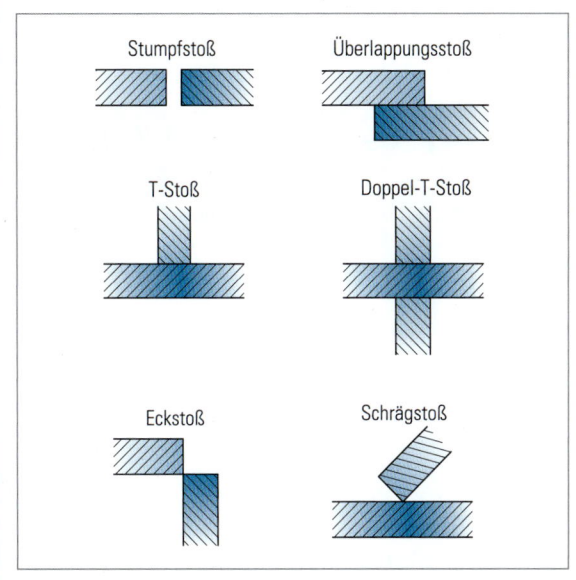

Montageprozesse ▶ Montagetechnik ▶ Fügeverfahren

1: Stoßarten (Auswahl)

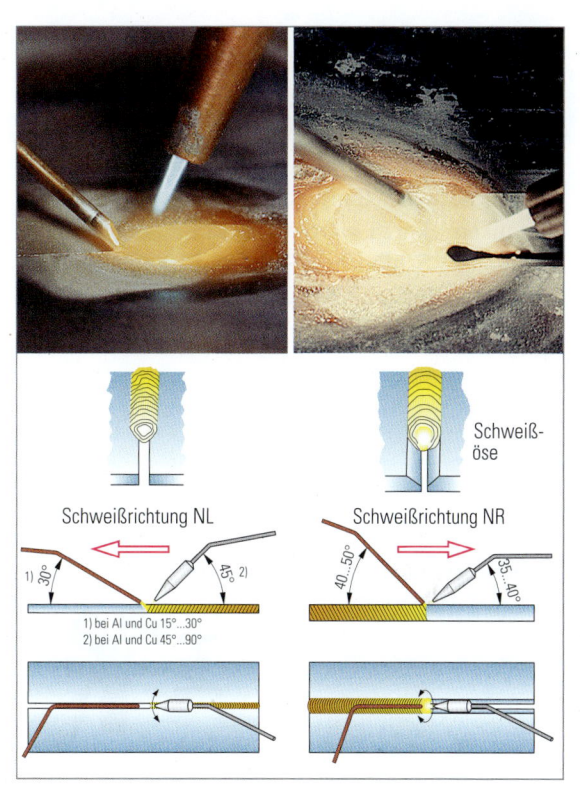

2: Schweißrichtungen

Stoßarten und Nahtformen

Die **Anordnung** der Bauteile bestimmt ihre **Stoßart** [Bild 1]. Die **Blechdicke** bestimmt die **Nahtform** [Bild 2, vorherige Seite]. Bei dickwandigen Bauteilen (z. B. Maschinenkörper) sind meist mehrere Lagen von Schweißnähten erforderlich.

Gasschmelzschweißen

Gasschmelzschweißen ist nur für geringe Rohrdurchmesser (< ⌀150 mm) und geringe Wanddicken (max. 4,5 mm) wirtschaftlich einsetzbar. Zudem ist das Gasschmelzschweißen nur schlecht zu automatisieren. Da dieses Schweißverfahren im Vergleich zu anderen verhältnismäßig wenig Aufwand erfordert, wird es oft in der Installationstechnik bzw. im Baustelleneinsatz angewendet.

Schweißtechniken:

Beim Gasschmelzschweißen sind zwei Arbeitstechniken zu unterscheiden [Bild 2]:

- Nachlinksschweißen
- Nachrechtsschweißen

Beim **Nachlinksschweißen** wird der Brenner nach links bewegt und führt dabei eine leicht pendelnde Bewegung aus. Der Schweißstab wird vor der Flamme geführt und von Zeit zu Zeit in das Schmelzbad eingetaucht. Bei dieser Schweißtechnik bläst die Flamme das Schmelzbad in Schweißrichtung. Die Erhitzungsdauer an der Schweißstelle ist dadurch gering. Dies ist gerade bei dünnen Blechen vorteilhaft, da diese besonders leicht „durchbrennen".

Beim **Nachrechtsschweißen** wird der Brenner mit der rechten Hand geradlinig geführt und der Draht kreisförmig bewegt. Die Flamme ist dabei auf die Schweißnaht gerichtet. Dadurch wird die Wärme auf die Schweißstelle konzentriert. Der Schweißstab wird bei dieser Schweißtechnik vor der Flamme geführt. Die Schweißtemperatur ist höher als beim Nachlinksschweißen. Es lässt sich auch bei dicken Blechen bis zur Wurzel durchschweißen.

Schweißgase:

Als Brenngas wird beim Gasschweißen fast ausschließlich **Acetylen** verwendet. Es besteht aus einer Kohlen – Wasserstoffverbindung (C_2H_2). Vorteilhaft sind der hohe Heizwert und die hohe Zündgeschwindigkeit. Es ist jedoch hochexplosiv. Im Umgang mit diesem Gas müssen daher die Sicherheits- und Unfallverhütungsvorschriften genau beachtet werden (vgl. Unfallverhütungsvorschriften auf Seite 218).

Montageprozesse ▶ Montagetechnik ▶ Fügeverfahren

Dem Brenngas wird reiner **Sauerstoff** zugeführt. Durch die Verbrennung der Gase entsteht die hohe Schweißtemperatur. Acetylen und Sauerstoff wird in **Gasflaschen** [Bild 2] unter hohem Druck gespeichert. Der Flaschendruck ist sowohl bei Acetylengas als auch bei Sauerstoff auf den Arbeitsdruck zu senken. Hierzu werden **Druckminderer** [Bild 1] verwendet. Schläuche (Sauerstoff blau, Acetylen rot) verbinden die Gasflaschen mit dem Brenner (Anschlussgewinde siehe auch Kap. 3.2.1.1).

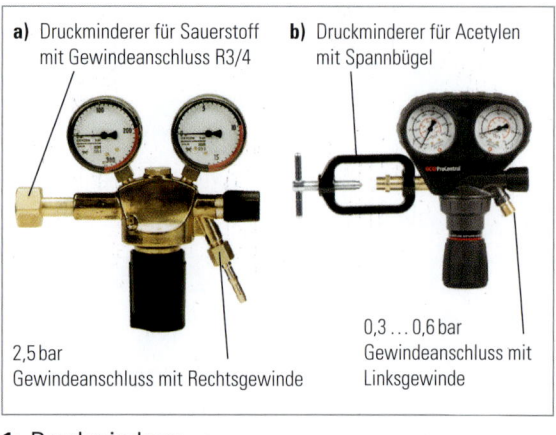

a) Druckminderer für Sauerstoff mit Gewindeanschluss R3/4
b) Druckminderer für Acetylen mit Spannbügel

2,5 bar Gewindeanschluss mit Rechtsgewinde
0,3 … 0,6 bar Gewindeanschluss mit Linksgewinde

1: Druckminderer

Sicherungseinrichtung am Druckminderer (Gebrauchsstellenvorlage)

Farbkennzeichnung seit 1. Juli 2006 nach DIN EN 1089-3

Acetylen
oben: kastanienbraun
unten: kastanienbraun (schwarz, gelb)

Sauerstoff
oben: weiß
unten: blau (grau)

oder Einzelflaschensicherung am Brennerhandgriff
oder Sicherung am Schlauch

2: Farbkennzeichnung von Gasflaschen und Einbaumöglichkeiten von Einzelflaschen-Sicherungseinrichtungen

Brenner:
Im Brenner wird das Acetylen mit dem Sauerstoff vermischt. Dies geschieht mit Hilfe des Injektorprinzips [Bild 3]. Der Sauerstoff mit der höheren Ausströmgeschwindigkeit nimmt das Acetylen auf und vermischt sich mit ihm.

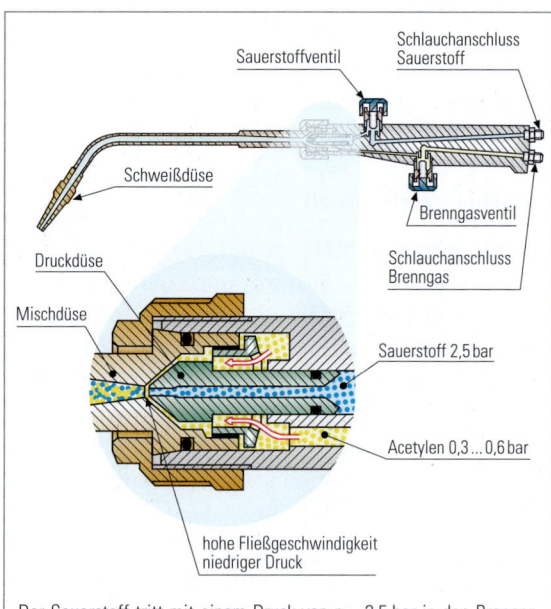

Sauerstoffventil
Schlauchanschluss Sauerstoff
Schweißdüse
Brenngasventil
Druckdüse
Schlauchanschluss Brenngas
Mischdüse
Sauerstoff 2,5 bar
Acetylen 0,3 … 0,6 bar
hohe Fließgeschwindigkeit niedriger Druck

Der Sauerstoff tritt mit einem Druck von p = 2,5 bar in den Brenner. Durch den verkleinerten Querschnitt steigt die Strömungsgeschwindigkeit erheblich. Dadurch sinkt der statische Druck. Am Ende der Düse ist der Gasdruck quer zur Strömungsrichtung niedriger als der Luftdruck – es ist ein Unterdruck entstanden, durch den das Acetylen angesaugt wird (Injektorprinzip). Beide Gase vermischen sich und strömen durch den Schweißeinsatz zur Schweißdüse.

3: Injektorprinzip

Unterschiedliche Blechstärken erfordern beim Schweißen unterschiedliche Wärmemengen. Dies kann durch entsprechende Brennereinsätze erreicht werden [Bild 1]. Sie unterscheiden sich durch ihre Innendurchmesser und ermöglichen so einen angemessenen Gasdurchfluss. Die Brennerkennzeichnung gibt die Blechdicke an, für die sie geeignet sind.

Schweißflamme:
Der Brenner ist beim Schweißen von Stahl so einzustellen [Bild 2], dass die Gase im Verhältnis 1:1 gemischt werden (neutrale Flamme). Bei diesem Mischungsverhältnis verbrennt das Acetylen nur unvollständig. Der für eine vollständige Verbrennung benötigte Sauerstoff wird dann der Umgebungsluft entzogen. Dadurch oxidiert die Schmelze nicht. Das Oxidieren hätte Poren in der Schweißnaht zur Folge. Dies würde die Naht schwächen.

Ein Sauerstoffüberschuss führt zusätzlich zu einer sehr hohen Flammentemperatur. Dadurch besteht die Gefahr, dass ein Teil des Werkstoffes der Schweißnaht verbrennt. Dieser Effekt wird beim Brennschneiden (Siehe Kap. 3.4.2.1) genutzt. Acetylenüberschuss führt zum Aufkohlen des Schmelzbades. Dadurch werden die Festigkeit und Härte der Naht erhöht, ihre Zähigkeit jedoch stark vermindert.

Geeignete Flussmittel können beim Schweißen von Aluminium und anderen NE-Metallen zum Auflösen von Oberflächenbelägen zugegeben werden.

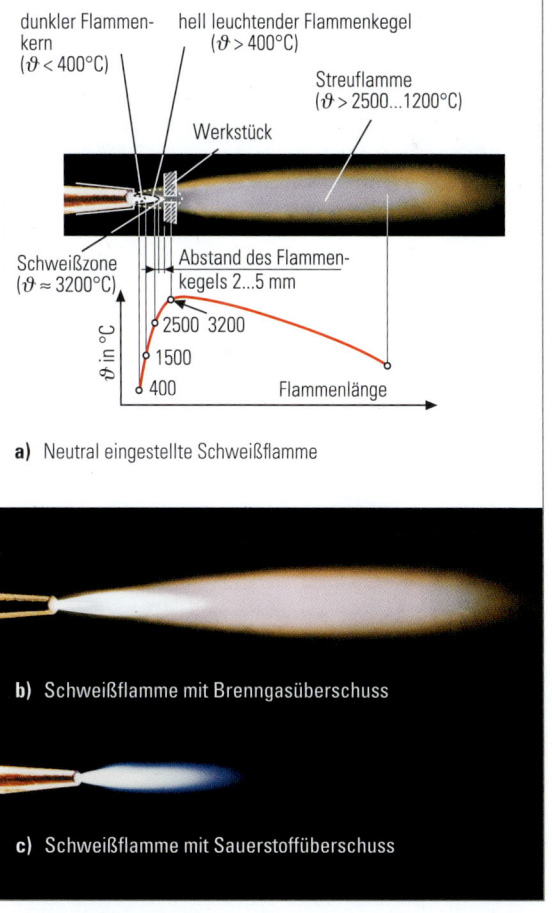

Schaft $\varnothing$ 13 mm
- zum Schweißen von 0,2 ... 9 mm
- zum Schneiden von 0,5 ... 6 mm

Inhalt:
1 Handgriff
6 Schweißeinsätze 0,2 ... 9 mm sortiert
1 Schneideinsatz mit Federhebel, Führungsrad und Kreisführung
1 Stufendüse
1 Anzünder (Pistolenform)
1 Universalschlüssel

1: Brennersatz

a) Neutral eingestellte Schweißflamme
b) Schweißflamme mit Brenngasüberschuss
c) Schweißflamme mit Sauerstoffüberschuss

2: Schweißflamme

Montageprozesse ▶ Montagetechnik ▶ Fügeverfahren

Unfallverhütung

Beim Gasschmelzschweißen ist zu beachten:

- Stehende Flaschen gegen Umfallen sichern.

- Die Anschlüsse der Sauerstoffflaschen dürfen nicht geschmiert/gefettet werden, da Sauerstoff mit Öl oder Fett explosionsartig reagiert.

- Es ist geeignete Schutzkleidung (schwerentflammbar) während des Schweißens zu tragen. (Schutzbrille [Bild 1], Schweißschürze, Handschuhe, Fußschutz, etc.)

- Es ist für eine ausreichende Be- bzw. Entlüftung zu sorgen. Besondere Vorsicht ist diesbezüglich in engen Räumen (Kellerräume, Stollen, Schächte, Tanks, Kessel, ...) geboten. Das Belüften mit reinem Sauerstoff ist strengstens verboten (Explosionsgefahr!).

- Erhöhte Vorsicht ist in feuer- und explosionsgefährdeten Räumen geboten. Leicht entzündliche Stoffe müssen entfernt werden.

- Vorsicht beim Schweißen in und an Behältern. Sie können brennbare Stoffe enthalten oder gesundheitsschädliche Gase und Dämpfe entwickeln.

Übungen

1. Was versteht man unter Schweißen?
2. Nennen Sie Schmelzschweißverfahren.
3. An welcher Stelle der Schweißflamme ist beim Gasschmelzschweißen die Temperatur am höchsten?
4. Für welche Aufgaben wendet man Gasschmelzschweißen häufig an?
5. Welche Gase werden beim Gasschmelzschweißen verwendet?
6. Was versteht man unter einer „neutralen Flamme"?
7. Unter welchen Bedingungen wird „nach links" bzw. „nach rechts" geschweißt? (Blechdicke)
8. Was ist beim Aufstellen von Gasflaschen besonders zu beachten?

Lichtbogenhandschweißen mit Stabelektroden

Das Lichtbogenhandschweißen wird im Maschinen-, Stahl- sowie beim Rohrleitungsbau angewendet [Bild 2].

Abschmelzvorgang:
Durch kurzes Antippen der Elektrode auf dem Werkstück entsteht ein elektrischer Kurzschluss [Bild 1, nächste Seite]. Beim Abheben der Elektrode bildet sich ein Lichtbogen in Form einer sehr grell leuchtenden elektrisch leitfähigen Gassäule, über die der Stromfluss erhalten bleibt. Hierbei wird elektrische Energie in Wärmeenergie umgewandelt. Es entstehen Temperaturen bis zu 4000 °C. Die notwendige Energie liefern Schweißstromerzeuger.

1: Schutzbrille in Schweißerausführung

2: Lichtbogenhandschweißen mit umhüllter Stabelektrode

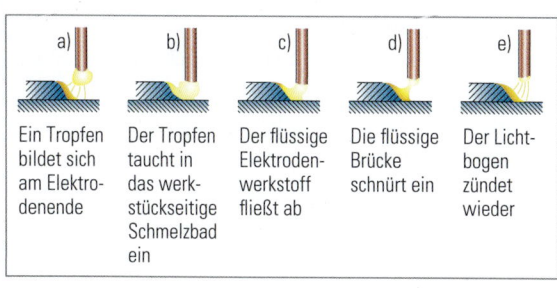

Montageprozesse ▶ Montagetechnik ▶ Fügeverfahren

a)	b)	c)	d)	e)
Ein Tropfen bildet sich am Elektrodenende	Der Tropfen taucht in das werkstückseitige Schmelzbad ein	Der flüssige Elektrodenwerkstoff fließt ab	Die flüssige Brücke schnürt ein	Der Lichtbogen zündet wieder

1: Abschmelzvorgang einer Elektrode (schematisch)

Einsatz	Gleichspannung	Wechselspannung
Ohne erhöhte elektrische Gefährdung im Normalbetrieb	113 V	80 V
Unter erhöhter elektrischer Gefährdung (Räume mit leitfähiger Umgebung wie z. B. Kessel)	113 V	48 V

2: Höchstzulässige Leerlaufspannungen von Schweißstromerzeugern

Schweißstromerzeuger:

Schweißstromerzeuger liefern die zum Schweißen notwendige Energie. Aus Sicherheitsgründen darf im Betrieb die höchstzulässige Berührungsspannung von 50 V Wechselspannung bzw. 120 V Gleichspannung nicht überschritten werden. Aus diesem Grund sind die Leerlaufspannungen der Schweißstromerzeuger zu begrenzen (siehe Tabelle Bild 2). Schweißstromerzeuger [Bild 3] setzen die Spannung von 230 V~ (Einphasennetz) oder 400 V~ (Dreiphasennetz) auf eine niedrigere Schweißspannung um. Damit ist gleichzeitig eine starke Erhöhung des möglichen Schweißstroms auf Werte von 250 A bis 500 A[1] verbunden. Außerdem wird je nach Umsetzungsart eine Wechselspannung beibehalten oder durch Gleichrichtung eine Gleichspannung erzeugt. Während des Schweißens reduziert sich die Spannung erheblich und liegt dann zwischen 20 V und 40 V.

---
[1] A = Ampère

Bezeichnung	Beschreibung	Einsatzgebiet
Schweißtransformator	Ein Schweißtransformator setzt die Netzspannung von 230 V~ bzw. 400 V~ in die jeweils höchstzulässige Leerlaufspannung von z. B. 80 V~ um.	■ mobiles Kleinschweißgerät
Schweißgleichrichter	Beim Schweißgleichrichter ist einem Transformator, der die jeweilige Netzspannung herabsetzt, ein Gleichrichter nachgeschaltet. Dieser erzeugt dann die zulässige Leerlaufspannung von maximal 113 V–.	■ mit dem Kennzeichen S für elektrisch erhöhte Gefährdung geeignet ■ geeignet für NE-Metalle
Schweißumformer	Der Schweißumformer besteht aus einem Gleichstromgenerator, der durch einen Verbrennungs- oder einen Elektromotor angetrieben wird. Es wird eine Leerlaufspannung von maximal 113 V– erzeugt.	■ besonders geeignet für Baustellenbetrieb
Schweißinverter	Schweißinverter sind elektronische Schweißumformer. Sie setzen die Spannung durch spezielle Halbleitersteuerungen um. Auf diese Weise können sie je nach Wahl die zulässige Gleich- oder Wechselspannung erzeugen. Der Wirkungsgrad ist erheblich besser als bei den übrigen Schweißstromerzeugern. Außerdem erleichtern Sonderfunktionen den Schweißvorgang.	■ mobiler Einsatz ■ Werkstatt ■ geeignet für Lichtbogenhand- und WIG-Schweißen im S-Betrieb

3: Schweißstromerzeuger (Auswahl)

Montageprozesse ▸ **Montagetechnik** ▸ Fügeverfahren

Elektroden:

Die Elektroden [Bild 1] bestehen aus dem Kernstab und der Umhüllung. Der Kernstab liefert den Zusatzwerkstoff, der für die Schweißnaht erforderlich ist. Die Umhüllung unterstützt den Stromfluss. Sie schützt zudem die Schweißstelle gegenüber dem Luftsauerstoff durch einen Gasmantel und das flüssige Schweißgut durch Schlackenbildung.

Die Zusammensetzung der Elektrodenhülle hat entscheidenden Einfluss auf das Abbrennverhalten der Elektrode. Sie muss dem Grundwerkstoff und der Schweißaufgabe angepasst sein. Bild 3 zeigt einen ausgewählten Elektrodentyp.

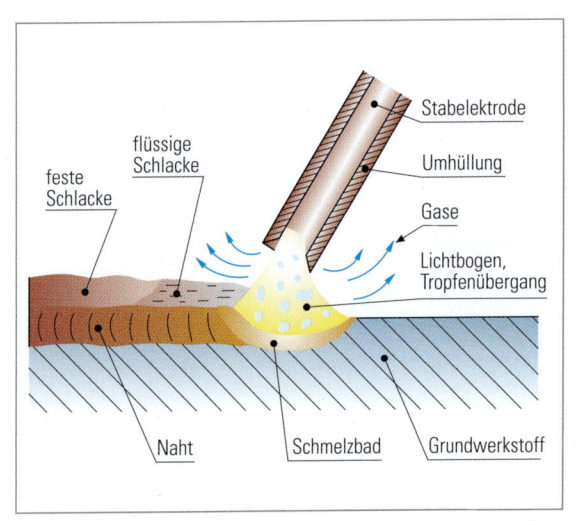

Führen der Elektrode:

Die Elektrode wird zur Schweißrichtung quer gestellt [Bild 2].

Der Abstand der Elektrode zum Werkstück soll ca. den Kerndurchmesser der Elektrode betragen. Es wird in Strichraupen geschweißt oder bei Decklagen etwas mit der Elektrode gependelt. Beim Schweißen von Rohren sind besondere Pendelbewegungen erforderlich.

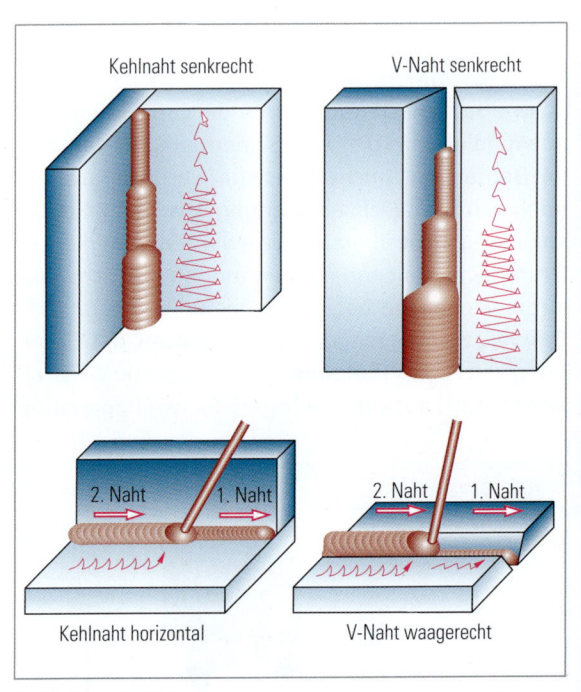

1: Abschmelzvorgang beim Lichtbogenhandschweißen mit umhüllter Stabelektrode

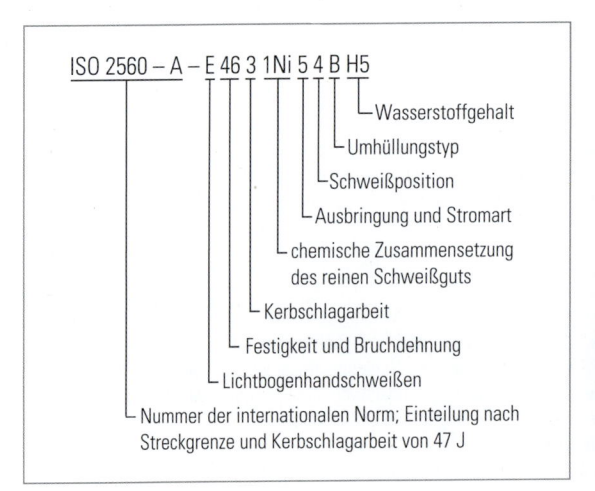

2: Elektrodenführung

3: Bezeichnungsbeispiel einer ausgewählten Elektrode

ISO 2560 – A – E 46 3 1Ni 5 4 B H5
- Wasserstoffgehalt
- Umhüllungstyp
- Schweißposition
- Ausbringung und Stromart
- chemische Zusammensetzung des reinen Schweißguts
- Kerbschlagarbeit
- Festigkeit und Bruchdehnung
- Lichtbogenhandschweißen
- Nummer der internationalen Norm; Einteilung nach Streckgrenze und Kerbschlagarbeit von 47 J

4: Schweißschirm

Montageprozesse ▶ Montagetechnik ▶ Fügeverfahren

Metall-Schutzgasschweißen (MSG)

Beim Metall-Schutzgasschweißen (MSG) wird der Lichtbogen zwischen einer abschmelzenden Drahtelektrode und dem Werkstück gebildet. Der Draht wird dabei kontinuierlich von einer Rolle mit einer Zuführeinrichtung nachgeführt. Zur Abschirmung vor Sauerstoff wird das Schweißbad mit einem Schutzgas umhüllt.

Die Verfahrensbezeichnung ändert sich mit dem verwendeten Schutzgas:

- MIG (Metall-Inertgasschweißen)
- MAG (Metall-Aktivgasschweißen)

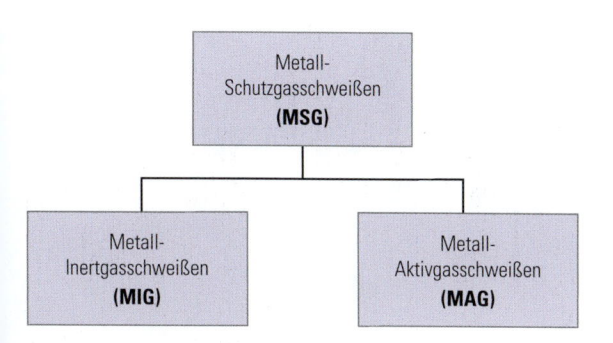

```
              Metall-
         Schutzgasschweißen
              (MSG)
           /          \
     Metall-          Metall-
  Inertgasschweißen  Aktivgasschweißen
      (MIG)             (MAG)
```

Das **MAG-Schweißverfahren** eignet sich für unlegierte und legierte Stähle. Es werden aktive Gase wie z. B. Kohlendioxid (CO_2) oder Gasgemische wie Argon mit Sauerstoff bzw. Argon mit CO_2 verwendet. Ein aktives Schutzgas beeinflusst die Lichtbogenbildung, das Werkstoffverhalten während des Schweißvorgangs und die Schweißnahtbildung.

Mit dem **MIG-Schweißverfahren** mit inerten Schutzgasen (Argon, Helium und deren Gemische) werden NE-Metalle und legierte Stähle geschweißt. Die Schweißnähte dieser Metalle sollten nicht chemisch mit der Umgebungsluft reagieren. Inerte Gase erfüllen diese Forderung, indem sie die Umgebungsluft verdrängen und nicht mit der Schmelze chemisch reagieren.

Unlegierte und legierte endlose Drahtelektroden werden gezogen und mit verkupferter Oberfläche geliefert. Die Verkupferung dient der Verringerung des Gleitwiderstands und des verbesserten Kontakts mit der Stromkontaktdüse.

MIG/MAG-Schweißanlage:

Bild 1 zeigt eine MIG/MAG-Schweißanlage. Sie besteht hauptsächlich aus einer Gleichstromquelle, den Schutzgasflaschen, einer Drahtzuführeinrichtung, einem Schlauchpaket für die Drahtelektrode und das Schutzgas sowie dem Brenner.

Das Metall-Schutzgasschweißen ist für das Verbindungsschweißen in allen Positionen sowie für das Auftragsschweißen geeignet.

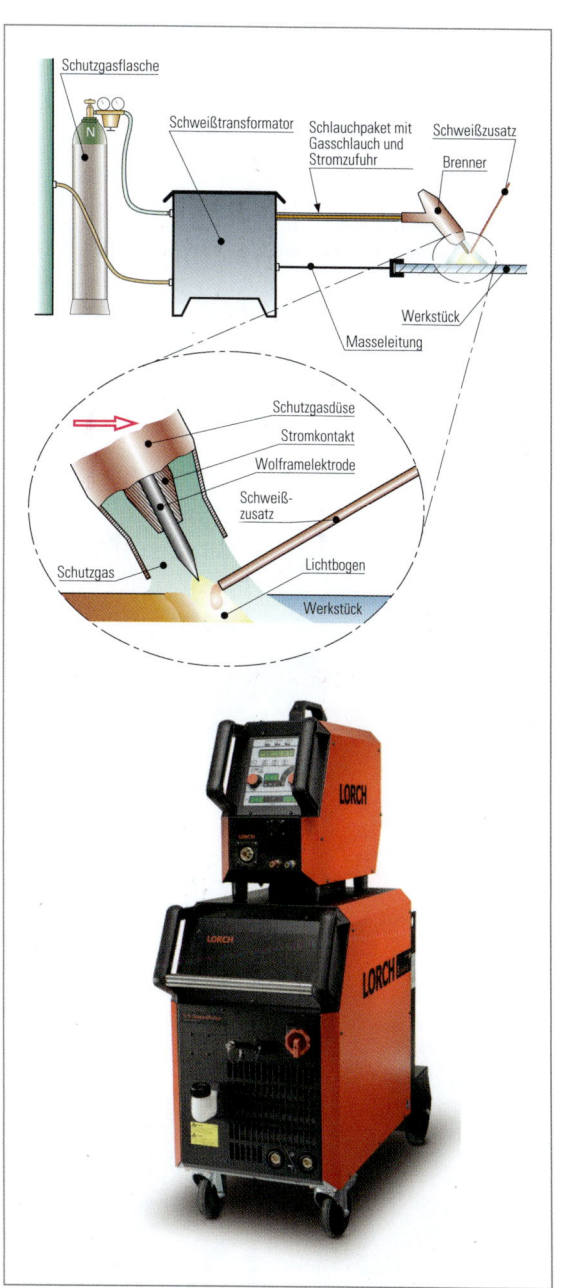

1: MIG/MAG-Schweißanlage

Montageprozesse ▶ Montagetechnik ▶ Fügeverfahren

Wolfram-Schutzgasschweißen:
Eine WIG-Schweißanlage[1] [Bild 1 und 2] besteht im Wesentlichen aus dem Schutzgas, dem Schweißtransformator (in der Regel wird mit Gleichstrom geschweißt), aus einem Schlauchpaket für die Stromleitung, der Wasserkühlung und dem Schutzgas, sowie dem wassergekühlten Brenner. Die Brennerart unterscheidet sich beim Plasmaschweißen[2] gegenüber dem WIG-Schweißen. Moderne Stromquellen bereiten den Wechselstrom mithilfe elektronischer Komponenten so auf, dass ein künstlicher rechteckförmiger Wechselstrom erzeugt wird. Hierdurch wird das Schweißverhalten begünstigt.

---
[1] WIG = Wolfram-Inertgasschweißen
[2] siehe Kapitel Plasmaschweißen auf der nächsten Seite

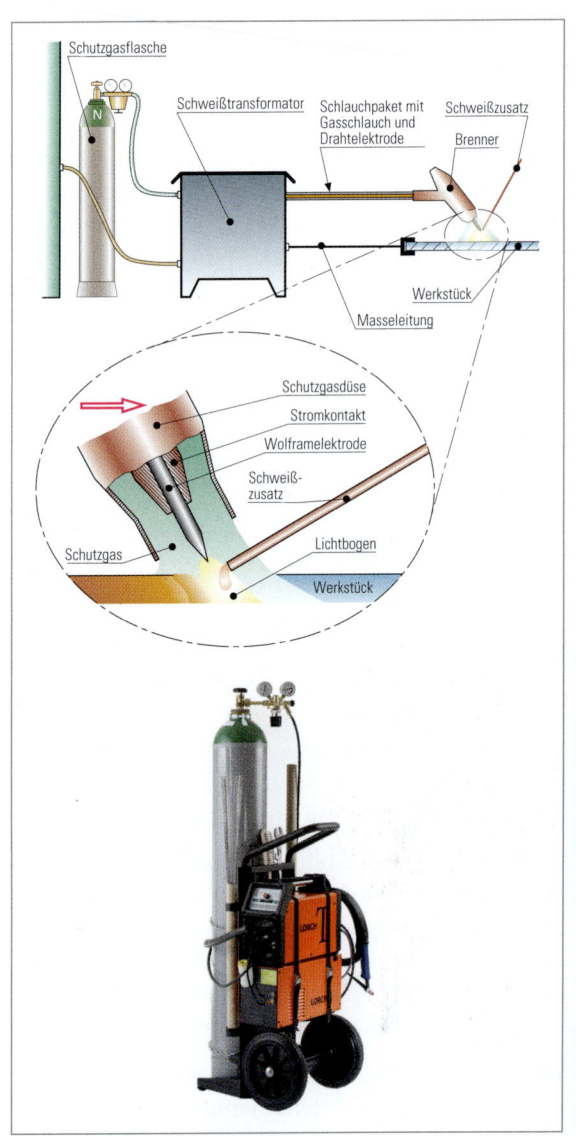

1: WIG-Schweißanlage

Wolfram-Inertgasschweißen:
Beim Wolfram-Inertgasschweißen (WIG) brennt ein Lichtbogen zwischen Elektrode und Werkstück. Die Elektrode aus Wolfram schmilzt dabei kaum ab. Die Elektrode hat eine Brenndauer von 30…300 h (h = Stunden). Der Grund hierfür liegt in der hohen Schmelztemperatur von Wolfram (ca. 3390 °C). Den Schutz vor dem umgebenden Luftsauerstoff erreicht ein inertes Schutzgas (Argon, Reinheit min. 99,99 Vol.-%, Stickstoff, Helium).
Häufig wird beim Schweißen von Aluminium das Schutzgas Helium verwendet. Der Einbrand der Naht wird dadurch verbessert. Dünne Bleche wer-

2: WIG-Schweißen

den ohne Schweißzusatz geschweißt. Bei dicken Blechen wird ein Massivdraht von Hand (ähnlich wie beim Gasschmelzschweißen) oder maschinell zugeführt.

Die Brennerführung erfolgt nach dem Prinzip des Nachlinksschweißens, d. h., der Zusatzstab läuft vor dem Brenner her. Dieser ist leicht in Schweißrichtung geneigt. Der Zusatzstab wird tupfend in das Schmelzbad eingebracht.

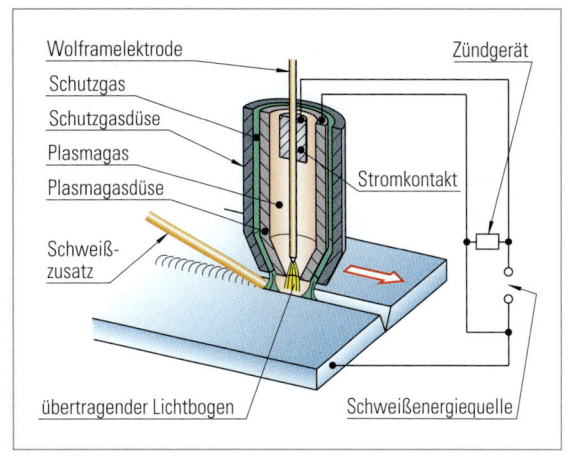

Plasmaschweißen:

Das Plasmaschweißen gehört zu den Wolfram-Schutzgasschweißverfahren. Der Aufbau der Schweißanlage entspricht dem des WIG-Schweißverfahrens. Im Gegensatz zum WIG-Schweißen ist der Lichtbogen jedoch stark eingeschnürt [Bild 2]. Die Einschnürung wird durch eine besondere Brennerkonstruktion erreicht. Neben der mechanischen Einschnürung kommt noch eine thermische Einschnürung durch kaltes Schutzgas außerhalb der Düse hinzu [Bild 1].

Das Plasmaschweißverfahren eignet sich durch seine hohe Energiedichte zum Schweißen von legierten Stählen mit geringen Wanddicken.

Für eine optimale Naht sind folgende Richtwerte und Einstellungen richtig zu wählen:

- richtige Nahtvorbereitung
- Wahl des Schweißstromes
- Wahl des geeigneten Düsendurchmessers
- Menge an Plasmagas (l/min)
- Menge Schutzgas (l/min)
- Schweißgeschwindigkeit

Die **Stichlochtechnik** [Bild 3] ist eine besondere Schweißtechnik. Dabei durchstößt der Plasmastrahl den gesamten Werkstoff. Dadurch wird die Energie des Lichtbogens auf die gesamte Bauteildicke übertragen. Das flüssige Metall wird vom Plasmastrahl zur Seite gedrängt. Hinter der sich bildenden Schweißöse fließt die Schmelze wieder zusammen. Die Stichlochtechnik erfordert eine präzise Brennerführung und wird ausschließlich automatisiert angewendet. Vorteil dieses Verfahrens ist der Tiefschweißeffekt (hohe Festigkeiten) und gegenüber dem WIG-Schweißverfahren die hohe Schweißgeschwindigkeit (Wirtschaftlichkeit).

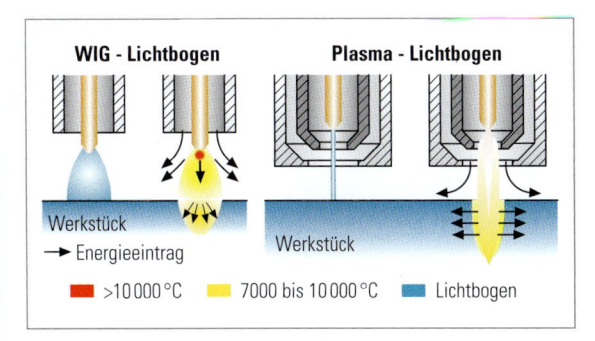

1: Plasmaschweißverfahren

2: Vergleich von WIG- und Plasmalichtbogen und Temperaturverteilung

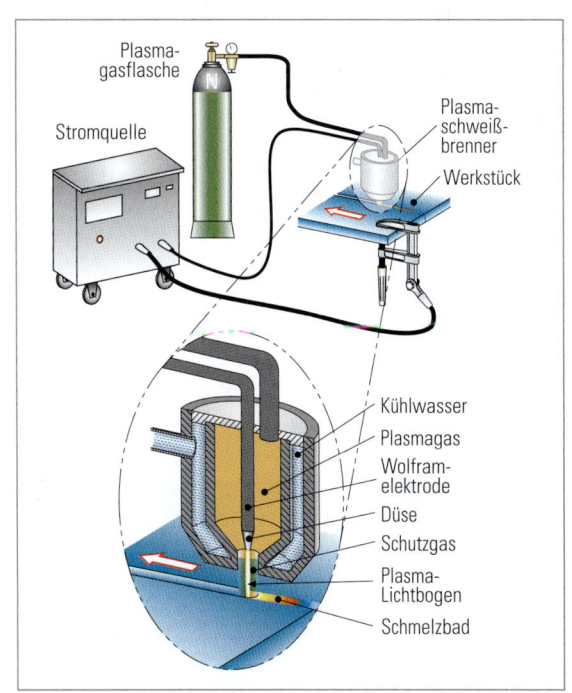

3: Stichlochtechnik

Montageprozesse ▶ Montagetechnik ▶ Fügeverfahren

Übungen

1. Beschreiben Sie stichwortartig den Arbeitsablauf beim Lichtbogenhandschweißen.
2. Welche Schweißstromerzeuger gibt es?
3. Welche Aufgabe hat die Schweißelektrode beim Lichtbogenhandschweißen?
4. Welche Metall-Schutzgas-Schweißverfahren gibt es?
5. Worin unterscheiden sich das MIG- und das MAG-Schweißverfahren?
6. Welche Aufgabe hat ein Schutzgas?
7. Was ist ein „inertes Gas"?
8. Für welche Metalle ist das WIG-Schweißverfahren geeignet?
9. Welche Schweißgase werden beim
    a) WIG-Schweißen
    b) Plasmaschweißen
    verwendet?
10. Welche Vorteile hat das Plasmaschweißen gegenüber dem WIG-Schweißverfahren?
11. Auf welche Sicherheitsmaßnahmen ist beim Schweißen mit elektrischem Strom zu achten?

Widerstandspressschweißen

Die Widerstands-Pressschweißverfahren verbinden Werkstücke durch Wärme und Druck. Die Wärme entsteht durch elektrischen Strom. Die höchste Wärmeentwicklung entsteht dabei an den Stellen des größten Widerstands im Stromkreis. Der größte elektrische Widerstand und damit die höchste Temperatur ergibt sich jeweils an den Kontaktstellen der zu verbindenden Werkstücke und den Elektroden. Die bei diesem Prozess entstehenden Temperaturen im Kontaktbereich der Werkstücke reichen aus, Stahl zu schmelzen und eine Schweißverbindung herzustellen.

Widerstands-Punktschweißen

Beim Widerstands-Punktschweißen [Bild 1] werden zwei Strom führende Elektroden auf die zu verbindenden Bleche geführt. Die Elektroden pressen die Bleche aufeinander. Durch den folgenden Stromdurchgang infolge des Übergangswiderstands erwärmt sich der Kontaktbereich örtlich. Im Außenbereich der Bleche kann die Wärme gut in die relativ kühl bleibenden Kupferelektroden abfließen. Im Kontaktbereich der Bleche entsteht jedoch ein Wärmestau. Es bildet sich an der Kontaktfläche der Bleche eine Schweißlinse. Der Werkstoff wird teigig und schmilzt. Nachdem die Stromzufuhr beendet wird, erstarrt die Schmelze in der Schweißlinse. Der Schweißvorgang ist beendet und die Elektroden werden von den Blechen gelöst. Punktschweißverbindungen bei der Montage von Karosserieteilen ist einer der häufigsten Anwendungsbereiche [Bild 1, nächste Seite].

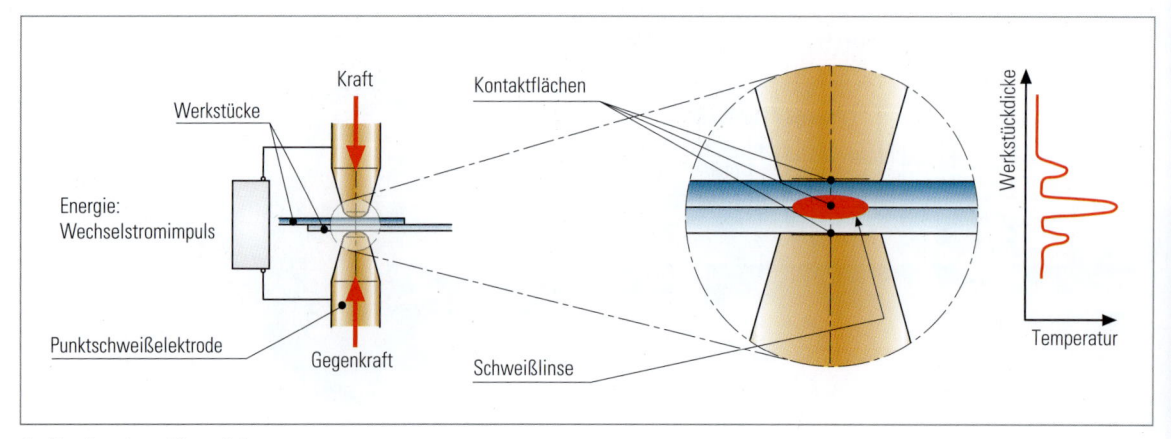

1: Punktschweißverfahren

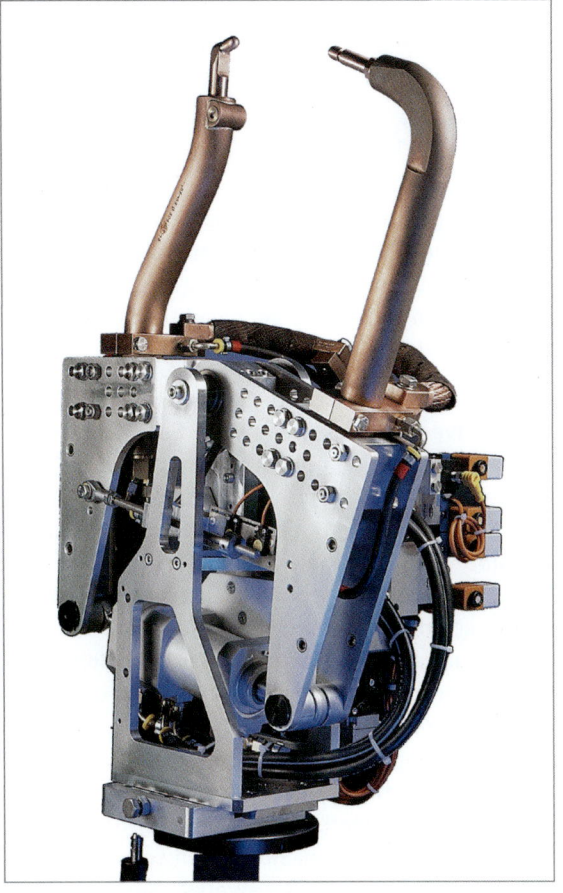

Montageprozesse ▶ Montagetechnik ▶ Fügeverfahren

Rollennahtschweißen

Beim Abrollen scheibenförmiger Elektroden werden durch Stromstöße Schweißpunkte erzeugt [Bild 3]. Die dabei entstehenden Schweißlinsen überlappen sich. Auf diese Weise lassen sich flüssigkeits- und gasdichte Schweißnähte erzeugen. Anwendung findet dieses Verfahren beim Herstellen von dünnwandigen Behältern und Rohren [Bild 2].

1: Roboter-Schweißzange zum Widerstands-Punktschweißen

2: Rollennahtschweißen

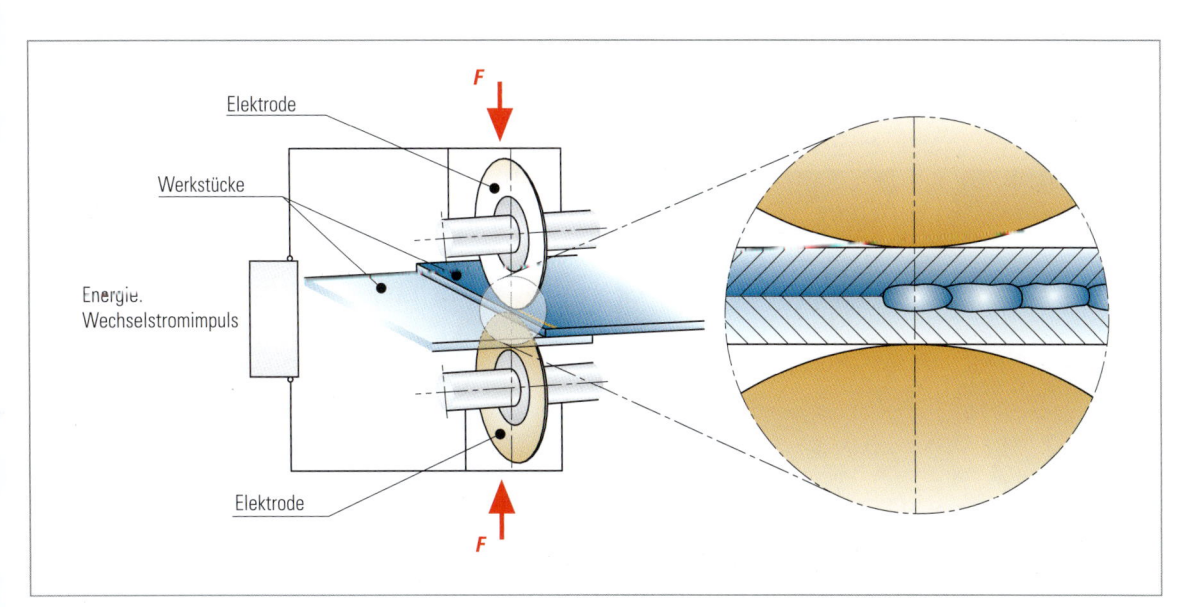

3: Entstehung einer dichten Naht beim Rollennahtschweißen

Montageprozesse ▸ Montagetechnik ▸ Fügeverfahren

Unterpulverschweißen

Beim **Unterpulverschweißen** (UP-Schweißen) wird die Schweißelektrode während des Schweißvorganges vollständig mit Pulver umhüllt [Bild 1]. Das Pulver wird aus dem Pulvertrichter auf die Schweißnaht lose gebracht. Dort reagiert es mit dem Schmelzbad.
Das Verfahren liefert eine hohe Nahtgüte. Gründe sind zum einen der völlig automatisierte Ablauf und zum anderen die völlige Abschirmung der Luft mit der intensiven Reaktion der Schmelze mit der Schlacke. Wegen des lose aufgeschütteten Pulvers sind nur waagerechte Schweißpositionen möglich.
Um eine gleichmäßige Nahtgüte zu erreichen, muss die Vorschubgeschwindigkeit so eingestellt werden, dass die Lichtbogenlänge konstant bleibt.
Voraussetzung für den wirtschaftlichen Einsatz des Schweißverfahrens sind große, nicht unterbrochene Nähte.

Auftragsschweißverfahren:

Außer zum Verbinden von Werkstücken kann Schweißen auch zum Beschichten genutzt werden.
Auftragsschweißen ist das Auftragen eines Werkstoffes durch Schweißen (oder Löten) zum Ergänzen bzw. Vergrößern eines Volumens oder Schutz gegen Korrosion bzw. Verschleiß.
Das Auftragsschweißen wird überall dort verwendet, wo metallische Oberflächen repariert oder veredelt werden sollen. Dazu wird auf einen Grundwerkstoff ein weiterer Zusatzwerkstoff durch Schweißen aufgebracht.
Unterschieden wird dabei in

- **Plattieren** und
- **Panzern**.

Plattierungen finden hauptsächlich Verwendung bei Bauteilen, die chemisch beständig sein sollen (Korrosionsschutz).
Panzerungen sollen die Verschleißfestigkeit eines Bauteiles erhöhen.

Große Bedeutung für diese Aufgaben hat das **Unterpulver-Auftragsschweißen**. Es ist automatisierbar und hat eine hohe Abschmelzleistung. Eine Bandelektrode wird auf einen Grundwerkstoff wie eine Schweißnaht aufgebracht [Bild 2]. So werden einzelne Schweißlagen nebeneinander auf den Grundwerkstoff aufgebracht. Es entsteht dadurch eine geschlossene, verschleißfeste Fläche aus dem neu aufgetragenen Werkstoff. Bei Einstellung der Prozessparameter ist zu beachten, dass eine ausreichende Raupenüberlappung erreicht wird.
Es kommt durch die hohe Schweißleistung zu einer Durchmischung des Auftragswerkstoffes mit dem Grundwerkstoff. Die Verbindung der beiden Werkstoffe soll dabei nicht zu hoch sein, damit die Eigenschaften des Auftragswerkstoffes nicht verschlechtert werden [Bild 1, nächste Seite].

1: Auftragsschweißen mit dem UP-Schweißverfahren

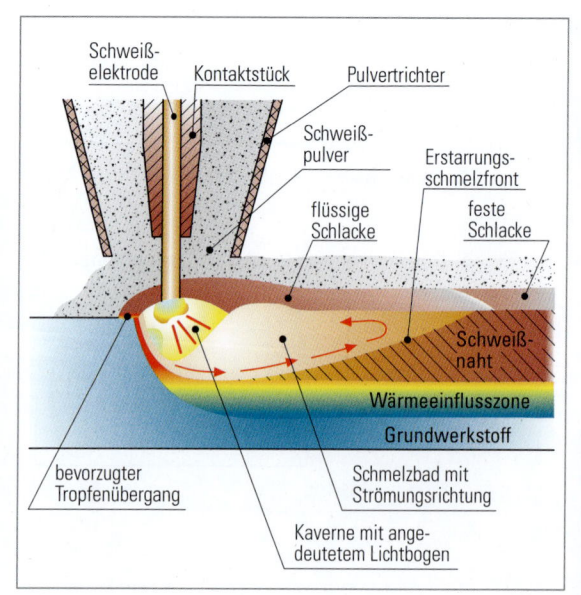

2: Prinzip des UP-Schweißens

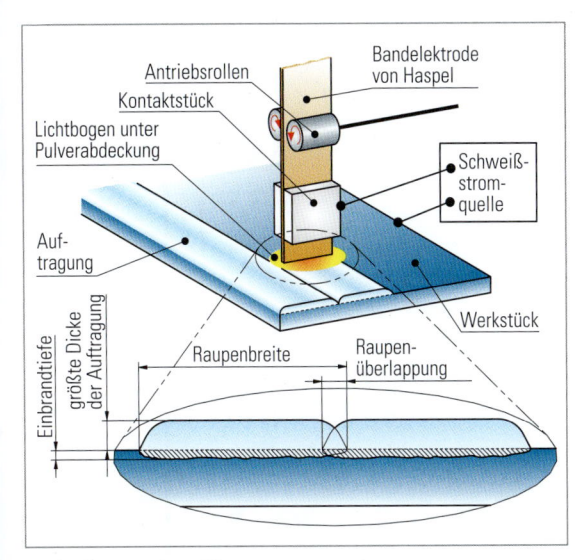

Montageprozesse ▶ Montagetechnik ▶ Fügeverfahren

1: Auftragsschweißen

Damit ein gleichmäßiger Lichtbogen entsteht, müssen

- Elektrodengeschwindigkeit,
- Stromstärke,
- Spannung,
- und der Werkstück- bzw. Elektrodenvorschub

aufeinander abgestimmt sein. Nur mit gleich bleibendem Elektrodenabstand zur Werkstückoberfläche ist eine optimale Schweißnaht zu erzielen.

Vorteile des Schweißens sind:

- Die Schweißnaht kann die Festigkeit des Grundwerkstoffes erreichen, da die gewählten Elektrodenwerkstoffe dem Grundwerkstoff entsprechen.
- Gegenüber Schraubverbindungen kann Gewicht und Platz eingespart werden, da keine Überlappungen notwendig sind.
- Bedingt durch eine schnelle Durchführung der Verbindung ist es ein wirtschaftliches Verfahren.
- Einige Schweißverfahren sind für den Baustelleneinsatz geeignet.

Nachteile des Schweißens sind:

- Beschränkung des Verfahrens auf schweißgeeignete Werkstoffe.

- **Gefügeveränderungen:** Aufkohlung der Schmelze und unter Umständen Grobkornbildung im Erstarrungsbereich verändern die Eigenschaften an der Verbindungsstelle negativ.

- **Eigenspannungen und Verzug:** Durch Temperaturunterschiede von Schweißstelle zu Grundwerkstoff entstehen unterschiedliche Längenausdehnungen.

Unfallverhütung

- Es ist Schutzkleidung zu tragen, da die Augen und die Haut vor der ultravioletten Strahlung und vor der Wärmeeinwirkung geschützt werden müssen.
- Der Schweißraum ist gut zu be- und entlüften.
- Der Schweißplatz ist so abzuschirmen, dass er von außen nicht eingesehen werden kann.
- Schweißstromrückleitungen müssen direkt und übersichtlich geführt sein und gut leitend den Anschluss am Werkstück ermöglichen oder an der Werkstückaufnahme angeschlossen sein.
- In der Nähe der Schweißstelle muss leicht erreichbar eine Einrichtung zum schnellen Abschalten der Schweißspannung vorhanden sein.
- Weitere Vorschriften der Berufsgenossenschaften sind, je nach Anwendungsgebiet des Schweißverfahrens, zu beachten.

Übungen

1. Nennen Sie Anwendungsgebiete für Widerstandspressschweißen.
2. Was versteht man unter „Auftragsschweißen"?
3. Auf welche Anwendungsfälle ist das Unterpulverschweißen beschränkt?
4. Warum muss der Schweißraum gut be- und entlüftet werden?
5. Wieso kommt es bei Schweißverbindungen oft zu einem Längenverzug der Bauteile?

Kunststoffschweißen

Kunststoffschweißen ist in der automatisierten Produktion von großer Bedeutung. Insbesondere die Verpackungsindustrie nutzt die Vorteile, die sich durch das Schweißen von Folien ergeben. Kunststofffolien eignen sich zum feuchtigkeits- und geruchsdichten Verpacken von Waren. Dies ist besonders in der Lebensmittelindustrie wichtig, da hier frische Waren für den Weg zum Kunden ohne Qualitätsverlust verpackt und transportfähig gemacht werden müssen.

Durch Wärmezufuhr sind Thermoplaste[1] formbar [Bild 1]. Sie sind im plastifizierten Zustand unter Druck schweißbar. Es kommt durch den Druck zu einer mechanischen Verbindung der Fadenmoleküle beider Schweißteile. In der Regel lassen sich nur Werkstoffe schweißen, die aus dem gleichen Kunststoff bestehen.

Das Schweißen von Kunststoffen lässt sich in drei Phasen unterteilen:

- **Plastifizieren** der Verbindungsflächen
- **Fügen** unter Druck
- **Halten** bis zur Erstarrung

Es gibt eine Reihe verschiedener Kunststoffschweißverfahren [Bild 2].

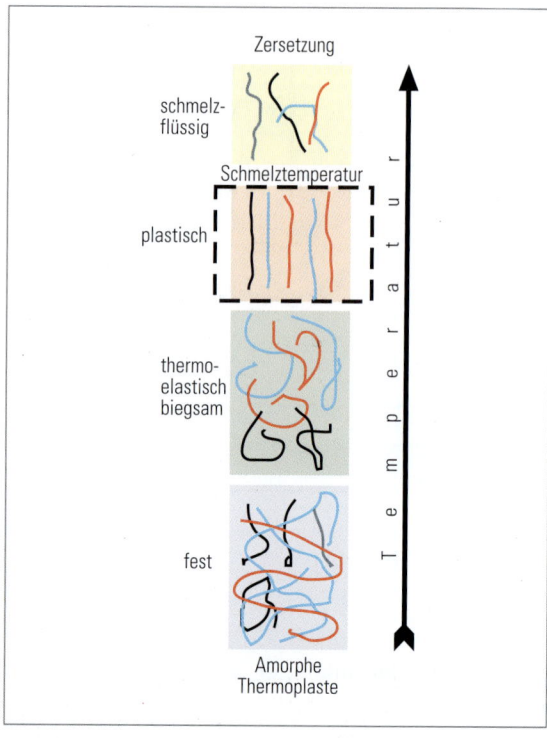

---
[1] siehe Kap. III Werkstofftechnik

1: Schmelzschweißen von Thermoplasten

Schweißverfahren	Plastifizieren durch	vorwiegend verwendete Stoßarten
Warmgasschweißen	Erwärmen im Warmgasstrom (Handgerät oder Automat)	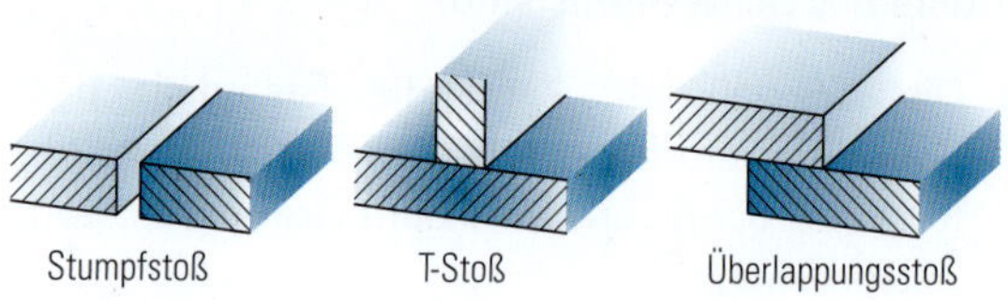 Stumpfstoß, T-Stoß, Überlappungsstoß
Direktes Heizelementschweißen	Erwärmen durch Heizelemente zwischen den Fügeteilen	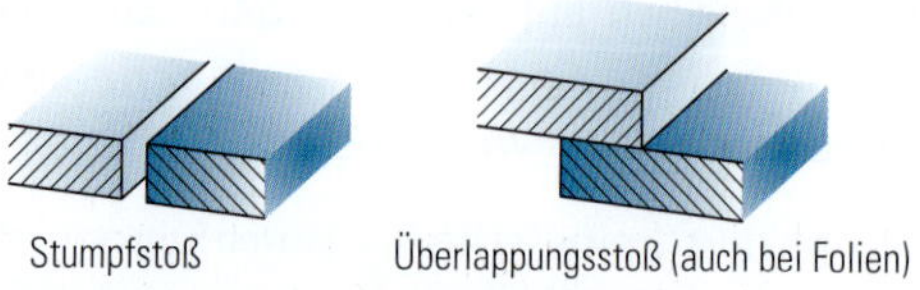 Stumpfstoß, Überlappungsstoß (auch bei Folien)
Indirektes Heizelementschweißen	Erwärmen durch Heizelemente auf einen oder auf beiden Außenflächen	 Überlappungsstoß bei Folien

2: Kunststoffschweißverfahren (Auswahl)

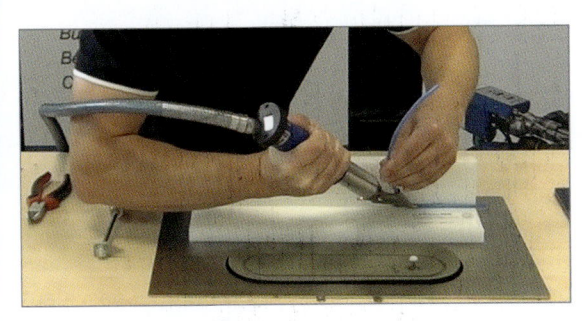

1: Warmgasschweißen

Warmgasschweißen:
Durch Warmgasschweißen werden Kunststoffformteile miteinander verbunden [Bild 1]. Es werden Hand- oder Maschinengeräte verwendet. Sie erwärmen die Luft auf die notwendige Temperatur und leiten sie zur Schweißstelle.
Der Schweißzusatz wird als Stab (hart) oder als Band bzw. Schnur (weich) in die plastifizierte Fuge gedrückt. Wichtig ist, dass der Schweißzusatz senkrecht auf die Fuge gedrückt wird. Geschieht dies nicht, können Risse oder Wölbungen die Güte der Schweißnaht beeinträchtigen.
Nahtarten:
Stumpfnaht (I, V, Doppel-V, U), Kehlnaht
Werkstoffe: PVC-hart und –weich, PE u. a.
Beispiele: Schweißen von Fußbodenbelägen, Behälter im Apparatebau

Direktes Heizelementschweißen:
Die zu verbindenden Werkstücke werden bei diesem Verfahren gegen das Heizelement gedrückt und dabei plastifiziert [Bild 2a]. Danach wird schnell das Heizelement entfernt [Bild 2b] und die Werkstücke zusammengepresst [Bild 2c]. Danach kühlt das verbundene Werkstück aus.
Für Folien wird ein Heizkeil verwendet. Bild 3a zeigt die Anordnung für manuelles Folienschweißen. Die zu verbindenden Folien werden mithilfe eines Keiles plastifiziert und zwischen einer Rolle und einer Unterlage unter Druck geschweißt. Beim maschinellen Verfahren wird die Unterlage durch eine weitere Rolle ersetzt [Bild 3b]. Die Plastifizierung findet so an den zugewandten Folienseiten statt. Bild 3c zeigt die Temperaturverteilung unmittelbar nach dem Schweißvorgang.
Nahtarten:
Stumpfnaht bei Profilen, Überlappnaht bei Folien
Werkstoffe: PVC-hart und -weich, PE, PP, PA
Beispiele: Kunststofffenster, Platten, Rohre, Folien (dicker als 0,5 mm)

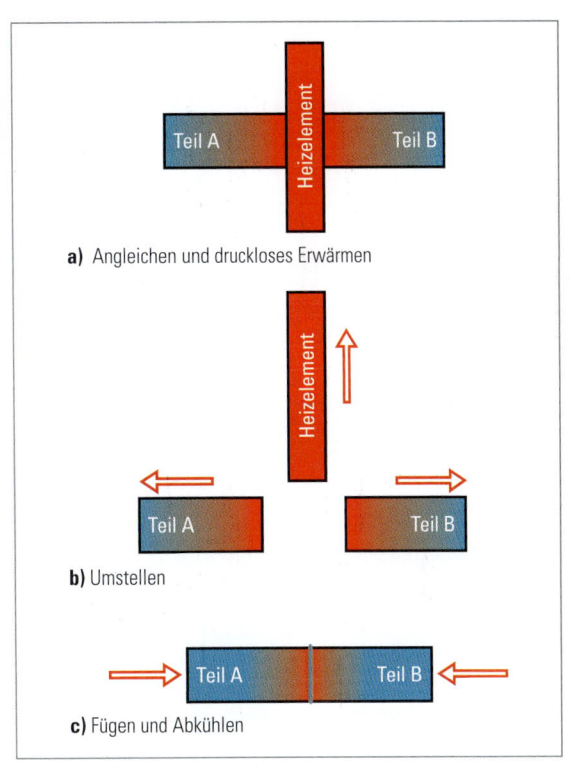

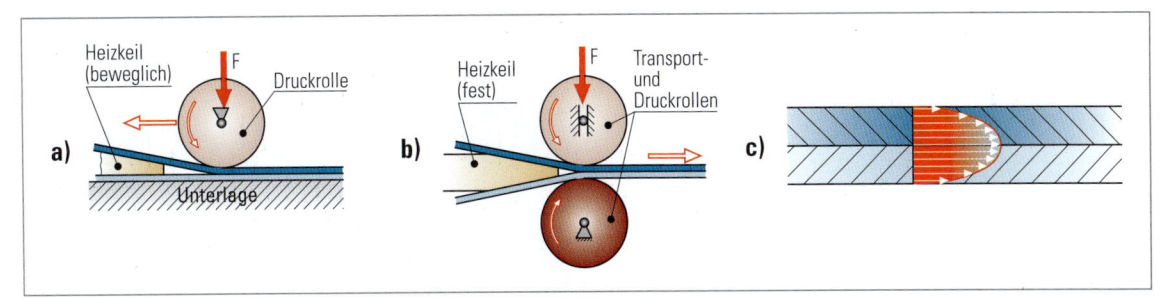

a) Angleichen und druckloses Erwärmen
b) Umstellen
c) Fügen und Abkühlen

2: Heizelementschweißen

3: Heizkeil-Folienschweißen

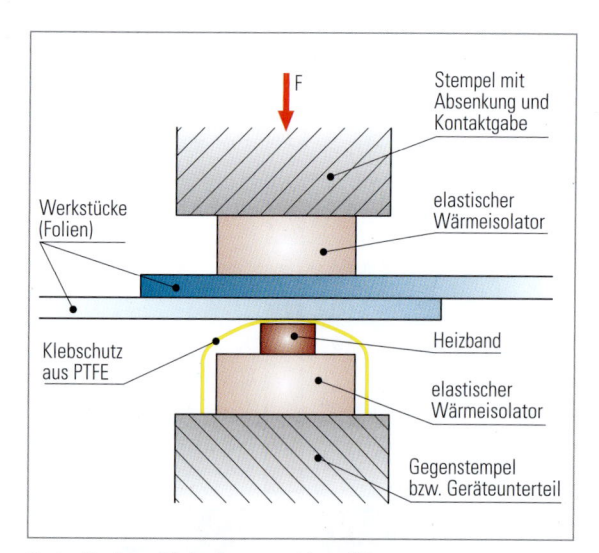

Montageprozesse ▶ Montagetechnik ▶ Fügeverfahren

1: indirektes Heizelementschweißen

Indirektes Heizelementschweißen:
Dünne Folien mit einer Dicke von bis zu 0,4 mm können auf diese Weise verschweißt werden. Normal sind Dicken von 0,2 mm. Die Folien werden dazu zwischen 2 Stempel gepresst [Bild 1]. Nur eine Seite wird dabei erwärmt. Es kommt somit zu einer ungünstigen Wärmeverteilung, bei der eine Folienseite stärker erwärmt wird.
Werkstoffe: PVC, PE, PP, PA
Beispiele: in großem Umfang für Plastikbeutel, Müllsäcke und ähnliche Artikel aus PE und PP.

Übungen

1. Was unterscheidet Kunststoffschweißen von den Metallschweißverfahren?
2. Welche Kunststoffe sind schweißbar?
3. Beschreiben Sie ein Kunststoffschweißverfahren mit eigenen Worten.
4. Welche Schweißverfahren eignen sich zum Schweißen von Folien?
5. Wie unterscheiden sich direktes und indirektes Heizelementschweißen?

3.2.4 Trennverfahren

3.2.4.1 Brennschneiden

Das Brennschneiden ist ein thermisches Trennverfahren. Der Werkstoff wird beim Brennvorgang stark erwärmt. Dabei reagiert der Werkstoff mit Sauerstoff und verbrennt. Durch den Druck des Brenngases und des Sauerstoffes wird der verbrannte Werkstoff aus der Brennfuge geschleudert.

Bild 1 auf der nächsten Seite zeigt den Aufbau eines Handschneidbrenners.

Für ein gutes Schneidergebnis ist eine optimale Brenngeschwindigkeit erforderlich. Werden falsche Brennereinstellung und Brennergeschwindigkeit gewählt, so verschlechtert sich das Schneidergebnis. Einige fehlerhafte Brennfugen sind in Bild 1 (nächste Seite) zu sehen. Ist die Schneidgeschwindigkeit zu langsam, wird die Schnittkante unsauber und es entsteht ein Grat. Ist die Schneidgeschwindigkeit zu schnell, kann der Werkstoff nicht vollständig verbrennen. Durch das geschmolzene Metall entstehen auch hierbei ein Grat und eine unsaubere Schnittfuge. Für verschiedene Brennaufgaben kommen dafür optimierte Brennerdüsen zum Einsatz [Bild 2, nächste Seite].

Daneben gibt es Maschinenschneidbrenner, die für das automatisierte Brennschneiden verwendet werden [Bild 2]. Die Fachkraft hat bei diesen automatisierten Anlagen für die korrekte Einstellung der Anlage zu sorgen. Durch Kontrolle der Brennfuge werden die eingestellten Werte überwacht und, wenn es erforderlich ist, optimiert.

2: Brennschneidanlage

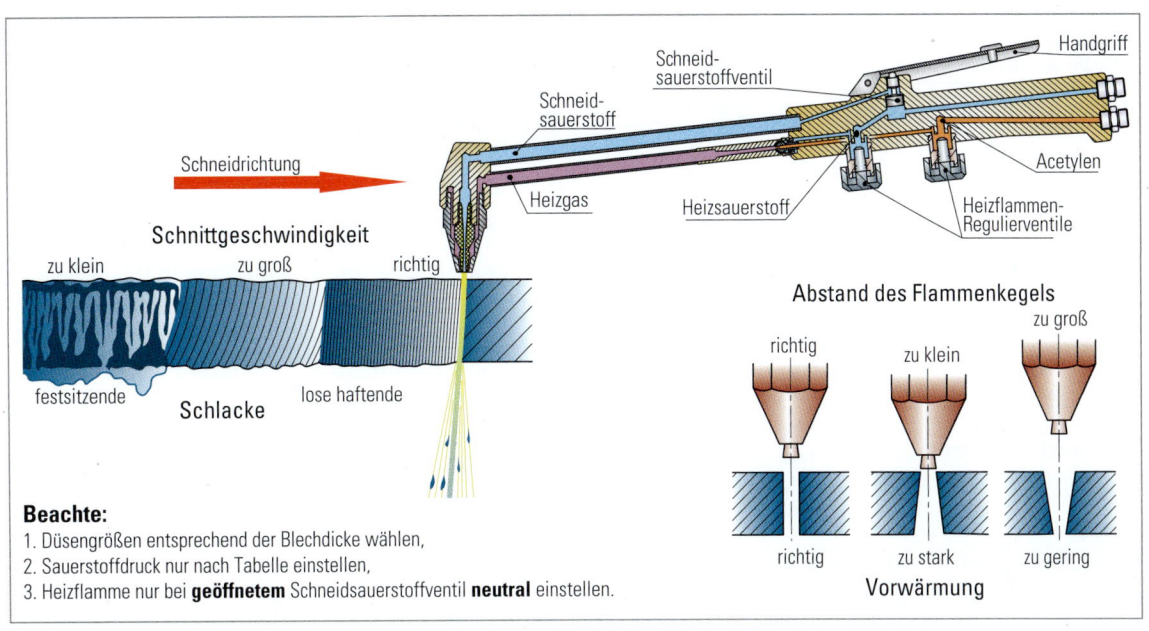

Montageprozesse ▶ Montagetechnik ▶ Fügeverfahren

1: Brennschneiden mit dem Handschneidbrenner

Die erreichbare Güte der Schnittfläche und der Schnittgenauigkeit ist abhängig von:

- Schnittgeschwindigkeit
- gleichmäßiger Brennerführung
- Düsenabstand
- Schneiddüsenwahl entsprechend der Werkstückdicke
- Brennereinstellung (Brenngas-/Sauerstoffgemisch)
- Gasdruckeinstellung

Das Brennschneiden eignet sich für gerade Schittverläufe wie auch für Kurven. Die Werkstückdicke liegt im Bereich zwischen 3 mm bis 300 mm. Größere Materialdicken sind auf entsprechenden Anlagen auch möglich.
Brennschneiden kann für viele Stahlsorten eingesetzt werden. Für Metalle mit einer hohen Wärmeleitfähigkeit (Aluminium, Kupfer) ist es nicht geeignet. Für diese Metalle eignet sich das Plasmaschneidverfahren.

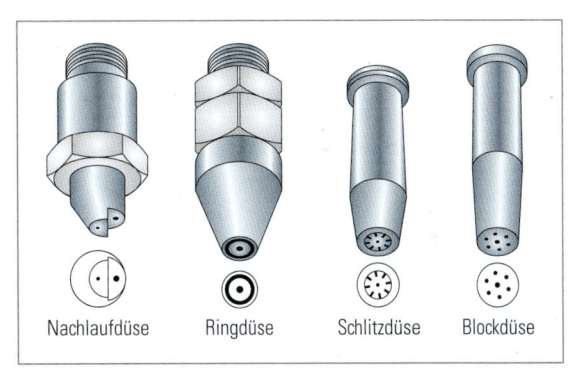

2: Brennerdüsen

Unfallverhütung

- Unfallverhütungsvorschriften wie beim Gasschmelzschweißen beachten (Seite 210).
- Schneidarbeiten dürfen nur eingewiesene Fachkräfte über 18 Jahren ausführen.
- Unter 18 Jährige Fachkräfte dürfen die Arbeiten nur unter Aufsicht durchführen.
- Durch den starken Funkenflug besteht erhöhte Brandgefahr auch in mehreren Metern um den Arbeitsplatz.

Beachte:
1. Düsengrößen entsprechend der Blechdicke wählen,
2. Sauerstoffdruck nur nach Tabelle einstellen,
3. Heizflamme nur bei **geöffnetem** Schneidsauerstoffventil **neutral** einstellen.

handwerk-technik.de

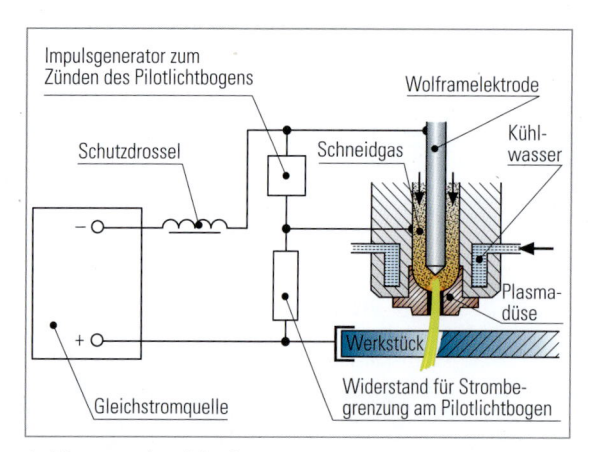

Montageprozesse ▶ Montagetechnik ▶ Fügeverfahren

1: Plasmaschneidanlage

3.2.4.2 Plasmaschneiden

Plasmaschneiden ist für alle schmelzbaren Werkstoffe anwendbar. Besonders wird es angewendet bei legierten Stählen und NE-Metallen. Dies liegt an den sehr hohen Temperaturen, die mit diesem Verfahren erreicht werden können. Je nach Schneidanlage können es bis zu 30 000 °C sein.

Den Aufbau einer Plasmaschneidanlage zeigt Bild 1. Sie besteht im Wesentlichen aus einer

- Stromquelle mit Gasdosiereinrichtung
- Steuerung
- Umlaufkühlung

Als **Stromquellen** kommen Gleichrichter mit Leerlaufspannungen von 200V–400V zum Einsatz.
Die verwendeten **Schneidgase** dürfen nicht mit dem Elektrodenwerkstoff reagieren. Am häufigsten kommen Argon oder Ar-H_2-Gemische[1] mit hohem Argonanteil (> 50%) zum Einsatz. Bei kleinen Schneidanlagen [Bild 2] wird Druckluft verwendet.

Nachteilig bei allen Plasmaschneidanlagen sind der hohe Geräuschpegel, die starke Rauchentwicklung und die ultraviolette Strahlung. Deswegen arbeiten viele Anlagen als **Wasser-Plasmaschneidanlagen** [Bild 3]. Bei ihnen befindet sich das Werkstück, teilweise auch der Brenner, direkt auf oder unter Wasser. Dadurch wird die Rauch- und Geräuschentwicklung stark vermindert. Ebenso wird durch die Kühlung des Wassers ein Wärmeverzug des Werkstückes verhindert.

Vorteile gegenüber dem Brennschneiden sind:

- geeignet für alle Metalle
- hohe Schneidgeschwindigkeit (ca. 5-fach bei dünneren Blechen)
- geringe Wärmeeinbringung
- schmale Schnittfugen mit geringer Schlackenbildung
- geringer Verzug

---

[1] Ar = Argon, H = Wasserstoff

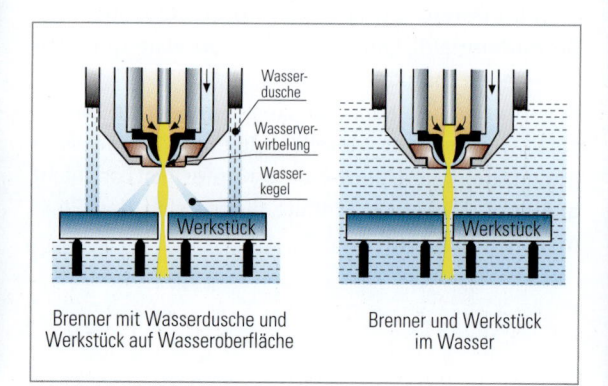

2: Plasmahandschneiden

3: Wasser-Plasmaschneidanlage

Montageprozesse ▶ Montagetechnik ▶ Fügeverfahren

Nachteile gegenüber dem Brennschneiden sind:

- max. Materialdicke ca. 120 mm
- hohe Anlagekosten, vor allem für den oberen Dickenbereich
- größerer Aufwand für Umweltschutz, sowie höherer Energieeinsatz erforderlich
- die Schnittflächen sind verfahrensbedingt leicht schräg (1…3°), dies ist nachteilig bei scharfen Ecken.

3.2.4.3 Laserstrahlschneiden

Das **Laserstrahlschneiden** gewinnt insbesondere bei der Blechbearbeitung zunehmend an Bedeutung. Durch einen schnellen Trennvorgang können Bleche wirtschaftlich geschnitten werden. Zudem hat es von allen thermischen Trennverfahren den geringsten Wärmeeinfluss auf das Werkstück. Der Wärmeverzug bleibt somit minimal. Das Verfahren eignet sich für hohe Arbeitsgeschwindigkeiten und besonders für dünne Werkstücke.

Eine Laserschneidanlage [Bild 1] besteht aus folgenden Komponenten:

- Lasergerät
- Schneidgas
- Grundmaschine
- Strahlführung (Umlenkspiegel)
- Fokussierlinse
- Werkstückauflage (Auflageleiste)
- Absaug- und Filteranlage
- Schutzkabine (nicht dargestellt)

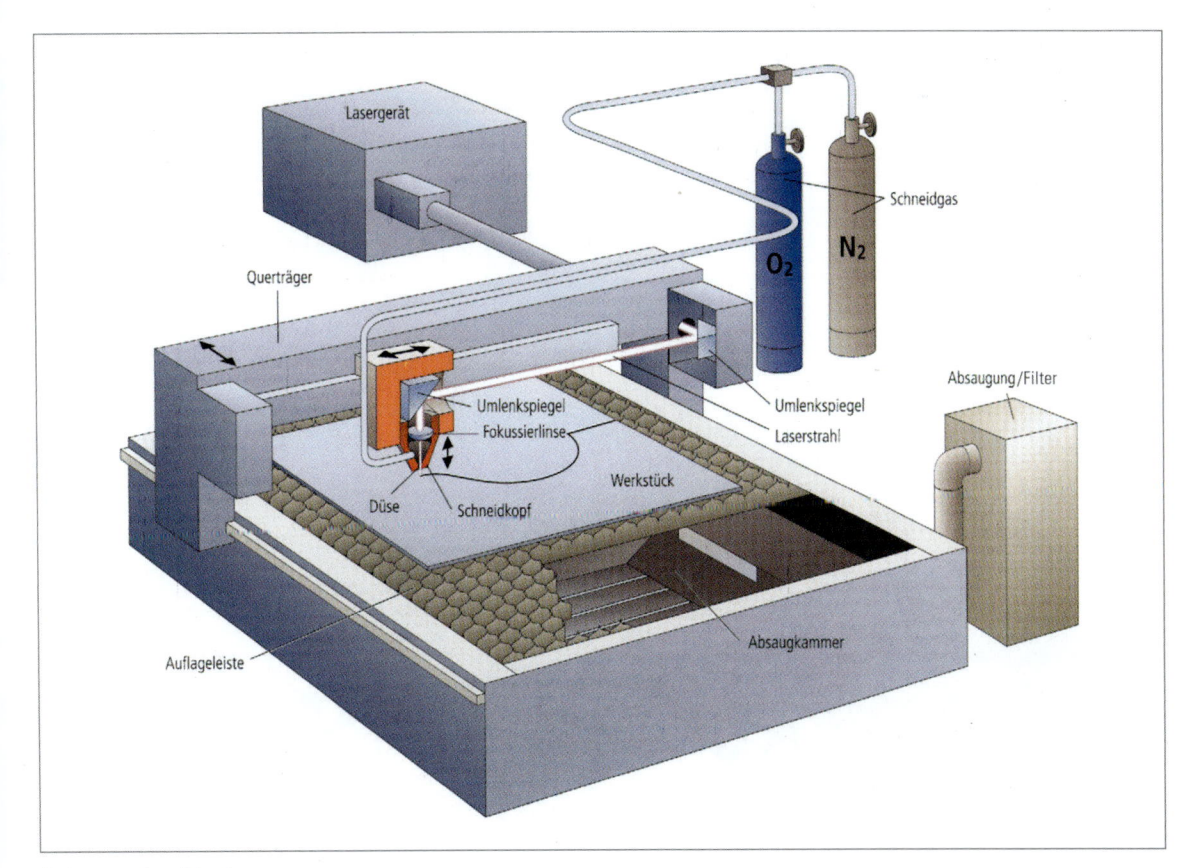

1: Laserschneidanlage

Montageprozesse ▶ Montagetechnik ▶ Fügeverfahren

Der energiereiche **Laserstrahl** schmilzt und verbrennt die Werkstoffe [Bild 1]. Beim Schneiden von Metallen wird er meist von einem Druckluft-, Kohlendioxid- oder Sauerstoffstrahl unterstützt. Dieser bläst die Verbrennungsrückstände aus der Brennfuge. Bei brennbaren Werkstoffen, wie Kunststoffen, verwendet man ein nicht brennbares Gas, z. B. Stickstoff.

Zwei **Lasertypen** werden in der Praxis oft verwendet:

- CO_2-Gaslaser[1]
- Nd:YAG-Festkörperlaser[2]

Das Trennen von Blechen geschieht ausschließlich mit dem Laserstrahl. Der Schneidprozess wird dabei von einem Schneidgas unterstützt. Der Werkstoff wird in einem eng begrenzten Bereich geschmolzen. Er verbrennt oder verdampft. Die dabei entstehende Schlacke oder metallische Schmelze wird mithilfe eines Gasstromes ausgeblasen.

---

[1] CO_2 = Kohlendioxid
[2] Nd:YAG = Neodym-dotierter Yttrium-Aluminium-Granat Laser (Nd:YAG ist ein künstlich gezüchteter Kristall-Laserstab)

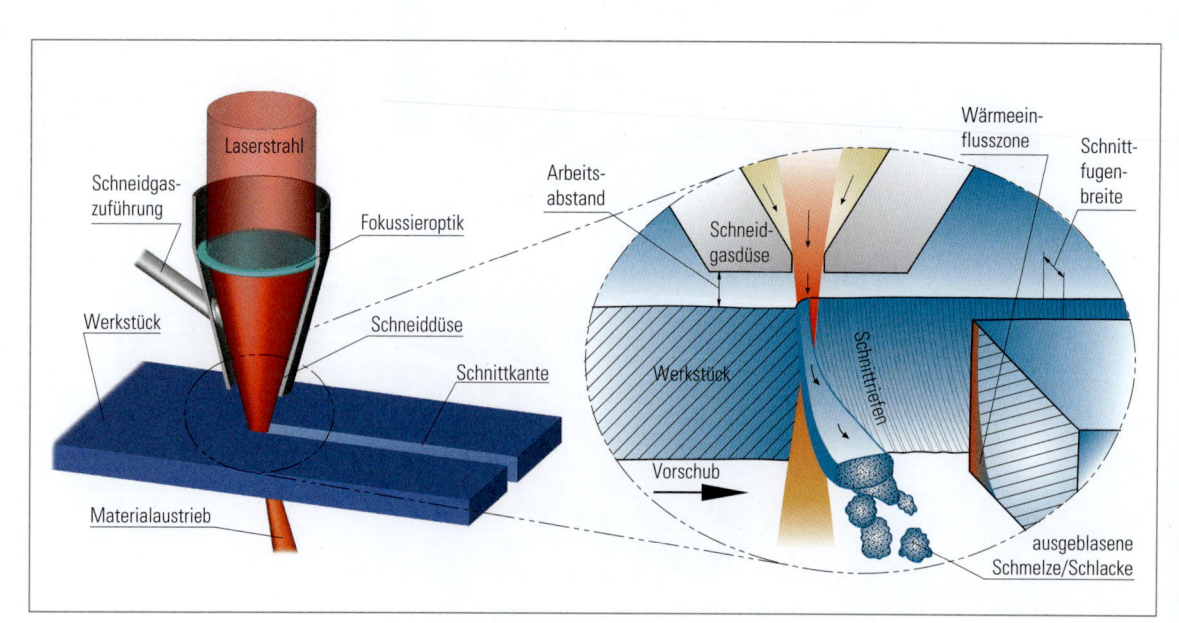

Vorteile dieses Verfahrens gegenüber dem Stanzen, Nibbeln, Drahterodieren oder Wasserstrahlschneiden sind:

- Kunststoff, Keramik, beschichtete Bleche und Werkzeugstähle können geschnitten werden.
- Es ist geeignet für dünne Werkstücke mit hoher geforderter Genauigkeit (ohne Nacharbeit).
- Das Schneiden mit dem Laserstrahl ist berührungslos. Es wirken somit keine Kräfte auf das Werkstück.
- Es kann jede Kontur ohne einen Werkzeugwechsel erzeugt werden.
- Durch die hohe Schnittgeschwindigkeit bildet sich nur eine minimale Wärmeeinflusszone im Werkstoff. Dadurch ergibt sich nur ein geringer, vernachlässigbarer Verzug der Werkstücke.

Nachteile des Laserstrahlschneidens sind:

- hohe Anlage- und Betriebskosten
- Unfallgefahren durch unkontrollierte Ablenkung des Laserstrahls und daraus resultierende Verbrennungen
- blanke Werkstückoberflächen reflektieren den Laserstrahl (z. B. blanke Aluminium-, Messing-, Gold- und Silberbleche)

1: Laserstrahlschneiden und Vorgang des Laserstrahlschneidens

Typische **Anwendungsgebiete** sind das Trennen von dünnen Stahl-, Edelstahl-, und NE-Blechen. Sie finden Verwendung im Fahrzeug-, Maschinen-, Werkzeug- und Anlagenbau sowie in der Klima- und Lufttechnik.

3.2.4.4 Wasserstrahlschneiden

Wasserstrahlschneiden ist eine Ergänzung zum Laserstrahlschneiden. Grund sind die vergleichsweise größeren Materialstärken, die mit diesem Verfahren getrennt werden können.
Bild 2 zeigt den Aufbau einer Wasserstrahlanlage. Eine Hochdruckpumpe erzeugt einen sehr hohen Wasserdruck von bis zu 6200 bar. Dieses Wasser wird dann über entsprechende Leitungen zu einem Schneidkopf geleitet, mit dem dann die Schnitte ausgeführt werden. Dem Wasserstrahl können verschiedene Stoffe (Abrasivmittel[1]) beigemengt werden [Bild 1]. Während ein reiner Wasserstrahl beim Schneiden von weichen Materialien zum Einsatz kommt (z. B. Schaumstoff, Gummi, Lebensmittel, diverse Verbundmaterialien etc.), sorgt die Beimischung von Abrasivmittel für den Materialabtrag bei der Bearbeitung von harten Materialien (Metalle, Stein, Glas etc.). Dieses Abrasivmittel wird innerhalb des Schneidkopfs von dem aus der Wasserdüse austretenden reinen Wasserstrahl durch den an der Stelle entstehenden Unterdruck[2] angesogen. In der nachgelagerten Abrasivdüse wird anschließend das Wasser/Sand/Luft-Gemisch beschleunigt, um am Austritt der Abrasivdüse mit maximaler Geschwindigkeit auf das zu schneidende Material zu treffen und dieses abzutragen.

---

[2] Venturi-Effekt

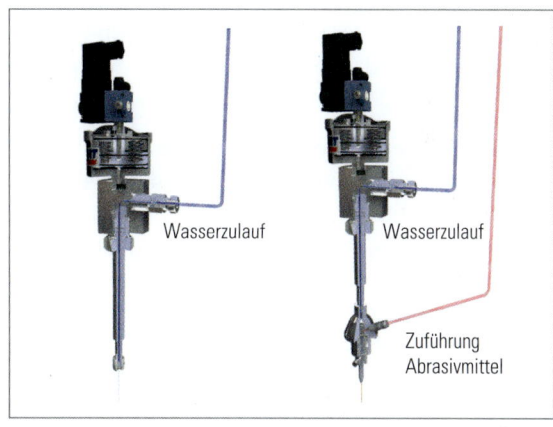

1: Schneidköpfe

---

[1] abrasiv (lat.): abtragend

2: Wasserschneidanlage

Montageprozesse ▶ Montagetechnik ▶ Fügeverfahren

Die wichtigsten Eigenschaften eines Abrasivmittels sind:

- Härte – Das Abrasivmittel muss härter sein als der zu trennende Werkstoff
- Körnung – Die Partikel müssen deutlich kleiner als der Düsendurchmesser des Schneidkopfes sein (ca. 50 %)
- Oberfläche – Die Oberfläche der Abrasivmittel muss scharfkantig sein

Nachdem ein Einstich in das Werkstück eingebracht wurde, fährt der Schneidkopf die programmierte Kontur entlang. Am Ende der Kontur schließt das Ventil und der Schneidkopf kann die neue Position anfahren und den Schneidprozess fortsetzten [Bild 1].

Mit diesem Verfahren können nahezu alle Materialien geschnitten werden. Es sind dabei Bearbeitungsstärken von bis zu 300 mm und sogar darüber möglich. Bild 2 zeigt einen Vergleich zu anderen Verfahren. Durch den Wasserstrahl kommt es beim Schneiden nicht zu thermischen Belastungen des Werkstückes. Das bedeutet, dass thermisch schlecht trennbare Werkstoffe mit diesem Verfahren ohne thermischen Materialverzug und sogar in mehreren Lagen zeitgleich bearbeitbar sind. Thermisch schlecht trennbare Werkstoffe sind Werkstoffe mit hoher Wärmeleitfähigkeit wie z. B. Kupfer und Aluminium.

Die Wasserdüse – eine Saphir-, Rubin- oder Diamantdüse – formt einen sehr dünnen und sehr schnellen Wasserstrahl von ca. 0,08 bis 0,5 mm. Die Geschwindigkeit, mit der das Wasser die Düse verlässt, beträgt ca. 900 m/s. Das ist ca. das 3-fache der Schallgeschwindigkeit. Diese hohen Belastungen erfordern einen Wechsel der Abrasivdüse [Bild 1, vorherige Seite] je nach Qualität nach ca. 50–80 Betriebsstunden. Die teuren Abrasivmittel werden nach dem Schneidvorgang gesammelt und größtenteils wieder aufbereitet. Dies senkt die Betriebskosten der gesamten Anlage.

1: Schneidprozess

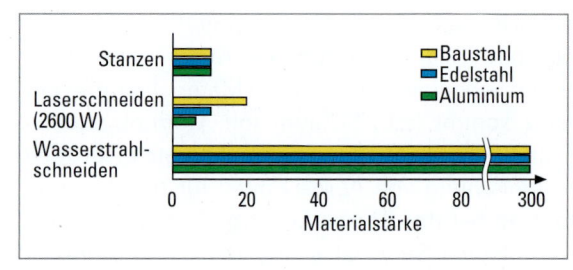

2: Verfahrensvergleich der maximal zu bearbeitenden Materialdicken

Übungen

1. Welche Vorteile hat das Plasmaschneidverfahren gegenüber dem Brennschneidverfahren?
2. Welche Werkstoffe lassen sich trennen durch
   a) Brennschneiden,
   b) Plasmaschneiden,
   c) Laserschneiden,
   d) Wasserstrahlschneiden?
3. Welche Schneidparameter sind für einen sauberen Schnitt beim Brennschneiden einzustellen?
4. Beschreiben Sie den Aufbau einer Wasserstrahlschneidanlage.
5. Welche Aufgabe hat das Abrasivmittel bei einer Wasserstrahlschneidanlage?

VI Instandhaltungsprozesse

Durch zunehmende Digitalisierung in den Betrieben ist die Instandhaltung ein nicht zu vernachlässigender Faktor. Werden die Maschinen- und Anlagen nicht sorgfältig instand gehalten, kommt die Produktion zum Erliegen und es entstehen hohe Kosten.

Die Normung unterscheidet verschiedene Begriffe für **Instandhaltungsmaßnahmen** [Bild 1]:

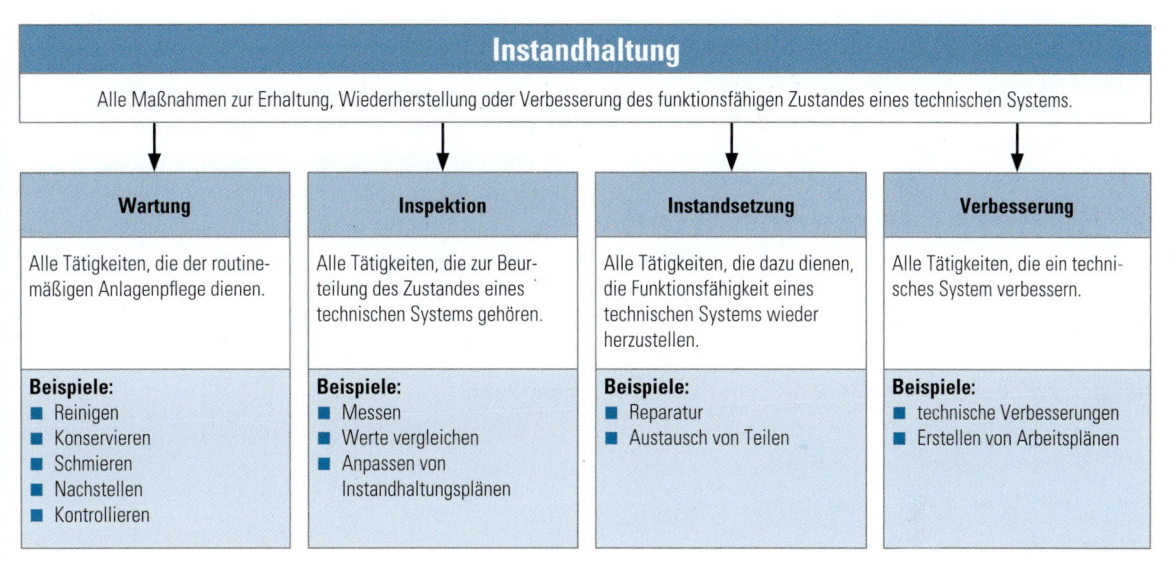

- Wartung
- Inspektion
- Instandsetzung
- Verbesserung

Instandhaltung
Alle Maßnahmen zur Erhaltung, Wiederherstellung oder Verbesserung des funktionsfähigen Zustandes eines technischen Systems.

Wartung	Inspektion	Instandsetzung	Verbesserung
Alle Tätigkeiten, die der routinemäßigen Anlagenpflege dienen.	Alle Tätigkeiten, die zur Beurteilung des Zustandes eines technischen Systems gehören.	Alle Tätigkeiten, die dazu dienen, die Funktionsfähigkeit eines technischen Systems wieder herzustellen.	Alle Tätigkeiten, die ein technisches System verbessern.
Beispiele: ■ Reinigen ■ Konservieren ■ Schmieren ■ Nachstellen ■ Kontrollieren	**Beispiele:** ■ Messen ■ Werte vergleichen ■ Anpassen von Instandhaltungsplänen	**Beispiele:** ■ Reparatur ■ Austausch von Teilen	**Beispiele:** ■ technische Verbesserungen ■ Erstellen von Arbeitsplänen

1: Instandhaltungsmaßnahmen

1 Grundlagen

Maschinen und Anlagen müssen funktionieren. Tun sie dies nicht, entstehen Kosten für die Reparatur. Jede Maschine unterliegt im Laufe der Zeit einem Verschleiß. Die Zuverlässigkeit der Maschine nimmt ab. Also kann jede Maschine irgendwann ausfallen [Bild 2]. Mithilfe von **Instandhaltungsmaßnahmen** wird die Zeit, in der eine Maschine einwandfrei funktioniert, bzw. nach einem Defekt noch genutzt werden kann, verlängert.

Zur Instandhaltung zählen alle Maßnahmen zur

- Erhaltung,
- Wiederherstellung oder
- Verbesserung

eines funktionsfähigen Zustandes eines technischen Systems.

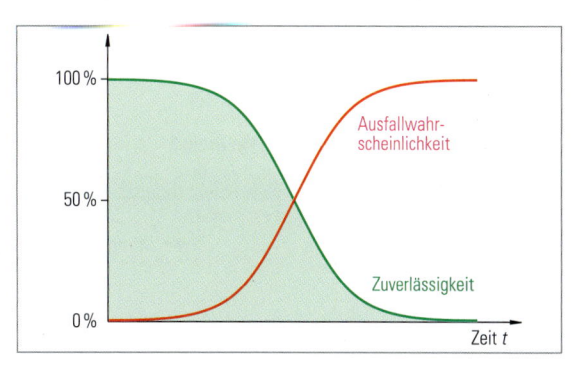

2: Zusammenhang zwischen Ausfallwahrscheinlichkeit und Zuverlässigkeit

handwerk-technik.de

Instandhaltungsprozesse ▶ Sicheres Instandhalten

Die Fachkraft, die an einer Maschine arbeitet, ist nicht immer für die Inspektion oder die Instandsetzung (Reparatur) dieser Maschine verantwortlich. Die Wartung der Maschine fällt jedoch oft in den Verantwortungsbereich dieser Fachkraft, die täglich mit einer Maschine oder einer Produktionsanlage arbeitet. Dazu muss sie Informationen haben über die einzelnen Wartungsmaßnahmen und über die Sicherheitsvorschriften die einzuhalten sind.

Welche Wartungsarbeiten durchzuführen sind, ist aus der Betriebsanleitung bzw. aus dem Wartungsplan der Maschine zu entnehmen. Diese werden vom Hersteller mitgeliefert. In diesen Anleitungen sind oft auch Hinweise über dabei einzuhaltende Vorschriften zum Umweltschutz und zur Arbeitssicherheit zu finden.

2 Sicheres Instandhalten

Wie für jede Arbeit, so muss auch für Instandhaltungsmaßnahmen die **Arbeitssicherheit** beachtet werden. Die Vorschriften der **Berufsgenossenschaften** sind zwingend einzuhalten.

In der Regel ist eine Arbeit an einer stillstehenden Maschine ungefährlich. Für bestimmte Arbeiten, wie zum Beispiel einige Wartungsarbeiten, ist ein Maschinenstillstand nicht erforderlich. Dennoch müssen bei diesen Arbeiten Sicherheitsmaßnahmen ergriffen werden, damit Verletzungen verhindert werden können. Die einzelnen Gefährdungen sind nach Rängen gegliedert [Bild 1]:

1. Rang — Es darf nur an Maschinen gearbeitet werden, wenn von diesen **keine Gefährdung** ausgeht.

Mit den Arbeiten darf erst begonnen werden, nachdem die Maschine zum **Stillstand** gekommen ist und ein **unbefugtes, irrtümliches und unerwartetes** Ingangsetzen ausgeschlossen werden kann. Dies kann zum Beispiel durch Ausschalten und Abschließen des Hauptschalters [Bild 1, nächste Seite] erreicht werden.

Da die Fachkraft zum Teil gezwungen ist an laufenden Maschinen zu arbeiten gibt es Ausnahmen von Rang 1.

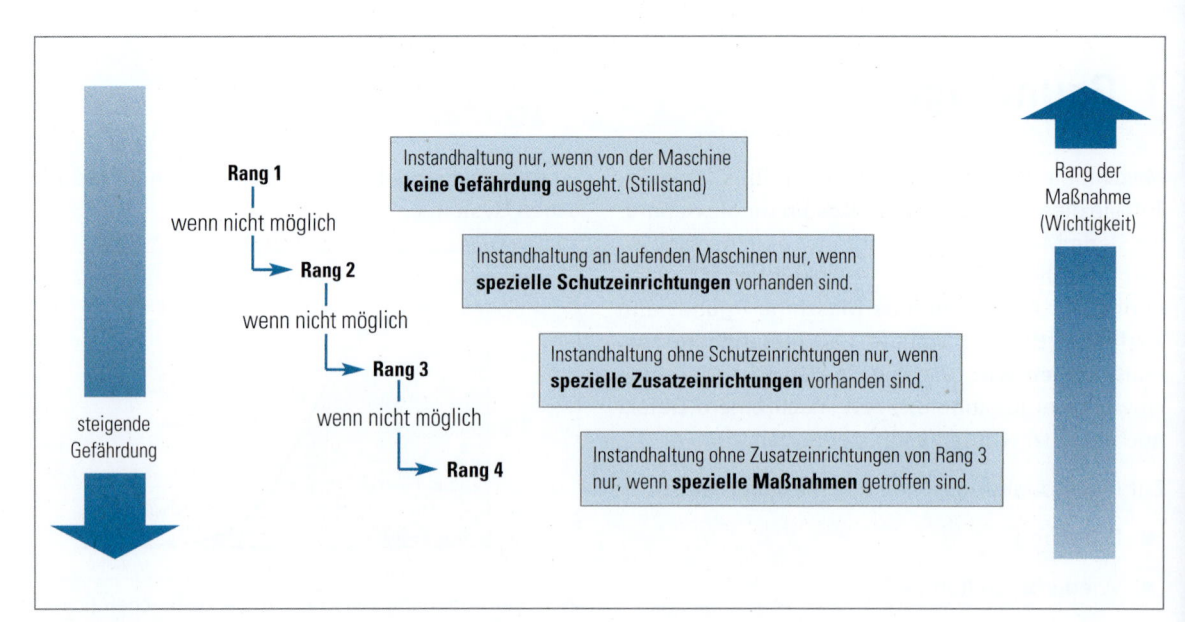

steigende Gefährdung ↓

Rang 1 — Instandhaltung nur, wenn von der Maschine **keine Gefährdung** ausgeht. (Stillstand)
wenn nicht möglich
→ Rang 2 — Instandhaltung an laufenden Maschinen nur, wenn **spezielle Schutzeinrichtungen** vorhanden sind.
wenn nicht möglich
→ Rang 3 — Instandhaltung ohne Schutzeinrichtungen nur, wenn **spezielle Zusatzeinrichtungen** vorhanden sind.
wenn nicht möglich
→ Rang 4 — Instandhaltung ohne Zusatzeinrichtungen von Rang 3 nur, wenn **spezielle Maßnahmen** getroffen sind.

Rang der Maßnahme (Wichtigkeit) ↑

1: Rangfolge der einzuleitenden Sicherheitsmaßnahmen an Maschinen

Instandhaltungsprozesse ▶ Sicheres Instandhalten

1: Sicherung gegen unbefugtes oder irrtümliches Einschalten einer Anlage (Rang 1)

2: Trennende Schutzeinrichtung (Rang 2)

2. Rang
An laufenden Maschinen darf nur dann instand gesetzt werden, wenn diese Arbeiten **unter keinen Umständen** anders durchgeführt werden können. Diese Arbeiten dürfen nur **mit speziellen Schutzeinrichtungen** ausgeführt werden.

Diese speziellen **Schutzeinrichtungen** sind:

- Trennende Schutzeinrichtungen [Bild 1], insbesondere Verkleidungen wie Gitter
- Ortsbindende Schutzeinrichtungen, insbesondere Zweihandschaltung
- Schalter, die in einer sicheren Entfernung angebracht sind und die der Mitarbeiter ständig gedrückt halten muss
- Schutzeinrichtungen mit Annäherungsreaktion, insbesondere Lichtvorhänge, Lichtschranken, Schaltmatten, Schaltleisten und Pendelklappen

Reichen diese Maßnahmen nicht aus, so müssen weitere Maßnahmen ergriffen werden.

3. Rang
An laufenden Anlagen darf nur dann ohne die in Rang 2 genannten Schutzeinrichtungen gearbeitet werden, wenn diese Arbeiten unter keinen Umständen anders durchgeführt werden können; hierbei müssen **spezielle Zusatzeinrichtungen** vorhanden sein.

Die speziellen **Zusatzeinrichtungen** sind Einrichtungen, die

- das Erreichen der Gefahrstellen entbehrlich machen, z. B. Positionshilfen, Pinzetten, Zangen, Magnetgreifer
- das zufällige Erreichen benachbarter Gefahrstellen erschweren. Erreicht werden kann dies beispielsweise durch Abtrennungen oder Verdeckungen von Gefahrenstellen.
- das schnelle Stillsetzen ermöglichen (Zustimmschalter oder ortsveränderliche Not-Aus-Schalter) [Bild 3]
- das Herabsetzen der Geschwindigkeit ermöglichen.

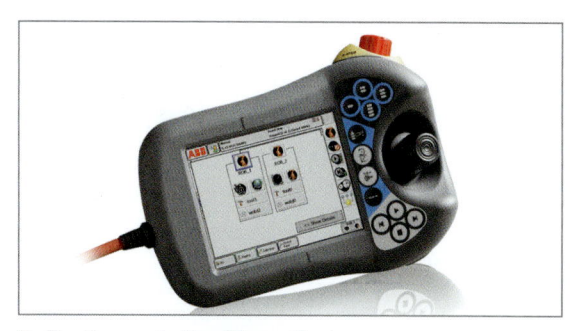

3: Zustimmschalter (Rang 3)

Instandhaltungsprozesse ▶ Sicheres Instandhalten

Reichen diese Maßnahmen nicht aus, um notwendige Arbeiten an einer Maschine oder Anlage durchzuführen, gilt folgendes:

> **4. Rang**
>
> An laufenden Maschinen darf dann *ohne* die in Rang 2 und 3 genannten Schutzeinrichtungen und speziellen Zusatzeinrichtungen gearbeitet werden, wenn diese Arbeiten *unter keinen Umständen* anders durchgeführt werden können. Für diese Ausnahmefälle müssen **umfangreiche organisatorische und personelle Maßnahmen** getroffen werden.

Organisatorische und personell geeignete Maßnahmen:

- Die Arbeiten dürfen nur von fachlich geeigneten Personen durchgeführt werden, die fähig sind, etwa entstehende Gefahren zu erkennen und abzuwehren.
- Die Fachkräfte müssen über die mit der Arbeit verbundenen Gefahren speziell unterrichtet worden sein.
- Für das Verhalten beim Auftreten von Unregelmäßigkeiten und Gefahren sind vom Unternehmer spezielle Anweisungen zu geben. Das Personal hat sich danach zu richten.
- Ggf. ist eine Person zu bestellen, die den Fortgang der Arbeit beobachtet und bei Gefahr zu Hilfe kommt.

> **Merke**
>
> **Personenschutz** geht vor Anlagenschutz.

Welche Bestimmungen einzuhalten sind, ist der **Betriebsanweisung** [Bild 1, nächste Seite] zu entnehmen. Oft ist sie in der Nähe der für sie geltenden Maschine zu finden.
Betriebsanweisungen sind Anweisungen des Arbeitgebers an die Beschäftigten eines Betriebes.

Sie regeln den Umgang

- mit **Gefahrstoffen** und
- mit **Maschinen und Anlagen**.

Geregelt werden jedoch nur die Tätigkeiten, die gefährlich bzw. sicherheitsrelevant sind.

Die Betriebsanweisung enthält u. a. Angaben

- zum Umweltschutz,
- zur Arbeitssicherheit,
- zu Instandhaltung bzw. Wartung
- zum Verhalten bei Störungen oder bei Unfällen

mit dem Ziel, Unfälle und Gesundheitsrisiken zu vermeiden.
Sie sind zudem die Grundlage für Unterweisungen.
Die Fachkraft kann Gefahren und Unfälle bei **Arbeiten an Maschinen und Anlagen** durch Beachtung folgender Grundregeln vermeiden helfen:

1. Nur einwandfreies Werkzeug verwenden.
2. Die persönliche Schutzausrüstung tragen.
3. Nach örtlichen Besonderheiten erkundigen und stets an- und abmelden.
4. Beachten und Benutzen von Absperrungen.
5. Grundsätzlich nicht an unter Spannung stehenden oder drehenden Teilen arbeiten.
6. Nur auf einwandfreie, standfeste Leitern und Gerüste steigen.
7. Niemals unter schwebender Last aufhalten.
8. Bei Arbeiten an Tragseilen, Ketten und Hydraulikleitungen immer zwei unabhängig voneinander arbeitende Sicherungen verwenden.
9. Die Anlage niemals ungesichert verlassen.
10. Die Ladung eines Fahrzeuges immer sichern.
11. Sich Zeit nehmen, um Arbeiten sicher auszuführen.

Instandhaltungsprozesse ▶ Sicheres Instandhalten

Übungen

1. Was zählt zu den Instandhaltungsmaßnahmen?
2. Beschreiben Sie die Rangfolge bei der Einhaltung und Durchführung von Sicherheitsmaßnahmen.
3. Welche Regeln müssen Sie beachten, damit Unfälle bei der Instandhaltung vermieden werden?
4. Welche Angaben muss eine Betriebsanweisung enthalten?
5. Erklären Sie die Bedeutung der Symbole auf der Betriebsanweisung [Bild 1]

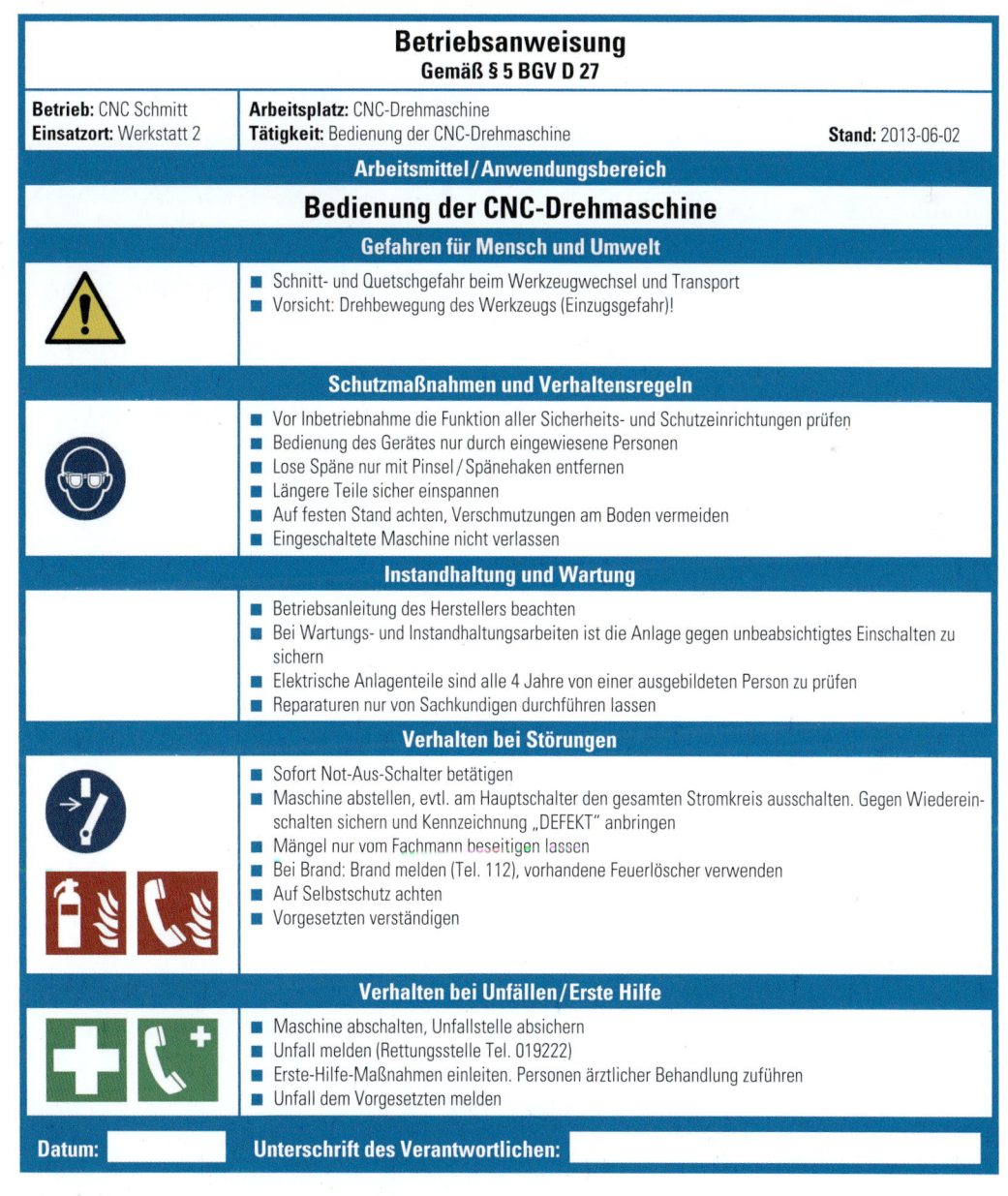

Betriebsanweisung
Gemäß § 5 BGV D 27

Betrieb: CNC Schmitt	**Arbeitsplatz:** CNC-Drehmaschine
Einsatzort: Werkstatt 2	**Tätigkeit:** Bedienung der CNC-Drehmaschine
	Stand: 2013-06-02

Arbeitsmittel / Anwendungsbereich
Bedienung der CNC-Drehmaschine

Gefahren für Mensch und Umwelt
- Schnitt- und Quetschgefahr beim Werkzeugwechsel und Transport
- Vorsicht: Drehbewegung des Werkzeugs (Einzugsgefahr)!

Schutzmaßnahmen und Verhaltensregeln
- Vor Inbetriebnahme die Funktion aller Sicherheits- und Schutzeinrichtungen prüfen
- Bedienung des Gerätes nur durch eingewiesene Personen
- Lose Späne nur mit Pinsel / Spänehaken entfernen
- Längere Teile sicher einspannen
- Auf festen Stand achten, Verschmutzungen am Boden vermeiden
- Eingeschaltete Maschine nicht verlassen

Instandhaltung und Wartung
- Betriebsanleitung des Herstellers beachten
- Bei Wartungs- und Instandhaltungsarbeiten ist die Anlage gegen unbeabsichtigtes Einschalten zu sichern
- Elektrische Anlagenteile sind alle 4 Jahre von einer ausgebildeten Person zu prüfen
- Reparaturen nur von Sachkundigen durchführen lassen

Verhalten bei Störungen
- Sofort Not-Aus-Schalter betätigen
- Maschine abstellen, evtl. am Hauptschalter den gesamten Stromkreis ausschalten. Gegen Wiedereinschalten sichern und Kennzeichnung „DEFEKT" anbringen
- Mängel nur vom Fachmann beseitigen lassen
- Bei Brand: Brand melden (Tel. 112), vorhandene Feuerlöscher verwenden
- Auf Selbstschutz achten
- Vorgesetzten verständigen

Verhalten bei Unfällen / Erste Hilfe
- Maschine abschalten, Unfallstelle absichern
- Unfall melden (Rettungsstelle Tel. 019222)
- Erste-Hilfe-Maßnahmen einleiten. Personen ärztlicher Behandlung zuführen
- Unfall dem Vorgesetzten melden

Datum: _____ **Unterschrift des Verantwortlichen:** _____

1: Betriebsanweisung einer CNC-Drehmaschine

Instandhaltungsprozesse ▶ Wartung

3 Wartung

Eine vorschriftsmäßige Wartung einer Maschine oder Anlage erhöht ihre Lebensdauer [Bild 1]. Das heißt, die Maschine kann länger ohne Störungen produzieren. Dies ist eine Voraussetzung für eine wirtschaftliche Produktion, da weniger Kosten für Reparaturen anfallen.

Verschleiß durch Reibung oder Korrosion ist dennoch unvermeidlich. Wartungsarbeiten sollen diesen Prozess hinauszögern [Bilder 2 und 1, nächste Seite].

Typische Wartungsarbeiten sind:

- Reinigung (z. B. Maschinen, Werkzeuge)
- Austausch (z. B. Filter, Kühlschmierstoff)
- Schmierung (z. B. Führungen, Gleitlager)
- Kontrolle von Ölständen
- Ergänzung von Fett, Öl oder Kühlschmierstoff
- Konservierung von Maschinenelementen

Wartungsarbeiten müssen regelmäßig ausgeführt werden. Welche Arbeiten wann und in welchen Abständen durchgeführt werden müssen, steht in einem **Wartungsplan**. Diese Wartungspläne erstellt der Betrieb oder der Hersteller der Maschine. Oft ist die ordnungsgemäße Durchführung der Wartungspläne Voraussetzung für die Gewährleistung durch den Hersteller.

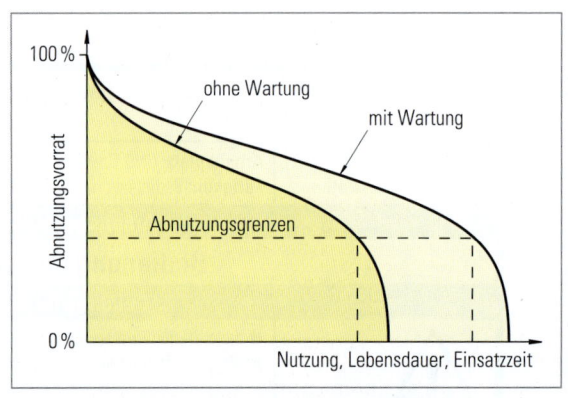

1: Erhöhung der Lebensdauer durch Wartung

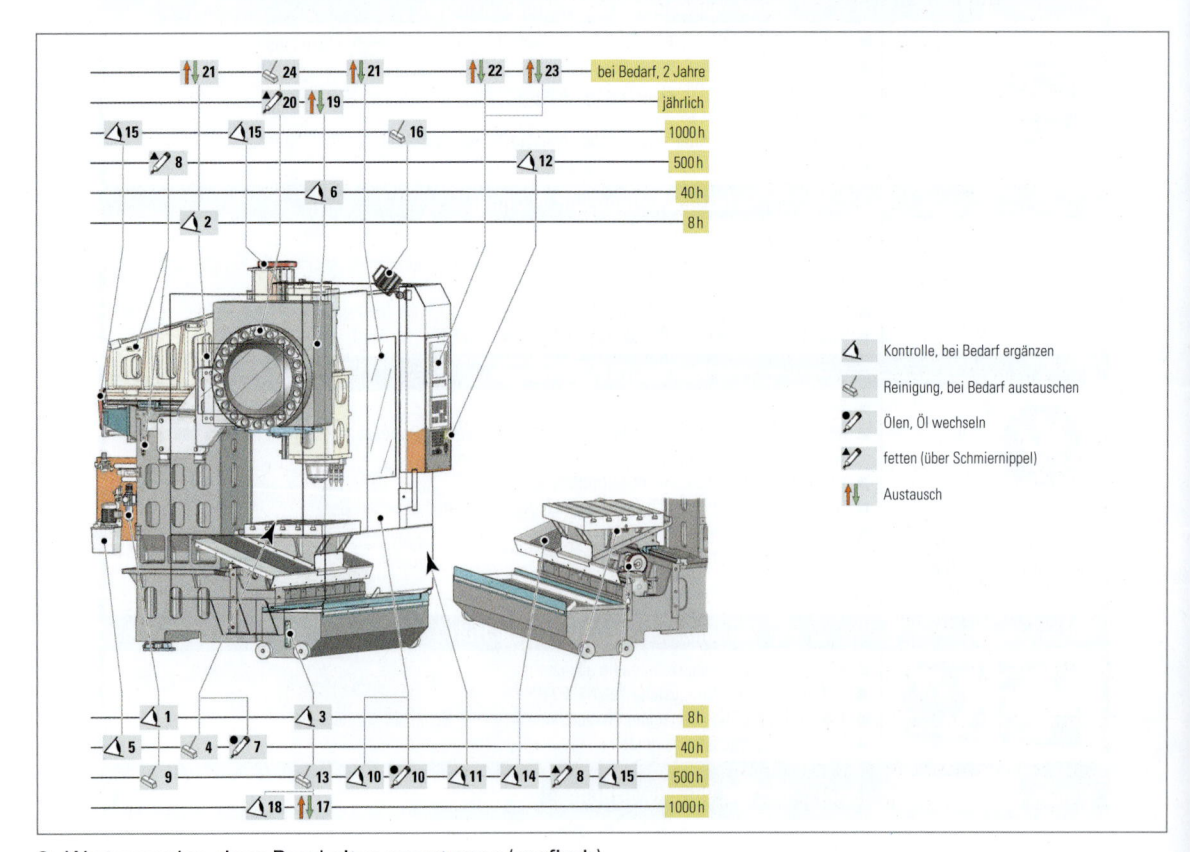

2: Wartungsplan eines Bearbeitungszentrums (grafisch)

Nr.	Inspektions- und Wartungsgegenstand	Tätigkeit	Intervall [h]
1	Pneumatikanlage: Kondensatabscheider, Druckluftöler	kontrollieren	
2	Tür- und Arbeitsraumscheiben: Beschädigungen	kontrollieren	8
3	Kühlschmiermittelstand	kontrollieren	
4	Arbeitsraum	reinigen	
5	Zentralschmierung: Ölstand	kontrollieren	40
6	Werkzeugwechsler: Ölstand	kontrollieren	
7	blanke Teile an der Maschine	reinigen/ölen	
8	Schlittenführungen X, Y, Z (Schmiernippel)	fetten	
9	Pneumatikanlage: Filter	reinigen	
10	Maschinentür: Führungen, Seilzug (E1200)	reinig./ölen/kontr.	
11	Alle Schläuche und Leitungen	kontrollieren	500
12	NOT-AUS-Taste: Funktion	kontrollieren	
13	Kühlmittelwanne	reinigen	
14	X-Schlitten: Lamellenabdeckung	kontrollieren	
15	Vorschubmotoren X, Y, Z: Zustand und Riemenspannung	kontrollieren	
16	Arbeitsraumlampe	reinigen	1000
17	Kühlschmiermittel	wechseln	
18	Kühlmittelwanne: Dichtheit, Korrosion, Beschädigung	kontrollieren	
19	Werkzeugwechsler: Antrieb	Ölwechsel	jährlich
20	Werkzeugtrommel: Antrieb	fetten	
21	Tür- und Arbeitsraumscheiben	austauschen	2 Jahre
22	Sinumerik 810D/Fanuc 0i: Pufferbatterie der Steuerung	austauschen	
23	Fanuc 0i: Batterien der Achsmodule	austauschen	bei Bedarf
24	Werkzeugtrommel: Becher für Werzeuge	reinigen	

1: Wartungsplan eines Bearbeitungszentrums (tabellarisch)

Wartungspläne geben an:

- die zu wartenden Anlagenteile,
- den Wartungszeitpunkt,
- die auszuführenden Tätigkeiten und
- zusätzliche Bemerkungen (z. B. Sicherheitshinweise, zu verwendender Schmierstoff).

Instandhaltungsprozesse ▶ **Wartung** ▶ Bedeutung der Beachtung der Hinweise zum Umweltschutz

3.1 Bedeutung der Beachtung der Hinweise zum Umweltschutz

Bei jeder Produktion werden neben dem eigentlichen Werkstück auch Hilfsstoffe benötigt. So kann ohne **Kühlschmierstoff** oft nicht gespant werden. Kühlschmierstoffe sind chemische Produkte, mit denen sorgsam umgegangen werden muss. Eine falsche Handhabung kann schwere gesundheitliche Schäden zur Folge haben. Werden die Kühlschmierstoffe fein zerstäubt und eingeatmet, können sie von der Lunge auch nicht mehr ausgeschieden werden. Ebenso kann es bei einem falschen Umgang mit Kühlschmierstoffen zu Hautschädigungen und bei Hautverletzungen sogar zu Infektionen kommen. Durch eine entsprechende Betriebshygiene können diese Gefahren vermindert werden.

Kühlschmierstoffe sind **Emulsionen** [Bild 1]. Emulsionen sind Stoffe (z. B. Öl), die durch entsprechende Chemikalien feine Tropfen in Wasser bilden. Dadurch sind sie in hohem Maße eine Gefährdung für unser Grundwasser und dürfen auf keinen Fall unachtsam weggeschüttet werden. Sie enthalten zudem organische Substanzen. Deshalb sind sie anfällig für Mikroorganismen. Haben sich in der Emulsion zu viele Mikroorganismen gebildet, wird sie trübe und übel riechend, sie „kippt". Ein solches Kühlschmiermittel muss erneuert werden.

Werkstatthinweise

- Vermeiden Sie **jede** Verunreinigung der Emulsion. Der Kühlschmierstoffbehälter ist kein Abfalleimer.
- Beseitigen Sie die oben schwimmenden Restöle 1x täglich.
- Verhindern Sie Verunreinigungen der Emulsion durch Lecköle (z. B. undichte Hydraulikleitungen).
- Kontrollieren Sie regelmäßig die Konzentration der Emulsion. Zu fette Emulsionen (Emulsionen mit zu hohem Ölanteil) sind gesundheitsgefährdend und greifen die Maschinenteile an.
- Kontrollieren Sie täglich den Füllstand der Emulsion. Zu wenig Emulsion im Kreislauf erwärmt sich zu stark und vorhandene Bakterien vermehren sich dadurch sehr schnell.
- Bei längeren Stillstandzeiten der Maschine sollte die Emulsion einmal täglich umgepumpt werden. Sie wird dadurch mit Sauerstoff angereichert und ihre Nutzungsdauer wird verlängert.
- Vermischen Sie bei einem Emulsionswechsel die Flüssigkeit nie mit anderen Flüssigkeiten (auch Reinigern). Die Entsorgungskosten können dadurch erheblich steigen.
- Durch die begrenzte Lebensdauer sollten Emulsionen nicht auf Vorrat gemischt werden.

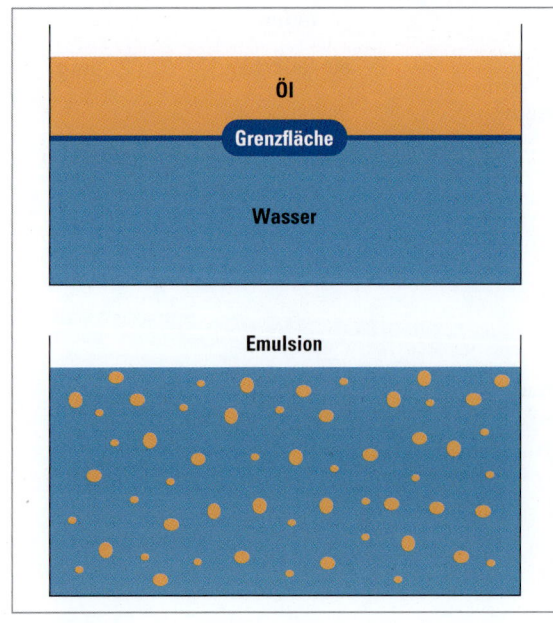

1: Emulsion

Damit ein Produkt mit einer Maschine gefertigt werden kann, benötigt die Maschine selber Hilfsstoffe wie z. B.:

- **Schmieröle**
- **Reinigungsmittel**

Auch hier sind beim Umgang mit diesen Stoffen besondere Hinweise zu beachten.

Schmierstoffe sind in der Fertigung erforderlich. Sie vermindern die Reibung zwischen den Bauteilen und verlängern dadurch die Lebensdauer einer Maschine. Dennoch sind sie Umweltgefährdend und müssen entsprechend behandelt werden.

Instandhaltungsprozesse ▶ Wartung ▶ Wartungsplan

Werkstatthinweise

- Vermeiden Sie jede Art von Verlust von Schmiermitteln.
- Achten Sie auf sicheren Transport und Lagerung der Schmierstoffbehälter.
- Verschließen Sie im Freien gelagerte Ölfässer, um Auswaschungen zu verhindern.
- Verbrauchte Schmierstoffe sind als Sonderabfall zu entsorgen.
- Verwenden Sie nur die für die Maschine zugelassenen Schmierstoffe (Öle, Fette). Falsche Schmierstoffe können einen zu großen Verbrauch zur Folge haben oder sogar zur Rauchbildung führen.
- Achten Sie auf Verträglichkeit mit anderen Schmierstoffen (z. B. Emulsionen).
- Reinigen oder wechseln Sie Ölfilter regelmäßig, um die Standzeit (Nutzungsdauer) des Schmierstoffes zu erhöhen.
- Verschließen Sie Ölbehälter sorgfältig. Schmutz und Luftfeuchtigkeit verringern die Einsatzfähigkeit von Ölen.

Reinigungsmittel können schwere gesundheitliche Probleme verursachen. Obwohl sie oft nicht brennbar sind, kaum riechen und eine gute Fettlösekraft besitzen, gehen Gefahren von ihnen aus. Die Herstellerhinweise sind daher genau zu befolgen. Zudem sind diese Reinigungsstoffe oft nicht biologisch abbaubar und müssen entsprechend gewissenhaft nach Gebrauch entsorgt werden.

3.2 Wartungsplan

Jeder Betriebsanleitung liegt ein Wartungsplan [Bild 1, Seite 243] bei. In ihm werden die zu wartenden Bereiche der Maschine beschrieben und das Wartungsintervall angegeben. Bild 1 gibt weitere Zeichen an, die in Wartungsplänen symbolhaft für die auszuführenden Tätigkeiten stehen.
Im genannten Beispiel werden **Intervalle** von z. B. 8 h[1], 40 h, 500 h und 1000 h vorgegeben. Sie beziehen sich auf die Betriebszeit der Maschine.

---
[1] 1 h = 1 Stunde

◿▽◺	Ölstand prüfen	✐	Schmierung allgemein mit Ölkanne oder Spraydose	⊕ h	Angabe der Schmierintervalle in Betriebsstunden
↓↙↘▽	Ölstand überwachen, falls erforderlich auffüllen	▱	Automatische Zentralschmiereinrichtung für Öl		
▯↓	Behälter entleeren	⊟	Fettschmierung mit Fettpresse	📖	Ergänzende Erläuterungen in der Betriebsanleitung nachlesen
↘↙ 2,5 l ↗↖	Behälterinhalt austauschen, Angabe der Füllmenge in l	▭	Filter auswechseln, Filtergehäuse reinigen		

1: Bildzeichen und deren Bedeutung in Wartungsplänen

Instandhaltungsprozesse ▶ Wartung ▶ Wartungsplan

Kontroll- und Reinigungsarbeiten sind Arbeiten mit kürzeren Intervallen. Im gezeigten Beispiel soll im 8 Stundenintervall bzw. täglich

- die Pneumatikversorgung (Kondensatabscheider, Druckluftöler) kontrolliert werden.
- Sichtkontrollen auf Beschädigungen der Tür und des Arbeitsraumes vorgenommen werden.
- der Kühlschmiermittelstand kontrolliert werden [Bild 1].

Ebenfalls regelmäßig bzw. nach Bedarf müssen die anfallenden Späne aus dem Arbeitsraum entfernt werden [Bild 2]. Die Späne sammeln sich auf dem Abtropfblech. Mit einem geeignetem Werkzeug (z. B. Schieber mit Gummilippe) werden die Späne dann in eine bereitgestellte Wanne geschoben. Dabei sollen alle genannten Umwelthinweise bezüglich

- Kühlschmiermittelentsorgung,
- verwendetem Reiniger und Reinigungsmaterial

beachtet werden.

Schmierstoffe

Ölstände der Zentralschmierung werden in einem größeren Zeitintervall geprüft. Im gezeigten Beispiel alle 40 Stunden bzw. wöchentlich.

Blanke Teile, die geschmiert werden müssen, sollten vorher gereinigt werden. Dies gilt insbesondere bei Gleitbahnen und Führungen [Bild 3]. Da es sich um bewegliche Bauteile handelt, muss für solche Arbeiten die Maschine stillgesetzt und gegen „wieder einschalten" gesichert werden.

Häufig haben Anlagen eine Zentralschmierung [Bild 1, nächste Seite]. Von hier aus werden die Antriebsspindeln der Schlitten und die Gleitbahnen mit Schmiermittel versorgt. Dies geschieht automatisch durch die Steuerung der Maschine. Zu den wöchentlichen Aufgaben gehört:

- Ölstand des Ölbehälters kontrollieren [Bild 2, nächste Seite] und bei Bedarf mit dem vorgeschriebenen Öl nachfüllen und
- alle Schmierleitungen und Verbindungsstellen auf Dichtheit und Durchlässigkeit prüfen.

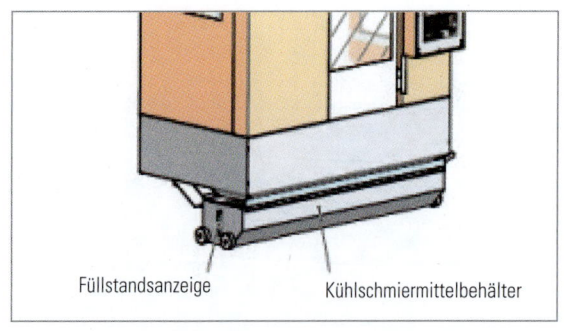

1: Kühlschmiermittelbehälter mit Füllstandsanzeige

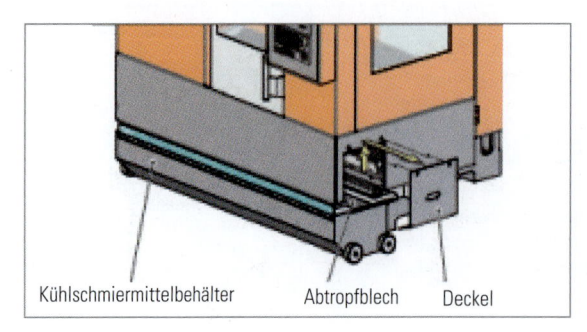

2: Abtropfblech reinigen

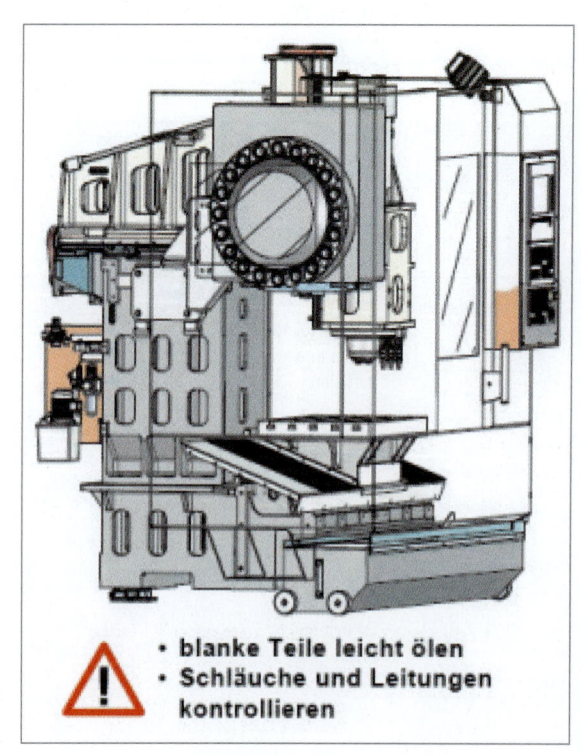

⚠ • blanke Teile leicht ölen
• Schläuche und Leitungen kontrollieren

3: Führungen an einem Bearbeitungszentrum

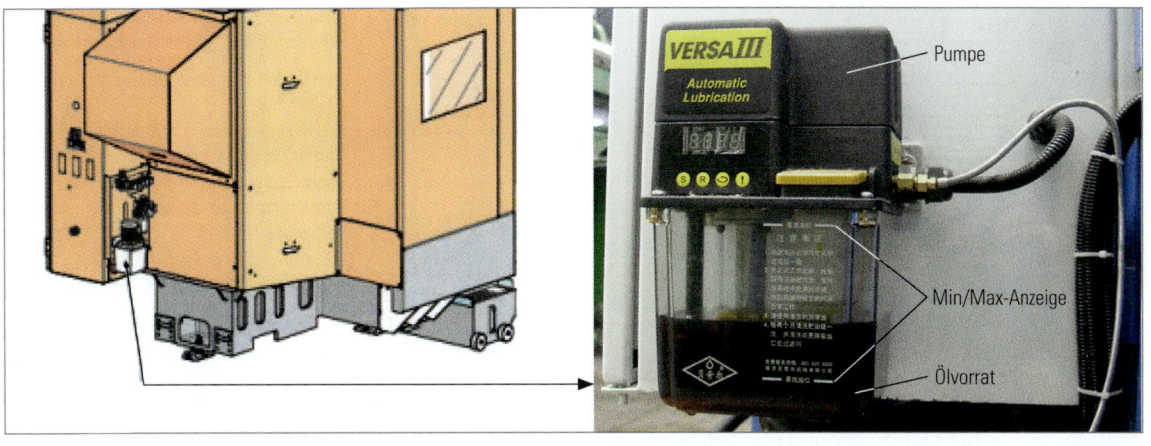

Instandhaltungsprozesse ▶ Wartung ▶ Wartungsplan

1: Zentralschmierung an einem Bearbeitungszentrum

Sollte das Öl aufgrund des Alterungsprozesses unbrauchbar werden, muss es komplett getauscht werden. Sichtbar wird dies durch eine Trübung des Öles oder auch durch eine Schaumbildung. Dann kann das Öl nicht mehr ausreichend schmieren und es verkleben sogar die Schmierleitungen.
Bei längeren Stillstandzeiten von Anlagen läuft das Schmieröl in den Vorratsbehälter zurück. Dann muss vor der Inbetriebnahme mehrmals ein Schmierimpuls manuell (von Hand) ausgeführt werden. Damit gelangt dann das Öl wieder zu den Schmierstellen und unnötige Reibung und Verschleiß werden vermieden.

Neben dem Öl einer Zentralschmierungsanlage gibt es oft auch Maschinenbereiche, die zur Schmierung einen eigenen Ölmengenvorrat haben. Dazu gehören Getriebekästen mit Öl- oder Fettschmierung. Diese Öle oder Fette werden in dem jeweilig vorgeschriebenen Intervall gewechselt bzw. ausgetauscht [Bild 3].
Diese **Schmieröle** können **Mineralöle** oder auch **synthetische Öle** sein. Mineralöle werden aus Erdöl gewonnen. Synthetische Öle sind künstlich erzeugte Öle. Den Ölen können Zusätze (Additive) beigemengt sein. Sie verbessern die Eigenschaften der Öle. Zum Beispiel erhöhen sie Alterungs- oder Korrosionsbeständigkeit.

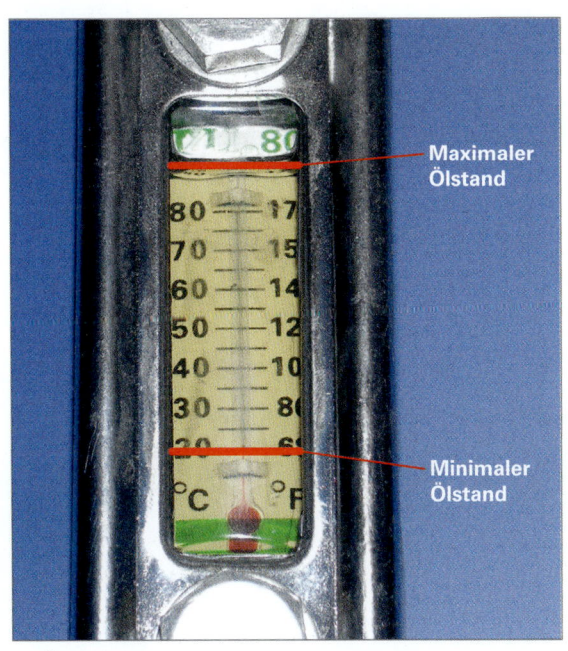

2: Ölschauglas mit Temperaturanzeige

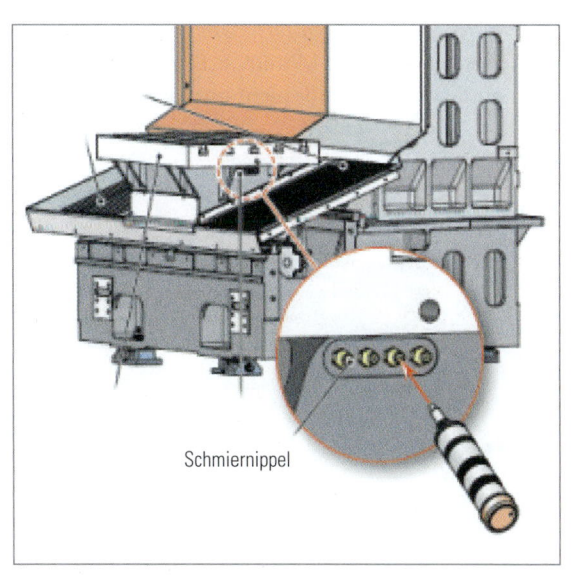

3: Zu fettende Stellen an einem Bearbeitungszentrum

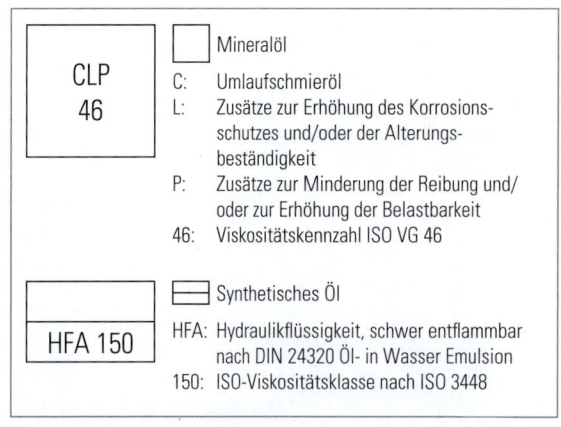

Instandhaltungsprozesse ▶ Wartung ▶ Wartungsplan

CLP 46	Mineralöl
	C: Umlaufschmieröl
	L: Zusätze zur Erhöhung des Korrosionsschutzes und/oder der Alterungsbeständigkeit
	P: Zusätze zur Minderung der Reibung und/oder zur Erhöhung der Belastbarkeit
	46: Viskositätskennzahl ISO VG 46
HFA 150	Synthetisches Öl
	HFA: Hydraulikflüssigkeit, schwer entflammbar nach DIN 24320 Öl- in Wasser Emulsion
	150: ISO-Viskositätsklasse nach ISO 3448

1: Beispiele für die Kennzeichnung von Schmierstoffen (Schmieröl)

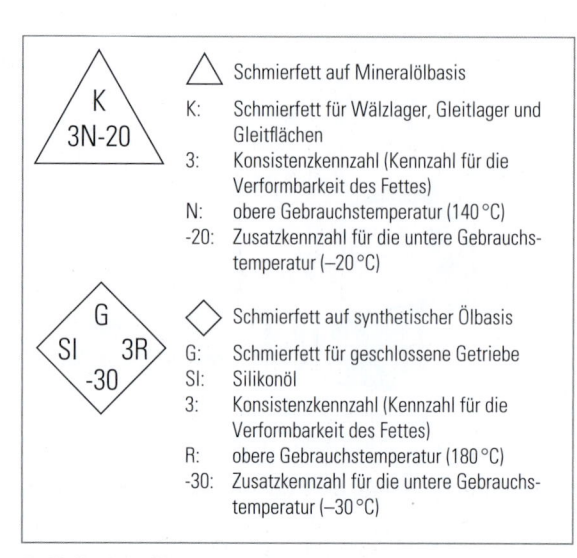

K 3N-20	Schmierfett auf Mineralölbasis
	K: Schmierfett für Wälzlager, Gleitlager und Gleitflächen
	3: Konsistenzkennzahl (Kennzahl für die Verformbarkeit des Fettes)
	N: obere Gebrauchstemperatur (140 °C)
	-20: Zusatzkennzahl für die untere Gebrauchstemperatur (–20 °C)
G SI 3R -30	Schmierfett auf synthetischer Ölbasis
	G: Schmierfett für geschlossene Getriebe
	SI: Silikonöl
	3: Konsistenzkennzahl (Kennzahl für die Verformbarkeit des Fettes)
	R: obere Gebrauchstemperatur (180 °C)
	-30: Zusatzkennzahl für die untere Gebrauchstemperatur (–30 °C)

3: Beispiele für die Kennzeichnung von Schmierstoffen (Schmierfett)

Je nach ihrem Anwendungsgebiet werden sie z. B. in Getriebe- oder Hydrauliköle unterteilt. Sie erhalten eine genormte Kurzbezeichnung. In Bild 1 werden zwei Beispiele dazu gezeigt.

Wegen der besseren Haftung an **Führungen** werden dort oft Fette eingesetzt. Sie schmieren gut und verdrängen Schmutz. Aber sie nehmen mit der Zeit Schmutzteile oder feine Späne in sich auf. Daher müssen gefettete Flächen regelmäßig mit neuem Fett nachgeschmiert werden. Dies geschieht oft mit Fettpressen, die mit dem vorgeschriebenen Fett gefüllt sein müssen [Bild 2]. Das Fett dringt zwischen die Gleitbahnen der Führungen und ersetzt das verbrauchte Fett mit Neuem. Das verbrauchte Fett muss mit geeigneten Mitteln, z. B. mit einem Lappen, entfernt und fachgerecht entsorgt werden.

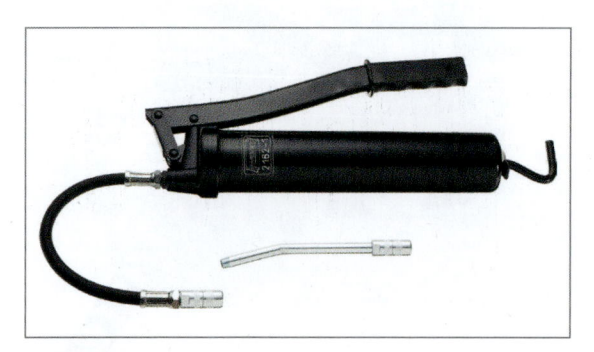

Schmierfette sind Schmieröle, die angedickt wurden. Sie bestehen aus einem

- Grundöl (Mineral- oder Syntheseöl) sowie aus
- Additiven (Zusätze zur Verbesserung von Eigenschaften) und einem
- Verdickungsmittel

Die Bezeichnung der Schmierfette ist genormt [Bild 3].

Festschmierstoffe

Festschmierstoffe [Bild 1, nächste Seite] sind Trockenschmierstoffe. Sie werden oft bei extrem hohen oder extrem niedrigen Beanspruchungen eingesetzt.

Festschmierstoffe sind z. B. Grafit (C = Kohlenstoff), Molybdändisulfid (MoS_2) oder Polytetrafluorethylen (PTFE).

Sie zeichnen sich aus durch

- eine hohe Druckbelastbarkeit,
- eine niedrige Geschwindigkeitsbelastung und
- einem sehr breiten Temperatureinsatzbereich.

2: Fettpresse

Instandhaltungsprozesse ▶ Wartung ▶ Wartungsplan

Schmierstoff	Kurzzeichen	Gebrauchs-temperatur in °C	Eigenschaften/Verwendung
Grafit	C	–18° … 450°	Zum Schmieren hoch belasteter Gleitlager, mischbar mit Öl, Fett und Wasser
Molybdändisulfid	MoS_2	–180° … 400°	Schmierung hoch belasteter Lager, wird Fetten und Ölen beigemischt
Polytetrafluorethylen	PTFE	–150° … 260°	Selbstschmierender Lagerwerkstoff, gute chemische Beständigkeit, wird Ölen und Fetten zugesetzt

1: Festschmierstoffe

Filterwechsel

Neben der täglich zu kontrollierenden Wasserabscheider und Öler der pneumatischen **Wartungseinheit** ist auch der Filter zu wechseln. Dies geschieht in wesentlich längeren Intervallen. Im gezeigten Beispiel ist es ein Zeitraum von 2 Jahren. Dabei muss

- die gesamte pneumatische Anlage der Maschine ausgeschaltet werden,
- die Druckluftzufuhr unterbrochen werden,
- das Kondensat und der Restdruck abgelassen werden.

Erst dann kann das Filterelement herausgeschraubt und ersetzt werden. Auf die richtige Filterfeinheit ist dabei zu achten. Sie gibt die Partikelgröße an, die von dem Filter herausgefiltert wird.

> **Merke**
> Die Anlagen dürfen **nie ohne den vorgeschriebenen Filter** betrieben werden, da dies sonst Schäden an den Pneumatikelementen zur Folge hat.

Übungen

1. Warum ist die Wartung von Maschinen und Anlagen von so großer Bedeutung?
2. Nennen Sie typische Wartungsarbeiten aus Ihrer Praxis.
3. Welche Arbeiten müssen an dem Bearbeitungszentrum (Bild 2, Seite 234) in einem Intervall von 500 h durchgeführt werden?
4. Was ist eine Emulsion?
5. Welche Aufgabe hat ein Kühlschmierstoff (KSS)?
6. Worauf muss man beim Umgang mit Kühlschmierstoff besonders achten?
7. Ein Wartungsplan sieht das Wechseln eines Ölfilters alle 250 h vor. Warum ist es wichtig, dieses Wartungsintervall einzuhalten?
8. Erläutern Sie folgende Kennzeichnungen von Fetten und Ölen (siehe Tabellenbuch):
    a) Schmierfett – K2K-30
    b) Schmierfett – K1G-20
    c) Hydrauliköl – HLP100
    d) Hydrauliköl – HFA220
9. Stellen Sie den Wartungsplan einer Maschine Ihres Betriebes der Klasse vor.
10. Worin unterscheiden sich Mineralöle von synthetischen Ölen?
11. Was bedeutet es, wenn ein Öl mit „Additiven versetzt" ist?
12. Welche Eigenschaften hat Grafit als Schmierstoff?

Technische Kommunikation VII

1 Technische Unterlagen

Eine technische Dokumentation ist die Gesamtheit von Dokumenten (Unterlagen), in denen ein technisches Produkt beschrieben wird. Hierzu gehören alle Aufzeichnungen und Daten, die dazu beitragen, ein Produkt auch zu einem späteren Zeitpunkt (z. B. nach 3 Jahren) erneut maß- und formgleich herzustellen.

Technische Unterlagen zu einem Produkt bestehen aus:

- Skizzen/Notizen
- Fotos
- Zeichnungen
- Beschreibungen
- Stücklisten
- Fertigungspläne
- Prüfpläne
- Montageanleitungen
- und weitere …

Für ein Unternehmen ist es wichtig, dass Produkte immer wieder in gleichwertiger Qualität angefertigt, d. h. reproduziert werden können. Dies ist durch optimale **technische Unterlagen** auch bei wechselnden Rahmenbedingungen (z. B. neue Mitarbeiter, neue Maschinen) möglich.

> **Merke**
> Technische Unterlagen werden angelegt, um Produkte **reproduzierbar** (wieder herstellbar) zu machen.

1.1 Darstellungsarten

Am Beispiel eines Kontrollschiebers sollen mögliche Darstellungsarten von technischen Unterlagen gezeigt werden.

- Eine Möglichkeit eine technische Unterlage anzufertigen, ist die **Skizze** des Produkts [Bild 1].

- Eine weitere Möglichkeit, das Produkt darzustellen, bietet ein **Foto** [Bild 2, 1 nächste Seite] mit der Digitalkamera oder dem Handy.

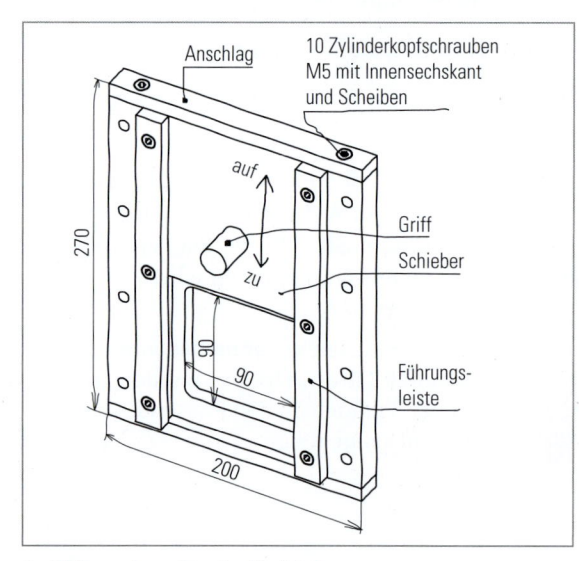

1: Skizze eines Kontrollschiebers

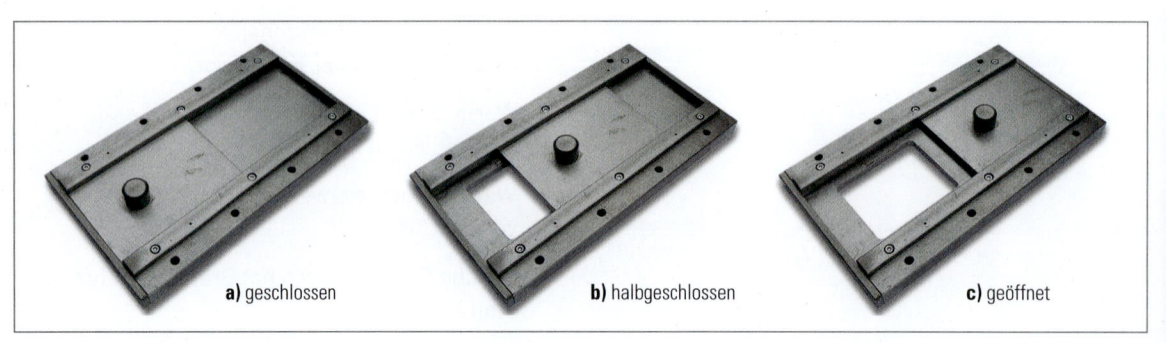

2: Fotos eines Kontrollschiebers
a) geschlossen b) halbgeschlossen c) geöffnet

handwerk-technik.de

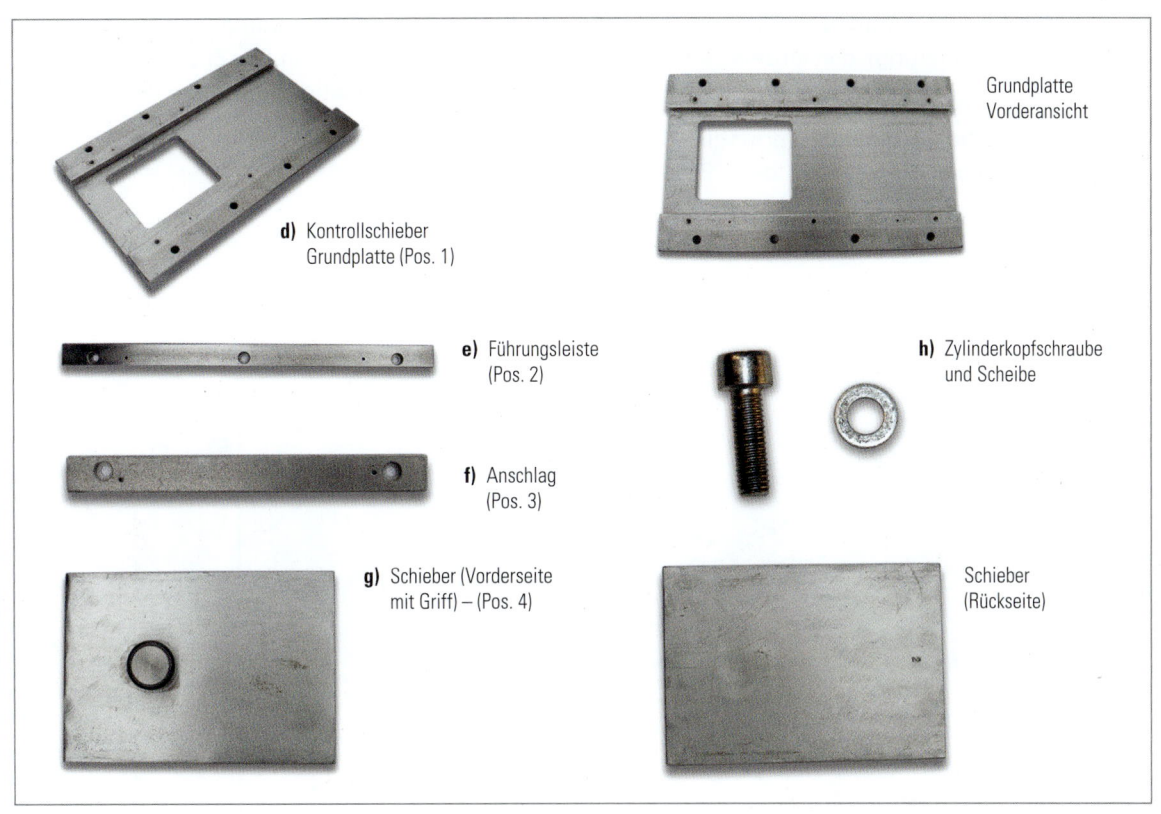

Technische Kommunikation ▶ Technische Unterlagen ▶ Darstellungsarten

d) Kontrollschieber Grundplatte (Pos. 1)

Grundplatte Vorderansicht

e) Führungsleiste (Pos. 2)

f) Anschlag (Pos. 3)

g) Schieber (Vorderseite mit Griff) – (Pos. 4)

h) Zylinderkopfschraube und Scheibe

Schieber (Rückseite)

1: Fotos von Einzelteilen eines Kontrollschiebers

Um den Sinn und Zweck des Produktes zu erklären, wird eine **Produktbeschreibung** angefertigt.

■ **Produktbeschreibung:**
Der Kontrollschieber dient der Kontrolle eines hinter verschlossenem Gehäuse ablaufenden Prozesses (Sichtkontrolle).
Durch Öffnen des Schiebers können Proben während des laufenden Prozesses entnommen werden.

Wie das Produkt genau funktioniert, wird in der **Funktionsbeschreibung** dokumentiert.

■ **Funktionsbeschreibung:**
Durch die Führungsleisten (Pos. 2) auf der Grundplatte wird der Schieber (Pos. 4) geführt. Er kann durch den Griff nach oben und nach unten geschoben werden (offen – zu). Ein Anschlag oben (Pos. 3) und ein weiterer Anschlag unten verhindern das Herausrutschen des Schiebers aus den Führungen. Die Bohrungen auf der Grundplatte ermöglichen die Befestigung des Schiebers am Gehäuse einer Anlage.

Dies kann z. B. durch Verschraubungen erfolgen. Der Kontrollschieber kann an verschiedenen Anlagen angebracht werden.

Die **Montageanleitung** gibt Auskunft über die Art und Weise, wie ein Produkt zusammengebaut (montiert) wird.

■ **Montageanleitung:**
Der Kontrollschieber besteht aus 7 Einzelteilen, die durch 10 Zylinderkopfschrauben mit Innensechskant und 10 Scheiben fest miteinander verschraubt werden. Benötigt wird ein Sechskantschlüssel (4 mm).
An die Grundplatte (Pos. 1) wird von unten der Anschlag (Pos. 3) geschraubt. Die Führungsleisten (Pos. 2) werden rechts und links auf der Grundplatte angebracht und verschraubt. Nun wird der Schieber zwischen die Führungsleisten geschoben. Es ist darauf zu achten, dass der Schieber richtig positioniert wird. Der Griff wird am Schieber angebracht. Zuletzt wird der obere Anschlag mit der Grundplatte verschraubt.

Technische Kommunikation ▶ Technische Unterlagen ▶ Darstellungsarten

- Eine **Explosionszeichnung** hilft bei der Zuordnung (Positionierung) der einzelnen Bauteile [Bild 1].

- Die **räumliche Darstellung** ermöglicht eine drei-dimensionale Ansicht des Produktes [Bild 3].

- Auf der **Gesamtzeichnung** werden Produkte mit allen Einzelteilen im Zusammenbau gezeichnet. Die Positionsnummern der einzelnen Teile werden angegeben [Bild 2].

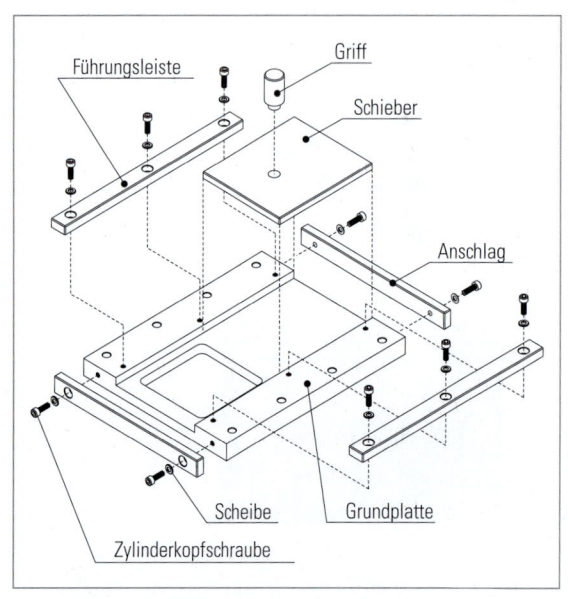

1: Explosionszeichnung eines Kontrollschiebers

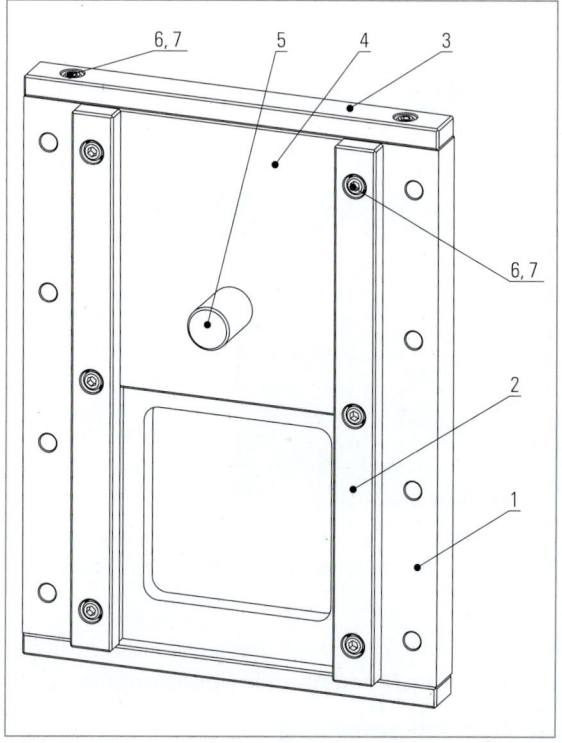

2: Gesamtzeichnung eines Kontrollschiebers (3-D) in Ansicht

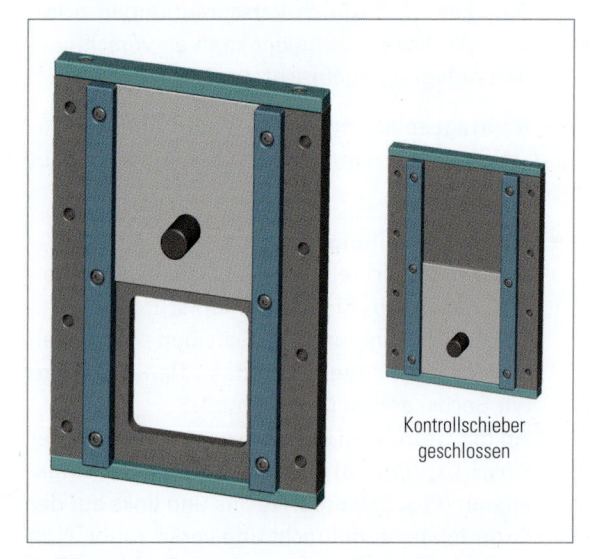

3: Räumliche Darstellung eines Kontrollschiebers (3-D)

handwerk-technik.de

Technische Kommunikation ▶ Technische Unterlagen ▶ Darstellungsarten

- Um die Produkte leichter und übersichtlicher darzustellen und zu bemaßen, werden **Einzelteilzeichnungen** angefertigt [Bilder 1–5].

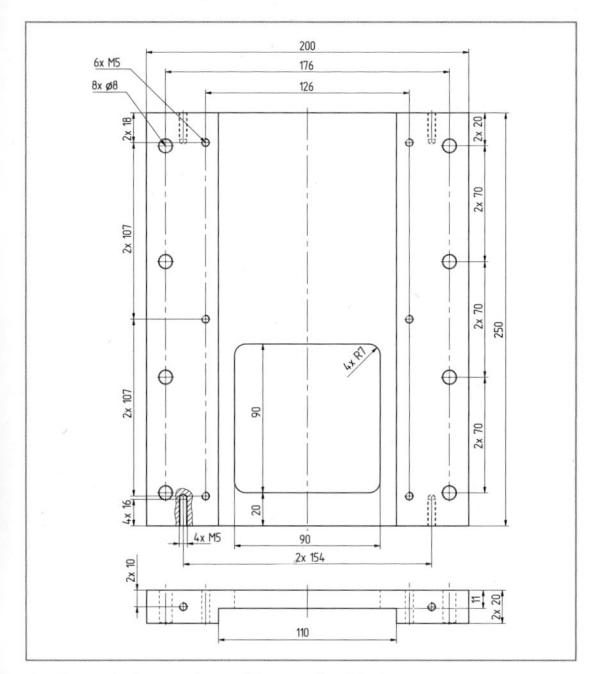

1: Grundplatte eines Kontrollschiebers

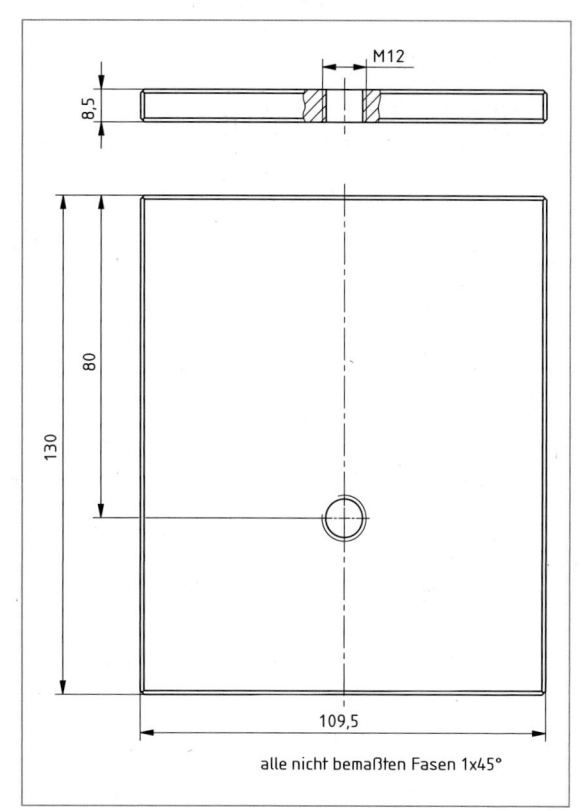

2: Schieber

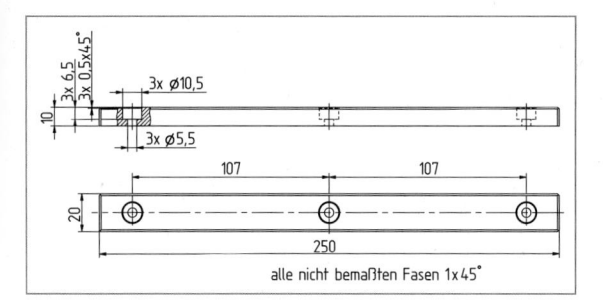

3: Führungsleisten

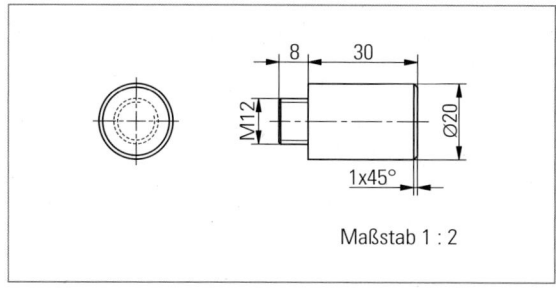

4: Griff

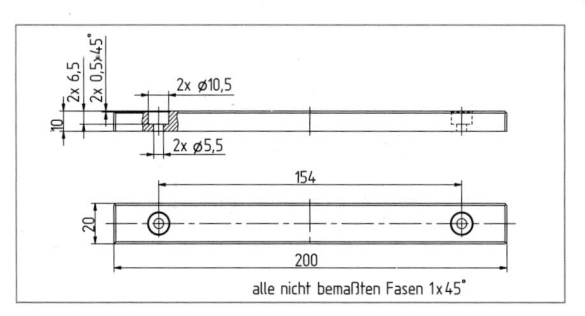

5: Anschlag

Technische Kommunikation ▶ Technische Unterlagen ▶ Darstellungsarten

Die **Stückliste** enthält alle Angaben zu den Einzelteilen für einen Schieber [Bilder 1, 2]. Einige wichtige Informationen in der Stückliste sind:

- Positionsnummern der Einzelteile
- Anzahl der Einzelteile
- Benennung der Einzelteile
- Normung von Normteilen
- Rohteilmaße
- Werkstoffangaben

7	10	Stck	Scheibe	DIN EN ISO 7092 M5	
6	10	Stck	Zylinderkopfschraube	DIN EN ISO 4762 M5x16	
5	1	Stck	Griff	ø30x40	11SMn30
4	1	Stck	Schieber	130x110x10	S235JR
3	2	Stck	Anschlag	200x20x10	S235JR
2	2	Stck	Führungsleiste	250x20x10	S235JR
1	1	Stck	Grundplatte	250x200x20	S235JR
Pos.	Menge	Einheit	Benennung	Sachnummer / Norm	Bemerkung
Verantwortl. Abt. HT30		Technische Referenz Silke Blome		Erstellt durch Volker Lindner	Genehmigt von Ute Kühner	HT3040

1: Stückliste eines Kontrollschiebers mit Schriftfeld

Pos.	Menge	Einheit	Benennung	Sachnummer / Norm	Bemerkung
1	1	Stck	Grundplatte	250x200x20	S235JR
2	2	Stck	Führungsleiste	250x20x10	S235JR
3	2	Stck	Anschlag	200x20x10	S235JR
4	1	Stck	Schieber	130x110x10	S235JR
5	1	Stck	Griff	ø30x40	11SMn30
6	10	Stck	Zylinderkopfschraube	DIN EN ISO 4762 M5x16	
7	10	Stck	Scheibe	DIN EN ISO 7092 M5	

2: Stückliste eines Kontrollschiebers

Übungen

1. Welche der aufgeführten technischen Unterlagen kennen Sie aus Ihrem Ausbildungsbetrieb? Nennen Sie Beispiele.

2. Wo werden technische Unterlagen im „Alltag" benötigt?

3. Wählen Sie einen beliebigen Gegenstand, z. B. einen Anspitzer, und erstellen Sie davon technische Unterlagen. (Tipp: Überlegen Sie zuerst, welche Unterlagen zweckmäßig sind, z. B. für die Fertigung oder den Verkauf.)

4. Erstellen Sie für die Rohrklemme eine Stückliste [Bild 3].

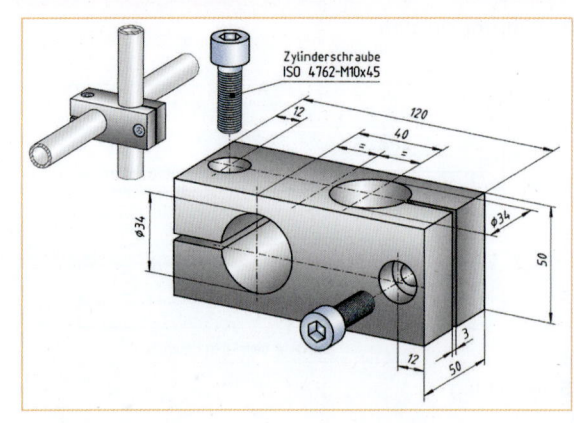

3: Rohrklemme

2 Normen in technischen Zeichnungen

Um Zeichnungen einheitlich zu gestalten, wurden Normen vereinbart. Diese Normen werden in Normblättern dokumentiert.

Es gibt verschiedene Normenklassen. Hier einige Beispiele [Bild 1]:

- **DIN** kennzeichnet Normen, die vom **D**eutschen **I**nstitut für **N**ormung erstellt werden (gilt nur in Deutschland)

- **EN** diese Abkürzung steht für **E**uropäische **N**orm (European Norm, gilt in der europäischen Union)

- **ISO**[1] Internationale Norm (gilt nur in Ländern, die sie in ihr nationales Normenwerk übernommen haben z. B. DIN ISO)

- **DIN EN ISO** (gilt international, ist übernommen von der europäischen Union und hat den Status einer deutschen Norm)

Merke: **Technische Zeichnungen** werden unter Einhaltung von **Normen** erstellt.

Beispiele für häufig verwendete Normen sind dem Tabellenbuch zu entnehmen (siehe Normenverzeichnis).

[1] **ISO**: griech: isos' heißt „gleich"
engl: international organization of standardization

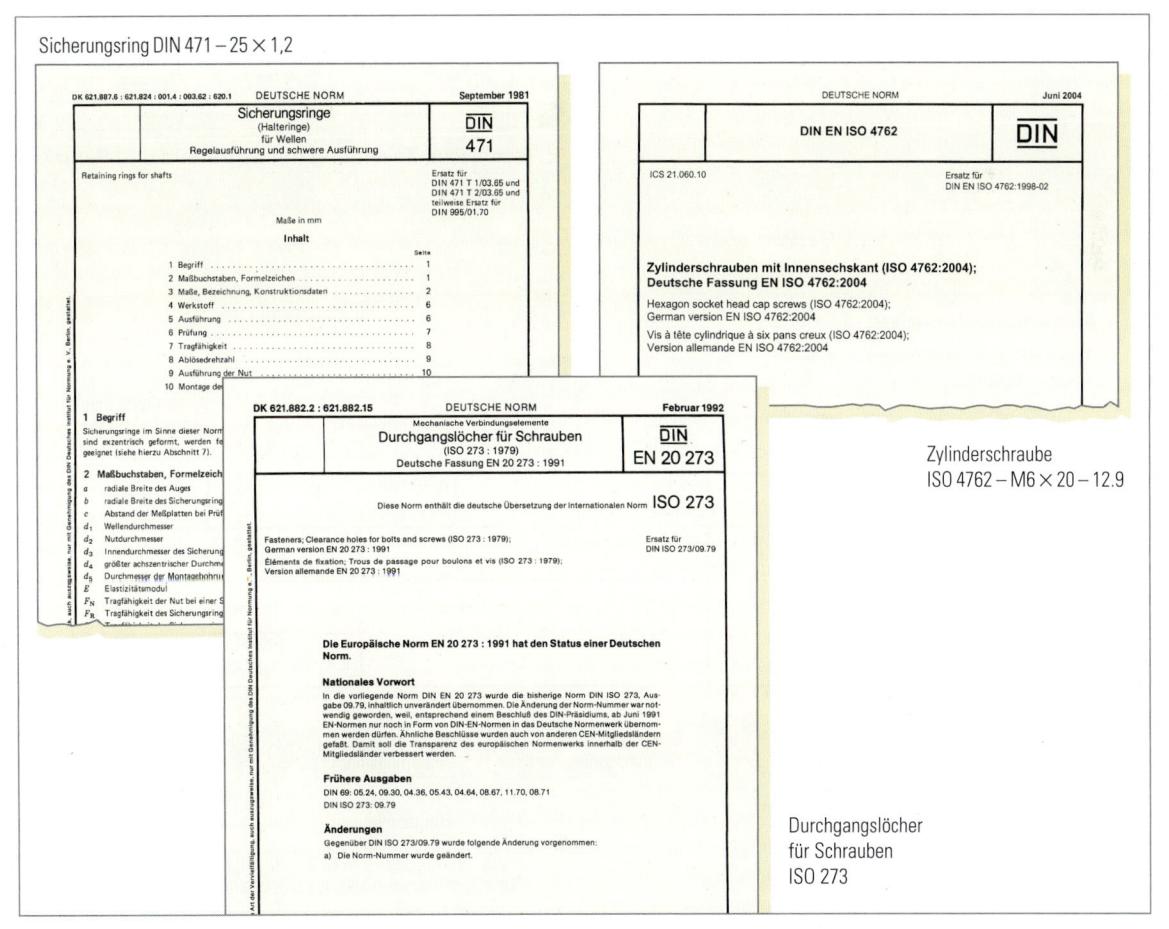

1: Beispiele für Normen

Technische Kommunikation ▶ Normen in technischen Zeichnungen

Die technischen Zeichnungen sind also in den verschiedenen Unternehmen in ihren Grundzügen einheitlich. So können sie besser gelesen/geprüft werden. Dies ist wichtig für Auftragsbestellungen, Fertigung und Prüfung von Werkstücken.

Genormt in technischen Zeichnungen sind:

- Rahmen [Bild 1]
- Schriftfeld (Grundzüge) [Bild 2]
- Linienart [Bild 1, nächste Seite]
- Schrift [Bild 2, nächste Seite]
- Darstellungsart [Bilder 3, 4 nächste Seite], [Bild 1, übernächste Seite]
- Bemaßung und weitere Zusatzangaben

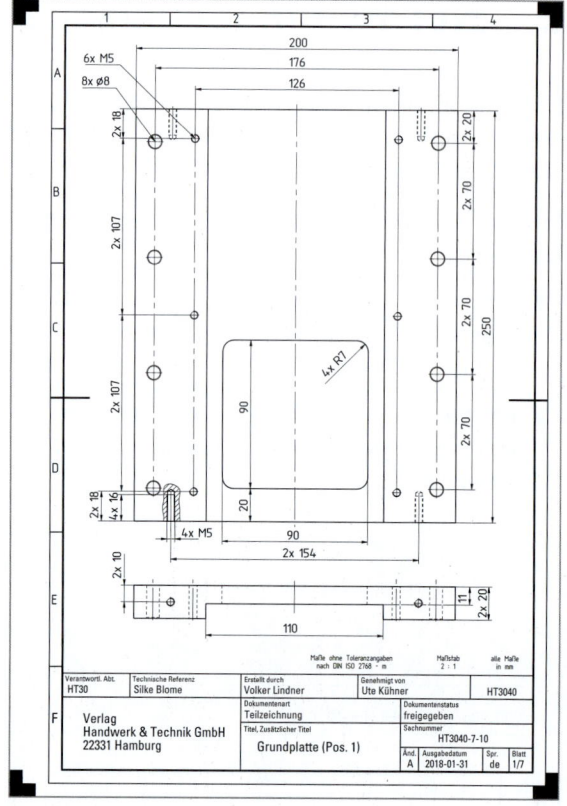

1: Technische Zeichnung mit Schriftfeld und Rahmen

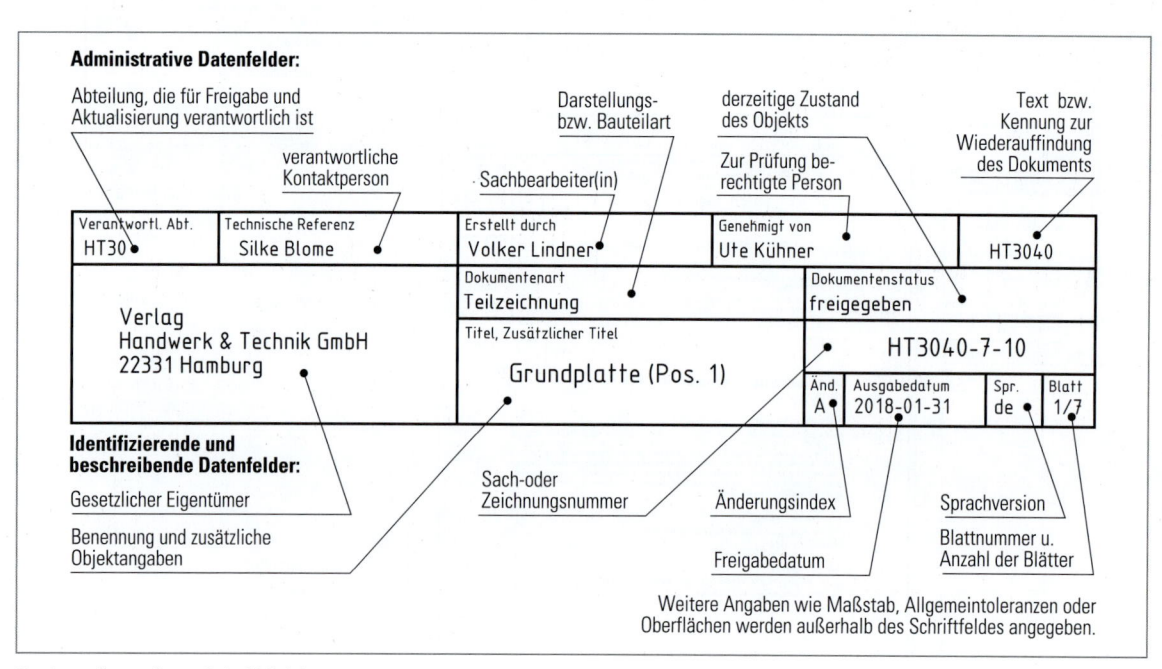

2: Angaben eines Schriftfeldes

Technische Kommunikation ▶ Normen in technischen Zeichnungen

Linienart	Linienbreite der Körperkanten			Benennung	Anwendung
―――――	0,35	0,5	0,7	Volllinie, breit	Sichtbare Kanten und Umrisse, Gewindeabschlusslinien
―――――	0,18	0,25	0,35	Volllinie, schmal	Maßlinien, Maßhilfslinien, Schraffuren, Lichtkanten, Bezugslinien, Umrisse von in die geeignete Ansicht gedrehten Schnitten, Gewindegrund, kurze Mittellinien, Biegelinien, Diagonalkreuze
—·—·—·—	0,18	0,25	0,35	Strich-Punktlinie, schmal	Mittellinien, Symmetrielinien
—·—·—·—	0,35	0,5	0,7	Strich-Punktlinie, breit	Kennzeichnung von Schnitten und Behandlungszuständen
– – – –	0,18	0,25	0,35	Strichlinie	Verdeckte Kanten und Umrisse
～～～	0,18	0,25	0,35	Freihandlinie	Bruchlinien an Werkstücken und Ausbrüchen
—··—··—	0,18	0,25	0,35	Strich-Zweipunktlinie	Umrisse benachbarter Teile, Endstellungen beweglicher Teile, Schwerlinien, Umrisse von Fertigteilen in Rohteilen, Umrisse alternativer Ausführungen, Umrahmungen besonderer Bereiche

1: Linienarten in technischen Zeichnungen

Größenverhältnisse Schriftform B

Große Buchstaben	$\frac{10}{10} h$
Kleine Buchstaben	$\frac{7}{10} h$
Buchstabenabstand	$\frac{2}{10} h$
Linienbreite	$\frac{1}{10} h$
Wortabstand	$\frac{6}{10} h$
Grundlinienabstand	$\frac{13}{10} h \dots \frac{19}{10} h$

Schrifthöhen und Strichbreiten

Schrifthöhe h	2,5	3,5	5	7
Strichbreite	0,25	0,35	0,5	0,7
Breite Volllinie	0,35	0,5	0,7	1

Indizes und Hochzahlen werden eine Liniengruppe kleiner geschrieben

2: Schriftform und -größe in technischen Zeichnungen

Kanten
- Radius oder Abrundung
- Fase
- Langloch
- Vierkantloch
- Radius oder Hohlkehle
- Absatz oder Ausnehmung
- Bohrung

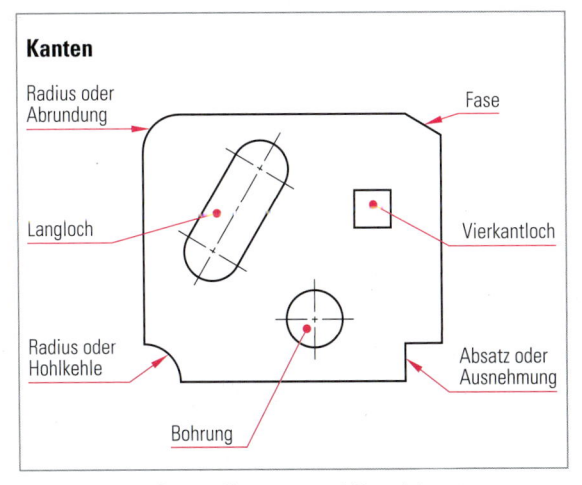

3: Genormte Darstellungen und Bezeichnungen

Formelemente
- schräge Flächen
- Feder
- Nut

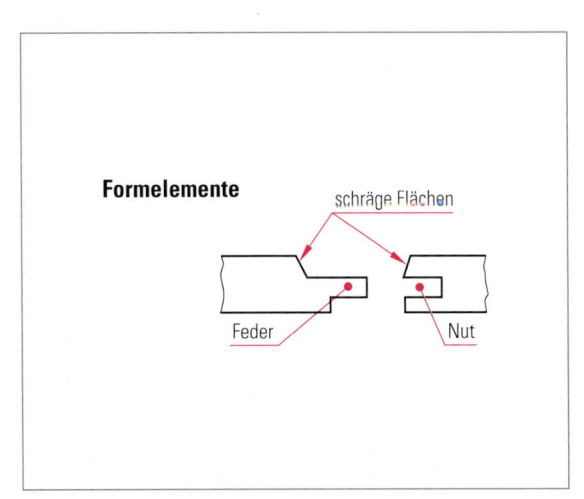

4: Genormte Darstellungen und Bezeichnungen

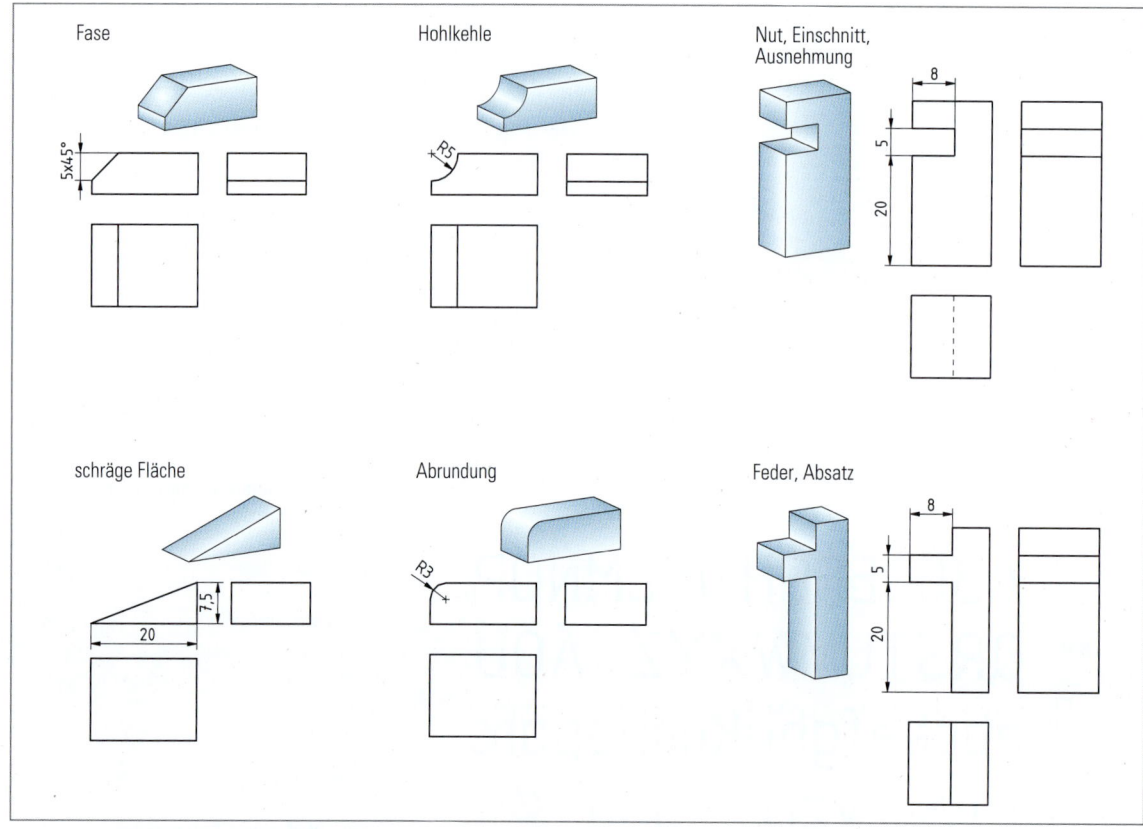

1: Genormte Darstellungen und Bezeichnungen

2.1 Maßeintragungen

Für Maßeintragungen an Werkstücken müssen, entsprechend der Normung, verschiedene Regeln eingehalten werden.
Einige **Bemaßungsregeln**:

- Die **Leserichtung** der Maße wird durch die Lage des **Schriftfeldes** vorgegeben.

- Maße sollen von **unten** und von **rechts** lesbar sein.

- Maße erhalten in der Regel eine **Maßlinie** und eine **Maßhilfslinie**.

- Bemaßt wird von „innen" nach „außen" das heißt, es wird mit dem **kleinsten Maß** begonnen.

- Bemaßt wird in den meisten Fällen nach **Bezugskanten** oder **symmetrisch** [Bild 2].

- Symmetrische Werkstücke erhalten eine **Mittellinie** [Bild 1, nächste Seite].

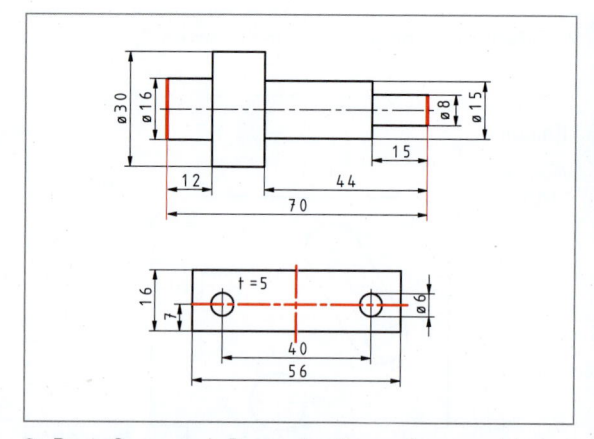

2: Bemaßung nach Bezugskanten und symmetrisch

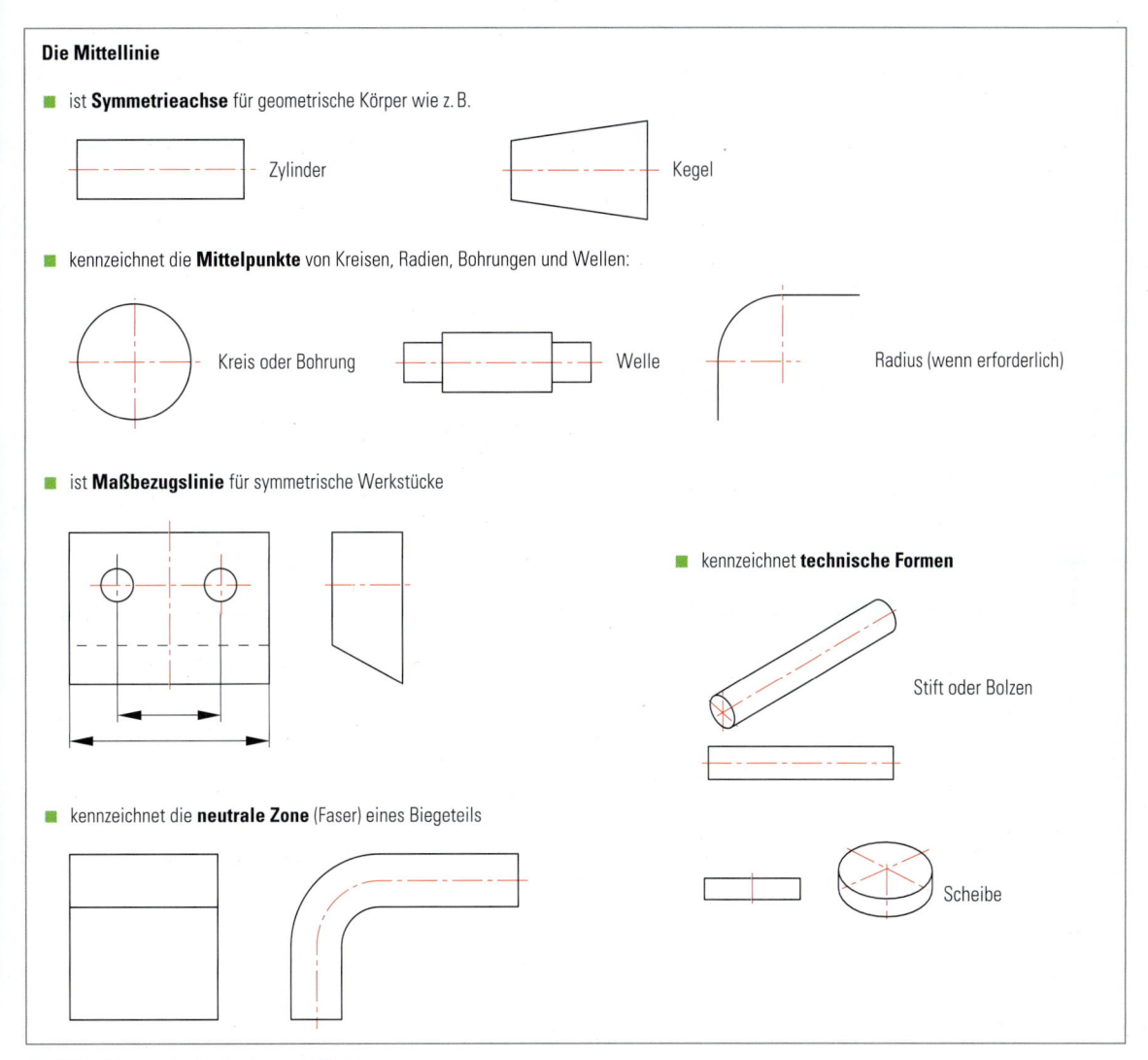

Technische Kommunikation ▶ Normen in technischen Zeichnungen ▶ Maßeintragungen

Die Mittellinie

- ist **Symmetrieachse** für geometrische Körper wie z. B.

  Zylinder   Kegel

- kennzeichnet die **Mittelpunkte** von Kreisen, Radien, Bohrungen und Wellen:

  Kreis oder Bohrung   Welle   Radius (wenn erforderlich)

- ist **Maßbezugslinie** für symmetrische Werkstücke

- kennzeichnet **technische Formen**

  Stift oder Bolzen

  Scheibe

- kennzeichnet die **neutrale Zone** (Faser) eines Biegeteils

1: Mittellinien in technischen Zeichnungen

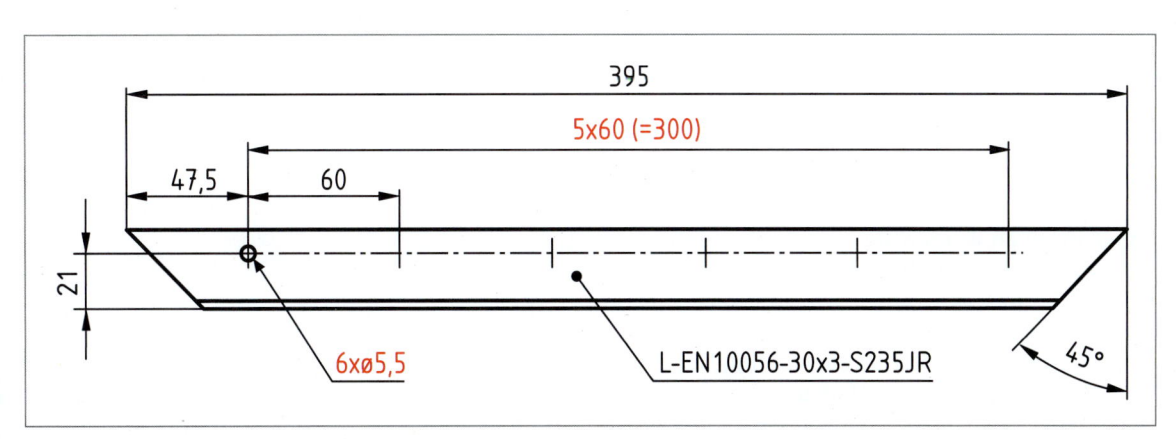

2: Werkstück mit gleicher Teilung

395
5x60 (=300)
47,5
60
21
6xø5,5
L-EN10056-30x3-S235JR
45°

Technische Kommunikation ▶ Normen in technischen Zeichnungen ▶ Maßeintragungen

Grundlagen der Maßeintragung [Bild 1]

Maßlinien a

- werden parallel zur Körperkante gezeichnet
- werden in einem bestimmten Abstand vom Werkstück gezeichnet (≥ 8 mm)
- haben untereinander gleiche Abstände (≥ 7 mm)
- **Maßlinien** dürfen sich **nicht** schneiden!

Tipp: Wenn genügend Platz vorhanden ist, können alle Abstände der Maßlinien einheitlich **10 mm** betragen.

Maßpfeile b

- werden an den Enden der Maßlinie angebracht.
- das Aussehen der Maßpfeile ist genormt (ca. 3 mm lang, 1 mm breit)

Maßhilfslinien c

- beginnen an der Körperkante
- werden senkrecht zur Körperkante gezeichnet
- ragen ca. 2 mm über die Maßlinie hinaus
- **Maßhilfslinien** dürfen sich schneiden!

Maßzahlen d

- werden in Normschrift geschrieben (in der Regel 3,5 mm hoch)
- dürfen nicht durch Linien getrennt werden
- werden **ohne Einheiten** geschrieben (im Maschinenbau werden **alle Maße** in **mm** angegeben, wenn keine andere Maßeinheit am Maß steht)
- **Maßzahlen** werden von unten oder von rechts lesbar auf die Maßlinien geschrieben

Merke: Zu einem Maß gehören die **Maßlinie**, die **Maßhilfslinie** und die **Maßzahl**.

Werkstücke können auch schräge Kanten aufweisen. In diesen Fällen werden die Maßzahlen wie im folgenden Beispiel angegeben [Bild 2].

Bei Werkstücken mit **gleichen Maßabständen** (Teilungen) wird der Abstand nur einmal bemaßt (Maß 60 [Bild 2, vorherige Seite]). Anschließend wird die Anzahl der Abstände (hier 5) angegeben und die Gesamtlänge der Abstandsmaße in Klammern gesetzt (5*60 (= 300).

Für die Programmierung von CNC-Maschinen wird die **Koordinatenbemaßung** verwendet. Alle Maße beziehen sich auf einen Ursprung, hier den Werkstücknullpunkt [Bild 1, nächste Seite].

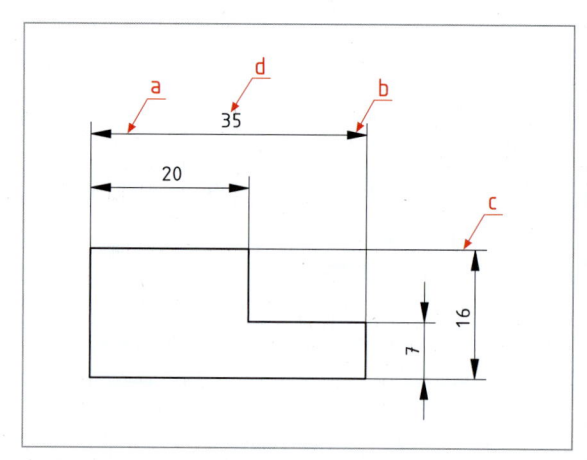

1: Bemaßtes Werkstück (Abdeckung)

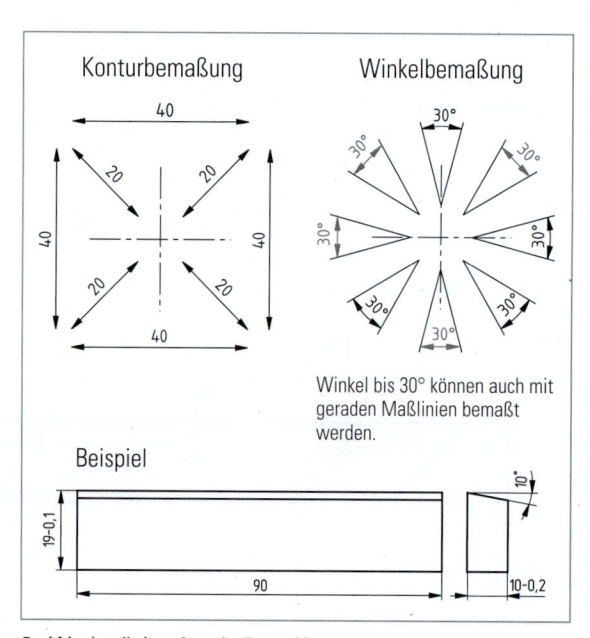

2: Werkstück mit schräger Kante

handwerk-technik.de

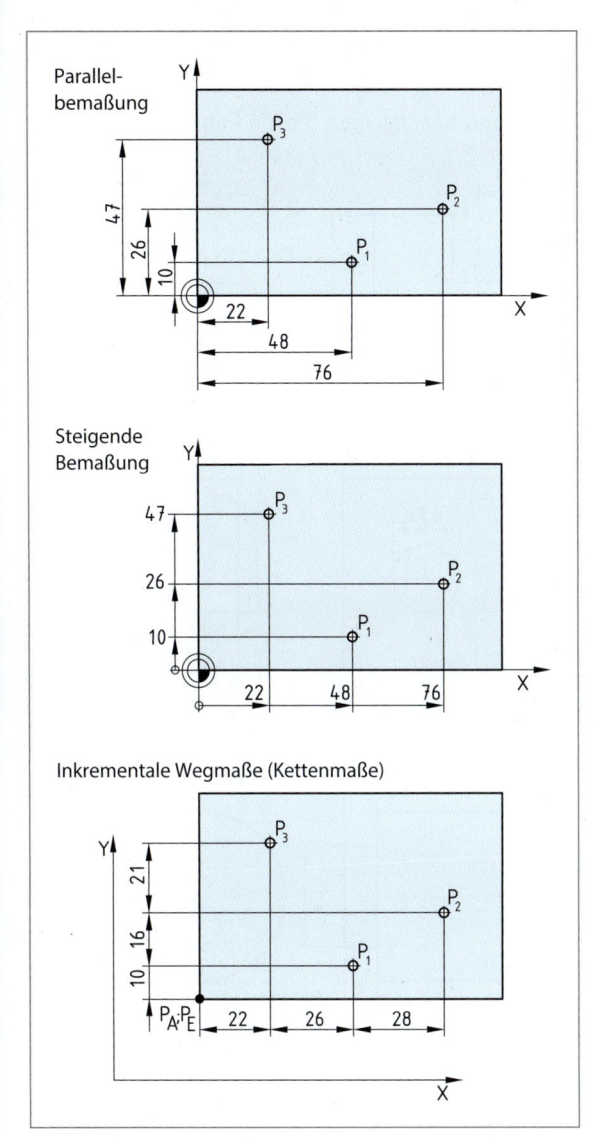

Technische Kommunikation ▶ Normen in technischen Zeichnungen ▶ Maßeintragungen

Parallelbemaßung

Steigende Bemaßung

Inkrementale Wegmaße (Kettenmaße)

1: Koordinatenbemaßung

2.1.1 Flache Werkstücke

Flache Werkstücke, z. B. Bleche werden in nur **einer Ansicht**, meist in der **Vorderansicht** dargestellt. Alle Längen- und Breitenmaße können in dieser Ansicht eingetragen werden. Das Tiefenmaß (Werkstückdicke) wird in der Zeichnung angegeben mit: t = 3

Das bedeutet, die Dicke des gesamten Werkstücks beträgt hier 3 mm [Bild 2].

Der Schieber des Kontrollschiebers ist ein flaches Werkstück aus Blech.

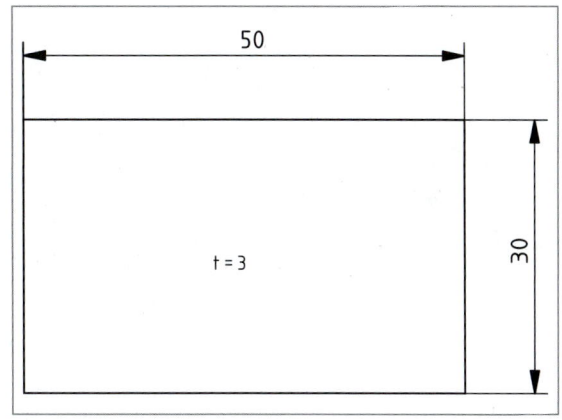

2: Flaches Werkstück (Blech)

Bemaßungsübung

1. Bemaßen Sie [Bild 3]
   a) nach Bezugskanten,
   b) nach Bezugskanten und, wenn möglich, symmetrisch.

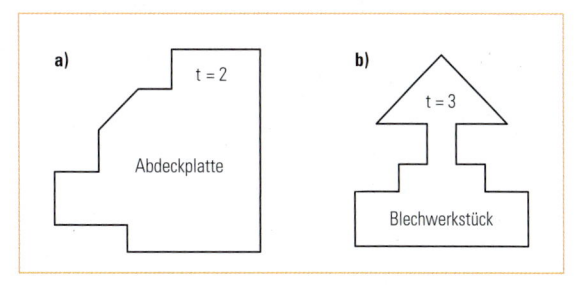

a) Abdeckplatte, t = 2

b) Blechwerkstück, t = 3

3: Flache Werkstücke

Technische Kommunikation ▶ Normen in technischen Zeichnungen ▶ Maßeintragungen

Übungen zum Zeichnungslesen

1. Vergleichen Sie die jeweiligen Ansichten a und b. Suchen und beschreiben Sie die Fehler:

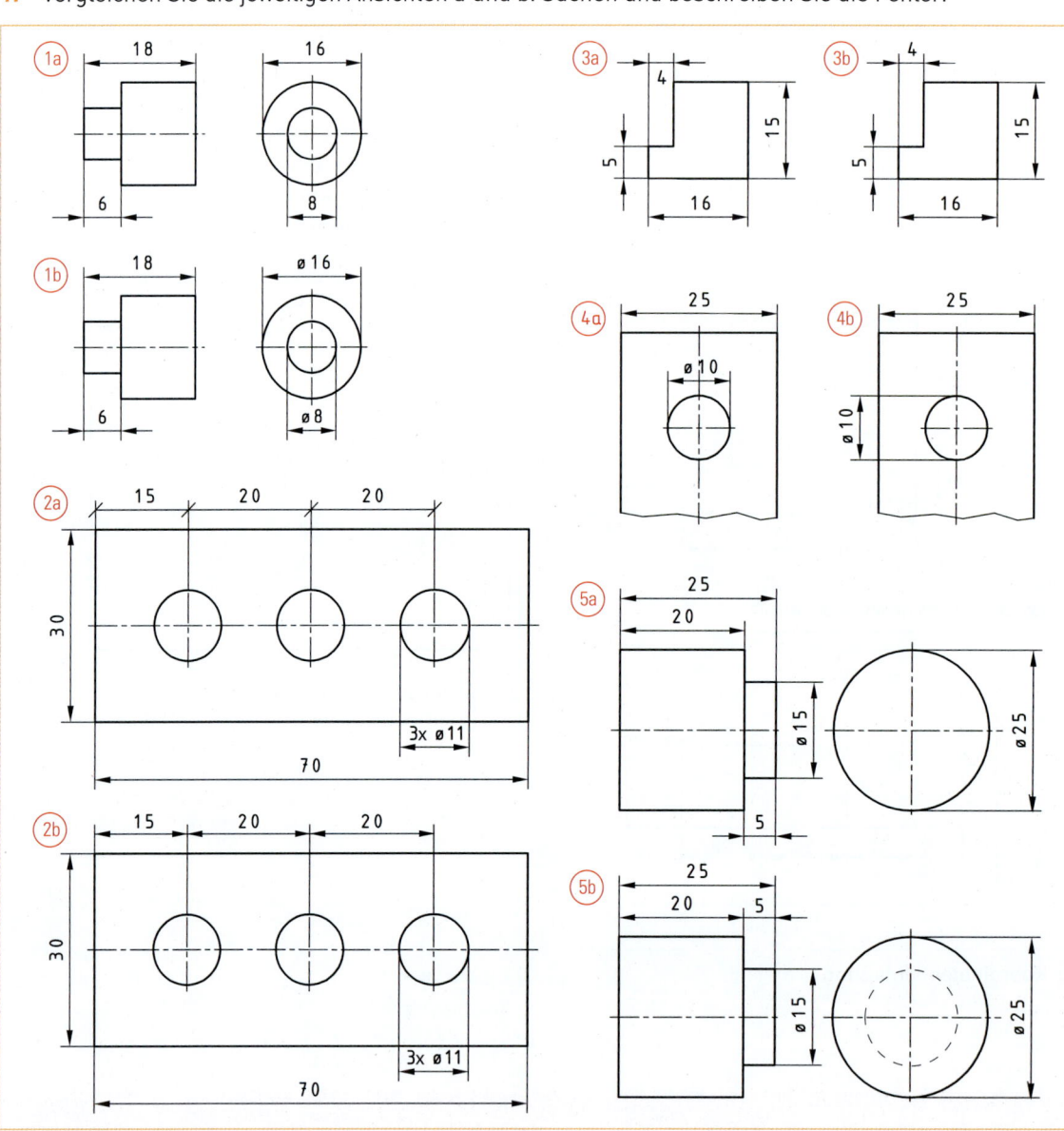

2. Beurteilen Sie die Anordnung der Bemaßungen. Welche ist übersichtlich? Begründen Sie Ihre Aussage.

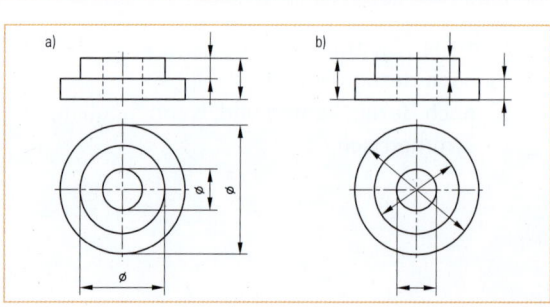

2.1.2 Zylindrische Werkstücke

Zylindrische Werkstücke werden meist in **zwei Ansichten** dargestellt; in der Vorderansicht und in einer weiteren Ansicht (Seitenansicht oder Draufsicht).

Der **Durchmesser** (⌀) eines Zylinders erhält ein Durchmesserzeichen. Dieses wird vor die Maßzahl gesetzt [Bilder 2, 4].

Ebene Flächen erhalten als Kennzeichnung ein Kreuz aus einer schmalen Volllinie [Bilder 1, 3]. SW bedeutet Schlüsselweite.

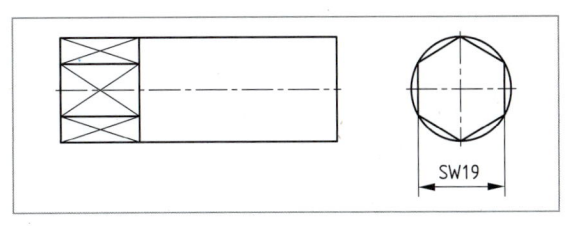

1: Zylinder mit Sechskant

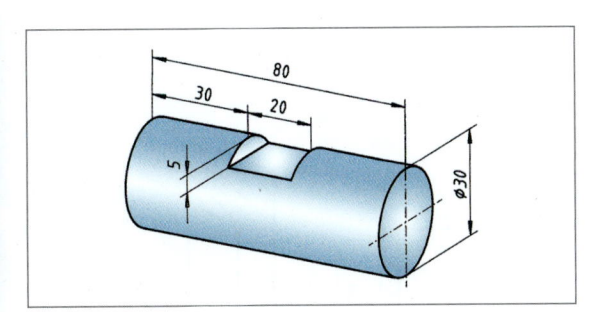

2: Zylinder mit Nut

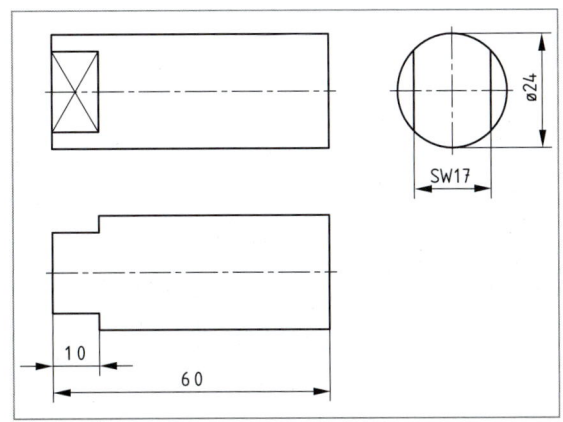

3: Zylinder mit zwei ebenen Flächen

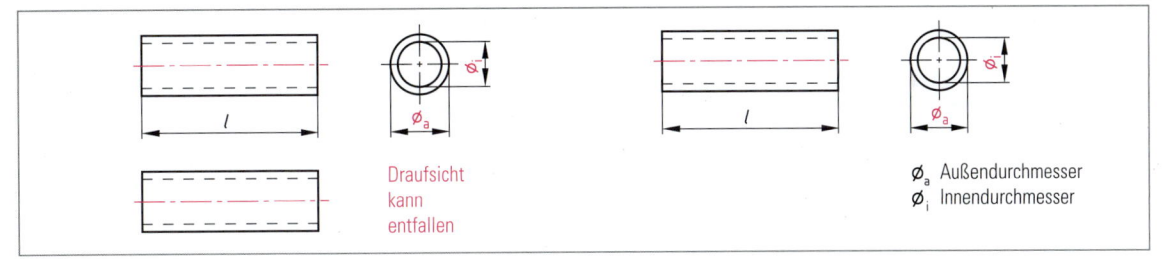

⌀$_a$ Außendurchmesser
⌀$_i$ Innendurchmesser

4: Zylindrisches Werkstück (Rohr)

In Ausnahmefällen werden Zylinder auch in 3 Ansichten dargestellt [Bild 5].

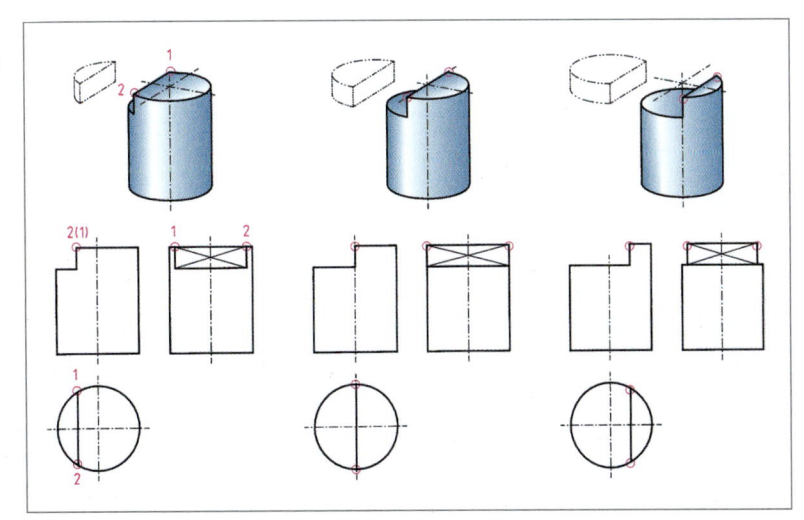

5: Zylinder mit Ausbruch (in 3 Ansichten)

Technische Kommunikation ▸ Normen in technischen Zeichnungen ▸ Maßeintragungen

Bemaßung von Fasen [Bild 1]:

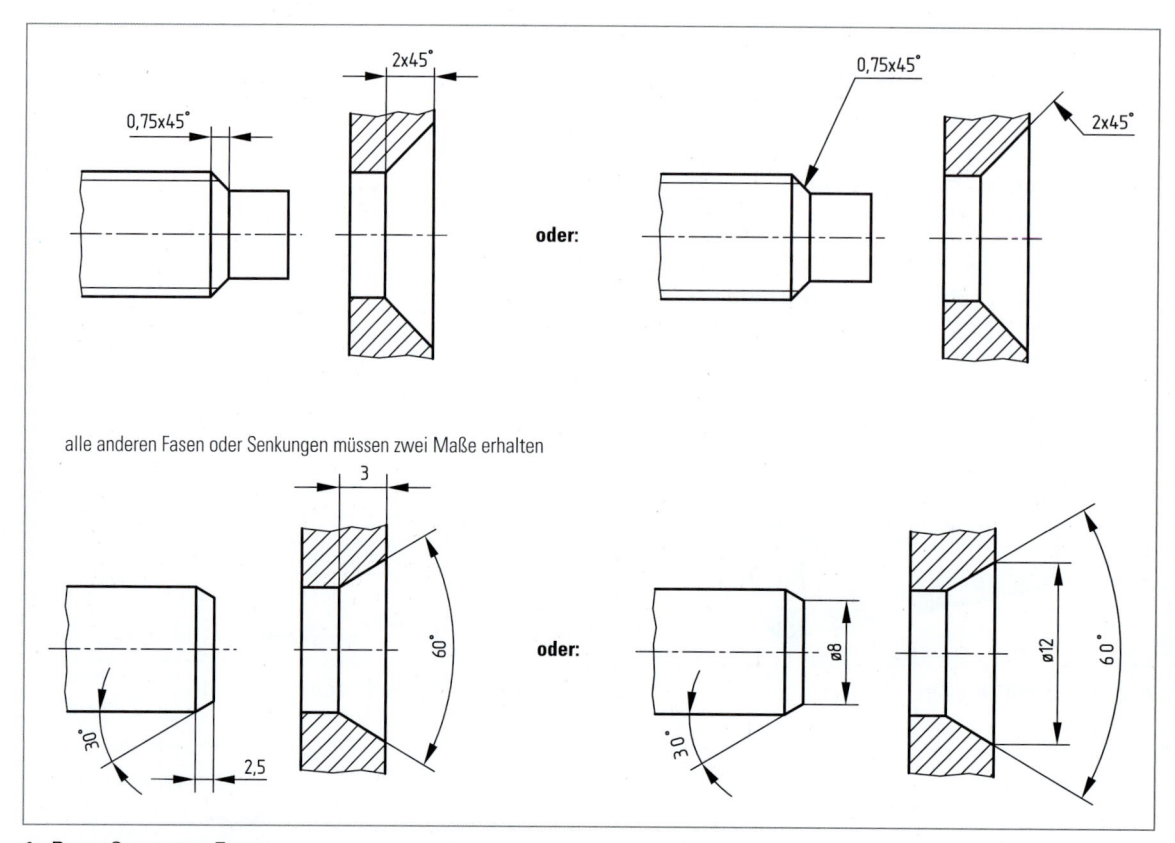

1: Bemaßung von Fasen

Übungen

1. Versuchen Sie, den Raumbildern 1–10 die entsprechende Vorderansicht zuzuordnen.

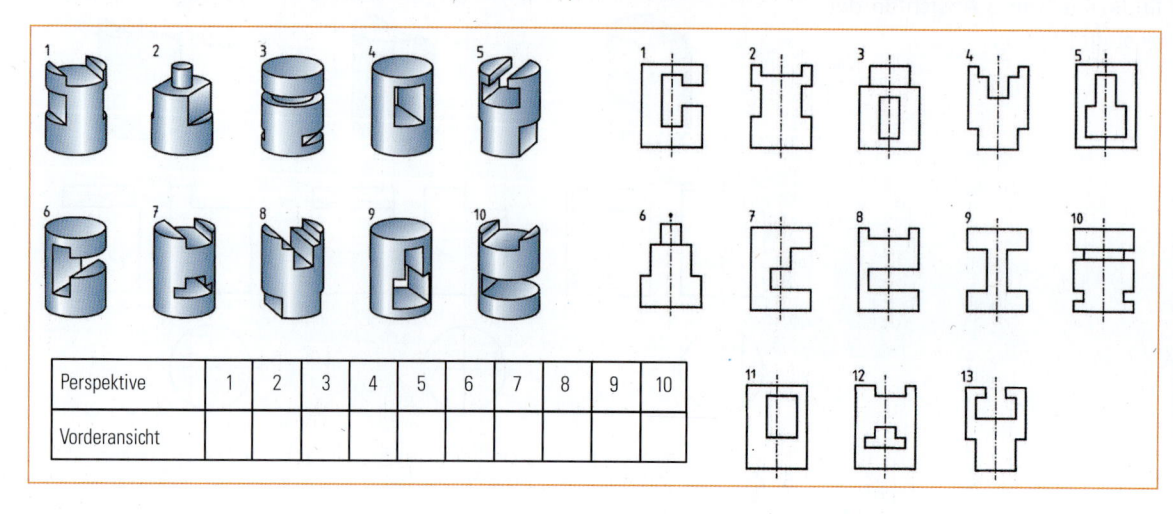

Perspektive	1	2	3	4	5	6	7	8	9	10
Vorderansicht										

Technische Kommunikation ▶ Normen in technischen Zeichnungen ▶ Maßeintragungen

2. Zeichnen Sie die zylinderförmigen Werkstücke als Ansicht und tragen Sie die verdeckten Kanten ein.
   a) Teil 1 **von vorne** und **von der Seite**
   b) Teil 2 **von vorne** und **von oben**
   c) Teil 3 **von vorne** und **von der Seite**

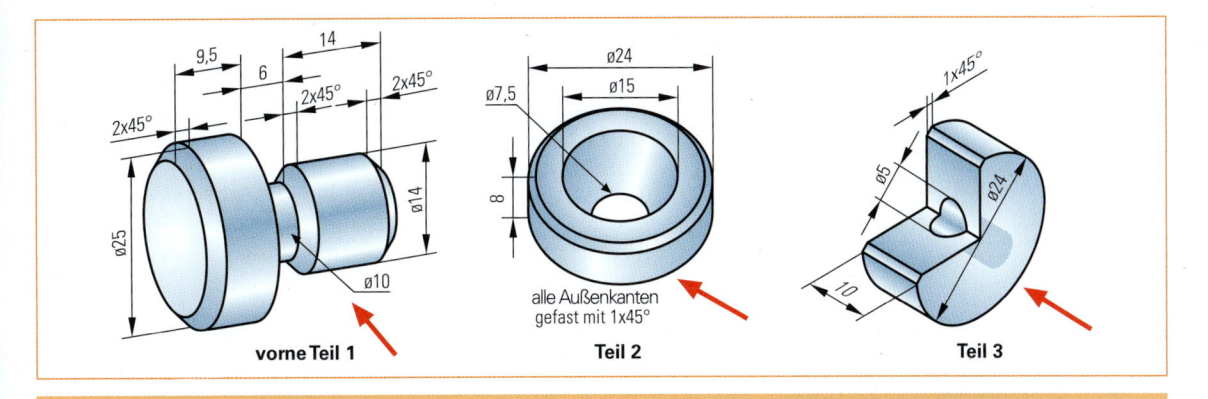

2.1.3 Räumliche „kantige" Werkstücke

Diese Werkstücke werden in **drei Ansichten** dargestellt:

- Das Werkstück wird von **vorne** betrachtet und gezeichnet. Diese Ansicht heißt **Vorderansicht** (Ansicht A).

- Anschließend wird das Werkstück von der **(linken) Seite** aus betrachtet und gezeichnet. Diese Ansicht heißt **Seitenansicht** (Ansicht C).

- Zuletzt wird das Werkstück von **oben** betrachtet und gezeichnet. Diese Ansicht wird **Draufsicht** (Ansicht B) genannt [Bild 1] [Bild 2].

Beispiele für die Darstellung von Grundkörpern in 3 Ansichten [Bild 1, nächste Seite].

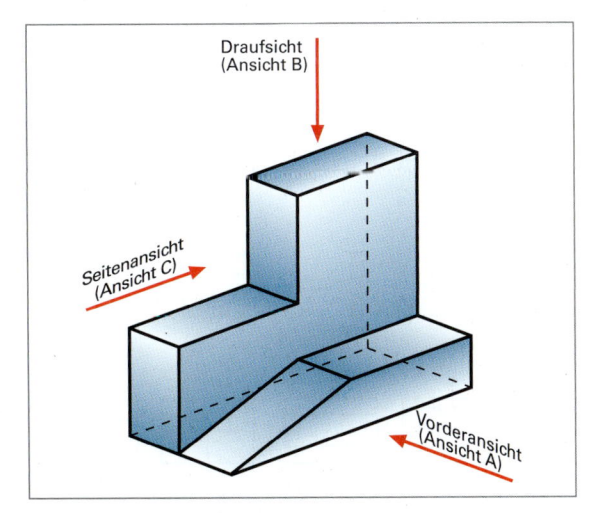

1: Räumliche Darstellung

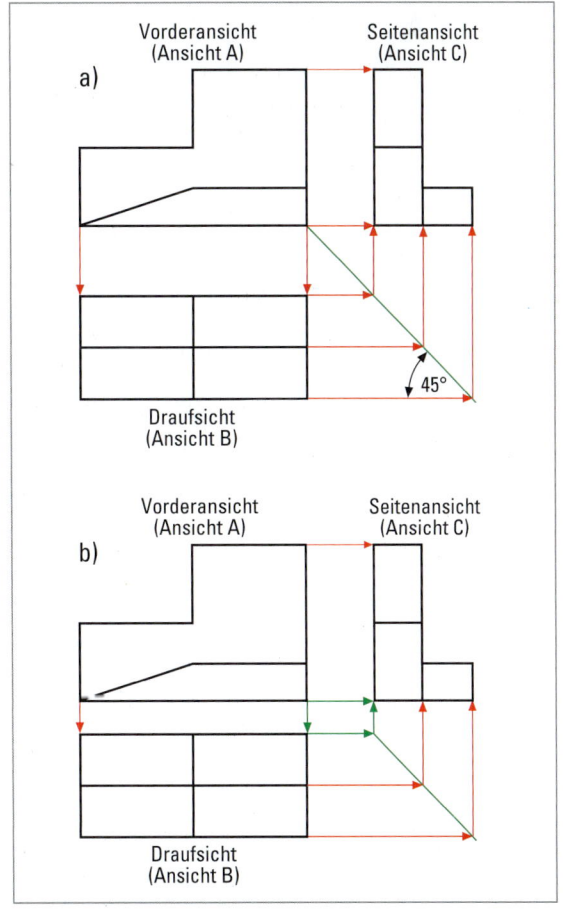

2: Darstellung in drei Ansichten
a) mit Hilfslinien (Konstruktionslinien) bei gleichem Abstand der Ansichten
b) mit Hilfslinien bei unterschiedlichen Abständen der Ansichten

handwerk-technik.de

Technische Kommunikation ▸ Normen in technischen Zeichnungen ▸ Maßeintragungen

Benennung	Perspektive	drei Ansichten	Beispiele
Quader			Grundformen von Werkstücken und Profilen
Pyramide			Keile, Führungen
Zylinder			Rundprofile, Achsen, Wellen, Rohre
Kegel			Ventilsitz, Bohreraufnahme

1: Darstellung von Grundkörpern

Übungen

1. Zeichnen Sie ein Auto in 3 Ansichten:
   a) Beginnen Sie mit der Vorderansicht (ein Auto von vorne).
   b) In welche Richtung fährt das Auto in der Seitenansicht?
   c) In welche Richtung fährt das Auto in der Draufsicht?
   Achten Sie darauf, dass das Auto nicht „größer" und auch nicht „kleiner" wird.

2. Ordnen Sie den Werkstücken 1 bis 6 die jeweiligen Ansichten zu.
   Erstellen Sie dafür eine Tabelle:

Werkstück	1	2	3
Vorderansicht			
Seitenansicht			
Draufsicht			

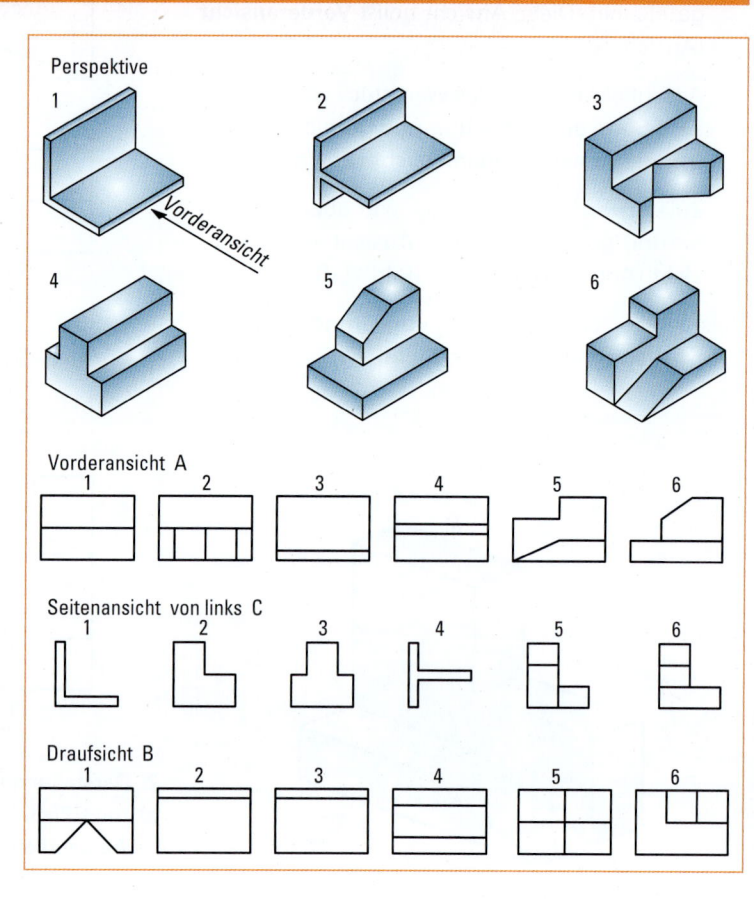

Technische Kommunikation ▶ Normen in technischen Zeichnungen ▶ Maßeintragungen

3. Zeichnen Sie von zwei der Werkstücke alle 3 Ansichten.

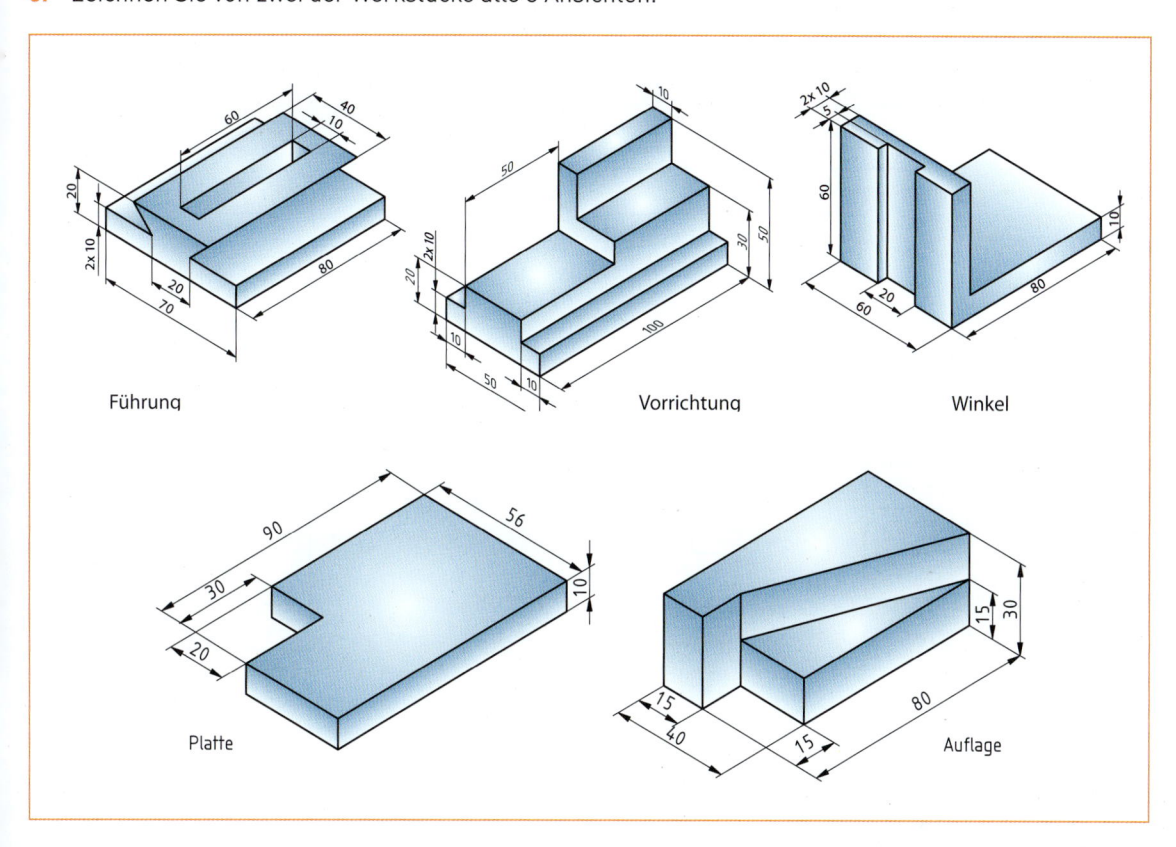

Führung   Vorrichtung   Winkel

Platte   Auflage

4. Fehlersuche: Welche Ansicht ist korrekt dargestellt, a oder b [Bild 1 und Fortsetzung Bild 1]?

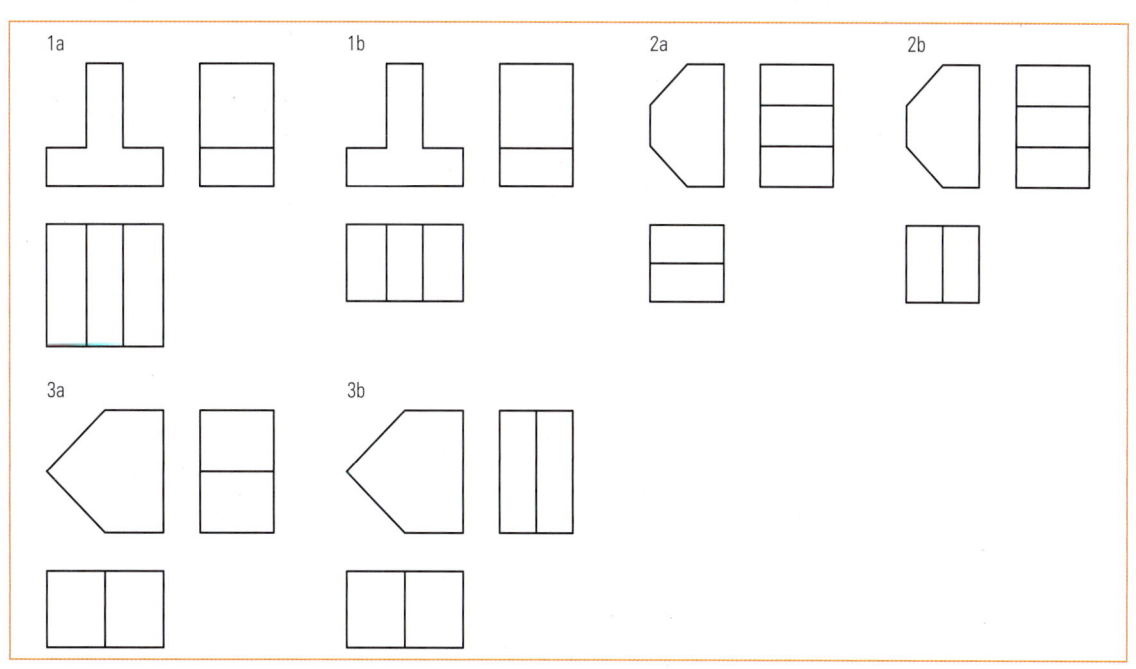

1a   1b   2a   2b

3a   3b

1: Werkstücke in drei Ansichten

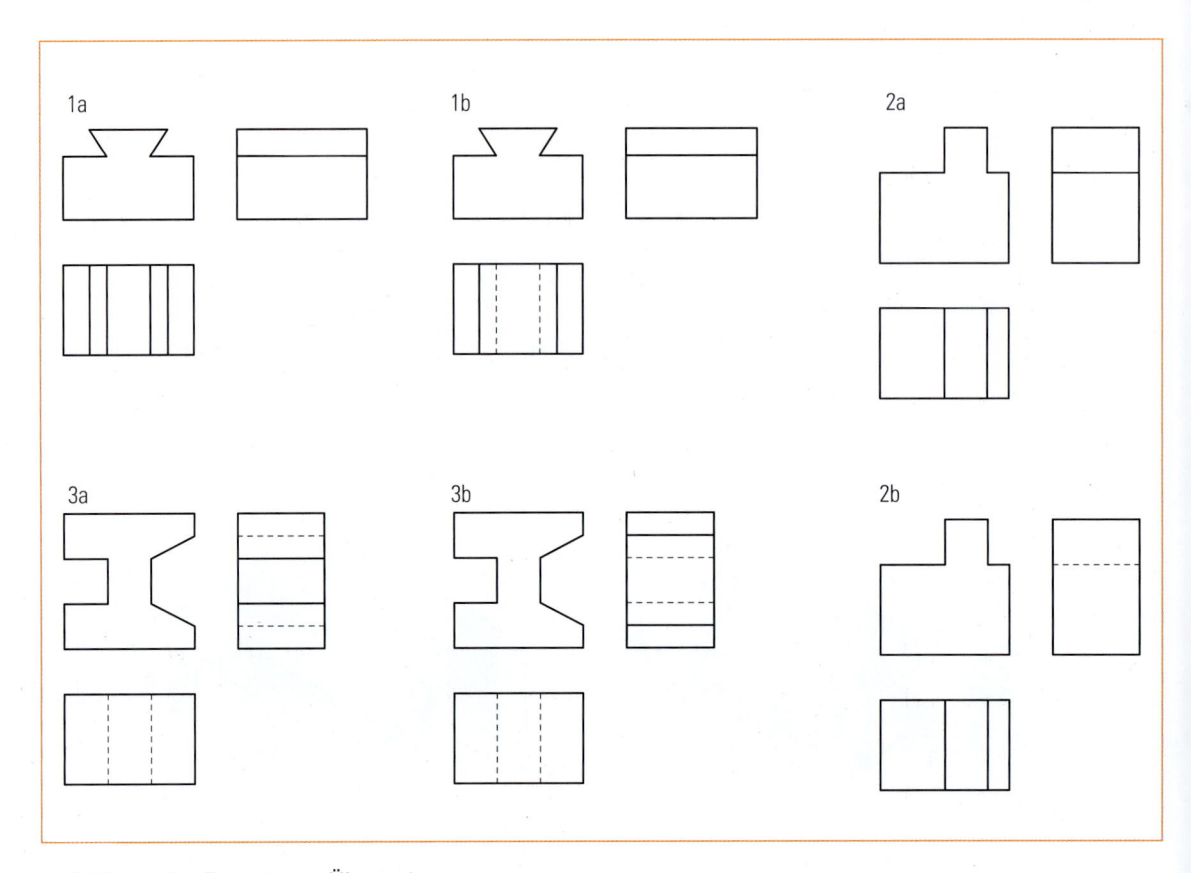

Technische Kommunikation ▶ **Normen in technischen Zeichnungen** ▶ Maßeintragungen

1: Fehlersuche, Fortsetzung Übung 4

Technische Kommunikation ▶ Normen in technischen Zeichnungen ▶ Maßeintragungen

Räumliche Werkstücke können auch als dreidimensionales (3-D) **Raumbild** gezeichnet werden. Verschiedene Darstellungsmöglichkeiten sind:

- **Isometrische** Projektion (Darstellung)
- **Dimetrische** Projektion
- **Kabinett** Projektion
- **Kavalier** Projektion

Die einzelnen Darstellungsmöglichkeiten unterscheiden sich in den Größenverhältnissen (Maßstab 1:1, 1:2) und in den Winkeln [Bild 1]. In technischen Zeichnungen wird häufig die **Dimetrische Projektion** bevorzugt.

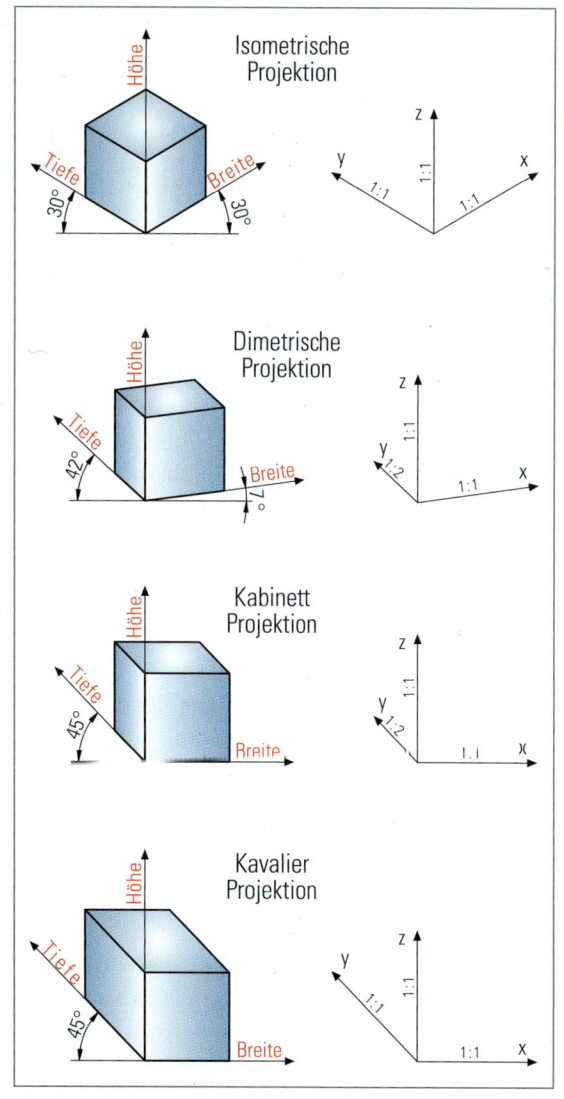

1: Perspektivische Darstellung (3-D)

Übungen

1. **a)** Welche perspektivische Darstellungsart (siehe Bild 1) wurde für das Stützteil (Bild 2) gewählt?

   b) Zeichnen Sie das Werkstück [Bild 2] in 3 Ansichten. Entnehmen Sie die Maße dem Raumbild.

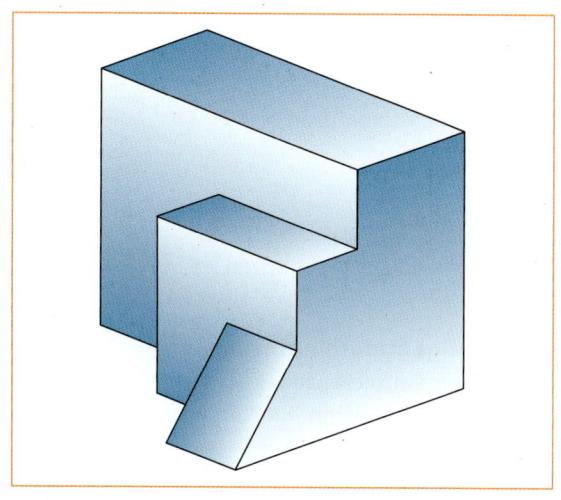

2: Stützteil

> **Tipp:** Achten Sie beim Abmessen auf den Maßstab!

2. Zeichnen Sie ein Raumbild eines Quaders mit den Maßen (40 x 50 x 30 mm).

3. Versuchen Sie, aus den drei Ansichten [Bild 3] ein Raumbild zu erstellen.

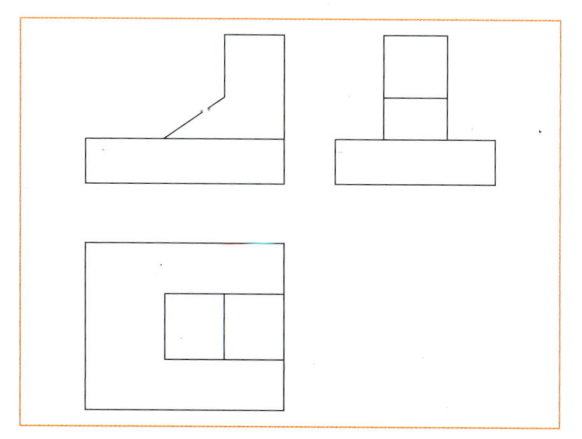

3: Anschlag

2.2 Toleranzen

Toleranzen sind Angaben, die die Maßzahl bezüglich ihrer Genauigkeit ergänzen. Um die Kosten für ein Produkt so gering wie möglich zu halten, sollen die Toleranzen so groß wie möglich angegeben werden.

> **Merke**
> **Toleranzangaben** nur **so genau** wie **nötig**!

Es wird unterschieden zwischen:

- Allgemeintoleranzen
- Maßtoleranzen
- Passungen
- Form- und Lagetoleranzen

2.2.1 Allgemeintoleranzen

Die **Allgemeintoleranzen** kommen überall dann zur Anwendung, wenn ein Nennmaß **ohne** Grenzabmaße gegeben ist, z. B.:

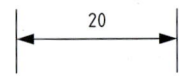

|← 20 →|

- Die Maßzahl wird als **Nennmaß** bezeichnet.
- **Grenzabmaße** sind Zusatzangaben zur Maßzahl.

Bei dem Maß 20 gelten die Allgemeintoleranzen (Tabellenbuch).

2.2.2 Maßtoleranzen

Bei der Fertigung eines Produktes ist es wichtig, die Maße einzuhalten.
Durch **Toleranzangaben** werden nach oben und nach unten Grenzen gesetzt, die einzuhalten sind. Diese Grenzen heißen oberes und unteres Grenzabmaß.
Ein Beispiel (siehe auch Kap. 2, Prüftechnik):
Die Länge eines Werkstücks enthält in der Zeichnung folgende Maßangabe: 30 + 0,1
Das bedeutet:

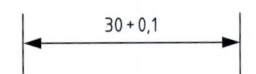

|← 30 + 0,1 →|

- Das **Nennmaß** beträgt 30 mm.
- Das **obere Grenzabmaß** beträgt 0,1 mm.
- Das **untere Grenzabmaß** beträgt 0,0 mm.
- Das **obere Grenzmaß (Höchstmaß)** beträgt 30,1 mm.
- Das **untere Grenzmaß (Mindestmaß)** beträgt 30,0 mm.

Werkstück 1 hat das Maß 30,2 mm.
Es ist zu lang und muss somit **nachgearbeitet** werden.

Werkstück 2 hat das Maß 29,9 mm.
Es ist zu kurz und somit **Ausschuss**.
Ausschussteile können nicht nachgearbeitet werden. Das Material wird meist wieder eingeschmolzen oder für etwas anderes verwendet.

Werkstück 3 hat das Maß 30,1.
Alle Werkstücke, die Maße von 30,0 bis 30,1 mm aufweisen, wurden korrekt gefertigt.
Diese Teile heißen „**Gut-Teile**."

2.2.3 Passungen

Sollen zwei Werkstücke (z. B. Welle und Nabe) zusammengefügt werden, so kann das auf unterschiedliche Weise geschehen.

1. Die Welle soll mit der Nabe fest verbunden werden. Diese Verbindung heißt **Übermaßpassung** (Presspassung). Das Fügen ist nur mit geeignetem Werkzeug/Hilfsmittel möglich.

2. Die Welle soll mit der Nabe nicht ganz fest, aber auch nicht ganz locker verbunden werden. Diese Verbindung heißt **Übergangspassung**. Das Fügen von Hand ist noch möglich.

3. Die Welle soll mit der Nabe locker (leicht lösbar) zusammen gefügt werden können. Diese Verbindung heißt **Spielpassung**.

2.2.4 Form- und Lagetoleranzen

Bei manchen Werkstücken ist es erforderlich, eine ganz bestimmte Form einzuhalten. Diese sehr genauen Formen werden durch die **Formtoleranzen** näher bestimmt.
Andere Werkstücke müssen zu einem weiteren Bauteil eine ganz bestimmte Lage aufweisen. Diese Lagen von Bauteilen zueinander werden durch **Lagetoleranzen** angegeben [Bilder 1, 2 nächste Seite].

Technische Kommunikation ▶ Normen in technischen Zeichnungen ▶ Toleranzen

Art	Gruppe	Symbol	Bezeichnung	Toleranzzone/Bezug		Tolerierte Formelemente
Formtoleranzen	„Flach"	—	**Geradheit**	Geradlinig[1]		Alle, d. h. reale und abgeleitete real: z. B. Ecke, Spitze, Kante abgeleitet: z. B. Mittelpunkt, Symmetrieachse
		▱	**Ebenheit**	Zwischen 2 Ebenen		
	„Rund"	○	**Rundheit** (Kreisform)	Zwischen 2 Kreisen		
		⌭	**Zylindrizität** (Zylinderform)	Zwischen 2 Zylindern		Nur reale
	Profiltoleranzen	⌒	**Profil** einer beliebigen **Linie**	Mittig (±) zum idealen Profil[2]		
		⌓	**Profil** einer beliebigen **Fläche**			
Lagetoleranzen	Richtungstoleranzen	//	**Parallelität**	Geradlinig[1]	Nur Richtung festgelegt. Flachform enthalten, außer bei Achsen	Alle
		⊥	**Rechtwinkligkeit**			
		∠	**Neigung**			
	Ortstoleranzen	⊕	**Position**	Meist geradlinig[1]	Symmetrisch (±) zum idealen Ort[2] Richtung enthalten	Nur abgeleitete Nur Achsen (Ist-Achsen) Nur Ist-Mittelebenen
		◎	**Koaxialität**			
		≡	**Symmetrie**			
	Lauftoleranzen	↗	**Lauf** (Rund-, Plan-, allg. Lauf)	Immer Rotationsachse als Bezug		Nur reale
		↗↗	**Gesamtlauf** (Rund-, Plan-)			
Maßtoleranzen			(Länge)	Zweipunktmessung		Alle

[1] Zwischen zwei Geraden bzw. zwei Ebenen oder röhrchenförmig   [2] Grenzabweichung = ± halbe Toleranz

1: Form- und Lagetoleranzen gemäß DIN EN ISO 1101

Beispiel

Symmetrie [Bild 2]

Die tolerierte Mittelebene muss zwischen zwei parallelen Flächen (Abstand 0,05 mm) liegen, welche symmetrisch zur Ebene A der bemaßten Außenfläche angeordnet sind.

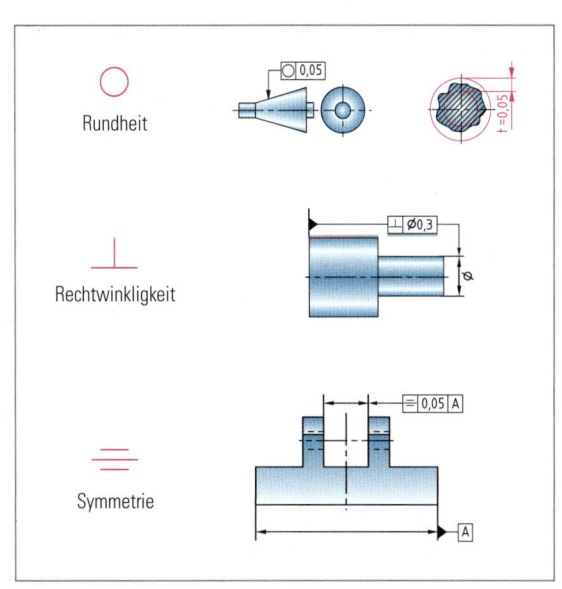

2: Beispiele für Form- und Lagetoleranzen

2.3 Schnittdarstellungen

Bei manchen Werkstücken ist nicht nur die äußere Ansicht wichtig. Auch der innere Bereich eines Werkstücks soll deutlich zu erkennen sein [Bild 1]. Es gibt verschiedene Möglichkeiten Werkstücke so darzustellen, als wenn sie „zersägt" (geschnitten) worden wären. Es wird unterschieden in:

1. Schnitt
2. Halbschnitt
3. Teilschnitt [Bild 2]

1. Beim **Schnitt** wird so getan, als ob das Werkstück einmal in der Mitte durchgeschnitten würde. Dann würde die vordere Hälfte des Werkstücks entfernt. Nun kann auf die innen liegenden Kanten geschaut werden. Dort, wo das volle Material geschnitten wurde, wird eine Schraffur gezeichnet.

Bei der Schraffur ist folgendes zu beachten:

- Schraffurlinien **45°** zur Zeichnungsebene zeichnen
- Schraffurlinien sind **schmale Volllinien**
- der **Abstand** der Schraffurlinien soll **gleich** sein.

> **Merke**
> Für den Abstand der Schraffurlinien gilt:
> bei **großen Werkstücken** – **großer** Abstand
> bei **kleinen Werkstücken** – **kleiner** Abstand

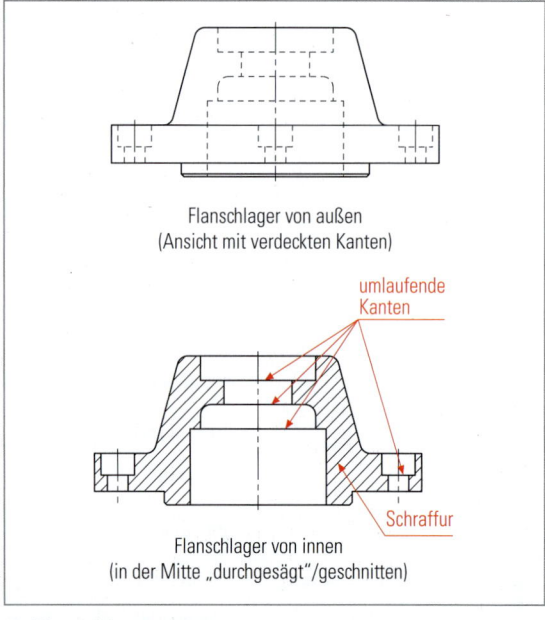

Flanschlager von außen
(Ansicht mit verdeckten Kanten)

umlaufende Kanten

Schraffur

Flanschlager von innen
(in der Mitte „durchgesägt"/geschnitten)

1: Flanschlager

2. Beim **Halbschnitt** wird:

- eine Hälfte des Werkstücks in Ansicht (von außen) gezeichnet.
- Die andere Hälfte des Werkstücks wird als Schnitt dargestellt.

Die Mitte des Werkstücks erhält eine Mittellinie.
In der Vorder- und Seitenansicht wird die rechte Seite im Schnitt dargestellt. In der Draufsicht wird die untere Hälfte geschnitten.
Bei Halbschnitten werden die Maße gesondert angeordnet [Bild 1, nächste Seite].

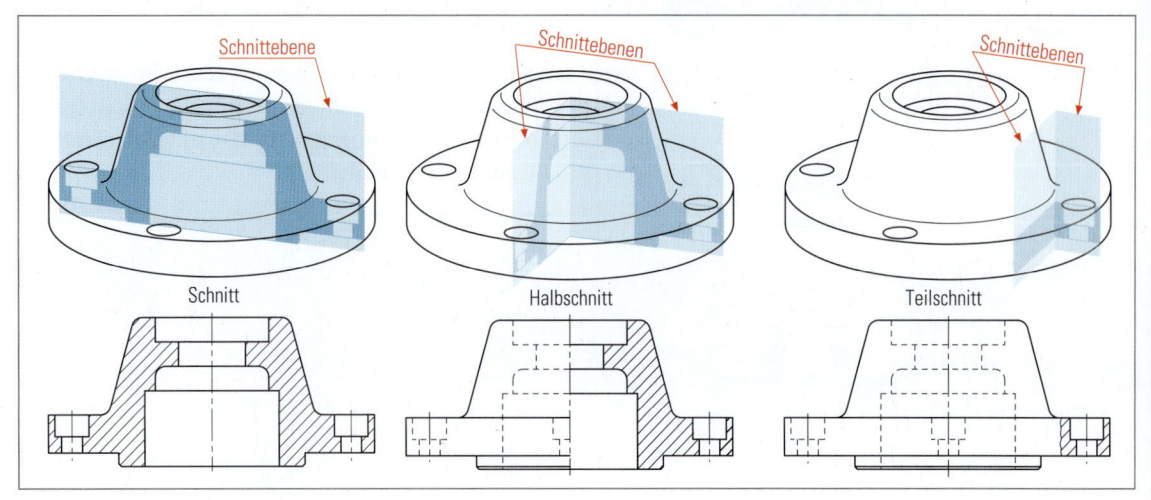

Schnittebene — Schnitt

Schnittebenen — Halbschnitt

Schnittebenen — Teilschnitt

2: Schnittdarstellungen

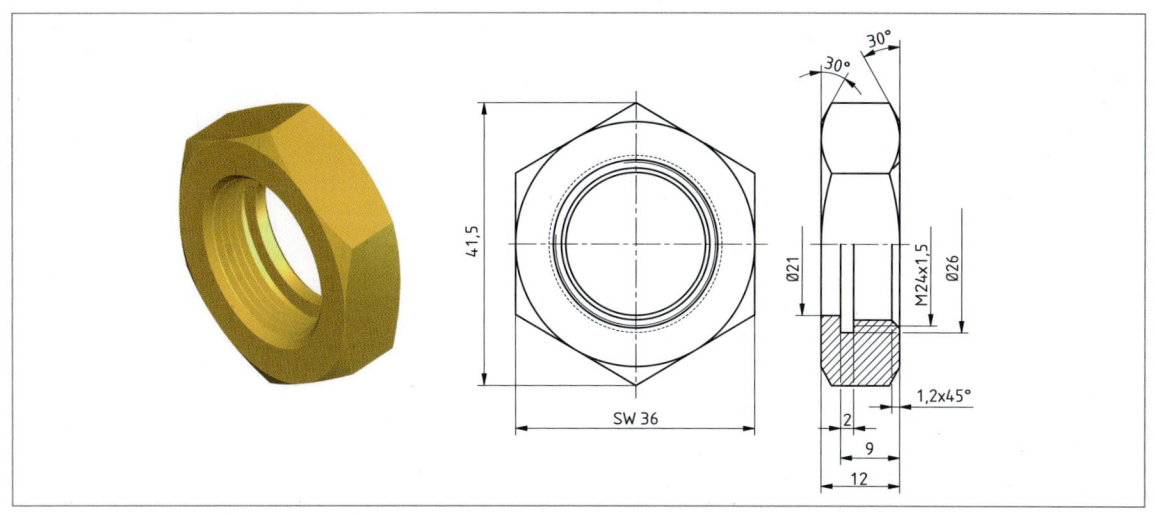

Technische Kommunikation ▸ Normen in technischen Zeichnungen ▸ Schnittdarstellungen

1: Mutter: 3-D-Ansicht, Vorderansicht in Ansicht und Seitenansicht im Halbschnitt, bemaßt

3. Ein **Teilschnitt** [Bild 2, vorherige Seite] zeigt nur einen wichtigen Teil des Werkstücks als Ausbruch. Die Grenze des Ausbruchs wird mit einer schmalen Freihandlinie abgeschlossen. Der Großteil der Zeichnung wird in Ansicht (von außen) gezeichnet.

Einige Bauteile werden in der **Längsansicht nicht geschnitten**, dazu gehören:

- Normteile wie Bolzen, Nieten, Muttern, Schrauben, Passfedern und ähnliche Bauteile

- Lange Zylinderförmige Teile (z. B. Wellen)
  Sie werden **nicht längs ihrer Achse** geschnitten. Quer zur Achse sind Schnitte üblich.

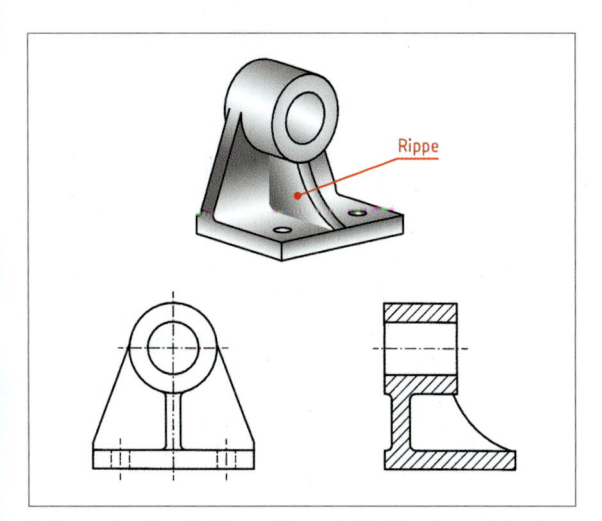

- Rippen
  Rippen dienen dazu, Bauteile stabiler zu gestalten. Der Lagerbock wird durch die Rippe gestützt [Bild 2].

Bei Stangenmaterial werden die **Querschnitte** im Werkstück verdeutlicht [Bild 3].

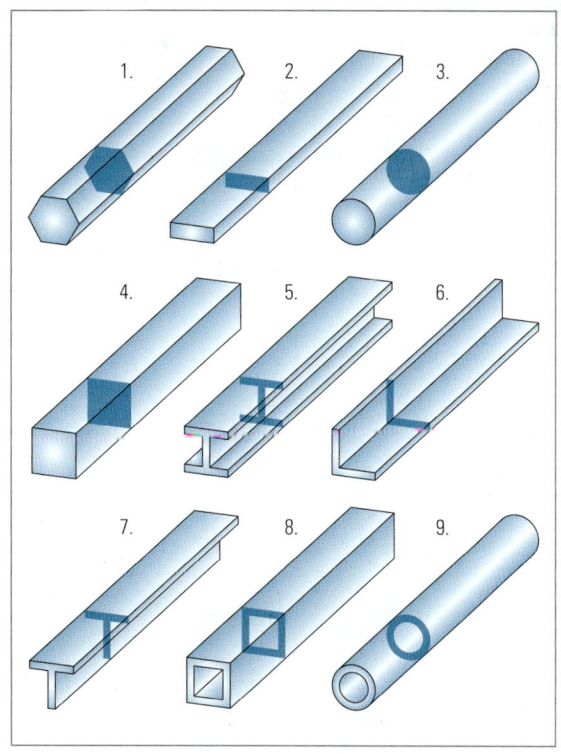

2: Lagerbock mit Rippe (Raumbild, Vorderansicht A, Seitenansicht C im Schnitt)

3: Profile und Stangenmaterial mit eingezeichnetem Querschnitt

Technische Kommunikation ▶ **Normen in technischen Zeichnungen** ▶ Schnittdarstellungen

Können durch einen genormten Schnittverlauf (Schnitt, Halbschnitt, Teilschnitt) nicht alle inneren Bereiche dargestellt werden, so werden **besondere Schnittverläufe** (A-A, B-B, ...) verwendet. Die Pfeile geben die Blickrichtung an [Bild 1].

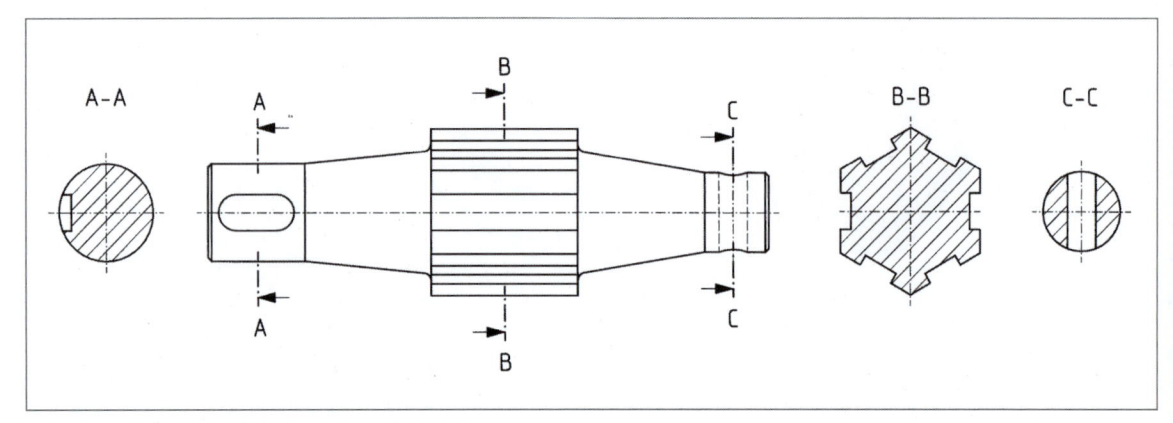

1: Keilwelle mit drei Schnitten A-A, B-B, C-C

Ein weiterer besonderer Schnittverlauf, ist der **geknickte Schnittverlauf** [Bild 2]. Hier verläuft der Schnitt entlang der breiten Volllinie. Sie ist mit A-A gekennzeichnet. Die Pfeile geben auch hier die Blickrichtung an.

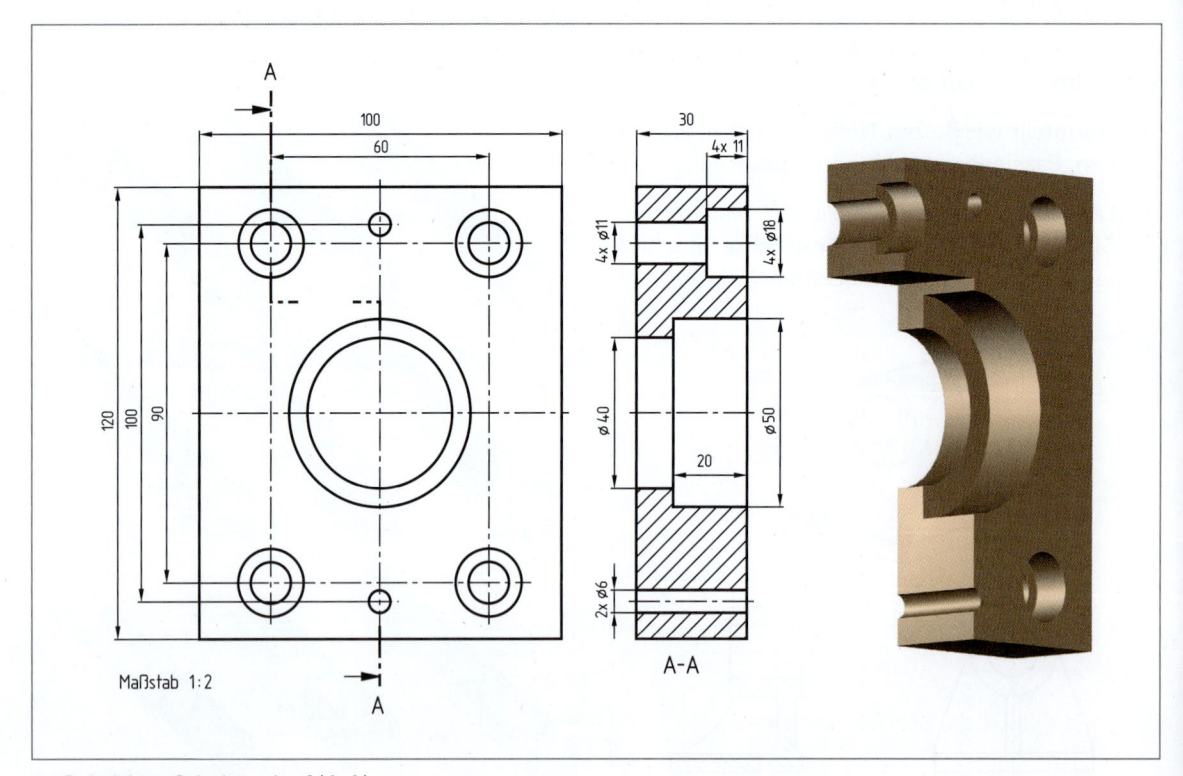

2: Geknickter Schnittverlauf (A-A)

Technische Kommunikation ▶ **Normen in technischen Zeichnungen** ▶ Schnittdarstellungen

Übungen zu Schnitten von Werkstücken

1. **Fehleranalyse:** Suchen und beschreiben Sie die Fehler in den Abbildungen 1 bis 10.

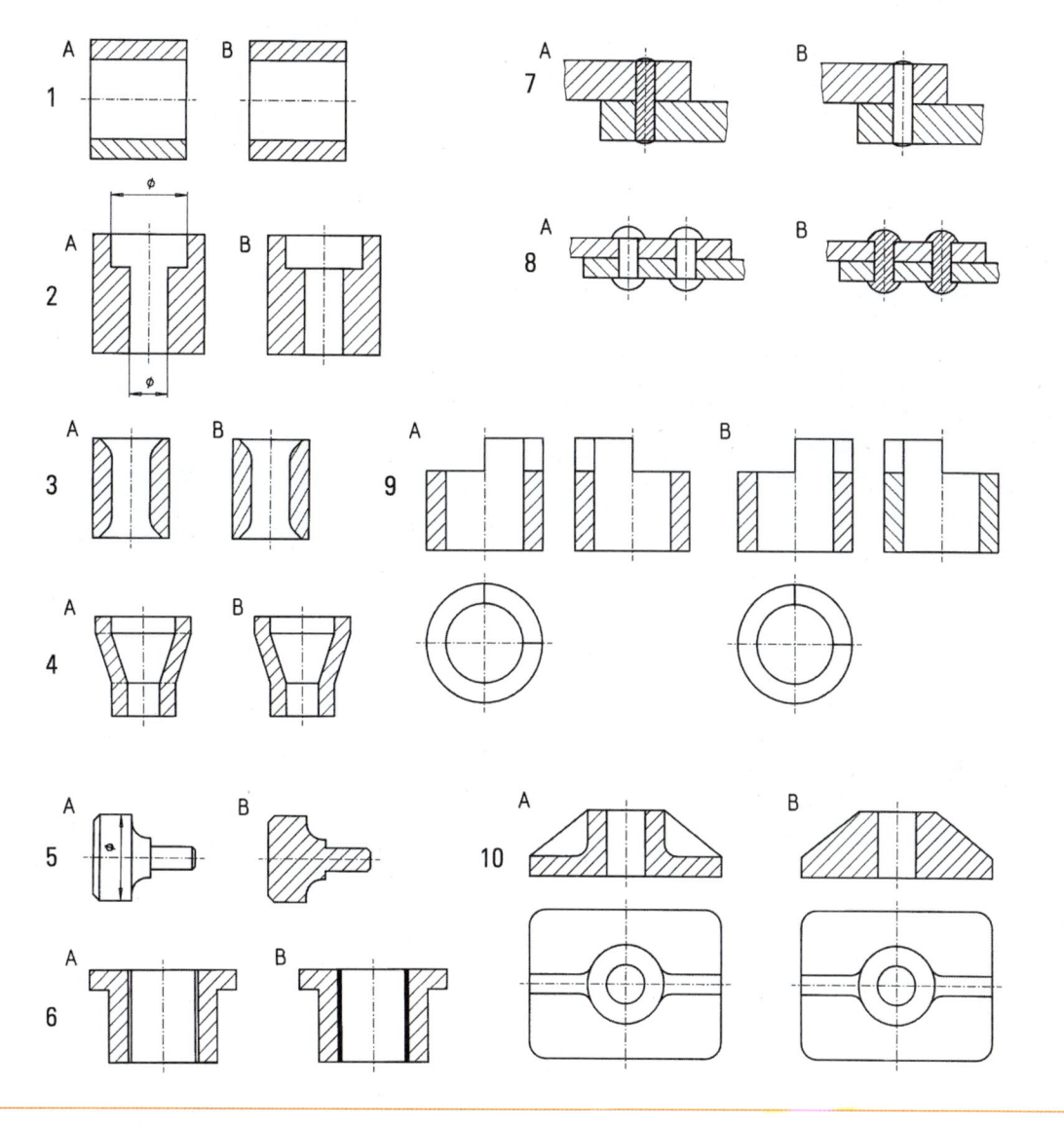

2. Die Zeichnungen A und B zeigen das gleiche Reduzierstück.
   Welche Darstellung bietet Vorteile?
   Nennen Sie die Gründe für Ihre Entscheidung.

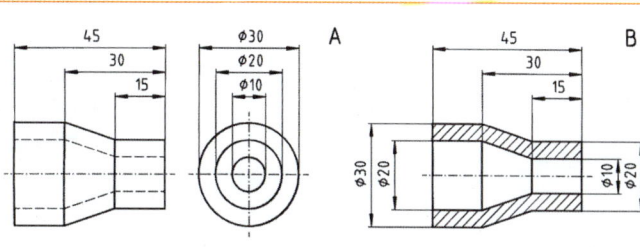

Technische Kommunikation ▶ Normen in technischen Zeichnungen ▶ Schnittdarstellungen

3. Ordnen Sie jedem Werkstück eine geeignete Darstellungsart zu [Bild 1].

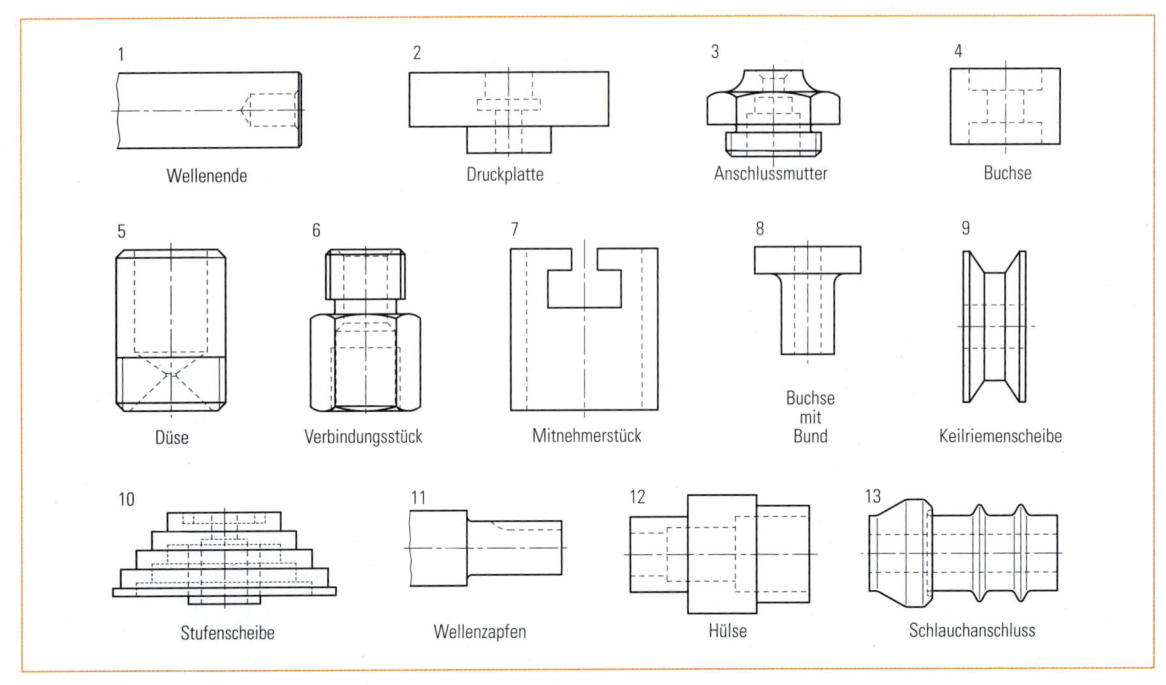

1: Werkstücke

1 Wellenende
2 Druckplatte
3 Anschlussmutter
4 Buchse
5 Düse
6 Verbindungsstück
7 Mitnehmerstück
8 Buchse mit Bund
9 Keilriemenscheibe
10 Stufenscheibe
11 Wellenzapfen
12 Hülse
13 Schlauchanschluss

4. Zeichnen Sie den Bolzen 1 oder den Bolzen 2 im Halbschnitt und bemaßen Sie ihn vollständig [Bild 2].
Maßstab 1 : 1

Maßangabe	Bolzen 1	Bolzen 2
a	Ø 30	Ø 40
b	M10	M12
c	Ø 32	Ø 45
d	Ø 60	Ø 80
e	3 × 45°	5 × 45°
f	15	20
g	50	70
h	2 × 45°	3 × 45°
i	2 × 45°	3 × 45°
j	R3	R5
k	90	110
l	20	30

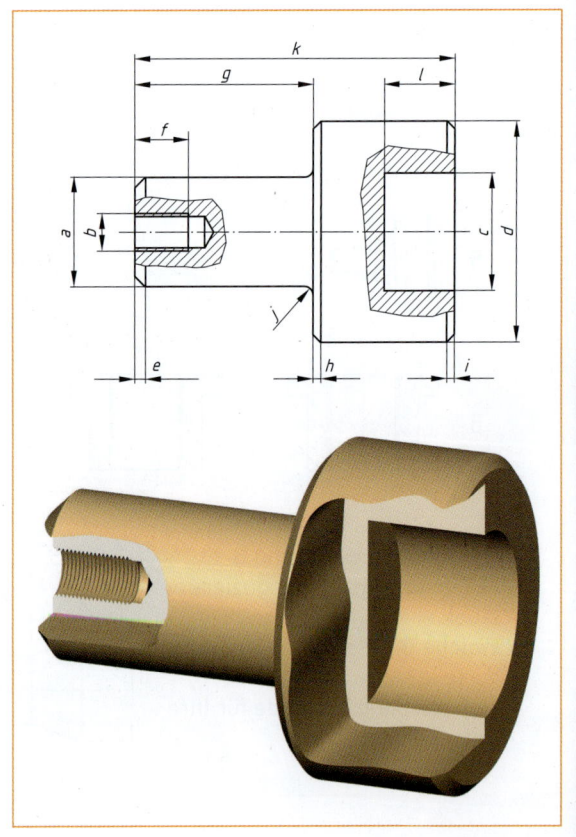

2: Bolzen

Technische Kommunikation ▶ Normen in technischen Zeichnungen ▶ Gewinde

5. Das Zapfenlager ist in der Vorderansicht und der Draufsicht zu zeichnen. Die drei markierten Bereiche sollen in der Vorderansicht als Ausbruch dargestellt werden [Bild 1].

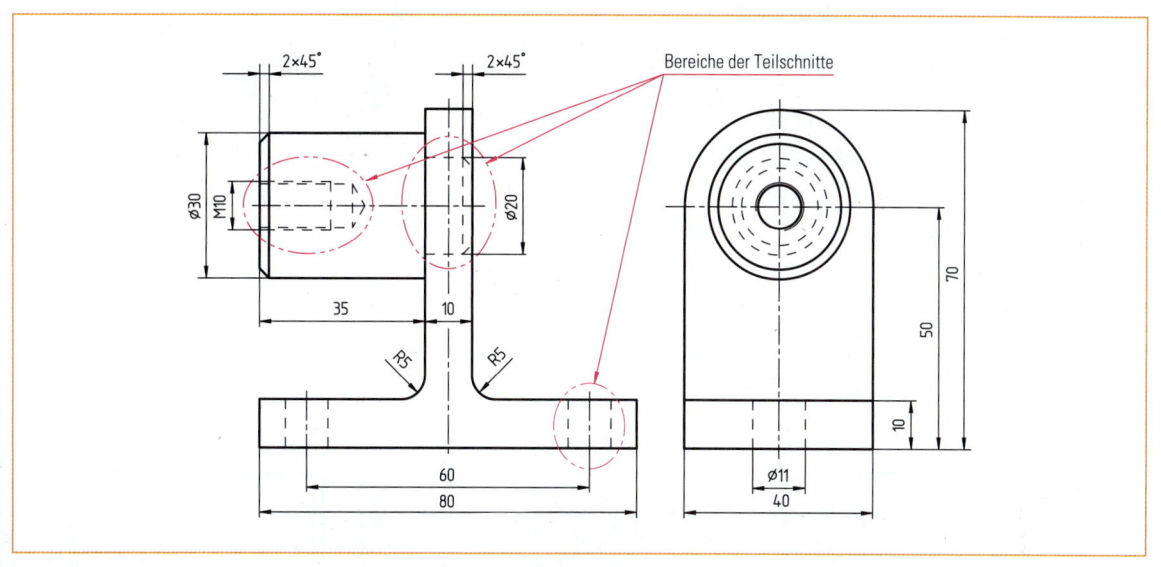

1: Zapfenlager in 2 Ansichten (Vorderansicht (A) und Seitenansicht von links (C))

2.4 Gewinde

Gewinde können

- **Außengewinde** oder
- **Innengewinde** sein [Bild 2].

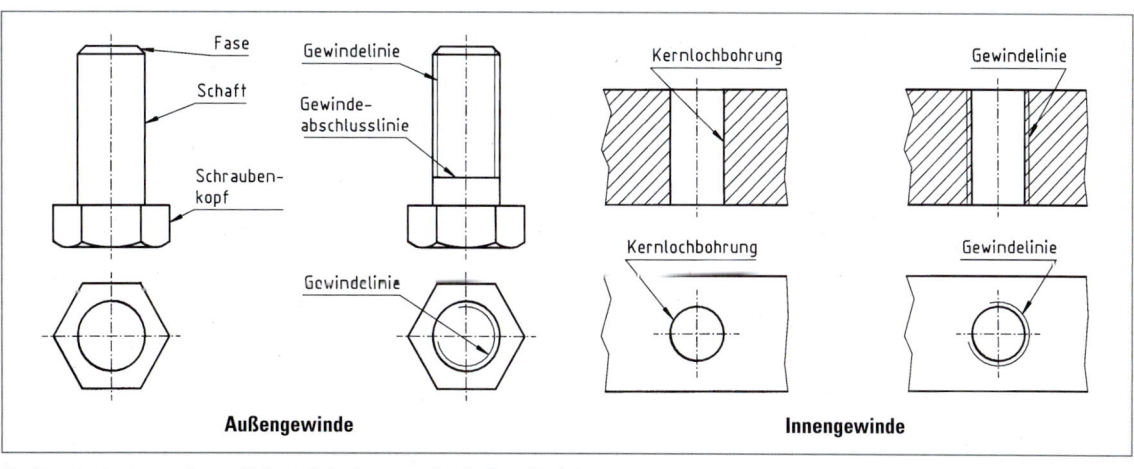

2: Gewindedarstellung (Material ohne und mit Gewinde)

handwerk-technik.de

Technische Kommunikation ▸ Normen in technischen Zeichnungen ▸ Gewinde

Die Zylinderkopfschrauben des Kontrollschiebers von Seite 242 sind Beispiele, bei denen ein Gewinde dargestellt werden muss [Bild 1].

Die **Gewindelinie** wird als **schmale Volllinie** gezeichnet.
Bei der Bemaßung von Gewinden werden Buchstaben vor die Maßzahl gesetzt, z. B.: **M10**

M steht für „**M**etrisches ISO-Gewinde"
Tr steht für „**Tr**apezgewinde"
S steht für „**S**ägengewinde"
G, R$_p$, R, R$_c$ steht für „**R**ohrgewinde" [Bild 2]

1: Zylinderkopfschraube und Scheibe des Kontrollschiebers

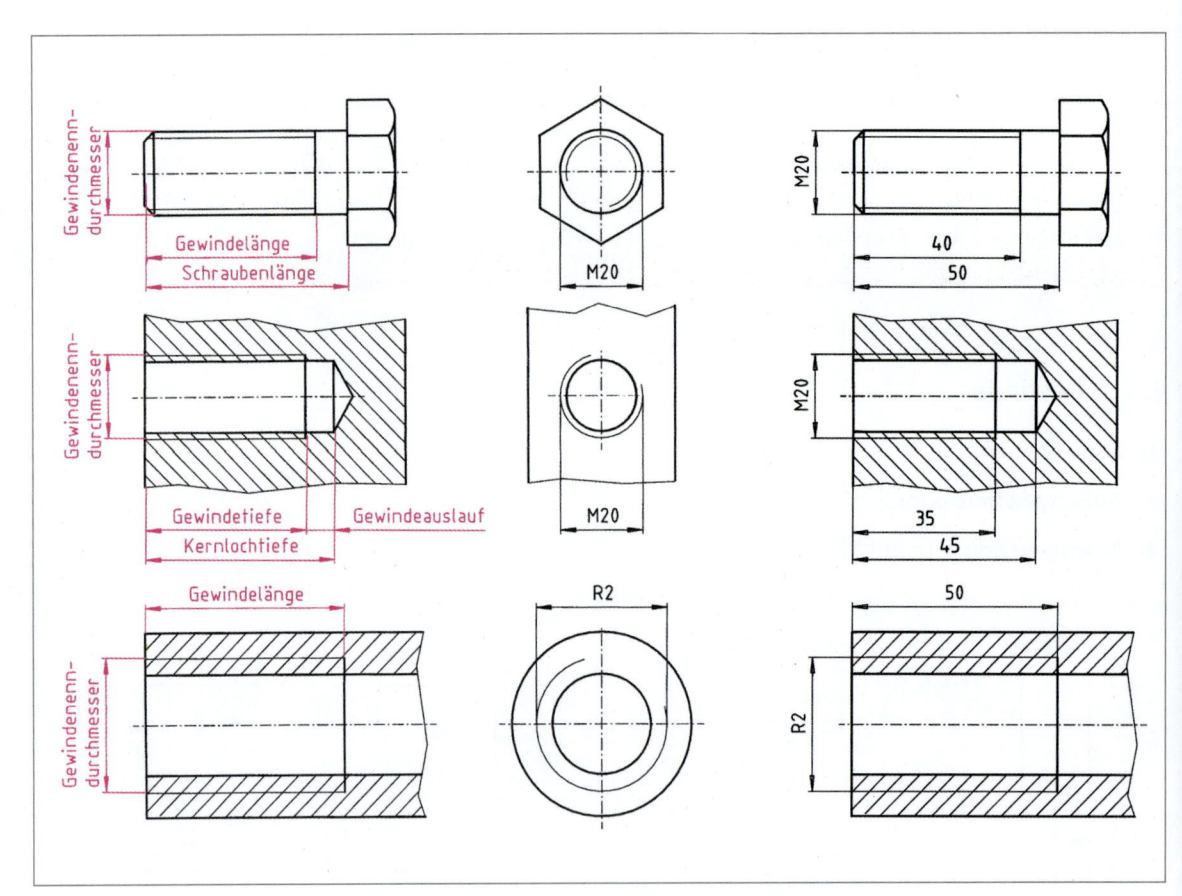

2: Bemaßung von Außen- und Innengewinde

2.5 Oberflächenangaben

Oberflächen von Werkstücken können, je nach Fertigungsverfahren, auf unterschiedliche Art und Weise erzeugt werden. Die Oberflächenangaben sollen, genau wie die Toleranzen, den Anforderungen entsprechen. Um die Kosten so gering wie möglich zu halten, sollten die Oberflächenangaben so grob, wie gerade noch erlaubt, ausgelegt werden.

Oberflächenangaben sind genormt in DIN EN ISO 1302 [Bild 1].

Die Oberflächenangaben können verschieden sein (R_a, R_t, R_z). R_t ist die Gesamthöhe eines Rauheitsprofils (R-Profil).

Die Gesamthöhe [Bild 3] setzt sich zusammen, indem man die größte Profilspitze (1) und die Tiefe des größten Profiltales (2) innerhalb einer Messstrecke addiert. R_a wird gebildet, indem in der Vorstellung alle Profilspitzen in die Profiltäler gelegt werden. Die „Bandbreite" die dann noch übrig bleibt, ist der R_a-Wert.

R_z ist die größte Höhe des Profils innerhalb der Einzelmessstrecke.

R_z wird meist gebildet, durch den arithmetischen Mittelwert aus 5 Einzelmessstrecken.

Anhand eines Beispiels (Anschlagwinkel) sollen hier zwei Möglichkeiten aufgezeigt werden [Bild 2].

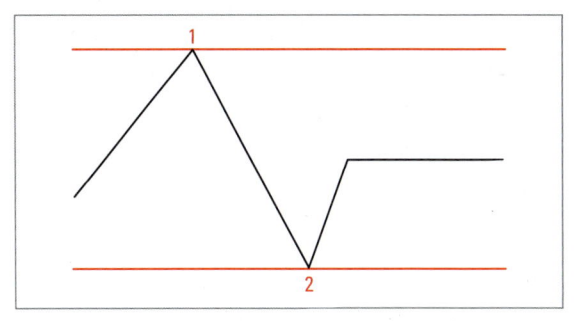

3: Gesamthöhe eines Rauheitsprofils

Grundsymbol	Symbole mit besonderer Bedeutung				
Oberfläche, die behandelt wird	Die Oberfläche wird materialabtragend bearbeitet	Materialabtrag ist unzulässig	Für zusätzliche Angaben	Gleiche Oberflächenbeschaffenheiten aufallen Oberflächen des Werkstücks	

1: Oberflächenangaben in Zeichnungen

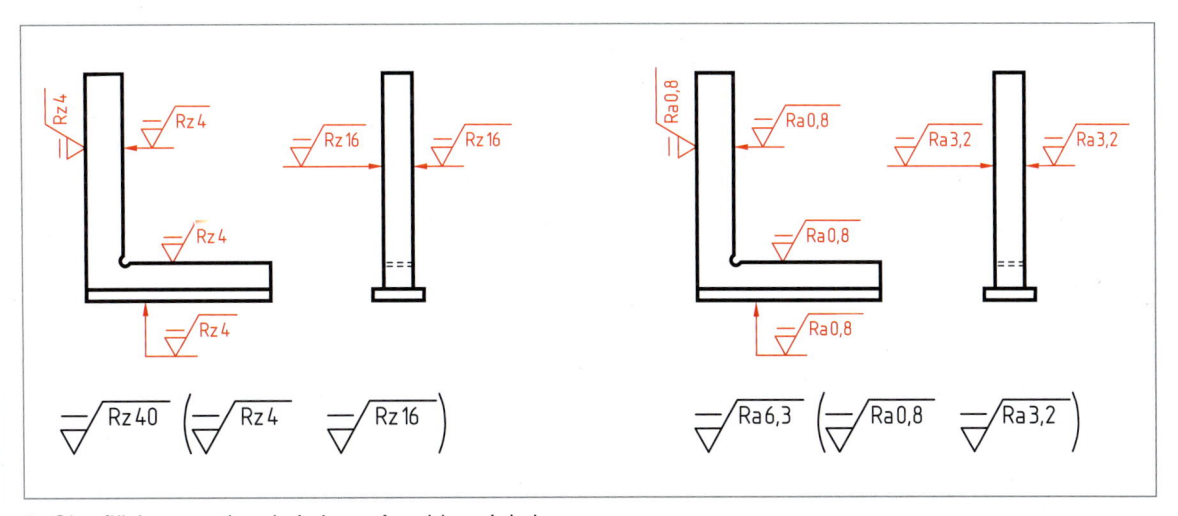

2: Oberflächenangaben bei einem Anschlagwinkel

Technische Kommunikation ▶ Normen in technischen Zeichnungen ▶ Genormte Bauteile

2.6 Genormte Bauteile

Zu den genormten Bauteilen zählen viele Bauteile, die häufig verwendet werden.

Dazu gehören:

- Schrauben
- Muttern
- Scheiben
- Passfedern
- Scheibenfedern
- Lager

Übung

Um welche Normteile handelt es sich?
Nehmen Sie das Tabellenbuch zu Hilfe [Bild 1].

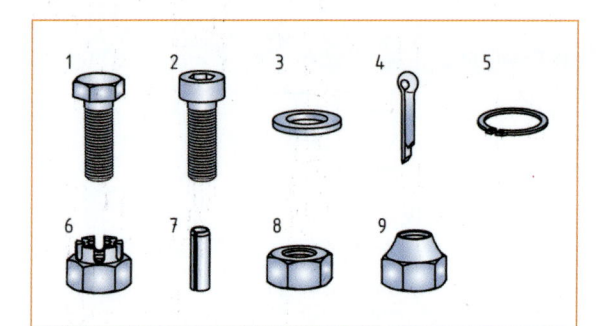

1: Normteile

2.6.1 Schrauben

Schrauben unterscheiden sich durch:

- ihren Werkstoff (Stahl, Messing, ...)
- ihr Gewinde (metrisch, trapezförmig, ...)
- ihre Kopfform (Zylinderkopf, Sechskant, Senkkopf, ...)

Übung

Betrachten Sie [Bild 2] und [Bild 3] genau. Welche Unterschiede können Sie feststellen?

Beispiele für Schraubverbindungen

- Verschraubung durch Zylinderkopfschraube mit Innensechskant [Bild 2]

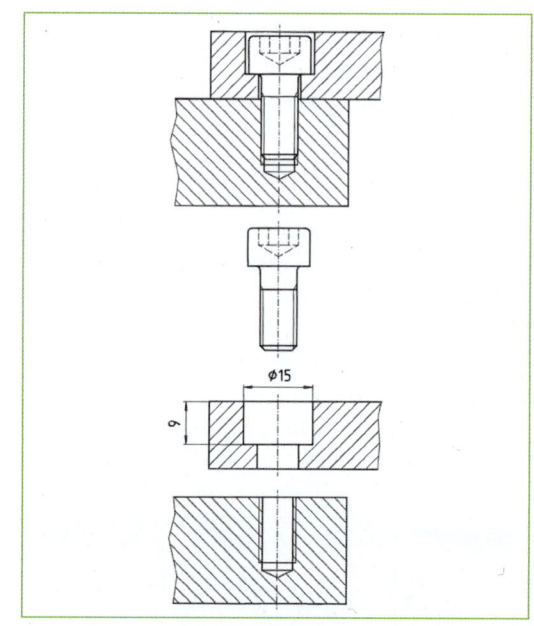

2: Verschraubung mit Zylinderkopfschraube

- Verschraubung durch Senkschraube mit Innensechskant [Bild 3]

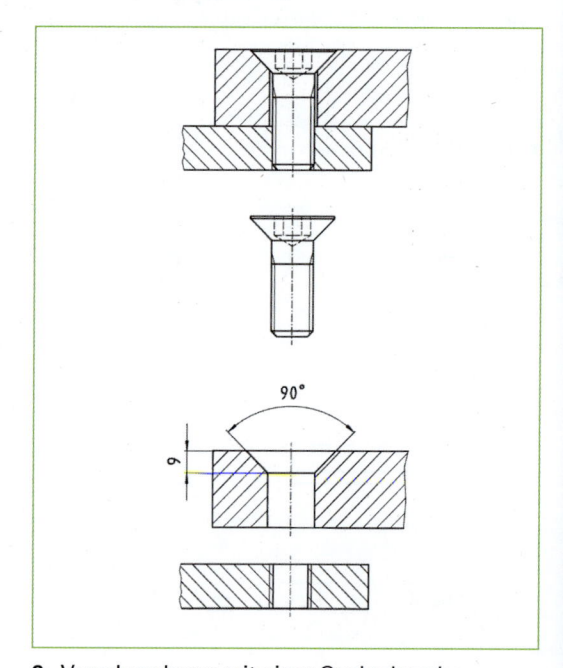

3: Verschraubung mit einer Senkschraube

handwerk-technik.de

Technische Kommunikation ▶ Normen in technischen Zeichnungen ▶ Genormte Bauteile

Um Bauteile (z. B. Oberplatte und Grundplatte) voneinander zu unterscheiden, werden ihre Schraffuren in unterschiedliche Richtungen gezeichnet.

Besondere Schrauben:

- **Schraube mit Dünnschaft** (Dehnschraube)
  Sie wird häufig bei Verbrennungsmotoren zur Befestigung von Zylinderköpfen verwendet. Die Schraube ist für auftretende wechselnde Belastungen geeignet.

- **Passschraube**
  Sie wird eingesetzt, wenn Bauteile ohne Stifte zu verwenden passgenau zusammengefügt werden sollen [Bild 2].

- **Stiftschraube**
  Durch den Einsatz einer Stiftschraube wird das Gewinde in einem Werkstück geschont. Das Einschraubende (die kürzere Gewindelänge) bleibt im Mutterngewinde eingeschraubt.

2: Passschrauben

1: Schraube mit Dünnschaft (Dehnschraube)

3: Stiftschraube (an beiden Enden Gewinde)

Übungen zu Gewinde und Schrauben

1. **Fehleranalyse:** Suchen und beschreiben Sie die Fehler in den Abbildungen 1 bis 9.

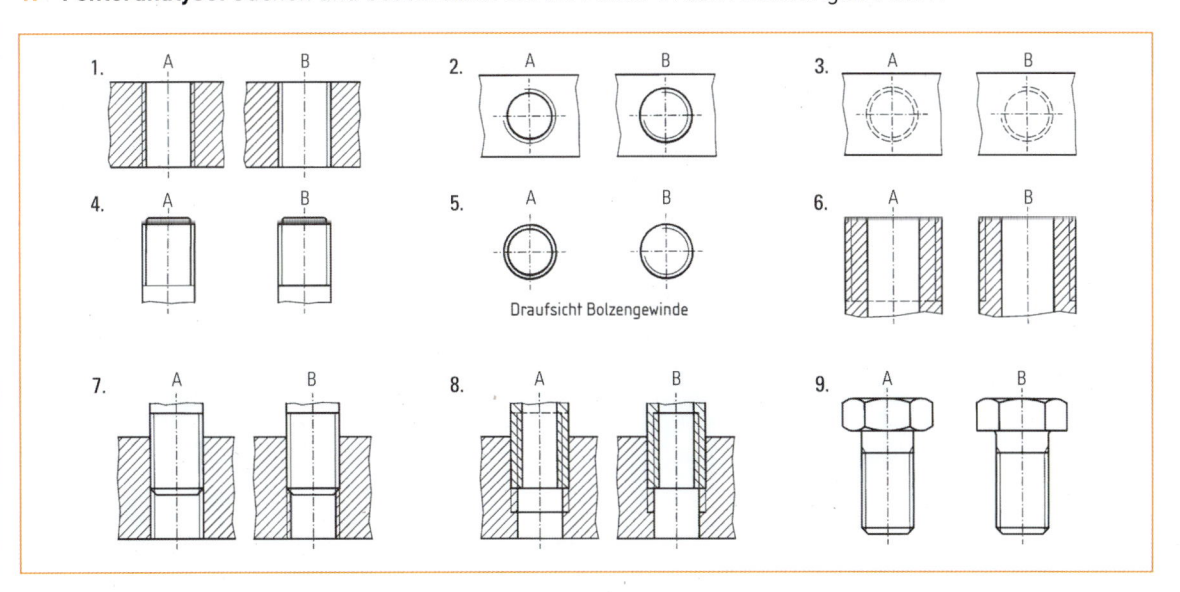

5. Draufsicht Bolzengewinde

handwerk-technik.de

Technische Kommunikation ▶ Normen in technischen Zeichnungen ▶ Genormte Bauteile

2a) Notieren Sie die vollständige Benennung der Schraube [Bild 1].

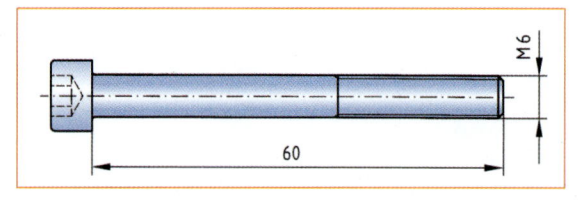

1: Schraube

2b) Bestimmen Sie die Gewindelänge der Schraube.

3. Welche Darstellung zeigt einen Schraubenkopf?

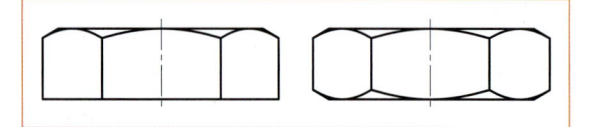

2: Technische Zeichnungen

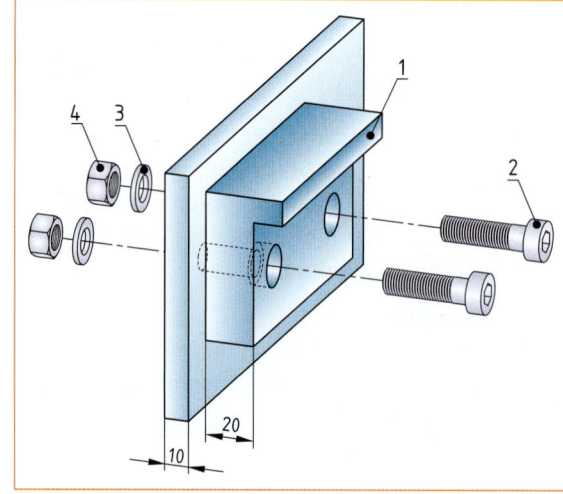

3: Haltevorrichtung

4. Eine Haltevorrichtung [Bild 3] soll mit zwei M10 Schrauben an einer Platte befestigt werden. Die Schraubenköpfe sind zu versenken. Für die Befestigung werden Scheiben und Muttern benötigt.
   a) Erstellen Sie eine Stückliste und tragen Sie mithilfe Ihres Tabellenbuchs die Benennungen und die Norm-Kurzbezeichnungen ein.
   b) Zeichnen Sie die Vorderansicht (Blickrichtung auf die beiden Schrauben) und die Seitenansicht im Schnitt A-A durch eine Schraube.

2.6.2 Muttern

Die Sechskantmutter ist eine häufig verwendete Mutter [Bild 4]. In der Vorderansicht können 6 Radien erkannt werden. Je 3 Radien oben und 3 Radien unten. In der Seitenansicht sind 4 Radien zu erkennen. Je 2 oben und 2 unten.

> **Tipp:** Ein Schraubenkopf hat im Gegensatz zu einer Mutter den **Radius** nur auf **einer** Seite!

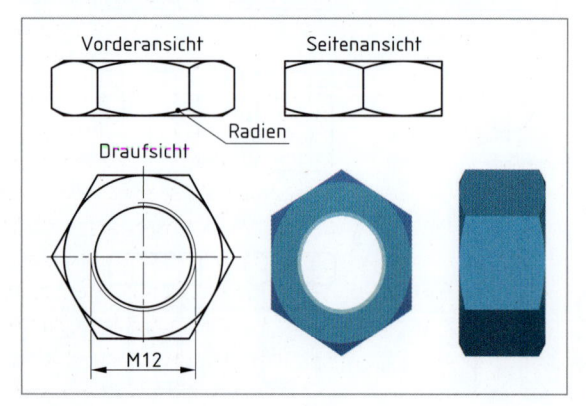

4: Darstellung von Sechskantmuttern

2.6.3 Scheiben

Scheiben [Bild 5] werden als

- **Unterlegscheiben** und als
- **Abstandhalter** eingesetzt.

Mit einer Unterlegscheibe wird die Auflagefläche vergrößert und die Bauteiloberfläche geschont.
Ein Abstandhalter wird verwendet, um z. B. ein Bauteil, welches zu niedrig steht etwas höher zu lagern.

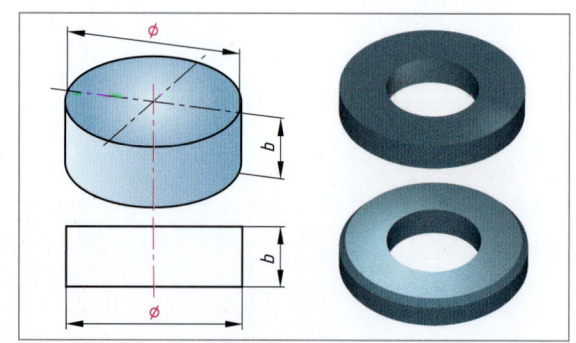

5: Darstellung von Scheiben

2.6.4 Passfedern

Passfedern werden in Wellen eingesetzt, um Drehmomente auf z. B. ein Zahnrad zu übertragen. Es gibt Passfedern in verschiedenen Formen und Ausführungen (mit und ohne Radien, zum Einlegen, zum Verschrauben) [Bild 1].

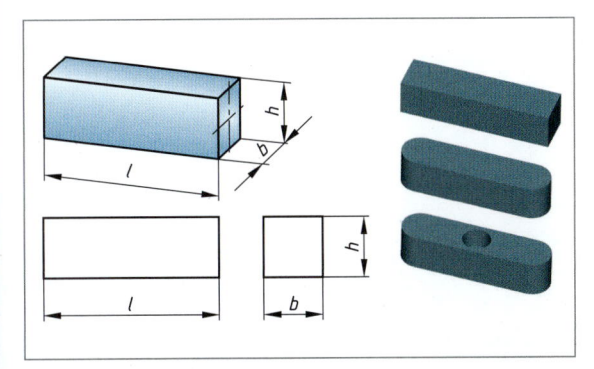

1: Darstellung von Passfedern

2.6.5 Scheibenfedern

Scheibenfedern sind flache, halbkreisförmige Scheiben. Sie werden häufig in kegelförmigen Wellen zur Drehmomentübertragung eingesetzt [Bild 3].

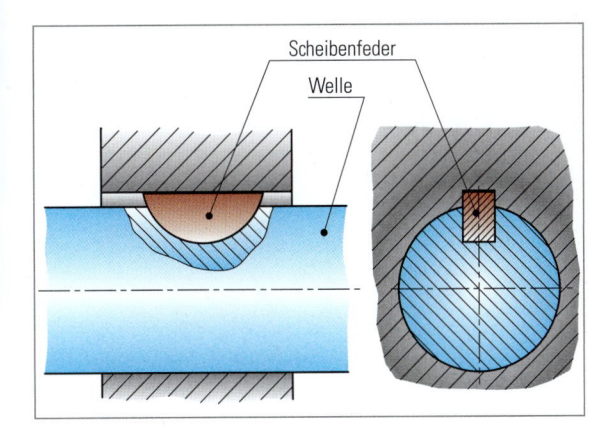

3: Darstellung einer Scheibenfeder

Übung

Recherchieren Sie:
Warum werden in zylinderförmigen Wellen meist Passfedern, und in kegelförmigen Wellen oft Scheibenfedern zur Drehmomentübertragung eingesetzt?

2.6.6 Lager

Es gibt verschiedene Lagerarten:

- **Gleitlager** (sie bestehen aus Welle und Nabe oder Buchse) [Bild 2]

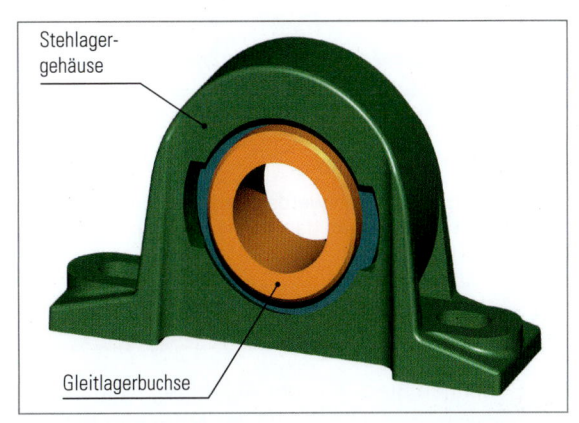

2: Gleitlager

- **Wälzlager** (sie bestehen in der Regel aus Innenring, Außenring und Wälzkörper)
  Wälzkörperformen sind:
  – Kugeln
  – Zylinder
  – Tonnen
  – Kegel [Bild 4]

Lagerdarstellungen sind genormt [Bild 1, nächste Seite].

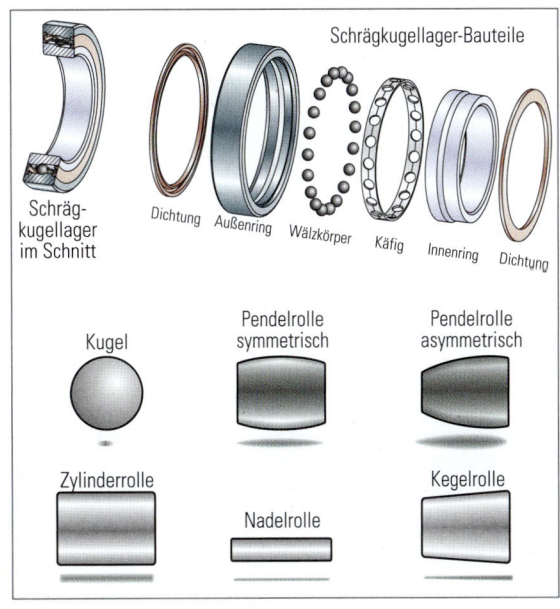

4: Darstellung verschiedener Wälzlager

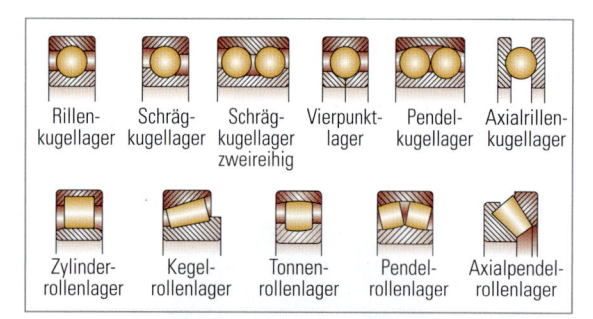

Technische Kommunikation ▶ Normen in technischen Zeichnungen ▶ Schweißverbindungen

1: Wälzlagerarten* (Rillenkugellager, Schrägkugellager, Schrägkugellager zweireihig, Vierpunktlager, Pendelkugellager, Axialrillenkugellager, Zylinderrollenlager, Kegelrollenlager, Tonnenrollenlager, Pendelrollenlager, Axialpendelrollenlager)

*In Gesamtzeichnungen werden Lager als ein Bauteil betrachtet und erhalten daher dort nur eine Schraffurrichtung.

Übungen

1a) Benennen Sie alle in der Abbildung [Bild 3] dargestellten Bauteile (in der Mitte handelt es sich um Zahnräder).

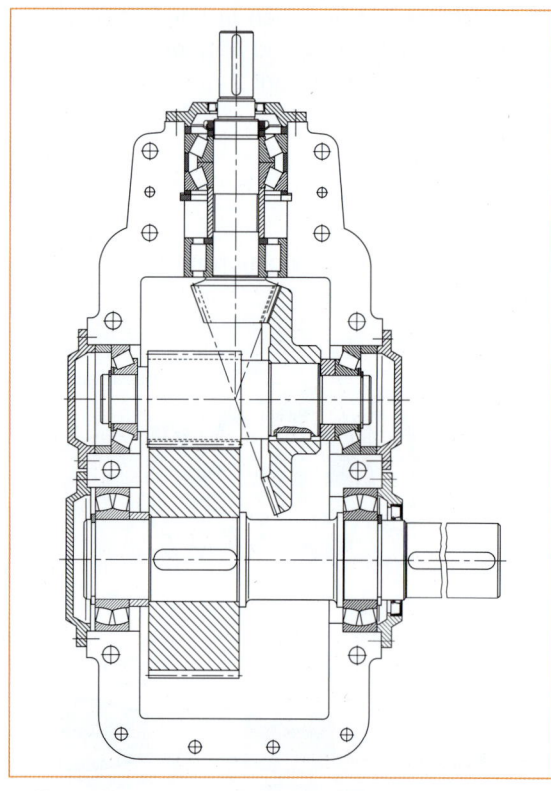

3: Darstellung von eingebauten Wälzlagern

1b) Unterscheiden Sie in Tabellenform zwischen Normteilen und im Betrieb hergestellten Bauteilen.

2.7 Darstellungen von Schweißverbindungen

Vor dem Schweißen muss der Facharbeiter wissen, was, wie und womit er schweißen muss. Durch Schweißsymbole in der Zeichnung werden einige Angaben diesbezüglich gemacht [Bilder 2, 4, 5].

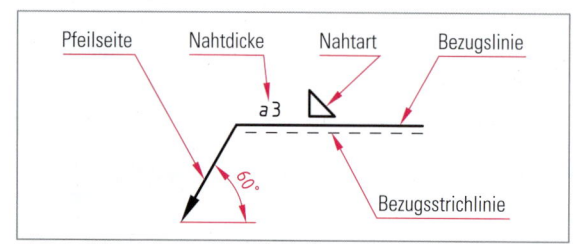

2: Kennzeichnung einer Schweißnaht (Pfeilseite, Nahtdicke, Nahtart, Bezugslinie, Bezugsstrichlinie)

Benennung	Darstellung	Symbol / Nahtart
V-Naht	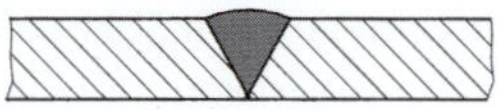	V
Y-Naht	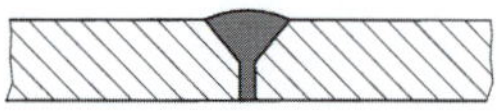	Y
Kehlnaht	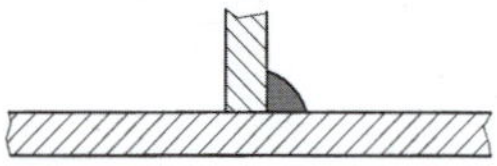	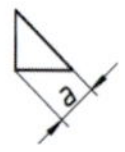 ⊿

Ergänzende Angaben: Ringsumnaht, Baustellennaht

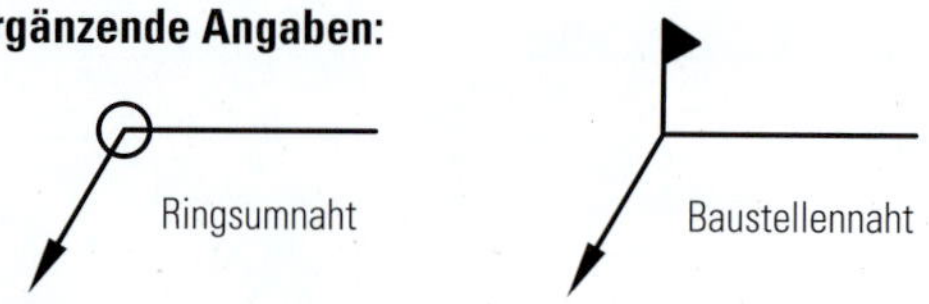

4: Darstellung von Schweißnähten mit Symbolen

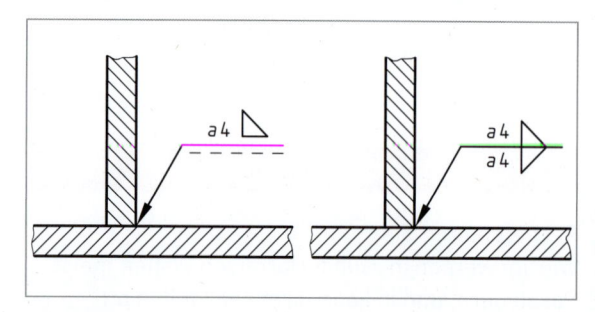

5: Kehlnaht — Doppelkehlnaht

3 Gruppen- und Gesamtzeichnungen

Übungen

1. Der Stützbock [Bild 1] soll durch Schweißen gefügt werden. Zeichnen Sie in drei Ansichten und geben Sie die Schweißzeichen an.

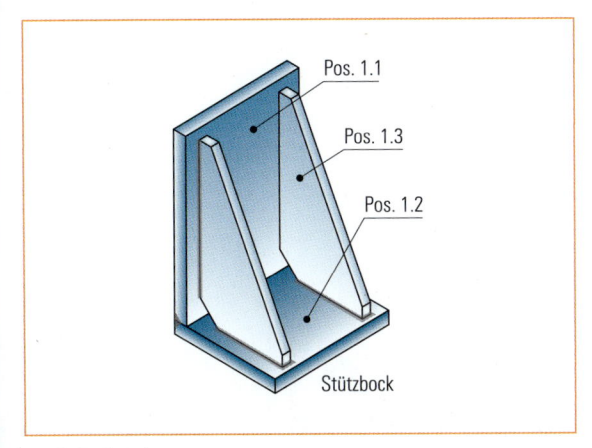

1: Stützbock

2. Der Lagerbock [Bild 2] wird ebenfalls geschweißt. Wie viele Schweißnähte werden benötigt?

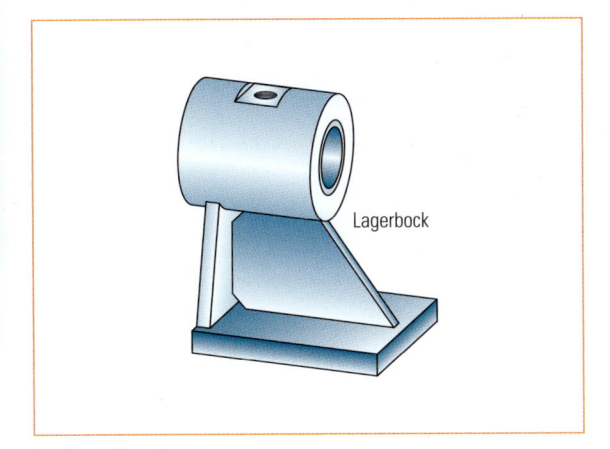

2: Lagerbock

3. Welche Schwierigkeiten können beim Schweißen auftreten?

Eine Gruppenzeichnung stellt eine Baugruppe (z. B. Welle mit Zahnrad) dar. Eine Gesamtzeichnung zeigt dagegen z. B. ein vollständiges Getriebe.
Bei **Gruppen- und Gesamtzeichnungen** ist folgendes zu beachten:

- Gruppen- und Gesamtzeichnungen werden häufig **im Schnitt** dargestellt.

- Die einzelnen Bauteile werden **nicht bemaßt**, die Maße der Bauteile können den Einzelteilzeichnungen entnommen werden.

- **Normteile** werden nicht bemaßt. Sie können im Tabellenbuch oder in den entsprechenden Normen nachgeschlagen werden.

- Alle Bauteile erhalten eine **Positionsnummer**.

- Zu jeder Gruppen- oder Gesamtzeichnung gehört eine **Stückliste** [Bild 1, nächste Seite].

Wenn sich die Stückliste auf der Gesamtzeichnung befindet (meist über dem Schriftfeld), dann erfolgt die Nummerierung der Positionsnummern von unten nach oben.
Befindet sich die Stückliste auf einem separaten Blatt, dann erfolgt die Nummerierung von oben nach unten.

Eine Stückliste beinhaltet z. B. die:

- Positionsnummern der Bauteile
- Stückzahl (Menge) der Bauteile
- Einheit (z. B. Stück, Kiste, Palette, …)
- Benennung der Bauteile
- Abmessungen
- Normen
- Werkstoff
- Bemerkungen
- betriebsinterne Angaben (z. B. Lagerplatz-Nr., Betriebs-Nr.)

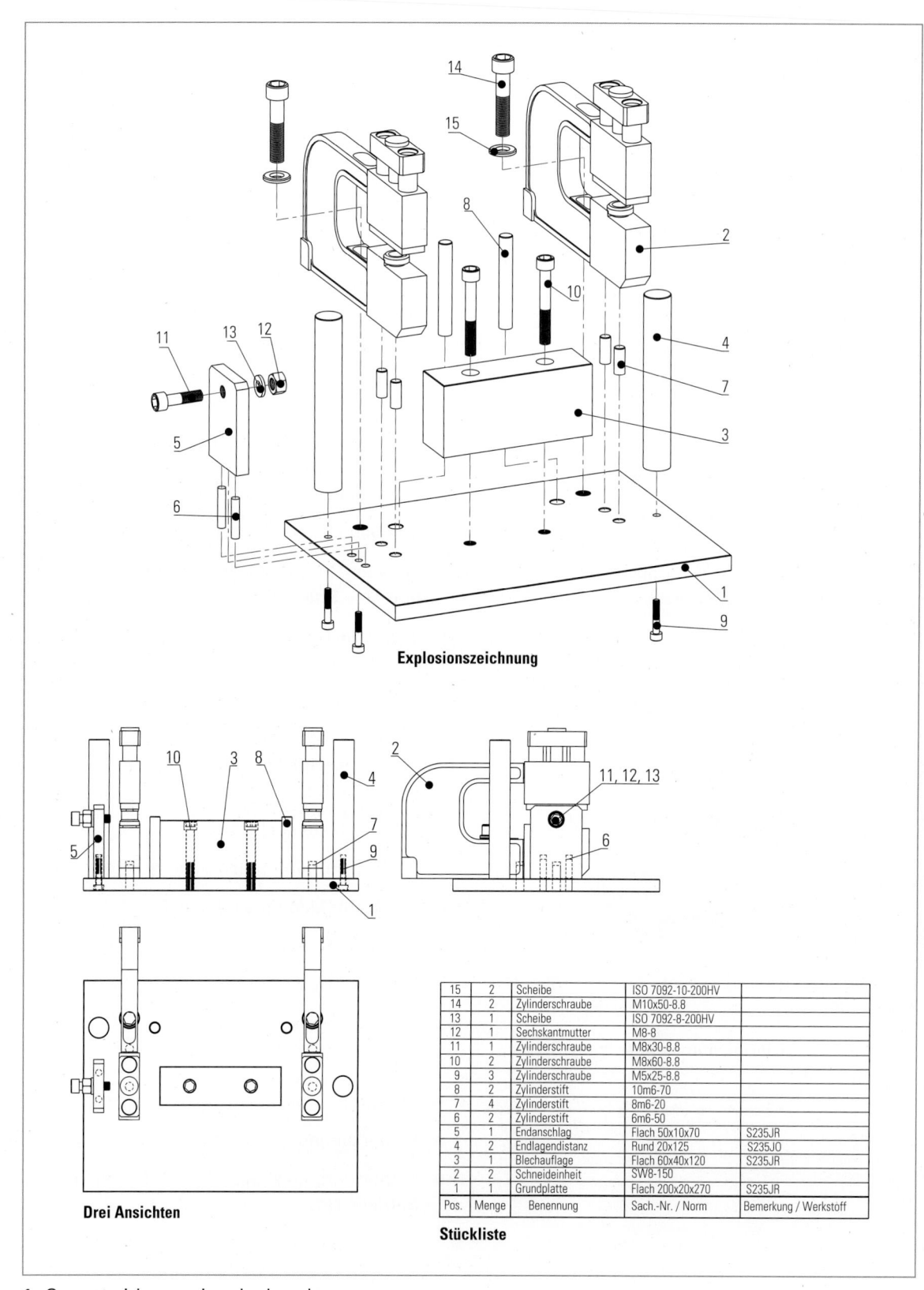

Technische Kommunikation ▶ Gruppen- und Gesamtzeichnungen

Explosionszeichnung

Drei Ansichten

Stückliste

Pos.	Menge	Benennung	Sach.-Nr. / Norm	Bemerkung / Werkstoff
15	2	Scheibe	ISO 7092-10-200HV	
14	2	Zylinderschraube	M10x50-8.8	
13	1	Scheibe	ISO 7092-8-200HV	
12	1	Sechskantmutter	M8-8	
11	1	Zylinderschraube	M8x30-8.8	
10	2	Zylinderschraube	M8x60-8.8	
9	3	Zylinderschraube	M5x25-8.8	
8	2	Zylinderstift	10m6-70	
7	4	Zylinderstift	8m6-20	
6	2	Zylinderstift	6m6-50	
5	1	Endanschlag	Flach 50x10x70	S235JR
4	2	Endlagendistanz	Rund 20x125	S235J0
3	1	Blechauflage	Flach 60x40x120	S235JR
2	2	Schneideinheit	SW8-150	
1	1	Grundplatte	Flach 200x20x270	S235JR

1: Gesamtzeichnung eines Lochwerkzeuges

Übungen

1. Die Zeichnung stellt eine Riemenscheibe im Halbschnitt auf einer Welle dar. Die Verdrehsicherung wird von einer Passfeder gewährleistet. Ein Sicherungsring hält die Scheibe axial fest [Bild 1].

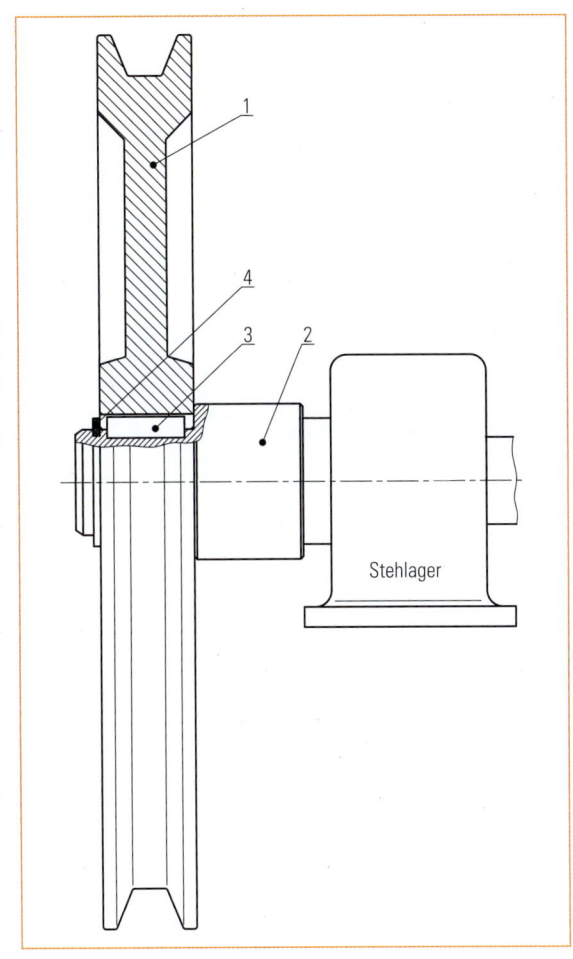

1: Lagerung einer Riemenscheibe

   a) Zählen Sie die Bauteile auf.
   b) Zeichnen Sie die Riemenscheibe im Vollschnitt. Bemaßen Sie diese. (Die Maße sind der Zeichnung zu entnehmen.)
   c) Zeichnen Sie die Welle und bemaßen Sie diese. (Maße sind der Zeichnung zu entnehmen und im Maßstab 2:1 zu vergrößern, d. h. doppelt so groß zeichnen.)

2. Erstellen Sie zu Bild 1 für die Positionen 1 bis 4 eine Stückliste.

3.1 Zeichnungslesen

Um Zeichnungen zu lesen, sind folgende Überlegungen anzustellen:

1. Handelt es sich um die „richtige" Zeichnung? Hier helfen Angaben aus dem Schriftfeld: (z. B.)
   - Zeichnungs**nummer**
   - Zeichnungs**datum**
   - **Firmenname**

2. Um welche **Darstellung** handelt es sich?
   - Gruppenzeichnung
   - Gesamtzeichnung
   - Einzelteilzeichnung

3. Welche **Darstellungsform** wurde gewählt?
   - Darstellung in Ansichten (1, 2, 3)
   - Räumliche Darstellung
   - Explosionsdarstellung
   - Schnittdarstellungen (Schnitt, Halbschnitt, Teilschnitt, geknickter Schnittverlauf)

4. Was ist beim Lesen von Maßen zu berücksichtigen?
   - die **Einheit** der Maßangaben beachten (in Maschinenbauzeichnungen mm)
   - der **Maßstab** der Zeichnung, z. B.
     1:1 das gezeichnete Werkstück entspricht dem wirklichen Werkstück (d. h. Zeichnung und Werkstück sind gleich groß)
     1:2 (Verkleinerungsmaßstab) das gezeichnete Werkstück ist um die Hälfte (:2) kleiner als das wirkliche Werkstück
     5:1 (Vergrößerungsmaßstab) das gezeichnete Werkstück ist 5mal größer als das reale Werkstück

5. Wie wird beim Lesen umfangreicher Gesamtzeichnungen vorgegangen?
   - das Lesen der Zeichnung sollte in eine **Richtung** erfolgen: z. B. von links nach rechts, oder von oben nach unten.
   - Die **einzelnen Bauteile** müssen erkannt werden. Bei Unsicherheiten im Tabellenbuch bei ähnlichen Bauteilen nachschauen.
   - Die **Funktion** der Baugruppe ist zu ermitteln.

Technische Kommunikation ▶ Gruppen- und Gesamtzeichnungen ▶ Zeichnungslesen

Merke

- **Gesamtzeichnungen** enthalten **keine Einzelteilmaße** (evtl. sind Einbaumaße angegeben).
- Bei Gesamtzeichnungen kennzeichnen die **Pos. Nr.** die einzelnen Bauteile.
- Die Maße /Toleranzen /Oberflächenangaben /Schweißangaben werden den **Einzelteilzeichnungen** der Bauteile entnommen.
- Eine **Stückliste** bietet weitere Informationen wie die Benennung der Bauteile, Normen, Stückzahl, Werkstoffe, Lagernummern, Bemerkungen, … .
- Bei **Schnittdarstellungen** werden die verschiedenen Bauteile durch unterschiedliche Schraffurrichtungen und Schraffurabstände gekennzeichnet.

Übungen

1. Die Gesamtzeichnung [Bild 1] stellt eine Vorrichtung aus 4 Einzelteilen dar.
   a) Beschreiben Sie die Funktion der Vorrichtung.
   b) Skizzieren Sie die Zentrierbuchse (Pos. 1) im Halbschnitt.
   c) Erstellen Sie für die Gesamtzeichnung eine Stückliste (verwenden Sie das Tabellenbuch).

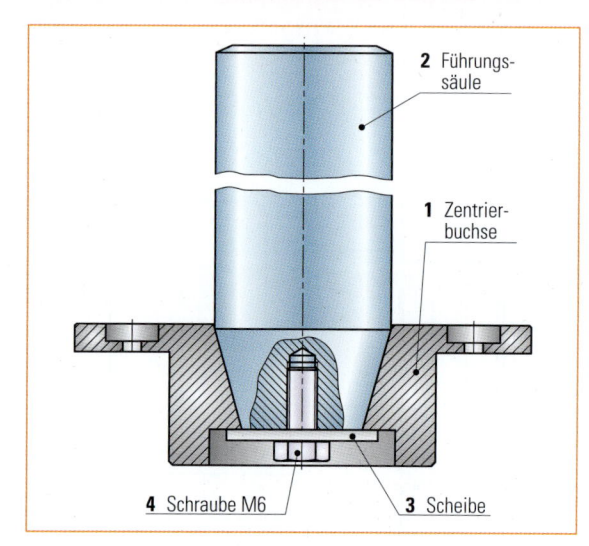

1: Aufnahme-Vorrichtung für Werkstücke

2. Die Abbildung [Bild 2] zeigt eine Gruppenzeichnung einer Lagerung für eine Riemenscheibe. Betrachten Sie die Zeichnung:
   a) Wie viele Bauteile sind abgebildet?
   b) Welche Bauteile sind Normteile?
   c) Um welche Darstellung handelt es sich?
   d) Welche Darstellungsform wurde gewählt?
   e) Wo und wie wird die Riemenscheibe befestigt?
   f) Fertigen Sie eine Skizze des Gehäuses an:
      – Vorderansicht (im Schnitt)
      – Seitenansicht
   g) Zeichnen und bemaßen Sie die Welle. Die Maße sind im Maßstab 2:1 der Zeichnung zu entnehmen (d. h. doppelt so groß zeichnen).
   h) Erstellen Sie eine Stückliste.

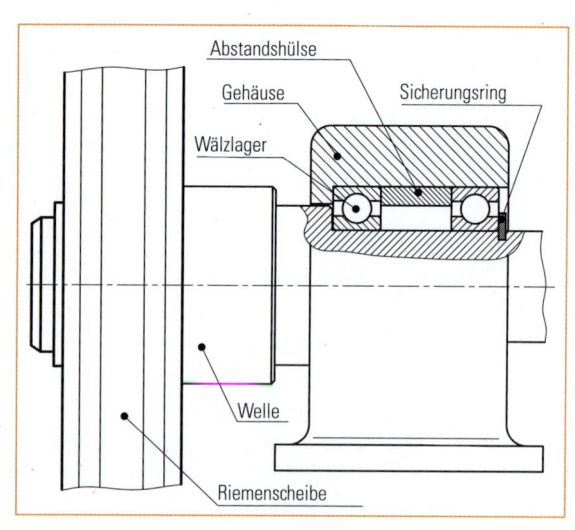

2: Lagerung einer Riemenscheibe (sie wird auf die Welle montiert)

Technische Kommunikation ▶ Einrichten von Maschinen

4 Einrichten von Maschinen

Für das Einrichten von Maschinen stehen der Fachkraft weitere technische Unterlagen zur Verfügung.
Bild 001 zeigt ein **Einrichteblatt**. Hierauf wird gezeigt, welche **Spann- und Haltevorrichtungen** oder auch welche **Werkzeuge** mit den erforderlichen **technischen Daten** eingesetzt werden müssen.
Im Rahmen von Qualitätsmanagement muss für jede Anlage der Maschinenfähigkeitsnachweis erbracht werden. Diese Maschinenfähigkeit gilt auch für umgerüstete (mit neuen Vorrichtungen und neuem Werkzeug bestückten) Maschinen und Anlagen. Mithilfe des Einrichteblattes kann die Maschine problemlos umgerüstet werden [Bild 1, nächste Seite].

> **Merke**
> Einrichteblätter ermöglichen ein schnelles und fehlerfreies Umrüsten von Maschinen und Anlagen.

Im Betrieb werden die eingehenden Aufträge abgearbeitet. Die Bauteile (Werkstücke) können einfach oder kompliziert aussehen. Es werden die verschiedensten Werkzeuge und Vorrichtungen verwendet. Eine gute Beobachtungsgabe ist für das Verständnis von Maschinen und Anlagen wichtig.

Übungen

1. Bild 1 zeigt ein Bearbeitungszentrum mit mehreren Vorrichtungen zur Befestigung von Al-Leisten.
   Beobachten Sie genau:
   a) Wie viele Vorrichtungen sind in der Abbildung zu sehen?
   b) Aus welchen Einzelteilen besteht eine Vorrichtung?
   c) Wie werden die Al-Leisten befestigt?
   d) Wie viele Al-Leisten können maximal eingespannt werden?
   e) Was bedeuten die Angaben 295 mm, 305 mm und 107 mm?
   f) Erstellen Sie die Skizze einer Vorrichtung.

(Die Breite der Al-Leisten beträgt 50 mm, die Länge 1200. Die Kunststoffauflage (rot) der Vorrichtung ist 100 mm breit. Alle anderen Maße sind zu schätzen.)

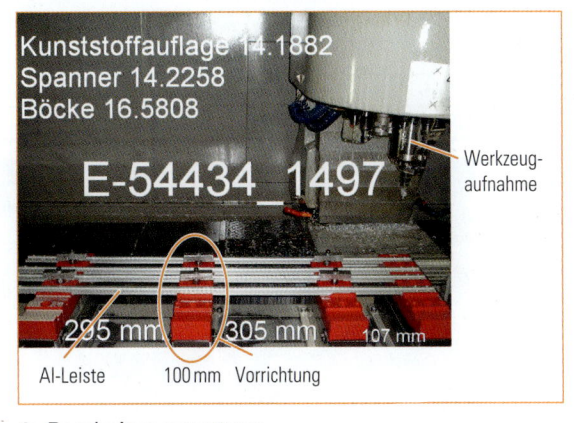

1: Bearbeitungszentrum

Technische Kommunikation ▶ Einrichten von Maschinen

VIELER International

	EINRICHTEBLATT <FRAESEN>		
Zeichnungnummer:	0815...........		
NC-Pgm.Nr:	<?>		
Arbeitsgangnr. :	040	Werkstoff:	GK-AlSi6Cu4......
Auftragsnummer:	441.0000.000.....	Bezeichnung:	Stütze
Maschine:	CHIRON_FZ18_LANG.		

Bearbeiter :	Blome
Datum:	18.02.2018 ..
Zeit:	08:33.......

NC-Programm:	E-0815......
Technologieprogramm:	E-0815-1.PFR.

WKZ-NR	Bezeichnung	KORR.	Drehzahl [min⁻¹]	Durchm.	M3 / M4
T1	Schaftfräser	1	10.000	25	1
T363	H-Fräser	1	10.000	10	1
T364	IK-Bohrer	364	10.000	8,5	1
T365	M-Gewindebohrer	365	1.870	8	1
T728	IK-Bohrer	366	10.000	6,8	1

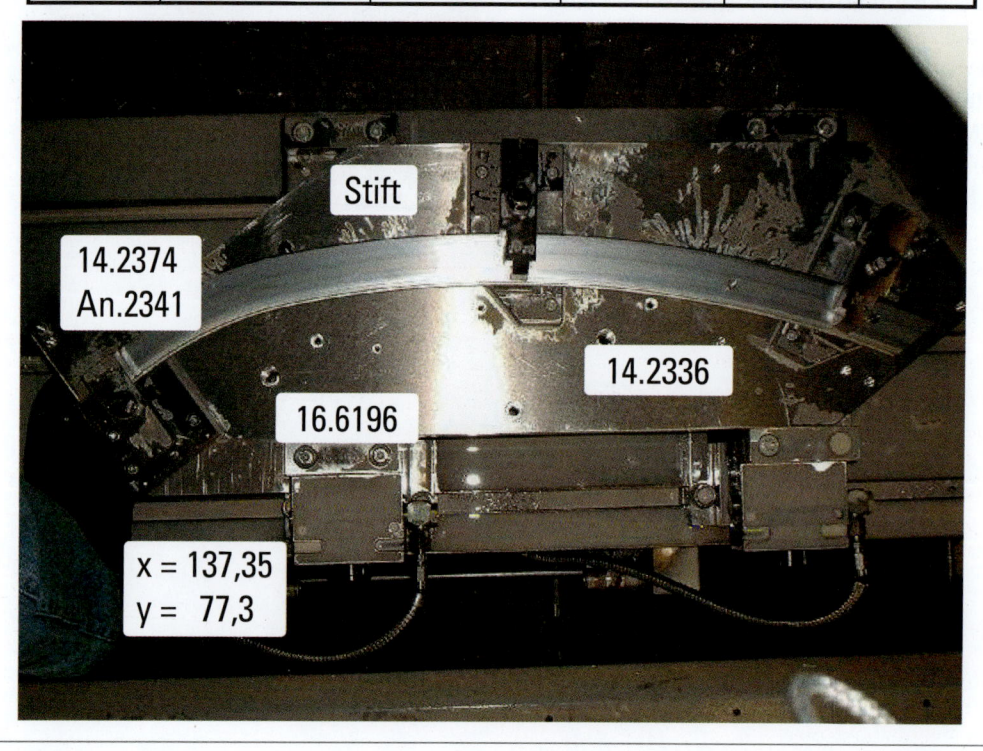

Stift
14.2374
An.2341
14.2336
16.6196
x = 137,35
y = 77,3

1: Einrichteblatt

VIII Qualitätsmanagement

Unternehmen fertigen Produkte, die Kunden kaufen sollen. Sie können auch Dienstleistungen anbieten, die Kunden wahrnehmen sollen. Kunden bezahlen dafür jeweils einen Preis. Dabei ist es ein Ziel jedes Unternehmens, Gewinne zu erwirtschaften.
Ein Kunde kauft jedoch nur dann ein Produkt, wenn die Qualität seinen Erwartungen entspricht. Das bedeutet für jedes Unternehmen, dass es die Qualität liefern muss, die der Kunde erwartet. Was Qualität ist, bestimmt also nur der Kunde. Ist der Kunde mit der Qualität zufrieden, wird er erneut bei dem Unternehmen einkaufen oder eine Dienstleistung in Anspruch nehmen. Dies ist ein weiteres wichtiges Ziel jedes Unternehmens. So kann es Kunden an sich binden und am Markt bestehen. Ein Kunde, der nicht zufrieden ist, geht zur Konkurrenz.

1 Qualitätsbegriff

Wenn ein Produkt gefertigt wird, muss es in einer bestimmten Qualität hergestellt werden.
Ein Kunde, der Schutzbleche für seine Maschinen [Bild 1] bestellt hat, gibt die Maße vor, nach denen es gefertigt werden soll (**Qualitätsanforderung**). Diese Maßangaben gewährleisten, dass die Bleche ihre Funktion erfüllen können. Die Schutzbleche haben eine Breite von 400 mm. Da die Allgemeintoleranzen nach DIN ISO 2768-m gelten, kann das Maß mit einer Toleranz von ±0,5 mm gefertigt werden (**realisierte Beschaffenheit**) [Bild 2]. Eine Überschreitung des Maßes würde eine kostenintensive Nacharbeit erfordern. Die Unterschreitung des Maßes würde das jeweilige Blech zu einem Ausschussteil machen. Würde man bei der Herstellung die Fertigungstoleranz enger wählen, z. B. ±0,1 mm, würde die Anforderung an das Maß übererfüllt werden. Eine vom Hersteller enger gewählte Toleranz führt immer zu einer Fertigung mit höheren Kosten. Die Qualität der Schutzbleche würde dadurch nicht steigen, denn die Funktion würde nicht „besser" erfüllt werden, da die Qualitätsanforderung des Kunden eine größere Maßtoleranz zulässt.

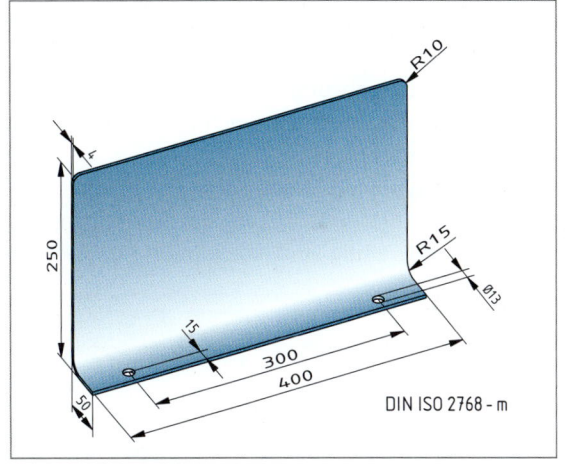

1: Schutzblech

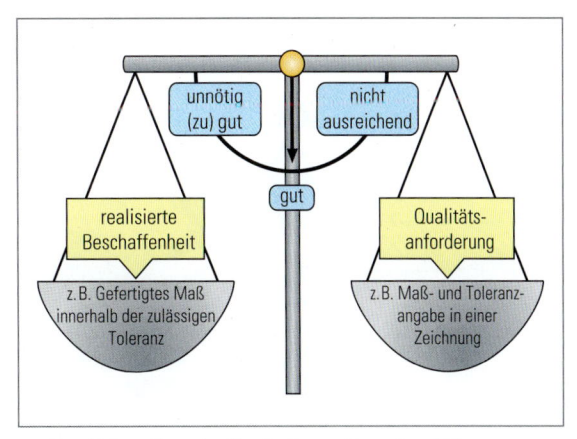

> **Merke**
> **Qualität** beschreibt den Grad, wie Anforderungen an ein Produkt oder eine Dienstleistung erfüllt werden.

2: Qualität = Beschaffenheit zur Zweckerfüllung

Qualitätsmanagement ▶ Ziele des Qualitätsmanagements

Je besser die Produkte den Anforderungen oder den Erwartungen des Kunden entsprechen, desto höher ist die Produktqualität.

Der Begriff **Produkt** wird in einem Qualitätsmanagementsystem gebraucht für:

- Dienstleistungen (z. B. Warentransport)
- Verfahrenstechnische Produkte (z. B. Kühlschmierstoff)
- Software (z. B. Betriebsanweisung, CNC-Programm)
- Hardware (z. B. Zahnrad)

Zu einer Säulenbohrmaschine gehört das Gerät (Hardware) und eine Gebrauchsanweisung (Software). Es kann zusätzlich vereinbart sein, dass die Maschine aufgestellt und ein Wartungsvertrag abgeschlossen wird. Dieses sind Dienstleistungen und werden somit auch Bestandteil des Produktes.

Übungen

1. Erklären Sie den Begriff „Qualität" im Sinne des Qualitätsmanagements mit eigenen Worten.
2. Was wird im Qualitätsmanagement unter einem Produkt verstanden?

2 Ziele des Qualitätsmanagements

Das Management eines Unternehmens leitet das Unternehmen durch Planen, Treffen von Grundsatzentscheidungen und der Durchführungs- und Erfolgskontrolle. Es ist demnach für alle Vorgänge im Betrieb verantwortlich.

Das **Qualitätsmanagement** sorgt dafür, dass alle Maßnahmen, die zur Erfüllung der Qualitätsanforderungen notwendig sind, koordiniert werden.

Jedes Produkt durchläuft während seines Lebenszyklusses verschiedene Phasen. Dies beginnt bei der Planung und endet bei der Beseitigung (Recycling) des Produktes [Bild 1]. Wie schon eingangs erwähnt, bestimmt der Kunde die Qualität des Produktes. Also hat jeder Schritt im Lebenszyklus eines Produktes Einfluss auf die Kundenzufriedenheit.

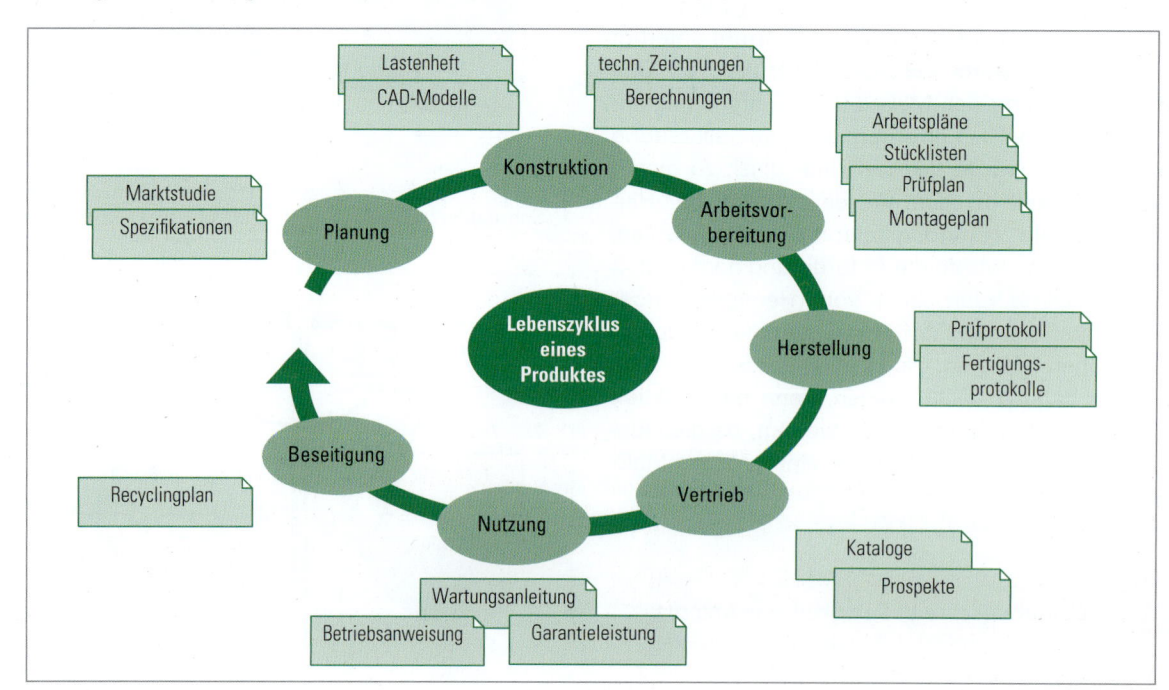

1: Produktlebenszyklus

Qualitätsmanagement ▶ Qualitätssicherung (QS)

Das **Qualitätsmanagement** soll für den reibungslosen Ablauf aller an den Produktionsphasen innerhalb eines Betriebes beteiligten Abteilungen gewährleisten. Dabei ist das zentrale Anliegen des Qualitätsmanagements die Zufriedenheit des Kunden. Sie soll dafür sorgen, dass der Kunde den Fähigkeiten des Herstellers (Lieferanten) vertrauen kann.

Bei der Herstellung eines Produktes muss die vom Kunden gewünschte Qualität erreicht werden. Hierzu ist es erforderlich, die Qualität beurteilen zu können. Wichtige Kriterien sind u. a.:

2.1 Objektive Qualität

Dies sind messbare Eigenschaften wie z. B.

- Länge eines Werkstückes,
- Masse eines Gussteiles,
- Bestimmung der Oberflächenrauheit einer Welle mit einem Messgerät.

Diese Eigenschaften lassen sich in Zeichnungen und Verträgen recht eindeutig und verbindlich festlegen. Kontrolliert werden sie oft mithilfe der Prüftechnik.

2.2 Subjektive Qualität

Subjektive Qualität sind die abgestuften Eignungswerte gleichartiger Güter. Z. B. die Bedienbarkeit einer Maschine A ist angenehmer als die von Maschine B oder das Aussehen des Fahrzeuges A ist besser als das von Fahrzeug B. Hersteller treiben oft hohen Aufwand und versuchen mit Design und Werbung ihr Produkt aufzuwerten. Sie hoffen, dadurch ein hohes subjektives Qualitätserscheinen beim Kunden zu bewirken.

Darüber hinaus sind **Lieferfähigkeit** und **Verfügbarkeit eines Produktes** ein Anliegen des Managements. Sie hat direkten Einfluss auf das Kunden-Lieferanten-Verhältnis und somit auf die Bindung eines Kunden an das Unternehmen. Sie ist die Grundlage des wirtschaftlichen Erfolges einer Firma. Das heißt, dass die Organisation des Vertriebes – ja die gesamte Betriebsstruktur – Einfluss auf die Qualität eines Produktes hat, ohne direkt auf ein Produkt bezogen zu sein. Direkt auf ein Produkt bezogen sind nur die messbaren Qualitätsmerkmale.

2.3 Messbare Qualitätsmerkmale

Die Qualität der Arbeit von jedem Mitarbeiter ergibt in der Summe die Arbeitsqualität der gesamten Belegschaft. Diese Qualität, zusammen mit den Betriebsmitteln, wie z. B. Maschinen, Anlagen, Werkzeuge, Messmittel ergeben die Qualität der Fertigungsprozesse. Beispielsweise ist die Größe der Schnittgeschwindigkeit bei einer Werkzeugmaschine sehr wichtig, vorrangig ist aber die Genauigkeit, mit der sie arbeitet und ihre Verfügbarkeit bzw. Zuverlässigkeit. Alle drei Aspekte sind messbare Qualitätsmerkmale.

Für das Messen der Qualitätsfähigkeit von Betriebsmitteln und -prozessen wurden Kennzahlen entwickelt. Solche Kennzahlen sind z. B. die Maschinenfähigkeits- oder die Prozessfähigkeitskennzahl. Mit ihnen werden Fertigungs- und Produktionsabläufe bezüglich ihrer Qualität beurteilt.

3 Qualitätssicherung (QS)

Ein Unternehmen möchte sicherstellen dass langfristig gute Qualität dem Kunden geliefert wird. Es ist Ziel des Qualitätsmanagements, die **Qualitätsanforderungen des Kunden** zu erfüllen. Sie betreibt also **Qualitätssicherung**.

Die Qualitätssicherung hat in erster Linie das Ziel, dass alle erforderlichen Qualitätsforderungen festgelegt sind und von dem Produkt immer erfüllt werden. Ein zweites Ziel ist die vorbeugende Vermeidung von Fehlern.

Wenn diese Ziele erreicht werden, kann der Hersteller wirtschaftlicher produzieren, weil Kosten verursachende Fehler vermieden werden. Zugleich wird die Produktivität gesteigert.

3.1 Fehler

Wenn bei dem Schutzblech das Maß 400 mm ±0,5 mm nicht eingehalten wird, ist dies ein **Fehler**.

> **Merke**
> Ein **Fehler** ist die Nichterfüllung einer festgelegten Forderung.

Wenn durch das Nichteinhalten des Maßes 400 mm ±0,5 mm jemand zu Schaden kommt, dann wird der Begriff Fehler weiter gefasst. Man spricht hier von einem **kritischen Fehler**.

> **Merke**
>
> Ein **kritischer Fehler** ist ein Fehler, bei dessen Auftreten Gefahren für Leib und Leben von Menschen auftreten und erhebliche Umweltschäden herbeigeführt werden können.

3.2 Produkthaftung

Nach dem Produkthaftungsgesetz (ProdHaftG) haftet ein Hersteller, wenn von ihm in den Verkehr gebrachte Produkte Personen oder Sachen schädigen. Wer das (End-) Produkt verantwortlich erzeugt hat, ist Hersteller dieses Produktes.
Auch ein Zulieferer wird als Hersteller seines (Teil-) Produkts angesehen, nicht aber derjenige, der die Teile nur zusammenfügt.
Kann nach einem Schaden der Hersteller nicht ermittelt werden, haftet der Quasi-Hersteller, der das Produkt mit seiner Marke oder seiner Firma gekennzeichnet hat. Sollte auch dieser nicht ermittelt werden können, haftet der Importeur, der das Produkt aus einem Land außerhalb der Europäischen Union wie z. B. Norwegen, USA, Russland oder China in das Gebiet der Europäischen Union eingeführt hat.
Falls auch der Importeur nicht ermittelt werden kann, haftet der Lieferant des Produktes.
Bei der Produkthaftung gilt die **Beweislastumkehr**. Der Hersteller muss schlüssig darlegen, dass das Produkt zum Zeitpunkt des Inverkehrbringens fehlerfrei war. Der Käufer bzw. Nutzer muss den Fehler des Produkts demnach **nicht** nachweisen.
Der Hersteller eines Produktes hat durch diese Gesetzgebung ein großes Interesse, diesen Beweis lückenlos zu erbringen. Das Qualitätsmanagement mit seinen Möglichkeiten ist ein wichtiger Baustein bei der Dokumentation dieses Nachweises.

3.3 Rückverfolgbarkeit

Die Rückverfolgbarkeit ist erforderlich, damit Fehler nachträglich festgestellt werden können. So muss es bei einem eingetretenen Schaden, z. B. eine gehärtete Welle bricht, möglich sein, alle Teile aus demselben Los zu finden, damit an den daraus gefertigten Maschinen diese Wellen genau ermittelt werden können. Nur so können weitere (Folge-) Schäden vermieden werden. Dasselbe gilt auch für andere Produktionsbereiche, also auch für eine Wurst im Supermarktregal.

4 Kontinuierlicher Verbesserungsprozess (KVP)

Jeder Vorgang, jeder Fertigungsprozess kann verbessert werden. Es ist oft die Fachkraft „vor Ort", die Verbesserungsmöglichkeiten an einem Arbeitsablauf erkennt. Sie ist es, die täglich mit den einzelnen Abläufen zu tun hat und Erleichterungen erkennen kann [Bild 1, nächste Seite]. Dabei geht es nicht nur um Arbeitserleichterungen, sondern auch um Verbesserungen, die den Produktionsprozess betreffen. Betriebe haben meist hierfür ein Vorschlagswesen, bei dem die Mitarbeiterin und der Mitarbeiter seine Vorschläge einreichen kann. Dabei geht es oft um kleine Verbesserungen, die nur eine geringe Auswirkung auf den Fertigungsprozess haben. Reiht man aber die vielen kleinen Verbesserungen aneinander, so entsteht über die Zeit ein wesentlich verbesserter Arbeitsablauf.
Wird ein Vorschlag erfolgreich umgesetzt, wird dies oft durch Prämien belohnt. So wird ein Anreiz geschaffen, an weiteren Verbesserungen zu arbeiten und entsprechende Vorschläge einzureichen.

Qualitätsmanagement ▶ Qualitätsregelkarte (QRK)

Plan (Planen): Eine Fachkraft erkennt z. B. einen betrieblichen Ablauf, der verbesserungsfähig ist. Sie gibt ihre Beobachtung und vielfach auch schon einen Verbesserungsvorschlag weiter. Daraufhin wird der Istzustand genau analysiert. Anhand dieser Analyse wird versucht, die Auswirkungen des Verbesserungsvorschlags abzuschätzen.

Do (Testen): In der zweiten Phase wird die Verbesserung meist unter provisorischen Bedingungen an einem einzelnen Arbeitsplatz getestet. Dabei besteht die Möglichkeit, den Vorschlag zu korrigieren bzw. zu optimieren.

Check (Überprüfen): Der Prozessablauf und seine Resultate werden noch einmal sorgfältig überprüft.
Wenn das Ergebnis positiv ist, wird die Umsetzung beschlossen. Damit ist die Einführung freigegeben.

Act (Umsetzen): In der letzten Phase erfolgt die Einführung in den betrieblichen Ablauf. Der Erfolg wird danach regelmäßig überprüft (Audits).
Eine Änderung kann mit einem erheblichen organisatorischen Aufwand verbunden sein (z. B. Änderung von Arbeitsplänen und CNC-Programmen, Schulungen usw.).

1: Kontinuierlicher Verbesserungsprozess

5 Qualitätsregelkarte (QRK)

Für die Beurteilung eines gleichmäßig verlaufenden Prozesses stehen verschiedene grafische und rechnerische Auswertungsmöglichkeiten zur Verfügung. Für eine Fertigung, bei der Maße gemessen und Toleranzen eingehalten werden müssen, wird oft die Qualitätsregelkarte eingesetzt.
Eine **Qualitätsregelkarte (QRK)** [Bild 1, nächste Seite] ist ein wichtiges Instrument für die Beurteilung eines Fertigungsprozesses. Mit ihr ist es möglich, die Entwicklung eines Fertigungsprozesses grafisch darzustellen.

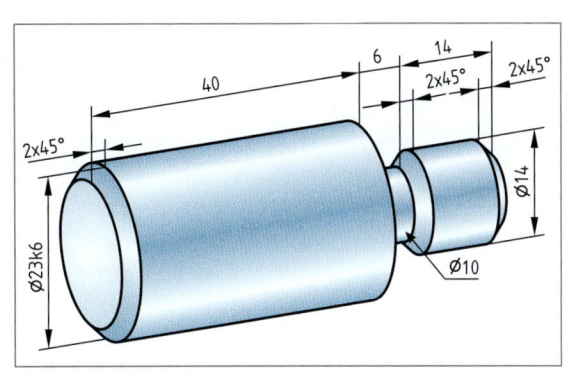

> **Merke**
> Mit Qualitätsregelkarten (QRK) ist es möglich, eine Prozessentwicklung aufzuzeichnen und zu beurteilen.

2: Drehteil

Damit eine Qualitätsregelkarte erstellt werden kann, müssen zuerst verschiedene Daten ermittelt werden. Diese Daten sind normalerweise Messwerte, wie z. B. Durchmesser einer Welle [Bild 2].

Was ist eine Qualitätsregelkarte?

- sie ist ein grafisches Instrument zur Überwachung eines Prozesses
- sie basiert auf Stichproben
- aufgrund von Mehrfachbestimmungen von Prüfergebnissen ist eine sehr genaue Kontrolle möglich
- in der Regel ist es ein (digitales) Formblatt, auf dem die Mittelwerte der Stichproben dargestellt werden
- aus dem entstehenden Graphen kann abgeleitet werden, wie der Prozess in seiner bisherigen Art weiterläuft
- anhand von Eingriffskriterien kann die Fachkraft Maßnahmen ergreifen
- die Regelkarte stellt ein Frühwarnsystem dar
- durch das frühzeitige Auftreten einer Warnung verhindert man das Produzieren von Ausschuss

handwerk-technik.de

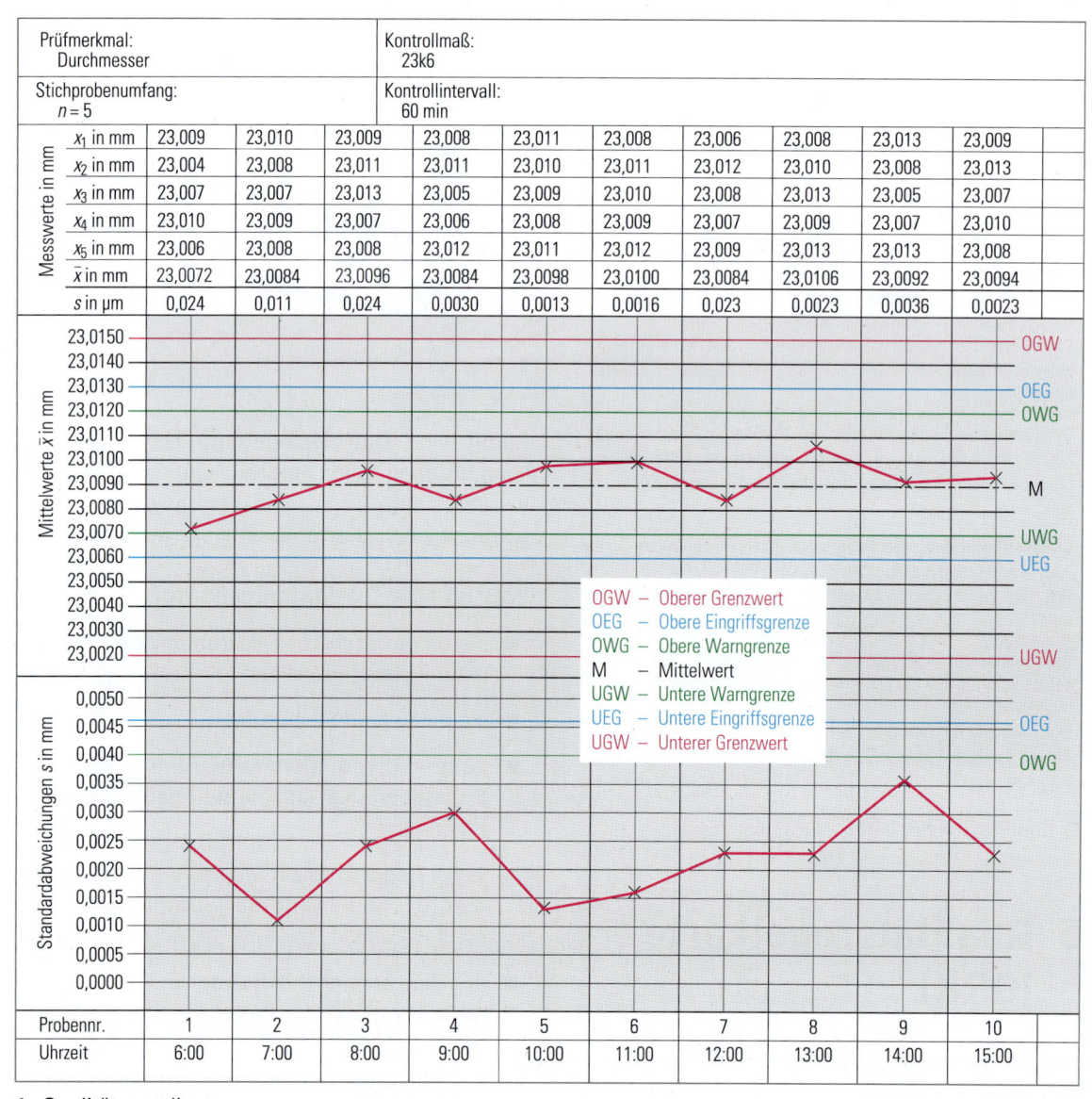

Qualitätsmanagement ▶ Kontinuierlicher Verbesserungsprozess (KVP)

Prüfmerkmal: Durchmesser				Kontrollmaß: 23k6						
Stichprobenumfang: $n = 5$				Kontrollintervall: 60 min						
Messwerte in mm	x_1 in mm	23,009	23,010	23,009	23,008	23,011	23,008	23,006	23,008	23,013	23,009
	x_2 in mm	23,004	23,008	23,011	23,011	23,010	23,011	23,012	23,010	23,008	23,013
	x_3 in mm	23,007	23,007	23,013	23,005	23,009	23,010	23,008	23,013	23,005	23,007
	x_4 in mm	23,010	23,009	23,007	23,006	23,008	23,009	23,007	23,009	23,007	23,010
	x_5 in mm	23,006	23,008	23,008	23,012	23,011	23,012	23,009	23,013	23,013	23,008
	$\bar{x}$ in mm	23,0072	23,0084	23,0096	23,0084	23,0098	23,0100	23,0084	23,0106	23,0092	23,0094
	s in µm	0,024	0,011	0,024	0,0030	0,0013	0,0016	0,023	0,0023	0,0036	0,0023

OGW – Oberer Grenzwert
OEG – Obere Eingriffsgrenze
OWG – Obere Warngrenze
M – Mittelwert
UWG – Untere Warngrenze
UEG – Untere Eingriffsgrenze
UGW – Unterer Grenzwert

1: Qualitätsregelkarte

5.1 Aufbau einer Qualitätsregelkarte

Auf einer Qualitätsregelkarte wird auf der senkrechten Achse (y-Achse) das zu untersuchende Merkmal angegeben. Im dargestellten Beispiel ist dies der Wellendurchmesser.
Auf der waagerechten Achse (x-Achse) wird der Ablauf dargestellt. Dieser ist entweder der

- zeitliche Abstand oder die
- Reihenfolge

in der die Stichproben (Messwerte) ermittelt werden.
In den Regelkarten sind Grenzen eingetragen:

- Warngrenzen
- Eingriffsgrenzen
- Toleranzgrenzen

Liegen die Stichproben innerhalb der Warngrenzen, wird davon ausgegangen, dass nicht in den Fertigungsprozess eingegriffen werden muss. Die Warngrenzen basieren auf einem 95 %-Zufallsstreubereich, einem Bereich in dem statistisch davon ausgegangen wird, dass 95 von 100 Teilen mit dieser Toleranz gefertigt werden.
Wenn ein Maß die Warngrenze überschreitet, besteht die Gefahr, dass nachfolgende Teile nicht mehr innerhalb der zulässigen Toleranz liegen. Die Fachkraft ist „gewarnt" und muss entsprechend den Prüfanweisungen Maßnahmen vorbereiten, den Fertigungsprozess genauer beobachten bzw. Meldung machen. So können beispielsweise zusätzlich Stichproben dem Fertigungsprozess entnommen und kontrolliert werden.
Wird die Eingriffsgrenze überschritten, muss die Fachkraft in den Fertigungsprozess eingreifen. Mögliche Maßnahmen sind:

- Werkzeug nachstellen / erneuern (z. B. Drehprozess)
- Polierpaste erneuern (z. B. Polierprozess)

Die Toleranzgrenze ist die vom Konstrukteur vorgegebene Grenze des Maßes. Wird sie überschritten, ist das gefertigte Teil Ausschuss. Entweder muss dann kostenaufwändig nachgearbeitet werden, oder es ist Schrott.
Qualitätsregelkarten werden meist digital erstellt und auch ausgewertet. Es kommt dabei hin und wieder, je nach Prozess, zu typischen Verläufen der Kennwerte. Je nach Verlauf hat die Fachkraft tätig zu werden, damit ein ungestörter Fertigungsprozess ablaufen kann [Bild 1 und 1, nächste Seite].

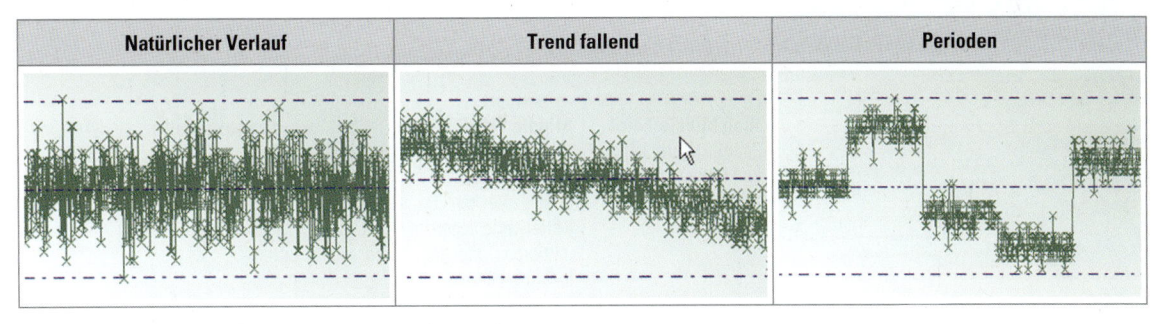

1: Darstellung einer Qualitätsregelkarte in der Computerauswertung

Qualitätsmanagement ▶ Qualitätsregelkarte (QRK) ▶ Aufbau einer Qualitätsregelkarte

Verlauf	Beschreibung		Mögliche Ursachen / Maßnahmen	
	Natürlicher Verlauf Alle Werte liegen innerhalb der Eingriffsgrenzen; $\frac{2}{3}$ der Werte im Bereich der Warngrenzen		Kein Eingriff erforderlich.	
	Viele Werte liegen nahe den Eingriffsgrenzen.		Prozess verschärft beobachten; umgehend weitere Stichprobe(n) entnehmen; falls keine Änderung eintritt, Prozess korrigieren.	
	Eingriffsgrenze über- oder unterschritten		Prozess ist nicht beherrscht; Maschine nachstellen; 100 %-Prüfung der seit der letzten Stichprobe gefertigten Teile.	
	Run 7 aufeinander folgende Werte ober- / unterhalb der Toleranzmitte		Prozess unterbrechen und die Ursache beheben (z. B. Werkzeugverschleiß).	
	Trend fallend 7 aufeinander folgende Werte fallend		Prozess unterbrechen und die Ursache beheben (z. B. Werkzeugverschleiß).	
	Trend steigend 7 aufeinander folgende Werte steigend		Prozess unterbrechen und die Ursache beheben (z. B. Werkzeugverschleiß)	
	High Middle Third Zu viele Werte liegen im Mittleren Bereich.	**Middle Third** wenn weniger als 40 % oder mehr als 90 % der letzten 25 Mittelwerte liegen im mittleren Drittel der Eingriffsgrenzen.	Prüfergebnisse prüfen; Anzeige des Messgerätes ist blockiert (Funktionsstörung); eventuell Prozessverbesserung nutzen.	Prüfung auf Mischung von Fertigungslinien bzw. Chargen.
	Less Middle Third Zu wenige Werte liegen im Mittleren Bereich.		Prüfergebnisse prüfen; die Unterschreitung von 40 % spiegelt eine zu breite Verteilung wieder.	
	Perioden Wertefolge periodisch.		Ursache ergründen (z. B. systematische Datenaufteilung, Spannmittel, Materialansammlungen, Nesterbildung).	

1: Anordnung von außergewöhnlichen Kennwertverläufen

5.2 Qualitätsbeeinflussende Größen

Jede Produktion, jede Herstellung eines Produktes findet meist mit Maschinen statt. Diese Maschinen oder Anlagen sind Umgebungseinflüssen ausgesetzt. Sie wirken auf diese Umgebung und die Umgebung wirkt auf die Maschinen. Die Einflussgrößen sind:

Mensch, **M**aschine, **M**aterial, **M**ethode, **M**itwelt

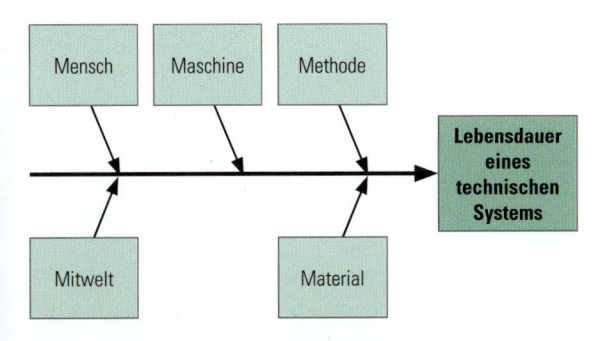

Beispiel	Einflussgröße
Erfahrung der Fachkraft	Mensch
Zustand der Anlage	Maschine
Hallentemperatur	Mitwelt (Umwelt)
Material einer Charge	Material
Optimale Werkzeuge	Methode
Fertigungsverfahren	Methode

Unerwünschte Störungen auf den Produktionsprozess durch die genannten Einflussgrößen können mithilfe einer **Qualitätsregelkarte** erkannt werden.

Störungen führen zu Fehlern und somit zu Produktionen, die außerhalb der zulässigen Toleranz gefertigt werden. Solche Teile müssen entweder kostenaufwändig nachgearbeitet werden oder sind unmittelbar Ausschuss.

Es sind Daten notwendig, aus denen spezielle Maßzahlen und Kennwerte berechnet werden können. Die dazu notwendigen Messwerte werden in einer Urwertliste festgehalten.

5.3 Berechnungen

Eine Urwertliste enthält z. B. eine bestimmte Anzahl an Maßen (z. B. $n = 50$) einer Produktion, oder Stichproben daraus. Mit ihnen alleine können noch keine aussagekräftigen Regelkarten erstellt werden.

Folgende **Urwertliste** [Bild 1] enthält die Daten des Durchmessers eines Drehteils [Bild 2, Seite 295]. Es wurden regelmäßige Stichproben während der Produktion der Wellen notiert (in mm).

Die Auswertung der Liste erfolgt mithilfe mathematischer Methoden.

Zu den Maßzahlen für die **Lage der Zahlen** in der Karte gehören der

- Mittelwert ($\bar{x}$) (sprich: x quer) und der
- Median ($\tilde{x}$) (sprich: x Tilde).

Für die **Streuung der Daten** werden folgende Kennzahlen benötigt:

- Standardabweichung (s)
- Spannweite der Streuung (R)

Diese Daten werden in eine Qualitätsregelkarte (QRK) eingezeichnet.

1	6	11	16	21	26	32	36	42	46
23,009	23,010	23,009	23,008	23,011	23,008	23,006	23,008	23,013	23,009
2	7	12	17	22	27	32	37	42	47
23,004	23,008	23,011	23,011	23,010	23,011	23,012	23,010	23,008	23,013
3	8	13	18	23	28	33	38	43	48
23,007	23,007	23,013	23,005	23,009	23,010	23,008	23,013	23,005	23,007
4	9	14	19	24	29	34	39	44	49
23,010	23,009	23,007	23,006	23,008	23,009	23,007	23,009	23,007	23,010
5	10	15	20	25	30	35	40	45	50
23,006	23,008	23,008	23,012	23,011	23,012	23,009	23,013	23,013	23,008

1: Urwertliste

Qualitätsmanagement ▶ Qualitätsregelkarte (QRK) ▶ Berechnungen

Mittelwert:

Bei der Berechnung des Mittelwertes ($\bar{x}$) werden alle Werte (z. B. die gemessenen Maße x_1, x_2, x_3, ... x_n) addiert und danach durch die **Anzahl** (*n*) der Maße geteilt:

$$\bar{x} = \frac{x_1 + x_2 + x_3 + ... + x_n}{n}$$

$$\bar{x} = \frac{23{,}009\,mm + 23{,}010\,mm + ... + 23{,}008\,mm}{50}$$

$$\bar{x} = 23{,}009\,mm$$

Der Mittelwert der 50 Messwerte beträgt:

$$\bar{x} = \underline{\underline{23{,}009\,mm}}$$

Median:

Der Median ($\tilde{x}$) ist der mittlere Wert einer aufsteigend sortierten Zahlenreihe. Bei einer geraden Anzahl von Messwerten kann kein einzelner mittlerer Wert ermittelt werden. Dann wird der Mittelwert aus den **beiden mittleren Werten** gebildet, nachdem sie der Reihe nach sortiert wurden (Bild 1).
In unserem Beispiel:
25. Wert der sortierten Urwertliste: x_{25} = 23,009 mm
26. Wert der sortierten Urwertliste: x_{26} = 23,009 mm

$$\tilde{x} = \frac{x_{25} + x_{26}}{2}$$

$$\tilde{x} = \frac{23{,}009\,mm + 23{,}009\,mm}{2}$$

$$\tilde{x} = \underline{\underline{23{,}009\,mm}}$$

Standardabweichung:

Die Standardabweichung *s* ist ein Kennwert, der die **Streuung** der Messwerte um den Mittelwert angibt.

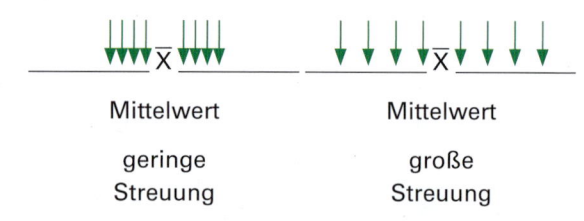

Mittelwert	Mittelwert
geringe Streuung	große Streuung

Im Beispiel wird die Standardabweichung wie folgt berechnet (Σ (Sigma) ist das mathematische Zeichen für eine Addition der Werte, die nach dem Summensymbol angegeben sind.) [Bild 1, nächste Seite].
Dieser sehr geringe Wert sagt, dass alle Messwerte eng um den Mittelwert liegen. Sie haben eine geringe Streuung. Je größer der Wert ist, desto größer ist auch die Streuung um den Mittelwert.

Spannweite *R*:

Die Spannweite *R* ist die Differenz zwischen dem größten und dem kleinsten Wert der Urwertliste.

Im Beispiel:

X_o = 23,013 mm (13. Wert der Urwertliste)
X_u = 23,004 mm (2. Wert der Urwertliste)
$R = X_o - X_u$
R = 23,013 mm – 23,004 mm

$R = \underline{\underline{0{,}009\,mm}}$

1	6	11	16	21	26	32	36	42	46
23,004	23,006	23,007	23,008	23,008	23,009	23,010	23,010	23,011	23,013
2	7	12	17	22	27	32	37	42	47
23,005	23,007	23,007	23,008	23,008	23,009	23,010	23,011	23,012	23,013
3	8	13	18	23	28	33	38	43	48
23,005	23,007	23,008	23,008	23,009	23,009	23,010	23,011	23,012	23,013
4	9	14	19	24	29	34	39	44	49
23,006	23,007	23,008	23,008	23,009	23,009	23,010	23,011	23,012	23,013
5	10	15	20	25	30	35	40	45	50
23,006	23,007	23,008	23,008	23,009	23,009	23,010	23,011	23,013	23,013

1: Sortierte Urwertliste (Messwerte sind ansteigend sortiert)

Qualitätsmanagement ▶ Qualitätsregelkarte (QRK) ▶ Berechnungen

Diese und weiterführende Berechnungen werden durchgeführt für den Nachweis einer:

■ **Maschinenfähigkeit**
Hierbei wird eine Maschine unter optimalen Bedingungen auf ihre Qualitätsfähigkeit geprüft. Dabei wird festgestellt, ob sich die Maschine für die vorgesehene Aufgabe eignet.

■ **vorläufige Prozessfähigkeit**
Hierbei wird die Maschine oder Anlage unter Produktionsbedingungen getestet.

■ **ständige Prozessüberwachung**
Wenn die vorhergehenden Untersuchungen von der Maschine oder Anlage bestanden wurden, ist der Prozess zu überwachen. Die Prozessfähigkeit ist also ständig nachzuweisen.

$$s = \sqrt{\frac{\Sigma(x_i - \bar{x})^2}{n-1}}$$

$$s = \sqrt{\frac{(x_1 - \bar{x})^2 + (x_2 - \bar{x})^2 + \cdots + (x_n - \bar{x})^2}{n-1}}$$

$$s = \sqrt{\frac{(23{,}009\,\text{mm} - 23{,}009\,\text{mm})^2 + (23{,}004\,\text{mm} - 23{,}009\,\text{mm})^2 + \cdots + (23{,}008\,\text{mm} - 23{,}009\,\text{mm})^2}{50-1}}$$

$$s = 0{,}002241\,\text{mm}$$

1: Formel zur Standardabweichung

Übungen

1. Welche Aufgabe hat das Qualitätsmanagement innerhalb eines Betriebes?
2. Unterscheiden Sie „objektive Qualität" von „subjektiver Qualität".
3. Nennen Sie messbare Qualitätsmerkmale.
4. Nennen Sie Möglichkeiten zur Sicherung der Qualität eines Produktes.
5. Was versteht man unter einem „Fehler" bzw. unter einem „kritischen Fehler"?
6. In Ihrem Betrieb wird ein „betriebliches Vorschlagswesen" eingeführt. Welches Ziel verfolgt die Geschäftsleitung damit?
7. Welche Aufgabe hat eine Qualitätsregelkarte in einem Fertigungsprozess?
8. Welche Kennwerte sind auf einer Qualitätsregelkarte zu finden?
9. Was kann man während eines Fertigungsprozesses auf einer Qualitätsregelkarte ablesen?
10. Sie tragen einen Messwert auf einer Qualitätsregelkarte ein, der oberhalb der Warngrenze, aber noch unterhalb der Eingriffsgrenze liegt. Welche Entscheidung treffen Sie?
11. Was sagt die „Streuung" der Messwerte über den Fertigungsprozess aus?
12. Worauf basieren die
    a) Warngrenzen
    b) Eingriffsgrenzen
    bei einer Qualitätsregelkarte?
13. Welche Einflussgrößen beeinflussen den Fertigungsprozess?
14. Bei der Produktion einer Halterung ermitteln Sie an den entnommenen Stichproben folgende Maße in mm:
    75,056; 75,003; 75,102; 74,989; 75,038; 75,093
    Berechnen Sie
    a) den Mittelwert der Maße
    b) den Median
    c) die Spannweite R
15. Was versteht man unter
    a) Maschinenfähigkeit
    b) vorläufiger Prozessfähigkeit
    c) ständiger Prozessüberwachung?

Fachrechnen IX

1 Grundrechenarten

Zu den Grundrechenarten gehören:

Addition   (Plus)   +
Subtraktion   (Minus)   −
Multiplikation (Mal)   ·
Division   (Geteilt)   :

Es gibt verschiedene wichtige Rechenregeln, die immer zu beachten sind:

> **Merke**
> **Rechenregel 1:** Punktrechnung (·, :) **vor** Strichrechnung (+, −)!

Beispiel

3 · 8 + 4 = 24 + 4 = 28

8 + 4 : 2 = 8 + 2 = 10

Übungen

1. Benennen Sie die vier Grundrechenarten und geben Sie die jeweiligen Rechenzeichen (Operatoren) an.

2. Rechnen Sie die Aufgaben wie im Beispiel. Zwischenschritte sind anzugeben! Das Ergebnis wird doppelt unterstrichen!

   7 · 6 + 19
   20 + 81 : 9
   3 · 2 + 7 · 2
   2 · 5 + 6 − 4
   7 · 6 − 4 · 5 − 2
   3 + 8 · 6 − 4 : 2
   12 · 2 : 6 − 4 + 3
   24 − 16 : 4 + 21
   4 + 36 : 6 − 5
   9 − 4 · 2 − 1 + 7 · 8 − 6

> **Merke**
> **Rechenregel 2a:** Werte in der **Klammer** müssen immer **zuerst** berechnet werden!

Beispiel

4 · (15 + 3) − 22 = 4 · 18 − 22 = 72 − 22 = 50

Übungen

Rechnen Sie wie im Beispiel.
Zwischenschritte sind anzugeben!
Das Ergebnis wird doppelt unterstrichen!

3 · (5 + 17)
8 : (4 − 3) − 4
7 + (3 · 5) − 2
16 : (4 − 2) − 8
7 · (6,3 − 4,3) + (5 − 2,8)
(12 · 4) + (72 : 6) · (2 + 3)
5 + (7 · 5) − 9
32 : (17 − 9) − 8
7 · (10,5 − 7,5) + (8 − 4)
(11 · 5) + (28 : 7) · (21 : 7)

> **Merke**
> **Rechenregel 2b:** In der Klammer gilt Punktrechnung vor Strichrechnung!

Beispiel

4 · (15 − 3 · 2) − 22

= 4 · (15 − 6) − 22

= 4 · 9 − 22

= 36 − 22 = 14

handwerk-technik.de

Fachrechnen ▶ Grundrechenarten

Übungen

Rechnen Sie wie im Beispiel.
Zwischenschritte sind anzugeben!
Das Ergebnis wird doppelt unterstrichen!

$7 \cdot (14 - 6 \cdot 2) - 7$
$6 \cdot (15 - 7 \cdot 2) + 23$
$5 + (18 - 2 \cdot 4) : 5$
$(3 - 1) \cdot (14 - 4 \cdot 2) : 6$
$6 + (2 \cdot 11 - 2) : 10 - 5$
$3,1 + (3,5 \cdot 6,0 - 3) : 2$
$8 + (18 - 2 \cdot 6) : 3$
$(5 - 3) \cdot (14 - 8 : 4) : 6$
$9 + (2 \cdot 13 - 2) : 12 - 5$
$4,2 + (2,5 \cdot 4,0 - 4) : 2$

Merke — Rechenregel 2c: Die innere Klammer ist vor der äußeren Klammer zu berechnen.

Beispiel

$36 : ((27 : 9) + 15) + 22 - 3$
$= 36 : (3 + 15) + 22 - 3$
$= 36 : 18 + 19 = \underline{\underline{21}}$

Übungen

Rechnen Sie wie im Beispiel.
Zwischenschritte sind anzugeben!
Das Ergebnis wird doppelt unterstrichen!

$60 : ((35 : 7) + 15) + 29 - 7$
$45 : ((67 : 33,5) + 3) + 72 - 19$
$(11 + (27 : 3) + 5) \cdot 5 - 4$
$(23 + (17 - 4 : 2) - 9) + 3$
$(35 - (5 \cdot 4 - 1) + 88 : 11) - 1$
$16 + (2 + (4 \cdot 5)) : 4$
$(9 + (36 : 4) + 5) \cdot 9 - 7$
$(14 + (17 - 9 : 3) - 8) + 24$
$(35 - (6 \cdot 7 - 11) + 77 : 7) - 6$
$19 + (11 + (5 \cdot 5)) : 6$

Merke — Rechenregel 3: Ein Produkt (·) aus gleichen Faktoren lässt sich in **Potenzen** darstellen!

Ausrechnen von Potenzen heißt Potenzieren.

Beispiel: Produkt   Potenz   Potenzwert

$\qquad\qquad 5 \cdot 5 \quad = 5^2 \quad = \underline{\underline{25}}$

Faktoren Basis Exponent

$4 \cdot 4 \cdot 4 \quad = 4^3 \quad = \underline{\underline{64}}$

allgemein gilt: $a \cdot a = a^2$

Übungen

Schreiben Sie als Potenz, bzw. als Faktoren:

$7 \cdot 7$	4^3	5^1	5^2
2^3	15^2	6^2	8^2
$3 \cdot 3 \cdot 3$	3^4	7^2	9^2

Merke — Rechenregel 4: Beim Umgang mit Vorzeichen ist folgendes zu beachten:

$(+) \cdot (+) = (+)$
$(-) \cdot (-) = (+)$
$(-) \cdot (+) = (-)$

Beispiel

$(-4)^2 = (-4) \cdot (-4) = \underline{+16}$
$(-2)^3 = (-2) \cdot (-2) \cdot (-2) = (+4) \cdot (-2) = \underline{\underline{(-8)}}$

Übungen

Berechnen Sie den Potenzwert.

$(-5)^3$	$(-4)^2$	$(-8)^2$	$(-5)^2$
$(-5)^3$	$(-17)^1$	$(-9)^2$	$(-10)^4$

Die **Wurzelberechnung** wird im Abschnitt „Umgang mit dem Taschenrechner" behandelt.

2 Bruchrechnen

Ein Ganzes kann in verschieden große Teile aufgeteilt werden.

Beispiel

Eine Pizza wird in 8 gleich große Stücke aufgeteilt.

$$1 = \frac{8}{8} = \frac{4}{4} = \frac{2}{2}$$

1 Ganzes　8 Achtel　4 Viertel　2 Halbe

$\frac{1}{8}$ ← Zähler / ← Nenner

Merke

Brüche werden miteinander **multipliziert**, indem man Zähler mal Zähler und Nenner mal Nenner rechnet.

Beispiel

$$\frac{3}{4} \cdot \frac{1}{2} = \frac{3 \cdot 1}{4 \cdot 2} = \frac{3}{8}$$

Übungen

Multiplizieren Sie folgende Brüche.

$\frac{1}{4} \cdot \frac{3}{8}$　$\frac{5}{4} \cdot \frac{2}{6}$　$\frac{7}{9} \cdot \frac{4}{5}$　$\frac{2}{6} \cdot \frac{1}{7}$

$\frac{5}{6} \cdot \frac{3}{7}$　$\frac{2}{30} \cdot \frac{7}{10}$　$\frac{2}{3} \cdot \frac{9}{10}$　$\frac{1}{50} \cdot \frac{2}{9}$

$\frac{1}{5} \cdot \frac{3}{7}$　$\frac{5}{20} \cdot \frac{5}{6}$

Merke

Brüche werden **dividiert**, indem man sie mit dem Kehrwert multipliziert.

Der Kehrwert eines Bruches wird gebildet, indem Zähler und Nenner vertauscht werden, d. h. aus $\frac{1}{2}$ wird $\frac{2}{1}$.

Beispiel

$$\frac{3}{4} : \frac{1}{2} = \frac{3}{4} \cdot \frac{2}{1} = \frac{3 \cdot 2}{4 \cdot 1} = \frac{6}{4} = \frac{3}{2} = 1\frac{1}{2}$$

Übungen

Dividieren Sie folgende Brüche.

$\frac{1}{4} : \frac{3}{8}$　$\frac{5}{4} : \frac{2}{6}$　$\frac{7}{9} : \frac{4}{5}$　$\frac{2}{6} : \frac{1}{7}$

$\frac{5}{6} : \frac{3}{7}$　$\frac{2}{30} : \frac{7}{10}$　$\frac{2}{3} : \frac{9}{10}$　$\frac{1}{50} : \frac{2}{9}$

$\frac{1}{5} : \frac{3}{7}$　$\frac{5}{20} : \frac{5}{6}$

Merke

Brüche werden **addiert** (**subtrahiert**), indem man sie zuerst gleichnamig macht, und dann die Zähler addiert, bzw. subtrahiert.

Gleichnamig bedeutet, dass beide Brüche den gleichen Nenner bekommen.

Dies kann geschehen durch:

- **Kürzen** → wenn die Nenner einen gleichen Teiler haben, z. B.

$\frac{9}{27} - \frac{2}{18} =$　27 und 18 haben beide den Teiler 9, also werden beide Brüche in Neuntel gekürzt.

$\frac{3}{9} - \frac{1}{9} = \frac{2}{9}$　Der gemeinsame Nenner ist 9

- **Erweitern** → Zähler und Nenner eines Bruches werden mit der gleichen Zahl multipliziert, z. B.

  $\frac{1}{2} + \frac{1}{3}$, $2 \cdot 3 = 6$, 6 ist also der gemeinsame Nenner von 2 und 3.

  $\frac{1}{2}$ muss nun mit 3 erweitert werden:

  $\frac{1 \cdot 3}{2 \cdot 3} = \frac{3}{6}$

  und $\frac{1}{3}$ muss nun mit 2 erweitert werden:

  $\frac{1 \cdot 2}{3 \cdot 2} = \frac{2}{6}$

  jetzt können beide Brüche addiert werden:

  $\frac{3}{6} + \frac{2}{6} = \frac{5}{6}$

Übungen

Addieren/Subtrahieren Sie folgende Brüche.

$\frac{1}{4} + \frac{3}{8}$ $\qquad$ $\frac{5}{4} - \frac{2}{6}$

$\frac{7}{9} + \frac{4}{5}$ $\qquad$ $\frac{2}{6} + \frac{1}{7}$

$\frac{5}{6} + \frac{3}{7}$ $\qquad$ $\frac{2}{30} + \frac{7}{10}$

$\frac{2}{3} + \frac{9}{10}$ $\qquad$ $\frac{1}{27} - \frac{2}{9}$

$\frac{1}{5} - \frac{3}{7}$ $\qquad$ $\frac{5}{18} - \frac{5}{6}$

3 Lösen von Textaufgaben

Um Textaufgaben zu lösen, muss zunächst erkannt werden, welche Angaben im Text enthalten sind.

Oft hilft hierbei eine Skizze, in der die Angaben aus dem Text noch einmal dargestellt werden.

> **Merke**
> Textaufgaben werden mit
> - **Skizze**
> - Angabe von **Gegeben** und **Gesucht**
> - nachvollziehbarem **Rechenweg** (Lösung)
> - der Angabe von **Einheiten**
> - und einem **Antwortsatz**
>
> gelöst!

Beispiel

Aufgabe:
Eine Palette ist neun Mal übereinander durch 5 Reihen mit je 4 Werkstücken bestückt worden. Drei Werkstücke wurden bereits entnommen. Wie viele Werkstücke befinden sich noch auf der Palette?

Skizze:

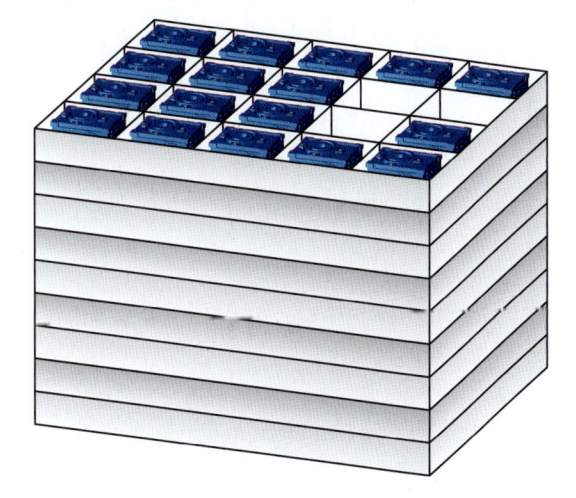

Die nächsten Fragen lauten:

- Was ist **gegeben**?   Abkürzung (geg.:)
- Was ist **gesucht**?   (ges.:)

Fachrechnen ▶ Lösen von Textaufgaben

geg.: 9 mal 5 Reihen, je 4 Werkstücke
3 Werkstücke fehlen

ges.: Gesamtanzahl der Werkstücke auf der Palette, nach der Werkstückentnahme

Wenn klar ist, welche Angaben vorhanden sind und was gesucht wird, dann kann ein **Lösungsweg** gefunden werden.

Lösung:
Rechnung   Einheit

((9 · 5 · 4) – 3) Stück = (180 – 3) Stück = <u><u>177 Stück</u></u>

Das Endergebnis wird doppelt unterstrichen, Zwischenergebnisse nur einfach.

Mit dem Antwortsatz wird die Frage nach dem Gesuchten beantwortet.

Antwort:
Es befinden sich noch 177 Werkstücke auf der Palette.

Tipp

Lösen von Textaufgaben:

- Das Gegebene und das Gesuchte dem Text entnehmen!
- Rechenweg überlegen!
- im **Tabellenbuch** nach einer Formel suchen, die möglichst alle Angaben enthält (manchmal müssen zwei Formeln kombiniert werden)
- **Formel aufschreiben**, sie gehört zur Rechnung
- Formel nach der unbekannten Größe **umstellen**. (In manchen Formelsammlungen sind die Formeln schon passend umgestellt).
- **Zahlen und Einheiten** in die Formel einsetzen und (mit dem Taschenrechner) ausrechnen.

Übungen

1. Von einer Anlage werden Blechstreifen hergestellt. Die fertigen Blechstreifen werden in eine Transportkiste gepackt.
   In der Kiste können 12 Streifen nebeneinander gelagert werden. Übereinander sind je 30 Streifen gestapelt. Die Kiste ist voll. Dann werden 15 Streifen als Ausschuss aussortiert und abtransportiert.

   a) Wie viele Blechstreifen befinden sich noch in der Kiste?
   b) Wie hoch ist die Anzahl der gesamten gefertigten Blechstreifen?

2. Auf einer Drahtspule befinden sich noch 20 m Kupferdraht. Für Werkstoffproben werden zunächst 20 cm Draht entnommen.
   Für weitere Werkstoffversuche müssen nochmals 55 cm entnommen werden. Wie viel Meter Draht befindet sich nun noch auf der Spule?

3. Ein Absperrband soll um eine defekte Maschine gespannt werden. Die rechteckige Maschine hat eine Länge von 4,80 m und eine Breite von 3,30 m. Wie lang muss das Absperrband mindestes sein, damit es für die Absperrung der Maschine reicht?

Fachrechnen ▶ Umgang mit dem Taschenrechner ▶ Grundrechenarten

4 Umgang mit dem Taschenrechner

Der Taschenrechner kann helfen, mathematische Aufgaben schnell zu lösen. Es gibt mittlerweile sehr viele verschiedene Taschenrechnermodelle. Von einfach bis kompliziert, preiswert bis teuer reicht die Palette.

Ein Taschenrechner sollte die Funktionen vorweisen, die häufig benötigt werden. In vielen Fällen reicht ein einfacher Schulrechner aus.

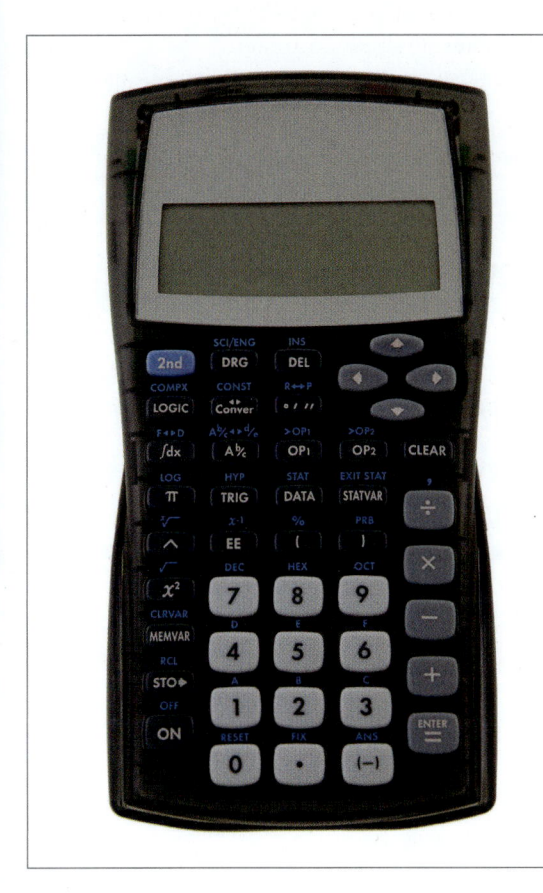

Beim Kauf eines Taschenrechners ist unbedingt darauf zu achten, dass die dazugehörige **Bedienungsanleitung** in verständlicher Sprache beiliegt. Sie gibt Informationen über alle Tasten, Funktionen und Besonderheiten des jeweiligen Gerätes.
Jeder Taschenrechner ist nur so „schlau" wie sein Benutzer.

Das bedeutet:

- Wer seinen Taschenrechner „richtig" bedienen kann, der ist in der Lage, die Möglichkeiten seines Taschenrechners voll auszuschöpfen.

- Wird der Taschenrechner „falsch" bedient, so kann er auch keine korrekten Ergebnisse anzeigen.

Mit einigen Taschenrechnermodellen ist es möglich, Bruchzahlen und Dezimalzahlen in der Anzeige darzustellen.

Nachfolgend werden einige wichtige Bedienfunktionen von Taschenrechnern erläutert. Diese können aufgrund der Vielzahl von Taschenrechnermodellen von den eigenen Bedienungsanleitungen abweichen.

> **Merke**
> Vor jeder neuen Rechnung ist die Löschtaste C zu betätigen. So wird sichergestellt, dass der Speicher des Rechners keine Werte mehr enthält.

4.1 Werteeingabe

Beispiel: 214 Tastenfolge: [2] [1] [4]
214,78 Tastenfolge: [2] [1] [4] [.] [7] [8]
0,78 Tastenfolge: [.] [7] [8]

> **Merke**
> Eine Null vor dem Komma braucht nicht mitgetippt zu werden.

4.2 Grundrechenarten

Der Taschenrechner sollte wie folgt programmiert sein:

- Klammern ( ) zuerst berechnen

- Punktrechnung (·, :) vor Strichrechnung (+, –)

Testen Sie ihren Taschenrechner:

1. Rechnen Sie zunächst die Beispielaufgabe im Kopf aus (Punkt vor Strich nicht vergessen!).

2. Tippen Sie die Rechnung ein.

3. Kontrollieren Sie Ihr Ergebnis mit dem Ihres Taschenrechners.

Fachrechnen ▶ **Umgang mit dem Taschenrechner** ▶ Grundrechenarten

Beispiel

27 − 3 · 2 + 2 =

Kopfrechnung: 27 − 6 + 2 = 23

Hilfsmittel: Taschenrechner

Tastenfolge:

[C][2][7][−][3][×][2][+][2][=]

Liefert der Taschenrechner das Ergebnis 23, dann wissen Sie, dass dieses Gerät so programmiert ist, dass „Punkt vor Strich" automatisch berücksichtigt wird.
Erscheint als Ergebnis die Zahl 50, dann ist die Rechenregel nicht programmiert und Sie müssen dies bei der Eingabe berücksichtigen.
Rechnen Sie zuerst die Punkt-Rechnung 3 · 2 = 6, und dann die Strichrechnungen 27 − 6 + 2 = 23.
Hat ein Taschenrechner keine Klammer-Tasten, dann muss bei der Eingabe die Rechenregel „Klammer zuerst" bedacht werden.

Übungen

Rechnen Sie wie im Beispiel.
Zwischenschritte sind anzugeben!
Das Ergebnis wird doppelt unterstrichen!

34,001 − 2,19 · 5,91 + 7,039
2,5 · 5,5 + 6,3 − 4
3,1 + 8 · 6,2 − 4 : 2
6,7 + 4 · 1,2 − 9 : 3
4,91 − 3,6 : 1,2 − 1,87 + 5
5,27 + 6,33 : 3,11 − 2,7 · 2,1
15,29 + 5,42 : 1,2 − 5,3 · 2,9
6,23 − 3,5 : 0,7 − 2,97 + 19
8,23 + 2,25 : 1,15 − 2,4 · 3,2
16,4 + 7,32 : 2,2 − 3,2 · 4,9

Klammerrechnung

82 : (4 − 2) − 34,5
5,7 + (18 − 2 · 4) · 2,5
(5,5 − 1) · (14 − 4 : 2) · 6
7,64 + (12 − 3 · 2) : 3
(9 − 3) · (92 − 8 : 4) · 3,10

Achtung

Es gibt Taschenrechner, bei denen es durch falsche Eingabe beim Rechnen mit Brüchen zu falschen Ergebnissen kommt.
Testen Sie Ihren Taschenrechner.

Beispiel: $\dfrac{5 \cdot (4-2)}{2 \cdot 2{,}5} = 2$

Zeigt Ihr Rechner nicht die 2 als Ergebnis an, dann müssen Sie eine zweite Klammer eingeben, 5 · (4 − 2) : (2 · 2,5)

Merke

Rechenregel:
Ein Bruchstrich ersetzt eine Klammer.
Merke:
Beim Rechnen mit **Taschenrechner** gilt:
- **Zähler** werden in Klammern gesetzt
- **Nenner** werden in Klammern gesetzt

Beispiel

$\dfrac{4 \cdot 5}{2 \cdot 2} = 5$

(4 · 5) : (2 · 2) = 5

Tastenfolge:

[C][(][4][×][5][)][÷][(][2][×][2][)][=]

Übungen

Rechnen Sie wie im Beispiel.

$\dfrac{12{,}25 \cdot (7{,}2 - 5{,}4)}{13{,}1 \cdot 4}$

$\dfrac{34{,}001 - 2{,}19 \cdot 5{,}91}{7{,}039 \cdot 5 - 2}$

$\dfrac{3{,}5 \cdot 5{,}5}{3{,}1 - 45 : 9}$

$\dfrac{7{,}8 \cdot 5{,}3}{7{,}2 - 24 \cdot 3}$

$\dfrac{2{,}9 \cdot 4{,}5}{28{,}3 - 23 \cdot 2}$

4.3 Potenzieren

Beispiel

$3^2 = 9$

Tastenfolge:

[C] [3] [x²] [=]

Hat der Taschenrechner keine x²-Taste, dann gilt die Tastenfolge:

[C] [3] [×] [3] [=]

Beispiel

$3^3 = 27$

Tastenfolge:

[C] [3] [xʸ] [3] [=]

Fehlt die xʸ-Taste, dann lautet die Tastenfolge:

[C] [3] [×] [3] [×] [3] [=]

Beispiel

$4^3 + 3^2 + 7^1 = 80$

Tastenfolge:

[C] [4] [xʸ] [3] [=] [+] [3] [x²] [+] [7] [=]

Übungen

Rechnen Sie wie im Beispiel

$8^3 + 3^4 + 7^1$ $(-17)^1 + 3 \cdot 3 \cdot 3$

$(-5)^3 + 5^0 + 2^2$ $25^2 - (-8)^2$

$(-7)^2 \cdot 36 - 2^3$ $6^1 + 27 \cdot 4,4 - (-4)^3$

$8^3 + 5^4 : 7^0 - (-4)^2$ $12^2 + (-6)^2$

4.4 Radizieren (Wurzelziehen) Wurzelberechnung

Merke: Radizieren ist die Umkehrung des Potenzierens.

Beispiel

Quadratwurzel aus 9

$\sqrt{9} = 3$

Tastenfolge:

[C] [9] [√] [=]

Bei manchen Taschenrechnern erfolgt das Ziehen der **Quadratwurzel** über die Tastenkombination:

[2nd] und [x²] → √

Tastenfolge:

[C] [9] [2nd] [x²] oder [2nd] [x²] [9]

Gegenprobe: $3 \cdot 3 = 9$

Bei anderen Wurzeln werden folgende Tastenkombinationen benutzt, z. B. $\sqrt[3]{27}$:

[C] [2] [7] [ʸ√] [3] [=] oder [C] [2] [7] [2nd] [xʸ] [3] [=]

Gegenprobe: $3 \cdot 3 \cdot 3 = 27$

Übungen

$\sqrt{25}$ $\sqrt{4} \cdot 0,5 + \sqrt[3]{21}$

$\sqrt[3]{64}$ $\sqrt{36} - \sqrt{9} + \sqrt[3]{125}$

$\sqrt{66} + 15$ $\sqrt{4} \cdot 0,31 + \sqrt[3]{81}$

$\sqrt{16} - 3$ $\sqrt{8} \cdot 0,9 + \sqrt[3]{8}$

Fachrechnen ▶ Einheiten umrechnen

4.5 Prozentrechnen

Prozent bedeutet, **ein Ganzes** wird **durch Hundert** geteilt. Brüche mit dem Nenner 100 können die Bezeichnung Prozent erhalten.

> **Beispiel**
>
> 1 Ganzes $\;\widehat{=}\;$ 100 %
>
> $\frac{20}{100}$ vom Ganzen $\;\widehat{=}\;$ 20 %
>
> $\frac{1}{100}$ vom Ganzen $\;\widehat{=}\;$ 1 %

Soll ein prozentualer Anteil von einer Größe berechnet werden, wird die Prozenttaste verwendet.

> **Beispiel**
>
> Von 80 Schrauben sind 5 % Ausschuss.
> Wie viele Schrauben sind brauchbar?
>
> Tastenfolge:
>
> [C] [8] [0] [−] [5] [%] [=]   Ergebnis 76
>
> Wie viele Schrauben sind Ausschuss?
>
> Tastenfolge:
>
> [C] [8] [0] [×] [5] [%] [=]   Ergebnis 4

> **Achtung**
>
> 100 % + 20 % = 120 %
>
> Tastenfolge:
>
> [C] [1] [0] [0] [%] [+] [2] [0] [%] [=]
>
> Werden die % Zeichen mit eingetippt erhält man:
>
> 1 + 0,2 = 1,2
>
> 1,2 entspricht 120 %

5 Einheiten umrechnen

Ein Zerspanvorgang ist nach 47 s beendet.
Eine Getriebekonsole ist 0,5 m lang.
In obigen Sätzen werden Größen mit Zahlen und Einheiten benannt. Im ersten Beispiel wird die Größe Zeit mit der Zahl 47 und der Einheit Sekunde angegeben.
Sekunde und Meter sind **Einheiten**. Sie gehören zu den sieben Basiseinheiten, die gesetzlich vorgeschrieben sind.
In der Technik sind besonders wichtig:

Basisgröße	Basiseinheit	Kurzzeichen
Länge l	Meter	m
Masse m	Kilogramm	kg
Zeit t	Sekunde	s
elektrische Stromstärke I	Ampere	A
thermodynamische Temperatur T	Kelvin	K

Aus den Basisgrößen mit ihren Einheiten können andere Größen und deren Einheiten abgeleitet werden. Diese Beispiele werden in den folgenden Kapiteln näher behandelt (Auswahl):

Größe	abgeleitete Einheit	Kurzzeichen	Zusammenhang
Kraft	Newton	N	$1\,N = 1\,\frac{kg \cdot m}{s^2}$
Energie (Arbeit)	Joule	J	$1\,J = 1\,N \cdot m$
Druck	Pascal	Pa	$1\,Pa = 1\,\frac{N}{m^2}$

Damit Einheiten besser zu gebrauchen sind, werden oft Vielfache oder Teile von ihnen verwendet. Zum Beispiel: Kilometer (km) oder Millimeter (mm).
Auch diese Vielfachen und Teile sind in einer Norm festgelegt (Auswahl):

Fachrechnen ▶ Einheiten umrechnen

Teile

Vorsatz	Vorsatzzeichen	Faktor	Beispiel
mikro	µ	Millionstel (0,000 001)	Mikrometer (µm) = 0,000 001 m
Milli	m	Tausendstel (0,001)	Millimeter (mm) = 0,001 m
Zenti	c	Hundertstel (0,01)	Zentimeter (cm) = 0,01 m
Dezi	d	Zehntel (0,1)	Dezimeter (dm) = 0,1 m

Vielfache

Vorsatz	Vorsatzzeichen	Faktor	Beispiel
Deka	da	Zehn (10)	Dekanewton (daN) = 10 N
Hekto	h	Hundert (100)	Hektoliter (hl) = 100 l
Kilo	k	Tausend (1000)	Kilometer (km) = 1000 m
Mega	M	Million (1 000 000)	Megawatt (MW) = 1 000 000 W

Außerhalb der international festgelegten Einheiten gibt es weitere zugelassene Einheiten (Auswahl):

Größe	Einheitenname	Einheit	Definition
Zeit	Minute	min	1 min = 60 s
	Stunde	h	1 h = 60 min = 3600 s
	Tag	d	1 d = 24 h = 1440 min = 86 400 s
Masse	Tonne	t	1 t = 1000 kg
Druck	Bar	bar	1 bar = 100 000 Pa
Winkel	Grad	°	1° = 360. Teil eines Vollkreises
	Minute	′	$1' = \frac{1}{60}°$
	Sekunde	″	$1'' = \frac{1}{60}'$

Umrechnungsbeispiele:

Aufgabe	Einheitenumwandlung	Lösung
12 kN in N	1 kN = 1000 N	12 kN = 12 · 1000 N = 12 000 N
14 kN in daN	1 kN = 1000 N = 100 daN	14 kN = 14 · 100 daN = 1400 daN
20 m in cm	1 m = 100 cm	20 m = 20 · 100 cm = 2000 cm
420 cm in mm	1 cm = 0,01 m = 0,01 · 1000 mm = 10 mm	420 cm = 420 · 10 mm = 4200 mm
3 h in s	1 h = 60 min = 60 · 60 s = 3600 s	3 h = 3 · 3600 s = 10 800 s

Übungen

Rechnen Sie folgende Einheiten um:

20 kN in N	1 kg in g	2,56 t in kg
20 kN in daN	0,03 kg in g	10 t in kg
20 m in cm	120 mW in W	h in min
2 m in mm	250 mg in g	15 A in mA
100 cm in m	2,5 bar in Pa	50 kg in t

Fachrechnen ▶ Formeln umstellen

6 Formeln umstellen

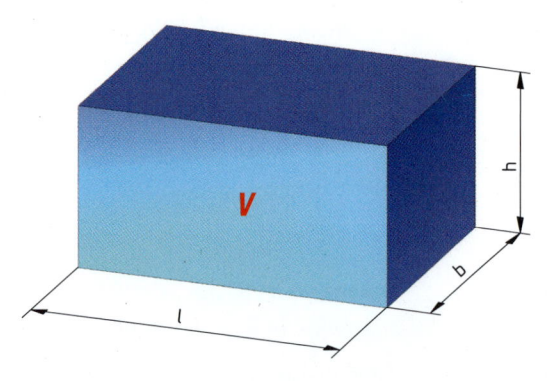

Ein Hydraulikölbehälter soll ein Volumen von 30 l (≙ 30 dm³) bekommen. Der Behälter hat eine Länge $l = 5\,\text{dm}$ und eine Breite $b = 2\,\text{dm}$. Wie hoch muss der Behälter werden?
Die Formel für die Volumenberechnung lautet:

$V = l \cdot b \cdot h$

Damit die Höhe berechnet werden kann, muss die Formel nach der gesuchten Größe (hier: Höhe h) umgestellt werden.
Um dieses Ziel zu erreichen muss bei der Umstellung von Formeln folgendes beachtet werden:

> **Merke**
> 1. Die gesuchte Größe muss alleine stehen und steht gewöhnlich links.
> 2. Auf beiden Seiten der Gleichung muss jede Rechenoperation gleich ausgeführt werden.

$V = l \cdot b \cdot h \quad\quad | : l$

$\dfrac{V}{l} = \dfrac{\cancel{l} \cdot b \cdot h}{\cancel{l}} \quad\quad | \text{ kürzen}$

$\dfrac{V}{l} = b \cdot h \quad\quad | : b$

$\dfrac{V}{l \cdot b} = \dfrac{\cancel{b} \cdot h}{\cancel{b}} \quad\quad | \text{ kürzen}$

$\dfrac{V}{l \cdot b} = h \quad\quad | \text{ Seiten tauschen}$

$h = \dfrac{V}{l \cdot b} \quad\quad | \text{ Ergebnis doppelt unterstreichen}$

Nun können die gegebenen Werte mit ihren Einheiten in die umgestellte Formel eingesetzt werden.

$h = \dfrac{V}{l \cdot b}$ | Einheiten einsetzen

$h = \dfrac{30\,\text{dm}^3}{5\,\text{dm} \cdot 2\,\text{dm}} \quad\quad \dfrac{\text{dm} \cdot \text{dm} \cdot \text{dm}}{\text{dm} \cdot \text{dm}}$

$h = \dfrac{30\,\text{dm}^3}{10\,\text{dm}^2}$ | Einheiten kürzen

$\underline{\underline{h = 3\,\text{dm}}}$

Antwortsatz:
Die gesuchte Höhe beträgt $h = 3\,\text{dm}$.

Übungen

Wie lautet jeweils die umgestellte Formel?

	Formel	gesuchte Größen
a)	$v = \dfrac{s}{t}$	s, t
b)	$l = l_1 + l_2$	l_1, l_2
c)	$A = A_1 + A_2 - A_3$	A_2, A_1
d)	$U = d \cdot \pi$	d
e)	$V = \dfrac{m}{\rho}$	m
f)	$p_e = p_{abs} - p_{amb}$	p_{amb}
g)	$v = d \cdot \pi \cdot n$	n, d
h)	$F_1 \cdot l_1 = F_2 \cdot l_2$	F_2, l_1
i)	$A = a^2 \cdot h$	h, a
j)	$c^2 = a^2 + b^2$	c

handwerk-technik.de

7 Geometrie

7.1 Flächenberechnungen

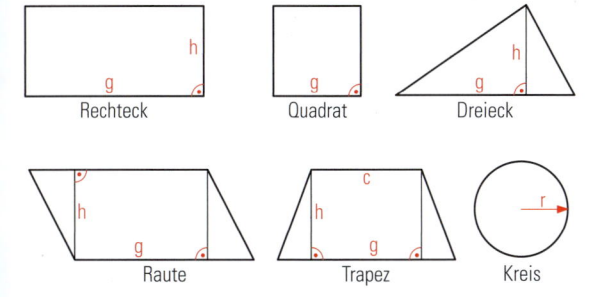

Rechteck   Quadrat   Dreieck

Raute   Trapez   Kreis

g = Grundseite (im Quadrat und im Rechteck entspricht sie der Länge l)
h = Höhe
r = Radius

Wird nur die Länge eines Werkstücks bestimmt, wird von Längenmessung gesprochen.

Um die **Flächen** (A) eines **Werkstücks** zu bestimmen werden entweder:

- die **Länge** (l in mm) und die **Breite** (b in mm) oder
- die **Länge** (l in mm) und die **Höhe** (h in mm) oder
- die **Breite** (b in mm) und die **Höhe** (h in mm)

eines Werkstücks benötigt.

Einige Flächenberechnungen werden hier beispielhaft aufgezeigt. Weitere Formeln zur Flächenberechnung finden Sie im Anhang dieses Buches und im Tabellenbuch.

Merke

Bestimmung einer Rechteckfläche

Formel:

$A_{(Rechteck)} = l \cdot b$

A = Fläche   l = Länge   b = Breite

Beispiel

Eine neue Anlage soll geliefert werden.
Sie ist 10 m lang und 3 m breit.

Frage: Wie groß ist die benötigte Aufstellfläche (A) für die Anlage in m²?

Skizze: $b = 3\,m$
$l = 10\,m$

Lösung:

$A = l \cdot b = 10\,m \cdot 3\,m = \underline{30\,m^2}$

Antwort: Die Aufstellfläche beträgt 30 m².

Übungen

1. Ein Blechwerkstück hat die Abmessungen $70 \times 120\,mm^2$.
   Es soll flach in eine Kiste gelegt werden, die eine Grundfläche (A) von 85 cm² hat.
   a) Berechnen Sie die Werkstückfläche (A_W).
   b) Passt das Werkstück in die Kiste? Begründen Sie.

2. 40 Endmaße mit der Aufstellfläche $A = 10 \times 50\,mm^2$ sollen in einem Schrank auf ein Regalbrett gestellt werden.
   a) Berechnen Sie die benötigte Regalbrettfläche A_R.
   b) Welche Abmessungen (l und b) muss das Regalbrett haben, wenn 80 Endmaße untergebracht werden sollen?

3. An einer Wandfläche (A_W) von 2,5 m × 3 m sollen 5 Warntafeln angebracht werden. Der untere Bereich der Wand (1,5 m × 3 m) ist mit Schränken zugestellt. Im oberen Bereich (0,5 m × 3 m) sind Lampen angebracht. Die restliche Fläche kann für die Warntafeln verwendet werden.
   a) Bestimmen Sie die nutzbare Wandfläche (A).
   b) Welche Abmessungen dürfen die 5 Warntafeln max. haben, wenn zu den Lampen und den Schränken noch je 0,3 m Abstand auf der gesamten Länge eingehalten werden soll?

Fachrechnen ▶ Geometrie ▶ Lehrsatz des Pythagoras

Berechnung von Kreisflächen

Merke

Formel:
$A_{(Kreisfläche)} = \dfrac{d^2 \cdot \pi}{4}$ oder $A = r^2 \cdot \pi$

Beispiel

Ein Brennschneideautomat schneidet eine Platte mit einem Durchmesser (d) von 100 mm aus.

Frage: Wie groß ist die Fläche (A) der ausgeschnittenen Platte?

Skizze:

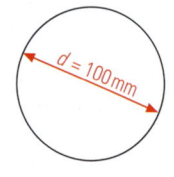

$d = 100\,mm$

Lösung:

$A_{(Kreisfläche)} = \dfrac{d^2 \cdot \pi}{4} = \dfrac{100\,mm \cdot 100\,mm \cdot \pi}{4}$
$= \underline{\underline{7853{,}98\,mm^2}}$ aufgerundet $\underline{\underline{7854\,mm^2}}$

Antwort: Die Kreisfläche (A) beträgt 7854 mm².

Übungen

1. Eine Anlage wird auf acht Füße (Durchmesser 250 mm) gestellt.
   a) Wie groß ist die Auflagefläche (A) je Fuß?
   b) Wie groß ist die gesamte Auflagefläche (A_{ges}) der Anlage?

2. a) Berechnen Sie die Grundfläche A einer Öltonne, mit dem Durchmesser $d = 800$ mm.
   b) 9 dieser Öltonnen sollen eng nebeneinander in einem Vorratsraum mit Schiebetür abgestellt werden. Stapeln ist nicht möglich. Welche Fläche (A_V) sollte der Vorratsraum mindestens haben?

3. Ein Kran arbeitet mit einem Magneten ($d = 800$ mm). Der Magnet nimmt eine runde Stahlplatte auf mit den Abmessungen $d_1 = 600$ mm, $h = 150$ mm.
   a) Berechnen Sie die Kreisfläche (A) der Stahlplatte.
   b) Passt die Platte auf die vorgesehene kreisförmige Stellfläche (A_s) von 28 dm²?
   c) Welchen Durchmesser (d_2) darf die Platte haben, wenn die Stellfläche auf 25 dm² beschränkt wird?

7.2 Lehrsatz des Pythagoras

Pythagoras von Samos lebte ca. von 570–500 v. Chr. Er war ein griechischer Philosoph, der sich auch für die Mathematik interessierte.

Der Satz des Pythagoras

Pythagoras hat herausgefunden, dass in einem rechtwinkligen Dreieck, die Summe der Katheten im Quadrat gleich der Hypotenuse im Quadrat ist.

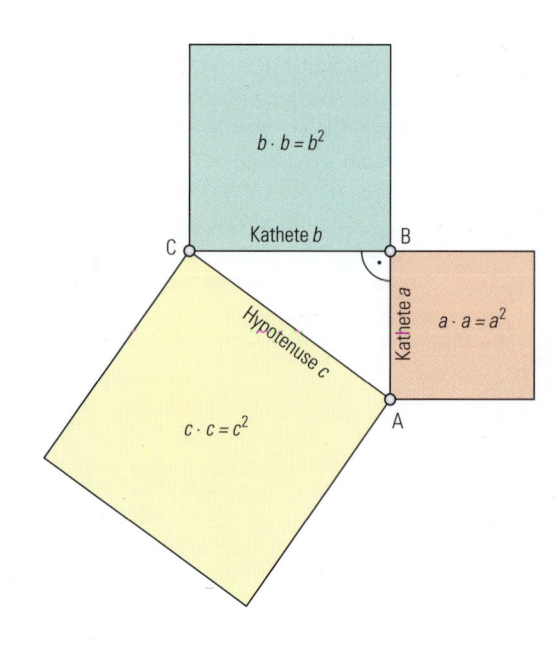

Merke

$a \cdot a = a^2$ $b \cdot b = b^2$ $c \cdot c = c^2$

Satz des Pythagoras
$a^2 + b^2 = c^2$

$b \cdot b = b^2$
Kathete b
Kathete a
$a \cdot a = a^2$
Hypotenuse c
$c \cdot c = c^2$

handwerk-technik.de

Fachrechnen ▶ Geometrie ▶ Lehrsatz des Pythagoras

Beispiel

Geg.: Länge der Seite a = 30 mm
Länge der Seite b = 40 mm

Ges.: Länge der Seite c

Lösung:

$c^2 = a^2 + b^2$

$c^2 = a \cdot a + b \cdot b$

c^2 = 30 mm · 30 mm + 40 mm · 40 mm
c^2 = 900 mm² + 1600 mm² = 2500 mm²

auf beiden Seiten Wurzel ziehen

$\sqrt{c^2} = \sqrt{2500 \text{ mm}^2}$

c = 50 mm

Antwort: Die Seite c ist 50 mm lang.

Übungen

1. Eine Blechtür 2 m × 1,1 m soll diagonal ausgesteift werden.
   Berechnen Sie die Strebenlänge (in m).

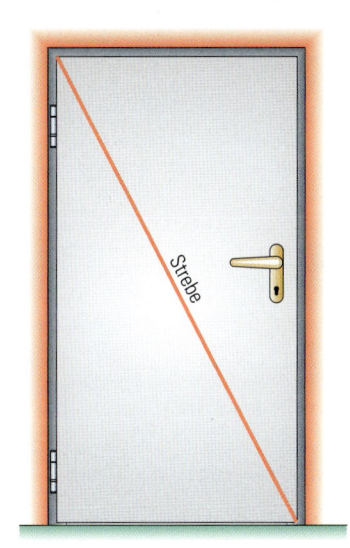

2. Die Spannweite einer Lampenaufhängung beträgt 4,1 m. Welche Länge muss das Aufhängeseil haben, wenn die Durchhängung der Lampe 1 m beträgt?

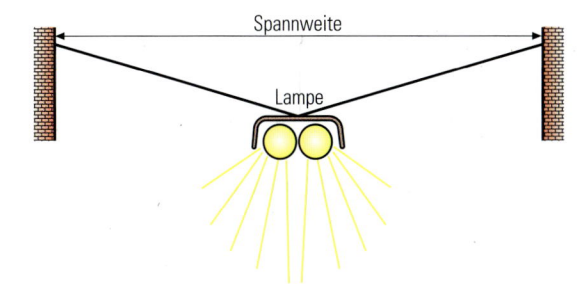

3. Der Fußpunkt einer 3,5 m langen Leiter ist 1 m von der Wand entfernt. Welche Höhe wird mit der Leiter erreicht?

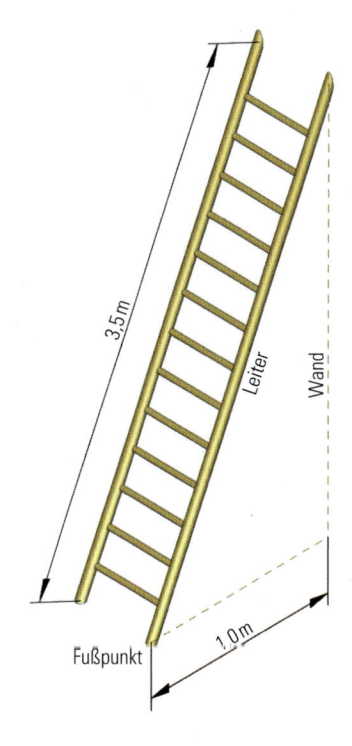

Fachrechnen ▶ Geometrie ▶ Volumenberechnungen

7.3 Volumenberechnungen

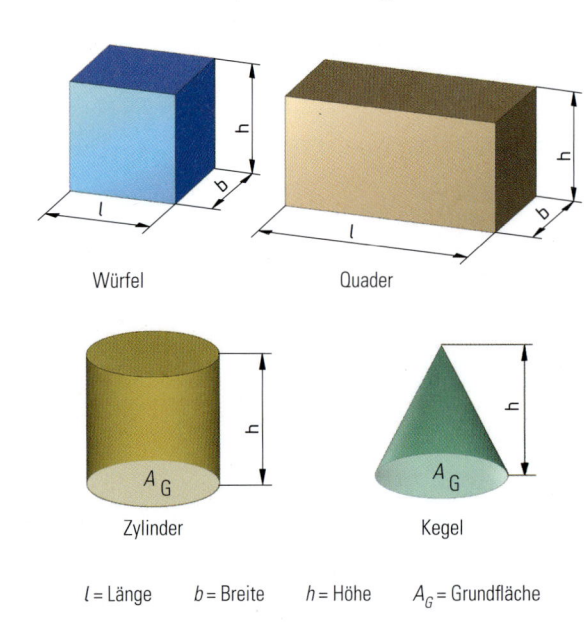

Würfel **Quader**

Zylinder **Kegel**

l = Länge b = Breite h = Höhe A_G = Grundfläche

Soll das Volumen eines Werkstücks bestimmt werden, muss:

- die **Länge** (l in mm)
- die **Breite** (b in mm) und
- die **Höhe** (h in mm)

eines Werkstücks bekannt sein.

Einige Volumenberechnungen von Körpern werden hier beispielhaft aufgezeigt.
Weitere Formeln zur Volumenberechnung finden Sie im Anhang dieses Buches und im Tabellenbuch.

> **Achtung**
>
> Die Einheiten von Länge, Höhe und Breite sollten vor dem Einsetzen in die Formel gleich sein.
>
> Entweder **alle** Längen in **mm** oder alle Längen in cm, dm oder m.

Volumenbestimmung eines Quaders

> **Merke**
>
> Formel:
>
> $V_{(Quader)} = A \cdot h = l \cdot b \cdot h$

Beispiel

Kisten, mit fertigen Werkstücken gefüllt, haben folgende Abmessungen:

Länge = 2,5 m, Breite = 60 cm, Höhe = 10 dm

Die Kisten sollen auf einen LKW geladen werden. Der LKW hat noch Stauraum (Platz) für 240 m³ (V_{ges}).

Frage:

a) Wie groß ist das Volumen (V) einer Kiste?

b) Wie viele Kisten kann der LKW max. laden?

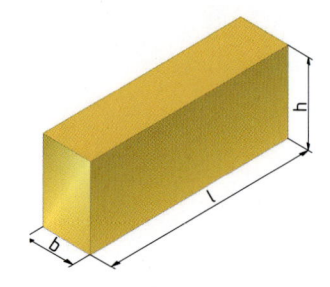

Skizze:

l = 25 dm (2,5 m) b = 6 dm (60 cm) h = (10 dm)

Geg: l = 25 dm b = 6 dm h = 10 dm

Ges: a) V_{Kiste} b) Anzahl der Kisten

Lösung:

a) $V = a \cdot b \cdot c$ → $V = l \cdot b \cdot h$

  V = 25 dm · 60 dm · 10 dm = 15 000 dm³ = <u>__15 m³__</u>

b) $V_{ges} : V_{Kiste}$ = Anzahl der Kisten

  240 m³ : 15 m³ = <u>__16__</u>

Antwort:

a) Das Volumen einer Kiste beträgt 15 m³.

b) Der LKW kann max. 16 Kisten laden.

Fachrechnen ▶ Geometrie ▶ Volumenberechnungen

Übungen

1. Berechnen Sie das Volumen (V) eines Würfels in dm^3.
   Der Würfel hat eine Kantenlänge von 530 mm.

2. Ein rechteckiger leerer Behälter für Kühlflüssigkeit soll aufgefüllt werden.
   Die Maße betragen 0,9 x 0,8 x 1,2 m.
   a) Welches Volumen hat der Behälter?
   b) Wie viel Kühlflüssigkeit kann eingefüllt werden?
      Es gilt: 1 dm^3 = 1 l (Liter)

   (Annahme: der Behälter darf bis zum Rand gefüllt werden)

3. Ein Quader hat eine Höhe von 0,85 m und eine Breite von 1,20 m. Das Volumen (V) beträgt 2142 dm^3. Wie lang ist dieser Quader?

Skizze:

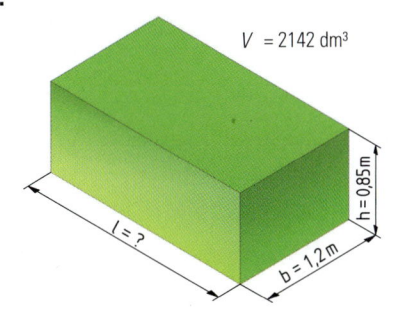

Volumenbestimmung eines Zylinders

Merke

Formel:
$$V_{(Zylinder)} = A \cdot h = \frac{d^2 \cdot \pi}{4} \cdot h$$

Beispiel

Frage:

Ein leerer 1 m hoher Beizbehälter soll mit flüssiger Beize aufgefüllt werden. Die Auffüllhöhe beträgt 80 cm, der Durchmesser 1200 mm. Wie viel Liter (l) müssen aufgefüllt werden?

Skizze:

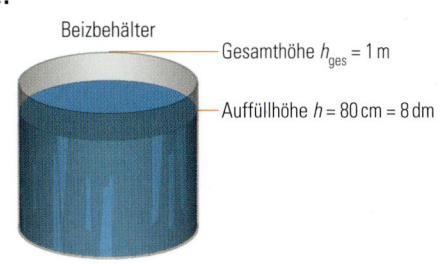

Beizbehälter — Gesamthöhe h_{ges} = 1 m
Auffüllhöhe h = 80 cm = 8 dm

d = 1200 mm = 120 cm = 12 dm

Lösung:

$V = A \cdot h$

$V = \frac{d^2 \cdot \pi}{4} \cdot h$

$= \frac{(12\,dm)^2 \cdot \pi}{4} \cdot 8\,dm$

$= 904,78\,dm^2$

$= 904,78\,l$

Antwort:

Es müssen 904,78 l aufgefüllt werden.

Übungen

1. Bei einer neuen Anlage soll das Kühlschmiermittel eingefüllt werden. Der Durchmesser des Tanks misst 40 cm. Das Kühlschmiermittel soll bis zu einer Höhe von 50 cm aufgefüllt werden. Wie viel Liter Kühlschmiermittel werden aufgefüllt?

2. Der Durchmesser einer Tonne für Späne beträgt 65 cm. Das Volumen der darin befindlichen Späne beträgt 132,73 dm^3. Wie hoch ist die Tonne gefüllt?

3. In einem Rohr befinden sich 2 l (Liter) Flüssigkeit. Die Steighöhe darf 30 cm nicht überschreiten. Wie groß muss der Durchmesser (d) des Rohres mindestens sein, damit die Bedingung (h = 30 cm) erfüllt wird?

Merke

1 l (Liter) entspricht 1 dm^3

handwerk-technik.de

Fachrechnen ▶ Massenberechnungen

8 Massenberechnungen

Die Masse ist das Produkt vom Volumen eines Körpers multipliziert mit seiner Dichte.
Die Dichte ρ (rho) ist für jeden Werkstoff eine konstante Größe. Die Dichteangaben vieler Werkstoffe können dem Tabellenbuch entnommen werden.

Merke

$m = V \cdot \rho$

m = Masse in (kg, g)
V = Volumen in (dm^3, cm^3)
ρ = Dichte in (kg/dm^3, g/cm^3)

Beispiel

Berechnen Sie die Masse (m) des rechtwinkeligen Körpers aus Stahl.

Maße: $(30 \times 20 \times 40)\,cm^3$

Skizze:

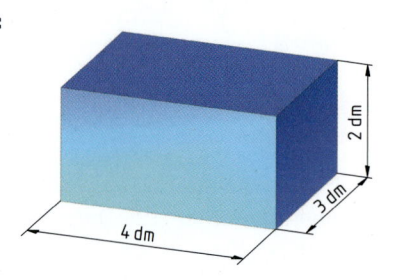

(4 dm, 3 dm, 2 dm)

geg: $l = 4\,dm$, $b = 3\,dm$, $h = 2\,dm$
Werkstoff: Stahl
siehe Tabellenbuch: $\rho_{Stahl} = 7{,}85\,kg/dm^3$

ges: m

Lösung:

$m = V \cdot \rho \qquad V = l \cdot b \cdot h$

$m = l \cdot b \cdot h \cdot \rho$

$m = 4\,dm \cdot 3\,dm \cdot 2\,dm \cdot 7{,}85\,kg/dm^3$

$m = \underline{\underline{188{,}4\,kg}}$

Übungen

1. Wie groß ist die Masse (m) eines Körpers mit den Maßen $(30 \times 20 \times 40)\,cm^3$ aus Aluminium? $\rho_{Al} = 2{,}7\,kg/dm^3$

2. Ein würfelförmiges Werkstück hat die Seitenlänge $a = 250\,mm$. Wie groß ist seine Masse (m):
   a) aus Aluminium
   b) aus Stahl (unlegiert)
   c) aus Kupfer
   d) aus Blei

3. Ein zylinderförmiges Werkstück hat einen Durchmesser (d) von 80 mm und eine Höhe (h) von 350 mm.
   Wie groß ist seine Masse (m):
   a) aus Aluminium
   b) aus Stahl (unlegiert)
   c) aus Kupfer
   d) aus Blei

4. Aus welchem Metall besteht ein quadratisches Werkstück mit einem Volumen (V) von 10 191 cm^3 und einer Masse (m) von 80 kg?

5. Ein würfelförmiges Werkstück (Kantenlänge $a = 180\,mm$) aus Stahl bekommt 4 Durchgangsbohrungen von je $d = 10\,mm$.
   a) Wie groß ist die Masse (in kg) des Werkstücks vor der Bearbeitung?
   b) Wie groß ist die Masse (in kg) nach der Bearbeitung?

9 Diagramme und Schaubilder

9.1 Liniendiagramm

In vielen Bereichen der Technik werden Zusammenhänge mit Schaubildern bzw. Diagrammen dargestellt. Zum Beispiel kann der Fahrwiderstand eines Fahrzeuges in Abhängigkeit der dafür notwendigen Motorleistung dargestellt werden (Bild 1).

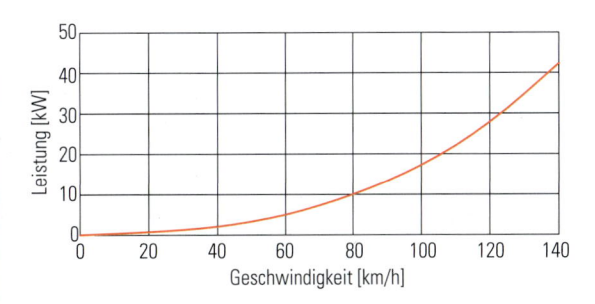

1: Liniendiagramm (Fahrwiderstand und Leistung)

Mit steigender Geschwindigkeit eines Fahrzeugs steigt auch die dafür benötigte Motorleistung. Da ein Zusammenhang zwischen zwei Werten (hier: Leistung und Geschwindigkeit) mit einer Linie dargestellt wird, wird dieses Diagramm Liniendiagramm oder auch Kurvendiagramm genannt.

> **Merke**
> **Liniendiagramme** zeigen einen Verlauf, der von 2 Einflussgrößen abhängig ist, deren Werte sich an den Koordinaten ablesen lassen.

9.2 Säulendiagramm, Balkendiagramm

Im Säulendiagramm und im Balkendiagramm wird die Höhe eines Wertes durch die Länge einer Säule bzw. des Balkens dargestellt.

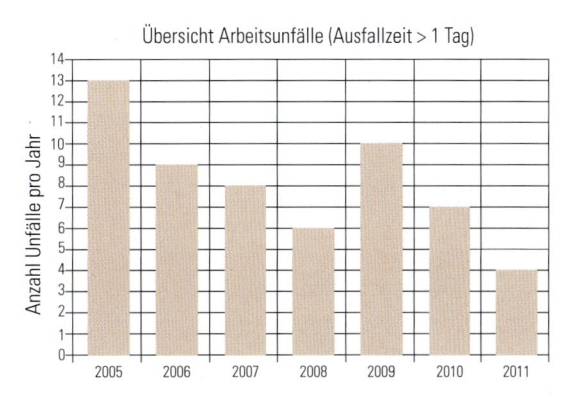

2: Säulendiagramm (Arbeitsunfälle)

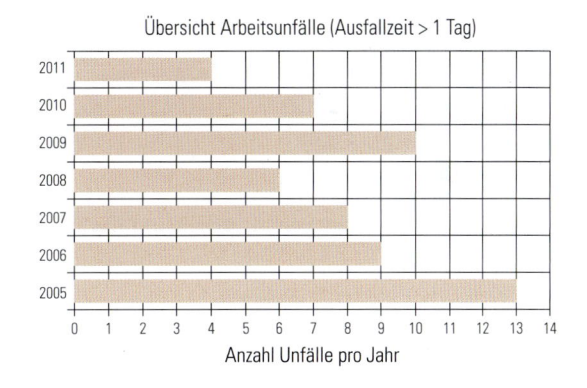

3: Balkengramm (Arbeitsunfälle)

Das Beispiel zeigt die Anzahl der Arbeitsunfälle pro Jahr in einem Betrieb. Die Höhe der Säule bzw. die Länge des Balkens zeigt die Anzahl der Unfälle an. Je höher die Säule, je länger der Balken ist, desto mehr Unfälle sind in dem jeweiligen Jahr geschehen.

> **Merke**
> **Säulendiagramme** und **Balkendiagramme** werden zur vergleichenden Darstellung einzelner Werte benutzt.

9.3 Kreisdiagramm

In einem Kreisdiagramm werden einzelne Sektoren in einem Kreis dargestellt. Der Vollkreis stellt dabei die **Gesamtheit** der Betrachteten Größe dar. Im Beispiel ist dies die Gesamtheit der Ursachen für Arbeitsunfälle. Sie muss für die Betrachtung immer 100 % betragen.

Die einzelnen Sektoren stellen den Anteil von Einzelwerten an der Gesamtheit dar. Im Beispiel werden als Ursache von Arbeitsunfällen an Maschinen 50 % menschliches Verhalten genannt. Da 50 % die Hälfte von 100 % sind, wird der Sektor hierfür als Halbkreis dargestellt. 26 % der Ursachen sind organisatorische Gründe. Demnach wird ca. ein Viertelkreis in dem Kreisdiagramm für diesen Bereich gezeichnet, usw.

Ursachen für Arbeitsunfälle an Maschinen

- 50% Menschliches Versagen
- 26% Organisatorische Gründe
- 12% Technische Gründe
- 11% Arbeitsplatz
- 1% Psychologische Ursachen

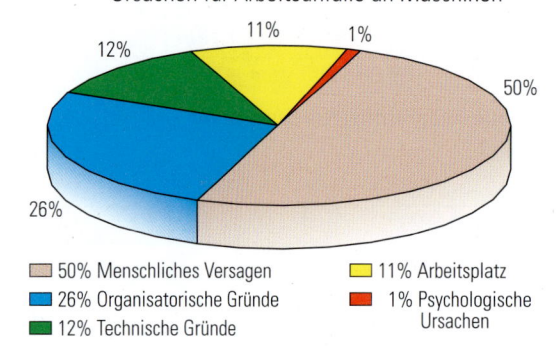

1: Kreisdiagramm (Ursachen für Arbeitsunfälle an Maschinen)

Merke
Kreisdiagramme zeigen den prozentualen Anteil verschiedener Werte an einer Gesamtheit.

Übungen

Suchen Sie je zwei weitere Beispiele für

a) Liniendiagramme
b) Säulen-/Balkendiagramme
c) Kreisdiagramme

aus Ihrem betrieblichen Umfeld.

10 Bewegungen

10.1 Geradlinige gleichförmige Bewegung

In einer Fertigungsanlage werden Werkstücke von einer Montagestation zur nächsten transportiert. Dies geschieht mit einem Förderband in einer bestimmten Zeit.

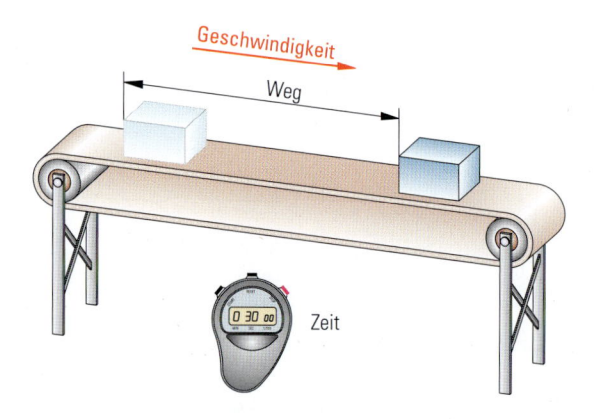

Die Geschwindigkeit v ist ein Maß für den Weg s, den das Werkstück in einer Zeiteinheit t zurückgelegt hat.

$$\text{Geschwindigkeit} = \frac{\text{Weg}}{\text{Zeit}}$$

$$v = \frac{s}{t}$$

Im obigen Beispiel beträgt der Förderweg 1,2 m. Das Werkstück wird in 10 s transportiert. Wie hoch ist die Geschwindigkeit des Werkstückes in $\frac{m}{s}$?

Geg.: $s = 1,2$ m; $t = 10$ s

Ges.: Geschwindigkeit v in $\frac{m}{s}$

Lösung:

$$v = \frac{s}{t} \rightarrow v = \frac{1,2\,\text{m}}{10\,\text{s}} \rightarrow v = 0,12\,\frac{m}{s}$$

Die Geschwindigkeit des Werkstückes beträgt $\underline{\underline{0,12\,\frac{m}{s}}}$.

Fachrechnen ▶ Bewegungen ▶ Geradlinige gleichförmige Bewegung

Übungen

1. Ein Förderband bewegt ein Werkstück in 25 Sekunden 10 Meter. Wie hoch ist die Geschwindigkeit des Werkstückes in m/s?

2. Ein Auto fährt in 21,6 Sekunden über eine 300 m lange Brücke. Welche Geschwindigkeit hat das Auto (in km/h)?

3. Ein Lastenaufzug wird mit einer Geschwindigkeit von v = 12 m/min 30 Sekunden lang bewegt. Wie viele Meter hoch steigt die Masse? (Versuchen Sie zuerst die Aufgabe im Kopf zu lösen.)

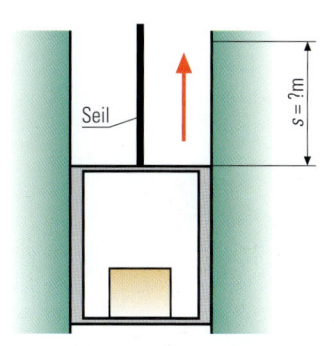

4. Ein Greifarm eines Roboters nimmt Werkstückrohlinge von einer Palette und legt sie in ein Bearbeitungszentrum. Palette und Spanneinrichtung liegen 1800 mm auseinander. Für den Vorgang benötigt der Roboter 0,9 Sekunden. Wie groß ist die Geschwindigkeit des Greifarmes in m/s?

5. Eine Fahrzeughebebühne hat eine Hubgeschwindigkeit von 10 m/min. Ein Fahrzeug soll auf die Höhe von 1,8 m gehoben werden. Wie viele Sekunden dauert der Hubvorgang?

*6. An einer Fertigungsanlage sorgt ein Pneumatikzylinder dafür, dass Werkstücke auf verschiedene Förderbänder verteilt werden. Die zulässige Hubgeschwindigkeit beträgt 3,6 m/min. Die Förderbänder liegen 400 mm weit auseinander (Hubweg des Zylinders). Sie überprüfen die Anlage, indem Sie die Zeit des Hubvorganges stoppen. Sie messen eine durchschnittliche Zeit von 6 Sekunden. Welche Maßnahme ergreifen Sie?

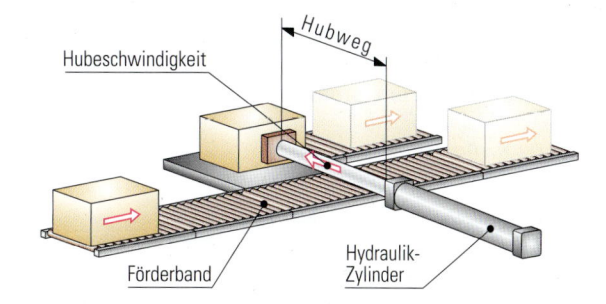

Fachrechnen ▶ Bewegungen ▶ Gleichförmige Drehbewegung

10.2 Gleichförmige Drehbewegung

Beim Bohren, Drehen, Fräsen und vielen anderen Fertigungsverfahren entsteht eine kreisförmige Schnittbewegung. Bei der Schnittbewegung ist die Kenntnis der Umfangsgeschwindigkeit erforderlich. Die richtige Wahl der Schnittgeschwindigkeit führt zu einem optimalen Schnittverlauf. Wie für die geradlinige Bewegung gilt auch hier:

$$\text{Geschwindigkeit} = \frac{\text{Weg}}{\text{Zeit}}$$

$$v = \frac{s}{t}$$

Der Weg s bei der Kreisbewegung ist der Umfang des Kreises:

$$s = d \cdot \pi$$

Die Umdrehungsfrequenz n gibt an, wie oft sich ein Körper in einer Zeiteinheit um seine eigene Achse dreht (z. B. in $\frac{1}{\min}$ oder $\frac{1}{s}$). Somit kann man die Geschwindigkeit v am Umfang bestimmen mit:

$$v = d \cdot \pi \cdot n$$

Beispiel

Eine Bohrmaschine ist auf eine Umdrehungsfrequenz $n = 975 \frac{1}{\min}$ eingestellt. Es soll mit einem HSS-Bohrer eine Bohrung mit 10 mm Durchmesser hergestellt werden (d = 10 mm). Eine Schnittgeschwindigkeit von $v_{c\,zul} = 32 \frac{m}{\min}$ darf nicht überschritten werden.

Ist die Bohrmaschine für den Bohrvorgang richtig eingestellt?

Geg.: d = 10 mm = 0,01 m; $n = 975 \frac{1}{\min}$

Ges.: Schnittgeschwindigkeit $v_{c\,vorhanden}$ in $\frac{1}{\min}$

Lösung:

$v_{c\,vorhanden} = d \cdot \pi \cdot n$

$v_{c\,vorhanden} = 0,01 \text{ m} \cdot \pi \cdot 975 \frac{1}{\min}$

$v_{c\,vorhanden} = 30,63 \frac{m}{\min} < v_{c\,zul} = 32 \frac{m}{\min}$

Die vorhandene Schnittgeschwindigkeit $v_{c\,vorhanden}$ ist kleiner als die zulässige Schnittgeschwindigkeit $v_{c\,zul}$. Die Maschine ist für den Bohrvorgang richtig eingestellt.

Übungen

1. Mit der Bohrmaschine aus dem Beispiel soll nun eine Bohrung mit d = 13 mm Durchmesser hergestellt werden.
   a) Wie hoch ist nun die vorhandene Schnittgeschwindigkeit $v_{c\,vorh.}$?
   b) Welche Umdrehungsfrequenz n muss an der Maschine eingestellt werden, um die zulässige Schnittgeschwindigkeit von $v_{c\,zul.} = 32 \frac{m}{\min}$ nicht zu überschreiten?

2. Wie hoch ist die Umfangsgeschwindigkeit v der **Riemenscheibe** (d = 180 mm).
   Die Umdrehungsfrequenz des Motors beträgt $n = 1440 \frac{1}{\min}$.

3. Eine Schleifscheibe hat einen Durchmesser von 250 mm und eine Umdrehungsfrequenz n von $1440 \frac{1}{\min}$.
   Wie hoch ist die Schnittgeschwindigkeit v_c (in $\frac{m}{\min}$ und $\frac{m}{s}$)?

4. Ein Fräser hat einen Durchmesser von 70 mm. Die zulässige Schnittgeschwindigkeit v_c soll $25 \frac{m}{\min}$ nicht überschreiten. Welche Umdrehungsfrequenz muss an der Maschine eingestellt werden?

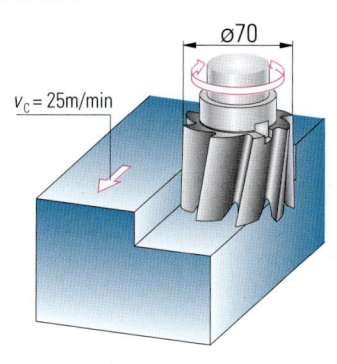

Fachrechnen ▶ Bewegungen ▶ Beschleunigte Bewegung

5. Eine Riemenscheibe hat einen Durchmesser $d = 750\,mm$. Sie hat eine Umfangsgeschwindigkeit von $5{,}4\,\frac{m}{s}$. Wie hoch ist die Umdrehungsfrequenz der Riemenscheibe?

*6. Die Fördergeschwindigkeit des Förderbandes soll $0{,}5\,\frac{m}{s}$ nicht überschreiten. Die Antriebswalze hat eine Umdrehungsfrequenz von $n = 56\,\frac{1}{min}$. Wie groß muss der Durchmesser der Antriebswalze gewählt werden, damit die zulässige Fördergeschwindigkeit nicht überschritten wird?

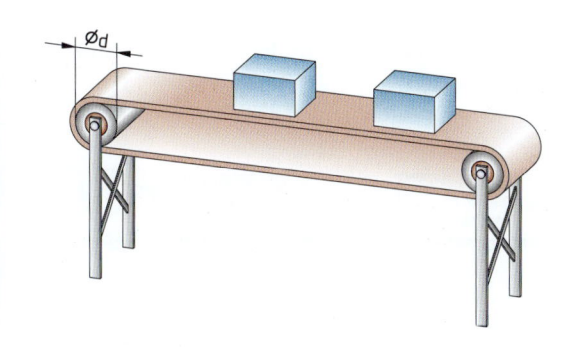

Betrachtung der Einheiten:

$$1\,\frac{\frac{m}{s}}{s} = 1\,\frac{m}{s \cdot s} = 1\,\frac{m}{s^2}$$

Die Beschleunigung wird angegeben in $\frac{m}{s^2}$.

Wird das Fahrzeug abgebremst, so kommt es zu einer Verringerung der Geschwindigkeit. Dies nennt man **Verzögerung** oder **negative Beschleunigung**.

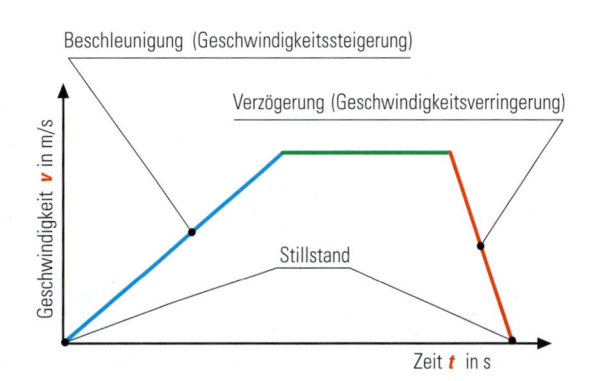

10.3 Beschleunigte Bewegung

Wenn ein Fahrzeug aus dem Stand anfährt und seine Geschwindigkeit dabei ständig erhöht, nennt man diesen Vorgang **Beschleunigung**.

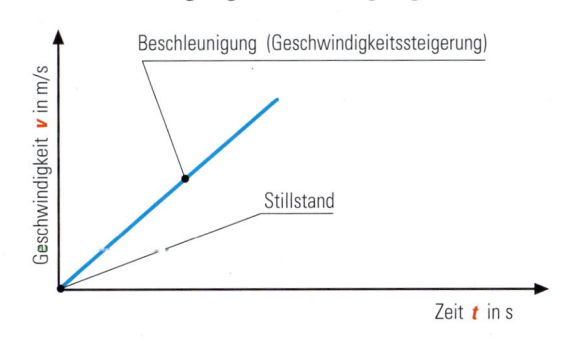

Bei einer **Beschleunigung a** ändert sich die Geschwindigkeit v pro Zeiteinheit t.

$$\text{Beschleunigung} = \frac{\text{Geschwindigkeit (in } \frac{m}{s}\text{)}}{\text{Zeit (in s)}}$$

$$a = \frac{v}{t}$$

Beispiel

Ein Fahrzeug fährt aus dem Stillstand auf eine Geschwindigkeit von $v = 50\,km/h$. Dafür werden $t = 6\,s$ benötigt. Welche Beschleunigung a in $\frac{m}{s^2}$ erfährt das Fahrzeug?

Geg.: $v = 50\,km/h;\quad t = 6\,s$

Ges.: Beschleunigung a in $\frac{m}{s^2}$

Lösung:

Umrechnung der Geschwindigkeit in $\frac{m}{s}$

$$1\,\frac{km}{h} = \frac{1000\,m}{60\,min} = \frac{1000\,m}{60 \cdot 60\,s} = \frac{1000\,m}{3600\,s}$$

$$= \frac{1}{3{,}6}\,\frac{m}{s} = 0{,}278\,\frac{m}{s}$$

$$v = 50\,\frac{km}{h} = \frac{50}{3{,}6}\,\frac{m}{s} = 13{,}9\,\frac{m}{s}$$

$$a = \frac{v}{t} \;\rightarrow\; a = \frac{13{,}9\,\frac{m}{s}}{6\,s} = \frac{13{,}9\,m}{6\,s \cdot s} \;\rightarrow\; \underline{\underline{a = 2{,}3\,\frac{m}{s^2}}}$$

Die Beschleunigung des Fahrzeugs beträgt $a = 2{,}3\,\frac{m}{s^2}$.

Fachrechnen ▶ Kräfte und ihre Wirkungen

11 Kräfte und ihre Wirkungen

Kräfte sind nicht sichtbar. Nur ihre Wirkungen kann man erkennen:

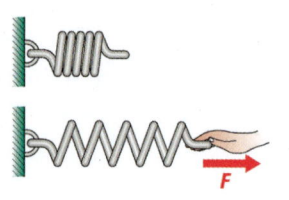

Formänderung: Die Form der Feder wird durch die Kraft verändert.

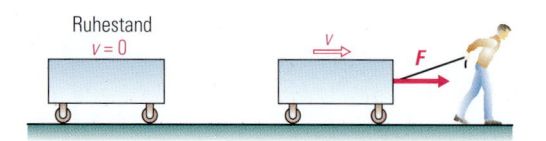

Lage- und Bewegungsänderung: Durch die Kraft wird der Wagen bewegt.

Für die Fertigung von Bauteilen sind Kräfte erforderlich. Sie können durch Berechnung bestimmt werden.

Kraft = Masse · Beschleunigung

$$F = m \cdot a$$

F: Kraft in N
m: Masse in kg
a: Beschleunigung in $\frac{m}{s^2}$

Es gilt:

$$1\,N = 1\,kg \cdot 1\,\frac{m}{s \cdot s}$$

$$1\,N = 1\,kg \cdot 1\,\frac{m}{s^2}$$

Übungen

1. Das Fahrzeug aus obigem Beispiel wird aus dem Stand in $t = 8\,s$ auf 70 km/h beschleunigt. Wie hoch ist die Beschleunigung a in $\frac{m}{s^2}$?

2. Ein PKW beschleunigt mit $a = 0{,}3\,\frac{m}{s^2}$.

   Wie hoch ist die Geschwindigkeit (in m/s und km/h) nach
   a) 30 Sekunden,
   b) 45 Sekunden,
   c) 2 Minuten?

3. Ein Sportwagen beschleunigt aus dem Stand in 5,6 s auf 100 km/h. Wie hoch ist die Beschleunigung des Fahrzeugs in $\frac{m}{s^2}$?

4. Werkstücke fallen in 0,7 Sekunden von einem Förderband senkrecht in einen Auffangbehälter. Die Erdbeschleunigung beträgt $g = 9{,}81\,\frac{m}{s^2}$. Mit welcher Geschwindigkeit treffen die Werkstücke auf den Behälter (in m/s und km/h)?
   (Hinweis: Bei dieser Berechnung ist die Erdbeschleunigung g gleich der Beschleunigung a)

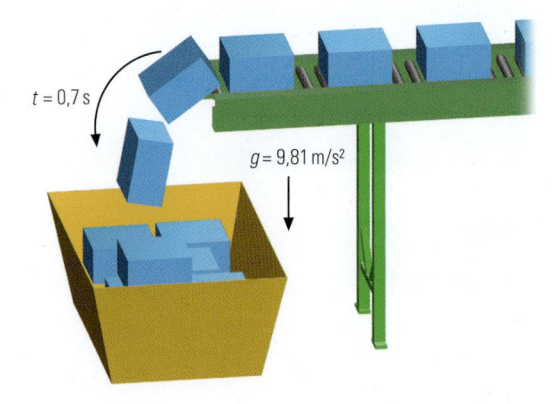

*5. Sie lassen einen Stein von einer Brücke fallen. Der Stein schlägt nach 2,5 Sekunden auf der Wasseroberfläche auf. (Hinweis: Die Erdbeschleunigung beträgt $g = 9{,}81\,\frac{m}{s^2}$)

   a) Mit welcher Geschwindigkeit trifft der Stein auf (in m/s und km/h)?
   b) Wie hoch ist die Brücke?

Beispiel

Welche Kraft ist erforderlich, wenn ein PKW (m = 1450 kg) mit a = 0,3 $\frac{m}{s^2}$ beschleunigt werden soll?

Geg.: m = 1450 kg; a = 0,3 $\frac{m}{s^2}$

Ges.: Kraft F in N

Lösung:

$F = m \cdot a$ | Formel

$F = 1450 \text{ kg} \cdot 0{,}3 \frac{m}{s^2}$ | Werte einsetzen

$F = 435 \frac{\text{kg} \cdot \text{m}}{s^2}$ | ausrechnen mit Einheiten

$F = \underline{\underline{435 \text{ N}}}$ | Ergebnis

Antwort:
Es ist eine Kraft von F = 435 N erforderlich.

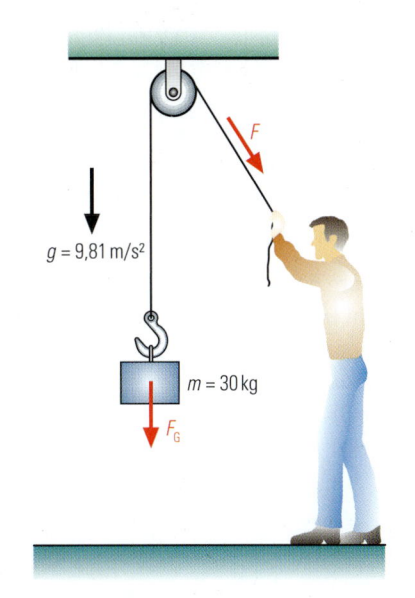

Fällt ein Körper nach unten, so erfährt er eine Beschleunigung von g = 9,81 $\frac{m}{s^2}$. Dies ist die **Erdbeschleunigung g**. Mit ihr lässt sich die **Gewichtskraft F_G** eines Körpers berechnen.

Gewichtskraft = Masse · Erdbeschleunigung

$F_G = m \cdot g$

F_G: Gewichtskraft in N
m: Masse in kg
g: Erdbeschleunigung g = 9,81 $\frac{m}{s^2}$

Beispiel

Eine Masse muss mit einem Seil angehoben werden. Wie hoch ist die Handkraft, die dafür aufgebracht werden muss?

Geg.: m = 30 kg; g = 9,81 $\frac{m}{s^2}$

Ges.: F in N

Lösung:

$F = F_G \rightarrow F_G = m \cdot g$

$F_G = 30 \text{ kg} \cdot 9{,}81 \frac{m}{s^2} \rightarrow F_G = \underline{\underline{294{,}3 \text{ N}}}$

Antwort:
Für das Heben der Last ist eine Kraft F von 294,3 N erforderlich.

Übungen

1. Ein Auto (m = 1500 kg) wird mit a = 3,5 $\frac{m}{s^2}$ beschleunigt. Welche Kraft F (in N) ist hierfür erforderlich?

2. An einer Kette hängt eine Last von 120 kg. Mit welcher Kraft wird die Kette auf Zug beansprucht?

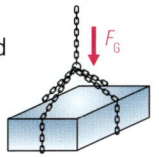

3. An einem Kranhaken mit einer Kranwaage zeigt die Anzeige: 868,2 kg.
Welche Gewichtskraft (in N und kN) übt die Masse aus?

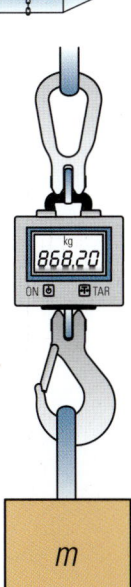

Fachrechnen ▶ Hebel

*4. Ein Stahlbehälter (m_1 = 3,2 kg) (300 mm x 200 mm x 400 mm) wird vollständig mit Hydrauliköl (ρ = 0,93 $\frac{kg}{dm^3}$) gefüllt.
   a) Wie hoch ist das Gesamtgewicht m_{ges} (in kg) des Behälters?
   b) Welche Gewichtskraft F_G (in N) übt der Behälter aus?

*5. Aus einem 5 mm dicken Blechstreifen aus Baustahl (ρ = 7,85 $\frac{kg}{dm^3}$) werden quadratische Löcher geschnitten. Die Löcher haben eine Seitenlänge von 40 mm. Die Ausschnitte fallen in einen Transportbehälter. Welche Gewichtskraft üben 2000 Ausschnitte auf den Behälter aus?

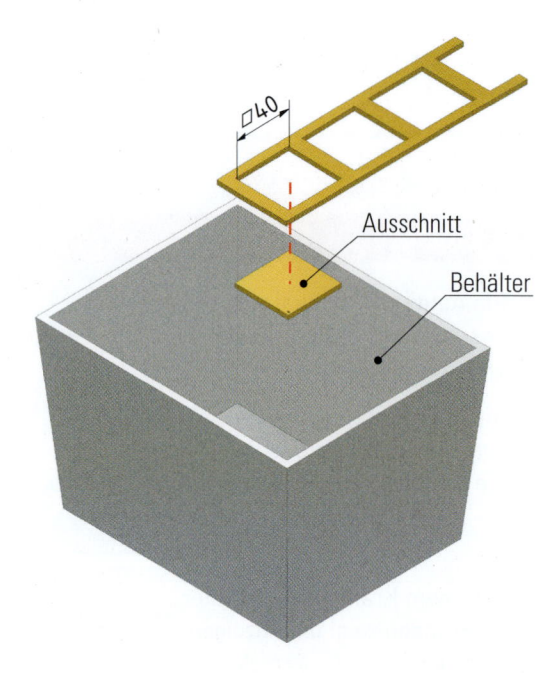

12 Hebel

Wird eine Schraube mit einem Schraubenschlüssel angezogen, so wirkt auf die Schraube ein **Drehmoment** (*M*). Die Größe des Drehmomentes hängt ab von der:

■ Größe der **Kraft** und der

■ Länge des **Hebelarms**

Drehmoment = Kraft · Hebelarm

$M = F \cdot l$

M: Drehmoment in N · m
F: Kraft in N
l: wirksame Hebellänge (Hebelarm) in m

Beispiel

Der im Bild gezeigte Hebel kann vereinfacht dargestellt werden:

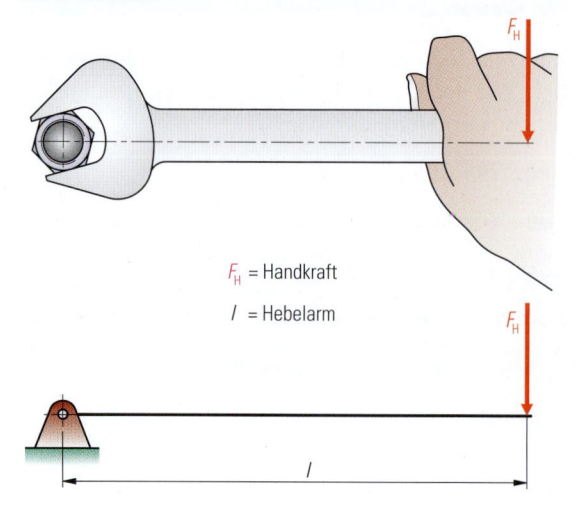

F_H = Handkraft
l = Hebelarm

Die Schraube wird mit einer Handkraft von $F_H = 150\,N$ angezogen. Die Länge des Hebels (Abstand von der Hand zum Schraubenmittelpunkt) beträgt $l = 210\,mm$. Wie hoch ist das Anzugsmoment in $N \cdot m$ an der Schraube?

Geg.: $F_H = 150\,N$; $l = 210\,mm = 0{,}21\,m$

Ges.: Anzugsmoment M in $N \cdot m$

Lösung:

$M = F \cdot l$

hier:

$M = F_H \cdot l$

$M = 150\,N \cdot m \cdot 0{,}21\,m$

$M = \underline{\underline{31{,}5\,N \cdot m}}$

Antwort:
Das Anzugsmoment der Schraube beträgt $31{,}5\,N \cdot m$.

Mit dem Hebel ist es möglich, eine Kraft zu vergrößern.

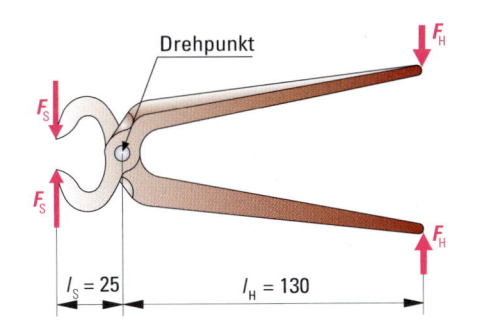

Bei der Zange wird durch die Handkraft ($F_H = 250\,N$) eine Schneidkraft $F_S = 1300\,N$ erzeugt.

Das Hebelgesetz beschreibt, dass bei einem Hebel immer ein Momenten**gleichgewicht** herrscht. Das heißt, die Summe der Momente, die im Uhrzeigersinn wirken, müssen genauso groß sein, wie die Summe der Momente, die im Gegenuhrzeigersinn wirken.

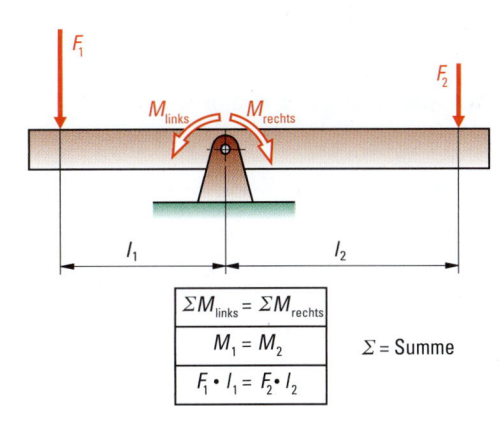

$\Sigma M_{links} = \Sigma M_{rechts}$
$M_1 = M_2$
$F_1 \cdot l_1 = F_2 \cdot l_2$

Σ = Summe

Wendet man das Gesetz auf die Zange an, so ergibt sich:

Beispiel

Geg.:

Handkraft $F_H = 250\,N$

$l_H = 130\,mm$

$l_S = 25\,mm$

Ges.:

Schneidkraft F_S in N

Lösung:

$F_S \cdot l_S = F_H \cdot l_H \qquad |\,:l_S$ Formel umstellen nach F_S

$\dfrac{F_S \cdot \cancel{l_S}}{\cancel{l_S}} = \dfrac{F_H \cdot l_H}{l_S} \qquad |$ den Bruch kürzen

$F_S = \dfrac{F_H \cdot l_H}{l_S}$

$F_S = \dfrac{250\,N \cdot 130\,mm}{25\,mm} \qquad |$ Werte einsetzen und ausrechnen

$F_S = \underline{\underline{1300\,N}}$

Antwort:

Die Schneidkraft F_S beträgt $1300\,N$.

Fachrechnen ▶ Hebel

Das Hebelgesetz gilt für alle Hebel.

Beispiele

einseitiger Hebel

zweiseitiger Hebel

Winkelhebel

Übungen

1. Berechnen Sie die Kraft F_2 zum Anheben der Schubkarre. In der Schubkarre befindet sich Granulat mit der Masse $m = 45$ kg.
   (Hinweis: Berechnen Sie die Gewichtskraft $F_G = F_1$ der Masse m zuerst.)

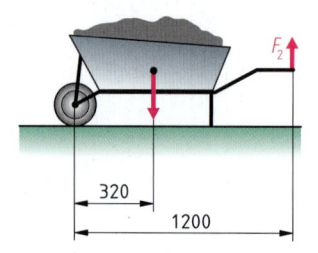

2. Für folgende Hebel soll gelten:
   $F_1 = 150$ N, $l_1 = 1000$ mm, $F_2 = 500$ N
   Bestimmen Sie jeweils l_2 (in mm).

   a)

   b)

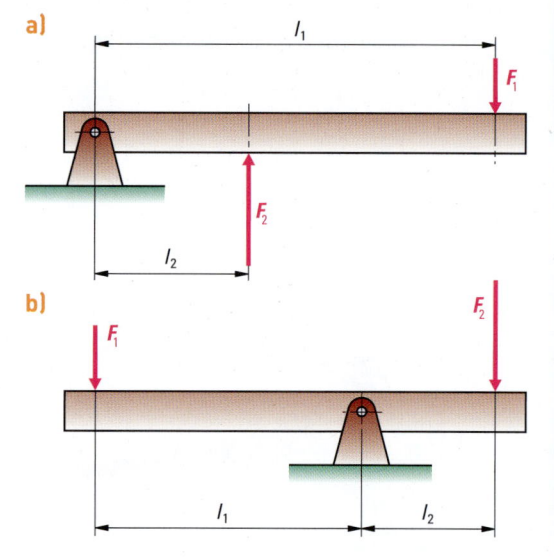

3. Der Hydraulikheber benötigt eine Kraft von $F_1 = 1$ KN ($l_1 = 30$ mm, $l_H = 400$ mm).
   Berechnen Sie die Handkraft F_H.

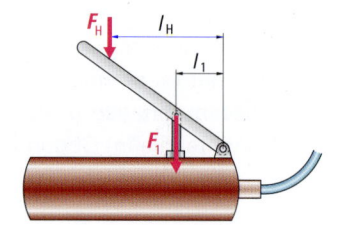

4. Die Kiste hat eine Masse von 50 kg. Berechnen Sie die Fußkraft F_1 zum Anheben der Last.

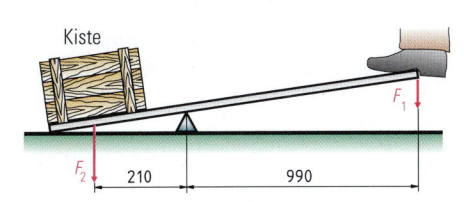

5. Über einen Winkelhebel soll auf einen Hydraulikzylinder eine Kraft F_2 ausgeübt werden. Bestimmen Sie die Handkraft F_1.

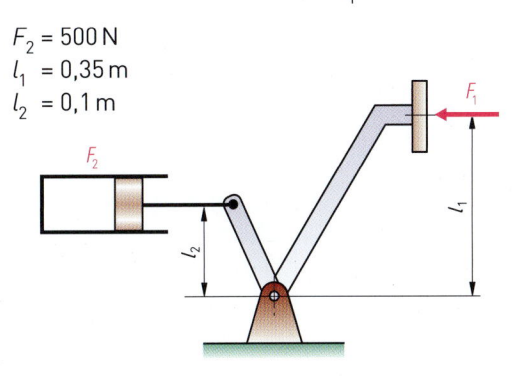

$F_2 = 500\,N$
$l_1 = 0{,}35\,m$
$l_2 = 0{,}1\,m$

*6. Mit einer Handkurbel soll eine Last ($m = 10\,kg$) angehoben werden. Bestimmen Sie die erforderlich Handkraft F_1 (in N).

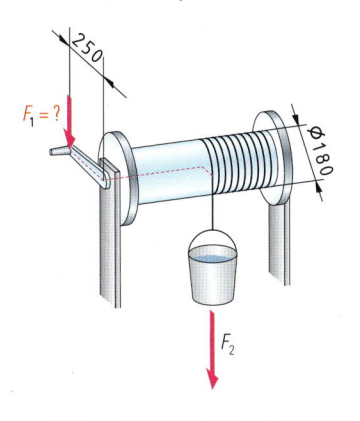

13 Arbeit und Energie

Bei einem Schmiedehammer wird für den Schmiedevorgang die Fallmasse (Bär) angehoben. Bei diesem Vorgang wird **Arbeit** verrichtet (Hubarbeit). Ist die Masse angehoben, hat sie eine **Energie** aufgrund der Lage (**Lageenergie** oder auch **potentielle Energie**). Sie ist nun in der Lage, Arbeit zu verrichten und die Masse umzuformen.

> **Merke**
>
> Lageenergie ist die Fähigkeit einer Masse, Arbeit zu verrichten.
>
> Arbeit und Energie sind gleichwertige Größen.

Stimmen die Kraftrichtung und die Wegrichtung überein, kann man daraus die Arbeit wie folgt berechnen:

Arbeit = Kraft · Weg

$$W = F \cdot s$$

Bei Hubbewegungen wird für s oft der Formelbuchstabe h gewählt. Die Hubarbeit berechnet sich dann wie folgt:

Hubarbeit = Gewichtskraft · Hubhöhe

$$W_H = F_G \cdot h$$

$1\,N \cdot m = 1\,J = 1\,N \cdot 1\,m$

W, W_H: Arbeit in $N \cdot m$, J (Joule)

F, F_G: Kraft in N

s, h: Weg in m

Fachrechnen ▶ Arbeit und Energie

Beispiel

Ein Greifarm hebt ein Werkstück ($m = 1{,}3$ kg) zu einem 0,5 m höher gelegenen Förderband. Welche Arbeit **W** wird dabei verrichtet?

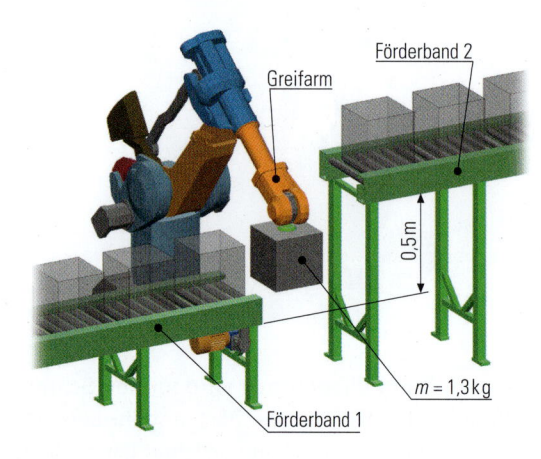

Geg.: $m = 1{,}3$ kg; $h = 0{,}5$ m

Ges.: Arbeit W in N · m und J

Lösung:

$W = F \cdot s$ | Arbeit (allgemein)

$W_H = F_G \cdot h$ | Hubarbeit

Nebenrechnung:

$F_G = m \cdot g$

$F_G = 1{,}3$ kg $\cdot\, 9{,}81\, \frac{m}{s^2}$

$F_G = \underline{\underline{12{,}75\, N}}$

$W_H = F_G \cdot h$

$W_H = 12{,}75\, N \cdot 0{,}5\, m$

$W_H = \underline{\underline{6{,}38\, N \cdot m}}$ | (1 N · m = 1 J)

$W_H = \underline{\underline{6{,}38\, J}}$

Übungen

1. Wie verändert sich die Hubarbeit W_H (in N · m und J) des Greifers aus dem Beispiel, wenn eine Masse von $m = 2$ kg angehoben werden muss?

2. Eine Kiste ($F_G = 8000$ N) wird mit einem Kran 3 m angehoben. Berechnen Sie die dafür erforderliche Arbeit (in N und kN).

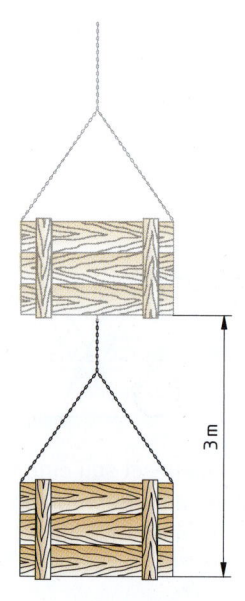

3. Eine Kiste ($m = 25$ kg) wird 1,2 m angehoben. Welche Arbeit (in N · m) muss hierfür verrichtet werden?

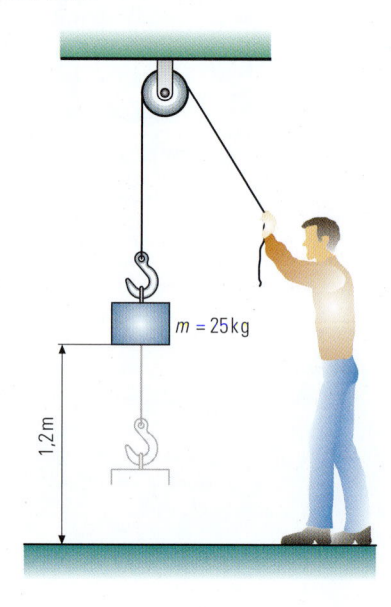

handwerk-technik.de

Fachrechnen ▶ Leistung

4. Zum Heben eines Gussgehäuses (m = 560 kg) werden W_H = 8240 J benötigt. Auf welche Höhe h (in m) wird das Gehäuse angehoben?

*5. Ein 3 Meter langer ungleichschenkeliger Winkelstahl (L EN 10056-1 – 100 x 75 x 10 - S235J0) ist angehoben worden. Dafür musste eine Arbeit von W_H = 1,53 kJ verrichtet werden.

Auf welche Höhe h wurde der Träger angehoben?

(Hinweis: Aus Tabellenbüchern kann die Masse des Winkelstahles pro Meter Länge (m' in kg/m) entnommen werden.)

$$P = F \cdot v$$

$$1W = 1 \frac{N \cdot m}{s}$$

P: Leistung in W (Watt)
W: Arbeit in N · m, J (Joule)
t: Zeit in s

Beispiel

Ein Greifarm hebt in t = 1,4 s ein Werkstück (m = 1,3 kg) auf ein 0,5 m höher gelegenes Förderband. Welche Leistung **P** ist dazu erforderlich?

14 Leistung

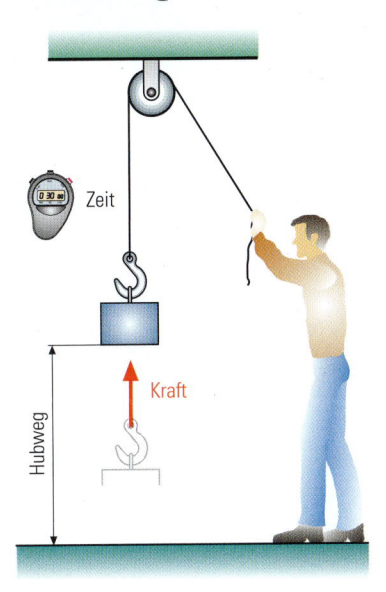

Eine Kiste wird angehoben. Dabei wird Arbeit verrichtet. Berücksichtigt man dabei die dafür benötigte Zeit, kann daraus die Leistung berechnet werden.

$$\text{Leistung} = \frac{\text{Arbeit}}{\text{Zeit}}$$

$P = \dfrac{W}{t}$ | da $W = F \cdot s$ ist, folgt:

$P = \dfrac{F \cdot s}{t}$ | da $v = \dfrac{s}{t}$ ist, folgt:

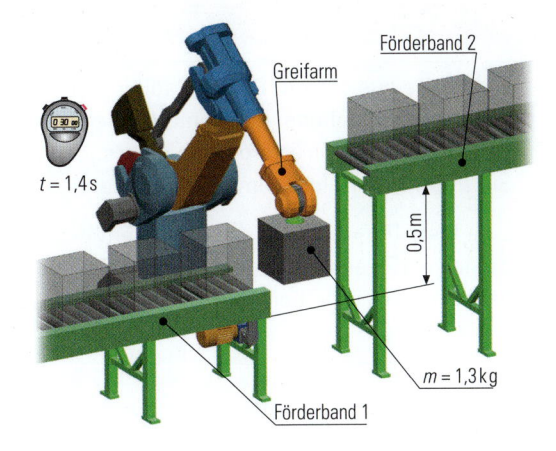

Geg.: m = 1,3 kg; h = 0,5 m; t = 1,4 s

Ges.: P in W

Lösung:

$$P = \frac{W}{t}$$

$$P = \frac{F \cdot s}{t} \quad | \text{ da hier } s = h \text{ und } F = F_G \text{ entspricht, folgt:}$$

$$P = \frac{F_G \cdot h}{t}$$

Nebenrechnung:
F ist die Gewichtskraft der Masse.

$$F = F_G = m \cdot g$$

$$F_G = 1{,}3 \text{ kg} \cdot 9{,}81 \frac{m}{s^2}$$

$$F_G = \underline{\underline{12{,}75 \text{ N}}}$$

$s = h$ (der Weg entspricht der Hubhöhe h)

Fachrechnen ▶ Leistung

$$P = \frac{12{,}75\,\text{N} \cdot 0{,}5\,\text{m}}{1{,}4\,\text{s}}$$

$$P = \frac{6{,}38\,\text{N} \cdot \text{m}}{1{,}4\,\text{s}}$$

$$P = \underline{\underline{4{,}56\,\text{W}}}$$

Antwort:

Zum Heben der Masse ist eine Leistung von 4,56 W erforderlich.

Übungen

1. Die Masse aus obigem Beispiel soll in der halben Zeit angehoben werden. Welche Leistung ist hierfür erforderlich? (Versuchen Sie zuerst, die Aufgabe im Kopf zu lösen.)

2. Eine Kiste (F_G = 8000 N) wird mit einem Kran 3 m in t = 15 s angehoben. Berechnen Sie die dafür erforderliche Leistung (in W und kW).

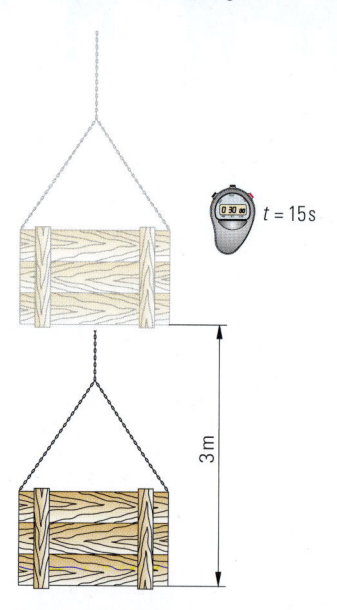

3. Ein Hydraulikzylinder bewegt einen Werkzeugschlitten mit einer Geschwindigkeit von 0,3 m/s. Er benötigt dafür eine Kraft von F = 400 N.
Welche Leistung ist hierfür erforderlich?

4. Ein PKW wird mit einer Hebebühne in t = 18 s mit P = 1556 W auf eine Höhe h = 1,7 m angehoben. Welche Masse m hat das Fahrzeug (in kg)?

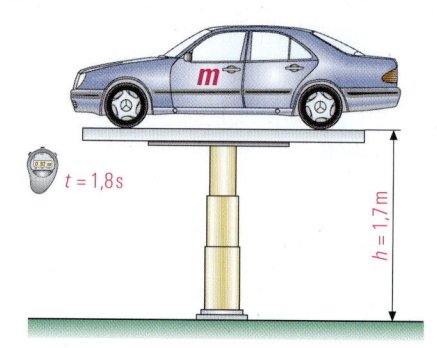

*5. Ein Werkstattkran hat eine Tragkraft von 7 kN und eine Hubgeschwindigkeit von 4 m/min. Wie hoch ist die Antriebsleistung des Motors?

15 Wirkungsgrad

Der Wirkungsgrad η (eta) einer Maschine ist definiert (festgelegt) als das Verhältnis von abgegebener Leistung zu zugeführter Leistung.

$$\text{Wirkungsgrad} = \frac{\text{abgegebene Leistung}}{\text{zugeführte Leistung}}$$

$$\eta = \frac{P_2}{P_1} = \frac{P_{ab}}{P_{zu}}$$

Aufgrund von Verlusten durch Widerstände (z.B. Reibung) ist der Wirkungsgrad stets kleiner als 1 bzw. 100 %.

$1 > \eta \geq 0 \qquad 100\% > \eta \geq 0\%$

Das Gleiche gilt auch für die Arbeit:

$$\text{Wirkungsgrad} = \frac{\text{abgegebene Arbeit}}{\text{zugeführte Arbeit}}$$

$$\eta = \frac{W_2}{W_1} = \frac{W_{ab}}{W_{zu}}$$

Beispiel

Zum Heben einer Last mit einem Elektromotor ist eine Leistung von 280 W erforderlich. Aus dem Stromnetz wird eine Leistung von 350 W entnommen. Wie hoch ist der Wirkungsgrad η des Motors?

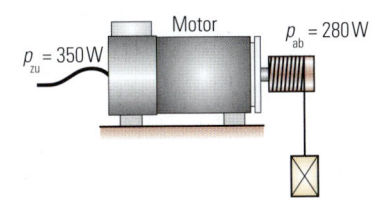

Geg.: $P_{zu} = P_1 = 350\,\text{W}$; $\quad P_{ab} = P_2 = 280\,\text{W}$

Ges.: η

Lösung:

$\eta = \dfrac{P_{ab}}{P_{zu}} \;\rightarrow\; \eta = \dfrac{280\,\text{W}}{350\,\text{W}} \;\rightarrow\; \underline{\underline{\eta = 0{,}8}}$

Antwort:

Der Motor hat einen Wirkungsgrad von 0,8 bzw. 80 %.

15.1 Gesamtwirkungsgrad

Wenn eine Anlage aus mehreren hintereinander geschalteten Maschinen besteht, werden die Einzelwirkungsgrade ($\eta_1 \cdot \eta_2 \cdot \eta_3 \cdot ... \cdot \eta_n$) miteinander zu einem Gesamtwirkungsgrad (η_{gesamt}) multipliziert.

$\eta_{gesamt} = \eta_1 \cdot \eta_2 \cdot \eta_3 \cdot ... \cdot \eta_n$

Beispiel

Der Antrieb eines Förderbandes besteht aus einem Elektromotor, einer Kupplung und einem Getriebe (siehe Bild). Es ist der Gesamtwirkungsgrad η_{gesamt} zu bestimmen.

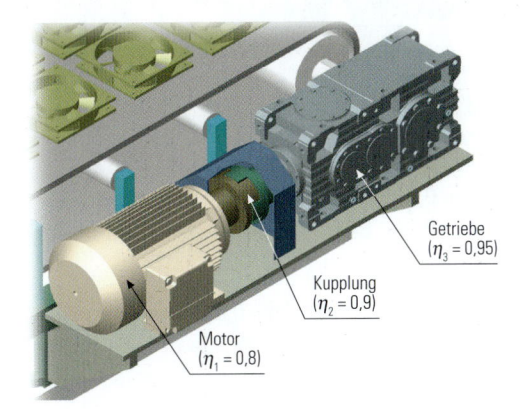

Getriebe ($\eta_3 = 0{,}95$)
Kupplung ($\eta_2 = 0{,}9$)
Motor ($\eta_1 = 0{,}8$)

vereinfacht:

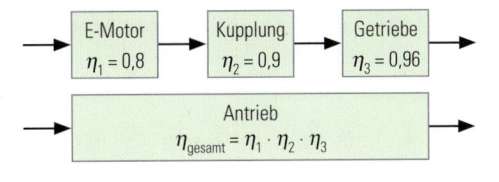

E-Motor $\eta_1 = 0{,}8$ → Kupplung $\eta_2 = 0{,}9$ → Getriebe $\eta_3 = 0{,}96$

Antrieb $\eta_{gesamt} = \eta_1 \cdot \eta_2 \cdot \eta_3$

Geg.: $\eta_1 = 0{,}8$; $\quad \eta_2 = 0{,}9$; $\quad \eta_3 = 0{,}96$

Ges.: η_{gesamt}

Lösung:

$\eta_{gesamt} = \eta_1 \cdot \eta_2 \cdot \eta_3$

$\eta_{gesamt} = 0{,}8 \cdot 0{,}9 \cdot 0{,}96$

$\underline{\underline{\eta_{gesamt} = 0{,}691}}$

Antwort:

Der Antrtieb hat einen Wirkungsgrad von 0,691 bzw. 69,1 %.

Übungen

1. Ein Kran hebt eine Masse und benötigt dafür eine Leistung von 12,75 kW. Aus dem Stromnetz wird eine Leistung von 18 kW entnommen. Wie hoch ist der Wirkungsgrad η des Krans?

2. Bestimmen Sie den Wirkungsgrad η des Motors.

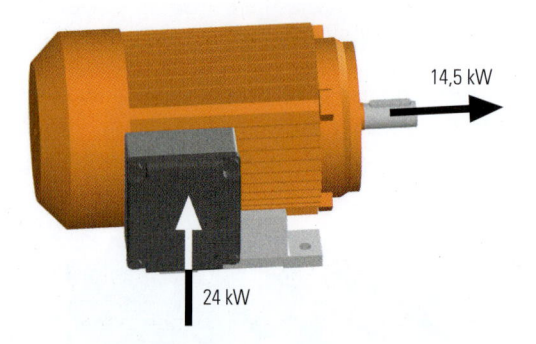

3. Ein Antrieb besteht aus einem E-Motor ($\eta_1 = 0{,}78$) und einem Stirnradgetriebe ($\eta_2 = 0{,}96$). Bestimmen Sie den Gesamtwirkungsgrad η_{ges}.

4. Ein Antriebsmotor ($\eta = 0{,}82$) nimmt eine Leistung von $P_{zu} = 12$ kW aus dem Stromnetz auf. Welche Leistung P_{ab} kann er abgeben?

5. Für das Verschieben eines Werkstückes muss ein Hydraulikzylinder ($\eta = 0{,}93$) eine Arbeit von $W_2 = 120$ N · m verrichten. Welche Arbeit W_1 (in Nm) muss dazu vom Hydraulikaggregat aufgebracht werden?

*6. Ein Kran hebt eine Last von $m = 5$ t in $t = 30$ s auf $h = 8$ m Höhe. Dafür benötigt er 20 kW aus dem Stromnetz. Welchen Wirkungsgrad hat der Kran?

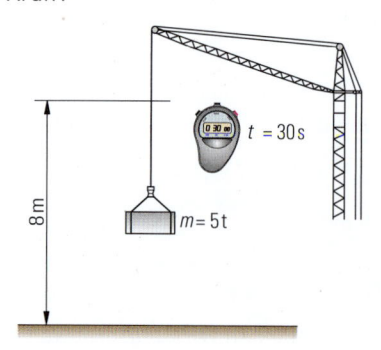

16 Druckwirkungen (Flächenpressung)

Ein Werkstück liegt auf der Anreißplatte. Es drückt mit einer Kraft (F_G) auf die Fläche (A). Diese Kraft setzt sich aus Masse (m) und Erdanziehung (g) zusammen. g ist konstant $9{,}81 \frac{m}{s^2}$.

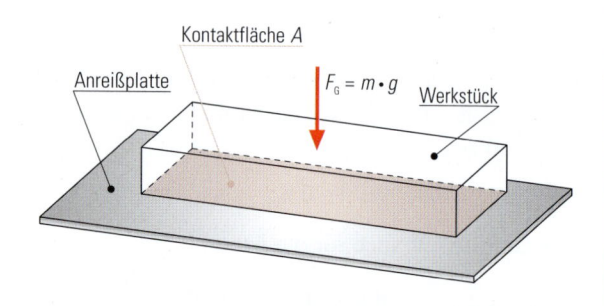

Die Fläche (A) ist hier die Kontaktfläche, mit der das Werkstück die Anreißplatte berührt.

Druck bedeutet die Einwirkung von Kraft je Flächeneinheit.

$$\text{Druck} = \frac{\text{Kraft}}{\text{Fläche}}$$

$$p = \frac{F}{A}$$

Durch Umstellen erhält man:

$$F = p \cdot A$$

$$A = \frac{F}{p}$$

p: Druck
F: Kraft
A: Fläche

Der Flächendruck zwischen festen Körpern wird **Flächenpressung** genannt.

Merke: Für die Flächenpressung gilt die Druckeinheit $\frac{N}{mm^2}$.

Für die Einheit $1 \frac{N}{m^2}$ wurde der Name Pascal eingeführt.

1 Pascal ist der Druck, den die Kraft von 1 Newton senkrecht auf eine Fläche von $1\,m^2$ ausübt.

Fachrechnen ▶ Druckwirkungen

$1 \frac{N}{m^2} = 1$ Pa (Pascal)

1 bar = 100 000 Pa = 100 000 $\frac{N}{m^2}$ = 1000 $\frac{N}{dm^2}$ = 10 $\frac{N}{cm^2}$

= 0,1 $\frac{N}{mm^2}$

Merke
Als Druckeinheit für Gase und Flüssigkeiten wird die Einheit Bar (z. B. 5 bar) verwendet.

Beispiel

Eine Europalette, die mit Werkstücken beladen ist, wird mit einem Gabelstapler transportiert. Die Palette ist m = 1500 kg schwer. Die Auflagefläche (A) der Palette auf dem Gabelstapler beträgt 160 000 mm².

a) Wie groß ist die Gewichtskraft (F_G) in N der beladenen Palette?

b) Wie hoch ist die Flächenpressung (p) auf der Stapelgabel (in $\frac{N}{mm^2}$ und $\frac{N}{cm^2}$)?

Geg.: m = 1500 kg; A = 160 000 mm² = 1600 cm²

Ges.: F (in kN); p (in $\frac{N}{mm^2}$ und $\frac{N}{cm^2}$)

Lösung:

zu a) $F_G = m \cdot g$

F_G = 1500 kg · 9,81 $\frac{m}{s^2}$

F_G = 14 715 N

zu b) $p = \frac{F}{A}$

$p = \frac{14\,715\,N}{160\,000\,mm^2}$

$p = 0{,}09197 \frac{N}{mm^2}$

$p = 9{,}2 \frac{N}{cm^2}$

Antwort:

a) Die Gewichtskraft beträgt 14 715 N.

b) Die Flächenpressung beträgt 0,092 $\frac{N}{mm^2}$ oder 9,2 $\frac{N}{cm^2}$.

Übungen

1. Ein „neuer" Motor für eine Anlage wird geliefert. Er hat eine Masse (m) von 150 kg, genau wie der alte Motor. Der „alte" Motor hatte eine Aufstellfläche (A_a) von 4000 mm². Der neue Motor hat eine Aufstellfläche (A_n) von 3000 mm².
Wie groß ist die Flächenpressung (p) beim
   a) „alten" Motor (p_a)?
   b) „neuem" Motor (p_n)?
   c) Durch welche Maßnahmen kann die Flächenpressung verringert werden?

2. Der Kolben eines Zylinders hat einen Durchmesser (d) von 30 mm. Der Arbeitsdruck (p) beträgt 6 bar.
Welche Kraft (F) kann der Kolben aufbringen?

3. Von einem Kran löst sich eine Kiste aus 3 Meter Höhe (Abmessungen 1 × 1 × 1 m) mit einer Masse (m) von 600 kg. Sie fällt mit der Unterseite auf den Hallenboden.
   a) Welche Gewichtskraft (F_G) hat die Kiste?
   b) Welche Flächenpressung (p) entsteht durch die Gewichtskraft (F_G)?

4. Welche Presskraft F erzeugt ein Arbeitskolben von 90 mm Durchmesser bei einem Betriebsdruck p_e von 8 bar?

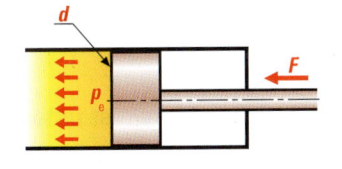

handwerk-technik.de

17 Getriebe

17.1 Riementriebe

Mit einem Riementrieb lassen sich Kräfte bzw. Drehmomente von einer Welle (1) auf eine andere Welle (2) übertragen

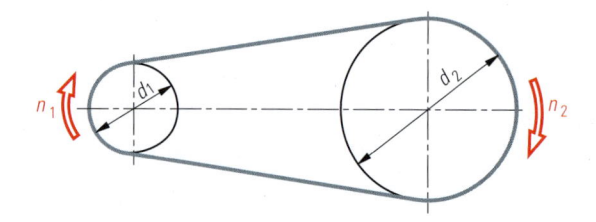

Es gilt folgende Vereinbarung:

Treibende Riemenscheiben (Zahnräder, Kettenräder) erhalten ungerade Indizes (1, 3, 5, 7, …)

Getriebene Riemenscheiben (Zahnräder, Kettenräder) erhalten gerade Indizes (2, 4, 6, 8, …)

Die Umfangsgeschwindigkeit der treibenden Riemenscheibe beträgt:

$v_1 = d_1 \cdot \pi \cdot n_1$

Wenn kein Schlupf (Rutschen des Riemens auf der Riemenscheibe) zwischen Riemen und den Riemenscheiben auftritt, gilt für die getriebene Riemenscheibe:

$v_2 = d_2 \cdot \pi \cdot n_2$

Die Umfangsgeschwindigkeit ist unter dieser Voraussetzung überall gleich im Riemen:

$v_1 = v_2$

$d_1 \cdot \pi \cdot n_1 = d_2 \cdot \pi \cdot n_2 \qquad | : \pi$

$d_1 \cdot n_1 = d_2 \cdot n_2$

Durch Umstellen der Formel erhält man die Verhältnisgleichungen:

$\dfrac{n_1}{n_2} = \dfrac{d_2}{d_1}$

Das Verhältnis $\dfrac{n_1}{n_2}$ ist als das Übersetzungsverhältnis definiert (festgelegt).

$i = \dfrac{n_1}{n_2}$

Beispiel

Der Riemenscheibendurchmesser der treibenden Welle beträgt $d_1 = 23$ mm. Der Durchmesser der getriebenen Scheibe beträgt $d_2 = 69$ mm. Wie hoch ist das Übersetzungsverhältnis?

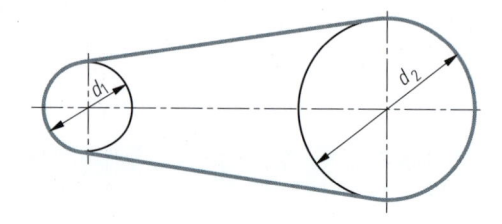

Geg.: $d_1 = 23$ mm; $d_2 = 69$ mm

Ges.: i

Lösung:

$i = \dfrac{d_2}{d_1}$

$i = \dfrac{69 \text{ mm}}{23 \text{ mm}}$

$i = 3$

Antwort:

Das Übersetzungsverhältnis beträgt $i = 3$.

Die treibende Scheibe muss sich 3-mal drehen, damit sich die getriebene Scheibe 1-mal dreht. Die ist eine Übersetzung ins Langsame. Es gilt:

Merke $i > 1$ Übersetzung ins Langsame

Ist i kleiner 1, so wird bei einer Drehung der treibenden Scheibe die getriebene Scheibe mehr als 1-mal gedreht.
Es ist also eine Übersetzung ins Schnelle. Es gilt:

Merke $i < 1$ Übersetzung ins Schnelle

Fachrechnen ▶ Getriebe ▶ Riementriebe

Übungen

1. Die Riemenscheibendurchmesser aus obigem Beispiel werden ausgetauscht: $d_1 = 31$ mm, $d_2 = 56$ mm. Welches neue Übersetzungsverhältnis i ergibt sich daraus?

2. Eine Schleifscheibe wird mit einem E-Motor ($n_1 = 2410 \frac{1}{min}$) angetrieben. Die Schleifscheibe soll mit einer Umdrehungsfrequenz von $n_2 = 620 \frac{1}{min}$ betrieben werden. Wie groß muss das Übersetzungsverhältnis i gewählt werden?

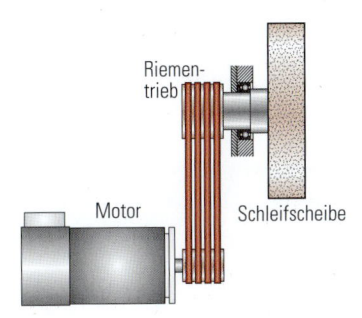

3. Der Riemenscheibendurchmesser der Abtriebswelle beträgt $d_2 = 720$ mm. Der Antriebsmotor hat eine Antriebsdrehfrequenz von $n_1 = 2880 \frac{1}{min}$. Wie schnell dreht sich die Abtriebswelle, wenn die kleine Riemenscheibe einen Durchmesser von $d_1 = 90$ mm hat?

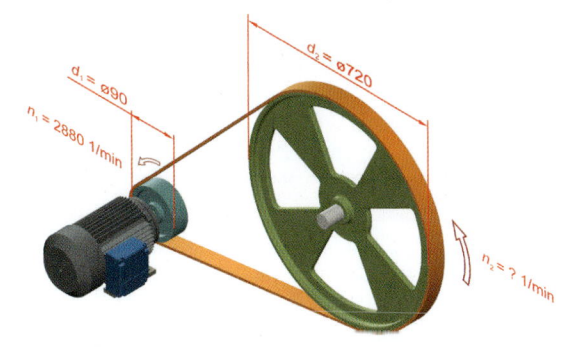

4. Von dem Riemengetriebe sind folgende Daten bekannt:
$n_1 = 500 \frac{1}{min}$, $d_1 = 250$ mm, $d_2 = 100$ mm

   a) Bestimmen Sie das Übersetzungsverhältnis i und die Abtriebsdrehfrequenz n_2.
   b) Ist dies eine Übersetzung ins Schnelle oder ins Langsame?

c) Die Abtriebsdrehfrequenz n_2 soll auf $1000 \frac{1}{min}$ reduziert werden. Welcher Riemenscheibendurchmesser d_2 muss dafür gewählt werden?

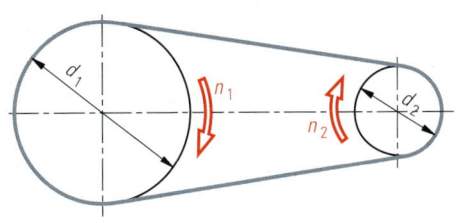

*5. Der Riemenscheibendurchmesser des E-Motors aus Aufgabe 2 soll $d_1 = 180$ mm betragen. Welchen Durchmesser muss die Riemenscheibe 2 bekommen?

*6. Die Umfangsgeschwindigkeit einer Schleifscheibe soll $v = 35 \frac{m}{s}$ betragen. Der Durchmesser d der Schleifscheibe beträgt 400 mm. Der Antriebsmotor hat eine Umdrehungsfrequenz von $n_1 = 1440 \frac{1}{min}$ mit einem Riemenscheibendurchmesser von $d_1 = 60$ mm.

   a) Wie groß muss die Umdrehungsfrequenz n_2 der Schleifscheibe sein?
   b) Welcher Riemenscheibendurchmesser für die Abtriebswelle d_2 muss gewählt werden?
   c) Welches Übersetzungsverhältnis i besteht, wenn ein Riemenscheibendurchmesser von $d_{2neu} = 55$ mm gewählt wird?
   d) Handelt es sich um eine Übersetzung ins Langsame oder ins Schnelle?

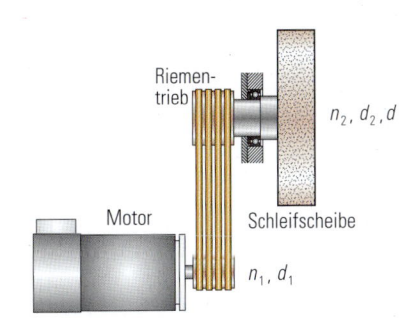

Fachrechnen ▶ Getriebe ▶ Zahnradgetriebe

17.2 Zahnradgetriebe

Bei einem Zahnradgetriebe sind am Umfang der Räder Zähne angeordnet. Diese greifen formschlüssig ineinander.

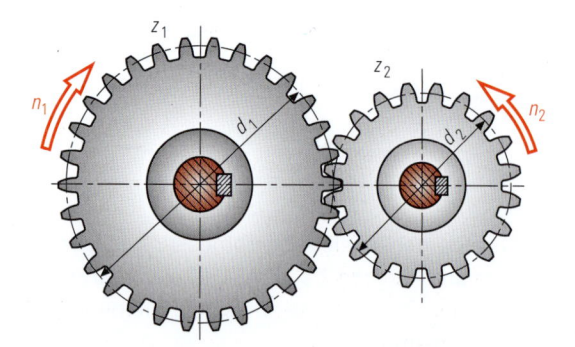

Somit kann das Übersetzungsverhältnis i auch über das Verhältnis der Anzahl der Zähne der einzelnen Zahnräder berechnet werden.

$n_1 \cdot z_1 = n_2 \cdot z_2$

Durch Umstellen erhält man:

$$\frac{n_1}{n_2} = \frac{z_2}{z_1} \qquad i = \frac{z_2}{z_1} = \frac{z_{getrieben}}{z_{treibend}}$$

n_1: Umdrehungsfrequenz des treibenden Zahnrads
z_1: Zähnezahl des treibenden Zahnrads
n_2: Umdrehungsfrequenz des getriebenen Zahnrads
z_2: Zähnezahl des getriebenen Zahnrads
i: Übersetzungsverhältnis

Beispiel

In einem Zahnradgetriebe kämmen 2 Zahnräder ineinander. Das Zahnrad der Antriebswelle hat $z_1 = 27$ Zähne. Das 2. Zahnrad hat $z_2 = 17$ Zähne.

a) Berechnen Sie das Übersetzungsverhältnis i.

b) Handelt es sich um eine Übersetzung ins Schnelle oder ins Langsame?

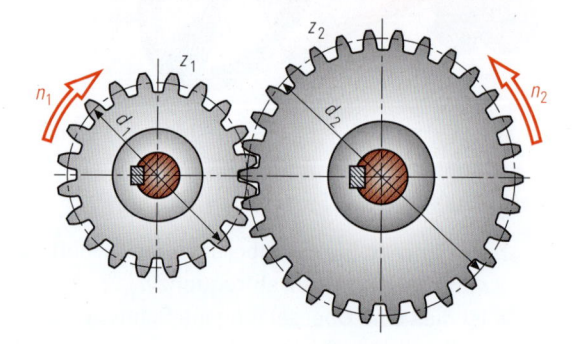

Geg.: $z_1 = 27$; $z_2 = 17$

Ges.: i

Lösung:

$$i = \frac{z_2}{z_1} = \frac{z_{getrieben}}{z_{treibend}}$$

$$i = \frac{17}{27}$$

$i \cong 0{,}63 \quad < 1$

Antwort:

a) Das Übersetzungsverhältnis beträgt $i = 0{,}63$

b) Da das Übersetzungsverhältnis kleiner 1 ist, handelt es sich um eine Übersetzung ins Schnelle.

Übungen

1. Das Zahnrad 2 aus obigem Beispiel wird ausgetauscht. Es hat nun $z_2 = 35$ Zähne.
  a) Wie viel beträgt das neue Übersetzungsverhältnis i?
  b) Handelt es sich um eine Übersetzung ins Schnelle oder ins Langsame?

Fachrechnen ▸ Getriebe ▸ Zahnradgetriebe

2. Ein Motor ($n_1 = 980 \frac{1}{min}$) treibt eine Maschine mithilfe eines Zahnradgetriebes an. Die Zähnezahlen des Getriebes betragen $z_1 = 27$ und $z_2 = 69$. Berechnen Sie das Übersetzungsverhältnis.

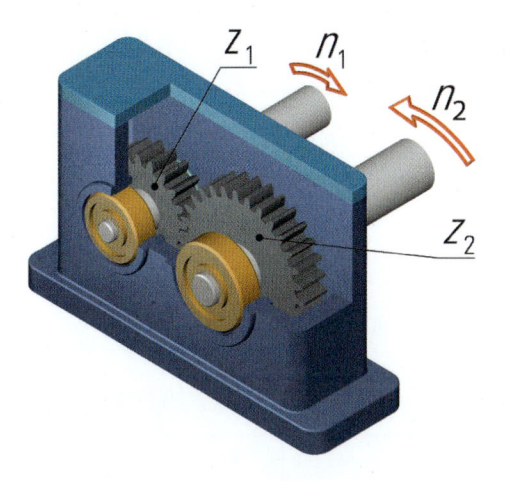

3. Der Teilkreisdurchmesser des 1 Zahnrades beträgt 160 mm. Es hat $z_1 = 40$ Zähne. Es soll ein Übersetzungsverhältnis von $i = 2,8$ erreicht werden.
   a) Bestimmen Sie die Zähnezahl z_2 des 2. Zahnrades.
   b) Wie groß ist der Teilkreisdurchmesser d_2?

4. Das Kettenrad des Fahrradantriebes hat $z_1 = 41$ Zähne. Das Zahnrad am Hinterrad (Ritzel) hat $z_2 = 16$ Zähne.
   a) Wie hoch ist das Übersetzungsverhältnis i?
   b) Handelt es sich um eine Übersetzung ins Schnelle oder ins Langsame?

5. Ein Rührwerk wird mit einem Kegelradgetriebe angetrieben. Die Zähnezahlen betragen $z_1 = 39$ und $z_2 = 107$.
   a) Bestimmen Sie das Übersetzungsverhältnis i.
   b) Das Rührwerk soll mit einer maximalen Umdrehungsfrequenz von $n_2 = 120 \frac{1}{min}$ betrieben werden. Auf welche Umdrehungsfrequenz n_1 muss der Antriebsmotor geregelt werden?

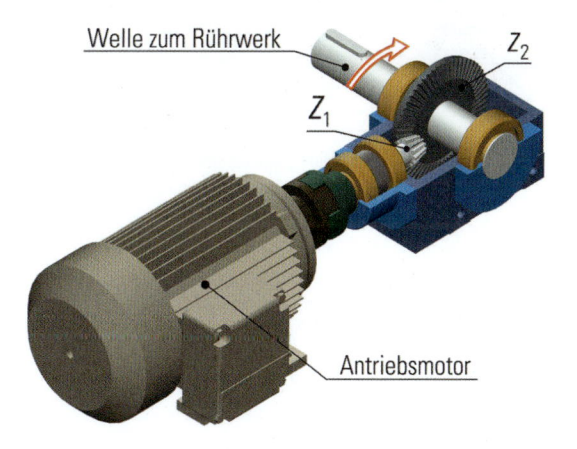

Anhang – Tabellen

	Eigenschaften	Flächeninhalt A	umgestellte Formeln
Quadrat	■ Alle Seiten sind gleichlang. ■ Alle Winkel sind 90°. ■ Die Diagonalen stehen senkrecht aufeinander, sind gleich lang und halbieren sich.	$A = a \cdot a = a^2$	$a = \sqrt{A}$
Rechteck	■ Gegenüberliegende Seiten sind gleichlang und parallel. ■ Alle Winkel sind 90°. ■ Die Diagonalen sind gleich lang und halbieren sich.	$A = a \cdot b$	$a = \dfrac{A}{b} \quad b = \dfrac{A}{a}$
Dreieck	■ Die Summe der Innenwinkel beträgt 180°.	$A = \dfrac{a \cdot h_a}{2} \quad A = \dfrac{b \cdot h_b}{2}$ $A = \dfrac{c \cdot h_c}{2}$	$a = \dfrac{2 \cdot A}{h_a} \quad b = \dfrac{2 \cdot A}{h_b} \quad c = \dfrac{2 \cdot A}{h_c}$ $h_a = \dfrac{2 \cdot A}{a} \quad h_b = \dfrac{2 \cdot A}{b} \quad h_c = \dfrac{2 \cdot A}{c}$
Parallelogramm	■ Gegenüberliegende Seiten sind gleichlang und parallel. ■ Gegenüberliegende Winkel sind gleich groß. ■ Die Diagonalen halbieren sich.	$A = a \cdot h_a$ $A = b \cdot h_b$	$a = \dfrac{A}{h_a} \quad b = \dfrac{A}{h_b}$ $h_a = \dfrac{A}{a} \quad h_b = \dfrac{A}{b}$
Trapez	■ Grund- und Decklinien sind parallel.	$A = \dfrac{a + c}{2} \cdot h$	$h = \dfrac{2 \cdot A}{a + c} \quad a = \dfrac{2 \cdot A}{h} - c$ $c = \dfrac{2 \cdot A}{h} - a$
Raute	■ Alle Seiten sind gleichlang. ■ Gegenüberliegende Winkel sind gleich groß. ■ Die Diagonalen halbieren sich, sind gleichlang und stehen senkrecht aufeinander.	$A = a \cdot h_a$	$a = \dfrac{A}{h_a} \quad h_a = \dfrac{A}{a}$
Kreis	■ Alle Punkte auf der Kreislinie haben vom Mittelpunkt M den gleichen Abstand. ■ Der Abstand vom Mittelpunkt M zur Kreislinie ist der Radius. ■ Der Abstand von einem Punkt der Kreislinie durch den Mittelpunkt M zum gegenüberliegenden Punkt der Kreislinie ist der Durchmesser d.	$A = \pi \cdot r^2$ $A = \pi \cdot \dfrac{d^2}{4}$	$r = \sqrt{\dfrac{A}{\pi}} \quad d = \sqrt{\dfrac{4 \cdot A}{\pi}}$

1: Allgemeine Formeln zur Flächenberechnung

Fachrechnen ▶ Anhang – Tabellen

	Eigenschaften	Rauminhalt/ Volumen V	umgestellte Formeln
Würfel	■ Die Seitenflächen sind Quadrate. ■ Alle Seiten sind gleich lang. ■ Alle Winkel sind 90°.	$V = l^3$	$l = \sqrt[3]{V}$
Quader	■ Die Seitenflächen sind Rechtecke. ■ Alle Winkel sind 90°. ■ Gegenüberliegende Flächen sind gleich groß.	$V = l \cdot b \cdot h$	$l = \dfrac{V}{b \cdot h}$ $b = \dfrac{V}{l \cdot h}$ $h = \dfrac{V}{l \cdot b}$
Zylinder	■ Grund- und Deckfläche sind kreisförmig. ■ Grund- und Deckfläche haben den gleichen Durchmesser.	$V = \dfrac{d^2 \cdot \pi}{4} \cdot h$	$h = \dfrac{4 \cdot V}{d^2 \cdot \pi}$ $d = \sqrt{\dfrac{4 \cdot V}{\pi \cdot h}}$
Kegel	■ Grundfläche ist ein Kreis. ■ Es gibt keine Deckfläche. ■ Die Länge der Mantellinie entspricht nicht der Höhe!	$V = \dfrac{1}{3} \cdot \dfrac{d^2 \cdot \pi}{4} \cdot h$	$d = \sqrt{\dfrac{12 \cdot V}{\pi \cdot h}}$ $l = \sqrt{h^2 + \dfrac{d^2}{4}}$ $h = \dfrac{12 \cdot V}{d^2 \cdot \pi}$
Pyramide	■ Die Grundfläche ist ein Rechteck oder Quadrat. ■ Die Seitenflächen sind Dreiecke. ■ Es gibt keine Deckfläche. ■ Die Höhe der Seitenflächen ist nicht gleich der Pyramidenhöhe!	$V = \dfrac{1}{3} \cdot l \cdot b \cdot h$	$h_s = \sqrt{h^2 + \dfrac{l^2}{4}}$ $h = \dfrac{3V}{l \cdot b}$

1: Allgemeine Formeln zur Volumenberechnung

Sachwortregister X

2/2-Wegeventil 164
3/2-Wegeventil 164
4/2-Wegeventil 165
4/3-Wegeventil 166

A

Ablaufsteuerung 129, 134
Abluftdrosselung 143
Abmaß (Grenzabmaß), 270
 – oberes 270
 – unteres 270
Abrundung 258
Abschirmung 125
Abschrecken 107
Acetylen 215
Achse 195
Adhäsion 204
Allgemeintoleranzen 69, 78, 270
Aluminium 112
Analoges Signal 130
Anhangskraft 204
Anlassen 107, 110
Anpressen/Einpressen 183
Anreißen 16
Anreißplatte 17
Anreißzirkel 16
Anschlagmittel 178
Anschlagwinkel 16
Anschluss 138
Antrieb, pneumatisch 145
Anzeige, 75
 – analog 75
 – digital 75
Arbeit, 329 ff.
 – abgegeben 333
 – zugeführt 333
Arbeitsabfolge 174
Arbeitssicherheit 137, 238
Auftragsschweißverfahren 226
Ausbreitprüfung 88

Ausführen 173
Ausgangssignal 132
Außengewinde 278
Außermittedrehen 29
Austenithärten 107
Austragszone 65
Automatenstahl 104
Automatisierungsprozesse 122 ff.

B

Bahnsteuerung 124
Balkendiagramm 319
Bandsäge 9
Baustahl 102
Bauteil
 – elektropneumatisch 151
 – genormt 280
Bauteilliste 148
Beanspruchungsart 96
Bearbeitungszentrum 47, 122
Beißschneiden 45, 46
Bemaßungsregel 258
Beschaffenheit 291
Beschleunigung 323
Betätigungsart 143, 152, 165
Betriebsanweisung 240
Bewegung 320 ff.
 – beschleunigt 323
 – drehend 124
 – linear 124
Beweislastumkehr 294
Bewerten 173
Bezeichnungssystem für Stähle 105
Bezugskante 258
Biegeentzunderung 56
Biegemaschine 52
Biegen 49 ff.
Biegeprüfung 88
Biegeradius 168, 171
Binäres Signal 129
Bindung 40
Bindungskraft 204

Sachwortregister

Blechlehre 81
Blei 116
Bohren 14, 17f.
Bohrmaschine 20
Bohrung 257
Bolzen 195
Bolzenverbindung 197
    – einschnittig 197
    – zweischnittig 197
Bornitrid 39
Brenner 216
Brennerdüsen 231
Brennschneiden 230
Bruchrechnen 304f.
Brückenkran 178
Bügelmessschraube 78

C

Carbonitrieren 111
chemische Behandlung 206
Chemische Eigenschaften 91
CNC-Fräsmaschine 37
CNC-Programm 174

D

Darstellungsart 250
Dauersignal 147
Dehnverbindung 202, 203f.
Diamant 39
Dichte 91, 318
Dienstleistungen 292
Diffusionsglühen 107, 108
Digitales Signal 130
Dimetrisch 269
DIN EN ISO 255
Dokumentation, technisch 250
Doppelmaulschlüssel 193
Doppelringschlüssel 193
Draht 55
Drahtherstellung 56
Drahtseil 56
Drahtsicherung 191
Drahtziehen 55ff.
Draufsicht 265
Drehbewegung, gleichförmig 322
Drehen 14, 27ff.
Drehmaschine 31, 33

Drehmeißel 30
Drehmoment 194
Drehmomentschlüssel 194
Drehwerkzeug 30
Dreieck 340
Drosselrückschlagventil 141
Drosselventil 141
Druckbegrenzungsventil 141
Druckfilter 167
Druckimpuls 147
Druckluft 137
Druckluftanschluss 144
Drucklufterzeugungsanlage 136
Druckminderer 216
Druckmittelwandler 167
Druckregelventil 141
Drucksensor 153
Druckübersetzung 167
Druckventil 141
Druckwandler 167
Druckwirkung 334
Durchflussrichtung 164
Durchtreiber 198
Duroplaste 118, 119

E

Edelkorund 39
Edelstahl 99
Einflussgröße 299
Eingangssignal 132
Eingriffsgrenze 297
Einheiten 310
Einheitenumwandlung 311
Einkomponentenklebstoff 204, 205f.
Einlegegerät 123
Einlegekeil 201
Einrichteblatt 289
Einrichten 289
Einrichtung 183
    – mechanisch 122
    – steuerungstechnisch 122
Einsatzhärten 107, 111
Einsatzstahl 104
Einschneckenextruder 65
Einschraubtiefe 190
Einstellwinkel 31
Einzelteilzeichnung 253
Einzugszone 65

Sachwortregister

Eisenbegleiter 97
Eisenmetalle 88, 97
Elastizität 90
Elastomere 119
Elastoplaste 118
Elektrodenführung 220
Elektro-Lichtbogen-Verfahren 99
Element 183
Endlage, 144
 – hintere 144
 – vordere 144
Endlagendämpfung 145
Endmaß 83
Energie 131, 329 f.
Energieerhaltung 131
Energiefluss 131
Energieform 131
Energieträger 135
Entscheiden 173
Entschwefelung 99
Entsorgung 121
Erdbeschleunigung 325
Ethylen 117
Evolventenzahnprofil 200
Explosionszeichnung 252
Extruder 65, 118
Extrudieren 64
Extrusionsanlage 64
Exzenter 195

F

Fase 257, 264
Faserseile, 179
 – Chemie 179
 – Natur 179
Feder 258
Federring 191
Fehler 293
 – kritisch 294
Feilen 11 ff.
Feilenquerschnitt 12
Ferrit 109
Fertigungshilfsstoff 121
Fertigungsplanung 32
Fertigungsprozess 173 ff.
Festigkeit 89
Festigkeitskennzahl 190
Festigkeitsklasse 190

Festigkeitswert 189
Festpartikel 167
Festschmierstoff 248
Fett 248
Fettpresse 248
Filter 167
Flächenberechnung 313
Flächen- oder Zahnscheibe 191
Flächenpressung 334
Flachsenker 22, 23
Flammhärten 107, 110
Fließspan 5
Flügelzellenpumpe 163
Fluidtechnik 135
Flüssigkeitssensor 153
Flussmittel 210
Formänderung 324
Formdrehen 29
Formeln umstellen 312
Formlehre 80
Formschleifen 41
Formschluss 184, 196
Formsenker 22
Formtoleranz 270
Form- und Lagetoleranz 270
Foto 250
Fräsen 14, 33
Fräsertyp 36
Fräsmaschine 37
Freibiegen 53
Freifläche 4
Freiwinkel 4
Frischen 99
Fügen 183
Fügen durch Stoffschluss 204
Fügeverfahren 183, 187 ff.
Fühlerlehre 81
Füllen 183
Funktionsbeschreibung 251
Funktionsplan 133
Funktionsprüfung 67
Funktionstabelle 131, 133
Fußpedal 139

G

galvanisch 154
Gasschmelzschweißen 215
Gebotszeichen 91

Sachwortregister

Gefahrstoffkennzeichen 91
Gefüge 94
Gegenlauffräsen 35
Genauigkeitsgrad 69
Geometrie 313 ff.
Geräteliste 159
Gesamtwirkungsgrad 333
Gesamtzeichnung 252, 285
Geschwindigkeit 320, 322
Gesenkbiegen 53
Getriebe 336
Gewichtskraft 325
Gewinde 189, 277
Gewindegröße 193
Gewindelehre 80, 81
Gewindelehrring 81
Gewindelinie 278
Gewindeschneiden 24
Gewindestift 187
Gießbarkeit 92
Gleichlauffräsen 35
Gleitlager 116, 283
Gliedermaßstab 72
Glühen 107
Glühofen 127
Glühverfahren 108
GRAFCET 134
Granulat 63
Grenzabmaß, 270
– oberes 270
– unteres 270
Grenzlehrdorn 81
Grenzlehre 80
Grenzrachenlehre 82
Grobkornglühen 108 ff.
Grundrechenarten 302 ff., 307
Grundverknüpfung 158
Gruppe 183
Gruppenzeichnung 285
Gusseisen 99, 106
Gut-Teil 270

H

Haarlineal 80
Haftvermittler (Primer) 206
Hakenschlüssel 194
Halbschnitt 272
Hammer 198

Handbetätigung 139
Handbügelsäge 9
Handgewindebohrer 25
Handgewindebohrersatz 25
Handhabungsautomat 123
Handhabungsgerät 123
Handhabungstätigkeit 122
Handlung, vollständig 173
Handreibahle 23
Handschutz 7
Härte 89
Härten 107, 110
Härter 204
Hartlot 211
Hartlöten 208
Harz 204
Hauptschneide 18
Hebeband 179
Hebel, 326
– einseitig, zweiseitig 326
– Winkelhebel 328
Hebelarm 326
Hebelgesetz 327
Hebeltafelschere 44
Hebezeuge 178 ff.
Heizelementschweißen, 228
– direkt 229
– indirekt 230
Hersteller 294
Hieb 11
Hiebart 11
Hiebschräge 11
Hiebteilung 12
Hiebzahl 12
Hilfsstoff 87
Höchstmaß 69
Hohlkehle 258
Hohlschliff 43
Hubarbeit 329
Hutmutter 189, 190
Hydraulik 161 ff.
Hydraulikanlage 162
Hydraulik ff. 161
Hydraulikfilter 167
Hydraulikleitung 167
Hydraulikmotor 166
Hydrauliköl 161, 163
Hydraulikschlauch 172
Hydraulikventil 164
Hydraulikzylinder 164

handwerk-technik.de

Sachwortregister

Hydromotor 166
Hydrospeicher 166
Hydrozylinder 164

I

Impulsventil 137 f.
Induktionshärten 107, 110
induktiv 154
Industrieroboter 123 f.
Industrieroboter, Sicherheitsvorrichtung 125
Informieren 173
Injektorprinzip 216
Innengewinde 190, 278
Innenmessung 75
Innensechskantschraube 187
Inspektion 237
Instandhaltungsmaßnahme 237
Instandhaltungsprozesse 237 ff.
Instandsetzung 237
ISO 255
Isometrisch 269
Istwert 127 f.

J

Joule 131

K

Kabinett, Projektion 269
Kaltformbarkeit 92
Kaltklebstoff 205
Kantenschutz 181
kapazitiv 154
Kapillarwirkung 209
Kapp- und Gehrungssäge (Kreissäge) 9
Kavalier Projektion 269
Kegel 283, 341
Kegeldrehen 29
Kegelsenker 22, 23
Kegelstift 197
Keil 3
Keilart 201, 202
Keilverbindung 201
Keilwinkel 4
Keramische Werkstoffe 121
Kerbstift 197

Kerbzahnprofil 200
Kettenzug 178
Kippfehler 76
Kipphebel 139
Kleben 204
Klebstoff 205
Klebstoffart 204
Klebstoffsicherung 191
Klemmenanschlussplan 156
Klemmenbelegungsplan 156
Klemmleiste 155, 157
Klemmverbindung 195
Knarren 193
Kohäsion 204
Kokillenguss 100
Kolben 144
Kolbenfläche 144
Kolbengeschwindigkeit 142
Kolbenstange 144
Kompressionszone 65
Kompressor 135
Komprimierbarkeit 136
Kontaktsteuerung 151
Kontrollieren 173
Kontrollschieber 251
Konusziehmaschine 60
Körner 16
Korngrenze 94
Körnung 39
Kraft 324 f.
Kraftschluss 184, 187
Kraft-Verlängerungs-Diagramm 89
Kreis 340
Kreisdiagramm 320
Kreisfläche 314
Kreuzhiebfeile 12
Kreuzschlitzschraubendreher 192
Kristallgemisch 95
Kristallgitter 94
Kronenmutter 189 ff.
Kugel 283
Kugelgrafit 97
Kühlschmierstoff 15
Kunststoff 63, 88, 117
Kunststoffgranulat 65
Kunststoffhammer 198
Kunststoffschweißen 228
Kupfer 114
Kupferhammer 198

L

Lageenergie 329
Lager 283
Lagetoleranz 270
Lage- und Bewegungsänderung 324
Lamellengrafit 97
Längen, gestreckt 53
Langloch 257
Längspressverbindung 202
Längsrunddrehen 28
Laserscanner 126
Laserstrahlschneiden 233
Lastaufnahmeeinrichtung 178
LD-Konverter 99
LD-Verfahren 99
Lebensmittelindustrie 136
Leckage 163
Legierung 94
Legierungsbestandteil 95
Legierungsbildung 94
Lehren 68
Lehren 80 ff.
Leichtmetall 111
Leistung, 331
 – abgegeben 333
 – zugeführt 333
Leistung 331 ff.
Lichtbogenhandschweißen 218
Lichtvorhang 125
lineare Bewegung 124
Linienart 256
Liniendiagramm 319
Linksgewinde 188
Lochlehre 81
Logikplan 133
Losdrehsicherung 191
Losen von Textaufgaben 305
Lotauswahl 211
Lötbarkeit 92
Löten 208
Lötspalt 209
Lötverbindung 213
Lotzusammensetzung 211

M

magnetisch-induktiv 154
MAG-Schweißverfahren 221
Manipulator 123, 178
Manometer 164
Maschinenfähigkeit 301
Maschinengewindebohrer 25
Maschinenreibahle 23
Maschinenschere 44
Maßbezugstemperatur 77
Masse 91
Masseberechnung 318 f.
Maßeintragung 258, 260
Maßhilfslinie 258, 260
Maßlehre 80
Maßlinie 258
Maßpfeil 260
Maßstab 287
Maßtoleranz 69, 71, 270
Maßverkörperung 68, 83
Maßzahl 260
Matrize 64
Median 299 f.
Meißeln 6
Messen 67
Messerkopf 36
Messerschneiden 45
Messfehler 76
Messgeräte 72 ff.
Messschieber 73
Messschraube 78
Messuhr 79, 80
Metall 87, 88
Metall-Schutzgasschweißen 221
Metrisches ISO-Gewinde 278
MIG-Schweißverfahren 221
Mindestbiegeradius 50
Mindestmaß 69
Mineralöl 247
Minuspol 157
Mischkristall 95
Mittellinie 259
Mittelstellung 166
Mittelwert 299, 300
Momentengleichgewicht 327
Montage 150, 169, 171
Montageanleitung 251
Montagehilfsmittel 187
Montageprozesse 173 ff.
Montagetechnik 183 ff.
Montieren 183
Mutter 189, 282
Mutter, Klemmteil 191

Sachwortregister

N

Nabe 195
Näherungssensor 153
Nahtform 214
Nasenkeil 202
Nassziehmaschine 58
Nasszug 58
Naturstoff 88
Nebenschneide 18
Nennmaß 270
neutrale Faser 49
Nibbelschere 44
Nicht-Eisen-Metalle 111
NICHT Funktion 132
Nichtmetall 88
Nietverbindung 199
Nitrieren 107
Nitrierhärte 111
Nitrierstahl 104
Nonius 73
Noniuswert 74
Norm 255
Normalglühen 107 f.
Normalkraft 188
Normblatt 255
Normteil 280
NOT-AUS Schalter 126
Nut 258
Nutfräsen 34
Nutmutter 189, 190
Nutzsignal 129

O

Oberflächenangabe 279
Oberflächenbehandlung 204
ODER Funktion 132
Öffner 152
Optischer Sensor 153

P

Panzer 226
Parallaxe 76
Parallelendmaß 83
Parallelhöhenreißer 16
Pascal 334

Passfeder 200, 283
Passfederverbindung 200
Passschraube 281
Passung 270
Perlit 109
Physikalische Eigenschaften 91
piezoelektrisch 154
Planen 173
Planschleifen 40
Plansenker 22
Planungshilfe 148
Plasmaschneiden 232
Plasmaschweißen 223
Plastifiziereinheit 63
Plastizität 90
Plattieren 226
Pluspol 157
Pneumatik 135 ff., 161
Pneumatikplan 159
Pneumatikschlauch 150
Pneumatischer Antrieb 136
Polygonwellenverbindung 200
Portalkran 178
potentielle Energie 329
Potenzen 303
Potenzieren 309
Presse, 196
 – pneumatisch 160
Pressverband 195
Pressverbindung 195, 202
Prisma 17
ProdHaftG, Produkthaftungsgesetz 294
Produkt 292
Produktbeschreibung 251
Produkthaftung 294
Produktlebenszyklus 292
Profil, gezogen 100
Profilwellenverbindung 200
Propyethylen 117
Protokoll 83
Prozentrechnen 310
Prozessfähigkeit, vorläufig 301
Prozessüberwachung, ständig 301
Prozessvisualisierung 122
Prüfen ff. 67
Prüfhäufigkeit 177
Prüfmaße 177
Prüfmittel 67 ff., 177
Prüfplan 177
Prüfprotokoll 83

Prüfvorschrift 174
Punktrechnung 302
Punktsteuerung 124
Pyramide 341
Pythagoras 314

Q

Quader 341
Quadrat 340
Qualität, 291 ff.
 – objektiv, subjektiv 293
Qualitätsanforderung 291
Qualitätsbegriff 291
Qualitätsmanagement 291 ff.
Qualitätsmanagementsystem 292
Qualitätsmerkmal 293
Qualitätsregelkarte 295, 297, 299
Qualitätssicherung 293
Qualitätsstahl 100
Qualität, subjektiv 293
Quergriff 193
Querplandrehen 27 f.
Querpressverbindung 202
Querschneide 18
Querschnitt 273
Querschnittsveränderung 51

R

Radius 257
Rahmen 256
Raspel 12
Rattermarke 22
Raumbild 269
Räumliche Darstellung 252
Raute 340
Rechteck 340
Rechtsgewinde 188
Recycling 121
Regelgröße 127
Regelkreis 127 f.
Regeln 127 f.
Reibahlenteilung 23
Reiben 23
Reinigungsmittel 245
Reißnadel 16
Reißspan 5
Rekristallisationsglühen 107, 108

Riemengetriebe 336
Ringmaulschlüssel 193
Rippen 273
Rohrbefestigung 168
Rohrbiegevorrichtung 51
Rohrgewinde 278
Rohrkrümmer 171
Rohrleitung 168
Rohrsäge 9
Rohrverschraubung 168
Rollbandmaß 73
Rollenbetätigung 139
Rollennahtschweißen 225
Rückhub 145
Rücklauffilter 167
Rückschlagventil 140
Rückverfolgbarkeit 294
Rundschleifen 41
Rundschlinge 179
Rundstahlkette 179
Rundungslehre 80

S

Sägeblatt 8, 9
Sägen 8 ff.
Sägengewinde 278
Satz des Pythagoras 314
Saugfilter 167
Säulenbohrmaschine 20
Säulendiagramm 319
Schaftfräser 36
Schaltgliedertabelle 157
Schaltnocken 146
Schaltplanaufbau 146
Schaltschrank 155
Schaltstellung 138
Scheiben 190, 282
Scheibenfeder 283
Scheibenfräser 36
Scherenhubtisch/Hebebühne 178
Scherentypen 43
Scherschneiden 41
Scherspan 5
Schlauchangabe 171
Schlaucharmatur 170
Schlauchleitung, 170
 – Montage 171
Schleifband 40

Sachwortregister

Schleifen 39
Schleiffehler 19
Schleiflehre 18, 80
Schleifpapier 40
Schleifscheibe 40
Schleifwerkzeug 40
Schlichten 12, 29
Schließer 152
Schlitzschraubendreher 192
Schlosserhammer 198
Schlüsselweite 193
Schmierfett 248
Schmieröl 247
Schmierstoff 246, 248
Schmierzug 58
Schnecke 63
Schneckenpresse 118
Schneideisen 25
Schneidenspiel 42
Schneidkeil 3
Schneidkluppe 25
Schneidringverbindung 169
Schneidvorgang 41
Schnellentlüftung 142
Schnellentlüftungsventil 142
Schnellkupplung 170
Schnittbewegung 14
Schnittdarstellung 272
Schnittfläche 4
Schnittgeschwindigkeit 15, 19
Schränken 9
Schraube, 187, 280
– mit Dünnschaft 281
Schraubendreher 192
Schraubendrehereinsatz 192
Schraubenschlüssel 193
Schraubensicherung 191
Schraubenverbindung 185 ff.
Schrift 256
Schriftfeld 256
Schrumpfverbindung 202, 203
Schruppen 12, 28
Schutzeinrichtung 239
Schutzmaßnahme, persönlich 182
Schütz/Relais 155
Schweißbarkeit 92
Schweißen 214 ff.
Schweißflamme 217
Schweißgas 215
Schweißnaht 284

Schweißnahtvorbereitung 214
Schweißschirm 220
Schweißstromerzeuger 219
Schweißsymbol 284
Schweißverbindung 185, 284
Schwenkbiegen 53
Schwenkkran 178
Schwermetall 111
Schwimmmittelstellung 166
Sechskantmutter 189, 190, 282
Sechskantschraube 187
Seitenansicht 265
Senken 22
Senkrechtfräsmaschine 37
Sensor 153
Setzsicherung 191
Sicherheitseinrichtung 182
Sicherungsblech 191
Sicherungsscheibenpaar 191
Sichtprüfung 67
Signal, 129 f.
– analog 130
– binär 129
– digital 130
Signalfluss 129, 146
Signalgeber, 139
– elektrisch 152
– elektronisch 153
– mechanisch 152
Signalgerät 129
Siliziumkarbid 39
Sinterwerkstoff 120
Skizze 250
Slip-Stick-Effekt 143
Soll-Ist-Vergleich 128
Sollwert 128
Spanarten 5
Spanbildung 5
Spanfläche 4
Spannstift 197
Spannsystem 161
Spannungsarmglühen 107, 108
Spannweite 299, 300
Spanwinkel, 4
– negativ 30
– positiv 30
Speicher-Programmierbare Steuerung SPS 129
Sperrventil 140
Sperrzahnschraube 191
Spielpassung 270

Sachwortregister

Spiralbohrer 18 f.
Splint 191
Splinttreiber 198 f.
Spritzgießen 61
Spritzgießmaschine 62
Spritzgussteile 61
Spritzgussvorgang 63
spröde Werkstoffe 90
SPS-Steuerung 151
Stahl, 97, 99
- nicht rostend 99
- unlegiert 99

Stahlbandmaß 72
Stahldrahtseile 179
Stahleigenschaft 97
Stahlguss 99
Stahllineal 17
Stahlprofil 101
Stahlsorte 99, 100 f.
Standardabweichung 299 ff.
Ständerbohrmaschine 20
Standzeit 6
Stauchen 9, 49
Stechdrehen 29
Stecken 150
Steckgriff 193
Steckverbindung 150
Stehlager 283
Stellglied 139
Stellgröße 127
Steuerkette 127 f.
Steuern 127 f.
Steuerung,
- direkt 147
- elektrisch 151
- elektropneumatisch 151
- hydraulisch 162
- indirekt 147
- speicher-programmiert (SPS) 129
- verbindungs-programmiert (VPS) 129

Stichlochtechnik 223
Stichprobe 297
Stickstoffgas 166
Stift,
- gehärtet 198
- ungehärtet 198

Stiftschraube 187, 281
Stiftverbindung 185, 197
Stirnfräsen 33
Stirn-Umfangsfräsen 34

Stoffschluss 183, 184 f.
Störsignal 129
Störung 122
Stoßart 215
Strahlentzunderung 56
Strangguss 100
Strangpresse 100
Strecken 49
Streuung 299
Strichmaßstab 72
Strichrechnung 302
Stromlaufplan 157, 159
Stromventil 141
Stückliste 254, 285
Stückzahl 174
synthetisches Öl 247
System 183

T

Tafelschere 44
Tandemkolben 167
Tandemmaschine 60
Tangentkeilverbindung 202
Taschenrechner 307 ff.
Taster 152
Tastschalter 152
Teilprozesse 173 ff.
Teilschnitt 273
thermoelektrisch 154
Thermoplaste 118 f.
Tiefenmessung 75
Tiefziehprüfung 92
Toleranz 70, 270 ff.
Toleranzangabe 270
Toleranzfeld 70
Toleranz ff. 68
Toleranzgrenze 297
Tonne 283
Topfzeit 205
Tragfähigkeit 180
Tragmittel 178
Trapez 340
Trapezförmiges Gewinde 278
Treibkeil 201
Trennen 3 ff.
Trennenverfahren 230
Trockenziehmaschine 58

handwerk-technik.de

Sachwortregister

Trockenzug 58

U

Übergangspassung 270
Übermaßpassung 270
Übersetzungsverhältnis 336, 338
Überwurfmutter 169
Ultraschall 154
Umdrehungsfrequenz 322
Umdrehungsfrequenz-Diagramm 21
Umfangsfräsen 34
Umfangsgeschwindigkeit 336
Umformen 49 ff., 183
Umrüsten 289
Umwelthinweis 244
UND Funktion 132
Universalfräsmaschine 37
Universalwinkelmesser 77
Unterpulverschweißen 226
Urformen 183
Urwertliste 299

V

v_c–d–Nomogramm 21
Ventil 138, 164
Ventilbetätigung 143
Ventil, elektropneumatisch 151
Verarbeitungsglied 139
Verbesserung 237
Verbesserungsprozess, kontinuierlich 294 f.
Verbindung, 184
 – beweglich 184
 – lösbar 186
 – starr 184
 – unlösbar 186
Verbindungsart 184
Verbindungs-Programmierte Steuerung VPS 129
Verbundwerkstoff 87, 88, 120
Verdichtung 135
Verdrahtung 156
Verdrängungspumpe 163
Vergüten 107, 110
Vergütungsstahl 104
Verknüpfungssteuerung 129
Verliersicherung 191
Verschrauben 150
Verschraubung 168
Verständigungszeichen 181

Vierkantloch 257
Volumenberechnung 316
Vorderansicht 265
Vorhub 145
Vorschub 15
Vorschubbewegung 14
Vorschubgeschwindigkeit 15
Vorsteuerventil 143
VPS-Steuerung 151

W

Waagrechtfräsmaschine 37
Wahrheitstabelle 131
Walzbiegen 52
Walzen 50
Walzenstirnfräser 36
Wälzkörper 283
Wälzlager 283
Walzstraße 103
Wärmebehandlung von Eisenwerkstoffen 107
Wärmequelle 212
Warmformbarkeit 92
Warmgasschweißen 228 f.
Warmklebstoff 205
Warngrenze 297
Wartung 237 ff., 242
Wartungseinheit 136 f., 249
Wartungsplan 242 ff.
Wasserstrahlschneiden 235
Wechselventil 140
Wechsler 152
Wegeventil 138
Weg-Schritt-Diagramm 133
Weichglühen 107, 108
Weichlot 211
Weichlöten 208
Welle 9, 195
Welle-Nabe-Verbindung, 199 ff.
 – formschlüssig 199
 – kraftschlüssig 201
Wendeschneidplatte 31, 120
Werkstattpresse 196
Werkstoffauswahl 87
Werkstoffeigenschaft 92
Werkstoff 87 ff.
Werkstoffverhalten 96
Werkstück,
 – räumlich, kantig 265
 – zylindrisch 263

Werkzeug 187
Werkzeuge/Bestückung für Roboter 124
Werkzeugliste 174
Werkzeugschneiden 3
Werkzeugstahl 104
Werkzeugwinkel 6, 8
Widerstands-Pressschweißen 224
Widerstands-Punktschweißen 224
Winkel 80
Winkelmesser 17, 77
Wirkung, physikalisch 153
Wirkungsgrad 333
Wolfram-Inertgasschweißen 222
Wolfram-Schutzgasschweißen 222
Würfel 341
Wurzelziehen, Radizieren 309

X

XOR, Funktion 132

Z

Zahnform 11
Zahn- oder Flächenscheibe 191
Zahnrad 338
Zahnradgetriebe 338
Zahnradpumpe 163
Zahnwellenverbindung 200
zäh, Werkstoff 90
Zapfensenker 22
Zeichnung 174
Zeichnungslesen 287
Zeitrelais 155
Zeitverzögerungsventil 142, 147
Zementit 109
Zentralschmierung 246 f.
Zentrierwinkel 17
Zerspanbarkeit 92
Zerteilen 41
Ziehmittel 56
Ziehstein 56
Ziehwerkzeug 56
Zink 116
Zinn 117
Zufallsstreubereich 297
Zuführeinrichtung 132
Zug-Druck-Umformen 55
Zugversuch 89
Zulieferer 294
Zuluftdrosselung 143
Zuordnungstabelle 132, 158
Zusammensetzen, Montagetechnik 183
Zusatzeinrichtung 239
Zustandsdiagramm Eisen-Kohlenstoff 109
Zustellbewegung 14
Zustellung 15
Zweidruckventil 140
Zweihandbetätigung 129
Zweikomponentenklebstoff 204, 205
Zweilochmutter 189
Zweistoff-Legierung 95
Zwischenglühen 107
Zylinder 144, 283, 341
 – doppeltwirkend 145
 – einfachwirkend 144
Zylinderstift 197

Bildquellenverzeichnis

Autoren und Verlag danken den genannten Firmen und Institutionen für die Überlassung von Vorlagen bzw. Abdruckgenehmigungen folgender Abbildungen:

ABB AG, Mannheim: S. 123.1 - **ABB Automation GmbH**, Friedberg: S. 239.3 - **ABUS Kransysteme GmbH**, Gummersbach: S. 178.1, 3 - **Adolf Würth GmbH & Co. KG**, Künzelsau: S. 72.2c; 81.1a - **Hubert Aigner**, Landau: S. 126.1; 155.3; 168.1, 3; 170.1 - **Air-Liquide Deutschland GmbH**, Krefeld: S. 215.2a+b; 216.1a, 2c; 217.2b+c; 218.2; 225.2; 230.2 - **Alzmetall GmbH & Co.**, Altenmarkt: S. 20.2a - **AMF ANDREAS MAIER GmbH & Co. KG**, Fellbach: S. 161.2; 194.1 - © **ARBURG GmbH + Co KG**, Loßburg: S. 62.1, 2a - **Argus Fluidtechnik GmbH**, Ettlingen: S. 170.2 - **ARMANDO Messtechnik GmbH**, Wesel-Ginderich: S. 164.1c+d - **Arnz FLOTT GmbH**, Remscheid: S. 20.2b - **Balluff GmbH**, Neuhausen: S. 144.1 - **BBT Blei Bau Technik GmbH**, Henstedt-Ulzburg: S. 116.1 - **BESSEY Tool GmbH & Co. KG**, Bietigheim-Bissingen: S. 42.3b; 43.2a+b, 3a-f, 4b+c+e+f - **BOGE KOMPRESSOREN Otto Boge GmbH & Co. KG**, Bielefeld: S. 135.3 - **BÖGRA Technologie GmbH**, Solingen: S. 115.3b - **BORBET GmbH**, Hallenberg-Hesborn: S. 113.4 - **Bosch Rexroth AG**, Lohr am Main: S. 125.2; 166.2 - **Christof Braun**, Dortmund: S. 89, 2; 110.1, 2; 197.2 - **Brockhaus HEUER GmbH**, Plettenberg: S. 2.1a+b - **C. & E. Fein GmbH**, Schwäbisch Gmünd-Bargau: S. 40.2 - **Deutsches Kupferinstitut Berufsverband e. V.**, Düsseldorf: S.

Bildquellenverzeichnis

51.4; 114.1; 208.1, 2 - **Diehl Brass Solutions Stiftung & Co. KG**, Röthenbach a.d. Pegnitz: S. 115.3c - **DMG MORI Global Marketing GmbH**, München: S. 38.1; 48.3; 123.2c – **DURUM VERSCHLEISS-SCHUTZ GMBH**, Willich: S. 226.1 - **EATON Industries GmbH**, Bonn: S. 155.1 - **EFAFLEX GmbH & Co. KG**, Bruckberg: S. 158.2, 3 - **EFD Induction GmbH**, Freiburg: S. 111.3 - **egeplast international GmbH**, Greven: S. 65.2; 66.1 - **Manfred Einloft**, Dautphetal: S. 199.5 - **123RF GmbH**, Nidderau: S. 117.1© jarous - **ELMAG Entwicklungs- und Handels-GmbH**, Ried/Tumeltsham - Austria: S. 219.3a+b+d - **EMCO GmbH**, Hallein / Austria: S. 48.1; 242.2; 243.1; 247.3 - **Epson Deutschland GmbH**, Meerbusch: S. 126.4b - **Ernst Koch GmbH & Co. KG**, Hemer-Ihmert: S. 57.2 - **Festo AG & Co. KG**, Esslingen: S. 125.1d; 136.3; 139.1a+b, 3b+d; 140.1, 2; 141.2; 145.2; 152.3b; 225.1 - **Fraunhofer IPT**, Aachen: S. 236.1 - **Fronius International GmbH**, A-Wels: S. 220.4; 222.1b - **GCE GmbH**, Fulda: S. 216.1b - **GESIPA Blindniettechnik GmbH**, Mörfelden-Walldorf: S. 199.2 - **Getriebebau Nord GmbH & Co. KG**, Bargteheide: S. 93.2 - **GLASER GmbH & Co. KG**, Bamberg: S. 329.4 - **Güdel Group AG**, CH-Langenthal: S. 126.4a - **Härterei Tandler GmbH & Co. KG**, Bremen: S. 111.2 - **Reiner Haffer**, Dautphetal: S. 47.1a; 73.1; 75.2; 80.2a+b+ca; 81.3; 82.1a+b, 3, 4a+b - **Werner Hayen**, Wilhelmshaven: S. 67.1; 68.1 - **HAZET-WERK, Hermann Zerver GmbH & Co. KG**, Remscheid: S. 194.2; 198.2a, 3; 199.1; 248.2 - **Hoesch Schwerter Profile GmbH**, Schwerte: S. 100.3 - **HYDAC International GmbH**, Sulzbach/Saar: S. 167.4 - **IMI Precision Engineering (Norgren GmbH)**, Alpen: S. 138.1; 139.2, 3a+c; 145.1; 152.1 - **Wolfgang Ingenfeld**, Mühlheim: S. 103.2 - **iStockphoto**, Berlin: S. 55.5a©&#169 Nick Schlax; 55.5b©flavijus piliponis; 55.6a©MarkSwallow; 55.6b©Gannet77; 55.6c©posteriori; 56.2b©empire331 - **ITV Sintermetalle GmbH**, CH-Lachen: S. 120.3 - **Joh. Hermann Picard GmbH**, Wuppertal: S. 198.2b - **JUTEC Biegesysteme GmbH**, Limburg www.jutec.de: S. 52.3a+b - **KAISER+KRAFT GmbH**, Stuttgart: S. 1.1, 2 - **Karl Fischer GmbH**, Pforzheim: S. 57.1 - **KASTO Maschinenbau GmbH & Co. KG**, Achern-Gamshurst: S. 9.2a - **Kistner Anlagenbau GmbH**, Unna: S. 59.2 - **Kjellberg Finsterwalde Plasma und Maschinen GmbH**, Finsterwalde: S. 232.2 - **KMT GmbH / KMT Waterjet Systems**, Bad Nauheim: S. 235.1a+b - **Kolb + Baumann GmbH & Co. KG**, Aschaffenburg: S. 83.2 - **KraussMaffei Extrusion GmbH**, Hannover: S. 65.1 - **KUKA AG**, Augsburg: S. 123.2d; 126.4c - **KUNZMANN Maschinenbau GmbH**, Remchingen: S. 37.1 - **Leistritz Extrusionstechnik GmbH**, Extruder ZSE 40 iMAXX, Nürnberg: S. 64.1 - **Volker Lindner**, Recklinghausen: S. 3.1; 11.1; 16.1, 2, 3, 4, 5; 17.1, 2; 80.2cb+d; 89.1; 135.2; 174.1, 2a+b; 175.1a+b, 2, 3a+b; 176.1, 2a+b, 3, 4, 5; 177.1a+b, 2, 3, 4; 188.1; 192.2; 193.3; 194.3; 239.1; 250.2; 251.1; 278.1; 289.1; 290.1; 326.2 - **LISSMAC Maschinenbau GmbH**, Bad Wurzach: S. 178.6 - **LORCH Schweißtechnik GmbH**, Auenwald: S. 221.1b; 222.2 - **Mahr GmbH**, Esslingen: S. 81.4a-c - **Maschinenfabrik Berthold Hermle AG**, Gosheim www.hermle.de: S. 48.2; 122.1 - **Metabowerke GmbH**, Nürtingen: S. 9.2b; 188.3 - **Mitutoyo Deutschland GmbH**, Neuss: S. 75.1; 78.3 - **Montech AG**, CH-Derendingen: S. 123.2b - **Nemak Europe GmbH**, Frankfurt: S. 113.3 - **Uwe Niggemeier**, Bochum: S. 100.2a - **OBI GmbH & Co. Deutschland KG**, Köln: S. 212.1c - **Otto Ganter GmbH & Co. KG**, Furtwangen: S. 281.2 - **Pepperl+Fuchs SE**, Mannheim: S. 153.2b - **Perkeo-Werk GmbH + Co. KG**, Schwieberdingen: S. 212.1a+b - **Primo Danmark A/S** www.primodeutschland.de: S. 118.3 - **PROXXON S.A.**, L-Wecker: S. 193.1a-c, 4a-d - **RB-Messwerkzeuge GmbH**, Albstadt: S. 77.1 - **REMS GmbH & Co KG**, Waiblingen: S. 9.2c - **Roland Erdrich GmbH**, Oppenau-Ramsbach: S. 47.1b-e - **ROTHENBERGER Werkzeuge GmbH**, Kelkheim: S. 51.3a - **Sandvik Tooling Deutschland GmbH GB Coromant**, Düsseldorf: S. 120.2; 121.1 - **Schling GmbH & Co. KG**, Pressen und Maschinen, Espelkamp: S. 160.2 - **Schröder-Fasti Technologie GmbH**, Wermelskirchen: S. 44.1a+e - **SCHUNK GmbH & Co. KG**, Lauffen/Neckar: S. 124.4; 125.1a-c - **SCHWEISSTECHNIK LAMBACH GmbH**, A-Edt/Lambach: S. 219.3c - **Shutterstock Images LLC**, New York, USA: S. 61.1a©Hywit Dimyadi; 61.1b©PhotoSGH; 61.1c©Tugrul Cakir; 61.1d©Realstockvector; 62.2b©Tea Talk; 64.1a©4level; 64.2b©Olivier Le Moal; 64.2c©Peter Sobolev; 64.2d©Matveev Aleksandr; 64.2e©FabrikaSimf; 64.2f©asharkyu; 64.2g©Aleksandr Kondratov; 103.1©industryviews; 118.2a©skydie; 118.2b©AlexLMX; 118.2c© terekhov igor; 118.2d©vdimage; 118.2e©Evan Lorne; 178.2©4level; 182.1mitte©Ricardo Romero - **SICK AG**, Waldkirch: S. 125.4; 126.2 - **Siemens AG**, München www.siemens.com/presse: S. 126.3; 152.3a - **SMS group GmbH**, Düsseldorf: S. 99.3; 100.1 - **ST Deutschland GmbH**, Vogt: S. 100.4b - **Stierli Bieger AG**, CH-Sursee: S. 52.3c - **stock.adobe.com**: S. 8.1a©auremar; 32.3© Ingo Bartussek; 61.1e©chee siong teh; 113.2©Martin Schlecht; 117.2©laboko; 118.2f©Rob hyrons; 118.2g©hutpaza; 118.2h©kolesnikovserg; 118.2i©koosen; 183.1a©sorapolujjin; 218.1©Alexander Steblovskiy; 307.1 ©Lucky Dragon - **Suva**, CH-Luzern: S. 181.1 - **SYSTEM ROBOT AUTOMAZIONE S.r.L.**, IT-Montichiari: S. 125.3 - **System Standex A/S**, DK-Odense: S. 239.2 - **Technische Hochschule Aschaffenburg**, Aschaffenburg: S. 235.2 - **TESA Technology Deutschland**, Ingersheim: S. 74.3, 4; 77.2 - **thyssenkrupp Steel Europe AG**, Duisburg: S. 99.1 - **Jochen Timm**, Hamburg: S. 92.3; 93.1 - **TOX® PRESSOTECHNIK GmbH & Co.KG**, Weingarten: S. 196.2 - **TRUMPF GmbH + Co. KG**, Ditzingen: S. 49.2a+b, 3; 233.1 - **TRUMPF Grüsch AG**, CH-Grüsch: S. 45.1a+b - **Verlag Stahleisen** 2015, Düsseldorf: S. 98.1 - **VETTER Krantechnik GmbH**, Siegen: S. 178.5 - **VOSS Fluid GmbH**, Wipperfürth: S. 168.4a-c - **Josef Wagner**, Salzweg: S. 7.2 - **WEGENER International GmbH**, Eschweiler: S. 229.1 - **WEILER Werkzeugmaschinen GmbH**, Emskirchen: S. 33.1; 183.1c - © **Wieland-Werke AG**, Ulm: S. 115.1, 3a+d - **Wiha Werkzeuge GmbH**, Schonach: S. 198.2c - **Witt-Gasetechnik GmbH & Co KG**, Witten: S. 212.1d; 216.2a+b - **www.maxnext.de** | Digital manufacturing & rapid prototyping: S. 63.1 - **ZINSER GmbH**, Albershausen: S. 217.1 - **Zopf Biegemaschinen GmbH**, Haldenwang: S. 53.1 - **ZPS-FRÉZOVACÍ NÁSTROJE a.s.**, CZ-Zlin: S. 36.2a-c, 5

Für die besonders tatkräftige Unterstützung bei der Erstellung dieses Buches sei folgender Firma herzlich gedankt:

Vieler International GmbH & Co. KG, Iserlohn